Intelligent Mining of Coal Mine under High Gas and Complex Geological Conditions

高瓦斯复杂地质条件
煤矿智能化开采

主　编　崔建军
副主编　余北建　令狐建设　赵岩峰　付书俊　牛剑峰

中国矿业大学出版社
China University of Mining and Technology Press

内容提要

本书以阳泉煤业集团矿区为代表，是基于高瓦斯、复杂地质条件下的煤矿自动化智能化开采技术而编写的。全书共分七个章节，主要内容有：概述、阳泉矿区地质条件与开采工艺、阳泉矿区瓦斯防治、掘进工作面智能化、综采工作面智能化、信息化矿山建设、阳煤集团智能化典型案例成绩成果与标准等。全书配置了大量的图表和具体的试验数据，真实的写照了具有阳泉矿区特色的煤矿开采智能化技术。

本书对研究我国煤矿智能化开采技术具有一定的参考价值，可作为煤矿生产技术管理人员、矿长、井下操作人员的培训教材，也可供煤矿技术与装备研发技术人员参考使用。

图书在版编目(CIP)数据

高瓦斯复杂地质条件煤矿智能化开采/崔建军主编. —徐州：中国矿业大学出版社，2018.5

ISBN 978-7-5646-3983-9

Ⅰ.①高… Ⅱ.①崔… Ⅲ.①瓦斯煤层采煤法—自动化技术 Ⅳ.①TD823.82

中国版本图书馆 CIP 数据核字(2018)第112570号

书　　名　高瓦斯复杂地质条件煤矿智能化开采
主　　编　崔建军
责任编辑　王加俊
出版发行　中国矿业大学出版社有限责任公司
　　　　　　（江苏省徐州市解放南路　邮编 221008）
营销热线　(0516)83884103　83885105
出版服务　(0516)83995789　83884920
网　　址　http://www.cumtp.com　**E-mail**：cumtpvip@cumtp.com
印　　刷　江苏淮阴新华印刷厂
开　　本　787×1092　1/16　**印张** 30.75　**字数** 768 千字
版次印次　2018 年 5 月第 1 版　2018 年 5 月第 1 次印刷
定　　价　60.00 元
（图书出现印装质量问题，本社负责调换）

《高瓦斯复杂地质条件煤矿智能化开采》
编审委员会

编　著：牛剑峰　赵　杰　范　照　周保卫
刘海金　杨智华　张晓青　吴晓春
杨晓成　郭宝晶　郝铁栓　崔志芳

序

煤炭是我国的主体能源之一，在国家能源保障和安全体系中具有基础性、战略性地位。近年来，随着“信息化”“工业化”深度融合，煤炭工业正由传统的机械化、综合机械化向自动化、智能化方向发展，煤矿自动化、智能化技术应用水平显著提高，推动了煤矿安全高效开采技术的质的飞跃。我国已建成多个年产能力达亿吨以上的千万吨级矿井集群，创造了一系列煤矿井工开采新的世界纪录。实践证明，智能化技术是当今世界科技发展和竞争的新领域，也是推动煤炭工业现代化发展和提高产业核心竞争力的重要技术途径。

为推动我国智能化技术的创新研发，推进智能化技术在传统工业化领域的应用，国家编制和发布了“中国制造 2025”和“工业 4.0”，把智能化技术和大型智能化装备作为优先发展方向，为煤矿开采技术和煤机装备的升级提供了新的机遇和市场空间。“十二五”以来，我国煤矿开采装备技术创新步伐加快，通过国家发展和改革委员会、工业和信息化部的智能制造专项、国家科学技术部科技支撑和重点研发计划的支持，煤矿智能化关键技术攻关取得重大突破。“智能矿山建设关键技术与示范工程”获得国家科技进步二等奖，综采成套装备智能系统、智能一体化管控系统和智能矿山示范工程建设，取得了“综采智能控制技术和装备”和“煤炭智能化掘采技术与装备”等重要创新成果，实现了采煤机煤岩界面自动识别、工作面设备精确定位、液压支架智能耦合控制、综采工作面通信及控制、带式输送机高压变频驱动、提升系统全自动化智能控制。在煤矿安全领域，我国各类煤矿已经建立了以地理信息系统和工业互联网为支撑的煤矿安全监测监控系统，基本实现了对矿井瓦斯、水害、煤层自燃等灾害的实时监控，安全生产水平大幅度提高。煤矿智能化技术正在引领国际采煤技术的发展，有力地推动了煤炭工业的技术进步。

阳煤矿区是我国最早发展综采机械化、自动化的矿区之一。阳煤集团以科技创新为动力，推进煤炭产业升级改造，在煤矿自动化、智能化等技术领域进行了大量的探索研究和试验应用，取得了显著成效。阳煤矿区复杂地质条件和高瓦斯环境在我国煤矿极具代表性，本书总结了阳煤集团在自动化、智能化安全高效开采方面的实践经验，对我国煤炭企业实施自动化、智能化开采具有一定的指导作用。

2018 年 4 月

前　言

近年来，我国煤矿自动化、智能化技术创新研发取得了重大突破，成为煤炭工业发展的热点领域。“十二五”以来，在以国家智能制造专项为代表的科研专项支持下，煤炭行业的智能化步伐迈进了一大步，煤矿自动化、智能化成为煤炭科技发展的趋势。目前，我国煤矿自动化技术已普遍应用于煤矿采掘工作面，智能化技术还处于初级阶段，在复杂地质条件、高瓦斯环境下的煤矿自动化、智能化技术应用水平低，总体集成化不足，适应性和可靠性不能完全满足煤矿要求，迫切需要研发适应高瓦斯和复杂地质条件的煤矿智能化技术和大型装备，总结自动化、智能化技术推进在复杂矿区的应用经验，推进智能化核心技术研发，形成相应的技术方案、技术标准和成套装备，为煤炭产业的智能化升级提供技术支撑和可以借鉴的成功经验。

阳泉煤业（集团）有限责任公司（以下简称阳煤集团）的前身为阳泉矿务局，成立于1950年1月，是国家十四个大型煤炭基地的组成部分，也是山西省五大煤炭集团之一，矿区井田规划总面积1 322.28 km^2，地质储量120.45亿吨，可采储量63.36亿吨，是我国最大的无烟煤生产企业和中国三强煤化工企业集团。阳煤集团具有得天独厚的巨量资源赋存，管理扎实严细，装备设施精良，科技实力雄厚。经过69年的发展，现已成为以煤炭和化工为主导产业，铝、电、建筑地产、装备制造、贸易物流和现代服务业为辅助产业的强势发展的煤基多元化企业集团。目前，集团拥有包括阳泉煤业、阳煤化工、太化股份三个上市公司在内的500多个分子公司，总资产2 150亿元，职工17.6万人，位列中国煤炭企业50强第8位；中国企业500强第99位；世界企业500强第445位。2017年集团利润完成15亿元，税费完成100亿元，营业收入完成1 602亿元。

阳煤集团非常重视科技进步，大力开展科技创新，推进产学研创新体系建设，积极研发和应用新技术、新工艺、新装备，走出了高产高效、安全生产的新路子，走在了煤炭行业自动化、智能化的前列。阳煤集团从2011年开始煤矿自动化、智能化技术调研，2012年正式启动煤矿自动化建设，集团现有31个自动化工作面，占整个集团的55%，集团煤矿开采机械化程度达到100%。阳煤矿区地质构造复杂、煤层瓦斯含量高、开采难度大、安全风险大，在国内外复杂地质条件矿井中极具代表性。阳煤集团以创新为引领，以自动化、智能化技术研发和推广应用为支撑，取得了重要的技术突破，29处主力生产矿井实现自动化生产，智能化综采、综掘工作面进入试验和示范阶段，建立了集团公司、区域公司、矿井三级管理的高瓦斯矿井和突出矿井瓦斯灾害监测监控系统，瓦斯灾害防治达到先进技术水平，使煤矿高危生产场所操作人员数量大幅度下降，推进了矿区的安全高效生产的发展。

本书全面总结阳煤集团复杂的地质构造和高瓦斯赋存条件自动化、智能化安全高效开采技术的研发和应用经验。一是阳煤集团针对复杂的地质构造和高瓦斯赋存条件，对矿井开采和安全生产条件进行了科学分类，形成了适合高瓦斯复杂地质条件的自动化、智能化开采技术标准与设备配套技术方案。二是结合阳煤集团高瓦斯复杂地质条件对矿井开采系统、安全生产提出的严苛要求和挑战，创新研发了综采、综掘工作面自动化、智能化技术与装备，从环境治理到环境评估，从原理到应用，从单机控制到综合控制，从自动化到智能化功能实现，深入浅出地讲解自动化、智能化技术工作原理，针对不同的地质条件提出了不同的智能化应对措施与技术方案。三是研究提出了高瓦斯安全开采、安全监测监控与采掘设备联动控制技术方案，实现了煤矿安全高效自动化、智能化开采。本书对我国多数煤炭企业推进煤矿自动化、智能化技术具有较好的参考价值，对基于复杂地质构造、高瓦斯赋存条件下的煤矿自动化、智能化开采具有较好的指导作用，对于煤矿进行自动化、智能化设备配套具有重要的指导意义。

本书在撰写过程中得到了阳煤集团生产技术部、技术中心、机电动力部、地质测量部、通风部、机电设备管理中心、阳煤华越机械有限公司、阳煤忻州通用机械有限责任公司等部门以及各生产矿井的大力配合，收集了大量资料，为本书的撰写提供了重要的素材；本书在撰写过程中得到了阳煤集团领导的大力支持，北京天地玛珂电液控制系统有限公司、中国煤炭科工集团天地科技股份有限公司、科工集团太原研究院、中国矿业大学等单位为本书的撰写给予了极大的帮助；连向东研究员、王德光研究员、代艳玲编审对本书进行了精细的审查并提出了很好的建议。在此，谨向为本书编著和相关研究做出贡献的人们表示衷心的感谢，向为我国煤炭行业致力于煤矿开采自动化智能化技术发展做出贡献的人们致以崇高的敬意！

编委会

2018 年 4 月

目　录

第一章　概述 …… 1
1.1　阳煤集团企业基本情况 …… 1
1.2　阳煤集团煤炭资源赋存 …… 2
1.3　阳煤集团采煤技术发展沿革 …… 3
1.4　阳煤集团自动化发展历程 …… 4

第二章　阳泉矿区地质条件与开采工艺 …… 6
2.1　阳泉矿区地质赋存条件 …… 6
2.2　阳泉矿区复杂的地质条件与瓦斯赋存特点 …… 19
2.3　阳泉矿区开采方法和开采工艺 …… 31

第三章　阳泉矿区瓦斯防治 …… 35
3.1　阳泉矿区瓦斯分布情况 …… 35
3.2　阳泉矿区瓦斯治理 …… 36
3.3　瓦斯治理评价 …… 53
3.4　瓦斯防治装备 …… 55

第四章　掘进工作面智能化 …… 66
4.1　引言 …… 66
4.2　掘进方法与掘进工艺 …… 67
4.3　阳泉矿区复杂困难巷道围岩控制技术 …… 88
4.4　掘进装备 …… 116
4.5　掘进工作面自动化、智能化控制技术 …… 132
4.6　综掘工作面自动化快速掘进系统发展趋势 …… 137

第五章　综采工作面智能化 …… 143
5.1　引言 …… 143
5.2　综采工作面布置 …… 144
5.3　综采工作面围岩控制 …… 146
5.4　工作面自动化开采工艺与技术 …… 168
5.5　预评价方法和指标体系研究 …… 180
5.6　综采工作面单机智能化技术与装备 …… 191

5.7 工作面辅助系统 …… 323
5.8 综采工作面综合智能化技术与装备 …… 382

第六章 信息化矿山建设 …… 416
6.1 引言 …… 416
6.2 信息化矿山的基本建设内容 …… 419
6.3 信息化矿山技术 …… 426
6.4 信息化矿山系统 …… 440

第七章 阳煤智能化典型实例成绩成果与标准 …… 456
7.1 阳煤集团科技成果 …… 456
7.2 企业标准 …… 459
7.3 阳煤集团主要成绩和成功案例 …… 477

参考文献 …… 478

第一章 概 述

本章叙述阳煤集团基本情况和发展历程，概括说明阳泉矿区总体概貌、煤炭赋存条件和矿区机械化、自动化历史变革中“人、机、环、管”等方面的总体发展趋势。阳煤集团针对低透气性高瓦斯煤层和复杂地质构造等资源环境条件，创新发展，形成了阳泉矿区特有的综合机械化、自动化、安全高效和科学管理模式，推进了矿区绿色、安全、高效、清洁科学化发展。

1.1 阳煤集团基本情况

阳煤集团全称为阳泉煤业(集团)有限责任公司，前身为阳泉矿务局，总部位于山西省阳泉市，是国家十四个大型煤炭基地和山西省五大煤炭集团之一，也是全国最大的无烟煤生产基地。经过 60 多年的发展，现已发展为以煤炭和煤化工为主导产业，电、铝、建筑地产、装备制造、贸易物流共同发展的煤基多元化企业集团。集团现有生产、技改和在建矿井共 28 座，以大中型矿井为主，分布在阳泉、寿阳、晋东、晋北和晋南五个生产区域，年生产能力为 7 000 万吨。阳煤集团煤矿组织结构如图 1-1-1 所示。其中，28 座生产矿井中有煤与瓦斯突出矿井 7 座，高瓦斯矿井 18 座，大部分集中在山西沁水煤田东北部的阳泉矿区，含煤地层分布在石炭-二叠系的太原组和山西组，主采 3 号、9 号、15 号煤层，地质条件较为复杂，地质构造以褶曲、断层和陷落柱为主，瓦斯、地质构造和巷道变形是制约矿井安全生产的主要因素。阳煤矿区瓦斯灾害突出，是全国瓦斯涌出量最大和瓦斯抽采难度最大的矿区之一。近年来，随着矿井开采深度的延伸，瓦斯涌出量不断增大。2016 年，阳煤矿区瓦斯抽采矿井绝对瓦斯涌出量为 3 867.84 m^3/min，瓦斯抽采量为 2 728.73 m^3/min，平均抽采率为 70.07%，其中，新景公司的绝对瓦斯涌出量为 360.85 m^3/min，瓦斯抽采量平均为 217.05 m^3/min，抽采率为 60.15%，单个回采面绝对瓦斯涌出量最大时达到 81 m^3/min。

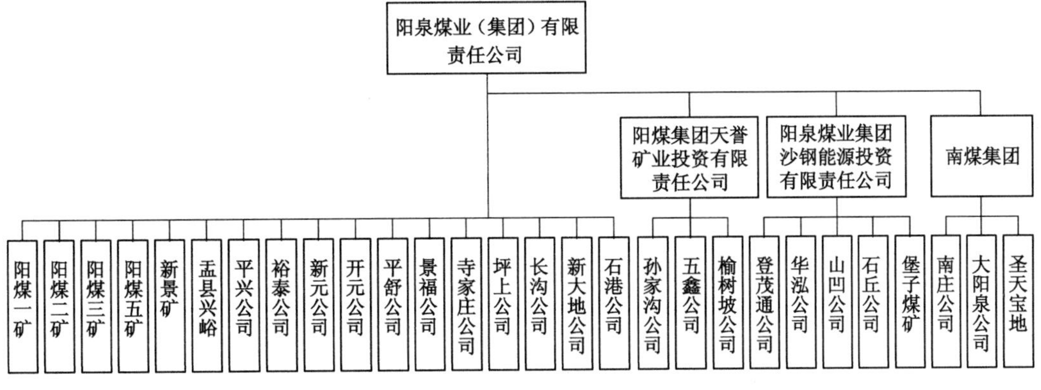

图 1-1-1 阳煤集团煤矿组织机构图

1.2 阳煤集团煤炭资源赋存

阳煤集团主体矿井地处山西沁水煤田的东北部,太行山背斜的西翼;全矿区基本呈单斜构造,走向北北东,向西南方向倾斜。矿区主要的含煤地层为石炭系太原组及二叠系山西组,煤系地层总厚度 180 m,煤层总厚度 13～15 m,距地表深度 150～500 m,煤层倾角一般 10°。矿区共含煤 16 层,主采 3 号、12 号、15 号煤层,局部可采 6 号、8 号、9 号煤层,煤种为无烟煤。

阳煤集团主要采用井工长壁开采方法和全部陷落法顶板管理方法,开采煤层厚度 1.5～8 m,薄煤层和中厚煤层采用一次采全高开采工艺,厚和特厚煤层采用大采高综采和放顶煤开采工艺。矿区多为低透气性高瓦斯煤层,煤层平均瓦斯含量 17.2 m^3/t,透气性系数 0.017 $m^2/(MPa^2 \cdot d)$。综放工作面瓦斯涌出量最大达到 200 m^3/min 以上。2010 年瓦斯抽采总量达 8 亿 m^3,本煤层抽采突破 1 亿 m^3,矿井抽采率为 57.35%。

阳泉矿区采煤工作面瓦斯来源以邻近层为主。邻近层平均为 81.5%。阳煤集团开展大规模本煤层瓦斯抽采始于 2007 年,截至 2010 年底,共计施工本煤层瓦斯抽采钻孔 1 088 万 m,抽采总量 2.3 亿 m^3。本煤层抽采量占全部抽采量的比例,从 2007 年的 2.3%提高到 2010 年的 12.5%。

阳煤集团有 10 个主体矿井:阳煤一矿、阳煤二矿、阳煤三矿、阳煤五矿、新景矿、开元公司、平舒公司、新元公司、寺家庄公司和新大地公司。

阳煤集团所属矿井均为高瓦斯或煤与瓦斯突出矿井,主采煤层属于易自燃低透气性煤层。现有 28 座生产矿井,其中煤与瓦斯突出矿井 7 座、高瓦斯矿井 18 座。

阳煤集团是我国瓦斯灾害最严重的矿区之一。主要体现在瓦斯含量大、易自燃、难抽采、突出频繁。阳泉矿区各煤层均富含瓦斯,现生产水平的吨煤瓦斯含量为 7.13 ～21.73 m^3/t,煤层瓦斯压力 0.25～2.3 MPa。2008 年阳煤集团矿井瓦斯等级鉴定为:绝对瓦斯涌出量总计为 1 918.72 m^3/t,其中二矿最大瓦斯涌出量为 454.65 m^3/t,三矿单面最大瓦斯涌出量为 206 m^3/t,正常生产矿井最大瓦斯涌出量 88.83 m^3/t。

阳煤集团主采煤层透气性系数为 0.017 $m^2/(MPa^2 \cdot d)$,平均为 0.078 25 $m^2/(MPa^2 \cdot d)$,为我国较难抽采煤层矿区之一。自阳煤集团成立以来至 2010 年有记录的瓦斯突出累计 6 672 次,年平均突出 133 次,最大突出煤量 525 t,最大突出瓦斯量 27 334 m^3。

1.2.1 沁水煤田

该区域位于沁水煤田东北部,包括阳泉、晋东、寿阳地区,煤层及开采技术条件情况如下:

(1) 阳泉本部和南煤集团主要开采 3 号、15 号煤层。其中,3 号煤结构简单、赋存稳定,属中厚煤层,厚度 2.5 m 左右,属低灰低硫高发热量的优质无烟煤,洗选后可作优质的高炉喷吹煤;15 号煤结构简单赋存稳定,属厚煤层,厚度 6～7 m,属低灰中高硫高发热量的优质无烟煤,主要洗选品种为块煤和 3 号筛选末煤。赋存条件好,属集团主采煤层。上述两层煤均属缓倾斜煤层,中等稳定顶板,瓦斯含量大(2 座煤与瓦斯突出矿井,11 座高瓦斯矿井),水文地质条件中等,地质构造多,特别是陷落柱发育。

(2) 寿阳区域主要开采 3 号、8 号、9 号、15 号煤层。其中,3 号煤赋存稳定,属中厚煤层，厚度 2～2.7 m，属中灰特低硫高发热量贫煤（目前新元矿主采），主要洗选品种为块煤和 1 号喷粉煤；8 号煤赋存稳定，属中厚煤层，平均厚度 1.8 m 左右，属中灰低硫中发热量贫煤（目前平舒矿主采），主要洗选品种为块煤和 2 号喷粉煤；9 号煤层结构复杂，厚度变化较大，并且局部有分叉现象，属中灰低硫中发热量贫煤，主要作为动力用煤；15 号煤层结构复杂，厚度变化较大，属中灰中硫中发热量贫煤，主要作为动力用煤。

寿阳区域矿井煤层均属缓倾斜煤层，中等稳定顶板，瓦斯含量大（3 座煤与瓦斯突出矿井，1 座高瓦斯矿井），除景福矿水文地质条件复杂外其余均为中等，地质构造复杂，特别是陷落柱较多。

(3) 晋东区域主要开采 15 号煤层。15 号煤结构简单，赋存稳定，属厚煤层，厚度 6 m 左右，属中灰中硫中发热量的优质无烟煤，主要洗选品种为块煤。属缓倾斜煤层，中等稳定顶板，瓦斯含量大（3 座煤与瓦斯突出矿井，1 座按突出管理，3 座高瓦斯矿井），除运裕矿水文地质条件复杂外其余均为中等，地质构造多，特别是陷落柱发育。

1.2.2 晋北区域

该区域横跨矿区较多，其中，右玉元堡矿在大同矿区，目前主要开采 9 号煤层，属特厚煤层，煤层厚度 14 m 左右，为优质动力煤。属中灰、中硫、中发热量长焰煤，断层发育；孙家沟和五鑫矿在河保偏矿区，主采 13 号煤层，结构简单、赋存稳定，属特厚煤层，煤层厚度 13 m 左右，属低灰中硫中发热量 1/2 黏结煤；榆树坡和天安矿在宁武矿区，主采 2 号煤层，属厚煤层，厚度 4 m 以上，以中灰、中硫、中发热量气煤为主；碾沟和南岭矿在西山古交矿区，主采 2 号和 5 号煤层，属中厚煤层，煤层厚度 2 m 左右。其中南岭矿 2 号煤属于中灰、中硫、中发热量炼焦配煤，5 号煤属于贫瘦煤。碾沟矿 2 号和 5 号煤属中灰中硫中发热量贫瘦煤，主要作为动力及民用煤；晋北区域矿井煤层均属缓倾斜煤层，中等稳定顶板，水文地质条件中等，除南岭和碾沟矿为高瓦斯矿井外其余均为瓦斯矿井。

1.2.3 晋南区域

该区域主要开采 2 号、(9＋10)号煤层，除登茂通矿在沁水矿区和新星矿在乡宁矿区外，其余均在晋城矿区。其中，2 号煤属中厚煤层，厚度变化较大（2～4 m），其中登茂通矿为低灰低硫高发热量焦煤，翼城区域为低硫无烟煤；(9＋10)号煤层厚度变化较大（2～4 m），为高硫、中灰、中发热量无烟煤，主要分布在翼城区域；晋南区域矿井均属缓倾斜煤层，中等稳定顶板，除登茂通矿水文地质条件复杂外其余均为中等，除登茂通矿为高瓦斯矿井外其余均为瓦斯矿井。

1.3 阳煤集团采煤技术发展沿革

第一个阶段：普采、炮采阶段（1950—1990）。1951 年 12 月，15 号煤层试验成功并推广了走向长壁倾斜分层下行陷落采煤法，之后又试验并推广了单一煤层走向长壁式采煤法，初期全部采用木柱木棚支护，支护强度低，消耗量大。1952 年首次使用截煤机（1957 年达到 15 台），同时开始使用刮板输送机和金属支柱，试验成功了金属网假顶分层采煤法。1965 年 11 月，煤炭开采进入普通机械化采煤（简称普采）时期，即由浅截式滚筒采煤机、可弯曲链板输送机、单体金属摩擦支柱和金属铰接顶梁等设备组成的机组共同完成采煤作业。采煤机械化程度只有 26.75%。经过多年发展，至 1978 年，普采成为阳泉矿务局的主导采煤技术。

普采产量为 477 万吨，占总产量的 46.25%。采煤机械化程度达到 58.92%。1990 年最后一个金属摩擦支柱工作面开采完毕，结束了阳泉矿务局普采、炮采的开采历史。

第二个阶段：高档普采阶段(1984—2001)。高档普采和普采的主要区别是用单体液压支柱代替了金属摩擦支柱，实现了主动支护顶板。1984 年 12 月，阳泉矿务局第一套高档普采设备在三矿投产，至 1987 年末，各矿都推广使用了高档普采，全局共装备 13 个高档普采队，平均单产达到 18 500 t/(月·个)。20 世纪 90 年代后期，高档普采工作面逐年减少，至 2001 年全部淘汰。

第三个阶段：综采(放)阶段(1974 年至今)。综合机械化开采即由液压支架、强力采煤机、大功率运输机和乳化液泵站等设备相互配套，共同完成采煤生产。1974 年，由我国自行设计和制造的第一套综采设备在阳煤四矿投入生产。矿务局采煤生产技术进入综采阶段。1980 年综采产量超过普采产量，成为主导采煤技术。1987 年全局发展到综采队 18 个。1988 年综采放顶煤试验成功，阳煤一矿北丈八井机采队于 1989 年成为全局第一个年产百万吨的综采队。1990 年在全局推广应用，采煤机械化程度达到 100%，进一步加快了综采的发展步伐，1994 年综放工作面发展到 10 个。2005 年淘汰中位放顶煤支架。1996 年开始在一矿北丈八井试验低位综采放顶煤技术。2002 年阳煤集团综采机械化程度达到了 100%，进入了完全综采时代。阳煤集团 2016 年新增停产、停建矿井 8 座，永久关闭煤矿 4 座，正常生产、建设煤矿 23 座，共有 47 年综采(放)队。

第四个阶段：大采高、自动化阶段(2014 年至今)。大采高综合机械化开采是指综采工作面采煤机割煤高度大于 3.5 m 的一次采全高的综采工艺。与综采放顶煤开采相比，系统简单，设备少，没有拉后溜及放煤工序，有利于工作面的管理。2009 年 7 月首次在寺家庄公司首采面投入试生产，由于支架选型不合理，最高月产只达到 23.6 万吨。2013 年 11 月 19 日阳煤一矿 S8310 工作面作为第二个大采高试验工作面如期投产，2014 年 2 月份，日产突破 2 万吨，月产达到 46.6 万吨，创出集团公司建企 65 年来采煤工作面月产最高纪录。

综采自动化系统依赖于采煤机自动工况监测及故障诊断技术、采煤机自动技术、液压支架电液控制技术、输送机各种数据传输技术、机巷集中控制技术等，构成无人或少人的综合机械化采煤自动化技术。2012 年 9 月先后在新景矿 3103 工作面和新元矿 310205 工作面试验自动化开采技术，2013 年开始大范围在集团公司主力矿井推广使用。

1.4 阳煤集团自动化发展历程

阳煤集团的自动化发展经历四个阶段，第一阶段为前期摸底调研，了解国内外技术发展现状，确定阳煤自动化的发展方向；第二阶段为初步尝试阶段，进行自动化示范应用；第三阶段为总结归纳试验成果，分类推行；第四阶段为自动化全面推广与应用。

第一阶段：前期调研阶段(2011—2012)。2011 年初，阳煤集团领导组织召开了综采自动化技术专题讨论会。2011 年 7 月，集团公司领导组织公司生产机关部室负责人和相关矿井主要负责人赴河南义马集团耿村矿和平煤股份十三矿进行了现场考察。2011 年 8 月，集团公司领导再次组织相关人员赴义马集团耿村矿、平顶山六矿、神华集团补连塔矿进行现场学习调研。2012 年，集团公司领导多次组织生产技术部、机电动力部、信息中心、技术中心、机电设备管理中心等业务部室召开综采自动化会议，重点确定综采自动化实施地点，研究自动化设备配置，将综采自动化列为年度重点科研项目进行攻关，并成立了由常务副总经理为组长的自动化试生产工作组，重点推进综采自动化工作。

第二阶段：初步投产试验阶段（2012）。2012 年 5 月开始，阳煤集团按照计划在新景矿 3103 工作面和新元矿 3205 工作面开始试验综采自动化。新景矿 3103 工作面采长 200 m，走向长 1 505 m，煤厚 2.2 m，2012 年 5 月 20 日开始进行前期安装准备，至 8 月 20 日安装完毕，9 月 21 日通过集团公司验收后开始试生产。新元矿 3205 工作面采长 240 m，走向长 2 105 m，煤厚 2.85 m，2012 年 10 月 18 日通过集团公司验收开始初采。

2012 年 9 月，阳煤集团率先在新景矿和新元矿 2 座突出矿井的两个中厚煤层工作面进行试验。2013 年开始，集团公司先后在厚煤层大采高面、放顶煤工作面等进行了试验推广（2015 年 5 月 27 日，中国煤炭报安全版头条：提升煤矿“四化”水平　强化“零死亡”科技保障——全国煤矿自动化开采技术现场会典型成果摘录）。

第三阶段：分类型、分煤层试验阶段（2013）。经过一年的试验阶段，自动化技术应用得到基层干部及队组的一致认可，而且取得了一定的经济效益和社会效益，为此集团公司继续扩大自动化试验方向，2013 年决定通过分煤层、分类型来继续试验综采自动化。阳煤一矿 S8310 工作面进行厚煤层大采高自动化试验；开元 3904 工作面进行中厚煤层液压支架电液控制系统试验；阳煤二矿 71506 工作面进行中厚煤层采煤机自动化试验。

第四阶段：大范围推广阶段（2014—2017）。通过 2012 年和 2013 年两年的试验阶段，阳煤集团开始接受适应综采自动化技术，集团公司领导决定大范围推广综采自动化技术。2014 年集团公司投入 11 套自动化设备，2015 年投入 6 套自动化设备，2016 年投入 5 套自动化设备，2017 年投入 5 套自动化设备。四年来集团公司共投入 27 套自动化设备，累计投入资金超过 30 亿元，全集团公司超过 55％的采煤工作面实现综采自动化。

第五阶段：技术难点重点攻关阶段（2016 年至今）。随着新型综采设备使用，综采工作面自动化水平快速提高，液压支架实现了自动跟机采煤作业，采煤机采高实现了自动记忆截割，采煤机牵引速度控制实现了与综采工作面瓦斯浓度联动控制，综采工作面刮板机、转载机和顺槽运输系统实现了顺序启动、停机和自动化调速，越来越多的自动化技术逐渐在阳煤集团试验和应用。

就我国煤炭行业整体自动化、智能化发展水平而言，目前尚处于自动化水平发展阶段和智能化水平初级阶段，还有很多技术难题需要突破。阳煤集团认为，在当今科技、经济发展的新形势和煤矿企业发展的需求下，煤矿开采技术和装备的改革必须立足于煤炭行业的前沿，立足于解决煤炭工业工程实际问题，煤矿企业才能得以生存和发展。2016 年，阳煤集团承担了山西省重点科研项目“薄煤层智能化综采关键技术与装备开发”。2016 年阳煤集团参与了国家重点研发计划项目“煤矿智能开采安全技术与装备研发”。2016 年阳煤集团与德国艾柯夫公司、天玛公司、唐柏公司签订了数据开放合作协议。阳煤集团正在以信息化、自动化、互联网等高新技术和大型先进装备为支撑，以企业为主体，产、学、研结合创新，探索出一条高瓦斯复杂地质条件下煤矿自动化、智能化、安全高效的生产发展道路。

第二章　阳泉矿区地质条件与开采工艺

本章介绍阳泉矿区煤炭资源、分布范围及其赋存条件，按照不同煤层分类说明其地质条件（包括地质构造、瓦斯、水文等情况）的复杂性与开采的特殊性，并阐述主要开采方法与开采工艺。

2.1　阳泉矿区地质赋存条件

2.1.1　阳泉矿区位置与交通

阳泉矿区位于山西省东部，面积 2 102.47 km^2，行政区划隶属阳泉市管辖，阳煤集团对该矿区进行经营；井田地理坐标为：东经 112°54′～114°04′，北纬 37°40′～38°31′。

阳泉矿区交通方便。铁路方面，石太线穿过矿区中心东至石家庄，与京广线相接；西到太原，与同蒲线相连；矿区内还有专用铁路与石太线接轨。建在阳泉市北部盂县的阳泉北站，有高速客运专线可以通达太原、石家庄以及北京。公路方面，国道 307 及太旧高速沿桃河北岸经矿区南界向西至太原，五和高速从矿区东部经过。阳泉矿区交通位置及矿井分布如图 2-1-1 所示。

矿区地形较复杂，沟谷纵横，西部寿阳区和南部和顺区以剥蚀低山丘陵为主，中部盂县、阳泉、昔阳一带以剥蚀中一低山为主；总趋势为西高东低、南高北低，相对高差近千米。

2.1.2　阳泉矿区地层及含煤地层

2.1.2.1　*区域地层*

阳泉矿区位于华北地台沁水盆地的东北部，太行山中段西侧的寿阳—阳泉单斜带。从沁水盆地边缘到内部出露地层由老到新，为典型向斜盆地的地层分布特征。盆地从周边到内部依次为古生界、中生界，仅在盆地的西部边缘地带广泛分布第四纪黄土层（图 2-1-2）。盆地的沉积中心在沁县—沁水一带，三叠系较为发育。阳泉矿区地层属于华北地层区山西分区阳泉小区，矿区内除志留系、泥盆系和白垩系沉积缺失外，寒武系、奥陶系、石炭系、二叠系和三叠系均有不同厚度的沉积。

2.1.2.2　*矿区地层*

阳泉矿区煤系地层属于华北地层区山西分区阳泉小区、武乡小区。区域地层缺失志留系、泥盆系、白垩系沉积，地表出露为奥陶系中统、石炭系上统、二叠系、三叠系、古近系、第四系。

(1) 阳泉矿区地层属于华北地层区山西分区阳泉小区。矿区出露地层为奥陶系中统、石炭系上统、二叠系、三叠系和第四系。

(2) 平昔区地层属于华北地层区山西分区阳泉小区。矿区出露地层为奥陶系中统、石炭系上统、二叠系和第四系。

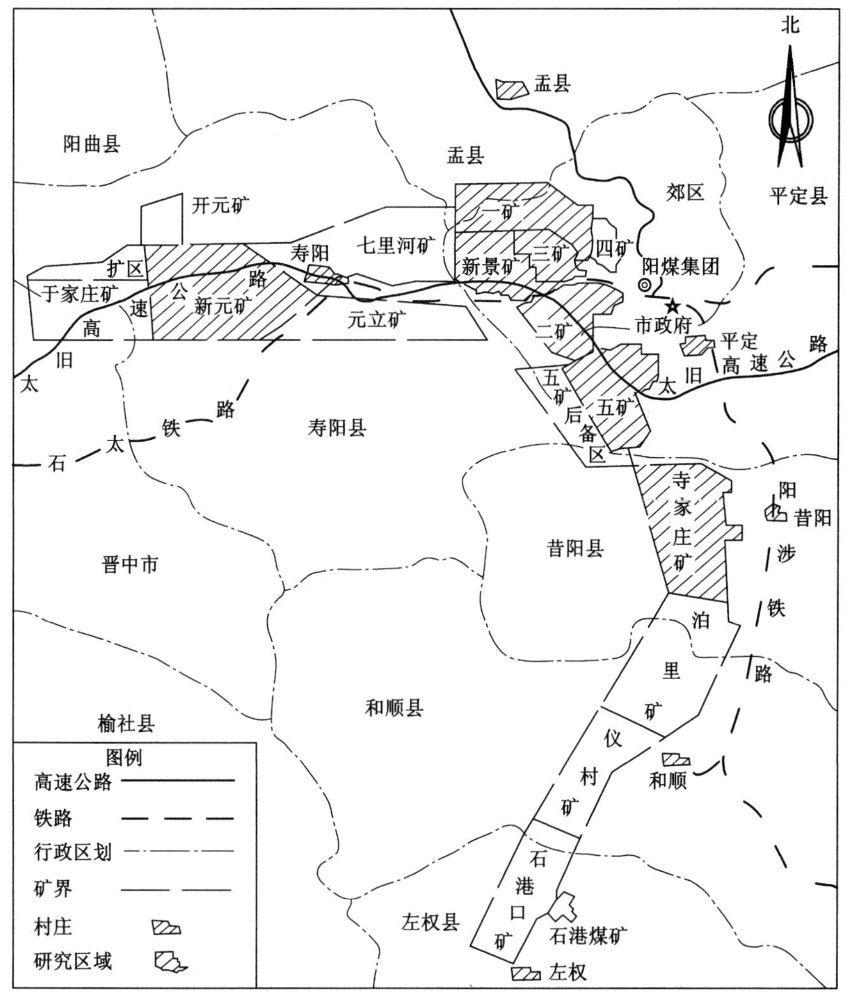

图 2-1-1 阳泉矿区交通位置及矿井分布图

(3) 和左区地层属于华北地层区山西分区武乡小区。从东向西寒武系、奥陶系、石炭系、二叠系、三叠系等地层地表均有出露，古近系、第四系不整合覆盖于各地质时代地层之上。

(4) 寿阳区地层属于华北地层区山西分区阳泉小区。矿区出露地层为奥陶系中统、石炭系上统、二叠系、三叠系、古近系和第四系。

区域属于阳泉矿区桃河区，区内地势较高，地形较为复杂，沟谷纵横，地层裸露。根据矿区内地层的出露、各矿井钻孔及井下巷道的揭露情况，矿区内的地层由老到新简述如下。

1) 奥陶系中统

(1) 上马家沟组(O_2s)。矿区各矿井田均发育，主要由厚层块状灰岩、豹皮状灰岩、白云质灰岩夹白云岩及泥质灰岩组成，夹方解石脉；中部为灰色薄层蠕虫状石灰岩，底部为泥灰岩和粉红色泥灰岩。本组厚 180～275 m，平均 200 m。

(2) 峰峰组(O_2f)。可分为上、下两段。下段为角砾状灰岩、泥灰岩、白云质灰岩，含石膏假晶白云质灰岩。上段以厚层灰岩为主，下部夹白云质灰岩，上部夹角砾状灰岩，含方解

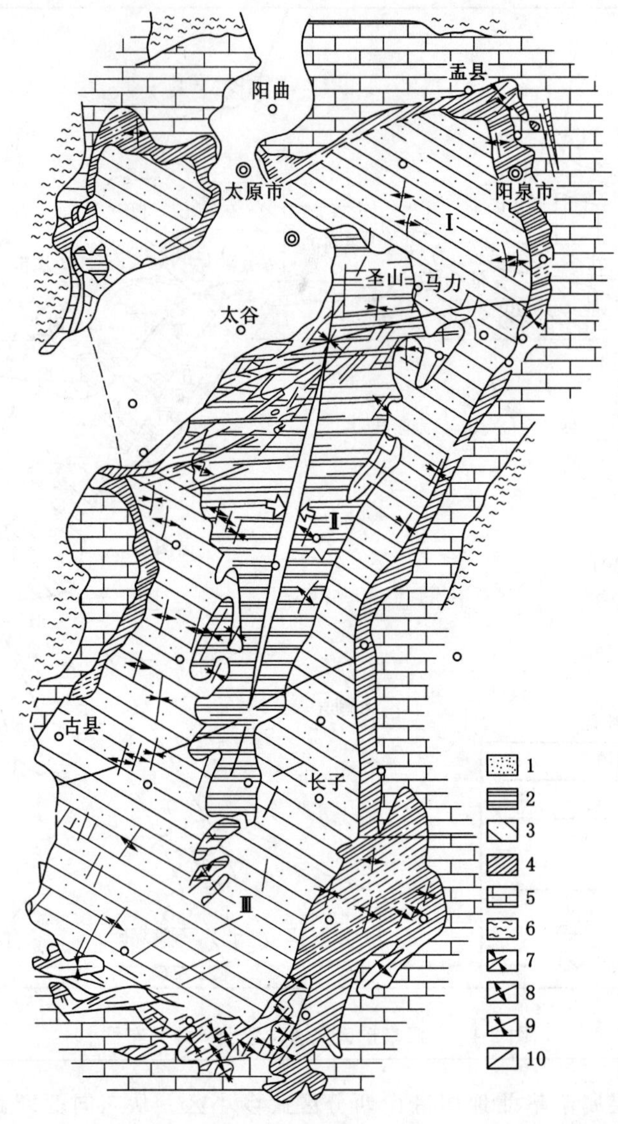

图 2-1-2　沁水煤田地质图

石脉及黄铁矿结核。本组地层厚度 90～270 m,平均 196.25 m。与下伏地层上马家沟组呈整合接触。

2) 石炭系、二叠系

(1) 上石炭统本溪组(C_2b)。由泥岩、砂岩夹薄层石灰岩组成,夹薄煤层。底部常发育一段含铁紫色泥岩,形成鸡窝状不规则的铁矿层,其上为铝土泥岩或铝土矿层。中上部夹有1～3层的石灰岩,厚度小于 4 m,在矿区内仅最底部的一层较为稳定。本溪组地层铁铝含量较高,砂岩中碎屑颗粒分选较好,磨圆度为圆状、次圆状,表明其形成于潟湖—潮坪环境。本组地层厚度 40～66 m,平均 50.70 m。与下伏地层峰峰组呈平行不整合接触。

(2) 上石炭统—下二叠统太原组(C_2—P_1t)。是矿区内的主要含煤地层之一,仅在三矿井田外的东部局部地区出露。岩性主要为砂岩、泥岩、碳质页岩、煤层及石灰岩组成。本组在矿区内发育有 3 层灰岩，分别为 K_2～K_4；煤层 7～10 层，但仅有 15 号煤层为稳定开采煤层。本组地层厚度 90～150.86 m，平均 121.22 m。与下伏本溪组为整合接触。

(3) 下二叠统山西组(P_1s)。岩性主要由砂岩、粉砂岩、泥岩组成。分上下两段。下段自 K_7 标志层的底部起到上部 3 号煤层顶的舌形贝页岩顶面；上段自舌形贝页岩顶面的长石石英杂砂岩起至骆驼脖子砂岩(K_8)之顶。山西组为矿区内主要的含煤地层，仅在矿区部分地区切割较深的沟谷内零星出露。其上段的 3 号煤层在矿区内稳定可采。本组地层厚度 40～82 m，平均 62.79 m。与下伏太原组呈整合接触，主要为三角洲沉积。

(4) 中二叠统下石盒子组(P_2x)。出露于矿区新景矿和三矿井田东部。地层从 K_8 骆驼脖子砂岩开始，至桃花页岩之顶结束，可分为两段。下段下部为 K_8，上部为黄绿色页岩，K_8 由三层黄色中粗粒砂岩夹灰黄色页岩和薄煤层组成；上段为黄绿色中粗粒长石杂砂岩、石英杂砂岩和黄绿色页岩近于互层，顶部有两层杂色具有鲕粒结构的铝土质页岩，厚约 3 m，是上、下石盒子组的分界标志层。本段地层厚度 96～223 m，平均 135.00 m。与下伏山西组呈整合接触，为河流—三角洲沉积。

(5) 中二叠统上石盒子组(P_2s)。在矿区内大面积出露。本组为一套杂色砂岩、泥岩、燧石层夹少量薄煤层和泥灰岩。分为三段：第一段以灰黄、黄绿色岩层为主，含铁锰质岩，一般有 5 个沉积韵律；第二段以黄绿色长石杂砂岩、石英杂砂岩为主。夹杂色砂质泥岩、页岩、铝土质页岩，构成 5 个沉积韵律，底界为厚层状含砾砂岩；第三段含较多的杂色、紫色或蓝紫色泥岩、砂岩和燧石层，大致构成 6 个沉积韵律。本组地层厚度 168～390 m，平均 305 m。与下伏下石盒子组呈整合接触，为河流—三角洲沉积。

(6) 上二叠统石千峰组(P_3s)。与下伏上石盒子组呈整合接触，该地层发育在一矿和二矿两个井田，岩性以紫红色、褐红色砂质泥岩为主，中部夹薄层状细—中粒砂岩，砂岩胶结致密，中、上部夹 3～4 层薄层似层状淡水灰岩。本组地层厚度 0～110 m，平均厚度 76 m。

3) 三叠系

下三叠统刘家沟组(T_1l)。仅在二矿井田发育，与下伏石千峰组呈整合接触，岩性以砖红色、紫褐色砂质泥岩及薄层细—中粒长石砂岩、砂岩斜层理发育。本组地层厚度 60～80 m，平均 73 m。与下伏石千峰组整合接触。

4) 第四系(Q)

大多分布在平坦的山顶和山坡，不整合于下伏各年代地层。矿区内第四系露头分布很少，且岩性变化很大，不利于对比。根据出露的少数地层及区域地层资料综合对比，可将第四系分为中上更新统(Q2＋3p)及全新统(Qh)。

(1) 更新统(Qp)。更新统主要由离石黄土和马兰黄土组成。离石黄土为浅棕黄色、较为致密的亚黏土和粉砂土，局部含钙质结核，中间夹有 1～2 层古土，有古植物遗留的根孔。马兰黄土为孔隙较大的浅黄色亚砂土和细粉砂土，垂直节理比较发育，常因水流冲蚀而形成黄土立柱，本层钙质结核相对较多。总厚度 0～40 m，平均 30 m。

(2) 全新统(Qh)。主要岩性为砂卵石、碎石及粉砂，分布在Ⅰ、Ⅱ级阶地和河滩中。根据在矿区内桃河的勘探结果，冲积层中间为 2 cm 左右的黄色亚黏土，上下均为砂卵石。全层厚 0～25 m，平均 15 m。

2.1.2.3　含煤地层

阳泉矿区含煤地质时代为本溪组、太原组、山西组，阳泉矿区含煤地层综合柱状简图如

图 2-1-3 所示。

地层系统				柱状图	厚度/m	岩性描述
统	组	段	代号	0　10　20 m		
			K_8		6.00	主要为灰色中粒及粗粒砂岩
二叠系下统	山西组		1# 2# 3# 4# 5# 8# K_7		62.79	自K_7砂岩底起至K_8砂岩底止，下部为深灰色细粒或中粒砂岩：中部为灰黑色粉砂质泥岩与薄煤层的互层。并且粉砂质泥岩中夹有植物化石碎片：上部为灰白色中粒砂岩，并且向上粒度逐渐变细至粉砂质泥岩
	太原组	三段	6# 7# K_6 9#		33.77	自K_4灰岩顶起至K_7砂岩底止下部为黑色泥岩，含砂量较多，向上含有两层每层，为9号和8号煤层，其中8号煤层变化较大，不稳定，最大可达4.6 m
		二段	K_4 1F 12# K_3 13# K_2		51.59	自K_2石灰岩底起至K_4石灰岩顶止，主要由K_2、K_3、K_4三层石灰岩，13号、12号、11号煤层和砂质泥岩、细砂岩等组成
石炭系上统		一段	15# 15#下		23.90	K_1石英砂岩底起至K_2石灰岩底止，下部为灰色中—细粒石英砂岩，向上颜色变深，粒度变细，中间夹有两层煤层
	本溪组				50.70	主要由灰色、黑灰色泥岩、砂质泥岩与砂岩及石灰岩组成，含有3层0.2 m的薄煤层。本组底层含铁铝质较高，砂岩颗粒分选、磨圆较好，同分显示了海陆交互相而以过渡相为主的沉积环境

图 2-1-3　阳泉矿区含煤地层综合柱状简图

1）本溪组(C_2b)

本组地层总厚度 40～66 m，平均 50.70 m。主要由深灰色、黑灰色的砂质泥岩、灰色的铝质泥岩及 2～3 层石灰岩组成，岩性较为稳定，含 2～4 层薄煤层，矿区内属于不可采煤层。下部石灰岩发育较为稳定，含纺锤虫、海百合及腕足类化石，厚度在 4 m 左右，俗称“香炉石”。本组底部常见铁矿和铝土泥岩，前者称“山西式铁矿”，多呈鸡窝状或团块状；后者为 G 层铝土矿，厚约 9 m，储量丰富，矿质优良。

2）太原组(C_2-P_1t)

本组为一套海陆交互相含煤岩系，连续沉积于本溪组之上，地层厚度 61～150 m，平均 120 m，为矿区主要含煤地层之一。根据岩性特征及沉积规律将本组划分为上、中、下三段，分述如下：

(1) 下段。下段自 K_1 砂岩底至 K_2 石灰岩底，平均厚度约 23.90 m。下段由 4 层岩层夹 1～2 层煤组成，由底部到顶部依次为 K_1 砂岩、黑灰色粉砂岩及砂质泥岩、$15_下$煤、15 号煤、黑色砂质泥岩、粉砂岩及黑色泥岩。K_1 砂岩位于太原组的底部，是与本溪组的分界砂岩，为灰白色细—中粒砂岩。黑色砂质泥岩、粉砂岩及黑色泥岩分别构成 $15_下$煤层与 15 号煤层的直接顶板。$15_下$煤层在新景矿井田南部分叉，较稳定大部可采，平均厚度为 1.55 m；15 号煤层全区稳定可采，平均厚度为 2.03 m。主要形成于潟湖—潮坪背景下的泥炭沼泽环境。

(2) 中段。中段为自 K_2 石灰岩底至 K_4 石灰岩顶之间的地层，平均厚度约 51.59 m。主要由 K_2～K_4 三层石灰岩和之间所夹的 11～13 号煤层及砂岩、泥岩组成。其中，K_2 为深灰色石灰岩，因其常被 2～3 层黑色泥岩分割为四层薄层状灰岩，俗称“四节石”。K_3 与 K_4 均为深灰色石灰岩，且含泥质较多，厚度相差不大，平均为 3.5 m。11 号煤层在矿区内不稳定，可零星开采，12 号与 13 号煤层不稳定，可局部开采。主要形成于浅海碳酸盐潮下—潟湖潮坪背景下的泥炭沼泽环境。

(3) 上段。上段自 K_4 石灰岩顶起至 K_7 砂岩底止，厚度为 31.77～49.16 m，平均为 38.99 m。本段主要由四层煤层(9、$9_上$、8、$8_上$)，中细砂岩和砂质泥岩组成；8 号煤层顶板见舌形贝。所含煤层中，9、8 号煤层均为较稳定大部可采煤层，9 号$_上$、8 号$_上$煤层均为不稳定零星可采煤层。主要形成于三角洲前缘沉积。

3）山西组(P_1s)

本组为 K_7 砂岩底至 K_8 砂岩底之间的地层，其岩性组合为白色、灰白色石英砂岩和灰色粉砂页(泥)岩、碳质泥岩夹煤层，厚度为 45～72 m，平均为 57 m。K_7 砂岩为灰白色厚层状中—细砂岩，局部含砾，泥—硅质胶结，质地坚硬，见波状及斜波状层理。厚度 4～12.3 m，平均 7.13 m。矿区内山西组含煤 6 层，其中 3 号煤在全区内可稳定开采，6 号煤层为不稳定局部可采煤层，其余 1 号、2 号、4 号、5 号煤层均为不稳定零星可采或不可采煤层。本组主要为河流—三角洲沉积。

2.1.3　煤层与煤质

2.1.3.1　*煤层*

阳泉矿区主要含煤地层为太原组和山西组，含煤地层厚度平均为 177.68 m，煤层总厚度为 12.04 m，含煤系数为 9.6%。太原组含 7～9 层煤，其中 15 号煤层在全区为稳定可采，8 号、9 号、12 号、13 号煤为局部、大部可采，其余煤层为零星可采。煤层的平均厚度为 3.61 m。3 号、15 号为矿区的主采煤层。

(1) 3 号煤层位于山西组中部，为阳泉矿区的稳定的大部可采煤层，煤层厚度为 0.50～

4.80 m，在阳煤一矿井田内个别地方煤层出现分叉现象，最厚为 1.50 m，最薄为 0.10 m，一般 0.2～0.5 m，但总体来看 3 号煤层应属简单结构煤层。煤层结构简单—较简单，一般含0～3层夹矸，本煤层层位稳定、分布广，是煤层对比的良好标志。3 号煤层局部有冲刷现象，在三矿井田比较严重，造成 3 号煤上下分层和夹矸缺失。一般情况下，煤层顶板为灰黑色砂质泥岩、粉砂岩，但由于煤层遭受后生冲蚀，部分地区顶板为灰白色中—细粒砂岩。底板为黑灰色泥岩、碳质泥岩、灰褐色砂质泥岩及细砂岩。

(2) 15 号煤层(包括合并层)位于太原组下段上部，K_2石灰岩之下。该煤层在全矿区内均有分布，厚度稳定，全部可采，属稳定可采煤层。煤层厚度为 3.53～9.50 m。煤层结构简单—复杂，一般含 1～4 层夹矸，局部可达 7 层。煤层直接顶为泥岩，基本顶为标志层 K_2石灰岩，底板为砂质泥岩、粉砂岩。

(3) $15_{下}$煤层位于太原组下段中上部，K_2石灰岩之下，上距 15 号煤层 2.50 m 左右。该煤层在矿区新景矿井田内均有分布，在其东北部与 15 号煤层合并为一层，在西南部分叉为独立煤层，厚度较稳定，属井田较稳定大部可采煤层。煤层厚度为 0.60～3.85 m，平均为 2.04 m。煤层结构简单—较简单，一般含 0～2 层夹矸。煤层直接顶为泥岩、砂质泥岩、细砂岩，底板为泥岩、砂质泥岩、粉砂岩。

本区的煤层对比主要采用标志层法。通过对煤层厚度、结构、煤质特征、层间距、煤岩组合、沉积旋回等的分析及测井曲线来进行对比。由于本区煤层的沉积环境属于滨岸—三角洲环境，处于地壳频繁升降海陆交替的环境中，因此沉积旋回明显，结构完整，标志比较多，易于对比。矿区主要的稳定可采煤层极易对比；对于较稳定和不稳定的局部可采煤层，尽管全区分布上时有变薄或尖灭，因沉积旋回清楚、标志层较稳定，对比上也相对容易。

2.1.3.2 煤质

矿区内各可采煤层均为无烟煤，煤岩外观呈钢灰色，条痕为黑色，玻璃光泽或金属光泽，内生裂隙比较发育，断口常呈锯齿状、阶梯状和眼球状。由上而下由于变质程度增高，硬度相应增大，3～$15_{下}$号煤普氏系数(f)在 2.0～3.0 之间。各煤层均具条带状结构和层状构造。其中 3 号、6 号、8 号、9 号、12 号、13 号、15 号、15 号$_{下}$煤视密度值分别为 1.38 t/m^3、1.41 t/m^3、1.44 t/m^3、1.42 t/m^3、1.40 t/m^3、1.38 t/m^3、1.39 t/m^3、1.47 t/m^3。

宏观煤岩组分以亮煤和镜煤为主，其中亮煤占 7%，镜煤占 67.3%，宏观煤岩类型为半亮—半暗型煤。各煤层显微组分均以镜质组为主，镜质组多为均一无结构的基质体和镜质体，结构体少见。半丝质组及丝质组多以结构半丝质碎屑为主，过渡组分极少，组分界线比较明显。矿物成分以黏土为主，其中黄铁矿为大小不等的结核，结核内部呈颗粒或镶嵌结构，其中下部煤层中常见草莓状黄铁矿，方解石常为次生脉状充填在有机质当中，石英颗粒十分罕见。

各煤层镜煤反射率均在 2.28%以上，属于第Ⅶ—Ⅷ变质阶段，相应煤类为贫煤—无烟煤。根据《煤炭质量分级》(GB/T 15224.1—2010、GB/T 15224.2—2010、GB/T 15224.3—2010)，阳泉矿区的煤质分级如下：

(1) 3 号煤层以特低灰—高灰、特低硫—中硫、特低磷—低磷分、低发热量—特高发热量的无烟煤(WY)为主，分散少量贫煤(PM)。

(2) 15 号煤层为特低灰—中灰、低硫—中高硫、特低磷—低磷分、高发热量—特高发热量的无烟煤(WY)。

(3) $15_{\text{下}}$煤层为低灰—高灰、特低硫—中高硫、特低磷—高磷分、中发热量—特高发热量的无烟煤(WY)。

2.1.3.3　可采煤层

矿区内煤层包括 3 号、6 号、8 $号_{\text{上}}$、8 号、9 号、12 号、13 号、15 号、15 $号_{\text{下}}$煤层，3 号、15 号煤层为大部分可采稳定煤层，8 号、9 号、12 号煤层为较稳定局部可采煤层。阳泉矿区可采煤层特征如表 2-1-1 所示。

表 2-1-1　　阳泉矿区可采煤层特征表

煤层编号	煤层厚度/m 最小～最大/平均	煤层间距/m 最小～最大/平均	夹矸层数	稳定性/可采性	煤层结构	顶底板岩性	
						顶板	底板
3	0.75～4.80/2.26		0～2	稳定/大部可采	简单—较简单	黑色砂质泥岩 细砂岩	黑灰色泥岩 碳质泥岩 灰褐色砂质泥岩 细砂岩
		15.23～35.12/22.50					
6	0～3.11/1.30		0	不稳定/局部可采	简单	砂质泥岩 中粒砂岩	砂质泥岩 粉砂岩
		10.00～19.00/15.00					
8	0～3.90/1.65		0～3	较稳定/大部可采	简单—复杂	砂质泥岩泥岩 中细砂岩	中细粒砂岩 泥岩
		2.32～25.10/13.27					
9	0～4.10/1.99		0～3	较稳定/大部可采	简单—复杂	中细粒砂岩 泥岩	中粗粒砂岩 粉砂岩
		17.23～40.41/30.47					
12	0～2.60/1.09		0～2	不稳定/局部可采	简单—较简单	泥岩 细砂岩	砂质泥岩 中细粒砂岩
		4.17～14.07/10.00					
13	0～1.80/0.80		0	不稳定/局部可采	简单	石灰岩 泥岩 粉砂岩	中细粒砂岩 砂质泥岩
		14.92～41.19/29.50					
15	3.80～9.50/6.30		1～4	稳定/井田可采	简单—复杂	泥岩 石灰岩	砂质泥岩 粉砂岩
		0～5.50/2.50					
$15_{\text{下}}$	0.60～3.85/2.04		0～2	较稳定/大部可采	简单—较简单	泥岩 砂质泥岩 细砂岩	泥岩 砂质泥岩 粉砂岩

(1) 3 号煤层位于山西组中部，K_8砂岩(山西组与石盒子组分界砂岩)下 20～30 m；下距 6 号煤层 22.50 m 左右。为矿区稳定的大部可采煤层，煤层厚度为 0.75～4.80 m，平均厚度为 2.26 m，在矿区西北部较厚，东南部较薄，由西北向东南方向逐渐变薄。煤层结构简

单—较简单，一般含 0～2 层夹矸，本煤层层位稳定，分布广，是煤层对比的良好标志。3 号煤层局部有冲刷现象。煤层顶板为灰黑色砂质泥岩、粉砂岩或细砂岩，在冲刷变薄区顶板为灰白色中—细粒砂岩，底板为黑灰色泥岩、碳质泥岩、灰褐色砂质泥岩及细砂岩。

(2) 6 号煤层位于山西组下部，上距 3 号煤层 22.50 m 左右，下距 8 号煤层 15.00 m 左右。为不稳定煤层，煤层厚度为 0～3.11 m，平均厚度为 1.30 m。在矿区多呈片状分布，在大部分地区为尖灭或不可采。6 号煤层的分布主要受底部 K_7 砂岩与基本顶砂岩所控制，当这两层砂岩发育厚度增大或者合并成一层时，则 6 号煤层不发育，当这两层砂岩变薄或基本顶相变为砂质泥岩时，则 6 号煤层发育。煤层结构简单，一般不含夹矸。煤层直接顶为砂质泥岩，基本顶为中粒砂岩，局部相变为粉砂岩或砂质泥岩。底板为砂质泥岩及粉砂岩。

(3) 8 号煤层位于太原组上段上部，K_7 砂岩下 5～18 m 处，上距 6 号煤层 15.00 m 左右，下距 9 号煤层 13.27 m 左右。煤层厚度为 0～3.90 m，平均厚度为 1.65 m，属矿区内较稳定大部可采煤层。含 0～3 层夹矸，夹矸岩石成分为泥岩、砂质泥岩或碳质泥岩，煤层结构简单—复杂。煤层直接顶为泥岩、砂质泥岩，基本顶为中细粒砂岩（K_7），底板为中细粒砂岩，局部相变为泥岩。

(4) 9 号煤层位于太原组上段中部，上距 8 号煤层 13.27 m 左右，下距 12 号煤层 30.47 m左右。煤层厚度为 0～4.10 m，平均厚度为 1.99 m，属较稳定大部可采煤层，一般含夹矸 0～3 层，煤层结构简单—复杂。煤层直接顶为中细粒砂岩(即 8 号煤层底板)，局部相变为泥岩，底板为中粗粒砂岩，局部相变为粉砂岩。

(5) 12 号煤层位于太原组中段中上部，K_3 石灰岩和 K_4 石灰岩之间，上距 9 号煤层 30.47 m左右，下距 13 号煤层 10.00 m 左右。煤层厚度为 0～2.60 m，平均厚度为 1.09 m，可采区主要分布在井田东北、西南部，本煤层不可采区主要受冲刷影响而变薄，属井田不稳定局部可采煤层。煤层结构简单—较简单等，在煤层中一般含 0～2 层夹矸。煤层直接顶为泥岩，基本顶为细砂岩，底板为砂质泥岩，局部相变为中细粒砂岩。

(6) 13 号煤层位于太原组中段中部，K_3 石灰岩之下，上距 12 号煤层 10.00 m 左右，下距 15 号煤层 29.50 m 左右。煤层厚度为 0～1.80 m，平均厚度为 0.80 m，可采区主要分布在井田东部，西部仅有小块段可采，属井田内不稳定局部可采煤层。煤层结构简单，一般不含夹矸。煤层直接顶为泥岩、粉砂岩，局部冲刷，基本顶为石灰岩（K_3），底板为中细粒砂岩，局部相变为砂质泥岩。

(7) 15 号煤层(包括合并层)位于太原组下段上部，K_2 石灰岩之下，上距 13 号煤层 29.50 m 左右，下距 15 号下煤层 2.50 m 左右。该煤层在全井田内均有分布，厚度稳定，全部可采，属井田稳定可采煤层。煤层厚度为 3.80～9.50 m，平均厚度为 6.30 m。煤层结构简单—复杂，一般含 1～4 层夹矸。煤层直接顶为泥岩，基本顶为石灰岩（K_2），底板为砂质泥岩、粉砂岩。

(8) 15 号$_{下}$煤层位于太原组下段中上部，K_2 石灰岩之下，上距 15 号煤层 2.50 m 左右。本煤层在全井田内均有分布，在井田东北部与 15 号煤层合并为一层，在井田西南部分叉为独立煤层，厚度较稳定，属井田较稳定大部可采煤层。煤层厚度为 0.60～3.85 m，平均厚度为 2.04 m。煤层结构简单—较简单，一般含 0～2 层夹矸。煤层直接顶为泥岩、砂质泥岩、细砂岩，底板为泥岩、砂质泥岩、粉砂岩。

2.1.4 资源储量

2.1.4.1 煤炭资源储量及开发利用情况

下面以阳泉矿区 5 座生产矿井为例。截至 2015 年年末，集团本部矿井累计动用资源储量 12.5 亿吨，其中采出 7.6 亿吨，损失 4.9 亿吨，资源实际有效利用率为 60.6%。在 60 多年的发展过程中，集团公司各级领导对煤炭资源的合理开发利用和管理都非常重视，从而使公司历年资源回采率能够超过国家规定指标。

2.1.4.2 矿区煤层及地质概况

阳煤集团本部 5 座生产矿井分别为阳煤一矿、阳煤二矿、阳煤三矿、阳煤五矿、新景矿，均位于阳泉矿区范围内，地处山西沁水盆地东北边缘，主要含煤地层为二叠系下统山西组和石炭系上统太原组。含煤 18 层，煤层总厚度 17 m 左右，含煤系数为 9.4%，主要可采煤层为 3 号、12 号、15 号煤层，局部可采 6 号、8 号、9 号、13 号煤层。各煤层均属无烟煤三号（WY_3）。

各矿地质构造中等。地层倾角一般 6°～10°，小型褶曲、断裂构造较为发育，岩溶陷落柱发育，其密集区密度达 40 个/km^2，给矿井采区合理布置和工作面回采造成很大的困难，严重地制约了煤炭产量和资源回采率的提高。

各矿水文地质条件中等至复杂，基本属于以裂隙充水含水层为主的水文地质类型。阳煤二矿、新景矿、阳煤五矿存在带压开采问题。

矿区内大部分矿井属于高瓦斯矿井，新景矿为煤与瓦斯突出矿井之一，其瓦斯含量大，平均相对涌出量高达 46～52 m^3/t，尤以 3 号和 12 号煤层含量最高。瓦斯涌出量中有 40% 来自本煤层，60%来自顶板上邻近层。煤尘都具有一定的爆炸性，15 号煤层有自燃倾向性。

2.1.4.3 煤炭资源储量

阳煤集团本部 5 座生产井田总面积 330.929 km^2。截至 2015 年年末，其保有储量为 321 525.7 万吨，可采储量 166 244.2 万吨。现主采 3 号、12 号、15 号煤层，资源储量分别占总储量的 7%、5%、62%；局部可采 6 号、8 号、9 号煤层，共计占总储量的 18%。其保有储量中“三下”压煤量为 4.6 亿吨，占总保有储量的 12%。

2.1.4.4 回采率

截至 2015 年年末，阳煤集团本部矿井累计回采率为 60.6%。

2.1.4.5 资源分布

（1）阳泉矿区是阳煤集团的发源地和老根据地，这里分布着阳煤一矿、阳煤二矿、阳煤三矿、阳煤五矿、阳煤五矿后备区、新景矿和平定兴裕公司、平定裕泰公司、圣天宝地公司、盂县兴峪公司。

（2）寿阳矿区包括新元公司、平舒公司、开元公司、景福公司。

（3）和左区包括寺家庄公司、长沟公司、坪上公司、新大地公司、石港公司。

2.1.5 叠加褶皱变形—复杂的地质构造条件

地质构造对煤炭资源的开采具有很大的影响，是控制矿井瓦斯突出、矿井水的关键地质因素之一。

2.1.5.1 区域地质构造特征

阳泉矿区位于山西省沁水煤田东北边缘，沁水盆地属于吕梁—太行断块上最大的次级构造单元沁水块坳，其总体呈北北东向展布，主体为一大型复式向斜。其东侧以晋获断裂带与太行山块隆相接，区域构造线方向为北北东向，地层总体向北北西倾斜。区域构造形态大致可分为东部以大逆断裂为主的太行断裂带，中部平缓开阔的波状褶曲带及西中部密集型断裂区。

1）阳泉矿区

阳泉矿区属于山西省沁水盆地北端寿阳—阳泉单斜带。沁水盆地位于华北板块中部山西断块的东南侧，东依太行山隆起，南接豫皖地块，西邻吕梁山隆起，北靠五台山隆起，面积约 26 000 km²，是华北晚古生代成煤期之后受近水平挤压作用形成的复向斜（山西省区域地质志，1989；张建博和王红岩，1999；李明宅，2000；承金等，2009；冀涛和杨德义，2007；刘超等，2011）（图 2-1-4）。

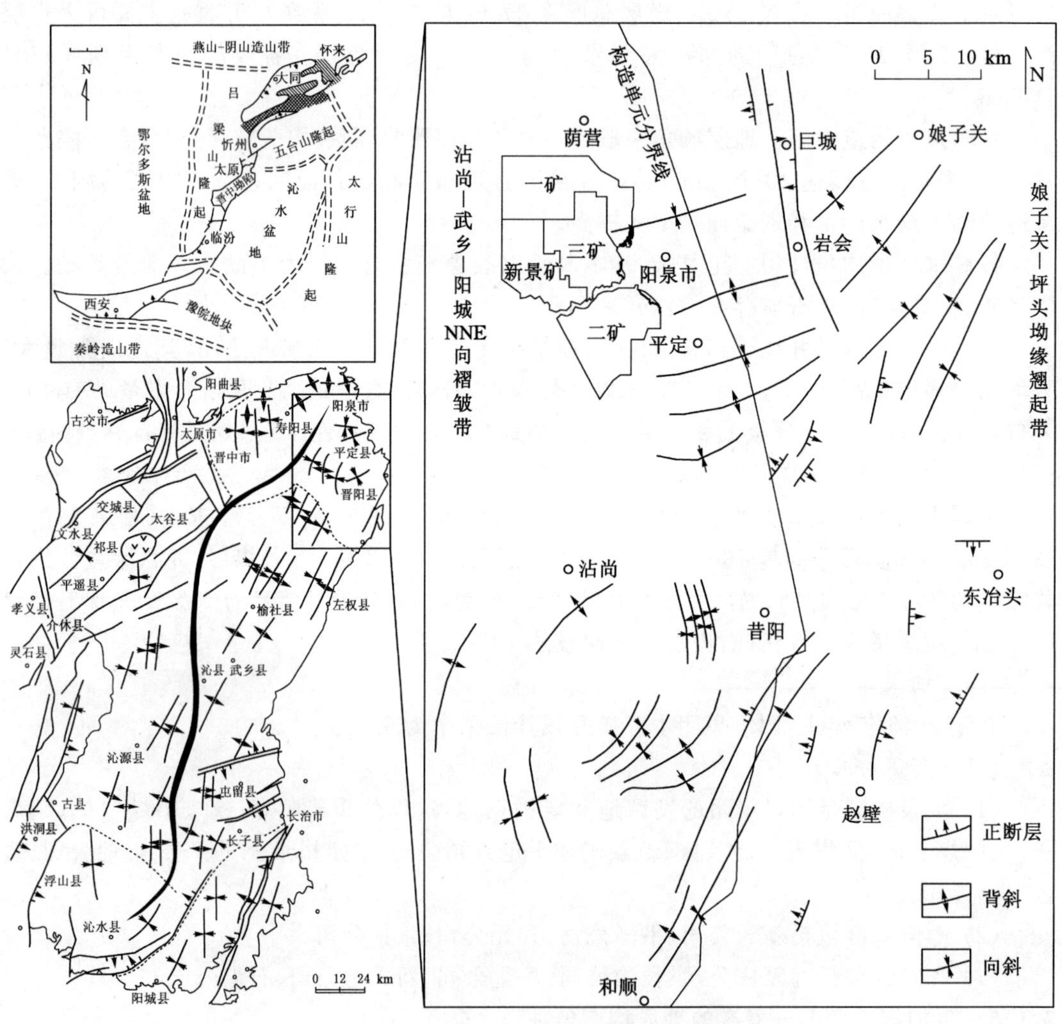

图 2-1-4　阳泉矿区区域位置及构造纲要图

阳泉矿区东部是太行山隆起带、西部及西北部是太原盆地、北部是北纬 38°东西向构造亚带（杨起等，1989；王一等，1998；焦希颖和王一，1999）。矿区总体表现为东翘西倾的单斜构造，岩层走向 NNE，倾角 10°左右。整个翘起带的构造较为简单，仅见一些小断层，但在北部的娘子关—平定县一带，发育有一个向 SW 方向散开、向 NE 方向收敛的帚状构造，帚状构造的中部被 NNW 向的巨型地堑所切割。矿区处于该帚状构造地散开部位。南部为沾尚—武乡—阳城北北东向褶皱带，该褶带是沁水块坳的主体，主要出露二叠系、三叠系。由一系列不同级别褶皱组成的复式向斜。

在昔阳县之西，沾尚以南，以老庙山为核心是一个弧形褶皱组成的小型莲花状构造。由于经过多次不同时期、不同方式、不同方向区域性构造运动的综合作用，特别是太行山隆起带与北纬 38°东西向构造亚带的影响，形成了阳泉矿区在走向 NW、倾向 SW 的单斜构造基础上，沿走向和倾向均发育有较平缓的褶皱群和局部发育的陡倾挠曲（图 2-1-5），其主体构造线多呈 NNE、NE 向，局部产生复合变异。

2）平昔区

本区位于太行背斜西翼，主要构造线方向为北东—北北东，岩层大致向南西倾斜，倾角一般在 10°左右，局部达 20°，波状褶曲发育。

区内最大的褶皱构造是马郡头向斜，属于北东方向的构造，位于矿区南部的五矿井田南部、寺家庄矿井田内，它斜穿井田的西部，伸出界外，经段家庄、油坊沟、柳林背，一直到东南沟，全长超过 20 km，它控制着井田西北部的次级褶皱构造（一些小型的褶皱与它断续平行展布）。该构造呈北东方向线形展布，在它的北面是一条与它平行展布的大北垴、李家峪背斜，这条背斜全长 16 km，由南西往北东向延展，至寺家庄矿井田的西界逐渐消失。

该区较大的断层多分布于矿区东部外，主要有武家坪正断层：走向北东，倾向南西，最大落差 150 m；杜庄正断层：走向北北东，倾向北西，最大落差 200 m，延伸约 15 km。

陷落柱在本区较发育。桃河向斜、马郡头向斜两条褶皱构造是生产区、平昔区内最大的构造，一条为东西向，一条为北东向。它反映了两种构造体系的分布和对次级构造的控制作用，因此具有明显的代表性。

3）和左区

位于沁水盆地东翼，太行背斜西翼，区域构造为北北东向的单斜，在此单斜构造的基础上沿走向和倾向均发育有较平缓的褶皱群和局部发育的陡倾挠曲。区内地层走向北北东，倾向北西之单斜构造，倾角一般在 10°左右，局部达 20°。

区内较大的褶曲有段峪—门贤岭向斜和李家峪—大佛头向斜，轴向均为北北东向。

区内断层稀少，较大的断裂构造有李阳正断层，最大落差 200 m；三奇地堑和泊里地堑由落差 40～60 m 断层组成，走向北北东向，均分布于矿区东部。

本区局部存在有陷落柱。本区没有赋存岩浆岩。

4）寿阳区

寿阳区位于沁水坳陷西北端，其北部为阳曲—盂县东西向隆起带（位于北纬 38°左右），西以郭家沟断层与东山复背斜毗邻，东侧为太行山近南北向隆起带，南部受控于寿阳西洛南北向隆起带。其中以北部的东西向隆起带对矿区构造影响最大，总体构造走向为近东西向，倾向南的平缓单斜构造。地层倾角一般为 5°～12°左右。西部边缘局部达 30°。

区内次一级构造以宽缓褶曲为主，褶曲轴多为东西向，较大的有：

（1）大南沟背斜：轴向近东西，东端转为南东，呈“S”形扭曲。南翼倾角 3°～5°，北翼倾角3°～6°，为一两翼大致对称的向东南倾伏的隐伏背斜。

（2）蔡庄向斜：与大南沟背斜近平行，轴向南东，北翼较缓，倾角 2°～3°，南翼稍陡，倾角

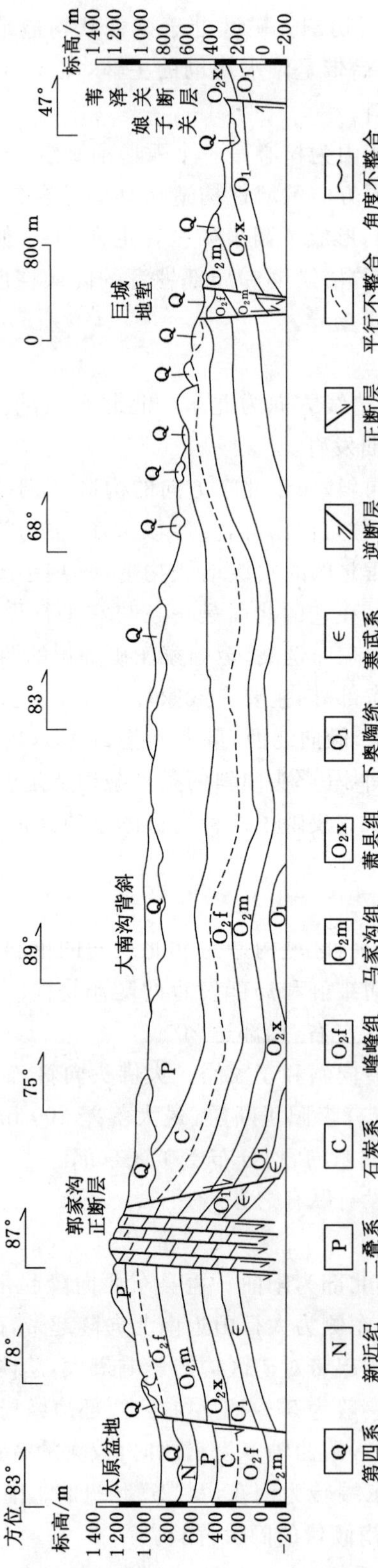

图2-1-5　阳泉地区区域构造地质剖面图

4°～6°，为一两翼不对称的向西北倾伏的隐伏向斜。向东延伸至草沟背斜而消失。

(3) 草沟背斜：东翼倾角 2°～5°，西翼陡，倾角 3°～8°，为一两翼不对称，向南倾伏的隐伏背斜。西翼与大南沟背斜和蔡庄向斜相接，为区内的主要构造之一。

(4) 高家坡背斜：位于高家坡东侧，轴向北西 28°，两翼基本对称，倾角 7°～8°，东西宽约 2 000 m，全长 4 500～5 000 m。

(5) 白草峪背斜：位于本区东部，轴向近南北，两翼基本对称，倾角 5°～6°，全长约7 500 m。

(6) 齐家梁向斜：位于本区东部，走向近南北，向南逐渐转为东北 40°，两翼基本对称，倾角7°～8°，全长约 7 200 m。

(7) 碧石背斜：位于本区东南部，轴向南北，为一对称的宽缓背斜，南部与边界相交，两翼倾角为5°～6°，在区内背斜东西宽 6 000～7 000 m，南北长约 4 500 m。

区内断层有北东向和南东向两组，落差较大的有郭家沟正断层和坪头正断层，走向北东向，最大落差 150～250 m，均位于矿区西部边缘。

陷落柱在本区局部地段较发育。本区没有赋存岩浆岩。

2.1.5.2　*矿井构造特征*

阳泉矿区位于沁水煤田东北边缘，其东部是太行山隆起带，西部及西北部是太原盆地，北部是 38° EW 向构造亚带。本区由于受东部太行山和北部五台山的隆起所控制，阳泉矿区构造形态总体表现为走向 NW 向、倾向 SW 向的大型不规则单斜构造，地层倾角较缓，一般 10°左右，次一级宽缓多期叠加褶皱构成了阳泉矿区的主体构造形态。矿区仅南部见有大型断层稀疏发育，一般均以小型正断层为主，陷落柱发育较为密集。

2.2　阳泉矿区复杂的地质条件与瓦斯赋存特点

阳泉矿区煤炭资源地质赋存条件复杂，瓦斯灾害威胁严重，主要是煤层瓦斯含量高、易自燃、抽采难度大、突出危险性高，开采时的瓦斯涌出不仅来自本煤层，还大量来自邻近层。各煤层均富含瓦斯，吨煤瓦斯含量 7.13～21.73 m^3/t，煤层瓦斯压力 0.25 ～2.9 MPa，透气性系数 0.016 ～0.178 $m^2/(MPa^2 \cdot d)$。煤层数多、透气性差、瓦斯含量大是其赋存特点。

阳泉矿区的 3 号煤层围岩和构造条件有利于 3 号煤层瓦斯的保存。3 号煤层吸附能力强，褶皱构造较为发育，断裂构造次之，煤层虽然裂隙、孔隙发育，但大多不连通，透气性很差，瓦斯含量高。井田 3 号煤层瓦斯含量普遍较大，并且具有井田中部较高，向北西和南东部渐小的趋势。瓦斯含量峰值区集中在 3-148—3-133—3-73 孔连线为中心线的 NW 向展布的短轴状区域。瓦斯压力与含量正相关。由于弯曲变形幅度较小，顶板砂岩的裂隙不发育，因此顶板砂岩对煤层瓦斯起到封闭作用，阳泉矿区 3 号煤层瓦斯含量等值线如图2-2-1所示。

阳泉矿区内 15 号煤层的瓦斯易于顺纵向正断层和次级背斜顶部裂隙运移逸散。阳泉矿区是在燕山期挤压作用机制下形成的，其 NNE 向断裂使区内形成一定厚度的构造煤，导致区内部分矿井发生煤与瓦斯突出。阳泉矿区内 15 号煤层在北部向南部煤层埋深变深，南部自东向西煤层埋深变深。煤层瓦斯含量与埋深呈正相关，相关性较好。15 号煤层实测点

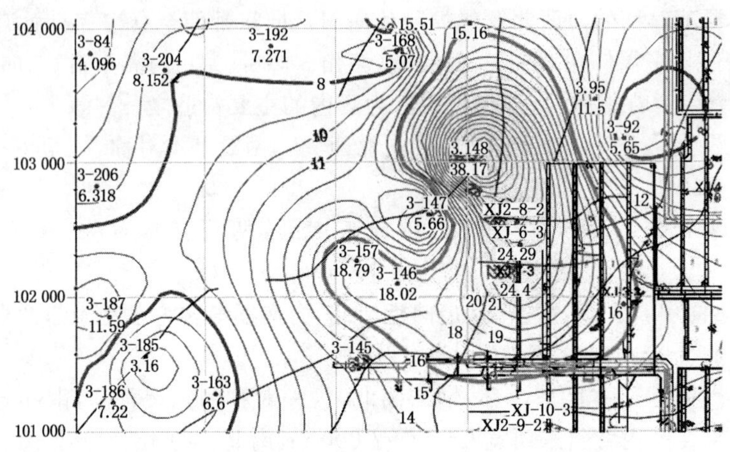

图 2-2-1　阳泉矿区 3 号煤层瓦斯含量等值线图

埋深约 86～828.71 m，瓦斯含量 0.09 ～25.21 m^3/t，总体表现为埋藏深度增加、瓦斯浓度增大。阳泉矿区北部和东部奥灰水由西北部和东南流向东北，娘子关泉为溢出点，煤层上覆砂岩裂隙水和灰岩岩溶裂隙水由浅部向深部运移。浅部为地下水活动较强的补给、径流区，煤层瓦斯含量低；深部为滞流区，煤层瓦斯含量增高。

1）褶皱

岩层在形成时，一般是水平的。岩层在构造运动作用下，因受力而发生弯曲，一个弯曲称褶曲，如果发生的是一系列波状的弯曲变形，就叫褶皱。褶皱面向上弯曲的称为背斜；褶皱面向下弯曲的称为向斜。

2）断层

断层(fault)是地壳受力发生断裂，沿破裂面两侧岩块发生显著相对位移的构造。正断层(normal fault)是地质构造中断层的一种，在正断层中，断层面几乎是垂直的。上盘(位于平面上方的岩石块)推动下盘(位于平面下方的岩石块)，使之向上移动。反过来，下盘推动上盘使之向下移动。由于分离板块边界的拉力，地壳被分成两半，从而产生断层。断层形成后，上盘相对下降，下盘相对上升的断层称正断层。它主要是受到拉张力和重力作用形成的。逆断层的断层面也几乎垂直，但上盘向上移动，而下盘向下移动。这种类型的断层是由于板块挤压形成的。冲断层与逆断层的移动方式相同，但断层带几乎是水平的。

3）陷落柱

在地质构造力和上部覆盖岩层的重力长期作用下，溶洞发生坍塌，这时覆盖在上部的煤系地层也随之陷落，于是煤层遭受破坏。由于这种塌陷呈圆形或不甚规则的椭圆形柱状体，因此叫陷落柱。

2.2.1　地质构造与瓦斯

构造曲率值与钻孔瓦斯含量、互斯相对涌出量、突出煤量和瓦斯存在较明显的负相关关系，即都随着构造曲率增加而减少。背斜核部有利于瓦斯的保存，而向斜核部有利于瓦斯的逸散，在曲率值为 0 的地方出现较多低异常点，是由于褶曲翼部构造应力作用较弱，瓦斯向应力集中区域运移造成的。

本区在古生代时期地壳的沉降作用控制下，沉积了本区的含煤地层太原组和山西组，形成了瓦斯的生气母岩煤层及瓦斯储气层。

2.2.1.1　褶皱与瓦斯

背斜或隆起区域，无论顶板为泥岩还是砂岩，瓦斯含量较高且变化不大，说明背斜或隆起区域顶板无论是泥岩还是砂岩，均有利于瓦斯的保存，向斜或凹陷区域，顶板为泥岩的区域瓦斯含量明显较砂岩的高，部分区域甚至呈现瓦斯低异常或高异常。

1）褶皱变形程度差异造成不同类型煤差异分布控制瓦斯赋存

新景煤矿位于矿区西部，与整体构造形态一致，井田构造总体表现为 NE 高、SW 低的不规则单斜构造，倾角平缓，一般为 3°～11°。同时，单斜构造上又发育次一级的褶皱构造，受区域构造控制，轴迹为 NNE—NE 向的褶皱控制矿井的基本构造形态，也发育有 EW 向褶皱和 NWW—NW 向褶皱，多期褶皱的相互叠加和改造形成了短轴状、等轴状和马鞍状等丰富的叠加褶皱类型，局部发育陡倾挠曲构造。新景井田 3 号煤层底板等高线与构造纲要如图 2-2-2 所示。

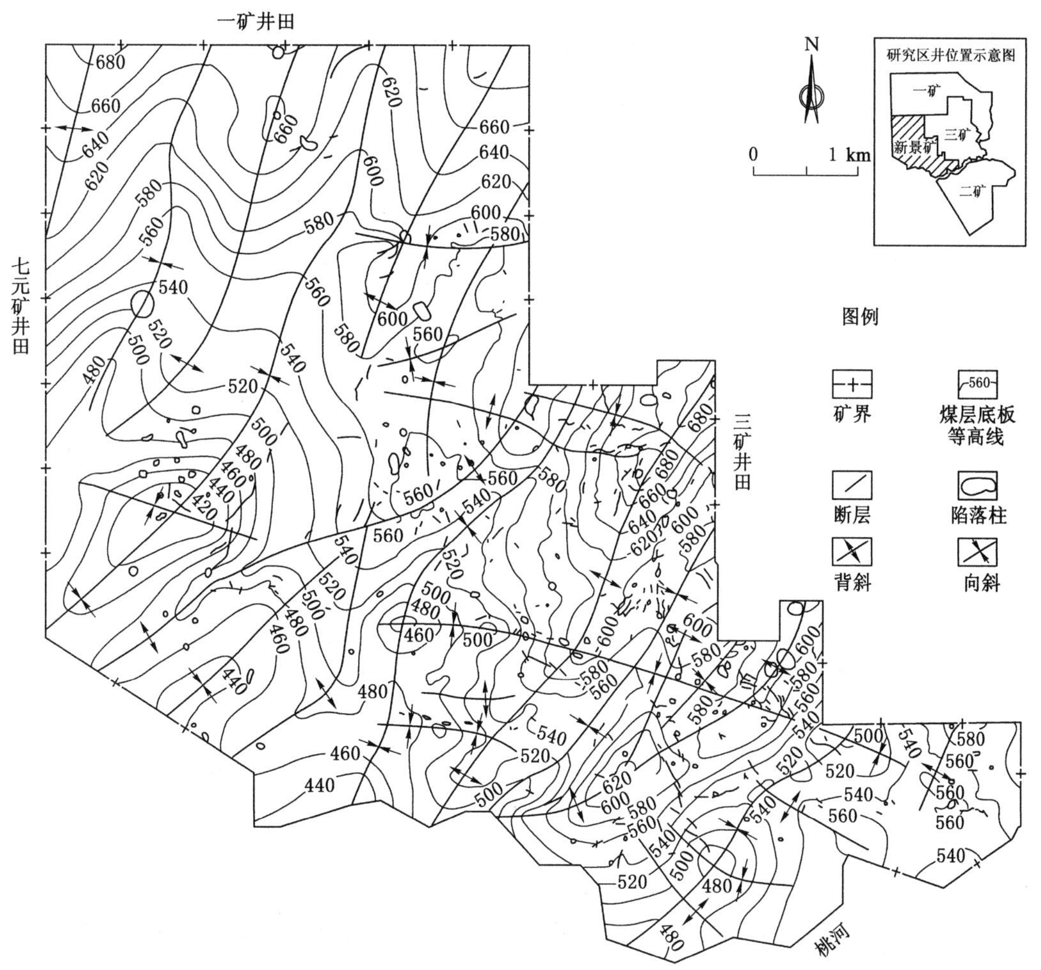

图 2-2-2　新景井田 3 号煤层底板等高线与构造纲要图

新景矿构造总体变形较弱，主要发育宽缓的次级褶皱，大断层不发育，故顶底板的透气性是影响瓦斯保存的决定因素。褶皱变形过程中，不同构造部位煤层段底层变形环境和变形程度不同，使得底板裂隙的类型和发育程度不同，造成顶底板透气性差异性变化，进而影响瓦斯的保存，新景矿褶皱构造与瓦斯含量分布如图 2-2-3 所示。

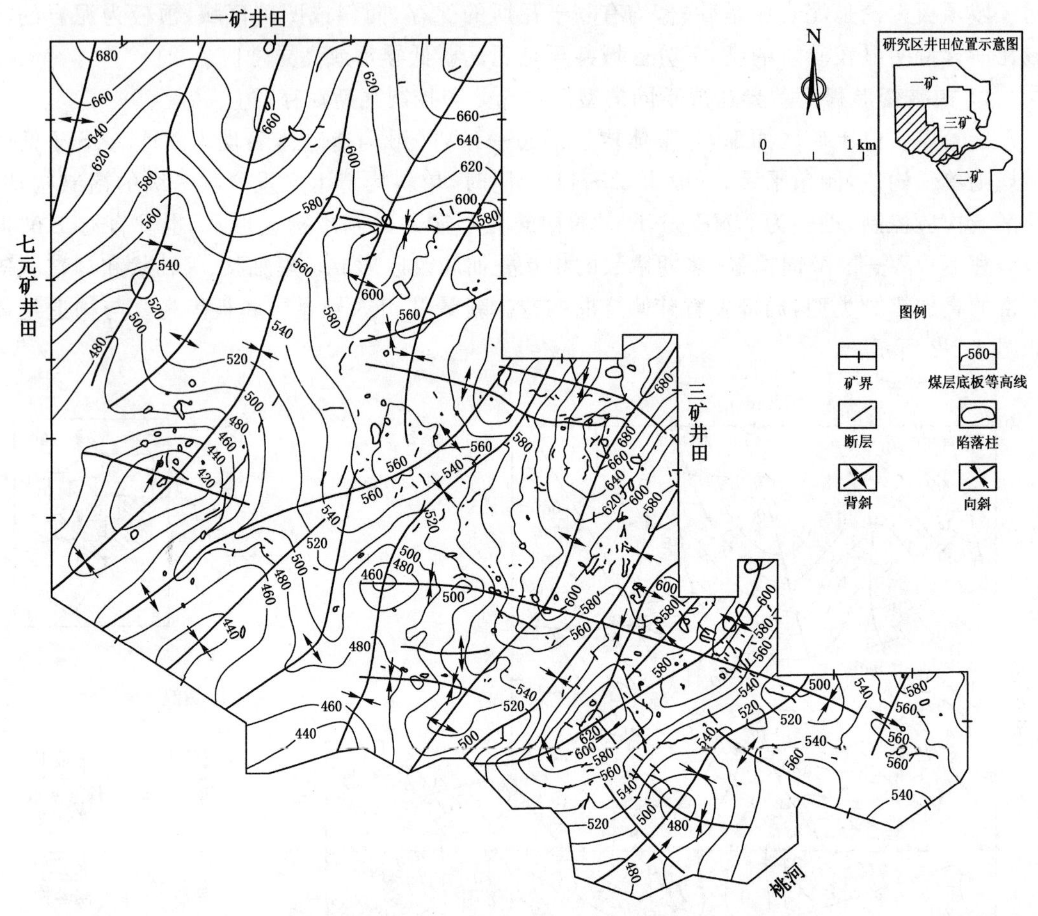

图 2-2-3 新景矿褶皱构造、顶板岩性及瓦斯含量分布图

新景矿 3 号煤层构造煤发育程度与最大主曲率呈现良好的正相关关系，表明褶皱变形越强烈煤体破坏越严重，根据构造煤孔隙结构的相关研究，变形强烈的构造煤更有利于瓦斯的运移与赋存，褶皱的核部以及部分褶皱弯折区域变形更为强烈，构造煤更为发育，在封闭性较好的区段，易于形成瓦斯富集区。3 号煤层底板以泥岩为主，横向变化不大，而顶板岩性横向变化较大，故瓦斯的保存与顶板的透气性关系密切。岩性资料显示，3 号煤层顶板砂岩致密，孔隙率低，其透气性主要与裂隙的发育情况有关。

2）褶皱叠加复合形成变形较强的构造煤进而控制瓦斯赋存

矿井经历了多期次的构造作用，形成不同期次、不同方向、不同变形程度的褶皱构造，褶皱叠加复合形成叠加褶皱，该部位应力集中、复杂，煤体遭受多次破坏，变形较强的构造煤较为发育，在封闭性较好的部分区域形成瓦斯富集区。

3）褶皱作用形成伴生断层控制瓦斯赋存

根据井下煤壁观察发现，大多数小型断层仅在煤层内发育，往往不完全切穿煤（岩）层，且多为剪性、扭性应力的产物，不利于瓦斯的散逸，加之断层附近变形强烈的构造煤十分发育，故而成为瓦斯富集的有利场所。褶皱伴生小断层多分布于褶皱偏近核部及部分叠加复合的区域，因此这也是造成这些区域瓦斯含量偏高的原因之一。

由于本区煤系垂向上岩石力学性质的差异性和煤系底部强硬厚层奥陶系灰岩的发育，煤系中层间滑动比较发育，煤系上部与下部的主褶皱轴面并不都是直立，而是有些倾斜，上部与下部煤层构造很不协调，褶皱的发育形态、规模和密度均有所差异，下部煤层的挠曲构造特别发育，尤其是在 8 号和 9 号煤层之下(王一等，1998；王瑜等 1999)(图 2-2-4)。

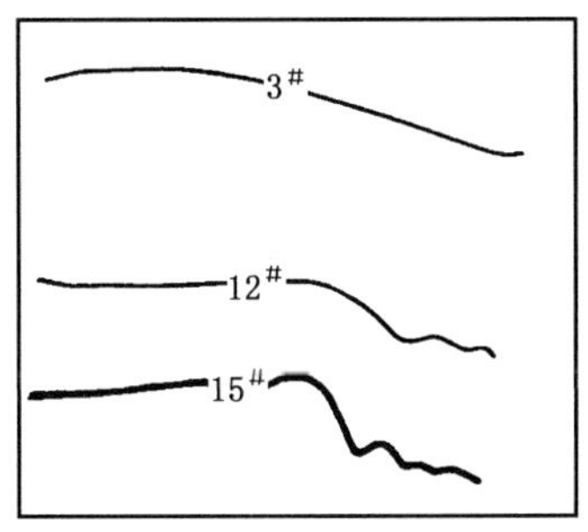

图 2-2-4　新景井田 3 号、12 号、15 号煤层褶皱示意图

在新景井田中顺层滑动形成的挠曲多出现在太原组下部煤层中，且由下往上逐渐变少(图 2-2-5、图 2-2-6)。造成工作面回采中长期在割顶板、底板，生产进度缓慢，给通风瓦斯治理工作也带来了压力。由于挠曲构造均为开采中所揭露，在勘探阶段均未查明或查清，因而在采区划分以后造成采区被破坏，给掘进和回采都带来了很大困难，使综采和综掘机械受到很大影响，大大地影响了掘进和回采进度，同样也严重影响了煤炭产量和经济效益。

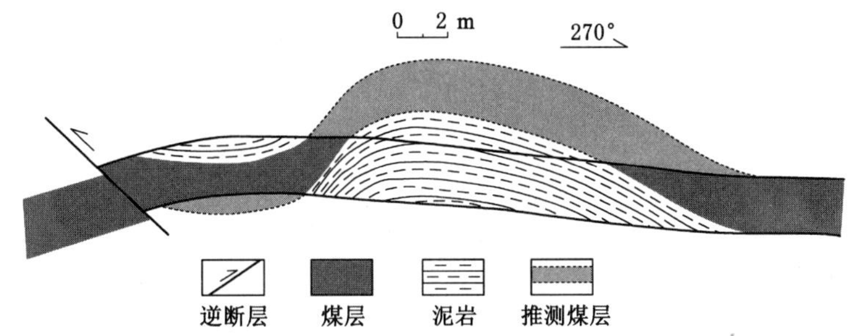

图 2-2-5　新景井田 8 号煤层 2112 工作面挠曲剖面图

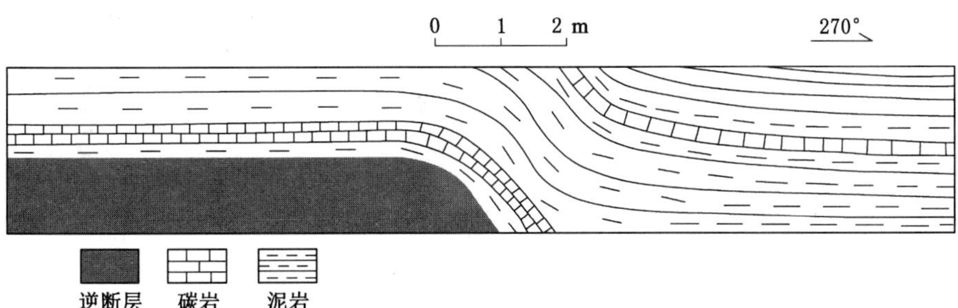

图 2-2-6　新景井田 15 号煤层 80113 工作面挠曲剖面图

2.2.1.2 断层与瓦斯

由于小断裂构造往往不完全切穿煤(岩),且多为剪性、扭性应力的产物,故往往阻断煤层气的顺层运移,又不利于纵向逸散,为瓦斯的局部富集创造了条件。

小型断裂和节理在新景矿井的中部、中北部及东南部大范围内较发育,落差大多小于5 m,在2 m左右。根据矿井井下工作面实际观察发现,大多数小型断裂和节理仅在煤层内发育,是含煤地层发生褶皱变形时由于各岩层变形量不同导致煤层面滑动造成的结果。

如寺家庄矿在NNE向落差32 m正断层JF4附近发生了三次小型瓦斯突出;在NNE向落差1.4 m正断层JF15和落差1.14 m正断层JF16与NNW向落差1.7 m正断层JF18构造叠加区域发生了两次小型瓦斯突出。

据勘探资料和生产实践证明,新景井田内以正断层为主,小断层成群出现为主要特点。通过对3号煤层底板375条(其中实测断层348条,三维地震勘测27条),15号煤层底板254条断层(其中实测断层160条,三维地震勘测94条)的统计分析,断层主要在西部以及中部地区集中发育;垂向上3号煤层断层发育较15号煤层密集,在实测断层中,3号煤层以正断层为主,共计294条,占84.5%,逆断层54条,占15.5%,15号煤层逆断层较3号煤层发育,且正、逆断层发育比例较为接近,其中正断层87,占54.4%,逆断层共计73条,占45.6%。

1) 断层走向

整体而言,新景井田断层走向以3号煤层断层走向比较分散,各个方向都有所发育,但以NE和NW向为主,15号煤层断层走向较为集中为主要特点,现分述如下:

通过对3号煤层的375条断层做走向玫瑰花图发现(图2-2-7),断层走向主要以NWW—NW和NE向为主,其次为NNE向,其他方向发育微弱。其中实测正断层走向主要以NWW—NW为主,其次为NE向,实测逆断层走向主要以NNE和NE向为主,NEE和NWW向都有所发育(图2-2-8)。通过对15号煤层的254条断层做走向玫瑰花图发现,断层走向较为集中,以NNE向集中发育,其他方向微弱发育。

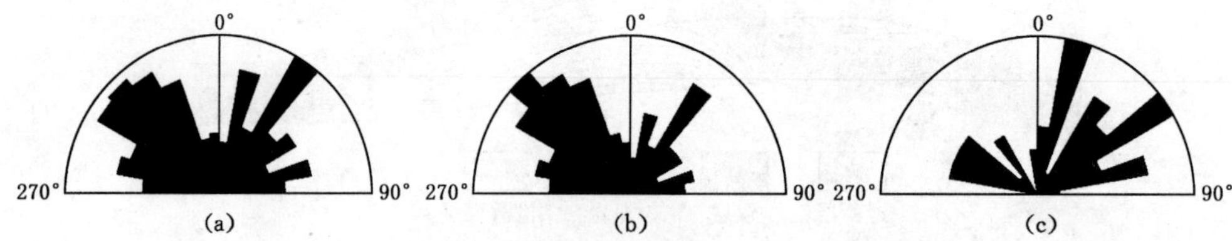

图2-2-7 新景井田3号煤层断层走向玫瑰花图

(a) 总断层($n=375,r=33$);(b) 实测正断层($n=294,r=31$);(c) 实测逆断层($n=54,r=7$)

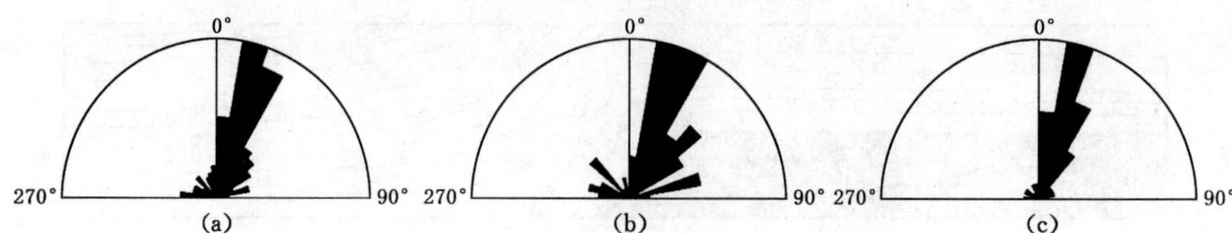

图2-2-8 新景井田15号煤层断层走向玫瑰花图

(a) 总断层($n=254,r=49$);(b) 实测正断层($n=87,r=15$);(c) 实测逆断层($n=73,r=20$)

2）断层落差

通过对3号煤层348条实测断层、15号煤层160条实测断层落差统计发现(表2-2-1、表2-2-2)，3号煤层断层落差大于5 m的仅发现3条，所占比例不足1%；15号煤层大断层较3号煤层发育，落差大于5 m的断层占6.9%，现分述如下：

(1) 3号煤层实测断层落差以小于5 m为主，共计345条，占99.1%，其中落差3 m≤H<5 m的有13条，占3.7%；落差1 m≤H<3 m的有188条，占54.0%；落差H<1 m的有144条，占41.4%。

(2) 15号煤层实测断层落差H≥5 m的断层有11条，占6.9%；落差3≤H<5 m的有7条，占4.3%；落差1 m≤H<3 m的有119条，占74.4%；落差H<1 m的有23条，占14.4%。

表2-2-1　　新景井田3号煤层实测断层落差统计一览表

断层性质	落差分类				合计
	1 m以下	1～3 m	3～5 m	5 m以上	
正断层	118	166	7	3	294
逆断层	26	22	6	0	54
合计	144	188	13	3	348

表2-2-2　　新景井田15号煤层实测断层落差统计一览表

断层性质	落差分类				合计
	1 m以下	1～3 m	3～5 m	5 m以上	
正断层	16	64	4	3	87
逆断层	7	55	3	8	73
合计	23	119	7	11	160

3）断层倾角

断层倾角指的是断层面与上盘顶面之间震动的夹角。3号煤层断层倾角分布直方图(图2-2-9)中可以看出，3号煤层中的断层其倾角分布范围为10°～80°之间，主要分布区间为30°～70°，以40°～50°最为发育，占23%左右。因正断层数目较多，故其倾角分布范围和总断层倾角分布范围较为相似，仍以40°～50°最为发育。逆断层倾角分布范围相对有较明显的差别，其中以30°～40°分布最多，占30%左右，20°～30°次之，其他分布较为均匀。

从新景井田15号煤层断层倾角分布直方图(图2-2-10)中可以看出，15号煤层断层倾角主要集中在10°～80°之间。以50°～60°最为发育，占23%左右，60°～70°次之。正断层的倾角分布范围为20°～80°，以60°～70°最为发育，占23%左右；逆断层的倾角分布范围主要以低角度为主，以20°～40°最为发育，占60%。

4）实测断层

在野外地质构造调查、节理测量和煤矿井下实地观测、采样以及矿井实际生产的过程中对出露的断层构造进行了详细的观测和系统的分析，具体如下：

(1) 观测点24芦湖沟逆断层：发育于中二叠统下石盒子组，灰黄色中厚层长石岩屑砂

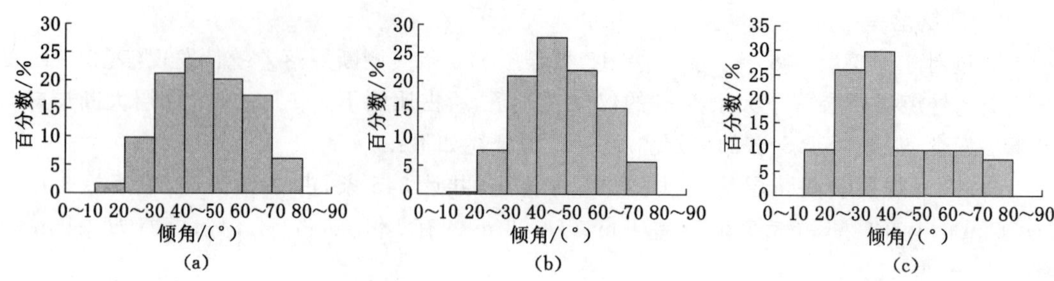

图 2-2-9　新景井田 3 号煤层断层倾角分布直方图

(a) 总断层;(b) 实测正断层;(c) 实测逆断层

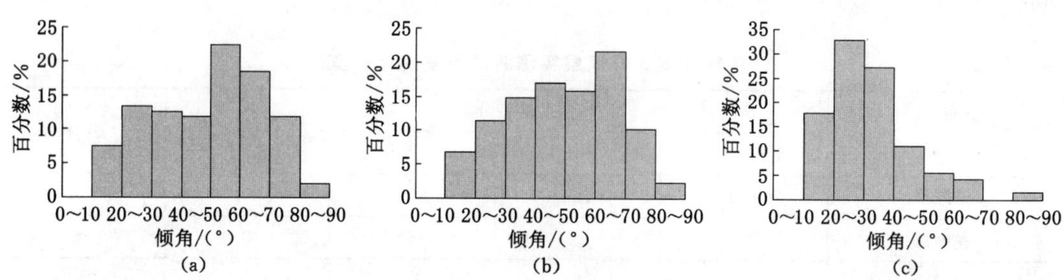

图 2-2-10　新景井田 15 号煤层断层倾角分布直方图

(a) 总断层;(b) 实测正断层;(c) 实测逆断层

岩中。断层走向近 EW 向,倾向 S,主断层面上部较陡,倾角达 55°,向下发生分叉,并且逐渐变缓,呈向下凸的弧形,断层带内岩体受到强烈的挤压破碎、揉皱变形,SW 盘下降,NE 盘上升,为逆断层,断层落差较小,为 0.8 m 左右,上盘和下盘厚层细砂岩中均发育有近于直立的剪节理(图 2-2-11)。

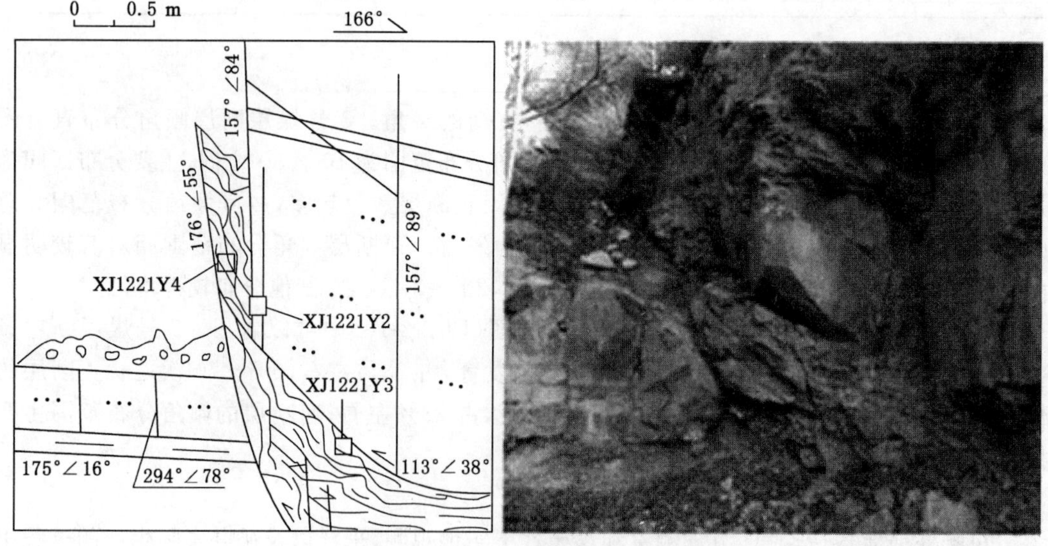

图 2-2-11　芦湖沟节理测量点逆断层图

(2) 观测点 21 车道沟逆断层：发育于中二叠统下石盒子组，下部灰白色粗砂岩，上部黄褐色薄—中厚层长岩屑砂岩，走向 SW—NE 向，倾向 SE，较为平缓，倾角达最大 22°，SE 盘上升，NW 盘下降，为逆断层，断层落差 1.5 m 左右，该断层表现为低角度的逆断层，下盘附近发育较多的、与断层面呈高角度相交的节理，指示对盘运动方向，上盘在断层牵引作用下发生弯曲，形成牵引背斜褶皱(图 2-2-12)。

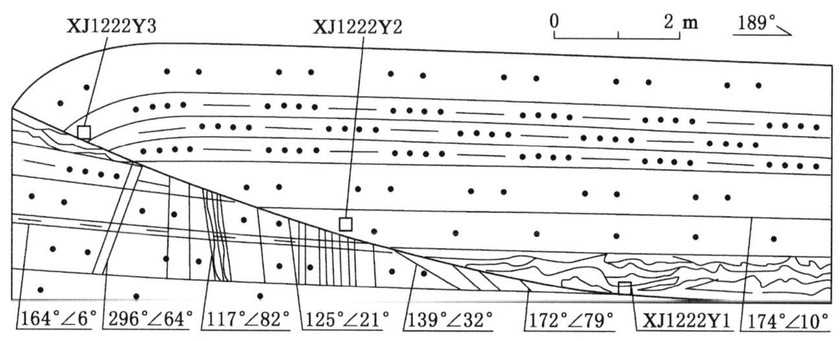

图 2-2-12　车道沟节理测量点逆断层图

(3) 新景井田芦北区 7318 进风巷逆断层：发育于 3 号煤层中的小型逆断层，断距约为 0.3 m，断层面在顶部发生分支、错开，形成菱形破碎带(图 2-2-13)。

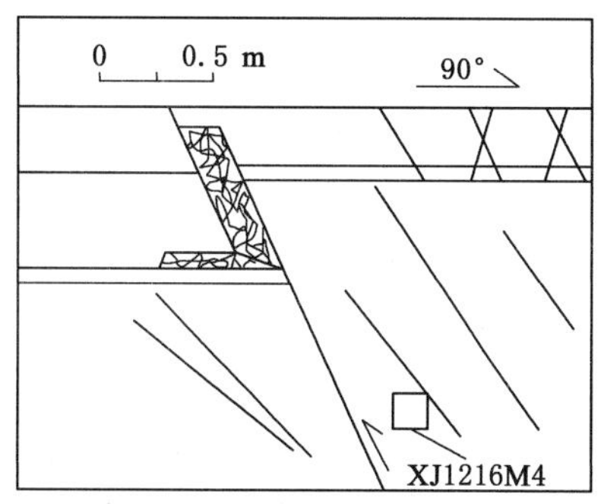

图 2-2-13　新景井田芦北区 7318 进风巷逆断层

(4) 新景井田 3 号煤层 80115 高抽巷正断层：工作面处于一条 NEE 向向斜的轴部，发育两条走向 NW 方向，倾向相向的正断层，组成地堑形式，使 3 号煤层直接顶出露于工作面，断层附近挤压节理发育。

(5) 新景井田 9 号煤层 80115 高抽巷逆断层：断层走向 NEE 向，倾向 SE，倾角 50°左右，落差 2.2 m。断层附近煤层及附近泥岩在强烈及挤压作用下形成了小型层间挠曲(图 2-2-14)。

(6) 新景井田 15 号煤层 80113 工作面断层：两端表现为两条小型倾向相反的逆断层，中间为两条倾向相背的正断层，正断层组合为地垒形式，煤层在多条断层的切割下位置变化，顶板破碎。

2.2.1.3　陷落柱与瓦斯

在地质构造力和上部覆盖岩层的重力长期作用下，溶洞发生坍塌，这时覆盖在上部的煤系地层也随之陷落，于是煤层遭受破坏。由于这种塌陷呈圆形或不甚规则的椭圆形柱状体，

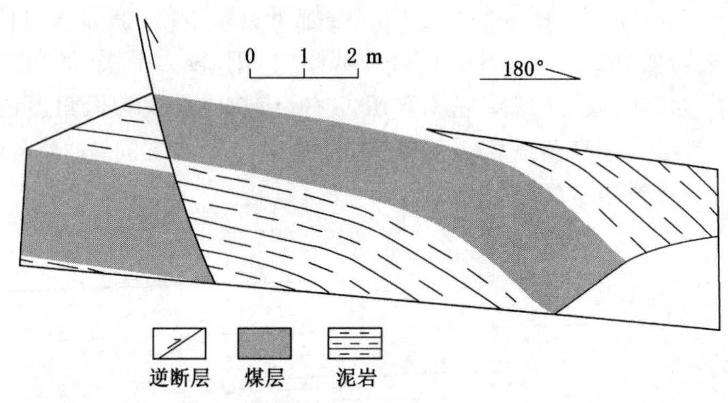

图 2-2-14 新景井田 9 号煤层 80115 高抽巷断层剖面图

因此叫陷落柱。矿井在开采过程中揭露显示，阳泉矿区陷落柱比较发育，在本井田范围内各生产煤层均有揭露(其中 3 号煤层 71 个，8 号煤层 133 个，15 号煤层 151 个)，在已开采区的陷落柱密集区高达 13 个/km^2，至今为止，本井田共揭露陷落柱 151 个，平均 2.3 个/km^2。它们在平面形态上多呈椭圆形、圆形、浑圆形、长椭圆形，其中椭圆形占 97.3%，圆形占 2.7%，在剖面上呈下大上小的柱体形，但在煤层中由于受到后期的顺层挤压，在煤层中的主体多产生了水平位移，但位移量不大。

它们总的分布规律是：在平面上多成群带状分布，很少有单个出现，群与群之间的间距一般在 800～1 000 m 左右，在这个范围内，基本无陷落柱出现，称为空白区。在剖面上，凡是上部煤层中出露的，下部煤层基本均有，上下位置基本重叠，偏斜不大，但在下部煤层中出露的上部煤层中不一定出露，这是由于陷落柱是自下而上的逐步溶蚀陷落而形成的，一般呈上小下大倒漏斗形态的柱状陷落柱，陷壁角一般为 80°～85°之间，但一般对各煤层的破坏影响范围不超过 10 m，对各煤层的开拓布置有一定影响。

煤层中的瓦斯主要为煤热成烃作用生产的，其大部分已运移出去，仅少部分通过范德华力被吸附在煤层基质微孔隙内表面，吸附量随压力增大而增大，随温度增高而减少。随着陷落柱的形成，陷落柱内岩层塌落，裂隙发育，有利于陷落柱内煤层瓦斯向上运移；同时陷落柱的形成使得周围岩层应力释放，吸附瓦斯大。

新景矿岩溶陷落柱较为发育，生产揭露的 3 号煤层的陷落柱为 71 个，其分布范围较为分散，主要在矿井的中部及东部地区，但部分陷落柱之间集中分布，很少有单个出现。陷落柱的存在导致煤层与导气层或地表的连通，有助于瓦斯的逸散，因此陷落柱发育区，煤层瓦斯含量普遍变小。

2.2.2 煤层埋藏深度与瓦斯赋存

煤层埋深是影响瓦斯赋存的重要地质因素之一，一般情况下瓦斯含量随煤层埋深而增大。阳泉矿区煤层的变质作用主要以深成变质作用为主，表现为随着煤层的埋藏深度的增加而煤层的变质程度增高，因而生成的瓦斯量也越多。首先，随着埋深的增加，煤化程度和煤的生烃量也逐渐增大，在围岩条件相似的情况下，埋深越深瓦斯向上运移的路径就越长，煤层瓦斯压力较大，有利于瓦斯的保存；其次，埋深增加导致地温增高，将导致吸附态的气体减少。但随着埋深加大，瓦斯含量变化会受到地质构造一定程度的影响，并不是呈线性增加的规律。新景矿埋深达到 600 m 时瓦斯含量达到 25.21 m^3/t，为高突出矿井。15 号煤层瓦斯含量随着煤层埋深的变化趋势如图 2-2-15、图 2-2-16 所示。

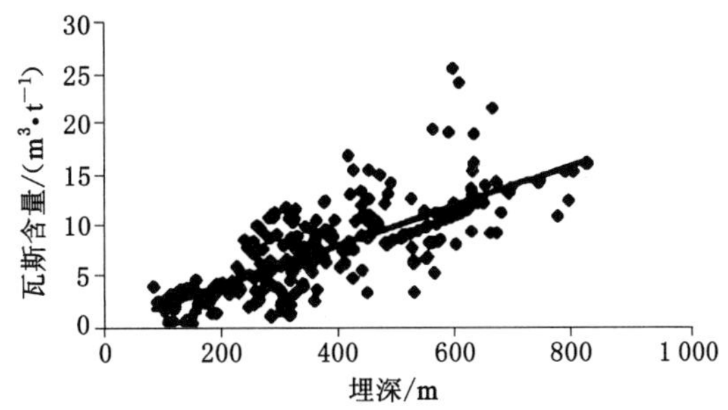

图 2-2-15　阳泉矿区 15 号煤层瓦斯含量与埋深散点图

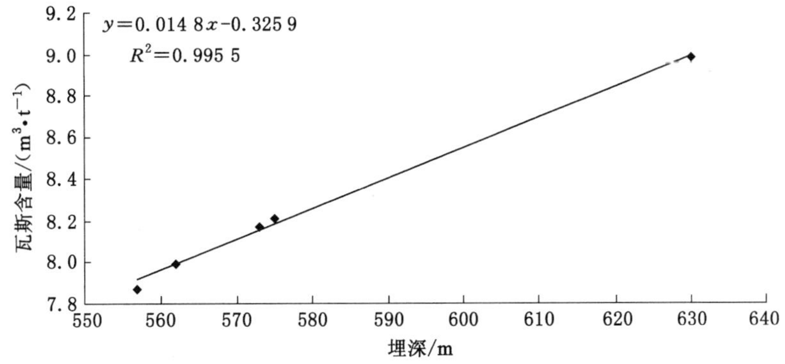

图 2-2-16　阳泉矿区 15 号煤层瓦斯含量与埋深关系图

新元矿 3 号煤层上部有沉积透气性较差的盖层，再加上轴部岩层受到强力挤压，围岩的透气性会变得很低，越靠近草沟背斜轴部，瓦斯含量越明显增大。影响新元矿井田 3 号煤层瓦斯赋存的主控因素为煤层埋藏深度。

2.2.3　水文地质条件与瓦斯

地下水与瓦斯共存于含煤岩系及围岩之中，它们的共性是均为流体，运移和赋存都与煤层和岩层的孔隙、裂隙通道有关。地下水的运移一方面驱动着裂隙和孔隙中瓦斯的运移，另一方面又带动了溶解于水中的瓦斯一起流动。因此，地下水的活动有利于瓦斯的逸散。同时，水吸附在裂隙和孔隙的表面，还减弱了煤对瓦斯的吸附能力。地下水和瓦斯占有的空间是互补的，这种相逆的关系，表现为水大地带瓦斯小，反之亦然。因此，水、气运移和分布特征，可以作为认识矿床水文地质和瓦斯地质条件的共同规律而加以运用。水动力具有封闭控气作用。水动力的封闭控气作用主要发生在压力过大产生的向斜地区，这种地质条件因岩层挤压较重，导水性很差，煤层气富集又很难游离，所以煤层气赋存含量很高。水动力所具有的封堵控气作用。水动力所具有的封堵控瓦斯作用往往发生于不对称的向斜或者单斜中，在这种地质条件下瓦斯往往受压力差的控制不自觉地从深部向浅部渗流，在这个过程中还能带动游离状态的瓦斯聚集，因此对瓦斯的赋存有较好作用。

阳曲矿区属于沁水煤田的东北边缘，娘子关泉域水文地质单元。在圪套—赛鱼—治西一线移动的洮河和温河河谷之间的三角形地区，是娘子关泉域的地下水汇水区，水位平缓，水利坡度小于 0.1%，富水性较好，具有岩溶水地下水库的特征。煤系直接覆于奥陶纪碳酸盐岩之上，含水层主要为奥陶纪马家沟组灰岩含水层、石炭纪灰岩、砂岩含水层二叠纪砂岩含水层、第四纪冲积坡积含水层。

在 15 号煤层中，水文地质条件为煤层赋存的次要控制因素。

2.2.4 综采工作面瓦斯来源分析

分析和估算采煤面的瓦斯来源，对于不断优化工作面通风系统奠定了坚实的基础。同时也能够由此精确计算出采空区的瓦斯来源及涌出量，进而不断地改进采空区的瓦斯抽采措施，引进先进的瓦斯抽采技术。一方面可加强井下瓦斯安全管理和控制，预防控制瓦斯恶性伤亡事故；另一方面也可以变害为宝，提取大量清洁能源，为我国资源节约型、环境友好型社会的构建，奉献出自己的一分力量。图 2-2-17 为综采放顶煤一次采全厚工作面瓦斯来源示意图。

新元矿 3103 工作面采用综合抽采，本煤层相对瓦斯涌出量为 12.44 m^3/t。

2.2.4.1 割煤过程中煤壁的瓦斯涌出

随着工作面所在煤层被切割、破碎、回采，支架前方煤层瓦斯压力突然减小、透气性大大增加，新暴露的煤壁大量涌出卸压瓦斯，如图 2-2-17 中的 Q_1；液压支架上方的顶煤在放顶煤过程中被设法破碎，压力降低、裂隙增多、透气性增大，顶煤的赋存瓦斯也会向工作面涌出，如图 2-2-17 中的 Q_2。

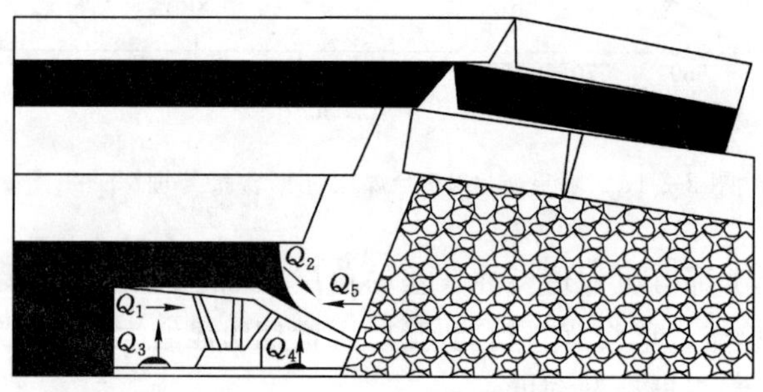

图 2-2-17　采煤工作面瓦斯涌出来源

2.2.4.2 采落煤、放落煤的瓦斯涌出

采煤机破碎煤体使煤块变成煤粒，提高了煤的解吸强度，采落煤不停运出，其所含瓦斯不停地向工作面释放，大大增加落煤瓦斯涌出量。割煤破碎煤的瓦斯涌出，如图 2-2-17 所示的 Q_3；还有就是放顶煤时放落顶煤涌出的瓦斯，如图 2-2-17 中的 Q_4。

2.2.4.3 采空区的瓦斯涌出

采空区瓦斯涌出导致上隅角瓦斯超限，是由于开采煤层时，采空区大量卸压瓦斯通过漏风通道重新涌出到工作面回风巷附近的现象。采空区深部的瓦斯基本上处于稳定状态。涌入工作面的瓦斯主要是采煤工作面附近的采空区区带，如图 2-2-17 所示的 Q_5。

采空区瓦斯涌出量占到综采工作面瓦斯涌出量的 50%以上的，对采空区瓦斯涌出源进行分析和估算，对于工作面的安全高效回采和采空区瓦斯的治理都存在着积极的作用。

采空区含有部分遗落煤块主要是煤层回采不彻底不完全造成的，采空区瓦斯涌出总量中遗煤涌出占绝大部分。采空区四周煤壁是由切开煤眼和采空区两侧煤壁构成，由于受到回采动压和周期来压的冲击作用，煤壁逐渐被压酥变形，孔隙发育，所赋存瓦斯转变成游离态，通过裂隙涌入到采空区，瓦斯涌出量非常少，一般不做重点考虑。

随着煤炭开采的进行，邻近煤层和围岩断裂产生大量顶板覆岩采动裂隙，这就为邻近层和围岩瓦斯涌向采空区、回采工作面构建了瓦斯流动运移的路径。所以在工作面和采空区瓦斯的治理过程中，一定要对围岩瓦斯涌出和邻近煤层瓦斯涌出加以重视，必要时可对瓦斯运移积聚区域运用先进的抽采技术措施加以处理。

回采工作面瓦斯涌出量在初次及周期来压、产生冲击地压时会显著增加，较正常时期增加约 60%。周期性来压破坏了煤体原生结构和采场应力状态，改变了煤层的孔隙率及透气性，导致瓦斯涌出量变化。回采速度较低时，相对瓦斯涌出量保持常数，绝对瓦斯涌出量与产量或回采速度(日推进度)成正比；回采速度变大时，相对瓦斯涌出量减少。

根据新元矿煤层地质情况，3 号煤层存在上邻近层，从开切眼沿 3 号煤层向 3103 工作面采区边界推进。① 在工作面推进、基本顶第一次垮落前，采空区的瓦斯涌出量基本上就是采空区遗落煤块瓦斯涌出，这时候遗煤数量和煤层瓦斯含量共同决定采空区的绝对瓦斯涌出量，逐渐增加。② 当工作面基本顶第一次垮落时，采空区的绝对瓦斯涌出量显著增加，这是因为邻近煤层和围岩层的卸压瓦斯会通过裂隙向采空区逐渐涌出。通常情况下，工作面基本顶再次冒落前，采空区绝对瓦斯涌出量不断降低，然而基本顶初次冒落时的瓦斯涌出量也小于此时的瓦斯涌出总量。③ 以后基本顶再次冒落时，将会不断重复上演②的过程，因此采空区的瓦斯涌出总数量不断增加。④ 随着回采工作面持续不断向前推进，采空区的长度也在不断地增加，采空区达到一定长度时，这时采空区深部瓦斯含量将达到特定值并逐渐稳定下来。离综采放顶煤工作面较近距离的采空区中部分瓦斯可能进入到支架工作面。此时若回采速度与顶板状况保持不变，则采空区的瓦斯涌出量为常数。⑤ 在综采工作面最终推进到采区边界而回采工作面搬家以后，采空区被封闭后的瓦斯含量会逐渐缓慢下降并趋于零。通常情况下，时间增加，瓦斯涌出量逐渐降低，并且煤岩的渗透性决定冒落带瓦斯枯竭的时间。

新元矿经过在生产班回风巷多次监控和测量，得出生产班平均风排瓦斯总量为 18.61 m^3/min，最终生产班采空区瓦斯绝对涌出量(不包括采空区向采煤面涌出瓦斯量)为 41.4 m^3/min。

新元矿选择在 3103 工作面正常生产期间的检修班时间，在采煤工作面煤壁到采空区之间均匀布置瓦斯检测点，多次测量并记录测点的瓦斯浓度，绘图得出采煤面的瓦斯浓度最低点。计算浓度最低点分别距离煤壁和采空区的距离，最终按照比例关系得出采空区向采煤面的瓦斯涌出量。采空区向采煤工作面涌出瓦斯所占的比例为 34.7%。

2.3　阳泉矿区开采方法和开采工艺

2.3.1　分区域开采技术条件

(1) 阳泉、晋东、寿阳、南煤集团均位于沁水煤田东北部。分区域煤层及开采技术条件情况如下：

① 阳泉本部和南煤集团主要开采 3 号、15 号煤层。其中，3 号煤层结构简单、赋存稳定，属中厚煤层，厚度 2.5 m 左右，属低灰、低硫、高发热量的优质无烟煤，洗选后可作优质的高炉喷吹煤；15 号煤层结构简单、赋存稳定，属厚煤层，厚度 6～7 m，属低灰、中高硫、高

发热量的优质无烟煤，主要洗选品种为块煤和 3 号筛选末煤，赋存条件好，属集团主采煤层。

上述两层煤均属缓倾斜煤层，中等稳定顶板，瓦斯含量大(2 座煤与瓦斯突出矿井，11 座高瓦斯矿井)，水文地质条件中等，地质构造特别是陷落柱发育。

② 寿阳区域主要开采 3 号、8 号、9 号、15 号煤层，其中，3 号层煤赋存稳定，属中厚煤层，厚度 2.0～2.7 m，属中灰、特低硫、高发热量贫煤(目前新元矿主采)，主要洗选品种为块煤和 1 号喷粉煤；8 号煤赋存稳定，属中厚煤层，平均厚度 1.8 m 左右，属中灰低硫中发热量贫煤(目前平舒主采)，主要洗选品种为块煤和 2 号喷粉煤；9 号煤层结构复杂，厚度变化较大，并且局部有分叉现象，属中灰、低硫、中发热量贫煤，主要作为动力用煤；15 号煤层结构复杂，厚度变化较大，属中灰、中硫、中发热量贫煤，主要作为动力用煤。

上述煤层均属缓倾斜煤层，中等稳定顶板，瓦斯含量大(3 座煤与瓦斯突出矿井，1 座高瓦斯矿井)，除景福矿水文地质条件复杂外其余均为中等，地质构造特点是陷落柱较多。

③ 晋东区域主要开采 15 号煤层，其中，15 号煤层结构简单赋存稳定，属厚煤层，厚度 6 m左右，属中灰、中硫、中发热量的优质无烟煤，主要洗选品种为块煤。15 号煤层属缓倾斜煤层，中等稳定顶板，瓦斯含量大(3 座煤与瓦斯突出矿井，1 座按突出管理，3 座高瓦斯矿井)，除运裕水文地质条件复杂外其余均为中等，地质构造复杂，特别是陷落柱发育。

(2) 晋北区域横跨矿区较多，其中，右玉元堡矿在大同矿区，主要开采 9 号煤层，属特厚煤层，煤层厚度 14 m 左右，为优质动力煤，属中灰、中硫、中发热量长焰煤，断层发育；孙家沟和五鑫在河保偏矿区，主采 13 号煤层，结构简单、赋存稳定，属特厚煤层，煤层厚度 13 m 左右，属低灰、中硫、中发热量 1/2 黏结煤；榆树坡和天安矿在宁武矿区，主采 2 号煤层，属厚煤层，厚度 4 m 多，以中灰、中硫、中发热量气煤为主；碾沟和南岭在西山古交矿区，主采 2 号和 5 号煤层，属中厚煤层，煤层厚度 2 m 左右。其中南岭 2 号煤层属于中灰、中硫、中发热量炼焦配煤，5 号煤层属于贫瘦煤。碾沟 2 号和 5 号煤属中灰、中硫、中发热量贫瘦煤，主要作为动力及民用煤。

上述煤层均属缓倾斜煤层，中等稳定顶板，水文地质条件中等，除南岭和碾沟为高瓦斯矿井外其余均为瓦斯矿井。

(3) 晋南区域主要开采 2 号、(9 号+10 号)煤层，除登茂通在沁水矿区和新星在乡宁矿区外，其余均在晋城矿区。其中，2 号煤属中厚煤层，厚度变化较大(2～4 m 多不等)，其中登茂通为低灰、低硫、高发热量焦煤，翼城区域为低硫无烟煤；(9 号+10 号)煤层厚度变化较大(2～4 m 多不等)，为高硫、中灰、中发热量无烟煤，主要分布在翼城区域；均属缓倾斜煤层，中等稳定顶板，除登茂通水文地质条件复杂外其余均为中等，除登茂通为高瓦斯矿井外其余均为瓦斯矿井。

2.3.2 煤炭开采技术及采掘装备水平

2.3.2.1 采煤

目前集团公司所属矿井全部采用壁式体系采煤法，生产矿井商品煤口径单产水平平均 12 万吨。其中：

中厚煤层采用综合机械化采煤工艺，主要采用 ZY8000、ZY6800、ZY6400、ZY5000、ZY4000 型液压支架及配套装备。单产水平平均 8 万吨。

厚煤层多数采用综采放顶煤采煤工艺，主要采用 ZF13000、ZF8000、ZF7800、ZF7000、ZF6200、ZF5800、ZF5000 型低位放顶煤液压支架及配套装备。ZF5000 型及以下普通架单产水平平均 10 万吨，ZF5000 型以上高效架单产水平平均 15 万吨。

少数矿井如阳煤一矿和寺家庄 15 号煤层、新元矿 9 号煤层、平舒矿 15 号煤层、景福矿 15 号煤层、榆树坡矿 2 号煤层采用大采高一次采全厚采煤工艺，采用 ZY12000、ZY8000、ZY6800 型大采高支架及配套装备。

2.3.2.2　掘进

集团公司开拓掘进煤巷全部采用综掘工艺，岩巷基本以钻爆工艺为主。生产矿井按实际单头月进行统计，综合单进为 151.2 m，其中开拓岩巷 97.8 m、开拓煤巷 161.7 m、准备岩巷 117.2 m、准备煤巷 262.7 m、回采上层巷道 274.1 m、回采下层巷道 221.6 m、小断面岩巷 141.6 m。装备配套为：

煤巷装备的掘进机主要有 EBZ220、ZBE200、EBZ160 型悬臂式掘进机，部分在用的 EBZ132、EBZ120、EBZ100E 型小功率掘进机正在逐步淘汰更新。煤巷支护方面推行 CMM2 型液压锚杆钻车替代气动锚杆钻机。目前正在与太原煤炭科学研究院合作研究煤巷掘锚机快速掘进系统，单进水平拟达到 800 m。

近 3 年岩巷装备重点推广 ZWY 型挖掘式装载机（扒渣机）作业线，其中，开拓岩巷推广"液压钻车＋扒渣机＋矸石溜＋皮带"作业线，平均单进 85.2 m，最高月进 100 m；小断面岩巷推广"扒渣机＋皮带"作业线，平均单进 123.3 m，最高月进 191 m。同时，积极探索岩巷综掘工艺试验，引进使用了三一重工生产的 EBZ200H、EBZ260H、EBZ318H 型掘进机，阳泉华越机械有限公司生产的 EBZ220、EBZ315 型掘进机，凯盛重工有限公司生产的 EBZ255、EBZ355 型等开拓岩巷硬岩掘进机；小断面岩巷试验 EBZ260W 掘进机，平均日进达 6.8 m，月进 203 m。

2.3.3　制约生产能力发挥的主要问题及采取的措施

2.3.3.1　地质构造

每年回采过大型地质构造总量均在 150 个左右，割岩石量在 40 万 m^3 左右（其中 2012 年 167 个，割岩量 49.4 万 m^3；2013 年 144 个，割岩量达 45.3 万 m^3；2012 年 156 个，割岩量 49.4 万 m^3），影响产量平均在 400 万吨；每年掘进过构造在 297 个左右，过构造年平均进尺 8 042 m，已成为制约安全生产的主要因素之一。近年来，把采掘过构造作为系统工程，实行分级分类管理，过构造前准确预测预报科学决策，过构造期间超前采取主动支护措施，构造结束后持续强化，努力缩短过构造时间，增加正常出煤时间。

2.3.3.2　瓦斯

集团公司有煤与瓦斯突出矿井 8 个，按突出管理 1 个，高瓦斯矿井 18 个，总设计产能 6 340万吨。受瓦斯影响，采煤队采取了限制割煤措施，使采煤效能得不到充分发挥，特别是煤与瓦斯突出矿井，掘进防突，煤巷单进只有 40～100 m，采掘抽衔接十分紧张。集团公司高度重视瓦斯防治，通风系统结合生产实际，按照一矿一策、分步实施、根治瓦斯的原则编制完成了《阳煤集团瓦斯治理三年计划及中长期规划方案》，主要开展了保护层开采，以岩保煤递进抽采，千米钻机开采等措施，但"十三五"期间瓦斯制约生产能力发挥的问题仍十分突出。

2.3.3.3　动压巷道

近年来由于开采深度加大，衔接紧张。目前集团公司共有 17 座矿井的 36 个面存在邻近采空侧动压开采情况，其中本部 5 个座矿井的 19 个工作面为相邻采空侧巷道。尤其是集团一矿 S8303 工作面、二矿 80704 工作面、三矿 K8203 工作面、五矿 8133 工作面、新景 80116 工作面矿压显现尤为强烈，每日安排专门的队伍和人员进行起底整巷，只能勉强保证工作面正常推进。集团公司采取调整巷道层位、缩小煤柱宽度、优化支护参数等措施，与中国矿业大学、煤炭科学研究总院等科研单位系统地研究动压巷道围岩变形控制方法，争取利用 1～3 年时间寻求治理动压巷道有效途径和管理办法。

第三章　阳泉矿区瓦斯防治

本章介绍了阳泉矿区瓦斯分布情况，对瓦斯资源进行分类(高瓦斯、突出瓦斯)，简析了瓦斯涌出规律，阐述复杂地质条件下矿井瓦斯治理技术和瓦斯监测系统，构建了“通风可靠、抽采达标、监控有效、管理到位”的矿井安全生产和综合治理体系。

3.1　阳泉矿区瓦斯分布情况

阳煤集团现有矿井 40 个，41 个自然井(不含七元、泊里矿)，分布在太原、阳泉、晋中、临汾、忻州、朔州六个地区。其中，突出矿井有 9 个(分别是五矿贵石沟井、新景公司、新元公司、开元公司、平舒公司、石港公司、寺家庄公司、永兴公司、新大地公司)，高瓦斯矿井有 17 个，低瓦斯矿井有 15 个。阳煤集团目前突出矿井主要集中在阳泉和晋中区域，均位于沁水煤田东北部的阳泉矿区内，行政区划涉及阳泉市、平定县和晋中市昔阳县、和顺县、左权县、寿阳县。

目前阳煤集团矿井安设主要通风机 60 套，总排风量 50.5 万 m^3/min。瓦斯抽采泵站共计 32 座，瓦斯抽采泵共安装 143 台，总装机能力为 82 273 m^3/min。2016 年正常生产矿井通风能力为 8 182 万吨/年，抽采能力为 6 881 万吨/年 。

阳泉矿区瓦斯赋存状况呈现 3 个瓦斯储集层段：上储集层段包括 3 号煤层及其上下邻近层；中储集层段包括 12 号煤层及其上下邻近层和两层石灰岩 K_4、K_3；下储集层段为 13 号煤层及下部煤层和 K_2 石灰岩。

阳泉矿区不同深度的煤层瓦斯含量和压力梯度变化趋势分为两段。以 9 号煤层为分界，在 1～9 号煤层，随深度增加，瓦斯压力和瓦斯含量也增加；在 9～15 号煤，其间有三层石灰岩，煤层原生瓦斯逸散进入裂隙溶洞，由于岩溶裂隙水流携带，或石灰岩出露瓦斯释放作用，煤层瓦斯压力和瓦斯含量随着深度的增加，瓦斯压力和含量越小。在无岩石出露及岩溶水流动性差的地区瓦斯压力和含量随深度的增加也增大。

根据阳煤集团多年的开采经验，在煤层开采过程中，开采上储集层段 3 号、6 号煤层的工作面瓦斯来源，本煤层与邻近层涌出约各占 50%；开采中储集层段 8 号、9 号、12 号煤层的工作面瓦斯来源，邻近层涌出约占 60%～70%，本煤层涌出约占 30%～40%；开采下储集层段 15 号煤层的工作面，邻近层瓦斯涌出约占 85%～90%，本煤层约占 10%～15%。如果 15 号煤层上部有开采的邻近煤层，则工作面邻近层瓦斯涌出量比值降低，与层间距和开采间隔时间有关。

3.2 阳泉矿区瓦斯治理

3.2.1 瓦斯治理概述

阳煤集团煤层气抽采量已由 2000 年的 1 亿 m^3 发展到 2008 年的 5.0126 亿 m^3。民用煤层气利用量为 4 785 万 m^3，煤层气发电利用量 7 140 万 m^3，氧化铝煤层气利用量 3 496 万 m^3，其他工业用户煤层气利用量 2 060 万 m^3，所有已建成和已改造的煤层气利用工程项目利用量达到 1.8 亿 m^3。

2005 年阳煤集团建设了全国第一条利用煤层气作燃料，年产 1 200 t 永久性磁铁材料的生产线。2006 年，开工建设了 3 个煤层气发电厂，总发电量 29 MW，年发电近 2 亿度；进行大型工业锅炉改造，阳煤二矿 2 台 20 吨锅炉由燃煤锅炉改为煤层气锅炉。

从 2007 年开始，阳煤集团瓦斯治理从以邻近层瓦斯抽采为主逐渐转变为以邻近层瓦斯抽采、本煤层抽采以及采空区瓦斯抽采的综合抽采治理模式，通过保护层卸压、低透气性煤层增透研究，形成了高抽巷抽采、井下顺层千米定向钻机长钻孔抽采、顶底板岩层抽采巷穿层抽采、地面煤层气抽采等全方位、立体化的高效煤与瓦斯共采格局。

在煤与瓦斯突出治理方面，充分利用阳煤集团瓦斯抽采技术、管理和队伍优势，优先采用保护层开采和“以岩保煤”等区域防突措施，改变目前瓦斯抽采短兵相接、预抽时间短的现状，实现从风排型向抽采型转变、从符合型达标向根除型消突转变，最终消除采掘作业过程中的煤与瓦斯突出和其他瓦斯事故的发生。

2008 年，阳煤集团提出：“上限配风、变高为低、变下为上、抽采达标”和“不掘突出面，不采突出面”的总体要求。本煤层瓦斯抽采的治理理念是“大孔径、密间距、深封孔、高负压”。在突出煤层工作面采取以技术措施(预抽)为主，以防护措施(卸压孔、高压注水、震动炮)为辅的防止煤与瓦斯突出及治理瓦斯措施。

阳煤集团在国内首次提出采用中低位后高抽巷抽采技术，为治理由于顶板初次垮落瓦斯不稳定涌出奠定了坚实的技术支撑，是不布置内错尾巷的综放面初采期间瓦斯不稳定涌出的重要治理手段。

阳煤集团首次采用大直径钻孔与走向高抽巷连通的布置方式替代伪倾斜后高抽巷解决初采期瓦斯，及时将顶煤垮落、大顶冒落期间不稳定涌出的瓦斯通过大直径钻孔进行抽采。

阳煤集团通过合理配风、采取多种抽采手段，使综放面顶板初次垮落的初采阶段瓦斯不稳定涌出影响安全生产问题得到解决，有效提高综放工作面推进速度，工作面推进速度由原来的 1.55 m/d，提高到 3.46 m/d，大大提高了工作面初采阶段的单产。

阳煤集团抽采的煤层气作为主要气源供给阳泉市燃气系统。供气浓度为 35%～40%，气体成分为：甲烷占 40.78%，氧气占 11.94%，氮气占 47.28%。发热量为 14.65 MJ/m^3，密度为 1.052 kg/m^3，属发热量高、杂质少、无腐蚀性的洁净能源，符合《城市燃气设计规范》规定的燃气质量标准。

阳煤集团现有 6 座储配站，其中 50 000 m^3 储气柜 2 座，30 000 m^3 储气柜和 20 000 m^3 储气柜各 1 座，5 000 m^3 储气柜 2 座，总储配能力达 160 000 m^3。主要民用煤层气用户达到 11 万户以上。

根据煤层瓦斯赋存情况，阳煤集团经过多年瓦斯治理试验、总结、分析，在瓦斯抽采技术上有了适应于企业快速发展的技术手段，瓦斯抽采技术主要有两种：(1) 邻近层抽采技术(边采边抽上邻近层抽采钻孔、倾斜高抽巷、走向高抽巷)；(2) 本煤层抽采技术(回采工作面抽采、掘进工作面抽采)。

目前阳煤集团区域防突措施主要有保护层开采、底(顶)板岩石抽采巷施工穿层钻孔预抽、卸压区掘进(沿空掘进)、千米钻机钻孔预抽、本煤层顺层钻孔预抽、地面钻井预抽等。

辅助增透措施有水力压裂、水力割缝、冲孔造穴、气相压裂等方法。

3.2.2　瓦斯抽采防突技术

近年来，阳煤集团在以往瓦斯治理技术的基础上，即邻近层抽采技术(边采边抽上邻近层抽采钻孔、倾斜高抽巷、走向高抽巷)和本煤层抽采技术(回采工作面抽采、掘进工作面抽采)，结合各高突矿井煤层碎软、透气性差、瓦斯含量高、抽采困难的特点，集团公司开展了大量的瓦斯治理技术创新研究，并取得了一系列的技术成果，逐渐形成了“7＋3”瓦斯治理的阳泉模式，即以岩保煤、气相压裂、长钻孔水力压裂、沿空留巷、水力冲孔造穴、保护层开采、小煤柱开采这七项技术和本煤层瓦斯抽采系统标准化、在线监测、精准计量这三种管理手段。

阳泉矿区属于高瓦斯和突出矿区，瓦斯抽采是瓦斯和突出灾害防治的主要手段。瓦斯抽采就是通过钻孔释放煤层中瓦斯蕴藏的能力，降低瓦斯压力和瓦斯含量，必须通过顶底板岩巷穿层钻孔与倾斜顺层穿层钻孔抽采瓦斯。其原理是向突出煤层内打大量的密集钻孔使煤体区域卸压，同时抽采瓦斯释放其潜能，然后再经过较长时间的预抽煤层瓦斯进一步降低其瓦斯压力与瓦斯含量，并由此引起煤层的收缩变形、地应力下降、透气性增高、地应力与瓦斯压力梯度减小和煤的普氏系数增加等变化，从而达到消除突出危险性的目的，促使煤层瓦斯含量降到 8 m^3/t 以下，煤层瓦斯压力降到 0.74 MPa 以下，消除该条带煤层的突出危险性，保证煤层巷道的安全掘进。

3.2.2.1　邻近层瓦斯抽采主要方式

阳泉矿区 15 号煤层邻近层瓦斯涌出量占工作面的 90%，综放工作面邻近层瓦斯是治理工作面瓦斯的重点工作，邻近层瓦斯释放可以采用风障导风法、尾巷排放法、骨架风筒导排法、控制采空区漏风量、局部通风机送风稀释等多种方法并用来进行瓦斯治理。

1) 邻近层瓦斯抽采技术

采用综合机械化开采中厚煤层(3 号、8 号、9 号等)的回采工作面，采用顶板穿层钻孔抽采邻近层瓦斯时，钻孔间距要根据瓦斯涌出量确定，钻孔间距一般掌握在 15～30 m 之间，在距切巷 20 m 范围内至少应有 2 对高低孔，孔径不低于 200 mm；并且施工一条初采伪斜高抽巷，解决工作面初采期瓦斯。目前，阳煤集团基本解决了中厚煤层邻近层瓦斯对安全的威胁。

2) 顶板岩石走向与初采伪斜后高抽巷抽采方式

集团公司开采的高瓦斯煤层综采工作面必须采用走向高抽巷与初采倾斜高抽巷进行抽采；其他煤层上邻近层瓦斯涌出量大于 15 m^3/min 时，优先采用走向高抽巷与初采倾斜高抽巷进行抽采。高抽巷层位距 15 号煤的距离不得小于 8.5 倍的开采煤层高度，走向高抽巷至工作面回风巷的水平距离要根据层间距而定，一般应掌握在 25 m 至工作面采长的 1/3 之内，高抽巷距 15 号煤层越近，越应靠近工作面回风巷。走向高抽巷初次抽出瓦斯一般在工作面回采到距切巷 28 m 左右，大量抽出瓦斯在 38 m 左右。阳煤集团把顶板走向高抽巷与后高抽巷贯通，利用走向高抽巷进行抽采来解决工作面初采期间的瓦斯涌出，大大缩短了高抽巷初次抽出瓦斯的距离，降低了工作面初采期间瓦斯超限。

初采伪倾斜高抽巷的关键是，要布置在顶板初始冒落的边缘带上，使之随顶板的冒落自下而上逐段报废，使抽采负压点随之上移，瓦斯抽采浓度逐渐升高，直至顶板冒裂高度与高抽巷连通，渡过初采期。

多年来，阳泉矿区总结了多种方法治理综放工作面上隅角和工作面瓦斯超限问题，采用顶板岩石巷道抽采上邻近层瓦斯，采用大直径钻机抽采，后高抽巷抽采初采期瓦斯，移动泵站局部瓦斯抽采系统抽采后高抽巷或综放工作面上隅角瓦斯，走向高抽巷与内错尾巷共用系统等方法来进行工作面生产过程中各个时期的瓦斯治理。

3.2.2.2　本煤层瓦斯预抽主要方式

1. 回采面预抽方式

当前回采工作面普遍采用施工钻孔预抽煤层瓦斯方式。若回采工作面选用单侧布孔时，钻孔深度应小于工作面采长 15～20 m；若采用双侧布孔时，钻孔累计深度应大于工作面采长(即中部重叠 15～20 m)，突出煤层的钻孔间距按不大于 2.5 m 布置，高瓦斯煤层按不大于 5 m 布置，预抽时间不少于 6 个月。

2) 掘进煤巷预抽方式

掘进工作面预抽方式可根据各矿掘进情况采取在巷道迈步式布置双侧耳状钻场预抽、双巷交替施工预抽、超前施工岩(煤)巷预抽和采区布置长距离钻孔预抽等的抽采方式。

掘进煤巷条带“耳状”顺层钻孔单巷、三巷钻孔，掘进煤巷条带一巷超前掩护相邻近巷道顺层钻孔。双巷交替预抽、迈步式布置双侧耳状钻场施工抽采钻孔时，应在工作面正前直接施工超前钻孔进行预抽，巷道轮廓线以外保护范围不小于 15 m，正前孔深不小于 60 m，预留 20 m 超前保护距离。具备条件的部分矿井掘进工作面实行倒面预抽，即两巷预抽与两巷掘进交替预抽掘进。钻孔直径不小于 110 mm，终孔间距不大于 5 m。

3.2.2.3　“7＋3”瓦斯治理阳泉模式

瓦斯治理“7＋3”阳泉模式就是采用 7 项瓦斯抽采技术和 3 项管理手段相结合构建完整的瓦斯治理技术与管理体系。瓦斯治理 7 项技术为保护层开采技术、“以岩保煤”技术、水力压裂技术、水力造穴、小煤柱掘进技术、气相压裂技术和沿空留巷技术，瓦斯治理的 3 项管理模式为本煤层瓦斯抽采系统标准化管理，瓦斯抽采在线监测管理和精准计量管理。

以下介绍 7 项瓦斯治理技术。

1) 保护层开采技术

(1) 概述

保护层开采分下、上保护层两类，分别对应图 3-2-1、图 3-2-2。通过先采非突出煤层或弱突出煤层，达到对邻近煤岩体松动、卸压的作用，进而提高被保护层煤体透气性。

① 下保护层开采

随着工作面的不断推进，在保护层开采层面上出现应力降低区，在该卸压区被保护层煤体地应力减小、煤层透气性增大，卸压煤层瓦斯沿该卸压区层内破断裂缝和层间离层裂隙释放，被保护层瓦斯压力和瓦斯含量下降，突出危险性降低。

② 上保护层开采

保护层开采期间，被保护层处于保护范围内，受采动影响，被保护层充分卸压，被保护层大部分卸压瓦斯通过底板断裂带内的层间导通裂隙直接涌向上保护层工作面及采空区。因

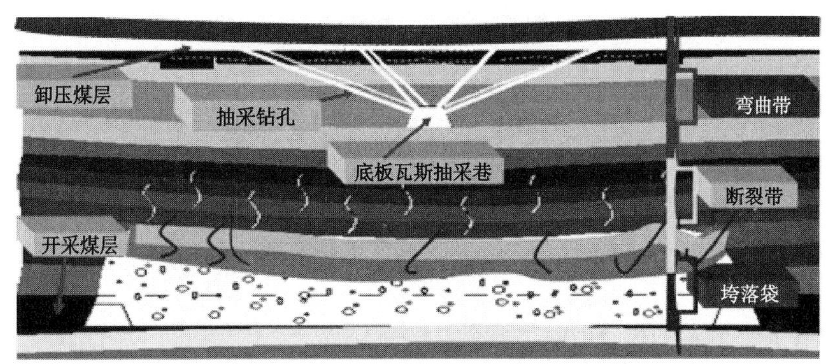

图 3-2-1　下保护层开采示意图

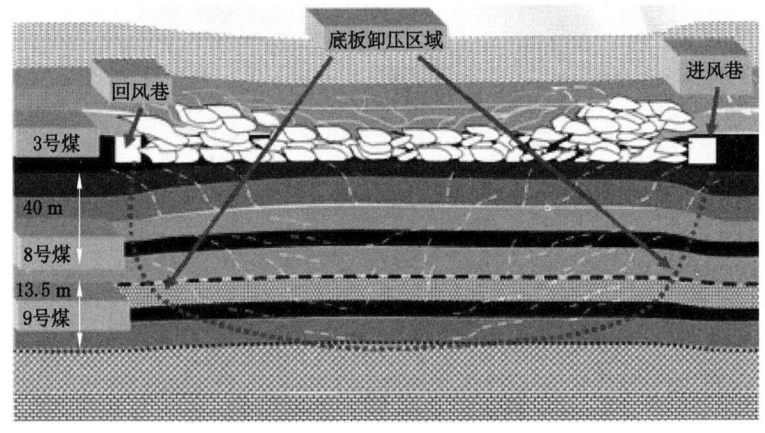

图 3-2-2　上保护层开采示意图

此，保护层开采期间必须结合被保护层卸压瓦斯抽采。

(2) 应用实例及其效果

通过对有关矿井保护层开采效果考察，被保护层 3 号煤层(平均厚度 2.3 m)受 15 号煤(平均厚度 6.1m)采动的影响(3 号煤层距离 15 号煤层平均层间距为 136.5 m 左右)，保护区域内发生了膨胀变形，膨胀变形达 5～20 cm，相对变形为 0.4%～0.784%。瓦斯含量由 18.17 m^3/t 降为 5.76 m^3/t，综合瓦斯抽采率达 68.8%。被保护层回采工作面瓦斯抽采量由卸压前的 2.5 m^3/min 增加至 30 m^3/min，是原来的 12 倍。

(3) 保护层开采技术的优势

通过对有关矿井被保护层开采的考察，进一步证明保护层开采结合卸压瓦斯抽采技术成功地消除了被保护煤层的煤与瓦斯突出危险性，降低了煤层瓦斯含量，使高瓦斯突出煤层转变为无突出危险煤层。

2)“以岩保煤”技术

(1) 概述

在掘进工作面底(顶)板的稳定岩层中施工一条底(顶)板岩巷，岩巷先掘，初步起到卸压消突增透的目的，再利用底(顶)板岩巷施工穿层钻孔预抽煤层瓦斯，超前保护煤巷掘进。钻孔控制巷道轮廓线外不小于 15 m 范围，终孔间距按 3～5 m 布置(图 3-2-3、图 3-2-4)。

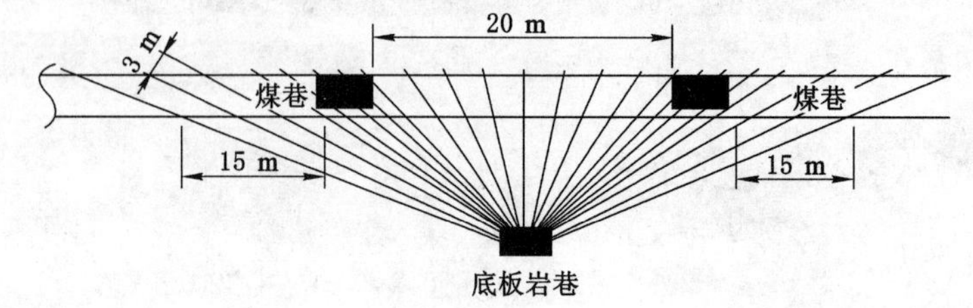

图 3-2-3 “以岩保煤”底板岩巷钻孔布置示意图

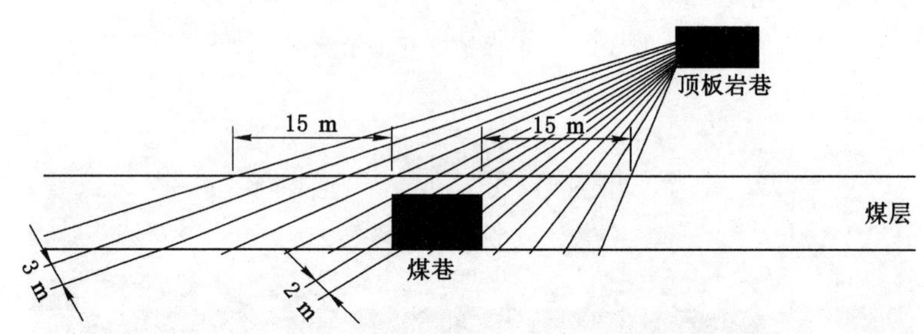

图 3-2-4 “以岩保煤”顶板岩巷钻孔布置示意图

该技术适用于透气性差、瓦斯含量高、地应力大、煤层成孔困难、本煤层瓦斯预抽效果差的煤层，同时配合采用增透措施以提高煤层透气性。

(2) 应用实例及其效果

寺家庄公司 15117 工作面底抽巷内每隔 5 m 布置一组“以岩保煤”穿层钻孔，每组钻孔 9 个，预抽上覆煤巷及两侧 15 m 范围内煤层瓦斯(图 3-2-5)。钻孔直径 90～130 mm，采取“两堵一注” 水泥砂浆封孔形式，有效封孔段为见煤点至孔口方向 8 m。

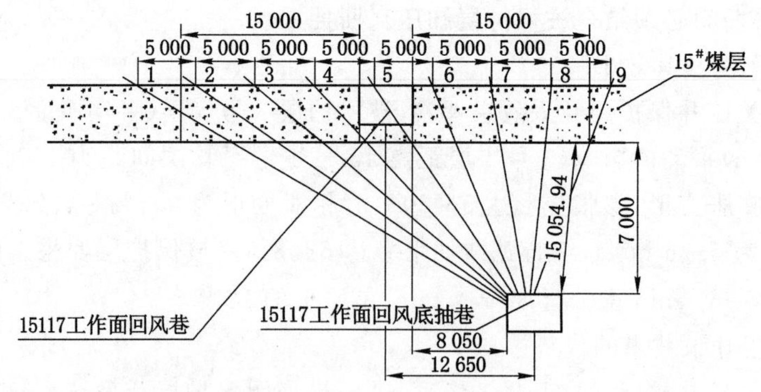

图 3-2-5 “以岩保煤”钻孔设计示意图

寺家庄公司在采用冲孔造穴工艺配合“以岩保煤”措施后，单进最高达 204 m/月，极大缓解了衔接紧张的局面。

(3)“以岩保煤”技术的优势

① 通过底板岩巷提前对所采煤层进行预抽，有效地保证了钻孔预抽时间。

② 为其他瓦斯治理措施提供施工空间，减少了对生产的影响。

③ 通过与水力压裂、冲孔造穴等增透措施的配合使用，进一步消除了煤层突出危险性，提高了瓦斯抽采量进而提高了巷道单月进尺。

3）水力压裂技术

（1）概述

水力压裂增透技术是依靠注入煤层中水的压力克服最小地应力和煤岩体抗拉强度使煤层弱面张开、扩展和延伸形成裂缝从而达到增大煤层透气性的一种方法措施。目前阳煤集团水力压裂分为地面井压裂和井下水力压裂。

① 地面井压裂技术

该技术通过在构造区施工地面钻井预抽煤层瓦斯，并对地面钻井实施水砂压裂，以提高构造区煤层渗透率、改善地面钻井预抽效果，实现目标煤层掘进期间消突的目的，如图 3-2-6 所示。

图 3-2-6　地面井水力压裂示意图

② 井下水力压裂技术

该技术在底板岩石抽采巷利用千米钻机或其他深孔定向钻机施工穿层钻孔，钻孔穿透煤层后沿工作面走向在煤层中施工约 200～500 m（图 3-2-7），成孔后进行快速封堵，并利用专用压裂设备向煤层高压注水，改变钻孔周围煤岩体的应力状态，在钻孔周围形成大面积卸压区域，增大附近煤体透气性，以提高瓦斯抽采效果。

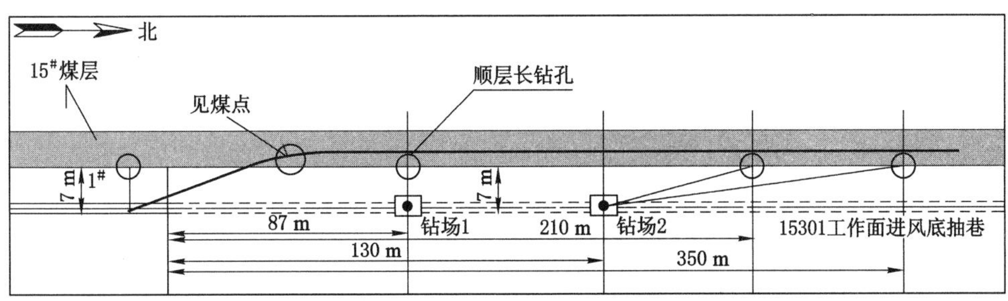

图 3-2-7　压裂钻孔布置剖面示意图

该技术较适用于压裂范围内无大的地质构造区、煤层赋存相对稳定且普氏系数较高的煤层。

（2）应用实例及其效果

① 地面井压裂技术。新景公司 3 号煤层地面钻井施工 8 个，各抽采井产气情况如表

3-2-1所示。地面井单井注水量 530～870 m^3，注砂量为 40～62 m^3，水砂压裂压力为 15～28 MPa。其中 XJ-1 井累计抽采 8 个月，最大日产气量达到 4 712 m^3，平均日产气量为1 526.7 m^3，平均抽采浓度 94.8%，累计产气约 36.64 万 m^3。

表 3-2-1　　各抽采井产气情况

井孔	产气时间	平均产气浓度/%	最大浓度/%	最小浓度/%	日产气量/m^3	累计产气量/万 m^3	停抽时间	备注
XJ-1	2015-6-19	94.8	97.7	85	1 526.7	36.64	2016-1-19	气源量低
XJ-2	2016-8-17	98.76	99.27	98.24	36.2	2.76		气源量低
XJ-3	2016-9-27	98.67	99.18	98.16	172.4	3.41		
XJ-4	2016-10-9	98.06	98.24	97.88	0	0.28		气源量低
XJ-5	2016-9-27	98.01	98.38	97.64	1227.9	21.58		
XJ-6	2016-10-22	98.91	99.21	98.60	491.6	2.94		
XJ-7	2016-10-5	97.94	98.29	97.58	495	7.95		
XJ-8	2016-11-16	98.81	99.21	98.40	438.7	2.99		
平均/累计		98	98.83	96.44	548.56	78.55		

② 井下水力压裂技术。新景公司在保安区南六底抽巷南段使用千米钻机进行了水力压裂，千米钻机顺层长钻孔使用 ZDY6000LD(F)型钻机从底抽巷口向上覆 3 号煤层施工，通过 BYW 型水力压裂泵组将高压水在原岩煤体中实现压裂造缝，如图 3-2-8 所示。

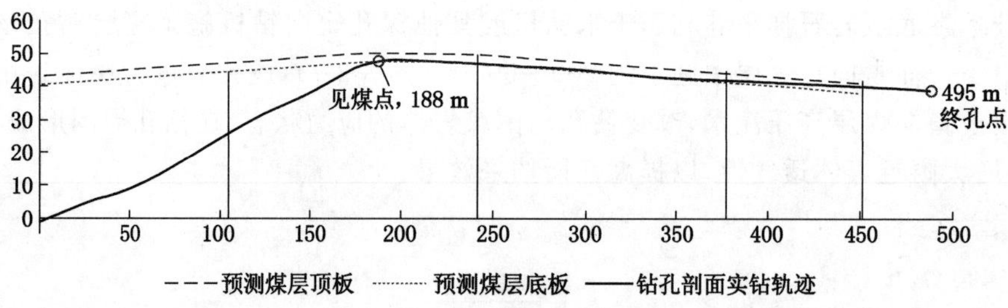

图 3-2-8　钻孔实钻轨迹图

钻孔设计 500 m，实际施工 495 m，其中煤层段 307 m，岩层段 188 m；压裂平均注水量 30 m^3/h；最大注水流量 56.45 m^3/h，破煤压力最大 19.4 MPa，注水压力最大 26.09 MPa。

如表 3-2-2 所示，通过对压裂半径、抽采效果等方面的验证、分析，被压裂煤体全水分由 2.82%提高至 6.72%，压裂影响半径为 30～50 m；8 个月累计瓦斯抽采量为 70.63 万 m^3，平均日抽采量 2 520 m^3，抽采平均浓度 63.3%，按压裂半径 50 m 计算瓦斯含量从 15.95 m^3/t 下降至 9.44 m^3/t；与原千米钻机相比，抽采浓度是原来的 24.63 倍，抽采纯量是原来的 15.91 倍。

表 3-2-2 与原施工千米钻孔抽采效果对比

千米长钻孔	钻孔数量/个	影响范围	平均浓度/%	抽采纯量/($m^3 \cdot min^{-1}$)	抽采混合量/($m^3 \cdot min^{-1}$)	单日抽采量/m^3
原千米钻孔未压裂	20	40	2.57	0.11	4.28	158.4
南六水力压裂	1	60	63.3	1.75	2.76	2520
提高倍数			23.63	14.91		14.91

(3) 水力压裂技术的优势

水力压裂技术通过对煤层的压裂,能较好地实现待掘巷道前方实体煤层的瓦斯增透效果,抽采量提高明显,同时起到消突防突的作用,提高煤巷的掘进效率。

4) 水力造穴

(1) 概述

水力造穴是采用钻压冲一体化装备在松软高突煤层通过施工本煤层顺层钻孔或穿层钻孔,利用专用钻头产生的高压水切割冲刷煤体,使煤体破碎、垮塌,形成较大空间的洞穴,如图 3-2-9、图 3-2-10 所示。应力集中向冲孔周围移动,洞穴周围煤体孔裂隙扩展延伸,使冲孔附近煤体卸压增透,可以有效地提高抽采效果。

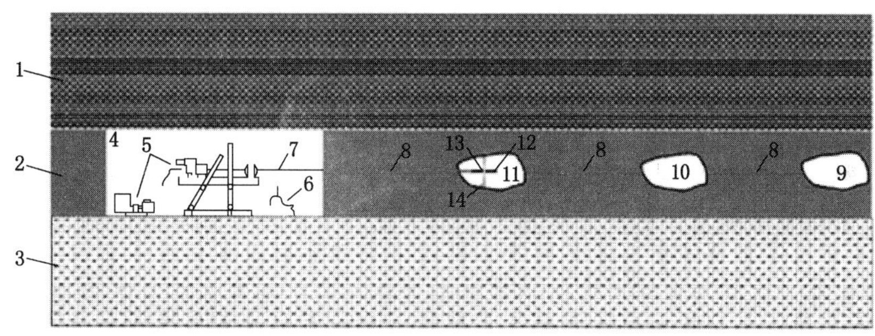

图 3-2-9 顺层水力造穴示意图

1——顶板岩层;2——松软低透煤层;3——底板岩层;4——巷道;5——矿井钻冲一体化装备;6——防喷装置;7——钻杆;8——钻孔;9、10、11——完成造穴;12——钻头;13——高压水射液喷口;14——高压水射液

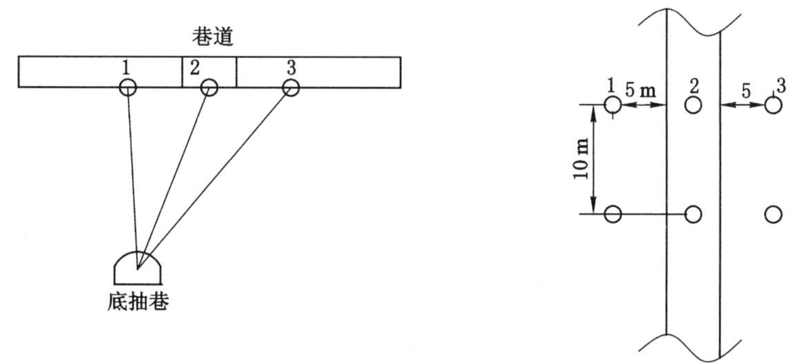

图 3-2-10 穿层钻孔水力造穴钻孔布置示意图

水力造穴主要配合掘进工作面本煤层顺层钻孔预抽条带煤层瓦斯和底板岩石抽采巷穿层钻孔预抽。

(2) 应用实例及其效果

新景公司 3 号煤保安采区南五掘进工作面采用水力冲孔造穴技术，单循环设计 10 个孔，主孔长度为 80 m，钻孔终孔间距 7 m，保护巷道轮廓线外 15 m；造穴位置从 20 m 开始，20～40 m 范围内造穴位置间距为 7 m，40～80 m 造穴位置间距为 5 m；造穴水压为18 MPa；造穴孔单穴设计长 1 m，造穴半径 0.4 m，单穴平均出煤量为 0.7 t，单循环平均出煤量为 65.8 t，单循环出煤率 0.89%。

抽采效果：单孔抽采浓度最高为 98.7%，平均为 35%；单孔抽采纯量最高为 1.723 m^3/min，平均为 0.117 8 m^3/min，单循环日平均抽采纯量为 1 696 m^3；单循环平均抽采天数为 16.3 d，平均抽采总量为 27 645 m^3。新景公司抽采效果对比如表 3-2-3 所示。

表 3-2-3　新景公司抽采效果对比表

区域措施	钻孔个数	主孔深度/m	工程量/m	瓦斯浓度		单孔平均抽采量/($m^3\cdot min^{-1}$)	出煤量/t	单循环时间/d			
				最大/%	平均/%			钻孔施工	抽采达标天数	掘进(平均)	小计
原条带预抽	49	60	2 880	9	5	0.005 4	31	9	63	7	79
冲孔造穴	10	80	668	98	35	0.117 8	67.2	9.3	7	8.7	25

(3) 水力造穴技术优势

① 掘进工作面抽采达标所需的天数较传统的本煤层顺层钻孔预抽有了很大的减少，进而缩短了掘进单循环周期天数。

② 减少了区域预抽钻孔施工的工程量。

③ 钻孔瓦斯抽采浓度及瓦斯抽采纯量等均比以往传统的顺层钻孔区域预抽措施提高了数倍。

④ 减少了掘进过程出现的瓦斯动力及瓦斯超限现象，保证了安全掘进。

5) 小煤柱掘进技术

(1) 概述

小煤柱掘进技术即在靠近采空区侧的卸压范围内布置煤巷掘进，鉴于巷道处于应力降低区，掘巷期内围岩应力集中程度小，瓦斯压力得到释放，能有效降低掘进工作面突出危险性，如图 3-2-11 所示。阳煤集团根据经验，小煤柱掘进巷道煤柱预留 7 m。

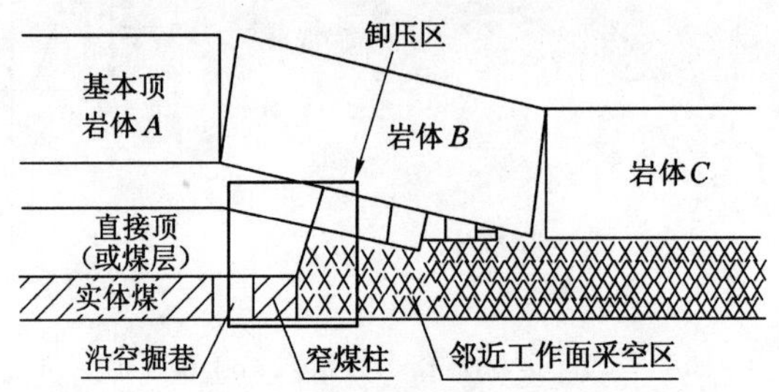

图 3-2-11　小煤柱掘进示意图

该技术适用于突出煤层掘进巷道一侧有采空区且矿压处于稳定阶段的工作面。

(2) 应用实例及其效果

寺家庄公司 15106 工作面采用小煤柱掘巷技术，该工作面设计长度 1 610 m，与采空区相邻一侧留设煤柱 7 m，如图 3-2-12 所示。小煤柱掘进与常规掘进工艺对比如表 3-2-4 所示。

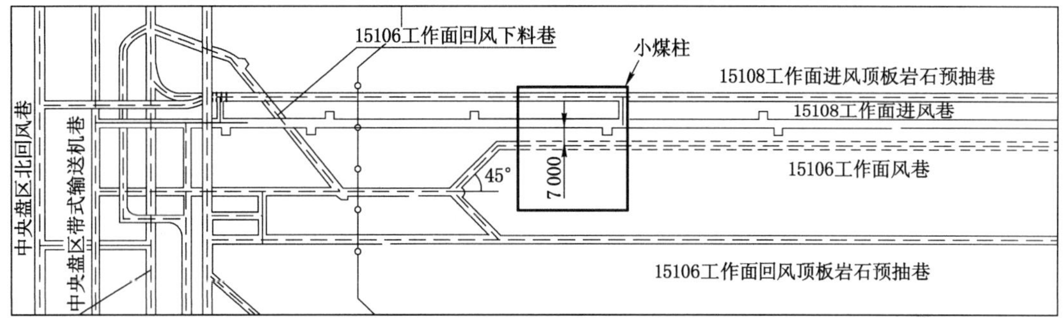

图 3-2-12　小煤柱掘进示意图

表 3-2-4　小煤柱掘进与常规掘进工艺对比表

类型	地点	平均月进尺/m	对比情况
常规掘进工艺	15116 回风巷	40	—
小煤柱掘进	15106 回风巷	94	常规掘进速度的 2.35 倍
	15106 进风巷	62.4	常规掘进速度的 1.56 倍

(3) 技术优势

小煤柱掘进与常规掘进工艺对比如表 3-2-4 所示，其技术优势如下：

① 工作面布置在邻近采空区卸压区域内，瓦斯压力得到释放。

② 区域、局部防突措施减少，巷道掘进期间瓦斯治理难度减弱。

③ 巷道掘进连续、快速，受瓦斯治理措施制约较小，提高了巷道掘进速度。

6) 气相压裂技术

(1) 概述

气相压裂增透技术是指利用液态 CO_2 在加热条件下瞬间膨胀为高压气体的特性，对煤层做功，使煤层致裂并产生裂隙，实现煤层增透，提高煤层瓦斯抽采效率，如图 3-2-13 所示。

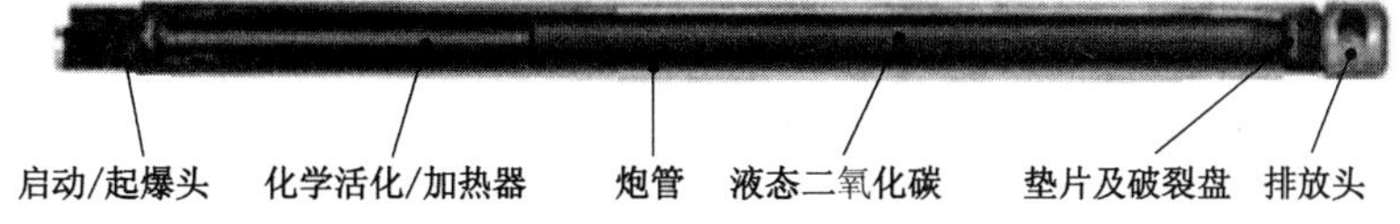

图 3-2-13　高压管结构示意图

起爆后，活化器内的低压保险丝引发快速反应，产生巨大的热量，使管内的液态 CO_2 迅速气化(整个过程在 40 ms 内完成)，体积瞬间膨胀达 600 多倍，管内压力最高可剧增至 270

MPa。待预裂杆内气态 CO_2 压力达到预设压力时，释放头内的爆裂盘被打开，CO_2 气体透过径向孔，迅速向外爆发。利用瞬间产生的强大膨胀压力，CO_2 气体沿自然或被引发的裂面裂开煤层，并由近向远延伸，从而达到预裂效果。

气相压裂作为一种增透技术主要配合掘进工作面本煤层顺层钻孔预抽条带煤层瓦斯和底板岩石抽采巷穿层钻孔预抽。

(2) 应用实例及其效果

新元公司 31004 掘进工作面采用“2＋9”双孔压裂方案，即 2 个压裂孔、9 个预抽孔，压裂钻孔深度达到 80 m 以上，起爆压裂压力为 120～180 MPa，如图 3-2-14 所示。

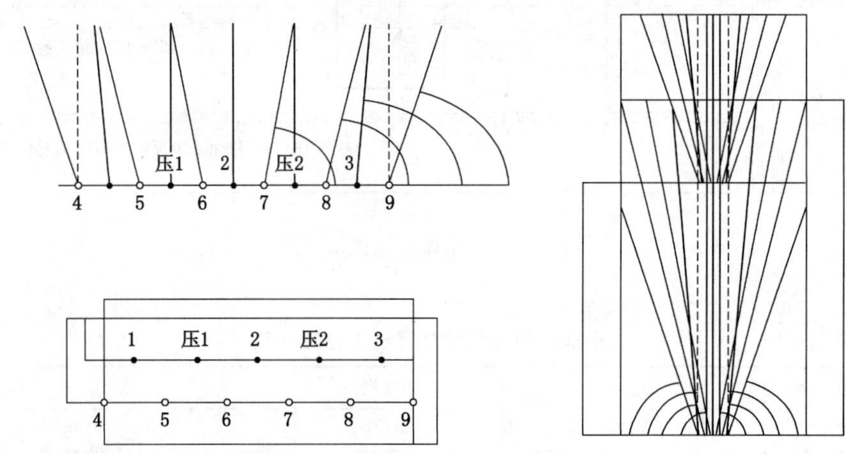

图 3-2-14　预裂爆破钻孔设计示意图

新元公司通过近两千米巷道试验，“2＋9”双孔压裂技术，消突效果良好。

煤层原始透气性系数为 0.008～0.014 $m^2/(MPa^2 \cdot d)$，压裂后透气性系数为 0.763 $m^2/(MPa^2 \cdot d)$，提高了 50～90 倍；煤层原始钻孔衰减系数为 0.119 d^{-1}～0.014 3 d^{-1}，压裂后为 0.023 d^{-1}，降低了 80%。掘进速度由原来的(30～40) m/月提高到(70～120) m/月，是原来的 2～3 倍。

(3) 气相压裂技术优势

① 这项技术的应用，用 CO_2 代替了炸药，在实施过程无火花外露，不会引发瓦斯和煤尘事故，大大提高了爆破过程中的安全系数。

② 具有预裂威力大、无须验炮、操作简便等优点。

③ 提高煤层气的透气性和预抽效果，而且缩短了瓦斯抽采时间。

④ 减少了防突工程量，提高了煤巷掘进速度。

⑤ 气相压裂原材料是气体，且是低温状态，比炸药安全可靠，购置和储存不需要复杂手续和审批。

⑥ 气相压裂加热增压器属于非爆破器材，具有很高的安全性能，可以安全运输和保管。

⑦ 压裂无破坏性震荡和冲击波，对巷道支护不会产生破坏，并保证煤体相对完整性。

7) 沿空留巷技术

(1) 概述

沿空留巷技术是指在采煤工作面后沿采空区边缘用高水材料(或混凝土)进行巷旁充填支护，维护原回采巷道并留给下一回采工作面使用，采用“Y”型通风方式替代了传统的“U+L”通风方式，如图 3-2-15 和图 3-2-16 所示。

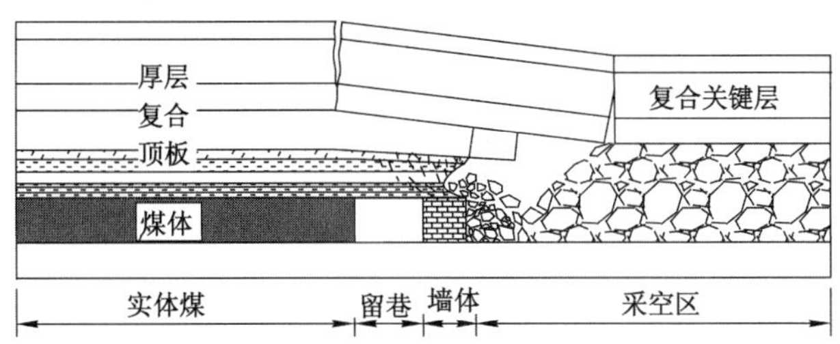

图 3-2-15　“Y”型通风系统平面示意图

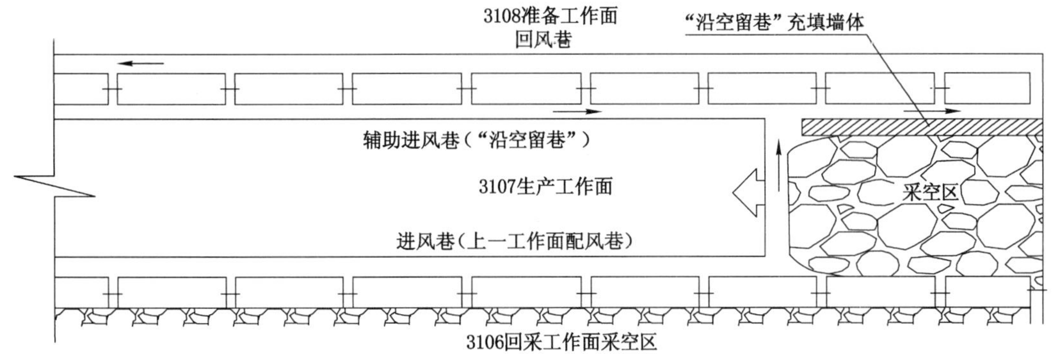

图 3-2-16　“Y”型通风系统剖面示意图

该技术适用于顶板稳定、无自然发火性危险的中厚煤层。

(2) 应用实例及其效果

新元公司 3107 工作面采用高水材料“沿空留巷”技术，就是随着回采工作面的推进，工作面端头或者端尾原支护效应消失前，在支架或单体支柱支撑下，将高水材料加水使用专用输送泵送到浇筑墙体模板内，待凝固后在采空区与工作面巷道之间形成一道密闭的高水材料墙体。

高水材料是一种能在高水灰比条件($W/C=1.3:1\sim3:1$)下快速凝结的特种水泥，分甲料浆和乙料浆，高水材料水灰比为 1.5∶1 时，测得 2 h 后充填体的抗压强度为 4.48 MPa，24 h 后抗压强度 9.14 MPa，7 d 达到 10.36 MPa。

应用效果如下：

① 3107 回采工作面采用 Y 型通风方式后，改变了采空区瓦斯流向，有效解决了工作面上隅角瓦斯积聚问题，正常生产期间工作面瓦斯涌出量降低了 1 倍，瓦斯得到了有效治理，避免了在瓦斯临界状态下割煤。

② “沿空留巷”成本为 12 519.42 元/m，比施工一条工作面巷道节约成本 1 013.08 元/m，3 号煤回采工作面节省了一条工作面巷道，有效缓解了当前衔接紧张、风量紧张、防突压力大的被动局面。

③ 一个工作面可多回收 45 m 煤柱，多回收资源 28.6 万吨，实现矿井资源回收率和回

采率的提升。

(3) 技术优势

“U+L”通风系统与沿空留巷“Y”型通风系统抽采瓦斯对比如表 3-2-5 所示，其技术优势如下：

① 提高资源回收率的有效途径。

② 将“U+L”通风系统优化为“Y”型通风系统，从系统上避免了上隅角瓦斯积存的问题。

③ 降低了巷道掘进成本，回收了保护煤柱资源，避免了煤炭资源的浪费。

表 3-2-5　“U+L”通风系统与沿空留巷“Y”型通风系统抽采瓦斯对比表

项目名称	回风瓦斯浓度/%	平均风排瓦斯量/($m^3 \cdot min^{-1}$)	本煤层平均抽采纯量/($m^3 \cdot min^{-1}$)	邻近层抽采纯量/($m^3 \cdot min^{-1}$)	工作面总瓦斯涌出量/($m^3 \cdot min^{-1}$)
3106 两进两回“U+L”通风系统	0.5	29.2	2.82	8	40.2
3107 两进一回“Y”通风系统	0.5	12.71	3.3	2.4	18.41

3.2.2.3　瓦斯治理管理手段

以下介绍 3 项瓦斯治理管理手段。

1) 本煤层瓦斯抽采系统标准化管理

(1) 概述

本煤层瓦斯抽采系统标准化管理主要包括瓦斯抽采钻孔施工、管路连接、钻孔封孔标准化三部分。

① 抽采钻孔施工标准化：标定开孔点，控制开孔位置误差(±100 mm)，控制开孔角度误差(±0.1°)，钻进 5 m 后再次核对。

② 抽采管路的连接标准化。采掘面顺槽瓦斯抽采管路分别采用 ϕ400 mm 铁管和 ϕ200 mm 单元评价铁管组成的抽采系统，每 100 m 为一个评价单元，每个评价单元安装 1 套孔板流量计和 1 套在线监测装置；顺槽支管在顺槽口安设 1 套抑爆装置、1 套孔板流量计和 1 套在线监测装置。

③ 抽采钻孔的封孔标准化：钻孔成孔下入筛管后采用“两堵一注”水泥砂浆进行封孔，每 10 个钻孔采用高压管及快速接头连接，高压管管径为 64 mm，每组钻孔配一套直径 75 mm导流管，每 100 m 为一个评价单元。

(2) 应用实例

新元公司 3 号煤新工艺采用 ZDY-4000L 型履带机、肋骨钻杆施工本煤层钻孔，孔间距 3 m；抽采管路采用由 ϕ400 mm×3 mm×3 m 铁管和 ϕ226 mm×3 mm×4 m 单元评价铁管组成的抽采管路系统；钻孔封孔采用囊袋式“两堵一注”水泥砂浆封孔、高压管联孔工艺。新元公司示范巷道抽采管路连接示范如图 3-2-17 所示。

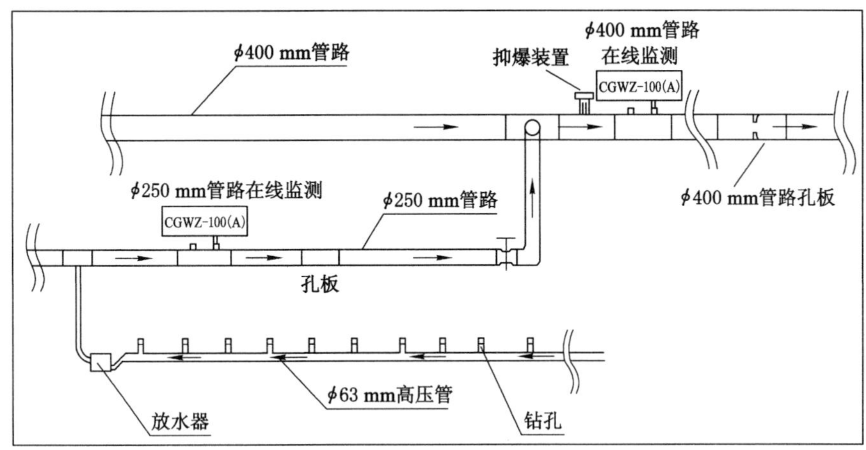

图 3-2-17 新元公司示范巷道抽采管路连接示意图

(3) 应用效果

新元公司 3 号煤抽采新工艺，瓦斯抽采泵站抽采浓度达 20%以上，采区抽采浓度达 30%以上，顺槽瓦斯抽采浓度达 40%以上，单元最高抽采浓度为 72%，单孔最高抽采浓度为 91%；相比旧工艺顺槽管路瓦斯抽采浓度提高了 34%，抽采纯量提高了 1.27 m^3/min，吨煤瓦斯含量由原始 11.77 m^3/t 降至 8 m^3/t 以下，需抽采天数比旧工艺减少 56 d。新元公司 3 号煤百米巷道抽采效果对比如表 3-2-6 所示。

表 3-2-6　新元公司 3 号煤百米巷道抽采效果对比

项目	抽采浓度/%	混合量/(m^3·min^{-1})	纯量/(m^3·min^{-1})	百米日抽采量/m^3	吨煤瓦斯含量降至 8 m^3/t 抽采天数/d
新工艺	40	3.8	2.47	3 557	53
旧工艺	6	20	1.2	1 728	109
对比情况	34	−16.2	1.27	1 829	−56

2) 瓦斯抽采在线监测管理

(1) 概述

瓦斯抽采在线监测软件系统，通过设计瓦斯抽采系统拓扑示意图，实时显示瓦斯抽采泵站及各监测点管路的甲烷浓度、负压、流量、温度等参数，并具备历史数据曲线查询、报表查询、瓦斯抽采网络拓扑查询及瓦斯抽采设备信息查询等功能，并在每日早调会对瓦斯抽采在线监测数据进行通报。通过设计工作面瓦斯抽采评价单元画面，实时显示工作面各单元抽采基本情况及钻孔信息，为工作面抽采达标评价提供科学依据。

(2) 瓦斯抽采在线监测拓扑结构

瓦斯抽采在线监测拓扑结构如图 3-2-18 所示。

(3) 井下主要监测区域

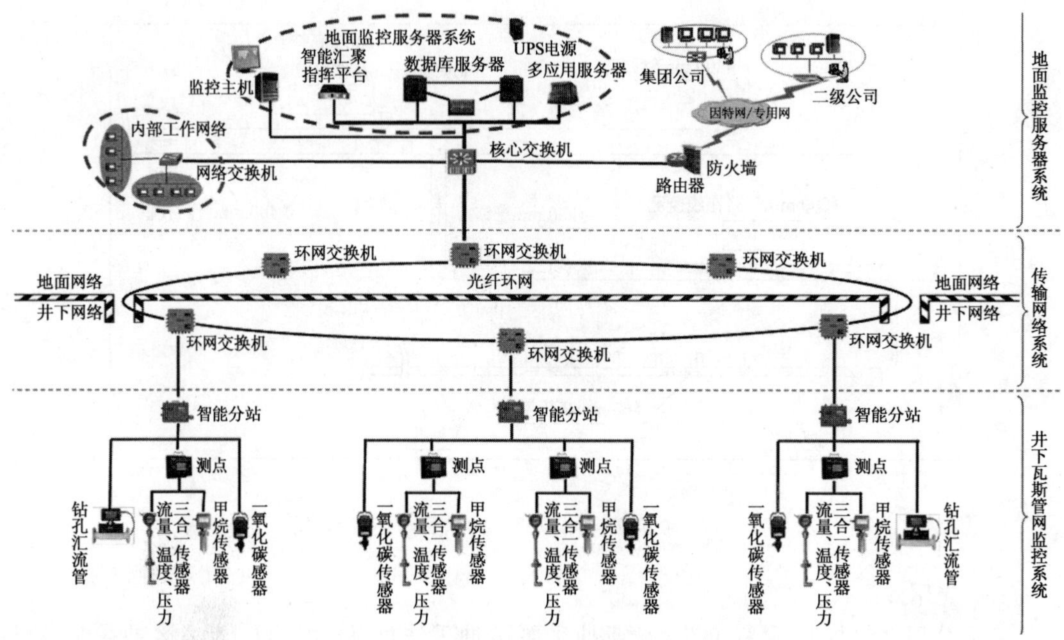

图 3-2-18　瓦斯抽采在线监测拓扑结构图

井下瓦斯抽采管网系统，主要用于采集各监测区域测点的工作状态和即时参数，瓦斯抽采监测区域主要包括以下几部分。

① 主管段监测：主管道上的监控可以为工作面、独立区域的抽采效果进行交叉分析，从而判断抽采效果和管段异常。

② 干管段监测：干管段可以完成对指定工作面和独立区域的业务关联，从而可以实现对关联工作面或者支管段的抽采效果进行评价和分析。

③ 工作面支管道监测：工作面是重点监控的区域，也是瓦斯抽采效果评价的主要区域。

④ 钻场钻孔管路监测：钻场钻孔是瓦斯抽采最基本单元，是钻场瓦斯抽采效果评价最有效方法。

(4) 主要功能优势

① 数据采集与即时分析，负责将现场的监测参数采集到应用系统中，进行即时的分析处理、存储和展示，同时对设备、测点属性配置的超限、违规异常的及时消息通知。

② 可视化实时监控，通过曲线、文本、系统图、拓扑图、电子图纸等方式，针对不同类型的单元监控业务的监测参数进行实时监控。

③ 历史数据与曲线分析，针对采集的历史数据安全制定的分析条件进行基于监测参数、多参数、测点参数、关联测点参数、业务功能组关联测点参数的曲线分析。

④ 业务报表分析，提供基于参数、测点和矿井时累计、日累计、月累计等丰富的业务报表。

⑤ 专家分析与故障诊断，根据目标矿实际情况，建立专家分析模型，实现管段泄漏、管道堵塞、危险管段报警等功能。

⑥ 分单元瓦斯抽采达标评价，根据测点业务关联、区域关联分析，由最基本的抽采单元进行计量，实现从钻孔钻场到、巷段、工作面、采区、矿井的分单元分级计量、分单元达标评价。

矿井瓦斯抽采在线监测管网系统如图 3-2-19 所示。

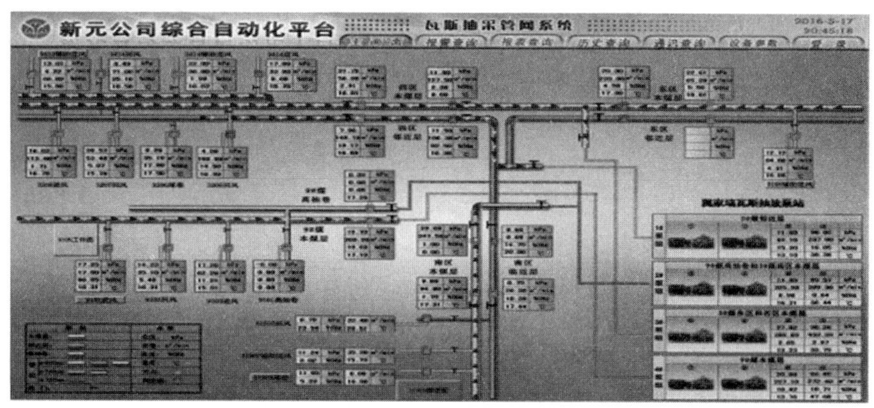

图 3-2-19　矿井瓦斯抽采在线监测管网系统图

(5) 应用实例

新元公司采用的该套系统可实时显示瓦斯抽采泵站及各监测点管路的甲烷浓度、负压、流量、温度等参数，并具备历史数据曲线查询、报表查询、瓦斯抽采网络拓扑查询及瓦斯抽采设备信息查询等功能。其工作面抽采评价如图 3-2-20 所示。

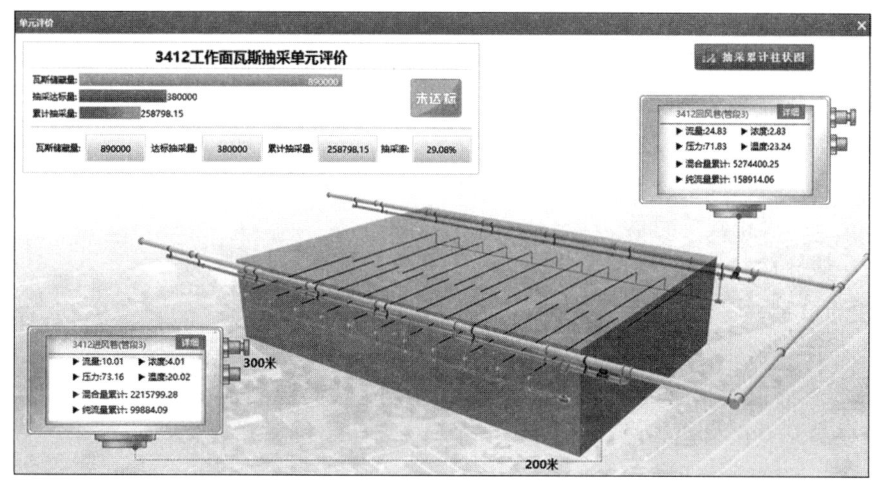

图 3-2-20　工作面抽采评价图

3) 精准计量管理

(1) 概述

精准计量是利用瓦斯抽采在线监测系统对瓦斯抽采管路内的流量和浓度进行精准计量，目前阳煤集团公司普遍采用人工现场观测和在线计量进行对比。

在线监测设备主要包括：循环自激式流量传感器、红外甲烷传感器、管道一氧化碳传感器、钻孔汇流管瓦斯综合参数测定仪，如图 3-2-21 所示。

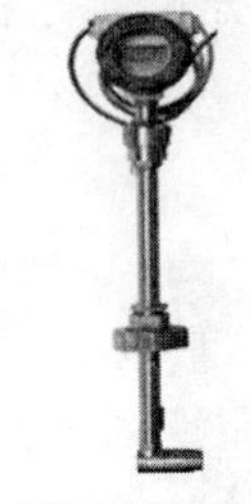

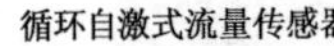

循环自激式流量传感器

红外甲烷传感器

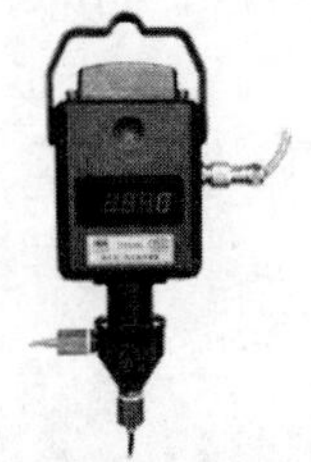

管道一氧化碳传感器

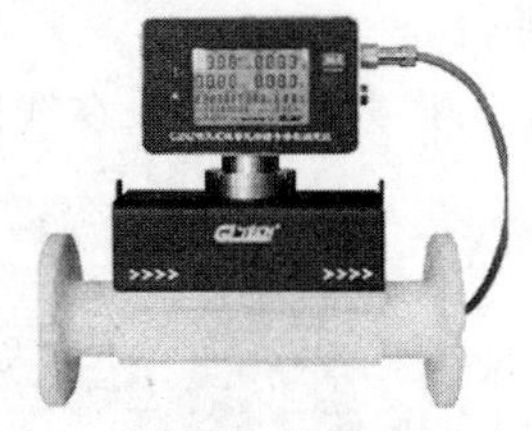

钻孔汇流管瓦斯综合参数测定仪

图 3-2-21　传感器示意图

(2) 循环自激式流量传感器

循环自激式流量传感器采用循环自激式管道流量测量原理，具有以下特点：

① 测量流量下限低，可测量下限 1 m/s。

② 传感器阻力极小。

③ 插入式安装结构，便于安装、拆换以及周期校验。

④ 工作稳定可靠，测量精度高。

⑤ 量程比宽，同一只传感器可适用于不同管径的抽采管道。

⑥ 适应管道瓦斯高负压、高湿、高尘恶劣环境。

(3) 红外甲烷传感器

红外甲烷传感器采用红外双通道横向漫反射瓦斯浓度测量原理，具有以下特点：

① 利用变光程红外监测瓦斯浓度，灵敏准确，寿命长。避免了催化燃烧传感器寿命短、温度漂移、容易损坏等问题，有效克服了热导传感器和其他类型甲烷传感器受水蒸气及其他杂质气体的干扰和温漂问题。

② 自带防水抗尘结构，适应在水多、尘大等恶劣环境下长期运行。

③ 标定周期长、抗干扰能力强。

(4) 管道一氧化碳传感器

管道一氧化碳传感器具有以下特点：

① 性能稳定，计量准确可靠。

② 自带防水抗尘结构，适应在水多、尘大等恶劣环境下长期运行。

③ 在线实时监测采空区和钻场瓦斯中 CO 的浓度，超限报警；提醒及时调整，预防过抽氧化造成煤层采空区自燃事故。

(5) 钻孔汇流管瓦斯综合参数测定仪

钻孔汇流管瓦斯综合参数测定仪采用循环自激式管道流量测量原理，具有以下特点：

① 实现了对钻场单孔瓦斯抽采监测，突破了单孔瓦斯低微流量 10 L/min 级以下的在线测量。

② 直通式安装，无阻力；显示屏 180°自由旋转。

③ 适应水汽大、煤尘多、高负压的特征钻孔、钻场的瓦斯抽采环境。

④ 具备工况、标况模式设定功能，在线监测甲烷浓度、流量、负压、温度、累计量等参数就地实时显示，并可上传数据至监控系统。

3.3 瓦斯治理评价

按照《煤矿安全规程》的规定，高瓦斯矿井、突出矿井必须进行瓦斯抽采，只有瓦斯治理达标后方可进行采掘生产。矿井在编制生产发展规划和年度生产计划时，必须同时组织编制相应的瓦斯抽采达标规划和年度实施计划，确保“抽掘采平衡”。矿井生产规划和计划的编制应当以预期的矿井瓦斯抽采达标煤量为限制条件。矿井瓦斯抽采系统、瓦斯抽采率符合《煤矿瓦斯抽采达标暂行规定》。

瓦斯治理评价应从矿井生产布局、瓦斯管理、瓦斯治理技术、监测监控技术、矿井通风、瓦斯管理、防突技术、人员素质、瓦斯减排利用以及治理效果等方面为主进行评价，在此基础上确定高瓦斯矿井治理评价指标。

3.3.1 瓦斯抽采达标评价

（1）瓦斯涌出量主要来自于邻近层或围岩的采煤工作面。抽采瓦斯采用走向高抽巷和倾斜钻孔抽采时，抽采工程按设计要求施工完毕，验收合格。工作面抽采效果达标评判可根据同一煤层相邻工作面开采时瓦斯量计算工作面抽采率，当采煤工作面瓦斯抽采率满足（表3-3-1）规定时，工作面同时满足风速不超过 4 m/s、回风流中瓦斯浓度低于 0.8%时，其瓦斯抽采效果判断为达标。

表 3-3-1 采煤工作面瓦斯抽采率应达到的指标

工作面绝对瓦斯涌出量 $Q/(m^3 \cdot min^{-1})$	$5 \leqslant Q < 10$	$10 \leqslant Q < 20$	$20 \leqslant Q < 40$	$40 \leqslant Q < 70$	$70 \leqslant Q < 100$	$100 \leqslant Q$
工作面瓦斯抽采率/%	≥20	≥30	≥40	≥50	≥60	≥70

采煤工作面瓦斯抽采率按下列公式计算：

$$\eta_m = \frac{Q_{mc}}{Q_{mc} + Q_{mf}}$$

式中 η_m——工作面瓦斯抽采率，%；

Q_{mc}——回采期间，当月工作面月平均瓦斯抽采量，m^3/min。其测定和计算方法为：在工作面范围内包括地面抽采泵站、钻井抽采、井下抽采（本煤层、邻近层、回采工作面采空区等抽采量）按每 3 d（本煤层 7 d）进行一次对抽采系统管路观察点的数据取值，按月取各次测定值的平均值之和为当月工作面平均瓦斯抽采量（标准状态下纯瓦斯量）；

Q_{mf}——当月工作面风排瓦斯量，m^3/min。其测定和计算方法为：工作面所有回风流排出瓦斯量减去所有进风流带入的瓦斯量，按天取平均值为当天回采工作面风排瓦斯量（标准状态下纯瓦斯量），取当月中最大一天的风排瓦斯量为当月回采工作面风排瓦斯量（标准状态下纯瓦斯量）。

（2）突出煤层（含按突出管理煤层和按规定进行开采层预抽的煤层）采煤工作面，评价区域内煤的可解吸瓦斯量满足（表 3-3-2）规定的同时还必须满足瓦斯抽采率（表 3-3-1）指标要求，判定采煤工作面瓦斯抽采效果达标。

表 3-3-2　　采煤工作面回采前煤的可解吸瓦斯量应达到的指标

工作面日产量/t	≤1 000	1 001～2 500	2 501～4 000	4 001～6 000	6 001～8 000	8 001～10 000	>10 000
可解吸瓦斯量 W_j /($m^3 \cdot t^{-1}$)	≤8	≤7	≤6	≤5.5	≤5	≤4.5	≤4

可解吸瓦斯量可以按以下公式计算：

$$W_j = W_{CY} - W_{CC}$$

式中　W_j——煤的可解吸瓦斯量，m^3/t；

W_{CY}——抽采瓦斯后煤层的残余瓦斯含量，m^3/t；

W_{CC}——煤在标准大气压力下的残存瓦斯含量。

3.3.2　预抽瓦斯效果评价

3.3.2.1　回采工作面预抽瓦斯效果评价

抽采时间大于 6 个月的回采工作面，最后施工预抽钻孔或抽采时间最短的钻孔距切巷往外 150 m 范围内作为一个评价单元进行抽采效果评价，评价单元内符合抽采达标指标要求的，判定整个工作面抽采达标。

采取切巷垂直钻孔等强化措施后，抽采时间不够 6 个月的回采工作面，可将钻孔间距和预抽时间基本一致的区域(预抽时间差异系数小于 30%)划分为一个评价单元，评价单元区域应不大于 150 m，按划分区域进行单独评价，抽采区域全部达标后，判定整个工作面抽采效果达标。

3.3.2.2　掘进工作面预抽瓦斯效果评价

根据设计钻孔深度、数量、两侧保护范围和作业循环等划分评价单元，单元区域为正前深度不低于 60 m，两侧不小于 15 m 范围内，钻孔布置均匀，最后施工的抽采孔预抽时间不少于 5 d。

3.3.2.3　同一评价单元内预抽瓦斯效果评价

首先应根据瓦斯抽采计量参数计算抽采后的残余瓦斯含量或残余瓦斯压力，并计算可解析瓦斯量，当计算出的各项指标(含量、压力)、可解吸量符合抽采达标指标要求后，再进行现场实测预抽瓦斯效果指标测定。

3.3.2.4　突出煤层评价

当突出煤层评价范围内所有测点测定的煤层残余瓦斯压力或残余瓦斯含量都小于预期的防突效果达标瓦斯压力或瓦斯含量且施工测定钻孔时没有喷孔、顶钻或其他动力现象时，则评判为突出煤层评价范围预抽瓦斯防突效果达标；否则，判定以超标点为圆心、半径为 100 m范围未达标，必须继续预抽，再次进行效果检验，直到达标为止。

3.3.2.5　预期的防突效果达标

预期的防突效果达标瓦斯压力或瓦斯含量按煤层始突深度处的瓦斯压力或瓦斯含量取值。正常情况时，瓦斯压力按 0.74 MPa 控制，瓦斯含量按 8 m^3/t 控制。

3.3.2.6　突出及按突出管理的瓦斯抽采达标

对突出及按突出管理的煤层工作面，分别对开采层和邻近层瓦斯抽采效果进行评判，当开采层和邻近层瓦斯抽采效果同时达到相应指标后，判定为采煤工作面评价范围瓦斯抽采效果达标。

3.3.2.7　矿井抽采效果达标

矿井瓦斯抽采率满足表 3-3-3 规定时，判定矿井瓦斯抽采率达标。

表 3-3-3　　矿井瓦斯抽采率应达到的指标

矿井绝对瓦斯涌出量 $Q/(m^3 \cdot min^{-1})$	矿井瓦斯抽采率/%
$Q<20$	≥25
$20 \leqslant Q<40$	≥35
$40 \leqslant Q<80$	≥40
$80 \leqslant Q<160$	≥45
$160 \leqslant Q<300$	≥50
$300 \leqslant Q<500$	≥55
$500 \leqslant Q$	≥60

矿井瓦斯抽采率可按以下公式计算：

$$\eta_k = \frac{Q_{kc}}{Q_{kc} + Q_{kf}}$$

式中　η_k——矿井瓦斯抽采率，%；

Q_{kc}——当月矿井平均瓦斯抽采量，m^3/min。其测定、计算方法为：在井田范围内地面抽采泵站、钻井抽采、井下抽采((含移动抽采抽采量)各瓦斯抽采站的抽采主管上安装瓦斯抽采检测、监测装置，每天测定不少于 12 次，按月取各测定值的平均值之和为当月矿井平均瓦斯抽采量(标准状态力下纯瓦斯量)；

Q_{kf}——当月矿井风排瓦斯量，m^3/min。其测定、计算方法为：按天取各回风井回风瓦斯平均值之和为当天矿井风排瓦斯量，取当月中最大一天的风排瓦斯量为当月矿井风排瓦斯量。

3.4　瓦斯防治装备

3.4.1　主要钻机

3.4.1.1　ZYWL-1200/2000/3200/4000/6000 型履带式(高位)钻机

ZYWL-1200/2000/3200/4000/6000 型履带式(高位)钻机(图 3-4-1)主要是针对煤矿井下厚煤层二设计的多排钻孔施工装备，钻机最高水平钻孔高度可达 3.5 m，开孔高度调节范围可达到 1.8 m；钻机高度和倾角调节全部采用液压油缸完成，安全性高；钻机采用主立柱与机架锚固相结合，锚固稳定可靠，适应范围广。其主要技术参数如表 3-4-1 所示。

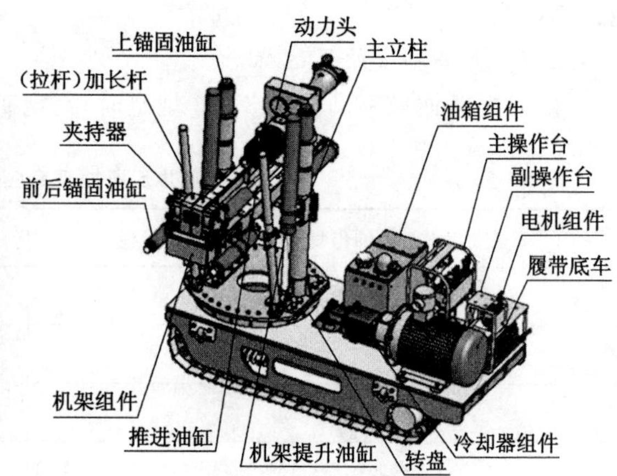

图 3-4-1　ZYWL-1200/2000/3200/4000/6000 型履带式(高位)全液压钻机外观图

表 3-4-1　　ZYWL-1200/2000/3200/4000/6000 型钻机主要技术参数表

主要技术指标			单位	参数				
整机性能	项目			ZYWL-1200	ZYWL-2000	ZYWL-3200	ZYWL-4000	ZYWL-6000
	电动机	额定功率	kW	22	37	45	55	75
		额定电压	V	380/660(660/1 140)				
	钻孔深度(视地质条件而定)	上行孔	m	150	250	300	350	450
		下行孔	m	100	150	200	250	350
	钻杆直径		mm	50/80×1 000 (螺旋钻杆) 50×1 000 (光钻杆)	63/100×1 000(螺旋钻杆) 63/73×1 000(宽叶片钻杆) 63/73×1 000(三棱钻杆) 63×1 000/73×1 000(光钻杆)			63/100×1 000(螺旋钻杆) 63/73×1 000(宽叶片钻杆) 73/89×1 000(三棱钻杆) 73×1 000/89×1 000(光钻杆)
	推进行程(根据需要选择)		mm	650/850	650/850	650/850	650/850	650/850
	额定转速		r/min	110 ~600	65 ~260	65 ~260	50 ~280	50 ~210
	额定转矩		N·m	1 200 ~200	2 000 ~550	3 200 ~650	4 000 ~1 050	6 000 ~1 500
	最大给进力		kN	45	90	110	110	140
	最大起拔力		kN	70	120	150	150	200
	开孔高度		mm	1 350 ~1 850	1 400～1 900	1 400～1 900	1 450～1 950	1 450～1 950
	钻孔倾角		(°)	−40～+80				
	主机水平摆角		(°)	360				
	提升油缸行程		mm	500(可定制为 1 800)				
外形尺寸	整机外形尺寸(长×宽×高)		mm	2 500×900 ×1 750	3 000×1 000 ×1 700	3 000×1 000 ×1 700	3 000×1 200 ×1 800	3 050×1 200 ×1 850
	整机质量		kg	约 4 800	约 5 800	约 6 200	约 7 100	约 7 600

该类型钻机的特点如下：

(1) 钻机采用整体布局方式，窄机身设计，便于搬运工作。

(2) 钻孔高度采用液压油缸调节，水平开孔高度调节范围大(上下调节范围为 500 mm，也可根据需要定制为 1 800 mm)。

(3) 钻机钻孔倾角调节范围－40°～＋80°可调，且采用液压油缸调整，安全性高(开孔倾角范围可根据需要定制)。

(4) 钻机机架底部设置转盘，机架调节至合适高度后可 360°转动，满足任意方位的钻孔需求。

(5) 钻机卡盘为胶套式液压卡盘，夹持器为液压夹持器，自动化程度高，操作简便，工人劳动强度小，安全可靠。

(6) 钻机即可使用光钻杆钻进，也可使用三棱钻杆和螺旋钻杆钻进，在岩层或煤层中施工都适用。

3.4.1.2　ZDY4500LXY 煤矿用履带式液压钻机

ZDY4500LXY 煤矿用履带式液压钻机主要用于煤矿井下钻进瓦斯抽(排)放孔、注水灭火孔、煤层注水孔、放顶卸压孔、地质勘探孔及其他工程孔。适用于岩石普氏系数 $f\leqslant 10$ 的各种煤层岩层。钻机机独立行走，原地转弯，要求巷道或断面大于 8.5 m^2，高度大于 2.4 m，宽度大于 3.5 m。其基本性能参数如表 3-4-2 所示。

钻机整体结构如图 3-4-2 所示。其液压系统主要由履带底盘、立柱组件、导轨组件、油箱组件、操作机构、动力头、夹持器、动力系统、冷却器、钻具等部分组成。

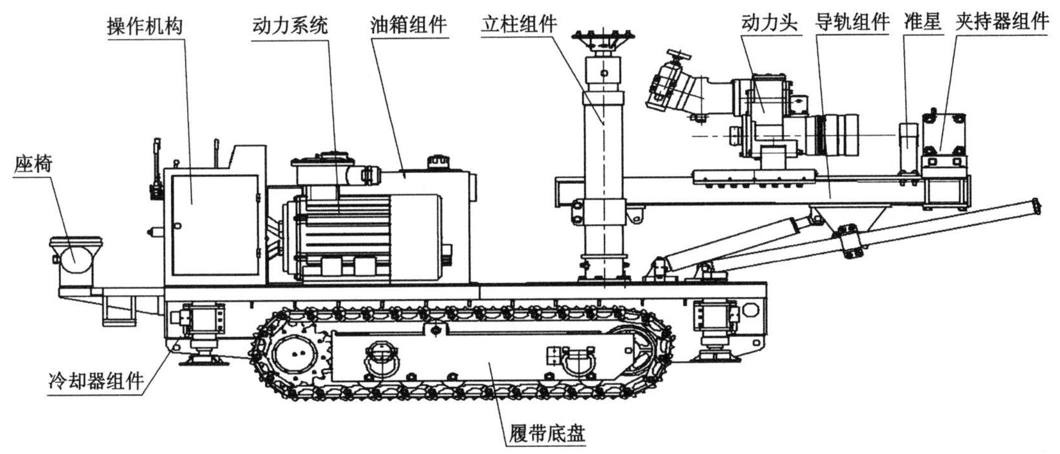

图 3-4-2　ZDY4500LXY 煤矿用履带式液压钻机主机示意图

表 3-4-2　　ZDY4500LXY 煤矿用履带式液压钻机基本性能参数

基本性能参数		单位	数值
整机	外形尺寸	mm	3 770(长)×2 050(高)×990(宽)
	工作状态稳车方式		液压缸垂直支撑方式
	质量	kg	5 900

续表 3-4-2

基本性能参数			单位	数值
回转机构		类型特征		液压回转
		额定转矩	N·m	1 050～4 500
		额定转速	r/min	65～215
		额定压力	MPa	26
		钻孔直径	mm	ϕ75/ϕ89/ϕ94/ϕ113/ϕ133
		钻杆长度	mm	1 000
导轨机构		类型特征		液压缸推进
		推进行程	mm	600
		推进力	kN	70
		启拔力	kN	140
		工作压力	MPa	20
		导轨垂直升降距离	mm	700
		导轨主轴最大仰角/俯角	(°)	±90
		导轨水平摆角	(°)	±180
动力系统		行走方式		履带式
		驱动机构类型		液压马达驱动
		爬坡能力	(°)	20
		制动方式		液压制动
		行走方式		液压驱动履带式
	电动机	型号		YBK2-250M-4
		额定功率	kW	55
		额定电压	V	660/1 140
		额定电流	A	60/34.6
		额定转速	r/min	1 480
	油泵	型类		柱塞泵＋齿轮泵
		排量	mL/r	71/20
		额定压力	MPa	28/20
	油箱	液压油容量	L	240

该类型钻机的优点如下：

(1) 作业安全，能显著减轻工人的体力劳动强度。

(2) 工作机构与动力系统合为一体，达到体积小、结构紧凑、全液压控制、操作方便灵活、履带行走、移位方便、机动性好、省时、省力。

(3) 钻机宽度小于 1 m，导轨可实现水平±180°旋转，俯仰－90°～＋90°调角，垂直 700 mm 升降距离，所有功能全部实现液压控制，稳钻调整快速灵活，可以在任意需要位置打孔，完全满足煤矿井下高(低)抽巷、皮带巷等狭小空间钻孔、探水、地质勘探等不同需求。

(4) 液压系统简单易操作,推进速度可根据不同工况进行方便控制,人性化程度高。液压泵站采用了负载敏感系统,空载转速时消耗功率小,随负载变化功率相应的增大,达到节能作用。

(5) 可根据客户需要配备不同钻具,其中低牙螺旋钻杆对易塌孔的岩石效果更好,优质的金刚石复合钻头对硬度高的岩石钻进效率及使用寿命显著提高。

(6) 采用液压油缸垂直支撑顶板方式,转盘回转机构,解决了支撑过程中力的转换,使钻机定位和稳钻更快速方便。

(7) 配备高强度钻杆或者低压螺旋钻杆,螺旋丝扣连接,采用风(水)排粉方式钻进深度可达 400 m。尤其是低牙螺旋钻杆不易塌孔的工作地点,配合采用风排粉和螺旋排粉,能够取得更佳效果。

阳煤集团主要使用的钻机设备技术参数见表 3-4-3。

表 3-4-3　　阳煤集团主要钻机设备参数

钻机型号	产地	配套钻杆直径/mm	钻进深度/mm	输出扭矩/(N·m)	开孔直径/mm	终孔直径/mm	给进力/KN	电机功率/kw	主轴倾角/(°)	回转额定转速/(r·min⁻¹)
ZDY6000LD	西安	73/89		6 000~1 600		95	180	75	−10~20	50~190
EH260	德国	60.3/110		2 600		127	120	90	−23~23	1 000
ZDY-4000L	西安	73		4 000/1 050	75		123	55	−5~−25	70~240
ZYWL-4000	重庆	63、73、螺旋 60/100	400	4 000~1 050	94、113、133	94、113	110	55	−5~25	1 480
ZDY-4000S	西安	73	150~200	5~280			150	55	−45~45	5~280
ZDY4000LF	西安	110	200~350	4 000	94、113		123	55	−30~80	60~220
ZDY4000LP(A)	西安	110	200~350	4 000	94、113		123	55	−30~60	70~240
ZYWL-1200	重庆	50/80		1 200/220	65/87	65/75	45	22	±45	100/600
ZDY1200L	西安	78	100	1 200/320			45	22	−10~45	80~280
ZDY1200S	辽宁	50	200		75−89	75	48			138/230
ZDY-3200	西安	63/73	300	3 200	200	150	84	45	−90~90	1 480
ZDY-3200s	西安	73	300	3 200	200	150	112	37	−90~90	1 480
ZYL-3500	重庆		400	3 500	94/153			55		
ZYL-1250	重庆		200	1 250	65/94			22		
CMSI-800/30	石家庄	52/40		800		63/113	29	30		200
CMSI-4000/55	阳泉	63/73	200	3 200	94、113、133	94、113	110	55	−20~45	1 480
CMS1-4000/55	石家庄	73	600	4 000	94	75	140	55	±90	60
ZYJ820/200L	石家庄	50/63		820		75/115	40	15		200
ZWY-3000	重庆	63/73		3 000/700	94/113	94/113	120	45	±90	50/240
ZLJ-350	石家庄	42	100	116~350	89	50	20	5.5	0~360	122~373
ZLJ-650	石家庄	42	200	214~650	108	76	23	7.5	0~360	88~270
ZY-750D	重庆	42/50	150	750~280	87、115	65、75	40	18.5	−90~90	1 470

3.4.2 瓦斯监测装备

3.4.2.1 安全监控系统概述

煤矿瓦斯监控系统是主要用来监测甲烷浓度、一氧化碳浓度、二氧化碳浓度、氧气浓度、硫化氢浓度、矿尘浓度、风速、风压、湿度、温度、馈电状态、风门状态、风筒状态、局部通风机开停、主要风机开停等,并实现甲烷超限声光报警、断电和甲烷风电闭锁控制等功能的系统。

《煤矿安全规程》第四百八十七条规定:所有矿井必须装备安全监控系统。安全监控系统按照《煤矿安全监控系统及检测仪器使用管理规范》(AQ 1029—2007)中煤矿安全监控系统通用技术要求规定,配置相应的传感器,必须具有现场报警和停电功能。煤矿瓦斯监控系统是主要用来监测甲烷浓度、一氧化碳浓度、二氧化碳浓度、氧气浓度、硫化氢浓度、矿尘浓度、风速、风压、湿度、温度、馈电状态、风门状态、风筒状态、局部通风机开停、主要通风机开停等,并实现甲烷超限声光报警、断电和甲烷风电闭锁控制等功能的系统。

阳煤集团非常重视煤矿安全生产及瓦斯治理,1974 年就在一矿首次装备了法国研制的 CTT63/40 矿井监控系统,为后续其他矿井陆续安装了波兰 CMC、美国制造的 KJ-4、德国 TF200 型矿井瓦斯监测系统,走在全国煤炭系统的前列。20 世纪 90 年代初,随着电子技术的发展,特别是计算机和控制技术的发展和总线传输技术的发展,国产的煤矿安全生产监控技术已经发展成为一个综合、复杂的多功能系统,阳煤集团所属矿井全部使用国产安全监控系统,如煤炭科学研究总院重庆研究院生产的 KJ90N、北京瑞赛长城航空技术有限公司生产的 KJ4N\KJ200N、天地(常州)自动化股份有限公司生产的 KJ95N 等系统在集团公司各矿得到广泛应用,阳煤集团各矿安全监控系统使用情况统计见表 3-4-4。

表 3-4-4　　阳煤集团各矿安全监控系统使用情况统计表

序号	矿名	类 型	型号	安全监控厂家
1	一矿	安全监控	KJ2000N	北京瑞赛长城航空技术有限公司
		抽采监控	KJ95N	天地(常州)自动化股份有限公司
2	二矿	安全监控	KJ2000N	北京瑞赛长城航空技术有限公司
		抽采监控	KJ370	郑州光力科技股份有限公司
3	三矿	安全监控	KJ90NB	煤炭科学研究总院重庆研究院
		抽采监控	KJ370	郑州光力科技股份有限公司
4	五矿	安全监控	KJ2000N	北京瑞赛长城航空技术有限公司
		抽采监控	KJ95N	天地(常州)自动化股份有限公司
5	新景矿	安全监控	KJ90NB	煤炭科学研究总院重庆研究院
		抽采监控	KJ90NB	煤炭科学研究总院重庆研究院
6	盂县兴峪	安全监控	KJ2000N	北京瑞赛长城航空技术有限公司
		抽采监控	KJ95N	天地(常州)自动化股份有限公司
7	裕泰	安全监控	KJ90NB	煤炭科学研究总院重庆研究院
		抽采监控	KJ751	郑州光力科技股份有限公司
8	兴裕	安全监控	KJ70N	常州宜兴三恒技术有限公司
		抽采监控	KJ95N	天地(常州)自动化股份有限公司

续表 3-4-2

序号	矿名	类 型	型号	安全监控厂家
9	圣天宝地	安全监控	KJ101N	镇江中煤电子有限公司
10	开元矿	安全监控	KJ90NB	煤炭科学研究总院重庆研究院
		抽采监控	KJ95N	天地(常州)自动化股份有限公司
11	景福公司	安全监控	KJ95N	天地(常州)自动化股份有限公司
		抽采监控		
12	平舒公司	安全监控	KJ86N	天津中煤电子有限公司
		抽采监控	KJ751	郑州光力科技股份有限公司
13	新元公司	安全监控	KJ2000N	北京瑞赛长城航空技术有限公司
		抽采监控	KJ370	郑州光力科技股份有限公司
14	长沟	安全监控	KJ2000N	北京瑞赛长城航空技术有限公司
		抽采监控		
15	寺家庄	安全监控	KJ90NB	煤炭科学研究总院重庆研究院
		抽采监控	KJ751	郑州光力科技股份有限公司
16	坪上	安全监控	KJ90NB	煤炭科学研究总院重庆研究院
		抽采监控		
17	新大地	安全监控	KJ95N	天地(常州)自动化股份有限公司
		抽采监控		
18	运裕	安全监控	KJ90NB	煤炭科学研究总院重庆研究院
19	石港	安全监控	KJ90NB	煤炭科学研究总院重庆研究院
		抽采监控		
20	永兴	安全监控	KJ70N	江苏三恒科技股份有限公司
21	石丘煤业	安全监控	KJ78N	北京中煤安泰机电设备有限公司
22	山凹煤业	安全监控	KJ78N	北京中煤安泰机电设备有限公司
23	华泓煤业	安全监控	KJ78N	北京中煤安泰机电设备有限公司
24	堡子煤业	安全监控	KJ78N	北京中煤安泰机电设备有限公司
25	东沟煤业	安全监控	KJ78N	北京中煤安泰机电设备有限公司
26	登茂通	安全监控	KJ95N	天地(常州)自动化股份有限公司
		抽采监控	KJ90NB	煤炭科学研究总院重庆研究院
27	南岭	安全监控	KJ2000N	北京瑞赛长城航空技术有限公司
		抽采监控		
28	碾沟	安全监控	KJ2000N	北京瑞赛长城航空技术有限公司
		抽采监控	KJ90NB	煤炭科学研究总院重庆研究院
29	孙家沟	安全监控	KJ90NB	煤炭科学研究总院重庆研究院
30	五鑫	安全监控	KJ90NB	煤炭科学研究总院重庆研究院
31	榆树坡	安全监控	KJ90NB	煤炭科学研究总院重庆研究院
32	天安	安全监控	KJ90NB	煤炭科学研究总院重庆研究院

续表 3-4-2

序号	矿名	类 型	型号	安全监控厂家
33	大阳泉矿	安全监控	KJ90NB	煤炭科学研究总院重庆研究院
		抽采监控		
34	南庄矿	安全监控	KJ90NB	煤炭科学研究总院重庆研究院
		抽采监控		

矿井安全监控技术是伴随煤炭工业发展而逐步发展起来的。1815 年，英国发明了世界上第一种瓦斯检测仪器——瓦斯检定灯，利用火焰的高度来测量瓦斯浓度。

20 世纪 30 年代日本发明了光干涉瓦斯检定器，一直沿用至今。

20 世纪 40 年代，美国研制了检测瓦斯气体的敏感元件——铂丝催化元件。1954 年，英国采矿安全研究所(SMRE)制成了最早的载体催化元件。

20 世纪 60 年代以后，主要产煤国都把发展载体催化元件作为瓦斯检测仪器的主攻方向。电子技术的进步推动了瓦斯监测装置的进一步发展，首先是研制小型化个人携带式仪器，然后是矿井监控系统。集团公司于 70 年代后期在一矿开始使用法国研制的 CTT63/40 矿井监控系统，四矿开始使用由英国生产的监控系统。

20 世纪 70 年代瓦斯断电仪问世，被装备在采掘工作面、回风巷道等井下固定地点，实现了对瓦斯的自动连续监测及超限时自动切断被控设备的电源；随后，便携式瓦斯检测报警仪、瓦斯报警矿灯被陆续研制并应用在煤矿现场。

20 世纪 80 年代初期，集团公司三矿从德意志联邦共和国引进 TF200 系统，并相应地引进了部分监控系统、传感器和敏感元件的制造技术，由此推动了集团公司安全监控技术的发展进程。

20 世纪 90 年代以后，随着电子技术的发展，特别是计算机和控制技术的发展和总线传输技术的发展，国产的煤矿安全生产监控技术已经发展成为一个综合、复杂的多功能系统。如煤炭科学研究总院重庆研究院生产的 KJ90N 煤矿安全综合监控系统在阳煤集团三矿、新景、开元、寺家庄、坪上、运裕等煤矿得到应用，北京瑞赛长城航空技术有限公司生产的 KJ4N\KJ200N 煤矿安全监控系统在一矿、二矿、五矿、新元矿等煤矿相继得到应用，常州宜兴三恒技术有限公司生产 KJ70N 安全监控系统在平定兴裕煤矿得到应用，天津中煤电子有限公司 KJ86N 系统在平舒煤矿得到应用，天地(常州)自动化股份有限公司生产的 KJ95N 系统在景福、新大地煤矿得到应用。

3.4.2.2 安全监控系统历年升级改造情况

1) 煤矿安全监控系统工作原理

地面监控主机先对分站进行设置，分站采集的数据将在分站进行预处理，并根据设置的参数进行相应的显示、报警、断电控制。同时分站将采集和处理信息实时传送到地面，由主机进行分析处理、存储、显示、报警、控制、查询打印等操作，并在网上实现信息的实时共享。

2) 阳煤集团煤矿安全监控系统历年升级改造情况

自 2003 年以来，阳煤集团结合实际需求和面向解决煤矿瓦斯防治重大安全技术问题，进行了四次大的升级改造。2005 年结合阳煤集团实际需求进行了初次较大幅度的升级改进，2007 年结合煤矿监测系统按《煤矿安全监控系统通用技术要求》(AQ 6201－2006)升级，将监测联网系统从数据通信接口协议到应用软件系统全面提升到满足《煤矿安全监控系统通用技术要求》(AQ6201－2006)的标准要求；2008—2009年按国家煤矿瓦斯防治“通风可靠、抽采达标、监控有效、管理到位”十六字工作体系要求，专门立项进行了通风可靠与抽采达标实时监测与实时动态预测预警技术的研究，2009—2010年又针对解决煤矿监测系统数据可靠性问题，专门立项进行监测系数误报警与数据可靠性研究。经过10多年的不懈攻关，目前集团公司瓦斯监测联网系统无论在性能、功能还是在解决煤矿瓦斯防治重大关键技术问题等诸多方面，都处于国内最先进的水平，已经可以作为煤矿瓦斯防治“十六字工作体系”的十分重要的综合自动化测控支持保障体系。

3.4.2.3　安全监控系统管理机制

阳煤集团目前有48套瓦斯监测系统，并于2003年实现了矿、集团公司、省局的“三级联网”。运行的各类传感器共有10 056枚，其中分站有1 533台，瓦斯传感器有3 765枚。各矿井均按《煤矿安全监控系统及检测仪器使用管理规范》(AQ1029—2007)及《煤矿安全监控系统通用技术要求》(AQ6201—2006)行业标准安装了各类传感器。各矿均按要求全部建立健全了瓦斯监控系统，瓦斯监控人员全部持证上岗，对瓦斯监控系统进行24小时不间断值班制度，实现对下属煤矿井下瓦斯超限、瓦斯异常、无计划停风、馈电异常等异常情况的集中随时监控。矿井采掘工作面任一个甲烷传感器出现瓦斯超限，均立即报警并采取切断工作面电源、停工、撤人等应急处置措施，充分发挥其安全预警作用。凡监控系统未建立、系统不完善或监控系统不能正常运行的矿井或工作地点不得生产。

阳煤集团规定年产150万吨以上生产矿井，必须建立监控队；150万吨以下矿井，必须建立专业监控维护组，行政隶属通风工区管理，监测技术管理由通风工区主任工程师负责。同时还建立健全了安全监控人员责任制、操作规程、值班制度。

监控队设队长、副队长、技术员等职数，下设机房监测组、仪器维修组和井下维护组；监控队井下维护组人员按每5台使用设备(包括各类监测分站、电源箱、传感器、交换机、断电仪、报警器等)配1人的原则进行配备，机房值班员按不少于6人(每班2人)配备，监测设备维修人员按3～6人配备，井下小班维护人员每小班每一生产采区不少于1人，便携式仪器维修人员按在籍台数每130台配1人标准配备。

各矿(公司)的矿长、总经理对监控系统正常运行、维护、测试等管理工作负全面责任；各矿(公司)的总工程师对监控系统的安装、运行、维护、测试等技术管理负责；区域公司对所辖矿井的监控系统负责监管。

瓦斯监控系统每年的维护费用不得少于使用设备资产总费用的25%，甲烷传感器、一氧化碳传感器备用量不得少于在用量的50%，其他监控设备、便携式报警仪按不低于在用量的20%配备。

采用载体催化元件的甲烷传感器严格按《煤矿安全规程》四百九十二条规定在设备设置地点进行调校，其他各类传感器严格按规定进行周期标校，对“瓦斯电、风电”闭锁进行周期试验，保证了监控系统运行的准确性和可靠性。

各矿(公司)必须按照《煤矿安全监控系统及检测仪器使用管理规范》(AQ1029－2007)的要求，建设完善监控系统，实现对煤矿井下各监测点的动态监控，为煤矿安全管理提供决策依据。对“集团公司-区域公司-矿”三级联网监测监控监管系统管理职责明确如下：集团公司通风部负责阳煤集团监控中心系统的日常管理维护及集团公司矿井监控系统监管；集团公司信息中心负责监测主干通信网络的管理和维护，若出现网络故障，以各级信息中心为主体，通风部门配合，及时排除故障；各区域公司对所辖区域各矿井的监控系统安装、监测、传输等进行监管，区域公司调度监测主机实行专机专用，实行专人专管，24 小时开启集团公司网络监管系统，连续监测监管所辖各矿安全监测动态和联网数据上传情况。

3.4.2.4　安全监控系统装备及联网情况

传统的安全监控系统存在着系统运行稳定性、监控实时性、系统处理容量、扩展性和兼容性、综合信息集成能力等方面的技术瓶颈。加之煤矿井下巷道走向纵横交错，分支巷道较多，且在采掘面区域巷道条件差，传统全树型总线结构的安全监控系统网络，使得系统通信平台的可靠性和稳定性较低，维护工作量大。为此，阳煤集团为克服传统安全监控系统结构的缺陷规定：年产 90 万吨以上的矿井，实现监控系统工业以太专网＋现场总线架构传输；高突矿井实现千兆以太专网＋现场总线传输，光纤传输线在井下敷设在主干巷道；其他分支巷道敷设电缆以总线方式传输监控设备信息。工业以太环网实现了物理上真正意义的环，具有通信传输实时性强、响应速度快，在冗余特性和故障状态下有自我恢复能力，其网络核心层结构为环网结构，确保系统传输平台稳定可靠，使监控系统技术性能跃上了新的台阶，也代表了国内煤矿监控技术的发展趋势，其传输结构示意如图 3-4-3 所示。

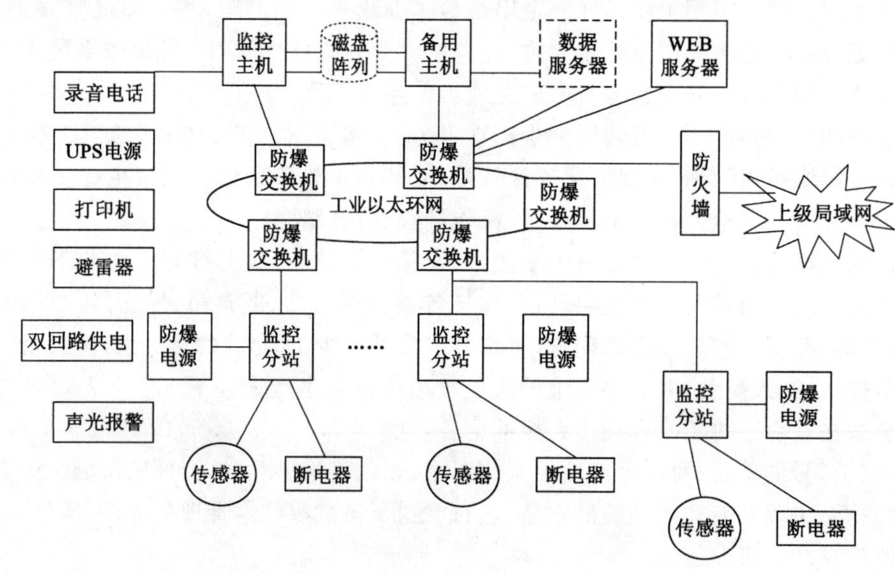

图 3-4-3　传输结构示意图

3.4.2.5　安全监控系统断电闭锁分类

瓦斯监控系统断电闭锁分为甲烷传感器超限闭锁、上电闭锁、失电闭锁、故障闭锁、风电闭锁等。

(1) 甲烷传感器超限闭锁是指井下采掘工作面地点的任一甲烷传感器出现瓦斯超限后立即报警，断电器立即切断所控制断电区域内全部非本质安全型电气设备的电源，并立即采取停工、撤人等应急处置措施，当瓦斯低于复电点时，系统自动解锁。当地面安全监控系统平台出现馈电传感器信号与井下断电信息不一致时，则由地面监控值班人员启动“二级断电”，切断采掘工作面上一级电源。“二级断电”的实施，为煤矿安全生产又提供了一道安全技术屏障,从源头又进一步提高了安全监控系统断电的可靠性,实现了瓦斯电闭锁"双保险"。

在此基础上,阳煤集团通风部建立了瓦斯超限短信报警平台,井下发生瓦斯超限后,短信报警平台立即将发生瓦斯超限地点的瓦斯浓度、超限时间第一时间通过无线传输立即上传至各矿通风区长、总工程师、安监处长、矿长、集团公司通风部门的分管领导及集团公司有关领导手机中。使得由矿到集团接收到短讯信息的人员均能在第一时间实时动态的掌握瓦斯超限地点瓦斯浓度的变化情况以及现场处置结果,通过通信技术手段,基本实现了实时处置瓦斯超限事故的目的。

(2) 二级断电是指采掘工作面的任一瓦斯传感器超限报警后,若被控设备的馈电状态与系统发出的断电命令不一致,可以利用安设在采区配电室监控分站切断该工作面上一级电源。

(3) 上电闭锁是指在与闭锁控制有关的监控设备接通电源 1 min 内,继续闭锁该设备所监控区域的全部非本质安全型电气设备,当与闭锁控制有关的设备工作正常并稳定运行后,系统应能自动解锁。

(4) 失电闭锁是指停止给分站电源箱供电,断电器能立即切断所控制断电区域内全部非本质安全型电气设备。

(5) 故障闭锁是指甲烷传感器、分站、电源、断电控制器,电缆、接线盒等与闭锁控制有关的设备未正常投入运行或故障,断电器能立即切断所控制断电区域内全部非本质安全型电气设备。当有关的设备工作正常并稳定运行后,系统应能自动解锁。

(6) 风电闭锁是指局部通风机停止运转或风筒出口风量低于规定风量,能立即切断所控制断电区域内全部非本质安全型电气设备。当通风机启动或风筒出口风量符合规定,关联设备恢复到供电状态。

第四章　掘进工作面智能化

4.1　引言

掘进和回采是煤矿开采的两个关键环节。安全、有效、快速的巷道掘进和支护技术是实现煤矿安全高效自动化和智能化开采的前提条件。目前我国已逐渐形成了以煤矿巷道掘进装备为主的 3 种类型的机械化掘进工艺：第 1 种是综合机械化掘进和支护，主要装备为悬臂式掘进机和单体锚杆钻机；第 2 种是连续采煤机与锚杆钻车配套作业线，主要掘进机械为连续采煤机；第 3 种为掘锚一体化掘进，主要掘进机械为掘锚机组。随着阳泉矿区综合机械化和巷道支护技术与装备推广应用，阳煤集团的掘进速度和工效取得了显著的提高和突破。

阳煤集团巷道掘进技术与装备主要经历了三个阶段的发展历程。第一个阶段：普掘阶段（1950—1980），该阶段为巷道掘进的起始阶段，主要以人工、炮采为主。1952 年阳煤集团推广煤电钻打眼技术，1953 年岩巷开拓使用风动工具，1958 年开始使用装煤机和装岩机，1973 年开始使用耙岩机。第二个阶段：引入综掘设备阶段（1980—2009），1980 年阳煤集团开始使用掘进机，1986 年使用液压钻车和侧卸式装岩机。第三个阶段：设备提升阶段（2009 年至今），2009 年引入岩巷掘进机，2012 年开始使用扒渣机和湿式喷浆机，2013 年试验了履带式锚杆台车，2017 年开始煤（岩）快速掘进系统的试验应用。阳泉矿区煤矿巷道支护技术的发展经历了木支护阶段、砌碹支护与型钢支护阶段（1950—1986）、锚杆支护阶段（1986—2015）、现阶段（2015 年至今）已经广泛应用了巷道支护设计优化、锚网支护协同支护和破碎煤岩注浆加固等先进技术，取得良好效果。随着阳泉矿区锚杆支护技术的推广、优化和应用，使掘进机掘进技术适应性大大加强，也进一步推动了阳煤集团综掘技术与配套装备的快速发展。

目前，阳泉矿区巷道掘进装备正向着重型化、大功率、高可靠性和自动化的方向发展。岩巷和半煤岩巷道掘进装备针对硬岩截割的要求，对截齿结构、新型截割刀具、截割滚筒耐磨性进行了研究，提出了相应的处理措施。在掘进机自动化掘进方面研发了掘进机机身定位导向及姿态调整、截割轨迹规划、地质条件识别及自适应截割、状态监测与故障诊断等关键技术。巷道掘进的后配套装备的衔接也是影响技术发展的主要因素，阳煤集团研发了原煤和材料运输—通风和除尘—监测监控等后配套技术与装备，为巷道掘进与支护提供了保障。只有通过技术创新加快高端掘进成套装备的研制，在掘支锚运一体化技术、硬岩截割技术、智能化技术和巷道安全快速掘进技术方面取得突破，才能更好地解决煤矿采掘失衡的主要矛盾。

4.2　掘进方法与掘进工艺

矿井巷道掘进方法主要考虑矿井开拓方式、巷道地质条件、巷道断面形状、巷道宽度、巷道高度、支护形式、支护材料、巷道走向、岩性探测、矿压分析等因素。掘进工艺主要包括:掘进方式、截割方式、装岩方式以及围岩控制、巷道支护、后配套运输等内容。

4.2.1　井田开拓

阳煤集团自1950年1月7日建立到1977年底已有4个矿、12对井,其中采用平峒开拓方式的有阳煤一矿北头咀、阳煤二矿小南坑、阳煤三矿一号井;采用斜井开拓方式的有一矿黄石板和北四尺、阳煤三矿二号井和裕公井;采用立井开拓方式的有三矿竖井;采用平峒—斜井联合开拓方式的有阳煤四矿二井;采用斜井—立井开拓方式的有阳煤一矿北丈八、阳煤二矿西四尺和东四尺。从1978—2000年,阳煤集团又新建了阳煤五矿五林井、阳煤五矿大井、阳煤开元矿、阳煤新景矿4对井口。采用斜井开拓方式的矿井有阳煤五矿五林井、开元矿。采用主斜井—副立井开拓方式的矿井有阳煤五矿大井、新景矿。

2006—2010年,阳煤集团加大了新矿井建设和煤炭资源整合力度,煤炭主业逐步从阳泉地区延伸到全省范围。截至2010年底,集团公司所属矿井共有43座,其中新建的大型矿井有6座,采用斜井开拓方式的矿井为新元矿、平舒矿、榆树坡矿、元堡矿,采用主斜井—副立井开拓方式的矿井为寺家庄矿,采用立井开拓方式的矿井为七元矿。

2010—2015年,阳煤集团为了实现"十二五"末煤炭产量突破亿吨,增加矿井产能,陆续开工建设了五矿花荷峪进、回风立井;平舒矿翟下庄进、回风立井;新大地矿架垴进、回风立井;新元矿陈家沟进、回风立井;开元矿米家庄进、回风立井;寺家庄矿司家沟进、回风立井,为矿井产能提升奠定了基础。

2014年2月,阳煤集团与国投煤炭公司达成南煤集团股权转让协议,收购国投煤炭公司持有南煤集团51%的投权。南煤集团下辖两座矿井,分别为南庄矿和大阳泉矿,两座矿井均采用斜井开拓方式,主采12号煤和15号煤。

4.2.2　采区布置

4.2.2.1　采区布置

阳泉矿区含煤地层总厚度176 m,共含煤层14层,煤层厚度16.8 m,其中可采及局部可采7层,主采煤层为3号、12号、15号煤层。煤层为近水平煤层,倾角一般为8°左右。阳泉矿区所属矿井均采用多水平、分煤层单独布置采区进行开采。

随着综采生产能力日益增大,回采工作面推进速度加快和掘进、支护手段相继进步的情况下,结合综采技术条件,阳煤集团对采区布置进行了多次改革。1975年,阳煤集团将3号煤层工作面由走向长壁式改为倾斜长壁式,1978年,将厚煤层采区的走向长度由原来的600～700 m增加到1 000～1 100 m,工作面倾斜长度由原来的80～120 m增加到160～180 m。1979年,集团公司在一矿北丈八井布置了第一个厚煤层倾斜长壁式采区—北丈八一采区,降低了万吨掘进率,扩大了生产能力。

进入21世纪,煤炭科学技术突飞猛进,大功率、高效能综采设备的成功应用,阳煤集团不断优化矿井采区的设计,改进采区巷道布置方式,注重加大采区、采煤工作面走向和倾向长度,采用条带式布置,采煤工作面顺槽直通大巷,减少了准备巷道和生产准备时间,实现了综采工作面要素最优化，综采工作面搬家倒面的次数逐年降低。综采工作面倾斜长度由160～180 m增加到200～260 m，走向长度由1 000～1 100 m增加到1 500～3 000 m。阳煤集团的第一个大采长、大走向工作面是阳煤一矿的北丈八井S 8101工作面，此工作面采长240 m，走向长1 600 m，于2003年设计完成，2004年9月8日该工作面正式开采，最高月产达355 063 t。

为解放矿井生产能力，合理进行煤层间的采掘衔接部署，探索高瓦斯矿井突出煤层开采的新技术，阳煤集团于2005年5月26日决定推广上行开采方式，并在新景矿15号煤层80201工作面进行试验，观察其上方3号煤层7315工作面巷道变化情况，该工作面于2008年10月投入生产。2005年9月5日，阳煤集团确定了第一个上行开采采区：新景矿佛洼分区的设计方案，该采区先开采8号煤层，然后开采其上方的3号煤层。

为了增加矿井服务年限，合理排布采区衔接，2015年阳煤集团先后决定新景增采9号煤层，新大地增采8号煤层。

2014—2016年，阳煤集团在新景矿、登茂通矿、南岭矿、碾沟矿、堡子矿、华泓矿的中厚煤层和阳煤一矿、阳煤二矿、阳煤五矿、兴峪矿、长沟矿、寺家庄矿的厚煤层推广了“小煤柱”工艺，煤柱尺寸为6～15 m。截至2016年底，累计推广44个“小煤柱”工作面。通过推广“小煤柱”工艺，有效提高了各矿井的采区回采率。

4.2.2.2 采区通风设计

由于阳泉矿区煤层瓦斯含量高，传统采煤工作面采用一进一回加内错尾巷的通风方式，一般为“U+I”型或者“U+L”型通风方式，但是该类型通风方式无法有效解决工作面上隅角瓦斯难题。为此，阳泉集团在新景、新元矿和开元矿开展了沿空留巷技术，分别试验了高水材料和柔性模板混凝土墙体工艺，实现了“Y”型通风方式，取消或回收了相邻工作面间的护巷煤柱，在本工作面实现了无煤柱开采，解决了高瓦斯矿井上隅角瓦斯难题，提高了煤炭回收率。阳泉矿区采煤工作面通风方式如图4-2-1所示。

4.2.2.3 采区设备布置

阳泉矿区掘进工作面设备布置如图4-2-2所示，掘进工作面生产设备主要由掘进机、转载机和可伸缩胶带输送机等组成。

4.2.2.4 采区巷道断面设计

巷道净断面的确定和设计要根据巷道的功能和用途，必须满足行人、运输、通风及设备安装、检修、施工的需要。巷道净断面的设计必须按支护最大允许变形后的断面进行计算，要在满足通风、运输、行人等要求基础上预留一定断面，预留断面按不小于该巷道断面的10%考虑。

(1) 服务于采用综采工艺的中厚煤层采区或采用综放工艺的厚煤层采区的矿井开拓大巷，其净断面要符合下列要求：

① 轨道巷或辅助运输大巷的净断面：

a. 若全矿井或矿井一翼只布置一条总进风巷时

采用矩形断面：净宽不小于5.0 m、净高不低于4.0 m。

采用拱形断面：净宽不小于5.0 m、净高不低于4.6 m。

b. 若全矿井或矿井一翼布置两条总进风巷时

采用矩形断面：净宽不小于4.8 m、净高不低于3.0 m。

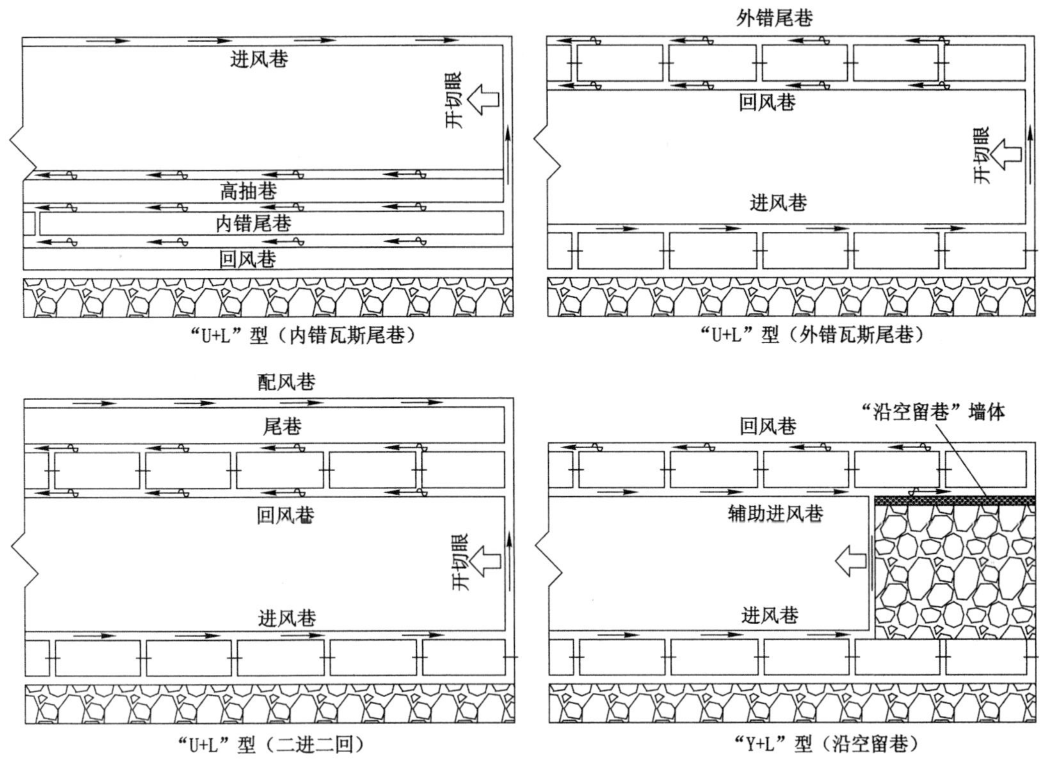

图 4-2-1 阳泉矿区采煤工作面通风方式示意图

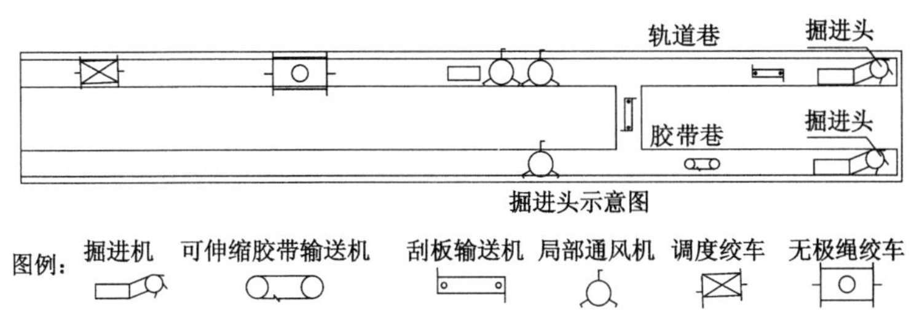

图 4-2-2　阳泉矿区掘进工作面设备布置示意图

采用拱形断面：净宽不小于 4.6 m、净高不低于 3.9 m。

② 回风巷的净断面：

a. 若全矿井或矿井一翼只布置一条总回风巷时

采用矩形断面：净宽不小于 5.0 m、净高不低于 4.0 m。

采用拱形断面：净宽不小于 5.0 m、净高不低于 4.6 m。

b. 若全矿井或矿井一翼布置两条总回风巷时

采用矩形断面：净宽不小于 5.0 m、净高不低于 3.4 m。

采用拱形断面：净宽不小于 4.8 m、净高不低于 4 m。

③ 胶带巷的净断面：

采用矩形断面：净宽不小于 4.4 m、净高不低于 3.0 m。

采用拱形断面:净宽不小于 4.4 m、净高不低于 3.8 m。

(2) 服务于采用一次采全高工艺的厚煤层采区的开拓大巷,其净断面要符合下列要求:

① 轨道巷或辅助运输大巷的净断面:

采用矩形断面:净宽不小于 5.0 m、净高不低于 4.0 m。

采用拱形断面:净宽不小于 5.0 m、净高不低于 4.6 m。

② 回风巷的净断面:

采用矩形断面:净宽不小于 5.0 m、净高不低于 4.0 m。

采用拱形断面:净宽不小于 5.0 m、净高不低于 4.6 m。

③ 胶带巷的净断面:

采用矩形断面:净宽不小于 4.5m、净高不低于 3.0m。

采用拱形断面:净宽不小于 4.5m、净高不低于 3.85m。

(3) 服务于采用综采工艺的中厚煤层采区准备巷,其净断面要符合下列要求:

① 采区轨道巷:

采用矩形断面:净宽不小于 4.8 m、净高不低于 2.8 m。

采用拱形断面:净宽不小于 4.5 m、净高不低于 3.85 m。

② 采区胶带巷:

采用矩形断面:净宽不小于 4.5 m、净高不低于 2.5 m。

采用拱形断面:净宽不小于 4.5 m、净高不低于 3.85 m。

③ 采区回风巷:

采用矩形断面:净宽不小于 5 m、净高不低于 2.8 m。

采用拱形断面:净宽不小于 4.4 m、净高不低于 3.8 m。

④ 猴车巷或其他用于解决运人问题的巷道:

采用矩形断面:净宽不小于 3.6 m、净高不低于 2.5 m。

采用拱形断面:净宽不小于 3.6 m、净高不低于 3.4 m。

(4) 服务于采用综采放顶煤工艺的厚煤层采区准备巷,其净断面要符合下列要求:

① 采区轨道巷:

采用矩形断面:净宽不小于 4.5 m、净高不低于 3.0 m。

采用拱形断面:净宽不小于 4.5 m、净高不低于 3.85 m。

② 采区胶带巷:

采用矩形断面:净宽不小于 4.5 m、净高不低于 3.0 m。

采用拱形断面:净宽不小于 4.5 m、净高不低于 3.85 m。

③ 采区回风巷:

采用矩形断面:净宽不小于 5 m、净高不低于 3.0 m。

采用拱形断面:净宽不小于 4.5 m、净高不低于 3.85 m。

④ 猴车巷或其他用于解决运人问题的巷道:

采用矩形断面:净宽不小于 3.6 m、净高不低于 2.5 m。

采用拱形断面:净宽不小于 3.6 m、净高不低于 3.4 m。

(5) 服务于采用一次采全高工艺的厚煤层采区准备巷,其净断面要符合下列要求:

① 采区轨道巷或辅助运输巷:

采用矩形断面：净宽不小于 4.6 m、净高不低于 4.0 m。

采用拱形断面：净宽不小于 4.6 m、净高不低于 4.5 m。

② 采区胶带巷：

采用矩形断面：净宽不小于 4.5 m、净高不低于 3.0 m。

采用拱形断面：净宽不小于 4.5 m、净高不低于 3.85 m。

③ 采区回风巷：

采用矩形断面：净宽不小于 5.0 m、净高不低于 4.0 m。

采用拱形断面：净宽不小于 5.0 m、净高不低于 4.5 m。

④ 猴车巷或其他用于解决运人问题的巷道：

采用矩形断面：净宽不小于 3.6 m、净高不低于 2.5 m。

采用拱形断面：净宽不小于 3.6 m、净高不低于 3.4 m。

(6) 服务于采用综采工艺的中厚煤层采区，其回采巷道的净断面要符合下列要求：

① 进风平巷：净宽不小于 5.0 m、净高不低于 2.4 m。

② 回风平巷：净宽不小于 5.0 m、净高不低于 2.4 m。

③ 尾巷：净宽不大于 4.0 m、净高不低于 2.4 m，如果为二次复用巷道，则执行进风顺槽的断面要求。

(7) 服务于采用综采放顶煤工艺的厚煤层采区，其回采巷道的净断面要符合下列要求：

① 进风平巷：净宽不小于 5.0 m、净高不低于 3.0 m。

② 回风平巷：净宽不小于 4.5 m、净高不低于 3.0 m。

③ 内错尾巷：净宽不大于 4 m、净高不超过 2.4 m。(如挑顶掘进，净高不超过 2.6 m)

(8) 服务于采用一次采全高工艺的厚煤层采区，其回采巷道的净断面要符合下列要求：

① 进风平巷：净宽不小于 5.0 m、净高不低于 3.6 m。

② 回风平巷：净宽不小于 4.5 m、净高不低于 3.6 m。

③ 内错尾巷：净宽不大于 3.8 m、净高不超过 2.9 m。

④ 进风行人巷：净宽不大于 3.8 m、净高不超过 2.9 m。

(9) 高抽准备巷(包括高抽系统巷)的净断面不超过 10 m^2。

(10) 高抽巷的净断面要符合下列要求：

① 如果巷道长度不长，在掘进期间利用一部胶带出矸，其净断面不超过 7.5 m^2。

②如果巷道较长，在掘进期间利用两部胶带出矸，则外面胶带范围的巷道净断面不超过 10 m^2，里面胶带范围的巷道仍执行净断面不超过 7.5 m^2 的要求。

(11) 综放工作面的内错尾巷在掘进期间要进行钻探煤厚工作，探孔间距不超过 50 m，确保内错尾巷与回采工作面的层间距不小于 1.5 m，否则内错尾巷要挑顶掘进或进入煤层顶板掘进。

(12) 本规定适用于年产量 90 万吨及以上矿井、高瓦斯矿井和煤与瓦斯突出矿井。如遇特殊情况不能执行本规定，阳泉本部矿井(公司)必须经集团公司生产技术部批准；区域公司所属矿井(公司)必须经区域公司批准后，方可按批复执行。

4.2.3　掘进方法

用综合机械化掘进即综掘。综掘是使用掘进机破煤、装煤，并将煤转载到运输设备上运出。

4.2.3.1 掘进方法

(1) 气腿式凿岩机或煤电钻＋气动锚杆钻机或液压锚杆钻机＋侧卸式装煤机＋蓄电池电机车＋矿车作业方法。

该作业方法采用气腿式凿岩机或煤电钻钻凿迎头炮孔，用气动锚杆钻机或液压锚杆钻机打顶部、边帮锚杆孔并安装锚杆，用侧卸式装煤机将煤及矸石铲装到矿车，用蓄电池机车将装满煤或矸石的矿车运走。为提高炮孔、锚杆孔的施工速度，可配备多台气腿式凿岩机(或煤电钻)、多台气动或液压锚杆钻机。

该作业方法的特点：① 钻孔设备轻便灵活，多台设备同时施工，钻孔速度快、效率高；② 侧卸式装煤机装载效率高，机动性好，速度快，爬坡能力强；③ 侧卸式装煤机一机多用，可用于辅助物料的运输。也可作为钻装边帮上部锚杆孔，安装锚杆的工作平台；④ 安全、可靠、避免了耙斗式装岩机绳轮摩擦易产生火花的危险。

(2) 气腿式凿岩机或煤电钻＋液压挖掘式装载机＋气动(液压)锚杆、锚索钻机＋蓄电池机车＋矿车作业方法。

该作业方法采用气腿式凿岩机或煤电钻钻凿迎头炮眼，用气动(液压)锚杆钻机打顶部、边帮锚杆眼并安装树脂锚杆，用江苏中煤矿山机械有限公司的液压挖掘式装载机扒矸并直接卸载到后部矿车或其他转载设备，装满的矿车由蓄电池机车运至后部矸石场。

该作业方法的特点：全液压挖掘式装载机采用履带式行走机构，机动、灵活。

(3) 悬臂式掘进机＋双向胶带输送机＋气动(液压)锚杆钻机机械化作业方法

该作业方法的工序是掘进机截割的煤或矸石经掘进机转载送至紧跟掘进机后部的可伸缩胶带输送机，然后再卸至其他运输设备。可伸缩胶带输送机运煤或矸石时，胶带输送机底部胶带可同时向工作面运送材料，使上胶带出煤和下胶带(回空胶带)进料形成一个运输系统，可伸缩胶带长度一般为 800 m，胶带储存长度一般为 100 m，掘进机割煤结束，手持式气动或液压锚杆钻机到掘进机前部完成迎头顶部及边帮锚杆的钻装。

该作业方法的特点：① 可实现煤、矸连续运输，减少煤、矸转运停歇时间，效率高，做到一机多用。在巷道跨度较小的情况下优点更加突出；② 该方案用于连续掘进、长度大于 600 m 的独头巷道才能充分发挥高速度、高工效的优越性。

(4) 悬臂式掘进机＋刮板运输机＋气动(液压)锚杆钻机机械化作业方法

掘进机截割的煤、矸经转载机到刮板运输机再卸入其他运输设备运出。这种方案主要用于巷道坡度变化较大，掘进巷道长度较短的条件。

(5) 悬臂式掘进机＋梭式矿车＋气动(液压)锚杆钻机机械化作业方法

该作业由掘进机，梭式矿车、牵引电机车等几部分组成。掘进机截割的煤、矸石经转运机构胶带转载机卸载到梭车内，然后用电机 车将梭车拉至卸载地点卸载。这种配套方案不能连续装载，适用于卸载地点运输距离较短的条件，井下应具备卸载仓。

4.2.3.2 掘进流程

采用悬臂式掘进机的生产工艺流程如图 4-2-3 所示，掘进机进刀切割后需要退回用锚杆机进行锚杆支护，完成开拓的巷道支护后再将掘进机前移进行下一个循环的巷道掘进。而使用掘锚一体机则是在完成巷道开拓掘进后，等待锚杆机进行巷道的锚杆支护，完成锚杆支护后，继续进行下一个循环的巷道掘进，因此，节省了掘进机的回退时间，提高了掘进速度。掘进工作面工作循环流程如下：循环开始→综掘机掘进割煤→桥式转载机转运煤块→

胶带输送机运煤至煤仓或采区胶带→临时支护→铺金属网→上钢带→气腿式锚杆机钻孔→安装树脂锚固剂和锚杆→安装树脂锚固剂和锚索→施加锚杆锚索预应力→支护结束→一个循环结束，下一循环开始，周而复始。

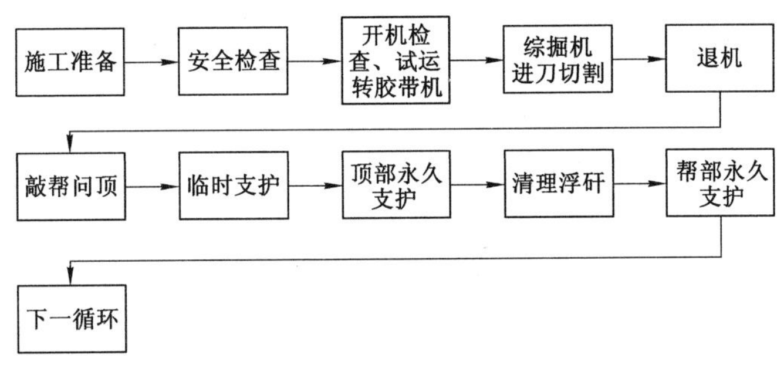

图 4-2-3　悬臂掘进机的施工工艺流程图

4.2.4　巷道掘进工艺

经过多年发展，阳泉矿区巷道掘进施工工艺得到了长足的发展，由最初完全依靠人力、畜力和简陋的机械动力设备施工的原始施工方式，发展为以各种机械化作业线为主的现代化施工方式。掘进工艺采用掘进机机掘和爆破普掘两种方式。常规作业线形式有五种，分别是开拓大巷主要采用岩巷掘进机＋胶带（刮板输送机）作业线、液压钻车＋扒渣机＋胶带（刮板输送机）作业线、YT-28(29)凿岩机＋扒渣机＋胶带（刮板输送机）作业线、YT-28(29)凿岩机＋耙岩机＋胶带作业线和 YT-28(29)凿岩机＋耙岩机＋矿车作业线。

4.2.4.1　岩巷掘进

1978 年，阳泉矿务局岩巷掘进施工主要采用人工打眼放炮的方式，打眼工具主要为 7655 型风钻，耙岩机、铲斗式装岩机开始使用。到 1982 年，岩巷施工机械逐渐向配套化发展，大耙斗装岩机、大吨位蓄电池电机车相继投入使用。其后，在岩巷施工中应用了岩巷机械化作业线。1986 年 7 月，二矿西四尺井和三矿竖井试用法国制造的液压钻车和与其配套的侧卸式装岩机。1988 年，一矿北丈八井西大巷试用国产 CTH10-2F 全液压钻车及配套的 ZC 侧卸式装岩机。1991 年，阳泉矿务局在岩巷应用了液压钻车配备侧卸式装岩机、5 吨电机车机械化作业线 5 条，气腿式凿岩机配备 0.6m^3 耙斗装岩机转载机械化作业线 12 条，减少了作业人员数量，减轻了工人劳动强度，提高了单进水平及安全性。集团公司从 2009 年开始分别试验了三一重工生产的 EBZ200H 型、EBZ260H 型和 EBZ318H 型岩巷掘进机；华越创立生产的 EBZ315 型和 EBZ220G 型岩巷掘进机；凯盛重工生产的 EBZ255 型岩巷掘进机。从试验情况来看，岩巷掘进机具有巷道成型好、劳动强度低、掘进效率高等优点。2012 年，阳煤集团在考察其他煤炭公司岩巷先进装备的基础上，在寺家庄北翼胶带机巷试验“YT29A 凿岩机＋扒渣机＋刮板输送机、胶带＋移动矸仓＋矿车”的岩巷作业线，使用这套岩巷生产作业线后，有效提高了单进水平，保证了安全生产。2013 年，阳煤集团与南京六合佳源矿山设备有限公司合作研发制造了矸石转载机（矸石溜），并于 2013 年 10 月在新元公司 9 号煤层高抽巷试用中取得了较好的效果，岩巷出矸机械事故率得到有效降低。2015 年 5 月，阳煤集团又在新景 80121 高抽巷试验了 EBZ260W 型小断面岩巷掘进机，平均月进 183 m，最高月进 207.6 m，生产成本和劳动用工均较普掘有明显降低。

4.2.4.2 煤巷掘进

1978 年,阳泉矿务局煤巷掘进采用煤电钻打眼人工爆破、装煤机或耙岩机配合刮板运输机装载的方式。1980 年,引进奥地利 AM-50 型半煤岩掘进机、日本 MRH-S50-r3 型煤巷掘进机,井下作业效果显著。1984 年,又陆续引进多台综掘机用于煤巷掘进。1990 年,综掘设备普及淮南煤矿机械厂产仿奥地利 AM-50 型掘进机,当年综掘进尺达到了 32 543 m。

2000 年,佳木斯煤机厂产 MRH-S100 型掘进机投入使用。2004 年 9 月,阳煤集团在新元矿安装使用了第一台 S-200 型综掘机。2005 年至 2010 年,阳煤集团加大综掘设备投入,相继增加了 EBH-120 型、EBZ-135 型、EBZ-150 型、EBZ-160 型、EBZ200 型、EBZ220 型等大功率掘进机。至 2010 年底,综掘机械化程度达到 63.46%,综掘进尺达到 177 796 m,煤巷综合单进达到 268.26 m/月,形成以大功率掘进机、胶带运输机、刮板运输机和锚杆钻机为主的机械化作业线,煤巷掘进实现了机械化。阳煤集团与沈阳天安科技股份有限公司合作,研发矩形煤巷盾构式掘进机,计划在二矿 15 号煤层十二采区 81202 大采高工作面回风巷实施,月进目标拟达到 600 m 以上。阳煤集团与中国煤炭科工集团太原煤科院合作,研发煤巷掘锚运快掘系统。在二矿 15 号煤层十二采区 81202 大采高工作面进风巷实施,月进目标拟达到 500 m 以上。2015 年开始推广使用液压锚杆钻车,平均单进由 175 m 提高到 201.7 m,平均提高 26.7 m,提高幅度 15.3%。使用效果较好的单位有一矿 8304 西部进风巷使用前月平均进尺 220 m,使用后月平均进尺 232.5 m,最高月进 246 m,提高 5.7%。

4.2.4.3 半煤岩巷掘进

1978 年,阳泉矿务局采用煤电钻打眼放炮、装煤机或耙岩机配合刮板运输机进行半煤岩巷掘进。1982 年,使用 7655 型风动凿岩机,加快了掘进速度。2000 年 6 月,一矿北丈八井 8804 工作面走向高抽巷的掘进中采用自制滑靴式耙岩机配合胶带、煤溜装载,创月进 206 m 的新纪录。2005 年,阳煤集团引进 S-200 型掘进机和 ZMC-30 型全液压侧卸式装煤机。形成以装煤机或 S-200 型综掘机、刮板输送机、带式输送机为主的机械化作业线。2009 年 3 月,在新景矿 80112 工作面走向高抽巷试验了三一重装生产的 EBZ-132CZ 型窄机身掘进机。2009 年 10 月～2010 年 6 月,在一矿 S8301 工作面走向高抽巷(沿 12 号煤层)试验了 EBZ132CZ 型掘进机,从进尺统计情况分析,单头月平均进尺 311.8 m,正常情况下掘进单进水平 353.4 m/个/月,日进最高 18.5 m,月进最高为 518 m,体现了 EBZ132CZ 型掘进机在半煤岩巷道的适用性和可靠性。

4.2.5 巷道支护工艺

1978 年以前,阳泉矿务局半煤岩巷普遍采用矿用工字钢梯形棚支护。1985 年 7 月,半煤岩巷试验快硬水泥锚杆支护,这一支护形式在一矿北头咀 1619 掘进工作面快硬水泥锚杆支护试验取得成功。水泥锚杆支护与棚式支护相比工艺简单,操作方便,施工速度快、效率高,工人的劳动强度小。1986 年 5 月,一矿水泥锚杆试用评议会后,阳泉矿务局全面推广了水泥锚杆支护。1988 年,阳泉矿务局双锚(锚杆和锚喷)支护巷道掘进进尺达到 28 034 m,比前五年掘进进尺总和还要多。1991 年,树脂锚杆支护在一矿实验成功,并在全局推广使用,淘汰了水泥锚杆。同时积极推广了 ZMC-30 型侧卸式装煤机配套胶带、煤溜作业线,其中二矿工三队在 15 号煤层高抽巷施工中,全年实打进尺 3 506 m,月进尺最高达 383 m,创历史最好水平。

4.2.5.1　岩巷支护

1978 年以前，阳煤集团岩巷支护形式基本为料石砌碹支护。1978 年开始，岩巷推广光爆锚喷技术，当年全局光爆锚喷进尺计划 11 000 m，实际完成 12 638 m。1991 年 7 月，在一矿改扩建 2 号主斜井施工中采取蹬架打眼，严格控制炮眼（特别是周边眼）的眼距和装药量，预留光爆层修边爆破，支模挂线喷浆等一系列措施，使施工质量标准达到了砌碹标准。此后，在所有开拓准备岩巷掘进中全面推广了光爆锚喷新工艺，彻底取消了砌碹支护。1989 年开始，在岩巷掘进施工中试验推广快硬膨胀水泥锚杆喷浆支护。1992 年，用质量更加稳定的树脂锚固剂代替了水泥药卷。2000 年，锚索支护的应用为岩巷锚喷支护提供了强有力的保障，使锚喷支护巷道对不同围岩的适应性更强。2005 年，岩巷推广平行作业，并制定了具体的要求和标准。在岩层节理不发育、岩石硬度较高、围岩较稳定的砂岩、砂质泥岩和绝大部分泥岩岩巷中，锚喷巷道直墙部分的锚杆滞后茬岩施工的距离在 30 m 以上，二次喷浆滞后距离在 30 m 以上。2006 年，在一矿开四队和五矿工准一队进行岩巷中深孔爆破试验，爆破效率 90%以上，每茬炮的爆破进度由原来的 1.5 m 左右提高到 1.8 m 以上。五矿工准一队于 2006 年 8 月在南翼轨道巷实施中深孔爆破后，单头月进尺均在 100 m 以上，最高达到 120 m，创阳煤集团历史最好水平。2011—2012 年，在一矿西大巷改道巷采用底板组合锚索锚注加固及顶、帮注浆加固工艺进行整巷。通过对底板打锚索注水泥浆，底鼓现象得到控制；对顶帮注化学浆，采用拱棚支护、锚索带槽钢加固棚腿的工艺，有效控制了巷道顶压和侧压。2012 年，在新元矿试验了湿式喷浆机，并于 2013 年在集团公司全面推广。湿喷机较干喷机回弹率降低了 50%以上，粉尘浓度降低了 80%以上，现场作业环境明显改善。

4.2.5.2　煤巷支护

1978 年，阳泉矿务局煤巷支护普遍采用以矿用工字钢和 U 型钢为主的金属支架支护，支架形状主要有梯形、半圆拱形等。1982 年，首先在一矿北头咀井 1104、1105 综采工作面使用 U29 型钢矮墙半圆拱形可缩性金属支架。1983 年，在全局广泛使用 U 型钢半圆拱形可缩性金属支架，并由支护综采工作面巷道推广到支护采区上、下山及岩石大巷。1985 年开始，阳泉矿务局大力发展锚杆支护，首先在一矿北丈八井 8501 工作面（上层）回风巷进行快硬膨胀水泥锚杆支护试验，试验成功后即在全局煤巷中推广。1995 年 9 月，在一矿北丈八井 8804 工作面进风进行了锚杆网支护技术试验，掘进巷道 200m，为锚杆支护在 15 号煤层下层巷道的应用提供了宝贵的经验。1998 年 10 月，选用锚杆、金属网与锚索的联合支护方式将锚杆锚索支护成功应用于新景矿 71113 工作面尾巷。1999 年 3 月，在一矿北丈八井 8904 工作面回风巷进行了锚杆、W 钢带、锚索联合支护试验并获得成功。2000 年，阳煤集团全面推广锚杆锚索支护工艺，2001 年在临近采空侧巷道推广使用全锚索支护，到 2002 年阳煤集团在 15 号煤层下层支护中全部使用了锚杆锚索支护或全锚索支护。2005 年 8 月开始，阳煤集团进行岩性探测和矿压观测，并对岩性探测和矿压观测资料定期进行分析，并采用巷道顶板矿压观测的先进技术，试验顶板离层在线监测系统和锚杆（索）受力红外采集监控系统，使矿压观测数据更加真实可靠。2007 年，为了提高采空侧巷道的支护强度和双锚巷道的单进水平，在一矿和新景矿进行了 21.6 mm 大直径锚索支护试验。2008 年，阳煤集团在三矿和新景矿进行了球形锚具替代普通锚具的试验研究；同年，在新元矿西三中间巷、西四中间巷和东四正巷试用锚索桁架控制体系。通过试用，揭示了采动剧烈影响的垮冒煤巷矿压规律与支护技术，克服了单纯锚索支护不能提供水平张紧力的缺陷，也从根本上解决了锚索钢带联合支护的被动承载问题，为采动剧烈影响煤巷或相似条件巷道的围岩控制提供理论指导和实用技术手段。通过控制采动剧烈影响煤巷的恶性冒顶事故，提高了支护可靠性，改善了支护效果，节约了施工成本，对于推动新元矿采动剧烈影响煤巷支护技术改革的进程有着重要意义，对其他复杂条件下采动剧烈影响煤巷支护也有积极的借鉴意义，具有广泛的应用前景。2009 年 9 月，阳煤集团与中国矿业大学合作开展了高应力巷道高强度锚索支护技术研究与应用，在一矿的 81202 工作面回风巷和新景矿 80111 回风巷、切巷试验了 ϕ21.8(1×19 丝)锚索。通过对采集的矿压数据统计分析，与 1×7 丝普通锚索支护相比，1×19丝矿用锚索支护效果好，围岩变形量小，巷道掘进期间断面收缩率得到有效控制，破断率明显降低。2012—2013 年，在新景 80117 回风(采空侧)掘进工作面试验使用了 ϕ28.6 mm(1×19 丝)锚索，通过试验 1×19 丝锚索比同直径 7 丝锚索的围岩变形量减少了 30%，有效控制了顶板下沉量。2013 年 8 月，在新元矿 9 号煤层北回风巷试验了履带式锚杆台车，有效降低锚杆支护时间，设备正常使用后平均单进由 175 m 提高到 204 m，提高幅度达 16.6%。

4.2.6 锚杆支护设计

根据煤矿巷道的特点，借鉴国外先进技术经验，阳煤集团提出巷道支护动态系统设计法。动态系统法具有两大特点：其一，设计不是一次完成的，而是一个动态过程；其二，设计充分利用每个过程中提供的信息，实时进行信息收集、信息分析与信息反馈。该设计方法包括巷道围岩地质力学评估、初始设计、井下监测、信息反馈与修正设计等四部分内容。巷道围岩地质力学评估包括围岩强度、围岩结构、地应力、井下环境评价及锚固性能测试等内容，为初始设计提供可靠的基础参数；初始设计以工程类比法和数值计算方法为主，结合已有经验和实测数据确定出比较合理的初始设计；将初始设计实施于井下，进行详细的围岩位移和锚杆受力监测；根据监测结果判断初始设计的合理性，必要时修正初始设计。正常施工后应进行日常监测，保证巷道安全。

4.2.6.1 *巷道围岩地质力学评估*

巷道围岩地质力学评估是在地质力学测试基础上进行的，包括以下几方面内容：

(1) 巷道围岩岩性和强度。包括煤层厚度、倾角、抗压强度；顶底板岩层分布、强度。

(2) 地质构造和围岩结构。巷道周围比较大的地质构造，如断层、褶曲等的分布，对巷道的影响程度。巷道围岩中不连续面的分布状况，如分层厚度和节理裂隙间距的大小，不连续面的力学特性等。

(3) 地应力。包括垂直主应力和两个水平主应力，其中最大水平主应力的方向和大小对锚杆支护设计尤为重要。

(4) 环境影响。水文地质条件，涌水量，水对围岩强度的影响，瓦斯涌出量，岩石风化性质等。

(5) 采动影响。巷道与采掘工作面、采空区的空间位置关系，层间距大小及煤柱尺寸；巷道掘进与采动影响的时间关系(采前掘进、采动过程中掘进、采动稳定后掘进)；采动次数，一次采动影响、二次或多次采动影响等。

(6) 黏结强度测试。采用锚杆拉拔计确定树脂锚固剂的黏结强度。测试采用施工中所用的锚杆和树脂药卷，分别在巷道顶板和两帮设计锚固深度上进行三组拉拔试验。黏结强度满足设计要求后在井下施工中采用。

初始设计前所需原始的地质力学评估数据如表 4-2-1 所列。

表 4-2-1　　地质力学评估内容

序号	原始资料	说明与测取
1	煤层厚度	被巷道切割的煤层厚度
2	煤层倾角	由工作面地质说明书给出，或在井下直接量取
3	煤层物理力学参数	在井下直接测取，或在实验室内利用煤样测定
4	2 倍巷道宽度范围内顶板岩层层数与厚度	由地质柱状图或钻孔资料确定
5	1 倍巷道宽度范围内底板岩层层数与厚度	由地质柱状图或钻孔资料确定
6	各层节理裂隙间距	沿结构面法线方向的平均间距，在巷道内(或类似条件巷道内)测取
7	岩层的分层厚度	分层厚度的平均值
8	岩层的物理力学参数	在井下直接测取，或在实验室内利用岩样测定
9	地质构造	巷道周围地质构造分布情况，地质说明书
10	水文地质条件	巷道涌水量，水对围岩力学性质的影响，工作面地质说明书
11	巷道埋深	地表到巷道的垂直距离
12	原岩应力的大小和方向	井下实测
13	巷道轴线方向	由工作面巷道布置图给出
14	煤柱宽度	煤柱的实际宽度
15	采动影响	巷道受到周围采动影响情况
16	巷道几何形状和尺寸	宜选用的几何形状为矩形和梯形
17	锚杆在岩层中的锚固力	井下锚杆锚固力拉拔力试验
18	锚杆在煤层中的锚固力	井下锚杆锚固力拉拔力试验

为弄清阳泉矿区巷道围岩地质力学参数，掌握地应力场分布特征，为矿井开拓部署、巷道布置及采场与巷道围岩控制提供基础参数，阳煤集团采用煤科总院开采分院研发的煤矿井下单孔、多参数、耦合地质力学原位快速测试装备，开展阳泉矿区地应力、围岩强度和围岩结构进行了大规模的测量和分析，分别在阳煤一矿、阳煤二矿、新景矿、新元矿、阳煤五矿、寺家庄矿等 6 个矿井、26 个测站完成巷道围岩地质力学参数测试，每个测站测试内容包括：地应力、围岩强度和围岩结构，其中部分阳泉矿区地应力测试结果见表 4-2-2。

表 4-2-2　　部分阳泉矿区地应力测试结果

矿名	序号	测站位置	埋深/m	垂直应力/MPa	最大水平主应力/MPa	最小水平主应力/MPa	最大水平主应力方向
阳煤一矿	①	81303 进风巷 20 m	513.3	12.83	16.33	8.73	N57.8 °W
	②	十三采区轨道巷 600 m	504.4	12.61	15.23	8.63	N38.7 °W
	③	十四采区轨道巷 60 m	428	10.15	18.19	9.42	N50.1 °W

续表 4-2-2

矿名	序号	测站位置	埋深/m	垂直应力/MPa	最大水平主应力/MPa	最小水平主应力/MPa	最大水平主应力方向
阳煤二矿	①	81007 进风巷 120 m	443.5	11.09	13.22	6.90	N31.6 °W
	②	新内错巷 100 m	433	10.83	15.80	8.20	N46.4 °W
	③	21304 回风巷 200 m	479.5	11.99	13.34	7.34	N21.9 °W
	④	十三采区轨道巷	496.4	12.41	16.83	9.15	N39.2 °W
	⑤	13 区左回风巷 150 m	555.8	13.90	17.59	9.19	N42.0 °W
	⑥	13 区左回风巷 300 m	560.7	9.48	18.01	9.77	N30.6 °W
新景矿	①	15028 轨道巷 100 m	607	15.28	15.90	8.68	N67.9 °E
	②	15028 进风巷 160 m	601	15.03	16.95	8.69	N80.8 °E
	③	北三补轨 200 m	454.5	11.36	15.23	8.49	N36.2 °E
	④	北三正巷 100 m	447.8	11.2	12.77	7.24	N19.8 °E
	⑤	三北轨道巷 140 m	595.3	14.88	11.45	6.35	N51.7 °E
新元矿	①	3 号煤层辅助运输大巷 3 700 m	564.7	14.12	16.03	8.19	N61.0 °E
	②	31009 辅助进风巷 100 m	559	13.97	13.29	6.74	N75.1 °E
	③	31009 辅助进风巷 200 m	557	13.94	14.79	7.94	N69.7 °E
	④	9 号煤层 9105 进风巷 200 m	628.5	15.71	12.04	5.17	N68.1 °E
	⑤	9 号煤层 9105 辅助进度巷 310 m	624.5	15.61	17.4	8.94	N55.6 °E
	⑥	9 号煤层辅助运输大巷 2 300 m	631.5	15.79	10.04	5.62	N77.4 °E

采用 WQCZ-56 型小孔径井下巷道围岩强度测定装置，对阳泉矿区不同煤矿、不同岩层巷道顶板强度进行测试，部分测试结果如表 4-2-3 和图 4-2-4 所示。

表 4-2-3　　阳泉矿区不同煤层顶板强度测试结果

煤层	矿井	岩层 1/厚度 强度/MPa	岩层 2/厚度 强度/MPa	岩层 3/厚度 强度/MPa	岩层 4/厚度 强度/MPa
3 号	新景矿	砂质泥岩 4.1 m 51.34	砂岩 0.7 m 92.39	砂质泥岩 1.9 m 59.06	中粒砂岩 3.1 m 84.07
8 号	阳煤二矿	8 号煤 3.4 m 11.89	泥岩 4.8 m 45.34	泥岩砂岩 3.9 m 65.60	—
9 号	新元矿	炭质泥岩 2.5 m 21.14	砂质泥岩 7.5 m 59.06	—	—
15 号	阳煤一矿	砂质泥岩 2.5 m 76.30	石灰岩 3.7 m 117.51	砂质泥岩 3.0 m 52.84	细砂岩 0.8 m 90.36

采用高清数字全景钻孔观测系统对阳泉矿区巷道顶板结构进行观测，能清晰的观测到地应力测试钻孔中的夹层、裂隙、离层和岩脉等特殊地段的准确位置。例如，新景矿 15 号煤

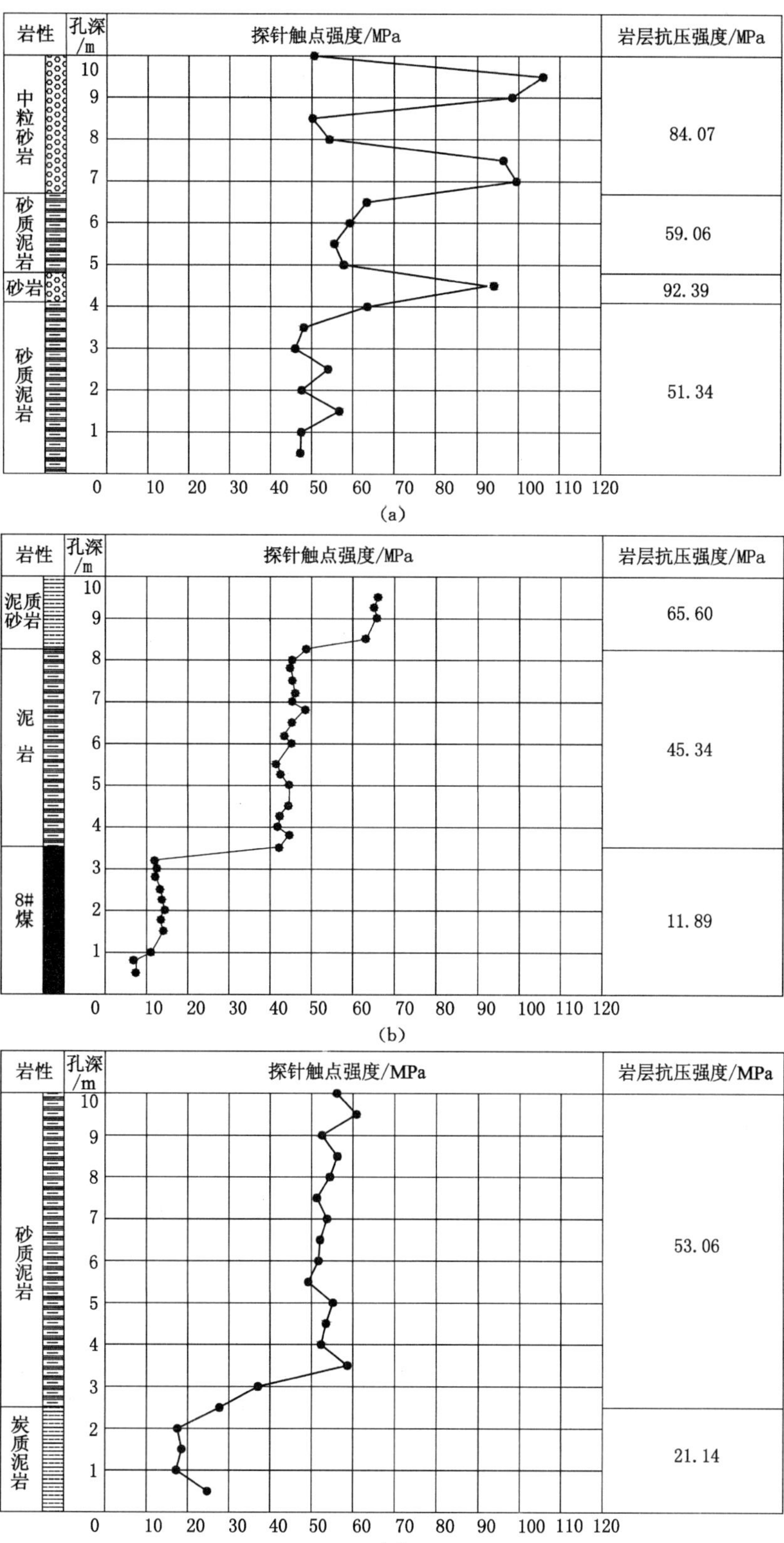

岩性
孔深/m
探针触点强度/MPa
岩层抗压强度/MPa
中粒砂岩
砂质泥岩
砂岩
砂质泥岩
84.07
59.06
92.39
51.34
0 10 20 30 40 50 60 70 80 90 100 110 120
(a)
岩性
孔深/m
探针触点强度/MPa
岩层抗压强度/MPa
泥质砂岩
泥岩
8#煤
65.60
45.34
11.89
0 10 20 30 40 50 60 70 80 90 100 110 120
(b)
岩性
孔深/m
探针触点强度/MPa
岩层抗压强度/MPa
砂质泥岩
炭质泥岩
53.06
21.14
0 10 20 30 40 50 60 70 80 90 100 110 120
(c)

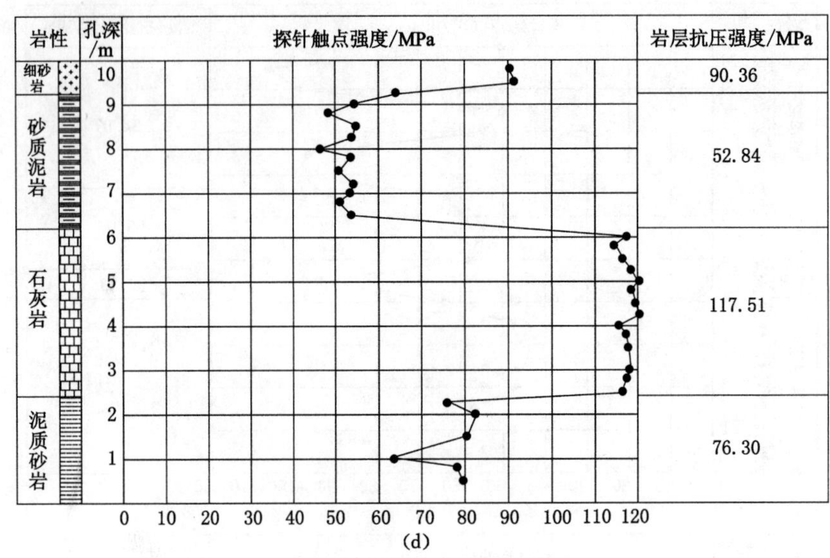

图 4-2-4　阳泉矿区不同煤层顶板强度测试结果

(a) 新景矿 3 号煤层；(b) 阳煤二矿 8 号煤层；(c) 新元矿 9 号煤层；(d) 阳煤一矿 15 号煤层

层巷道顶板围岩结构观测结果如图 4-2-5 所示。观测结果显示，测试地点巷道顶板 0～2.81 m 为 15 号顶煤，黑色，煤层松软，破碎，裂隙发育。2.81～3.87 m 为碳质泥岩与薄煤层互层，岩层呈深灰色，裂隙发育，岩层完整性差，横向裂隙发育。3.87～6.54 m 为石灰岩，岩层呈深黑色，具裂隙，含有白色的方解石脉。6.54～8.01 m 为泥岩，黑色，岩层完整。8.0 m 之上为石灰岩。

阳泉矿区巷道围岩地质力学测试工作仍在不断进行，已经基本涵盖了阳泉矿区下属矿井主采煤层，测点重点分布在新建或者主要采区主采煤层巷道，获得了宝贵的基础地质数据，完善和弥补了矿井基础地质参数，为阳泉矿区巷道支护形式与参数设计提供了基础数据和理论依据。

4.2.6.2　锚杆支护设计方法

根据现场调查与巷道围岩地质力学评估结果，进行锚杆支护初始设计。初始设计可采用以下一种或多种方法组合进行：

(1) 工程类比法：根据已经支护巷道的实践经验，通过类比，直接提出锚杆支护初始设计。必须保证设计巷道与已支护巷道在地质与生产条件、围岩物理力学性质、原岩应力等方面相似。也可根据巷道围岩稳定性分类结果进行锚杆支护初始设计。

(2) 理论计算法：选择合适的锚杆支护理论，建立力学模型，测取支护理论所需的围岩物理力学参数，进行理论计算与分析，确定锚杆支护主要参数，提出锚杆支护初始设计。

(3) 数值模拟法：根据现场调查与巷道围岩地质力学评估结果，采用合适的数值模拟方法，通过数值模拟计算与分析，确定锚杆支护初始设计。

4.2.6.3　锚杆支护作用机理

随着巷道锚杆支护技术的发展，对巷道围岩变形破坏的研究和理解也越来越深入，单纯的理论计算方法已经不适应现代的锚杆支护设计思路，这是因为巷道围岩的承载是一种动

图 4-2-5　阳泉矿区巷道顶板围岩结构观测结果(新景矿 15 号煤层)

态的过程,尤其是复杂困难巷道,计算公式并不能完全适应这种状态。巷道围岩地质力学测试的结果表明,巷道围岩的强度和结构始终处于一种动态的变化过程中,依靠单纯的锚杆支护设计方法进行巷道支护设计是不科学的,也不符合煤矿实际生产特征。经过多年的理论研究和大量的现场实践,逐渐认识到高预应力在锚杆支护中的核心作用,提出了高预应力、强力锚杆支护理论,并在复杂困难巷道得到成功的推广和应用,其理论要点主要包括以下几个方面:

(1) 锚杆支护的主要作用是控制锚固区围岩的离层、滑动、裂隙张开、新裂纹产生等扩容变形与破坏,尽量使围岩处于受压状态,抑制围岩弯曲变形、拉伸与剪切破坏的出现,最大限度地保持锚固区围岩的完整性,提高锚固区围岩的整体强度和稳定性。

(2) 在锚固区内形成刚度较强的次生承载结构,阻止锚固区外岩层产生离层,同时改善围岩深部的应力分布状态。

(3) 为了实现上述支护效果,锚杆支护系统的刚度十分重要,特别是锚杆预应力起着决定性作用。根据巷道围岩条件确定合理的锚杆预应力是支护设计的关键。当然,较高的预应力要求锚杆具有较高的强度。

(4) 锚杆预应力的大小对支护效果非常重要,锚杆预应力的扩散同样重要。单根锚杆预应力的作用范围是很有限的,必须通过托板、钢带和金属网等构件将锚杆预应力扩散到离锚杆更远的围岩中。特别是对于巷道表面,即使施加很小的支护力,也会明显抑制围岩的变形与破坏，保持顶板的完整。因此，钢带、金属网等护表构件在预应力支护系统中发挥重要的作用。

(5) 与锚杆相比，锚索具有锚固深度大、可施加较大的预紧力等诸多优点，是困难巷道工程支护加固不可缺少的重要手段。锚索的作用主要有以下两个方面：一是将锚杆支护形成的次生承载结构与深部围岩相连，提高次生承载结构的稳定性，同时充分调动深部围岩的承载能力，使更大范围内的岩体共同承载；二是锚索施加较大的预紧力，可挤紧和压密岩层中的层理、节理裂隙等不连续面，增加不连续面之间的抗剪力，从而提高围岩的整体强度。

(6) 鉴于锚杆支护的上述作用，锚杆支护应通过一次支护完成有效控制围岩变形与破坏，避免二次支护和巷道维修。

4.2.6.4 锚杆支护形式和参数及选择原则

1) 锚杆支护形式与参数

锚杆支护形式与参数主要包括以下内容：

(1) 锚杆种类(螺纹钢锚杆，圆钢锚杆，其他锚杆)；

(2) 锚杆几何参数(直径、长度)；

(3) 锚杆力学参数(屈服强度、抗拉强度、延伸率)；

(4) 锚杆密度，即锚杆间、排距；

(5) 锚杆安装角度；

(6) 钻孔直径；

(7) 锚固方式(端部锚固，加长锚固，全长锚固)和锚固长度；

(8) 锚杆预紧力矩或预应力；

(9) 钢带形式、规格和强度；

(10) 金属网形式、规格和强度；

(11) 锚索种类；

(12) 锚索几何参数(直径、长度)；

(13) 锚索力学参数(抗拉强度、延伸率)；

(14) 锚索密度，即锚索间、排距；

(15) 锚索安装角度；

(16) 锚索孔直径，锚固方式和锚固长度；

(17) 锚索预紧力。

2) 锚杆支护形式与参数选择原则

针对我国煤矿巷道地质与生产条件，特别是复杂困难条件的巷道，为了充分发挥锚杆支护的作用，提出以下设计原则：

(1) 一次支护原则。锚杆支护应尽量一次支护就能有效控制围岩变形，避免二次或多次支护以及巷道维修。一方面，这是矿井实现高效、安全生产的要求，就回采巷道而言，要实现采煤工作面的快速推进，服务于回采的顺槽应在使用期限内保持稳定，基本不需要维修；对于大巷和硐室等永久工程，更需要保持长期稳定，不能经常维修。另一方面，这是锚杆支护本身的作用原理决定的。巷道围岩一旦揭露立即进行锚杆支护的效果最佳，而在已发生离层、破坏的围岩中安装锚杆，支护效果会受到显著影响。

(2) 高预应力和预应力扩散原则。预应力是锚杆支护的关键因素，是区别锚杆支护是被动支护还是主动支护的参数，只有高预应力的锚杆支护才是真正的主动支护，才能充分发挥锚杆支护的作用。一方面，要采取有效措施给锚杆施加较大的预应力；另一方面，通过托板、钢带等构件实现锚杆预应力的扩散，扩大预应力的作用范围，提高锚固体的整体刚度，保持其完整性。

(3)“三高一低”原则。即高强度、高刚度、高可靠性与低支护密度原则。在提高锚杆强度(如加大锚杆直径或提高杆体材料的强度)、刚度(提高锚杆预应力、加长或全长锚固)，保证支护系统可靠性的条件下，降低支护密度，减少单位面积上锚杆数量，提高掘进速度。

(4) 临界支护强度与刚度原则。锚杆支护系统存在临界支护强度与刚度，如果支护强度与刚度低于临界值，巷道将长期处于不稳定状态，围岩变形与破坏得不到有效控制。因此，锚杆支护系统设计的强度与刚度应大于临界值。

(5) 相互匹配原则。锚杆各构件，包括托板、螺母、钢带等的参数与力学性能应相互匹配，锚杆与锚索的参数与力学性能应相互匹配，以最大限度地发挥锚杆支护的整体支护作用。

(6) 可操作性原则。提供的锚杆支护设计应具有可操作性，有利于井下施工管理和掘进速度的提高。

(7) 经济性原则。在保证巷道支护效果和安全程度，技术上可行、施工上可操作的条件下，做到经济合理，有利于降低巷道支护综合成本。

4.2.6.5　井下监测与信息反馈及修正设计

初始设计实施于井下后，必须进行全面系统的监测，这也是动态信息法的一项主要内容。监测的目的是获取巷道围岩和锚杆的各种变形和受力信息，以便分析巷道的安全程度和修正初始设计。井下监测主要包括围岩位移、围岩应力、锚杆(索)受力监测。

获得监测数据以后，应从众多数据中选取修改调整初始设计的信息反馈指标。指标应能比较全面地反映巷道支护状况，并具有可操作性。将实测数据与信息反馈指标相比较，就可以判断初始设计的合理性，必要时修正初始设计。

4.2.7　锚杆支护材料

锚杆支护材料包括杆体、托板、螺母、锚固剂、组合构件、金属网、锚索等。支护材料在锚杆支护技术中起着至关重要的作用。性能优越的支护材料是充分发挥锚杆支护效果与保证巷道安全程度的前提。阳泉矿区自引进锚杆支护技术以来，经过多年的井下实践，逐渐形成具有阳泉特色的煤矿巷道锚杆支护技术材料体系，锚杆支护材料的品种和形式基本能够满足阳泉矿区煤矿巷道支护的需要，解决了大量的巷道锚杆支护技术难题。但是，伴随着阳泉矿区开采强度和深度的逐年加大，矿区复杂困难巷道比例和难度也在明显增多，原有的支护材料很难满足巷道支护发展的需要，为了控制巷道围岩的强烈变形，煤矿不得不采用多打设锚杆锚索来控制巷道变形，造成支护材料成本居高不下，效果却不尽如人意。

针对煤矿生产现场支护材料存在的问题，阳泉矿区对锚杆支护材料进行改进和更新，锚杆支护材料从低强度、低刚度，逐步过渡到高强度、高刚度与高可靠性的发展过程。锚杆杆体从圆钢、右旋全螺纹锚杆，发展为高强、左旋、无纵筋螺纹钢；锚杆支护形式从单体锚杆、锚网支护，发展到锚杆、钢带、网、锚索等多种形式的组合支护，以及小孔径树脂锚固全锚索支护。

4.2.7.1 锚杆杆体

螺纹钢锚杆杆体及附件如图 4-2-6 所示。现阶段，我国煤矿锚杆钢材 3 个级别钢筋和普通建筑螺纹钢(20MnSi)构成了现阶段螺纹钢锚杆材料系列其力学性能见表 4-2-4，不同钢材锚杆拉伸载荷-位移曲线如图 4-2-7。目前阳泉矿区锚杆大量使用 Q235 和 BHRB335 钢材，BHRB500 使用较少，正在逐步推广和应用。直径为 22 mm 的 BHRB500 型钢筋，屈服力达到 190 kN，破断力达到 255 kN，分别是同直径 335 号锚杆的 1.49 倍、1.37 倍；是同直径圆钢的 2.13 倍、1.76 倍，实现了高强度。

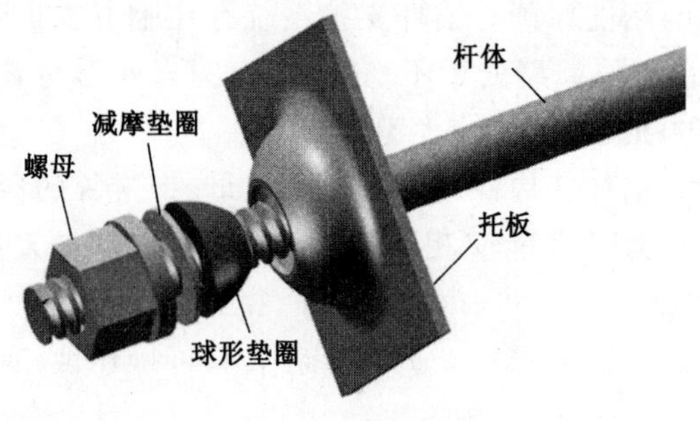

图 4-2-6 螺纹钢杆体及其附件

表 4-2-4 螺纹钢锚杆钢筋的力学性能

牌号	屈服强度/MPa	拉断强度/MPa	拉断力/kN				
			ϕ16 mm	ϕ18 mm	ϕ20 mm	ϕ22 mm	ϕ25 mm
Q235	240	380	76.4	96.7	119.4	144.5	186.5
BHRB335	335	490	98.5	124.7	153.9	186.3	240.5
BHRB400	400	570	114.6	145.0	179.1	216.7	279.8
BHRB500	500	670	134.7	170.5	210.5	254.7	328.9
BHRB600	600	800	160.8	203.6	251.3	304.1	392.7

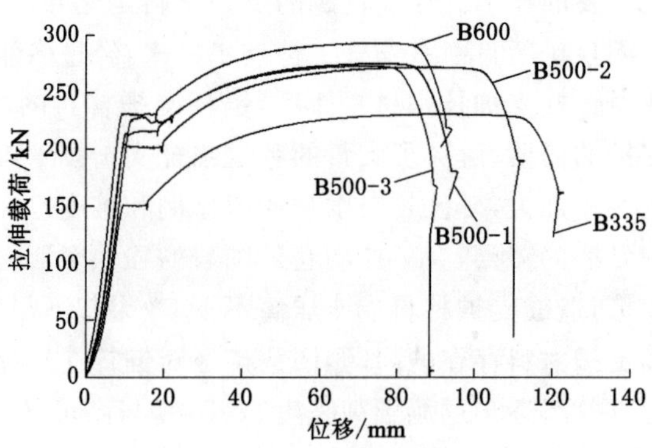

图 4-2-7 不同钢材锚杆拉伸载荷-位移曲线

4.2.7.2　锚杆托板

锚杆托板是锚杆支护材料中的关键构件。阳泉矿区加工生产的锚杆托板种类很多，主要有：框式托板、花式托板、铸钢托板、M型托板、平托板、高强度拱形托板等，如图4-2-8所示。通过对阳泉矿区支护材料生产厂家的现场调查，结合井下锚杆托板使用状况，发现部分锚杆托板存在设计缺陷，影响了巷道支护体系的安全可靠，发现的问题主要包括以下几种情况：

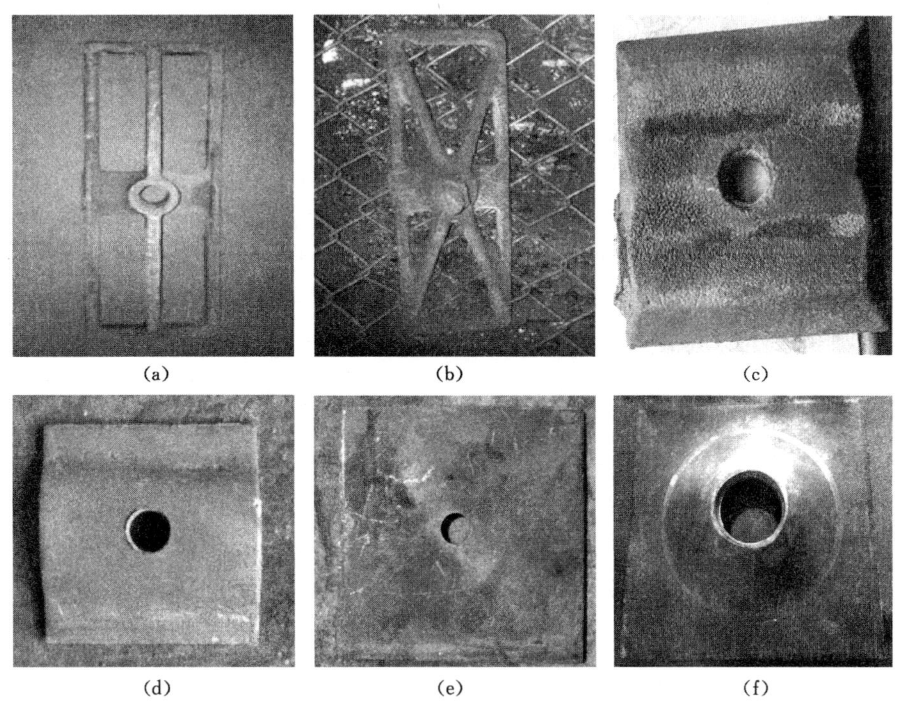

(a)　(b)　(c)

(d)　(e)　(f)

图 4-2-8　阳泉矿区锚杆托板实物图

(a) 框式托板；(b) 花式托板；(c) 铸钢托板

(d) M型托板；(e) 平托板；(f) 高强度拱形可调心托板

(1) 锚杆托板强度低，承载力不足，在外力作用下易发生变形和损坏，导致巷道支护失效。

(2) 锚杆托板外形结构设计存在很大缺陷，不能安装调心球垫；当锚杆安装角度较大时，不能调节锚杆受力状态，容易导致锚杆弯曲断裂。

(3) 托板底部不平整，四角翘起，加工不规范；孔口无倒角，起不到调节杆体偏载的作用；托板与螺母直接接触，增大摩擦阻力，预应力转化效率低。

(4) 锚杆托板厚度大，相同规格条件下，钢材用量多，成本造价高，施工难度较大。

针对上述情况，阳泉矿区开始推广和应用新型高强度拱形可调心锚杆托板，如图4-2-8(f)所示。新型锚杆托板克服原有托板的缺陷和不足，并且配套有调心球垫和减磨垫片，大幅度提高锚杆托板的力学性能。锚杆托板性能满足以下要求：

(1) 采用高强度拱形锚杆托板，并配套有球形调心球垫和减摩垫片；

(2) 锚杆托板应保持下端面平整，不得出现四角翘起的情况，避免锚杆托盘剪切钢带和托梁的现象；

(3) 锚杆托板高度(从下端面至孔口最高位置的距离)应不小于拱形底部直径的 1/3；

(4) 锚杆托板厚度和结构直接决定托盘的承载力，根据行标托板承载力应不小于与之配套杆体屈服力标准值的 1.3 倍；

(5) 锚杆托板球窝几何形状与力学性能应当与球形垫圈匹配，球形垫圈允许锚杆杆体与托板之间有不小于 18°的偏角而不出现卡阻现象。

4.2.7.3 锚索

锚索是由索体、锚具和托板等组成的，索体一般用具有一定弯曲柔性的钢绞线制成。锚索的特点是锚固深度大、承载能力高、可施加较大的预紧力，因而可获得比较理想的支护效果。其加固范围、支护强度、可靠性是普通锚杆支护所无法比拟的。常用的锚索规格及力学性能参数见表 4-2-5，不同直径锚索拉伸载荷—位称曲线图 4-2-9 所示。阳泉矿区主要使用 2 种规格的锚索：① 直径为 15.2 mm 和 17.8 mm，用于地质条件简单，矿压显现较小的巷道；② 直径 21.6 和 28.6 mm，用于地质条件复杂、矿压显现强烈的巷道。从锚索结构形式来看，具有完全相同的编制特征，都是 1×7 股型，如图 4-2-10(a)所示。高强度强力锚索还有另外的编制形式，1×19 股型，如图 4-2-10(b)所示。该种捻制形式具有以下优点：

表 4-2-5　阳泉矿区锚索规格及力学性能参数

结构	公称直径/mm	拉断载荷/kN	伸长率/%
1×7 结构	15.2	261	3.5
	17.8	353	4
	21.6	530	4
1×19 结构	18	408	7
	20	510	7
	21.8	607	7
	28.6	889	7

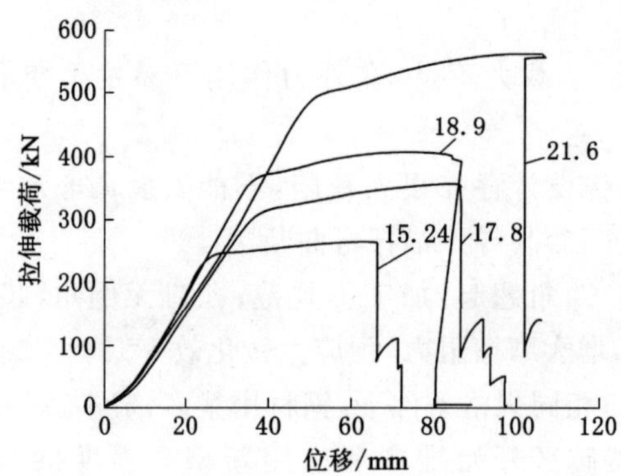

图 4-2-9　不同直径锚索拉伸载荷-位移曲线

(1) 强度高。当直径同为 21.6 mm 时，1×19 股锚索的破断载荷为 607 kN，而 1×7 股锚索的极限载荷为 530 kN，强度提高了 9.4%；

(2) 延伸率翻倍。当直径同为 21.6 mm 时，1×19 股锚索的延伸率为 7%，而 1×7 股锚索的延伸率为 3.5%～4%，提高了约 2 倍；

(3) 柔性较好。在直径相同的条件下，1×19 股结构明显优于 1×7 股，改善了锚索索体的柔韧性，便于井下快速安装。

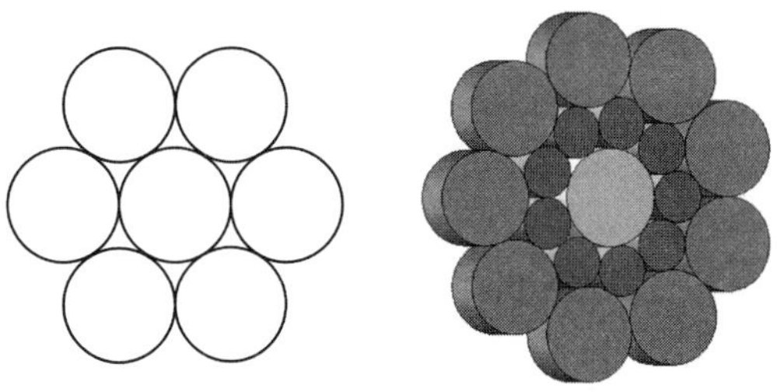

图 4-2-10　锚索结构

(a) 1×7 股；(b) 1×19 股

4.2.7.4　锚索托板

阳泉矿区生产和使用的锚索配套托板很多，主要有平托板 300 mm×300 mm×16 mm、铸钢锚索托板 240 mm×200 mm×85 mm、14 号槽钢、高强拱形可调心锚索托板 300 mm×300 mm×16 mm 等规格，如图 4-2-11 所示。目前阳泉矿区大量使用的是平托板和铸钢托板，特别是铸钢锚索托板配合波纹钢带的全锚索支护得到了大面积的使用。高强拱形可调心锚索托板如图 4-2-11(d)所示，使用相对较少，目前逐渐开始推广和应用，其力学性能满足

图 4-2-11　阳泉矿区锚索托板实物图

(a) 平托板；(b) 铸钢托板；(c) 槽钢；(d) 高强拱形可调心锚索托板

以下要求：

（1）采用高强度拱形锚索托板，配合使用调心球垫；

（2）宜选用的锚索托板规格尺寸为：250 mm×250 mm×12 mm；250 mm×250 mm×14 mm；300 mm×300 mm×14 mm，可依据巷道支护困难程度及锚索索体强度进行合理选择；

（3）锚索托板的高度不得低于 60 mm；

（4）锚索托板和托梁的承载力与索体强度匹配，托板承载力（Tb）应不小于锚索设计承载力的 1.5 倍，即 Tb≥1.5 Nt；

（5）托板中心孔径应当比钢绞线公称直径大 2～4 mm。

4.2.7.5　组合构件

组合构件是将锚杆、锚索组合在一起，共同支护围岩的部件。阳煤集团使用的组合构件有多种形式，适应不同的巷道地质与生产条件。组合构件可分为三种（图 4-2-11）：一种是钢带，按断面形状分为平钢带、W 形钢带、M 形钢带及其他形状的钢带；第二种是钢筋托梁；第三种为钢梁，如槽钢、扁钢，主要用于锚索组合。

4.3　阳泉矿区复杂困难巷道围岩控制技术

4.3.1　高预应力强力锚杆支护技术

巷道围岩处在高应力环境中，随着开采深度持续增加，相应的应力也随之增大。当巷道深度达到某种程度时，单计算上覆围岩自身重力，巷道围岩压力就非常大。煤层形成的水平应力远高于垂直应力，通过锚杆支护可以有效地应对巷道围岩压力，在进行锚杆支护设计时，需要正确的选择锚杆长度、锚杆直径、锚索等参数，锚杆长度主要根据巷道围岩的具体特点选择，并且要确保其可以在围岩锚固区中产生相对稳定与统一的承载结构，从而把围岩锚固构成一体。锚杆中设置锚索可以加强支护，可以把浅部中的围岩悬吊于深部围岩中，通过锚杆支护无法产生稳定的锚固结构，但是锚索具有额承载能力，可以通过应用深部岩体进行主动支护，有效加强巷道围岩强度与刚度，并且降低围岩应力集中。

新景煤矿是阳煤集团下属主力矿井之一，生产能力 450 万吨/年，开采煤层为石炭系 3 号煤层、8 号煤层和 15 号煤层，围岩条件复杂，巷道类型繁多，包括：沿空掘巷、沿空留巷、二次复用动压巷道、厚煤层托顶煤巷道等。巷道一般采用锚网索＋单体支柱复合支护方式。对于 15 号煤层，煤层平均厚度达到 6.6 m，巷道沿煤层底板掘进，巷道托顶煤，顶板采用全锚索进行支护，锚索直径 ϕ17.8 mm，长度 7.2～8.2 m，配套采用波纹钢带和铸钢锚索托板。巷帮采用直径为 20 mm 的麻花圆钢锚杆，锚杆排距为 0.8 m。局部区域巷道变形较大，采用补强锚索加强支护，锚索直径为 21.6 mm，配合采用槽钢或工字钢，部分巷道回采期间补强锚索直径达到 28.6 mm。巷道支护强度很高，但 15 号煤层托顶煤巷道支护效果却不理想，部分巷道变形量很大，巷道矿压显现十分显著，锚杆锚索大量破断和失效，包括 28.6 mm 的强力锚索，巷道变形十分严重，80124 工作面回风巷在回采阶段顶底板和两帮变形量超过 2 m，15021 工作面回风巷属于托顶煤巷道，在二次动压影响下托顶煤下位巷道高度不足 1 m，巷道接近报废状态，巷道支护和维护难度大。针对上述情况，选择新景矿 15 号煤层开展厚煤层托顶煤条件下的高预应力强力锚杆支护优化工作，对阳泉矿区 15 号煤层巷道围岩控制具有重要的指导意义。

4.3.1.1　巷道条件与地质力学测试结果

试验巷道选择的是新景矿15号煤层一采区15028工作面进风巷,15号煤层的平均厚度为6.6 m,巷道沿15号煤层底板布置,顶板由煤、石灰岩和泥岩组成。巷道顶煤的厚度3.3 m,顶煤强度17.0 MPa,煤层松软,破碎,裂隙发育,石灰岩厚度2.6 m,强度为111.9 MPa,泥岩厚度1.6 m,强度34.5 MPa。巷道埋深500～600 m,断面为矩形,宽度5.2 m,高度为3.1 m。

2016年,新景矿采用煤炭科学研究总院开采分院研发的煤矿井下单孔、多参数、耦合地质力学原位快速测试装备,对15号煤层15028工作面巷道围岩地应力、围岩强度和围岩结构进行全方位测试。测试数据表明,15号煤层测试区域最大水平主应力为16.95 MPa,最小水平主应力为8.69 MPa,垂直主应力为15.03 MPa,最大水平主应力与最小水平主应力方向为北偏东80.8°。

4.3.1.2　支护参数设计

巷道采用树脂加长预应力锚固支护。锚杆钢号500号,直径20 mm,长度2.4 m。顶板采用W钢带与经纬网护表,顶锚杆排距900 mm,间距950 mm。巷帮采用W护板与菱形金属网,每排每帮3根锚杆,间距1 100 mm。锚杆预紧力矩设计400 N·m。锚索直径17.8 mm,长度6.2 m,树脂加长锚固。每排打2根锚索。锚索预紧力为250 kN。15028进风巷锚杆锚索支护布置如图4-3-1所示。

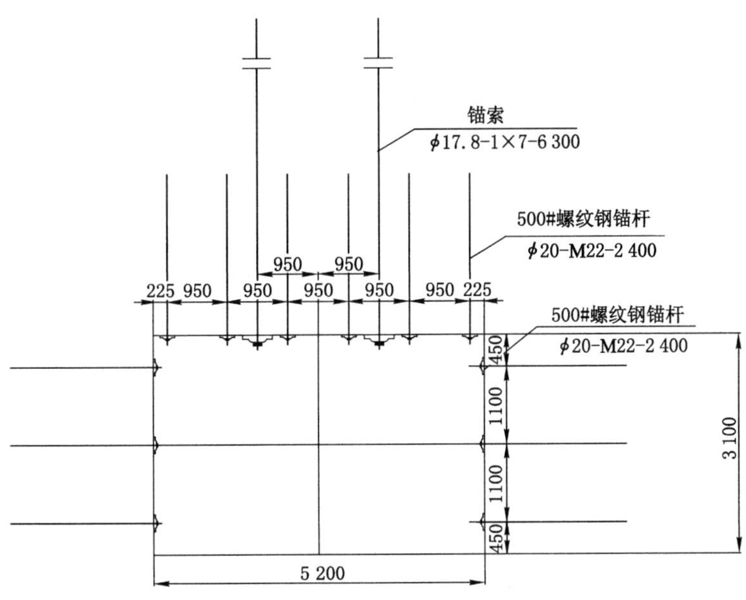

图4-3-1　15028工作面进风巷锚杆支护示意图

4.3.1.3　支护材料及构件优化

新景矿通过支护材料优化,提升支护材料力学性能,改善锚杆锚索受力状态,提高支护系统的可靠性。锚杆材质从原有的Q235圆钢锚杆调整为500号强力锚杆,顶锚杆组合构件从原有的波纹钢带调整为宽度280 mm,厚度4 mm的W钢带。锚杆托板从原有框式托板(规格为 350 mm×120 mm×40 mm)优化为 W 钢护板(规格为 280 mm×450 mm×4 mm),配合使用高强度可调心拱形锚杆托板(规格为 150 mm×150 mm×10 mm),以及高强螺母、高强调心球垫和尼龙垫圈。锚杆托板力学性能与锚杆杆体配套,高度不低于 36 mm,拱高不低于 26 mm,承载能力不低于 210 kN,锚杆构件及结构优化如图 4-3-2 所示。锚索托板从原有铸钢结构(规格为 240 mm×200 mm×85 mm),优化为高强度可调心拱形锚索托板(规格为 300 mm×300 mm×16 mm),并配合高强调心球垫,力学性能与锚索强度配套。锚索托板要求厚度不小于 16 mm,高度不小于 60 mm,承载能力不低于 550 kN。锚索构件及结构优化如图 4-3-3 所示。

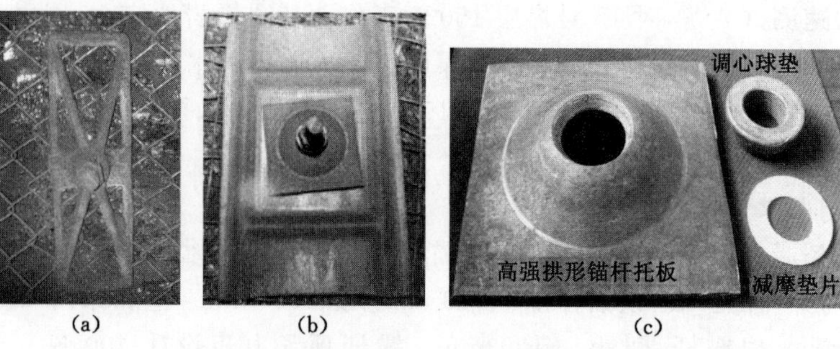

图 4-3-2　锚杆构件及结构优化

(a) 框式锚杆托板;(b) W 钢护板;(c) 高强度可调心拱形锚杆托板

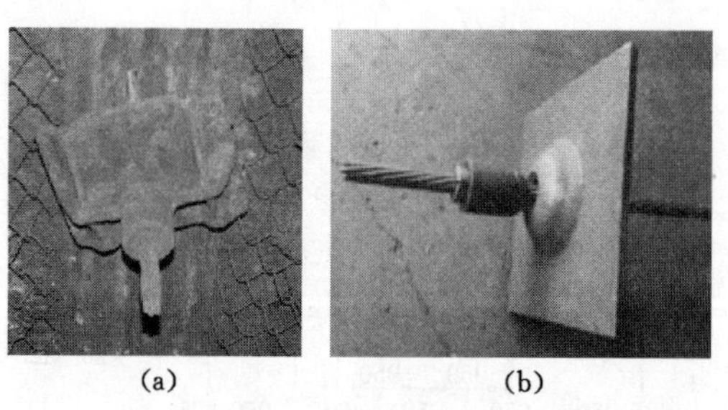

图 4-3-3　锚索构件及结构优化

(a) 铸钢锚索托板;(b) 高强度可调心拱形锚索托板

4.3.1.4　*矿压监测与支护效果*

1) 矿压监测结果分析

在 15028 进风巷试验过程中布置了 2 个综合监测站,每个测站监测的内容包括:巷道表面位移量,顶板离层仪和锚杆锚索受力监测,用于监测巷道变形和锚杆锚索受力情况。巷道表面位移监测结果表明,15028 进风巷在掘进期间巷道顶板的最大下沉量仅为 8 mm,掘进巷道高度为 3 540 mm,顶板变形量占据巷道高度的比例很小;左帮最大变形量为 9 mm,右帮最大移动量为 11 mm,巷道宽度为 5 611 mm,两帮变形整体也很小,巷道围岩表面位移监测结果如图 4-3-4 所示。从现场来看,巷道的变形量主要集中在掘进工作面 100 m 范围内。超过此范围后,巷道的变形量趋于稳定,巷道围岩变形量和变形速度较小,巷道支护效果很好,现场来看巷道顶板完整,两帮整齐,巷道围岩变形得到有效的控制。

锚杆预紧力力矩设计要求 400 N·m,现场采用 4 倍扭矩倍增器进行预紧,顶锚杆获得

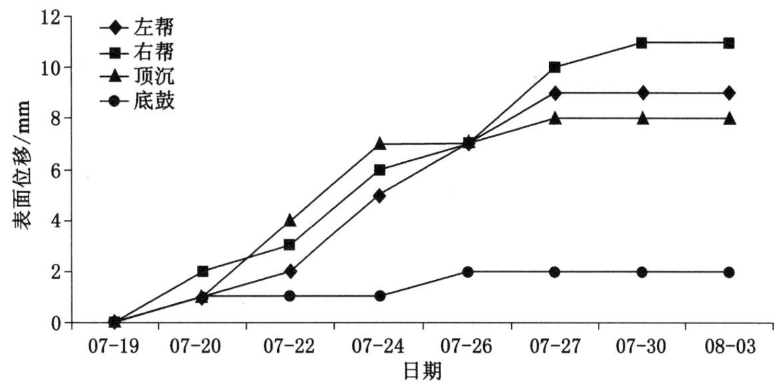

图 4-3-4　巷道围岩表面位移监测曲线

初始预紧力在 51～81 kN 范围之间，平均值约 66.8 kN，之后锚杆预紧力变化幅度较为稳定，最终顶锚杆工作阻力保持在 71～94 kN 范围之间，平均值为 87.3 kN，整体来看锚杆受力十分稳定，变化幅度不大。顶锚索预紧力设计要求 250 kN，现场采用型号为 YCD18-350 型张拉千斤顶，张拉系数为 5.8，现场操作要求达到 43 MPa 以上，锚索监测数据表明，顶锚索初始预紧力损失之后分别达到 187 kN 和 250.1 kN，分别达到锚索破断力的 53.4%和 71.4%，之后锚索受力值一直保持稳定。锚杆受力曲线如图 4-3-5 所示。锚索受力曲线如图 4-3-6 所示。

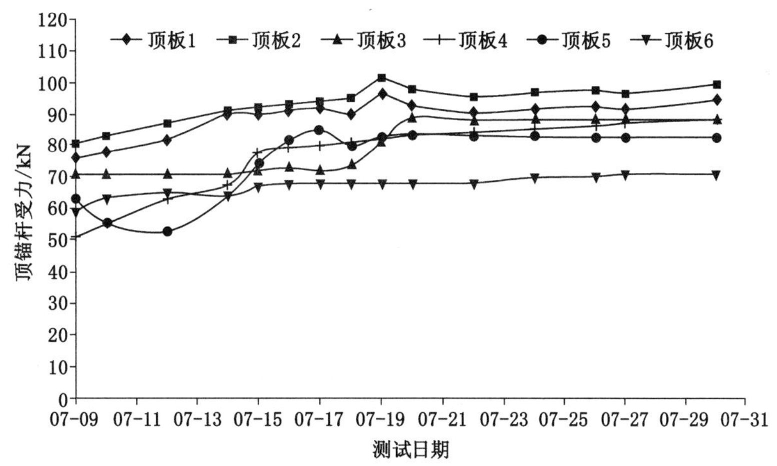

图 4-3-5　锚杆受力监测曲线

2）支护效果评价

为实现巷道支护初期的高预紧力，采用扭矩倍增器大幅度提高初期支护强度，井下高预紧力施加如图 4-3-7 所示。通过锚杆锚索施加高预紧力，保证了巷道支护的效果，井下试验段巷道整体变形较小，巷道顶板和两帮得到有效控制，达到预期效果。15028 进风巷试验段井下支护效果如图 4-3-8 所示。

4.3.1.5　技术与经济效益

（1）推广应用强力一次支护，大幅度提高支护强度，实现“三高一低”的高强预应力支护

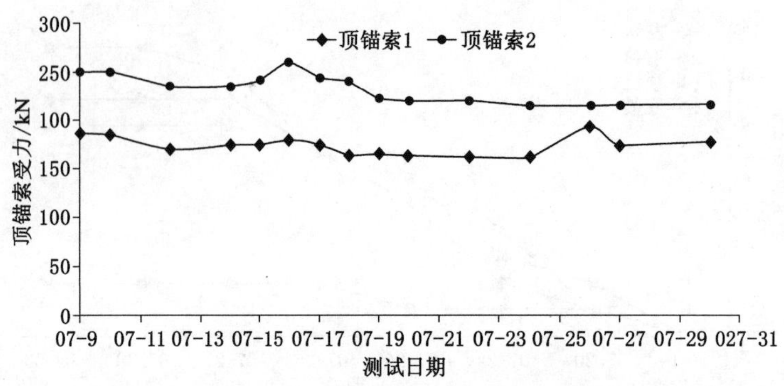

图 4-3-6 锚索受力变化曲线

(a) (b)

图 4-3-7 采用扭矩倍增器施加锚杆预紧力矩

(a) 顶锚杆;(b) 帮锚杆

图 4-3-8 15028 进风巷井下试验地段实拍

理念,即高强度、高刚度、高可靠性和低支护密度。通过提高锚杆强度(采用 500 号螺纹钢锚杆),增加支护刚度(锚杆预紧力矩从 150 N·m 增加至 400 N·m,锚索预应力从 150 kN 增加至 250 kN),巷道支护理念从原有被动支护改变为强力主动支护,保证了巷道围岩的安全可靠性,巷道支护密度有所降低。

(2) 优化改进支护材料,提升支护材料力学性能。锚杆支护材料是巷道支护技术的基础,性能优化的支护材料以及支护材料的相互匹配性尤为重要。500 号螺纹钢锚杆,拱形锚杆锚索托板，加箍锚索及 W 钢护板，以及 W 钢护板和钢筋托梁组合构件，实现支护材料之间的匹配合理性。

(3) 巷道支护效果明显。阳煤 15 号煤层厚度大，煤质软，为保证巷道支护效果，降本增效，采用锚杆和锚索联合支护，矿压监测数据显示，巷道围岩得到有效控制，巷道支护效果显著。同时在巷道掘进过程中，顶板断裂声音(厥炮声)频率明显减少，有效控制围岩位移量。

(4) 经济效益显著。采用高预应力强力支护技术后，支护费用在原有基础上降低了 149.5 元/m，降幅达 11.8%。同时，新方案支护强度和支护密度明显降低，巷道掘进速度有了大幅提升，排距从原有 800 mm 增加至 900 mm，甚至达 1 000 mm。工人的劳动强度也大幅降低，平均每个支护循环相比原方案能够节约 30 min 左右。

4.3.2　沿空留巷控制技术

阳煤 3 号煤层为煤与瓦斯突出煤层，回采工作面一直采用“两进两回”的“U+L”通风系统，即工作面布置一条进风、一条回风、一条外错尾巷、一条配风巷，回风、尾巷、配风巷“三巷并掘”，煤柱宽度 20 m。一个回采工作面消耗三条顺槽、损失两个煤柱(45 m)，配风巷整巷后“二次复用”作为下一个工作面的进风顺槽。突出煤层工作面巷道工程量大，造成掘进头多、占用风量多、防突压力大、万吨掘进率高、采掘接替和矿井风量紧张。尾巷的配风巷正好处于高应力采动影响范围内，即使采用全锚索支护，巷道变形也非常严重，整巷工程量相当于重掘一条顺槽。3 号煤优质资源损失量大，采区回收率仅有 69%。一个工作面损失两个煤柱(45 m)，以 1 500 m 走向的工作面为例，煤柱损失达 28.6 万吨。“U+L”通风系统存在上隅角瓦斯难于管理的问题。由于尾巷是通过采空区通风，不仅与现有规程不符，而且新的煤矿安全规程取消尾巷，“U+L”通风系统禁止采用，沿空留巷技术成为必然。目前阳煤集团采用的沿空留巷技术有两种，分别是高水材料沿空留巷技术和柔性模板混凝土沿空留巷技术。

4.3.2.1　高水材料沿空留巷技术

1) 巷道地质与生产条件

新元矿 3107 工作面埋深 419.2～477.7 m，工作面走向长 1 591.4 m，采长 240 m，煤层平均厚度 2.82 m，倾角 2°～6°，可采储量 143.3 万吨。3 号煤层直接顶为灰黑色砂质泥岩，厚度 3.0～6.1 m，平均 5.66 m；基本顶为中粒粉砂岩，厚度 2.1～3.0 m；直接底为砂质泥岩 2.98 m；老底为灰色中粒细砂岩，平均厚度 3.94 m。3107 工作面支架为 ZY6800/18/37D 型掩护式液压支架，工作面回采巷道均采用锚梁网支护，采用回风和尾巷“双巷并掘”。3107 工作面形成“U+L”“一进两回”(进风顺槽、回风顺槽和尾巷)通风系统，回采期间，3107 工作面采用沿空留巷形成“Y”形通风。3107 回采工作面“沿空留巷”前的巷道布置如图 4-3-9 所示。

2) 沿空留巷方案设计

3107 辅助进风顺槽留巷设计方案包括工作面通风系统优化、顺槽补强支护、充填墙体的构筑、瓦斯治理四个方面。

(1) 优化工作面通风系统

采用“沿空留巷”技术形成“两进一回”“Y”型通风系统替代原设计“一进两回”“U+L”通风系统。即将原设计的回风顺槽采用高水材料巷旁充填作为工作面辅助进风顺槽，将原设计的尾巷改为回风顺槽，形成“两进一回”的“Y”型通风系统，从系统上避免了上隅角瓦斯

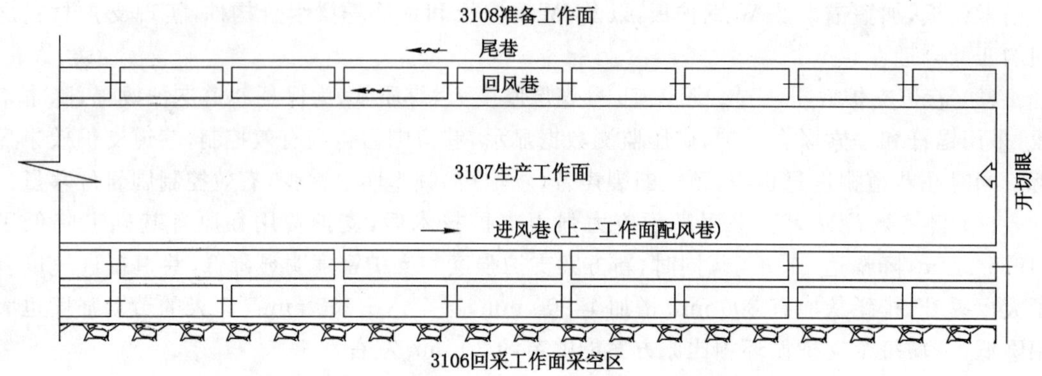

图 4-3-9　3107 回采工作面“沿空留巷”前的巷道布置

积存的问题。实施“沿空留巷”的辅助进风顺槽将保留下来作为下一工作面的进风顺槽，优化后的工作面通风系统见图 4-3-10。

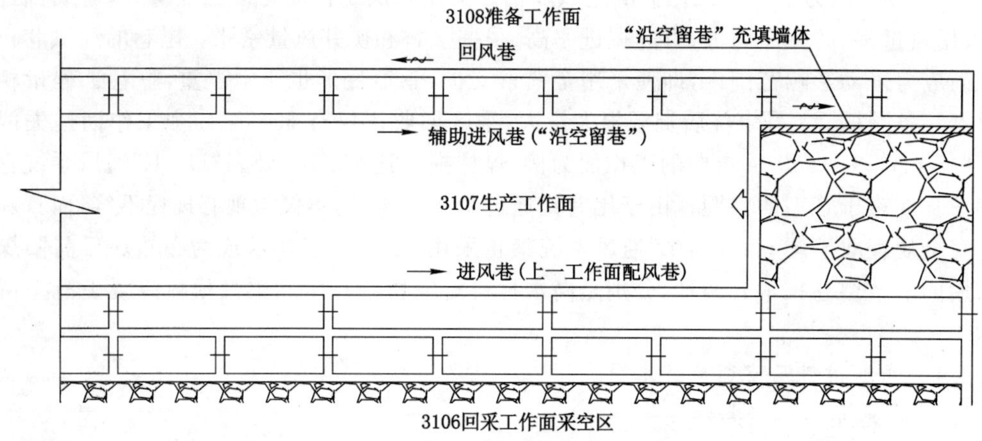

图 4-3-10　新元矿 3107 工作面优化后的通风系统

（2）原巷道补强支护

3107 辅助进风顺槽需要实施“沿空留巷”，原支护强度较低，需要进行补强支护才能满足“沿空留巷”使用要求。设计顶板每隔 2 排补打 3 根 ϕ21.6×6 300 mm 的顶锚索；煤柱帮每隔两排补打两根 ϕ17.8×4 200 mm 的帮锚索和一根 ϕ20×2 400 mm 的螺纹钢锚杆。

（3）墙体构筑

为使留巷巷道作为下一个工作面运输巷使用，辅助进风顺槽原有巷宽 4.8 m，“沿空留巷”后要达到 5.2 m。“沿空留巷”巷旁充填采用高水充填材料，水灰比设计为 1.5∶1，一次构筑尺寸：3 m×2 m×3 m（长×宽×高）。高水充填材料出厂后分为甲料（50 kg/袋）、乙料（50 kg/袋）、加甲料（25 kg/袋）及加乙料（50 kg/袋）四部分，制浆时加甲料与甲料混合形成甲料浆，加乙料与乙料混合形成乙料浆，需要分别加水搅拌输送，在充填点混合。搅拌桶分别搅拌甲料浆、乙料浆，双液充填泵分别对两种浆液加压，双趟 ϕ31.5 高压管路输送浆液，在回采工作面后方留巷位置充填到充填袋内混合、凝固。

（4）瓦斯治理

“沿空留巷”实施成败的关键在于瓦斯治理。参照相邻 3106 工作面风排瓦斯量 29.2 m^3/min，其中回风巷风排 7.2 m^3/min、尾巷风排 22 m^3/min。工作面总的抽采纯量 10.82 m^3/min（其中进回风巷的本煤层抽采纯量 2.82 m^3/min、浓度 4%～5%；临近层抽采纯量 8 m^3/min、浓度 28%）。3106 回风巷风量 1 400 m^3/min、尾巷风量 1 800 m^3/min，工作面总回风量约为 3 200 m^3/min。这样，工作面瓦斯涌出总纯量为 40.02 m^3/min，仅靠通风方式不能满足工作面安全生产要求，必须进行瓦斯抽采。3107 工作面采取综合瓦斯治理方案为：一是在进风和辅助进风顺槽布置顺层钻孔预抽本煤层瓦斯，采用 ZDY3500 高转速钻机补孔缩小盲区范围；二是加密邻近层倾斜穿层钻孔（由 15 m 加密为 8 m），采用高位与低位钻孔间隔布置；三是在“沿空留巷”的墙体上间隔 12 m 预埋一根 ϕ279 mm 瓦斯管抽采采空区瓦斯。

3）材料及设备

（1）高水材料

高水材料是一种能在高水灰比条件（W/C=1.3∶1～3∶1）下快速凝结的特种水泥，分甲料浆和乙料浆，按 1∶1 的比例配合使用，甲料浆、乙料浆单独与水混合 24 h 不凝结，而甲料浆和乙料浆一旦混合则快速凝结硬化。高水材料水灰比为 1.5∶1 时，测得 2 h 后充填体的抗压强度为 4.48 MPa，24 h 后抗压强度 9.14 MPa，7 d 达到 10.36 MPa（最大强度）。

与一般的水泥类材料相比，高水材料具有以下特点：凝结时间短——高水材料 20 min 开始初凝，2 个小时后具有承载能力，然后即可撤除充填体周围单体液压支柱；塑性好——墙体受压应变达 15%时，其残余强度还能维持在峰值强度的 50%以上；单位体积充填材料用量少——在水灰比 1.5～1.8 的条件下，1 m^3 充填体只需高水材料 500 kg。

（2）配套设备

高水材料沿空留巷注浆设备采用大流量、高压力、长距离双液等量注浆泵（2ZBYSB300-90/5-15-55），技术参数见表 4-3-1。为确保在支架后方施工锚索和浇筑“沿空留巷”墙体的人员能在有效的支护空间内安全作业，研究确定在工作面机尾增加 7 架沿空留巷专用特殊支架，机尾 5 架 ZZC8300/22/35 型四柱支撑掩护式支架（29.7 吨）；机尾支架后方与充填墙体相邻的 1 架 ZZC8300/22/35A 型四柱支撑掩护式挡矸支架（35.5 吨）；机尾支架后方与采空区相邻的 1 架 ZZC8300/22/35B 型四柱支撑掩护式挡矸支架（35.5 吨）。在辅助进风顺槽口施工一个注浆站，按设计要求安装有 2 台注浆泵（一用一备）和 4 个搅拌桶，浇注一个 3 m×2 m×3 m 的墙体需要配甲料浆 9 桶（其中甲料 90 袋、4 500 kg，加甲料 18 袋、450 kg）；配乙料浆 9 桶（其中乙料 90 袋、4 500 kg，加乙料 18 袋、450 kg）；甲、乙料配水各需 7 425 kg。

表 4-3-1　　2ZBYSB300-90/5-15-55 型双液等量注浆泵技术参数表

序号	名称	参数	备注
1	额定压力	低压档 5 MPa、高压档 15 MPa	
2	额定流量	低压档 300 L/min、高压档 90 L/min	
3	配带电机功率	55 kW	
4	供液距离	3 000 m	水平距离
5	供液扬程	100 m	

4）工艺流程

工艺流程：采煤机割过机尾后拉架并在煤帮铺柔性顶网→利用支架后尾梁维护顶板→补打顶锚索→清理浮煤→充填体定位→挂钢筋网→吊充填袋→穿对拉锚杆、固定充填模具→每隔 12 m 埋设一根瓦斯管→钢筋网合口→充填模具周围打单体柱→联系顺槽口注浆站配料注浆→清洗管路和注浆设备→二次拧紧对拉锚杆螺母→回收单体柱。需要说明的是充填点人员观察出浆口流出均匀甲、乙混合料浆后，将混合管插入充填袋内进行正式充填，具体施工工艺井下写实如图 4-3-11 所示。

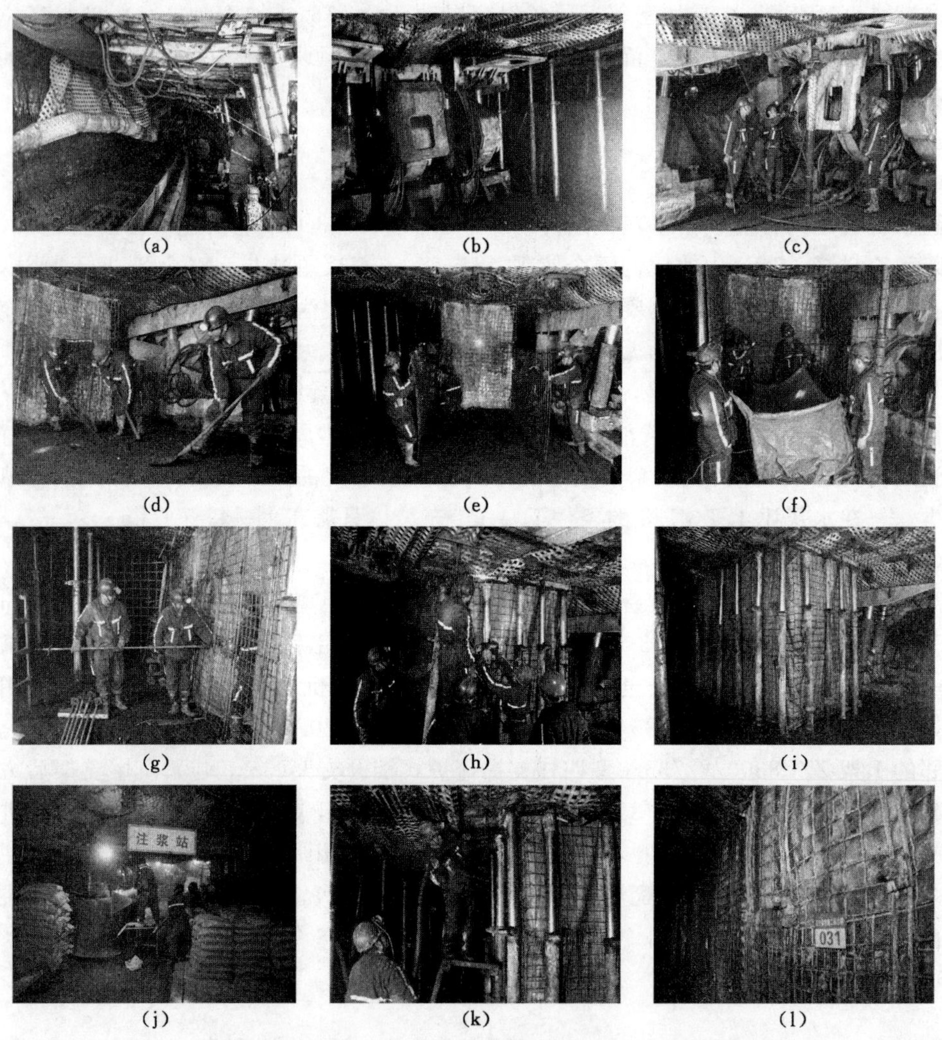

图 4-3-11　沿空留巷工艺施工流程井下写实

(a) 工序一：放柔性网；(b) 工序二 ：移架；(c) 工序三：端头架后锚索补强；
(d) 工序四：清理充填区；(e) 工序五：定位位置及搭网架；(f) 工序六：挂充填袋；
(g) 工序七：穿对拉锚杆、梯子梁等；(h) 工序八：打单体柱；(i) 工序九：充填袋成形图；
(j) 工序十：泵站配料；(k) 工序十一：墙体充填；(l) 工序十二：充填墙体留巷

5）矿压监测结果及分析

在工作面后方 0～20 m 之间，围岩变形量不是太大，给沿空留巷巷旁充填体支护工艺提供了较为理想的空间；在工作面 20～35 m 之间，巷道围岩移近量明显增大，可以判断工作面来压步距为 20～35 m 之间，这符合之前 3106 工作面矿压显现规律；在 35～100 m 之间，巷道围岩变形速度稳定，相对移近量仍然较大；在 100～120 m 之间变形速度又突然增大，可能是由于 3107 工作面滞后支护的 100 m 单体支柱回撤导致，可以判定 3107 工作面滞后的 100 m 单体支柱使巷道避开了工作面采动影响，保证了巷道在周期来压期间的稳定性；在工作面 270～320 m 之间，巷道围岩移近量逐渐变缓，并趋于稳定，可以推断巷道变形已基本稳定，最终顶底板变形量（主要是底鼓）保持在 1.0～1.5 m 之间，基本满足巷道在回采期间的通风要求。矿压观测顶底板、两帮移近量与工作面距离关系如图 4-3-12 所示。

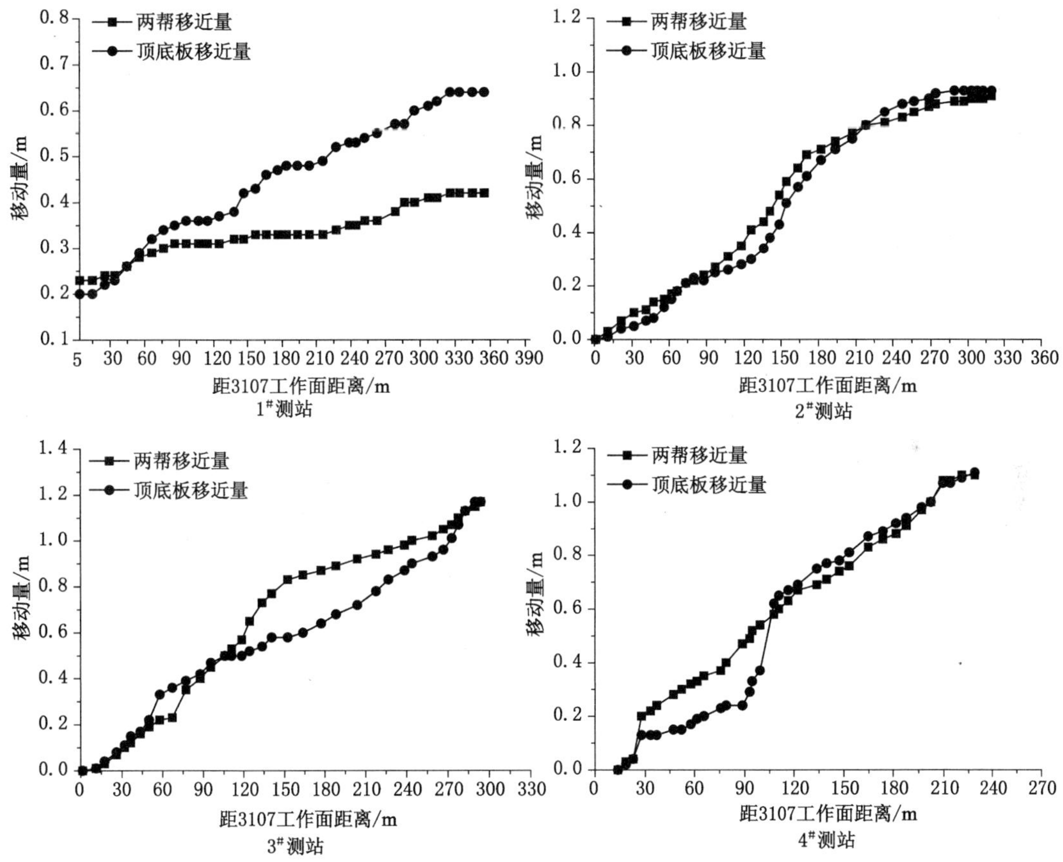

图 4-3-12　顶底板、两帮移近量与工作面距离关系

6）技术与经济效益

（1）3107 工作面采用“沿空留巷”“Y”型通风方式后，提前投产近 18 个月的时间；取消了专用排瓦斯巷，有效缓解了衔接的紧张。

（2）瓦斯治理效果明显，工作面回采期间没有发生瓦斯超限，解决上隅角瓦斯问题。“Y”型通风系统瓦斯涌出量明显减小，与相邻的 3106 工作面采用“U＋L”通风系统相比，工作面总瓦斯涌出量 21.91 m^3/min。工作面配风量由 3 000 m^3/min 降至 2 500 m^3/min，节省风量 500 m^3/min。

(3) 3 号煤层回采工作面少布置一条巷道，可有效缓解突出煤层衔接紧张、风量紧张、防突压力大的被动局面，采区回收率提高了 14.6%，达到 83.6%。“两进一回”“Y”型通风系统，辅助进风巷胶轮车可直接将工人送到机尾，减轻了工人的劳动强度。

(4) “沿空留巷”的经济效益明显。3107 工作面“沿空留巷”充填体宽度为 2 m，每次充填长度为 3 m，充填高度为 3.3 m，留巷后巷道净宽度为 5.2 m，留巷后断面为 16 m^2左右。“沿空留巷”成本为 13 189.42 元/m，折合吨煤成本 13.2 元/吨，施工一条 5.2 m×3 m 的全锚索配风巷单价 13 532.5 元/m(其中巷道 9 427 元/m、防突卸压孔 1 504.5 元/m、区域预抽孔 2 475 元/m、锁口锚索 26 元/m、闭墙 100 元/m)，综合分析“沿空留巷”比施工一条全锚索顺槽节约成本 343.08 元/m。3107 工作面“沿空留巷”比打一条全锚索顺槽节省422.3 万元。

4.3.2.2 混凝土柔性模板沿空留巷技术

1) 巷道地质与生产条件

平舒煤矿 81113 工作面埋深 400～480 m。工作面可采走向长度 1 168 m，采长 180 m，可采储量 64.5 万吨，开采 8-1 号煤，平均煤厚 2.26 m，煤层倾角 2°～12°，平均 7°。直接顶为砂质泥岩，平均厚度 5.25 m，基本顶为细粒砂岩，平均厚度 2.31 m，直接底为厚度为1.8 m 的泥岩及 1.9 m 的 8-2 号煤，老底为厚度为 1.6 m 的砂质泥岩。回风巷道底板距 8-2 号煤层 1.8 m。该工作面平均采高 2.26 m，循环进度为 0.8 m，日进度平均 8 m，最大 10 m。8-1 号煤层瓦斯涌出量较大，绝对瓦斯涌出量为 4.8 m^3/min，属不易自燃煤层，煤尘有爆炸危险性。

2) 沿空留巷支护设计

81113 回采工作面采用“两进一回”通风系统，即 81111 工作面的尾巷整巷后作为 81113 工作面的进风巷，81113 回风巷作为一条辅助进风巷回采时实施“沿空留巷”保留下来，81113 尾巷作为 81113 工作面的回风巷。下一个工作面(81115 工作面)回采时采用“三进一回”的通风系统，即 81113 工作面的辅助进风巷(实施“沿空留巷”保留下来的)作为一条进风巷，81113 工作面的回风巷作为一条辅助进风巷(回采时全长过空巷)，实体煤侧的两条巷道一条作胶带巷(实施“沿空留巷”)，一条做回风巷。

(1) 基本支护

81113 工作面回风巷断面为矩形，掘进宽度 4.5 m，掘进高度 2.7 m，沿煤层顶底板掘进，回风巷顶板采用“W 钢带＋金属网＋锚杆＋锚索”联合支护，W 钢带规格为 12 mm×4 300 mm×80 mm，锚杆采用 ϕ20×2 000 mm 的小麻花圆钢锚杆，间排距 1 000 mm×950 mm，配用槽型铁托板 140 mm×120 mm×10 mm，锚索采用 ϕ17.8×11 200 mm，配套槽钢托梁和铁托板。两帮采用锚杆支护，每排每帮 3 根 ϕ18×2 000 mm 麻花圆钢锚杆，间排距 800 mm×950 mm，配用铁托板 150 mm×150 mm×10 mm。

(2) 永久加强支护设计

永久支护包括留巷顶板支护和巷内加强支护。留巷顶板支护采用锚杆锚索联合支护形式，锚索规格为：ϕ21.6×6 200 mm，每排布置 2 根，间距 800 mm，排距 1 000 mm；锚杆采用 ϕ20×2 000 mm，每排 1 根。巷内加强支护采用锚索支护。锚索规格为 ϕ21.6×11 200 mm，每排两根根，间距 1 900 mm。巷内锚索均可超前工作面 30 m 施工。留巷顶板区永久加强支护如图 4-3-13 所示。

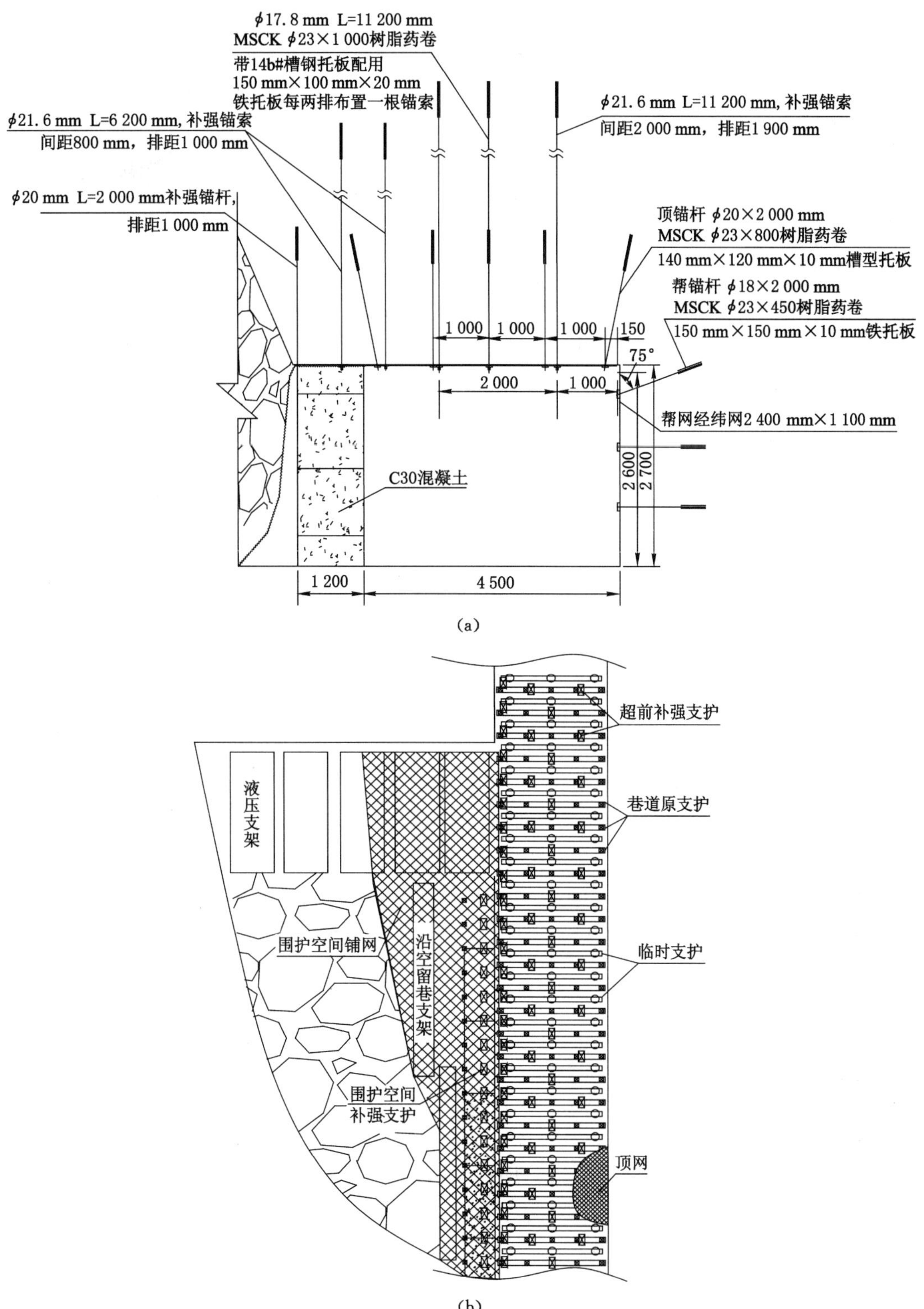

图 4-3-13　留巷顶板区永久加强支护

(a) 沿空留巷支护断面;(b) 沿空留巷支护平面图

(3) 围护空间挡矸设计

围护空间是指巷旁支护施工前,采用临时支护控制顶板的范围。围护空间采用挡矸支架进行临时支护,挡矸支架的作用主要是:将采空区与留巷隔离开来,为浇筑柔性模板混凝土墙体提供一个安全的施工环境;工作面回采后及时支护留巷顶板,防止留巷筑墙区顶板快速下沉或垮落,及时切顶,减少悬顶长度,降低留巷压力为早期巷旁支护提供支撑,防止墙体过早受力,造成墙体损失,影响后期强度;为柔性模板提供一个边界,挂设柔性模板。

(4) 巷旁支护设计

所谓巷旁支护,是指巷道断面范围以外与采空区交界处所安设的一些特种类型的支架或人工隔离物,其目的是为了切断巷道以外的采空区顶板,隔离采空区或减轻巷内支架的受力等。沿空留巷巷旁支护的主要作用如下:支撑垮落带边缘的顶板载荷,分担和减轻巷内支护的压力;当直接顶比较坚硬或顶板有周期来压时,利用巷旁支护切断顶板,从而避免顶板沿煤帮处断裂,同时由其承受直接顶冒落和基本顶来压所产生的动载荷;隔离或密闭采空区,防止漏风和采空区遗煤自燃。

沿空留巷宽度 4.5 m,净宽 4.3 m,巷旁支护宽度为 1.2 m,混凝土强度等级为 C30。为了墙体的横向变形,在墙体内预置锚栓,锚栓为 ϕ20×1 300 mm 的高强度螺纹钢,两端丝扣长度各为 100 mm,托板尺寸为 150 mm×150 mm×16 mm,双托板双螺母;锚栓的间排距为 800 mm×750 mm。

(5) 临时加强支护设计

临时加强支护直接影响沿空留巷的支护效果,如果临时加强支护不及时或支护强度不足,留巷顶板过早下沉,使得巷旁支护无法达到设计高度;巷旁支护起作用前顶板离层,使顶板的完整性和自承载能力遭到破坏,降低了沿空留巷围岩稳定性,在工作面来压期间,锚网索支护或柔性模板混凝土墙体承担较大压力,超过了设计值,从而造成顶板锚索破断或柔性模板混凝土墙体破坏。因此,必须及时对沿空留巷进行可靠的临时加强支护。

根据 81113 工作面的地质与开采条件,确定在超前工作面 20 m 范围内沿巷道走向采用一梁三柱进行临时加强支护,棚距 950 mm;滞后工作面 100 m 范围内沿巷道走向采用一梁三柱临时加强支护,棚距 950 mm。单体支柱的型号为 DW28,π 形钢梁的长度为 4 200 mm。81113 工作面临时加强支护平面见图 4-3-14。

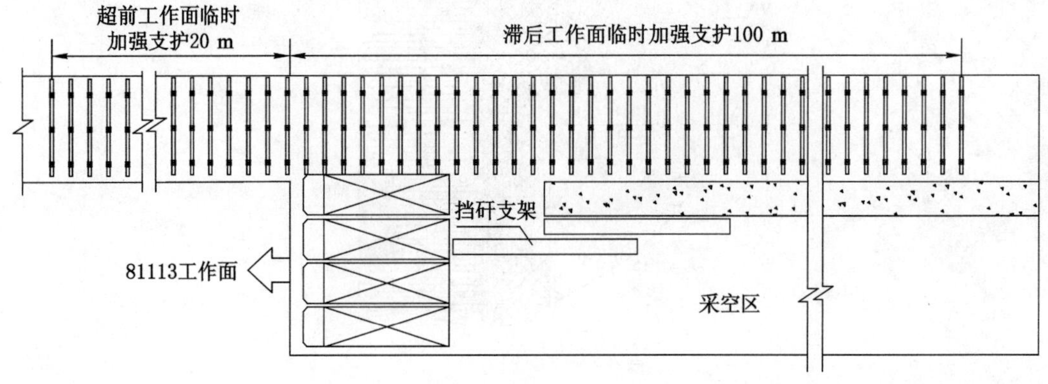

图 4-3-14　沿空留巷临时加强支护

3）材料及配套设备

（1）原材料及要求

水泥：42.5R 普通硅酸盐水泥；砂子：二区中砂、干砂、泥或石粉含量小于 3%；石子：5～20 mm 连续级配碎石，含泥量小于 1%，石粉含量小于 0.5%，碎石压碎值指标≦16%；水：干净、无污染的矿井水；粉煤灰：用于增强泵送混凝土的流动性，废物再利用。专用外加剂具有提升泵送性能、提高混凝土自密实性能、增强早期强度等作用。沿空留巷混凝土配合比如表 4-3-2 所示。

表 4-3-2　　沿空留巷混凝土施工配合比

材料	水泥	黄沙	碎石	水	粉煤灰	专用外加剂
质量/(kg/m^3)	450	750	900	216	50	1

（2）配套设备

柔性模板混凝土制备成套设备主要由地面干混料制备混合系统及井下混凝土泵、搅拌机、上料机组成，浇筑混凝土采用陕西开拓建筑科技有限公司和西安科技大学联合研发制造的柔性模板混凝土制备输送机组专用设备，设备型号为 KTRHZSJ-50。直接利用地面已有干混料制备站和厂房，存放砂子、石子、水泥和外加剂，然后搅拌干混料，井下工作面回风巷建立混凝土制备输送站。柔性模板混凝土制备输送机组配置见表 4-3-3。

表 4-3-3　　柔性模板混凝土制备输送机组(KTRHZSJ-50)明细

<table>
<tr><th>序号</th><th>设备名称</th><th>规格型号</th><th>用量</th><th>备注</th></tr>
<tr><td>1</td><td>井下柔性模板混凝土上料系统</td><td rowspan="4">KTRHZSJ-50，生产能力不小于 50 m³/h</td><td>1 台</td><td rowspan="4">井下混凝土制备输送站</td></tr>
<tr><td>2</td><td>井下柔性模板混凝土搅拌系统</td><td>1 台</td></tr>
<tr><td>3</td><td>井下柔性模板混凝土泵送系统</td><td>420 m</td></tr>
<tr><td>4</td><td>管道输送系统</td><td></td></tr>
</table>

4）柔性模板混凝土沿空留巷施工工艺

柔性模板泵注混凝土沿空留巷施工主要包括地面干混料的制备、运输、围护空间顶板补强支护、挂设柔性模板、浇筑混凝土和临时支护等关键施工环节，受井工开采矿井开拓方式、运输方式以及混凝土拌制后时效性影响等因素制约，采用地面加水一次拌制好混凝土运输至井下留巷工作面泵站进行泵送充填是不现实的，因此在地面将砂子、石子、外加剂不加水拌制均匀，运输至沿空留巷工作面后再加水泥搅拌，后加水拌制泵送的工艺流程。平舒煤矿沿空留巷地面搅拌砂子、石子和外加剂，通过矿车将拌和好的干料及袋装水泥运输至井下储料场，将干料和水泥搅拌拌匀。通过 81113 工作面回风巷内铺设的胶带输送机将拌好的干料输送至井下搅拌机的料斗内，加水搅拌均匀转入泵送料斗内，最后由混凝土泵经敷设在巷内的输送管路高压泵送至挂设好的柔性模板内。柔性模板混凝土沿空留巷施工工艺流程如图 4-3-15 所示。

（1）超前与围护空间支护

超前工作面 30 m 范围以外进行锚索加强支护。超前工作面 30 m 进行临时加强支护，采用“一梁三柱”的支护形式，排距 1 m。进行临时加强支护时，先将钢梁用 8 号铁丝固定在

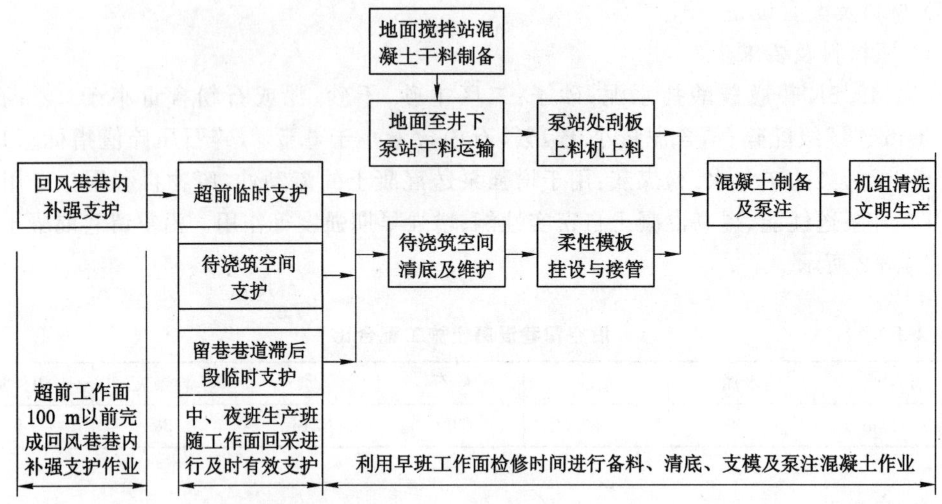

图 4-3-15　柔性模板泵注混凝土沿空留巷施工工艺流程

顶板上，然后打设单体。单体要打设牢靠，并设置柱靴。单体打设后必须系防倒绳，防止单体卸压后倾倒伤人。围护空间支护必须及时可靠。工作面每推进 1 m 立即进行支护，采用"锚索＋锚杆＋W 钢带＋金属网"的支护形式。金属网通过架前铺设，在涨紧靠采空区侧锚索时，将一段 8 号铁丝压在托盘与顶板之间，用来挂设柔性模板。

(2) 挂设柔性模板

挂设柔性模板前必须将围护空间底板浮煤、浮矸清理干净，确保柔性模板混凝土墙体坐落在坚硬完整的实底上。挂设柔性模板前首先将架立筋穿入柔性模板顶部的翼缘内，采用 10 号铁丝将架立筋和柔性模板翼缘绑扎牢靠，绑扎扣距为 300 mm。挂设柔性模板时先挂设靠采空区部分，后挂设靠巷内部分。采空区部分采用双股 8 号铁丝将柔性模板架立筋固定在顶板锚索上，巷内部分采用单体支柱固定，然后使用 12 号铁丝将相邻两条柔性模板边缘连接牢靠。上述工作完成以后，开始绑扎柔性模板灌注口。灌注口采用 3 层纤维布缝制而成，内层置于柔性模板内，起自封闭作用，防止拔管时混凝土回流，外面两层与混凝土输送管连接，采用 8 号铁丝绑扎 3 道，泵注混凝土过程中柔性模板工和混凝土泵站始终保持声光信号联系。泵注混凝土完成以后，柔性模板工将软管拔出，并采用 12 号铁丝绑扎好灌注口，防止混凝土溢出。柔性模板挂设如图 4-3-16 所示。

(3) 泵注混凝土

泵注混凝土前要启动设备使设备空转，查看设备是否有异常。若有异常，处理后再进行泵注。泵注流程为：打水洗管、泵注砂浆、泵注混凝土、泵注砂浆、洗管、清洗设备。泵注过程时，泵站和柔性模板处及时联系，防止柔性模板被打爆。泵注时要计算管道中混凝土量，洗管前预留一定的高度，将混凝土管道中的混凝土全部注入柔性模板内，减少混凝土浪费。每次泵注开始和结束必须用清水洗管，防止管内有剩余混凝土堵塞管路。

(4) 滞后临时支护

滞后临时支护采用"一梁三柱"的形式。滞后支护距离为 100 m，100 m 后拆除循环利用。滞后支护单体打设后立即设置防倒绳，防止单体卸压倾倒伤人。

5) 技术与经济效益

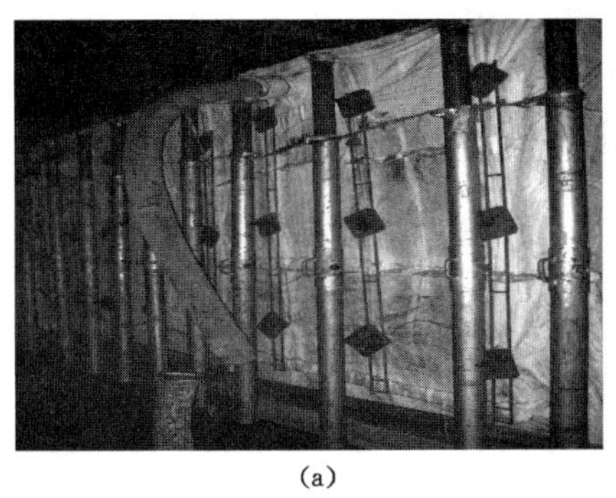
(a)

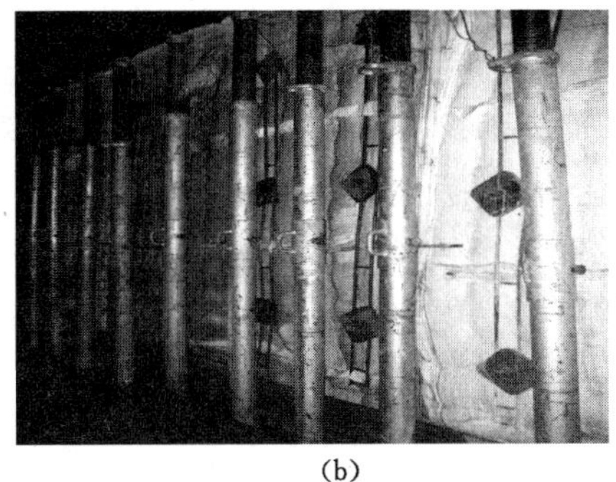
(b)

图 4-3-16　柔性模板挂设

(a) 挂好柔性模板，未浇筑混凝土；(b) 浇筑完混凝土

(1) 技术效果

降低巷道掘进率。每个回采工作面可以少掘 1 条顺槽，回采巷道掘进率降低 30%以上，极大地缓解了矿井采掘衔接矛盾。提高资源采出率，回收 20 m 区段护巷煤柱，提高区段采出率 11%，延长了矿井服务年限。改善矿井生产条件，沿空留巷易于实现穿梭回采，使回采工作在时间和空间上连续进行，有利于生产集中化。对于地质条件复杂的采区，沿空留巷有可能避免因地质变化而造成的停采待掘。回采工作面全部采用“Y”型通风，消除回风隅角瓦斯积聚，确保工作面安全高效生产；利用留巷作为瓦斯治理通道，提前预抽相邻工作面煤层瓦斯，延长了抽采时间，降低了煤层瓦斯含量，极大地缓解了矿井采抽衔接矛盾；利用留巷作为临时水仓，在留巷低洼位置处布置抽排水泵站，持续抽排采空区积水，防止本工作面或相邻工作面透水；减少了掘巷空顶作业，降低了冒顶、片帮概率，有利于矿井安全；胶带输送机和移变设备分别布置在主进风巷和辅助进风巷内，胶带巷宽度缩小，有助于降低掘巷成本，提高掘巷速度，更好地维护巷道；消除煤柱影响区的应力集中，有利于邻近突出层的卸压开采。

(2) 经济效益

按照 81113 工作面沿空留巷 1 168 m 计算，煤层平均厚度 2.3 m，密度 1.4 t/m^3，煤柱 20 m，采出率为 95%，共计多回收煤炭资源 7.2 万吨，回收煤柱的效益按照 200 元计算，仅回收煤柱就可以创造经济效益 1 440 万元。掘进顺槽的综合费用(包括掘进、支护、瓦斯抽采等)为 8 000 元/m，采用沿空留巷以后至少可以少掘巷道 1 648 m，节省掘进费用 1 318.4 万元。综上所述，不计因消除回风隅角瓦斯积聚带来的矿井安全高产高效效益和缓解采掘接续带来的经济效益，仅回收煤柱和少掘巷就可以创造效益 2 758.4 万元，减去沿空留巷工程费用 533.8 万元，创造利税约 2 224.6 万元。

4.3.2.3　小煤柱控制技术

随着开采强度的提高，阳煤集团各矿煤炭资源在逐步减少，减少资源损失，提高煤炭采出率显得尤为重要。阳煤集团绝大部分煤矿的 15 号煤层采用综合机械化放顶煤开采工艺，工作面回风顺槽护巷煤柱处于采空区一侧，开采过程中，由于工作面的超前支承压力与采空区残余支承压力的叠加作用，导致煤柱侧巷帮变形严重，给巷道维护带来严峻挑战，合理宽度的煤柱将会降低巷道的变形量，有利于巷道的维护。沿空掘巷、沿空留巷及小煤柱护巷在许多矿区做过试验，并取得了一定有益结论，鉴于阳煤集团各矿均为高瓦斯矿井，沿空留巷可能会引起采空区瓦斯涌入回采空间等一些问题，应用困难较多。小煤柱开采技术可有效减小煤柱宽度的同时使煤柱处于侧向支撑压力降低的区域，这样既有利于巷道的维护，又能减少煤炭资源的损失，对提高阳煤集团综放采出率具有重要意义。

1）巷道地质及生产条件

阳煤五矿 8407 工作面地面标高＋920～＋1 050 m，工作面标高＋404～＋448 m。8407 回风顺槽沿着 8409 工作面采空区边缘掘进，距离 8409 工作面采空区煤柱尺寸为 10 m。15 号煤层是井田内最主要煤层，煤厚最大为 9.23 m，最小为 2.41 m，平均 6.24 m，一般含夹矸 1～7 层，平均 3 层，夹石厚度多在 0.1～0.2 m 之间，最大可达 2m 以上，属复杂结构煤层。15 号煤直接顶为灰黑色泥岩，平均厚度 9.56 m，基本顶为灰色细砂岩，平均厚度 3.4 m，直接底为灰色细砂岩，厚度 2.89 m，老底灰黑色砂质泥岩，厚度 2.7 m。8407 工作面布置有运输顺槽、回风顺槽、瓦斯尾巷及高抽巷，巷道布置位置如图 4-3-17 所示。

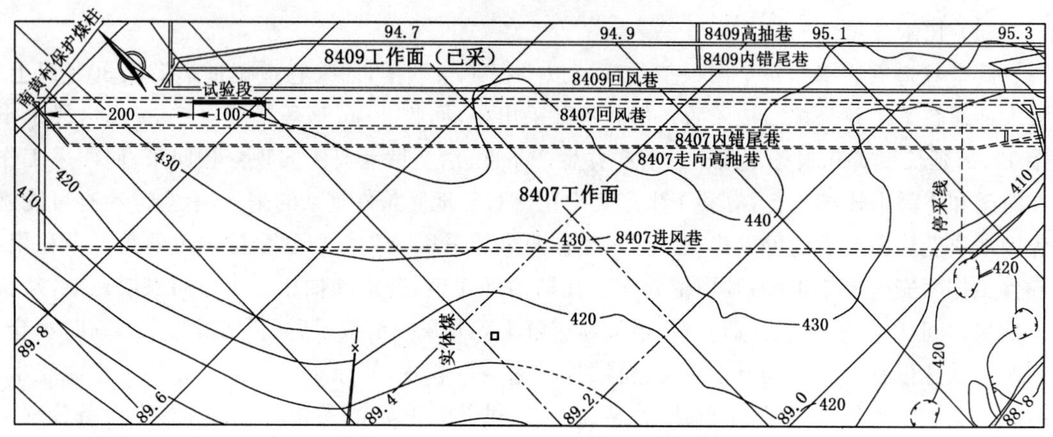

图 4-3-17　8407 工作面回采巷道布置

2）锚杆支护设计

8407 工作面回风巷矩形断面，巷道净断面：净宽：5.0 m，毛宽：5.2 m，净高：4.0 m，毛高：4.05 m。顶部采用五眼钢带，钢带打设五根 ϕ21.8×5.2 m 锚索，每排打两根 ϕ21.8×8 300 mm 锚索，排距 0.85 m。距巷中 0.5 m 处左右交错迈步安装 12 号槽钢，每根槽钢布置 3 根锚索，且能横跨三排钢带，锚索采用 ϕ28.6×10.3 m 大直径锚索配套使用，槽钢顺巷间距2.55 m。钢带规格为 5 000 mm×220 mm×6 mm。采用 200 mm×125 mm×14 mm 铁托板。帮锚杆按采帮和煤柱帮分别使用 ϕ20×2 400 mm 和 ϕ20×3 000 mm 麻花钢锚杆，每帮打五根帮锚杆，并与钢带同排布置。两帮各上两根钢筋钢带，上部采用 ϕ12×80×2 400 mm 钢筋钢带将上部 3 根帮锚杆连成一体，下部采用 ϕ12×80×1 500 mm 钢筋钢带将下部 2 根帮锚杆连成一体。煤柱帮每两排打 2 根 ϕ15.2×4.2 m 锚索，并 12 号工字钢，排距为 1.7 m。8407 工作面回风顺槽支护示意图如图 4-3-18 所示。

3）煤柱加固设计

巷道掘成后对采空侧煤帮进行注浆加固后再对煤体进行喷浆加固，喷厚 100 mm。然后在巷帮外侧喷涂柔性材料，防止与采空区沟通后涌入有害气体。

（1）注浆方案与参数设计

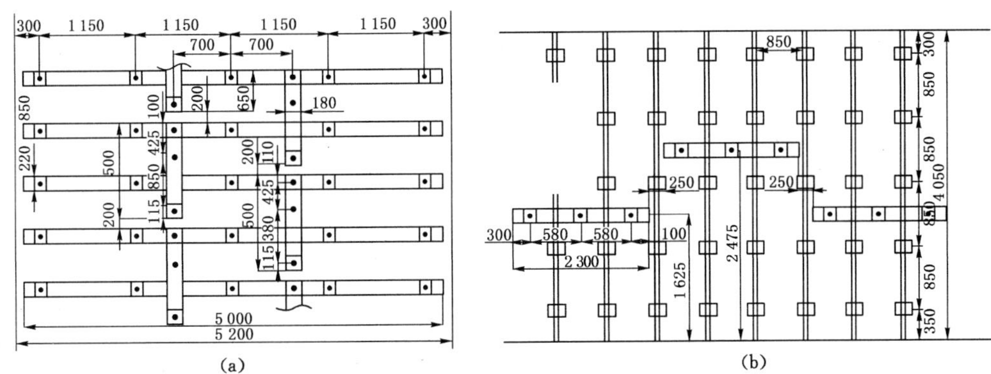

图 4-3-18　8407 回风顺槽锚杆支护示意图
(a) 顶板；(b) 两帮

注浆孔沿巷帮成列五花型布置，钻孔排距 2.5 m，孔深 3 m，双孔排上部孔距离顶板 0.5 m，钻孔仰角 15°，双孔排下部孔距底板为 0.5 m，垂直于煤柱壁所在平面；单孔排孔距底板为 2 m，垂直于煤柱壁所在平面。邻近孔相互间距控制在 3 m 左右。

(2) 钻孔布置

注浆孔沿巷帮成列五花型布置，钻孔间距 5 m，孔深 3 m，上排注浆孔距顶板 0.5 m，最下排注浆孔距底板 0.5 m；煤柱加固钻孔垂直于煤柱打设，靠近顶板钻孔仰角 15°，其余钻孔垂直于煤帮，如图 4-3-19 所示。为配合注浆孔封孔，钻孔用煤电钻，钻头 ϕ42 mm，成孔孔径不得超过 ϕ50 mm，并保持圆度。为确保浆液渗透范围的合理分布及加固围岩帮角的效果，在横断面严格按钻孔位置及扎角施工，并保证设计深度达到 3 m。

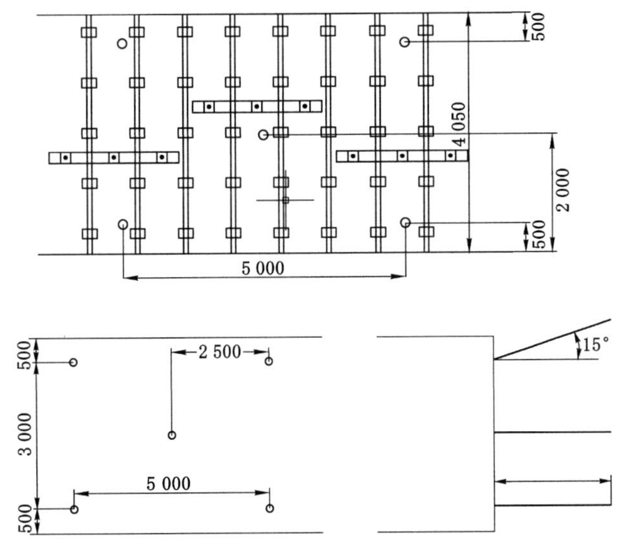

图 4-3-19　煤柱加固注浆钻孔布置图

(3) 注浆材料及设备

注浆材料主要为水泥浆液，浆液配制：425$^{\#}$ 普通硅酸盐水泥，配合 TWK-1 复合剂，

TWK-2 固化剂配制浆液。水灰比和水泥浆的水灰比 0.6∶1。注浆顺序：由低到高，间隔跳跃施工。注浆方式：孔内安装射浆管，孔口预埋注浆管，全长一次注浆。注浆压力：注浆终止压力 3～8 MPa。配备安装射浆管、导流管、封孔器、注浆管、注浆泵。封孔器插入钻孔封孔位置或埋设孔口注浆管；封孔采用布袋式封孔，在注浆管外放置布袋，两端扎紧外端留一小口，用注浆泵注入浆体，撑起布袋，待浆液凝结后即实现封孔。该种封孔方式适应性强，对注浆孔口要求不高。

(4) 表面喷浆与柔性密闭材料喷涂

煤矿井下煤炭的自燃、瓦斯突出等系列灾害严重地威胁着安全生产和工人的人身安全。在引起自燃与瓦斯事故诸种因素中，漏风是重要的因素之一。为防止漏风，在回风巷选择一段煤柱侧帮，进行喷射混凝土浆，然后在混凝土喷层表面喷涂柔性材料，防止与采空区沟通时涌入有害气体。

8407 工作面回风巷煤柱侧帮喷射混凝土，喷浆厚度：100 mm，达到设计厚砼标号 C20。C20 喷浆砼的配合比为水泥(425 号)∶水∶沙子∶石子∶速凝剂＝1∶0.5∶2∶2∶0.05。柔性密闭材料喷涂采用 XD-1 矿用弹性体密闭堵漏剂，具有良好堵漏性能的聚氨酯弹性体。材料有两种组分，甲组份为淡黄色黏稠液体，乙组份为白色黏稠液体，甲组份、乙组份的配比为 1∶2.37～2.4(重量比)，物理机械性能要求为硬度＞30，扯断伸长率＞500%，拉伸强度＞3.0 MPa(室温 3 天即可达到上述性能)。使用时，将乙组份充分搅拌均匀 10 min，然后按给定的甲、乙两组份比例混合(出厂比例已配好)，混合后，再搅拌 5～10 min 后即可刷、涂、抹、喷到煤壁裂缝处、密闭等。该胶体流动性好，常温下适用时间不小于 20 min，涂膜表干时间不大于 4 h，涂膜实干时间 12 h。喷涂厚度约 10 mm。

4) 矿压监测结果分析

采用 YHW300 本安型围岩位移测定仪，分别对 8407 工作面的回风巷道注浆加固段与未注浆加固段进行顶板和两帮巷道变形量进行监测和对比，监测结果如图 4-3-20 所示。通过监测数据可以看出，注浆加固段和未注浆加固段巷道围岩变形量十分明显。未注浆加固段巷道上方顶板受工作面采动影响比较大，当工作面回采 5 天内巷道顶板离层仪开始有变化，但变化十分缓慢；随着工作面继续回采，受工作面超前支承压力的影响，上方顶板运动逐渐加剧，位移量变化程度也随之加大；当超前支承压力峰值经过测点之后，顶板上方离层增长变化由逐渐趋于缓和，直到工作面推进 60 天时，巷道顶板离层达到 28 mm。注浆加固段巷道顶板位移整体增长比较平稳缓和，受工作面采动影响相对较小，顶板离层量最大为 16 mm。8407 回风巷靠实体煤一侧巷道左帮的变形量相对比较严重，最大值达到 1 m，受工作面采动影响比较剧烈。而对右帮注浆加固段和未注浆加固段作比较，注浆加固后煤柱的横向变形最大为 50 mm，几乎相当于没有变形，确实要比未注浆加固煤柱横向位移量 0.8 m 的变形小很多，这就说明煤柱注浆加固后横向约束增高，煤柱基本保持稳定，煤柱注浆加固对巷道的围岩控制起到良好的作用。

5) 技术与经济效益

(1) 缩小煤柱宽度，解放资源

原相邻工作面之间保安煤柱留设宽度取平均 20 m，8407 工作面的回风巷留设 10 m 煤柱，工作面可多开采出煤炭 8 万多吨。

(2) 掘进速度加快，支护费用降低

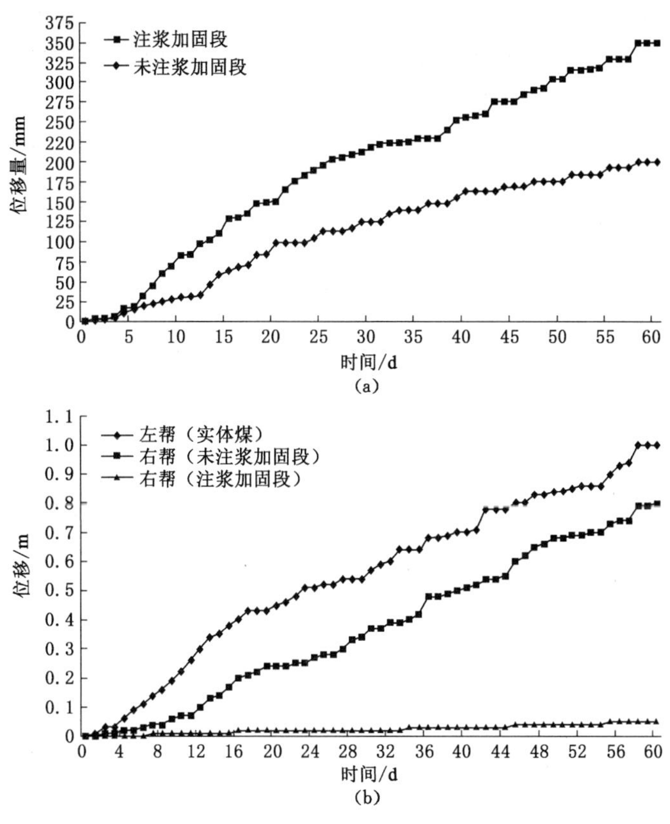

图 4-3-20　8407 回风巷道顶板和两帮位移图

(a) 顶板变形量;(b) 两帮变形量

小煤柱试验前,8407 工作面的巷道支护成本为 3 183.68 元/m,小煤柱试验后巷道支护成本为 2 622.28 元/m,支护成本节约 561.4 元/m,经济效益明显。

(3) 简化了回风巷的超前支护方式,提高了回采速度

回采期间基本不用超前支护,回采速度加快,由原来的日均 3.42 m 提高到日均 4.2 m,最高日进达 9 m。

(4) 安全效益(掘进、回采期间瓦斯含量降低)

8407 回风巷道留设 10 m 护巷煤柱,回风巷掘进期间平均瓦斯涌出量 0.8 m^3/min,相对瓦斯涌出量 7.596 m^3/t;相邻工作面回风巷道按 20 m 留设煤柱,掘进期间平均瓦斯涌出量 0.9 m^3/min,相对瓦斯涌出量 8.79 m^3/t。对比上述沿空巷道掘进期间瓦斯涌出量数据得出,10 m 煤柱较 20 m 煤柱掘进期间的瓦斯涌出量降低了 1.194 m^3/t。回采期间,回风巷道瓦斯含量为 0.6%左右,偶尔局部最大达到 2.2%,出现瓦斯超限;当工作面在注浆加固段回采期间,回风巷道瓦斯降低明显,浓度约为 0.5%,无剧烈波动现象,煤柱密封隔离采空区效果良好。因此,对煤柱采取相应工程措施后 8407 工作面安全高效的回采更有保障。

4.3.3　自动化矿压监测系统

4.3.3.1　系统概述

光纤矿压在线监测系统采用的是有别于当前国内大部分矿井采用的人工读数观测、电

磁式在线监测矿压数据的一种国内领先的监测手段。该系统在传感监测手段上有着技术上的革新，系统依照国家安全标准采取安全管理措施，针对目前我国煤矿矿压监测水平低、事故突发频繁等现状，以中国矿业大学多年来形成的矿压监测与支护质量检测理论及技术、软件、仪器为基础，以矿山压力与围岩控制、煤矿安全高效开采、开采智能监测为知识背景，基于光纤传感技术，采用智能化、模块化设计，减少系统操作的复杂性；在系统需要扩展时，前端设备数量灵活增加，不改变系统的运行方式。另外，该系统的最大优点是感知层的传感子系统中所有传感设备均是无源工作，利用光纤光栅进行物理信号的感知并进行传输，本质安全、抗电磁及瓦斯的干扰，具有监测精度高、传输距离远、传输速度快等优点。

4.3.3.2　系统结构组成

光纤矿压在线监测系统由传感子系统、数据采集与传输子系统和数据理与存储子系统三部分组成，如图 4-3-21 所示。

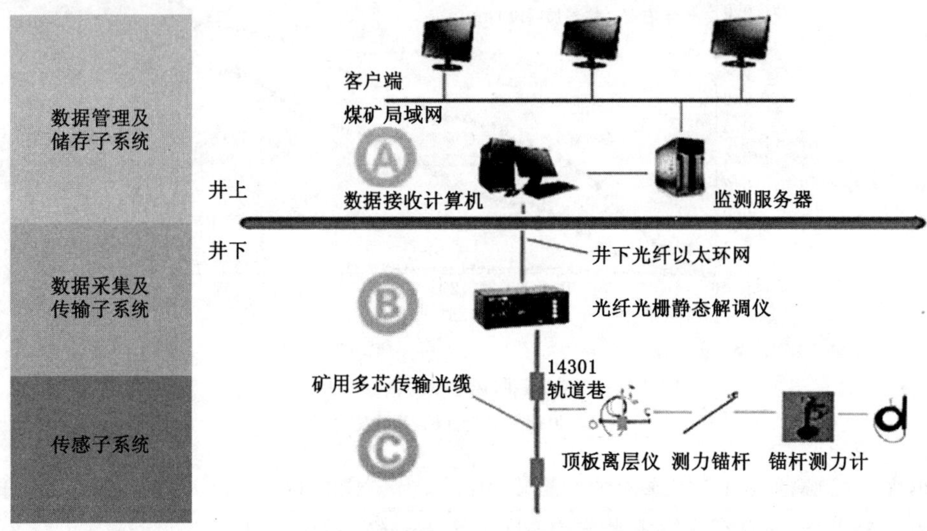

图 4-3-21　光纤矿压在线监测系统结构图

1）传感子系统

传感子系统是由各种基于光纤光栅传感技术的传感设备组成的，利用矿用光纤光栅传感设备将煤矿顶板中的离层位移、应力等物理参数转变成便于记录及再处理的光信号，并通过传输光缆及光纤跳线将光信号传给数据采集与传输子系统，以供后期处理。

2）数据采集与传输子系统

数据采集与传输子系统主要由光缆、光纤光栅信号解调主机和配套设备组成。利用矿用多芯传输光缆将煤矿井下传感子系统测得的光波数据进行快速、准确传输至光纤光栅信号解调主机，对传感子系统的数据进行自动采集、存储等管理工作，利用光纤光栅信号解调主机将光波信号解调为数字电信号，并通过井下以太网传输到地面的数据管理与存储子系统。

3）数据管理与存储子系统

数据管理与存储子系统主要由监测服务器和客户端组成。该系统将监测数据通过矿用以太网传输汇总到监测服务器，并通过服务器——客户端网络进行数据处理及存储，将数据转化为具体数据或图像，并实时显示井下数据动态变化曲线，方便煤矿工作人员观测；另外可供工作人员进行数据历史查询与调阅，预测数据变化趋势，进行超限预警判断。

4.3.3.3　系统工作原理

光纤矿压在线监测系统将计算机技术、光纤通信与数据处理技术、传感器技术和巷道围岩安全技术融为一体，整个系统由地面数据接收计算机、用于数据共享的煤矿局域网、对波长进行解调的光纤光栅静态解调主机、可 24 小时连续不间断工作的监测服务器、地面各科室的客户端，井下传输光缆、各类光纤光栅传感器及与其他的连接接口组成，具体的工作原理如图 4-3-22 所示。

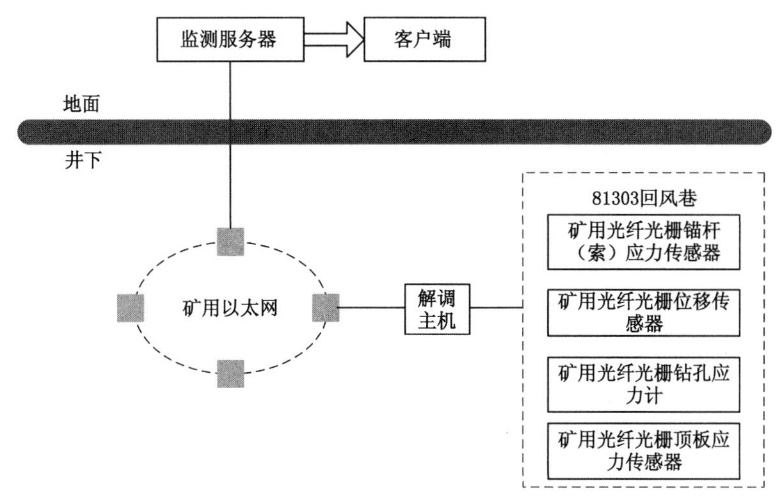

图 4-3-22　光纤矿压在线监测系统工作原理示意图

当系统工作时，通过矿用光纤光栅锚杆(索)应力传感器、矿用光纤光栅位移传感器、矿用光纤光栅钻孔应力计、矿用光纤光栅顶板应力传感器等不同功能的光纤光栅传感器，将被测的 81303 回风巷试验段顶板及两帮锚杆载荷、顶板离层、围岩应力、锚杆杆体应力等不同形式的物理量信号转变成便于记录及再处理的光信号(波长信号)，通过光波信号的变化间接测量围岩稳定参数，然后通过传输光纤、跳线和多芯传输光缆将光纤光栅传感设备采集的围岩物理参数传输到光纤光栅信号解调主机，再通过光纤光栅信号解调主机将光信号解调为数字信号，利用采区变电所的以太网将数据上传至地面监测服务器，利用服务器—客户端网络将数据传输到生产科计算机，构成一套合理的光纤矿压在线监测系统。

4.3.3.4　系统功能特点

1）实时显示

本系统能够自动对多种光纤光栅矿压传感器所在区域进行实时监测，计算机实时动态显示监测数据。

2）异常预警

本系统能够自动感知现场监测矿压的异常波动，在灾害事故发生前及时预警。

3）状态查询

各个监测点的矿压数据和报警信息都保存到本系统的大容量储存器，系统按照时间将数据分为历史信息、实时信息，管理操作人员可以根据不同的需求动态调整监测点的监测时间间隔。管理操作人员可查看各监测点的历史变化曲线，为决策和维护提供数据支持。

4）报警设定

管理操作人员可对本系统的报警触发条件进行设定，以适用各种不同工况、不同区域的条件。

5）数据统计

可实时给出矿井内每个分区的所有监测点的实时数据。

4.3.3.5　系统技术指标

自动化矿压监测系统主要技术指标如下：

1）传感

(1) 光纤光栅信号解调仪通道数：16 通道；

(2) 信号解调仪每通道光纤光栅容量：12 个；

(3) 信号解调仪电源：交流 127 V；

(4) 光纤类型：9/125 μm 单模光纤；

(5) 数据传输载体：矿用多芯光缆；

(6) 分辨率：＜0.5%F.S；

(7) 系统通信距离：＜20 km；

(8) 量程：离层仪 0～200 mm；压力传感器 0～60 MPa；

(9) 光纤传输接口：FC/APC 或 SC/APC 标准接口。

2）通信

(1) TCP/IP 传输系统数据传输接口；

(2) 网络以太网口、RS232 串口、USB 接口；

(3) 通信传输协议.

3）监控平台

(1) 监测服务器操作系统：Windows Server 2003；

(2) 客户端操作系统：Windows XP SP3；

(3) 数据库平台：SQL Server 标准版；

(4) 网络平台：局域网。

4）运行模式

(1) 系统 24 小时连续工作；

(2) 运行方式：24 小时自动监测。

4.3.3.6　巷道围岩监测

矿压监测包括巷道顶板及两帮锚杆载荷监测、顶板离层监测、煤岩体应力监测、锚杆杆体应力分布特征监测等内容。其监测内容与监测设备如表 4-3-4 所示。

表 4-3-4　　巷道围岩监测内容与监测设备

序号	监测内容	监测设备
1	顶帮锚杆的受力大小	矿用光纤光栅锚杆(索)应力传感器
2	巷道顶板浅部及深部位移大小	矿用光纤光栅位移传感器
3	巷道煤帮的应力大小	矿用光纤光栅钻孔应力计
4	锚杆杆体的应力分布特征	矿用光纤光栅顶板应力传感器

1）顶、帮锚杆受力监测

选择有代表性的锚杆索进行监测，能够反映支护断面各个位置的杆体受力状态，每个巷道监测断面顶板布置 3 根锚杆和 2 根锚索，两帮各布置 1 根锚杆，对应 7 个锚杆（锚索）测力计，顶板和两帮锚杆（锚索）测力计对称布置，选择 3 个巷道断面点共计布置 21 个锚矸（锚索）应力计。锚杆（索）载荷监测断面示意如图 4-3-23 所示。

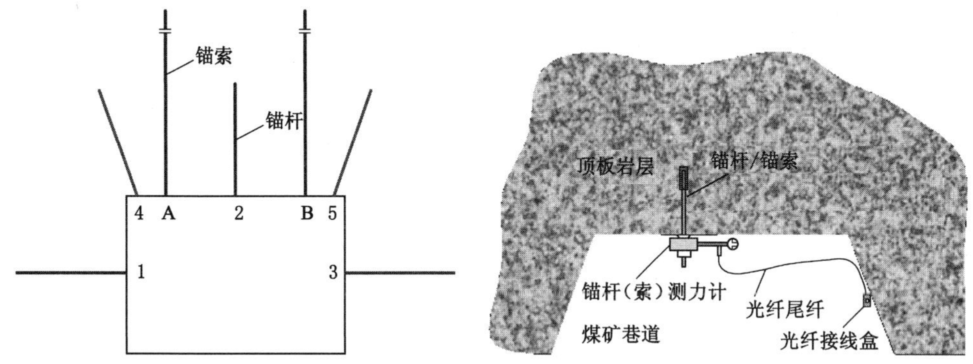

图 4-3-23　锚杆（索）载荷监测断面

（1）在锚杆的外露端，依次安装锚杆托盘、矿用光纤光栅锚杆（索）应力传感器和紧固螺母，并确保传感器的中心孔在安装时居中，偏离中心安装时会造成一定的测量误差；

（2）将矿用光纤光栅锚杆（索）应力传感器的光纤尾纤通过分光器接入预先设计好的光缆纤芯。

2）顶板离层监测

在巷道监测段内，每隔 50 m 布置一个顶板离层仪，共计布置 6 个。离层仪安装深度为深部 6 m、浅部 2 m，监测顶板锚固区内和锚固区外顶板离层分布演化规律，顶板离层监测断面示意如图 4-3-24 所示。

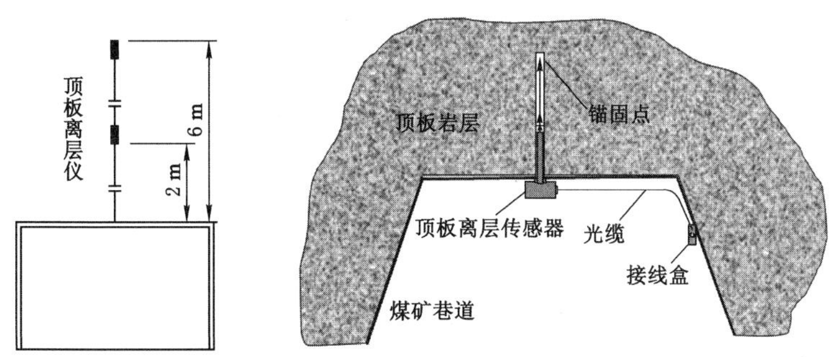

图 4-3-24　顶板离层监测断面

（1）用风动锚杆钻机在煤矿巷道顶板上打孔时，根据现场情况确定钻孔深度，一般打 6～8 m，本系统的位移传感器安装深度为 6 m，钻孔直径为 36 mm；

（2）用安装杆或者钻杆将矿用光纤光栅位移传感器的两个锚固爪推至预定的位置，一个锚固爪推至钻孔深度 6 m 位置，一个锚固爪推至钻孔深度 2 m 位置，轻拉装置，确保锚固爪已经与顶板岩石彻底锚固；

(3) 通过分光器和 50 m 长的光缆跳线将每个小组的位移传感器串联，然后利用光纤跳线将矿用光纤光栅位移传感器连接至分支光缆。

3) 钻孔应力监测

在试验巷道综合测站的监测断面内小煤柱帮布置 1 个钻孔应力计，钻孔高度距巷道底板 1.5 m，钻孔深度为 4 m，水平布置；巷道实体煤帮布置 3 个钻孔应力计，每个钻孔高度距巷道底板 1.5 m，钻孔深度分别为 1 m、3 m、5 m，均为水平钻孔，3 个综合测站共计布置 12 个钻孔应力计，钻孔应力监测断面示意如图 4-3-25 所示。

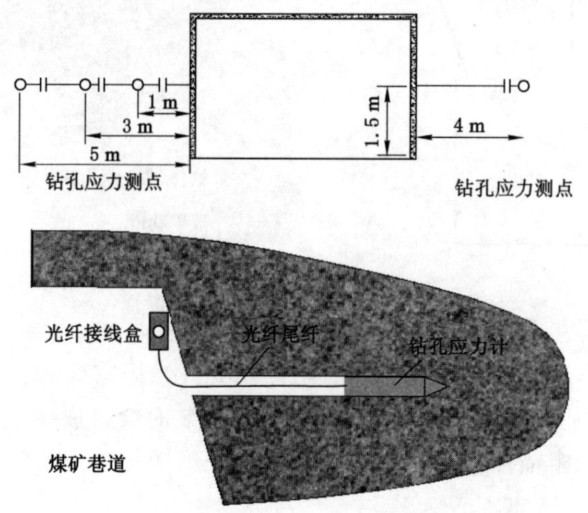

图 4-3-25　钻孔应力监测断面

(1) 在 81303 回风巷的三个测站内用风动煤钻进行钻孔，实体煤侧的钻孔高度距巷道底板 1.5 m，钻孔的间距为 2 m，每个钻孔的深度分别为 1 m、3 m、5 m，窄煤柱侧的钻孔高度距巷道底板 1.5 m，钻孔深度为 4 m；

(2) 打钻孔时，为了保证钻孔与钻孔应力计之间较好的耦合，选择合适的钻头直径，应提前将打钻设备布置到位；

(3) 为了使钻孔应力计与围岩之间充分接触，可预先在钻孔内放置锚固剂，然后将矿用光纤光栅钻孔应力计用推杆将其缓慢推入，在推入应力计时不可将推杆旋转，防止旋转使钻孔应力计尾部的光纤尾纤扯断；

(4) 将矿用光纤光栅钻孔应力计的光纤尾纤引出钻孔，并按顺序接入分光器，然后利用光纤跳线接入到主光缆。

4) 锚杆杆体应力分布监测

在巷道监测断面的顶板和两帮各布置 1 根测力锚矸，即矿用光纤光栅顶板应力传感器，3 个巷道监测断面共计布置 9 根测力锚杆，测力锚杆直径 22 mm，长度2 000 mm，安装高度距底板为 1.5 m，锚杆杆体应力分布特征监测断面示意图如图 4-3-26 所示。

(1) 在安装测力锚杆前，利用风动锚杆钻机在煤矿巷道的顶板及两帮钻孔，钻孔深度为 2 m，钻孔直径为 28 mm，帮锚杆钻孔高度距巷道底板 1.5 m；

(2) 在钻孔的顶端推入锚固剂，将锚杆放入钻孔中，在锚杆放入过程中，轻微旋转锚杆

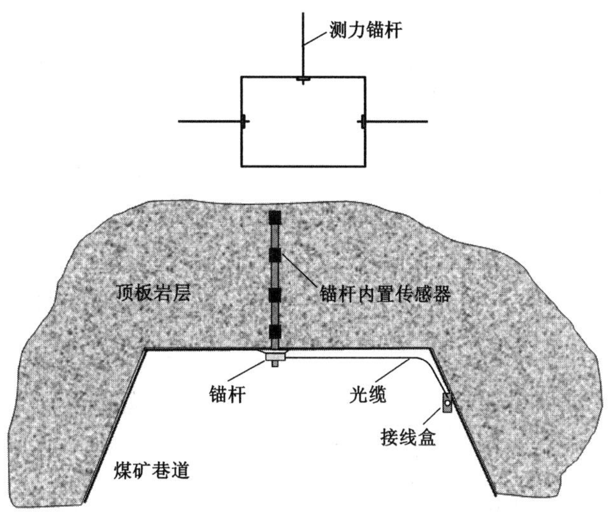

图 4-3-26　锚杆杆体应力分布特征监测断面

使锚固剂与锚杆充分接触，不可用力旋转以防测力锚杆的光纤被扯断；

（3）将光纤光栅测力锚杆的光纤尾纤通过分光器和跳线接入预先设计好的主光缆。

4.3.3.7　光栅矿压自动监测系统应用

根据矿方要求，一矿试验巷道为 81303 工作面回风巷。井下位于北丈八井十三采区东翼的南部，十三采区 81302 工作面以东，81301 工作面以北，十三采区东部边界以西，十三采区 81305 工作面（未掘）以南。巷道布置在 15 号煤层中，为半煤岩巷道，设计长度 1 770 m。采区变电所距试验巷道巷口 1 000 m，调度室距生产科 50 m 左右。81303 工作面巷道布置如图 4-3-27 所示。

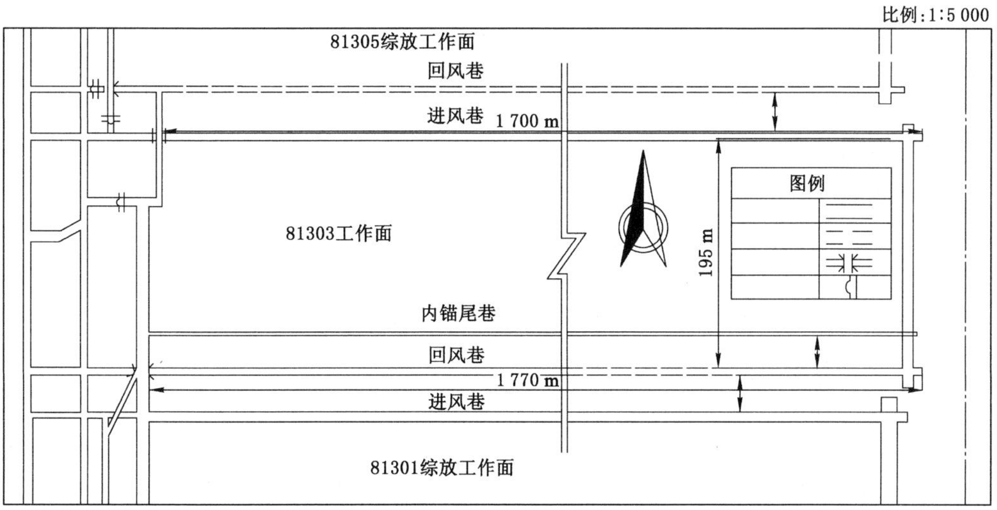

图 4-3-27　81303 工作面巷道布置

通过对阳煤一矿 81303 工作面的煤层赋存特点、地质特征、巷道掘进计划、系统施工时间、光缆排线布置及掘进长度分析，结合井下工业以太环网的布置地点，最终确定将光纤光栅信号解调主机放在采区变电所，其中一矿采区变电所距 81303 工作面回风巷巷口 1 000 m。

在试验巷道内布置 3 个综合测站，每个综合测站包括一个锚杆(索)载荷监测断面、一个钻孔应力监测断面、一个锚杆杆体应力分布特征监测断面，顶板离层监测在每个测站布置两个，间距 50 m，因回风巷距巷口 1 445 m 处受陷落柱影响，设计在陷落柱前约 400 m 处设置第三测站，监测原巷道断面支护效果，在陷落柱后方约 40 m 处设置两个测站，相距 110 m，监测变换支护方式后的支护效果，测点布置如图 4-3-28 所示。

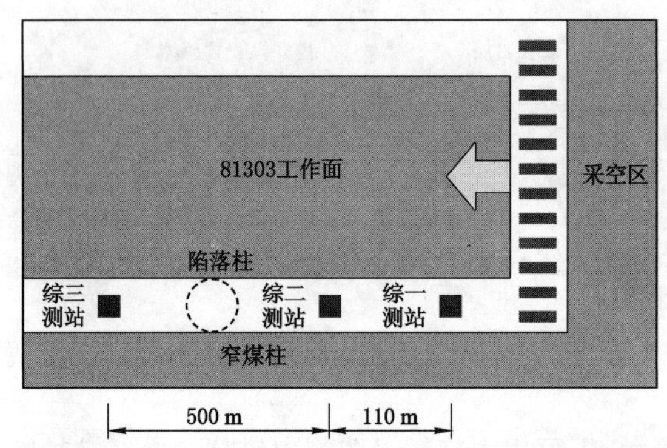

图 4-3-28　光纤矿压在线监测测站布置平面示意图

如上所述的观测测站或测点，应该布设在具有代表性的地段断面，重点监测围岩质量差及局部不稳定块体，在特殊的工程位置(如巷道分叉处、巷道交叉处)，也应设置观测断面。观测点的安装埋设应尽可能地靠近掘进头，以便尽可能完整地获得围岩开挖后初期力学形态变化和变形情况，这段时间内测量的数据，对于判断围岩性态是特别重要的。

1) 解调主机各通道设置

根据综合测站与传感器设备数量、每个传感器的光波长波动范围及光纤光栅信号解调主机每个通道的波长扫描范围，确定使用的通道数及每个通道可接传感器数量，光纤光栅信号解调主机的数据通道通过不同芯数的光缆进行各种光纤传感器连接及数据传输。考虑现场施工的方便性及光缆重量，可将光缆按段进行设计和采购。

光纤光栅解调主机为 16 通道，每通道波长扫描范围为 1 525～1 565 nm，带宽 40 nm，理论上最大可带 20 个传感器(纯应变)。阳煤一矿的主要配置为：光纤光栅解调主机 1 台，光纤光栅钻孔应力计 12 个(光栅 12 个)，光纤光栅锚杆测力计 21 个(光栅 21 个)，光纤光栅测力锚杆 9 根(光栅 27 个)，光纤光栅顶板离层仪 6 个(光栅 12 个)，共计光栅 72 个。

考虑煤矿井下工况环境及误差损耗、连接损耗、信号传输损耗及每通道的冗余，设计每通道光纤传感器数量及类型如下：

通道 1：综一测站 4 个钻孔应力计(4 个光栅)；通道 2：综二测站 4 个钻孔应力计(4 个光栅)；通道 3：综三测站 4 个钻孔应力计(4 个光栅)；通道 4：综一测站 3 根测力锚杆(9 个光栅)；通道 5：综二测站 3 根测力锚杆(9 个光栅)；通道 6：综三测站 3 根测力锚杆(9 个光栅)；通道 7：综一测站 7 个锚杆测力计(7 个光栅)；通道 8：综二测站 7 个锚杆测力计(7 个光栅)；通道 9：综三测站 7 个锚杆测力计(7 个光栅)；通道 10：第一测站 2 个顶板离层仪(4 个光栅)；通道 11：第二测站 2 个顶板离层仪(4 个光栅)；通道 12：第三测站 2 个顶板离层仪(4 个光栅)。

巷道支护监测安装位置如表 4-3-5 所示。

表 4-3-5　　　　**巷道支护监测安装位置一览表**

通道	传感器	测站	位置	编号	备注
$T_1 \sim T_3$	钻孔应力计	综一测站	实体煤帮—1m	Z-ZY-S-1	① Z——钻孔应力计； ② ZY——综一测站； ③ ZE——综二测站； ④ ZS——综三测站； ⑤ S——实体煤帮； ⑥ Z——窄煤柱帮； ⑦ 数字——钻孔深度
			实体煤帮—3m	Z-ZY-S-3	
			实体煤帮—5m	Z-ZY-S-5	
			窄煤柱帮—4m	Z-ZY-Z-4	
		综二测站	实体煤帮—1m	Z-ZE-S-1	
			实体煤帮—3m	Z-ZE-S-3	
			实体煤帮—5m	Z-ZE-S-5	
			窄煤柱帮—4m	Z-ZE-Z-4	
		综三测站	实体煤帮—1m	Z-ZS-S-1	
			实体煤帮—3m	Z-ZS-S-3	
			实体煤帮—5m	Z-ZS-S-5	
			窄煤柱帮—4m	Z-ZS-Z-4	
$T_4 \sim T_6$	测力锚杆	综一测站	实体煤帮—前部	C-ZY-S-Q	① C——测力锚杆； ② ZY——综一测站； ③ ZE——综二测站； ④ ZS——纵三测站； ⑤ S——实体煤帮； ⑥ D——顶板； ⑦ Z——窄煤柱帮； ⑧ Q——锚杆前部； ⑨ Z——锚杆中部； ⑩ W——锚杆尾部
			实体煤帮—中部	C-ZY-S-Z	
			实体煤帮—尾部	C-ZY-S-W	
			顶板—前部	C-ZY-D-Q	
			顶板—中部	C-ZY-D-Z	
			顶板—尾部	C-ZY-D-W	
			窄煤柱帮—前部	C-ZY-Z-Q	
			窄煤柱帮—中部	C-ZY-Z-Z	
			窄煤柱帮—尾部	C-ZY-Z-W	
		综二测站	实体煤帮—前部	C-ZE-S-Q	
			实体煤帮—中部	C-ZE-S-Z	
			实体煤帮—尾部	C-ZE-S-W	
			顶板—前部	C-ZE-D-Q	
			顶板—中部	C-ZE-D-Z	
			顶板—尾部	C-ZE-D-W	
			窄煤柱帮—前部	C-ZE-Z-Q	
			窄煤柱帮—中部	C-ZE-Z-Z	
			窄煤柱帮—尾部	C-ZE-Z-W	
		综三测站	实体煤帮—前部	C-ZS-S-Q	
			实体煤帮—中部	C-ZS-S-Z	
			实体煤帮—尾部	C-ZS-S-W	
			顶板—前部	C-ZS-D-Q	
			顶板—中部	C-ZS-D-Z	
			顶板—尾部	C-ZS-D-W	
			窄煤柱帮—前部	C-ZS-Z-Q	
			窄煤柱帮—中部	C-ZS-Z-Z	
			窄煤柱帮—尾部	C-ZS-Z-W	

续表 4-3-5

通道	传感器	测站	位置	编号	备注
T_7～T_9	锚杆测力计	综一测站	实体煤帮锚杆	M-ZY-1	① M——锚杆测力计；② ZY——综一测站；③ 数字 1～7：按巷道断面顺时针方向布置
			肩角锚杆	M-ZY-2	
			顶锚索	M-ZY-3	
			顶锚杆	M-ZY-4	
			顶锚索	M-ZY-5	
			肩角锚杆	M-ZY-6	
			窄煤柱帮锚杆	M-ZY-7	
		综二测站	同上布置	M-ZE-(17)	ZE——综二测站
		综三测站	同上布置	M-ZS-(1～7)	ZS——综三测站
T_{10}～T_{11}	顶板离层仪	/	工作面前 200 m	D-1-S	① D——顶板离层仪；② S——深部离层；③ Q——浅部离层
				D-1-Q	
			工作面前 250 m	D-2-S	
				D-2-Q	
			工作面前 300 m	D-3-S	
				D-3-Q	
			工作面前 350 m	D-4-S	
				D-4-Q	
			工作面前 400 m	D-5-S	
				D-5-Q	
			工作面前 450 m	D-6-S	
				D-6-Q	

2）传感器编号

根据各个传感器的安装位置、数量及类型对传感器进行编号，可以方便为各个传感器进行光栅配置，如果损坏时可快速地进行更换，同时也为软件编程提供清晰的思路。

4.4 掘进装备

掘进机是具有行走、截割、装载、转载煤岩及有喷雾降尘等功能，以机械方式破落煤岩的掘采机械设备，部分掘进机还具有支护功能。掘进机按掘采对象可以分为煤巷、半煤岩巷和全岩巷掘进机。煤巷、半煤岩掘进机适用于掘采岩石普氏系数（f）小于 8 的煤及半煤岩巷道；盾构式掘进机也可用于掘采岩石普氏系数（f）达 20 的硬岩巷道。根据所掘采断面的形状，掘进机分为全断面掘进机和部分断面掘进机。部分断面掘进机一次仅能截割巷道断面的一部分，需要工作机构多次摆动，依次截割才能掘采出所需断面，断面形状可以是矩形、梯形、拱形等多种形状，其中部分断面掘进机普遍在煤矿使用。部分断面掘进机主要是悬臂式掘进机，悬臂式掘进机按截割头布置方式可分为纵轴式和横轴式两种。

4.4.1　国内外掘进机发展概况

4.4.1.1　国外掘进机发展概况

早在20世纪30年代，德国、苏联、英国、美国等就开始了煤矿巷道掘进机的研制，但巷道掘进机得到较广泛工业性应用还是在第二次世界大战之后。1949年匈牙利生产的F2型掘进机是世界上第一台悬臂式掘进机，不过当时还未能实现悬臂式掘进机的全部主要功能。1951年匈牙利又研制了采用履带行走的F4型悬臂式掘进机，这种机型除采用横轴截割方式和履带行走机构之外，还采用了铲板和星轮装载机构，并使用刮板运输机运转物料，该掘进机已经具备了现代悬臂式掘进机的雏形。F系列掘进机是目前横轴悬臂式掘进机的原始机型。

1956年，苏联生产了首台纵轴悬臂式掘进机，使用在8 m^2煤巷断面中，是现代纵轴悬臂式掘进机的雏形。1963年，DOSCO公司通过改变截割头截齿排列和更换电气系统，研制了MK-Ⅱ型和MK-ⅡA型掘进机，并逐步发展成为系列产品。1968年，德国EICK-HOFF公司在引进DOSCO掘进机基础上研制出了EV-100型掘进机。1966年，日本三井三池机械制造公司研制成功了S系列掘进机。20世纪70年代后期，S系列掘进机已逐步形成系列化。

经过半个多世纪的发展，目前国外掘进机主要生产国，即英、德、俄罗斯、奥地利、日本等国所生产的掘进机已被广泛用于硬度低于$f8$半煤岩的巷道掘进，并扩大到岩巷。近年来，悬臂式掘进机主要结构形式无明显变化，其自动化控制程度不断提高，部分掘进机已经实现全功能遥控控制，自主切割巷道成型，掘进机工况检测和故障自诊断。

4.4.1.2　国内掘进机发展概况

我国悬臂式掘进机的发展大体分为以下三个阶段。

第一阶段是20世纪60年代初到20世纪70年代末。这一阶段主要是以引进国外掘进机为主，我国技术人员也在尝试消化吸收，但研究水平有限，主要以煤巷掘进的轻型掘进机为主，逐步形成我国的第一代掘进机。

第二阶段是20世纪70年代末到20世纪90年代初，为消化吸收阶段。这一阶段我国引进多种掘进设备，对我国煤矿使用掘进机起到了推动作用。在此期间，我国对国外生产的几种悬臂式掘进机引进并逐步实现了国产化；同时煤科总院太原分院研制的EM1-30型、EL-90型、EL-110型掘进机分别在佳木斯煤机厂和淮南煤机厂小批量生产。后又引进国外先进的掘进机制造技术和加工设备，使我国形成了批量生产掘进机的能力，基本上结束了中、小型掘进机依赖进口的局面。

第三阶段是20世纪90年代初至今，为自主研发阶段。这一阶段中型掘进机发展日趋成熟，重型掘进机大批出现，悬臂式掘进机的设计与加工制造水平已相当先进，并且具备了根据实际工况进行个性化设计的能力。

目前，我国悬臂式掘进机主要以纵轴悬臂式掘进机为主，也有部分掘进机设计为横轴悬臂式掘进机。

4.4.2　悬臂式掘进机

悬臂式掘进机（图4-4-1）是一种能够实现截割、装载运输、自行走及喷雾除尘的联合机组，它集切割、行走、装运、电气控制、喷雾灭尘于一体，包含多种机构，具有多重功能。悬臂式掘进机作业线主要是由掘进机主机与后配套设备组成的。主机把岩石、煤炭切割破落下来，转运机构把破碎的岩渣转运至机器尾部卸下，并通过后配套转载机、运输机或梭车运走。随着回采工作面综合采煤机械化的快速发展，煤矿对巷道掘进速度要求越来越高。为了提高采掘巷道的速度，悬臂式掘进机研究制造水平逐渐提高并逐步发展完善。悬臂式掘进机的切割臂可以上下、左右自由摆动，能切割任意形状的巷道断面，切割出的表面精确、平整，便于支护。悬臂式掘进机要同时实现剥离煤岩、装载运出、机器本身的行走调动、整机自动化控制以及喷雾除尘等功能。履带式行走机构使机器调动灵活，便于转弯、爬坡，对复杂地质条件适应性强。该机主要用于采煤准备巷道的掘进，适用于掘进破碎硬度 f 为 4～8，断面6～24 m^2的煤或半煤岩巷道，也可用于其他巷道施工，断面形状任意。一般来说，这类悬臂式掘进机的重量为 20～160 t，最大切割功率可达 450 kW，切割岩石的局部抗压强度最高可达 170 MPa。

图 4-4-1 悬臂式掘进机

4.4.2.1 悬臂式掘进机的优势

悬臂式掘进机具有以下优势：

(1) 悬臂式掘进机能够保证巷道围岩稳定性。因为掘进机掘进时，巷道围岩不受爆破的震动破坏，有利于巷道支护管理。

(2) 快速掘进能够及时查明必要的煤田情况，并能按时准备好接替工作面。

(3) 减少巷道超挖和必要的工作量。

(4) 可改善工人劳动条件，降低工人劳动强度。

(5) 降低掘进工作面粉尘和有害气体污染，改善作业环境。

(6) 可减少作业人员，提高安全性。

4.4.2.2 悬臂式掘进机的分类及选型原则

1) 掘进机的分类

根据截割硬度、工作方式、整机重量、适应断面的不同，掘进机的分类方法一般有以下几种。

(1) 按照用途分类：

① 煤巷掘进机：切割煤岩硬度 $f \leqslant 4$；

② 半煤岩掘进机：切割煤岩硬度 $f > 4$；

③ 岩巷掘进机：切割硬度 $f > 6$；

④ 硬岩掘进机：切割硬度 $f > 8$。

（2）按照工作机构破落煤岩的方式不同分类：

① 纵轴式掘进机：切割头旋转轴与悬臂轴线重合；

② 横轴式掘进机：切割头旋转轴线垂直于悬臂轴线。

（3）根据机器重量分类：

① 特轻型掘进机：整机重量≤20 t，其切割机构功率一般≤55 kW，可掘巷道断面面积为 5～12 m^3；

② 轻型掘进机重量≤25 t，其切割机构功率一般≤75 kW，可掘巷道断面面积为 6～16 m^3；

③ 中型掘进机重量≤50 t，其切割机构功率一般为 90～132 kW，可掘巷道断面面积为 7～20 m^3；

④ 重型掘进机：重量≤80 t，其切割机构功率一般为＞150 kW，可掘巷道断面面积为 8～28 m^3；

⑤ 超特重型掘进机：重量＞80 t，其切割机构功率一般为＞200 kW，可掘巷道断面面积为 10～32 m^3。

2）掘进机的选型原则

合理选择悬臂式掘进机机型，是为了满足巷道施工工艺和综合掘进速度的需要。综合掘进机械化工作面，除了掘进机、转载机和运输设备完成落、装、转、运作业外，还需要配置锚护设备、辅助运输设备、通风除尘设备以及相应的供电和控制设备等。因此，根据综掘工作面的地质条件和掘进工艺，对配套的单机进行合理的选择，并组成综掘机械化成套设备，就显得格外重要。如果配套不合理，不仅容易窝工，降低设备的使用效率，严重的情况会造成机器提前损坏，影响施工进度，或者造成巷道成本增加。

为提高综掘机械化成套设备的可靠性，保证配套的单个设备保持最佳工况并协调工作，掘进机选型应遵循以下原则：

（1）配套掘进机的主要技术特征和参数必须满足掘进巷道的地质条件、巷道尺寸形状及掘进工艺的要求。

① 煤岩的可切割性，如抗压强度、抗拉强度、比能耗、抗磨蚀性、坚普氏系数以及煤岩的层理、断层、岩层厚度等影响因素，是选择掘进机型号的首要条件。如果岩石呈现为薄层，层理发达，节理发育比较完全，则比较容易切割，反之则切割困难。当切割硬岩时，要选择大型的硬岩掘进机，可以有效减少机器的过载，延长机器的使用寿命。一般来说，当煤岩硬度 $f \leqslant 4$ 时，用煤巷掘进机；当 $4 < f < 6$ 时，用半煤岩掘进机；当 $6 \leqslant f \leqslant 8$ 时，选用岩巷掘进机；当 $f > 8$ 时，需要选用硬岩掘进机。

② 掘进机的切割尺寸范围，机型的选择应满足下列条件：

$$S_{机\min} \leqslant S_{巷} \leqslant S_{机\max}$$

式中　$S_{机\min}$——机型可掘最小断面；

$S_{机\max}$——机型可掘最大断面；

$S_{巷}$——机型掘进巷道断面。

关于断面形状，煤巷掘进断面通常为梯形或者矩形，各种掘进设备都可应用，但是矿井深部开采或者巷道围岩较弱时，需要布置拱形巷道，以减少巷道支护力，因此需要选用能切割出不同大小拱形断面的掘进机。

③ 巷道底板和倾角。掘进机的接地比压越小，对底板的破坏性就越小。根据巷道底板的坚硬程度，选择合理的掘进机的接地比压。一般来说，特轻型和轻型掘进机的接地比压为0.04～0.1 MPa，重型掘进机接地比压为0.1～0.14 MPa，重型掘进机的允许接地比压为0.14～0.2 MPa，超特重型掘进机的接地比压可超过0.2 MPa。《悬臂式掘进机第3部分：通用技术条件》(MT/T238.3—2016)规定掘进机的上下山坡度为±16°，若巷道倾角超过这个角度，掘进机需要特殊设计，加大行走部功率或者增加辅助爬坡装置等，需要选择大倾角掘进机。

(2) 综掘机械化成套设备的配套选择，应以掘进机的生产能力为主要依据，后配套的桥式皮带转载机或可伸缩带式输送机的生产能力应稍高于掘进机，防止堆料。并配备合理的锚运支护工艺，减少因支护时间过长而影响掘进机的进尺。

综掘工作面掘进机的选型，还应考虑矿区电压等级、井口罐笼尺寸、运送能力以及操作维护工人的技术水平等，综掘工作是一个系统工程，需要各方面相互协调、统筹布局才能达到安全高效生产。

4.4.2.3 悬臂式掘进机组成结构及其工作原理

悬臂式掘进机主要由截割部、铲板部、本体部、行走部、中间运输机、后支承、液压系统、水系统、电气系统等部分组成，可同时实现破碎煤岩、转载运输、调动行走、喷雾除尘等功能。以上海创力集团股份有限公司生产的EBZ260H悬臂式掘进机为例，介绍整机组成结构如图4-4-2所示。

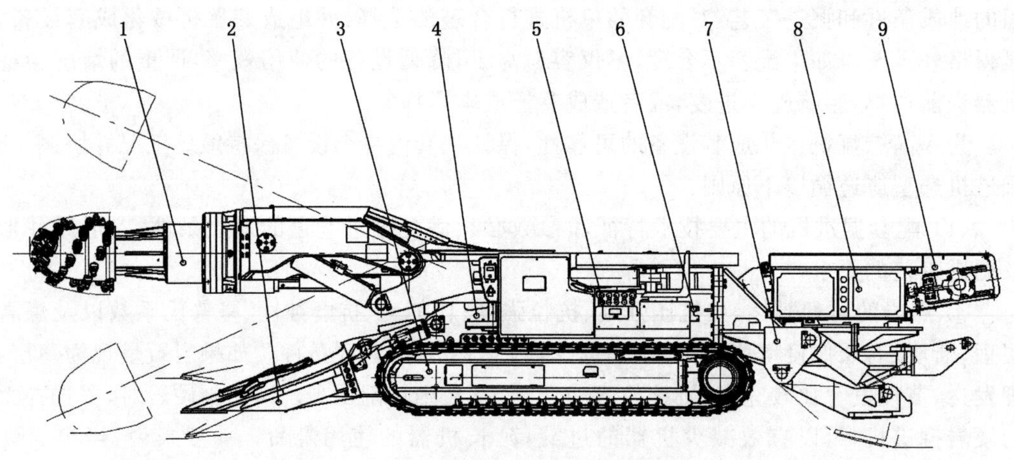

图4-4-2 EBZ260悬臂式掘进机结构图

1——截割部；2——铲板部；3——行走部；4——本体部；5——液压系统；6——水系统；7——后支承；8——电气系统；9——中间运输机

1）整机结构

EBZ260H悬臂式掘进机主要是由截割部、铲板部、本体部、行走部、中间运输机、后支承、液压系统、水系统、电气系统等部件组成的。

2）截割部

截割部由截割头、截割臂、截割减速器、截割电机、叉形架和盖板等附件组成，由截割电机输入动力，经截割减速器、截割臂将动力传给截割头，从而实现破碎煤岩的目的。其截割部结构如图 4-4-3 所示。

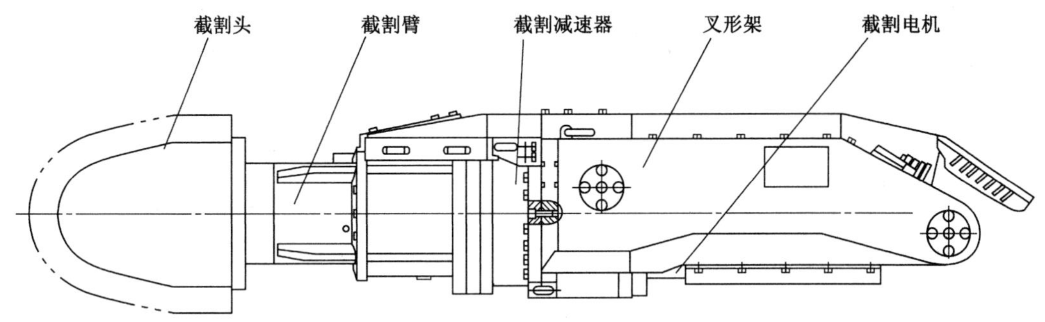

图 4-4-3　截割部结构图

截割部用叉形架的两个支承铰轴连接在回转台上，通过与回转台之间的两个升降油缸、回转台与机架之间的两个回转油缸，实现截割升、降、回转运动。

3）铲板部

铲板部由主铲板、侧铲板、驱动装置、从动轮装置等组成，通过两个液压马达驱动星轮，从而实现装载煤、岩的目的，如图 4-4-4 所示。

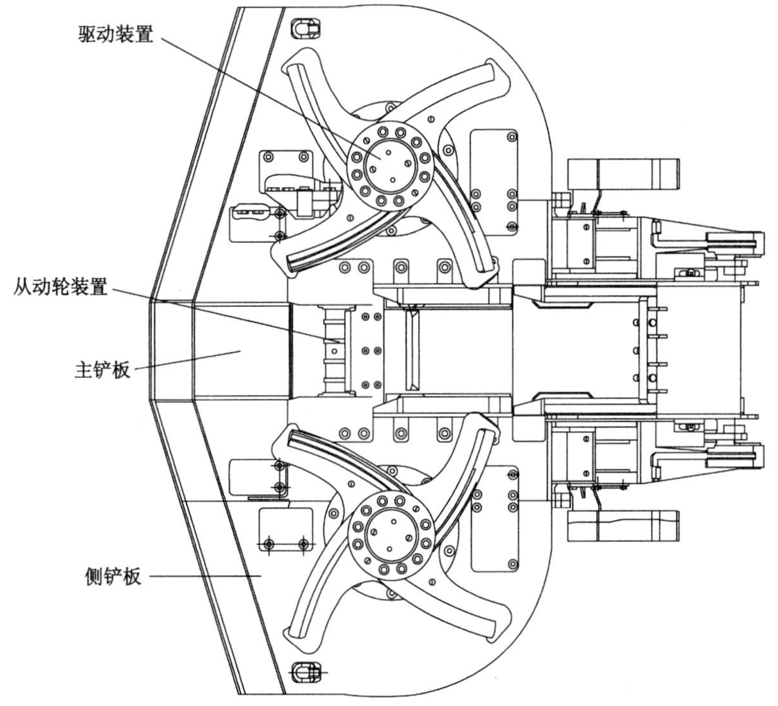

图 4-4-4　铲板部结构图

铲板由主铲板、侧铲板组成，铲板装在机器的前端，通过一对铰轴和铲板油缸铰接在机架上，在铲板油缸的作用下实现升、降运动。

4）本体部

本体部由回转台、回转轴承、机架和护板等组成，是整个机器的骨架，在机器中起着中心梁的作用，承受着来自截割、行走、装载的各种负荷力，其右侧装液压系统泵站，左侧装操纵台，左右下侧分别装行走部，后部装后支承。其结构示意如图 4-4-5 所示。

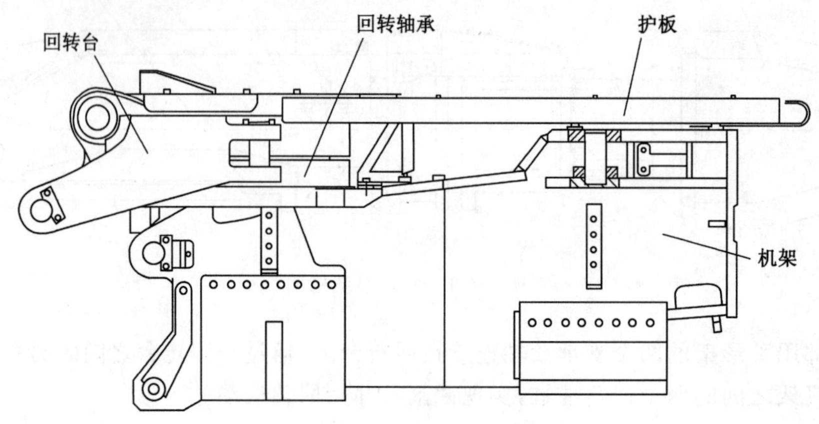

图 4-4-5　本体部结构图

回转台座在机架上，用于支承、连接并实现截割机构的升、降、回转运动，通过回转轴承和高强度螺栓与机架连接。

5）行走部

行走部主要由液压马达、减速器、驱动轮、支重轮、履带架、履带链、张紧轮组、张紧油缸等几部分组成。其结构如图 4-4-6 所示。

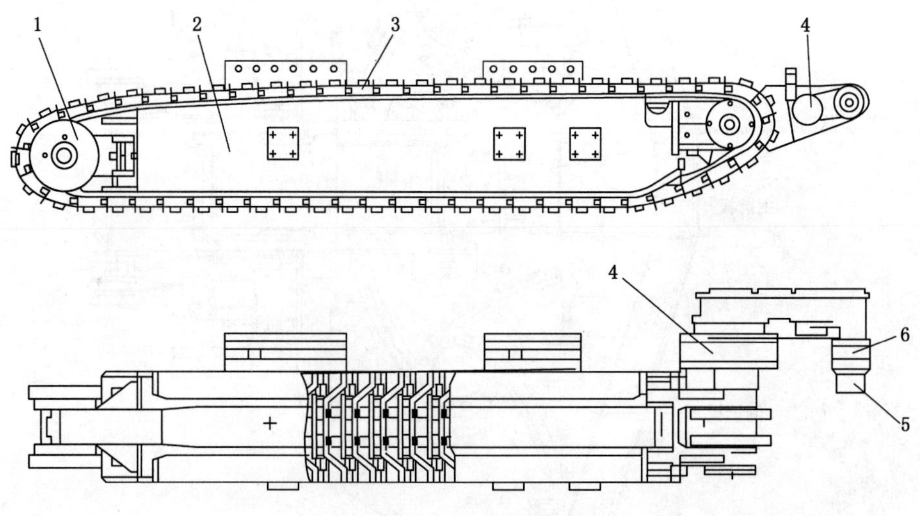

图 4-4-6　行走部结构图

1——导向张紧装置；2——履带架；3——履带链；4——行走减速器；
5——行走液压马达；6——摩擦片式制动器

行走是通过液压马达、减速器、驱动轮驱动履带链实现的，液压马达与减速器高度集成。行走制动有两种方式：① 液压一体式多片制动器和行走马达自锁装置，行走不工作时，多片制动器为抱死状态；② 行走工作时，通过液压力将制动片松开。马达自锁装置为液压锁，行走不工作时，使行走马达油路自锁从而产生制动。通过此双重措施，保证行走运转和制动的可靠性。

履带架支重为支重轮与滑动摩擦复合支重形式，减少了摩擦阻力，提高了驱动力，支重轮润滑具有集中和单独两种方式。

6）中间运输机

中间运输机位于机体中部，由前溜槽、后溜槽、刮板链组件、驱动装置、张紧装置等组成。中间运输机结构见图 4-4-7。

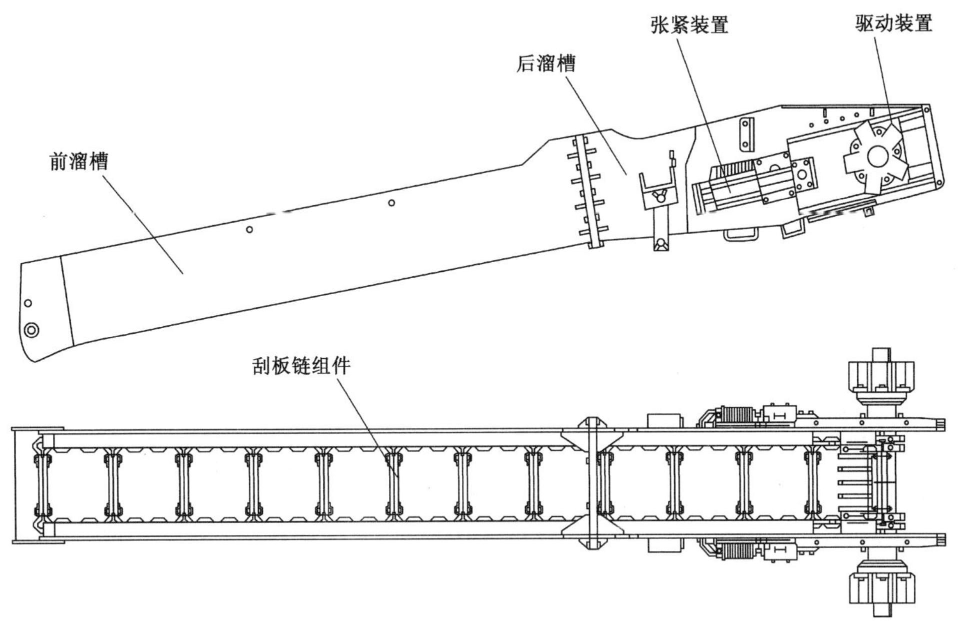

图 4-4-7　中间运输机结构图

运输机溜槽采用分体式，分前溜槽、后溜槽，前、后溜槽用高强度螺栓连接，运输机前端通过销轴与铲板连接，后端通过支板和销轴铰接在后支承上，形成四联滑移结构，保证了与铲板的随动连接。

刮板链组件采用边双链形式（22×86 链条），能有效地防止链条拉长引起的卡链、跳链现象的发生。由两个液压马达直接驱动链轮，带动刮板链实现物料运输。张紧装置采用油缸张紧加卡板锁定结构，对刮板链的松紧程度进行调整。

7）后支承

后支承由前横梁、支承器、回转架、支架、连接架等组成，主要是用来减少机器截割时机体的振动，提高工作稳定性并防止机体滑动。其结构如图 4-4-8 所示。

8）液压系统

本机除截割头旋转运动外，其余所有动作均通过液压系统实现。液压系统主要由泵站、马达（行走、铲板、中间运输机、内喷雾马达）、阀组、油缸、操纵台、油箱、过滤器、仪表、管路辅件等组成。

液压系统功能包括：① 恒功率、压力切断、负载敏感控制、使用电磁换向阀进行遥控控制；② 系统保护功能；③ 机器行走、制动；④ 履带张紧；⑤ 驱动铲板星轮转动；⑥ 刮板链张

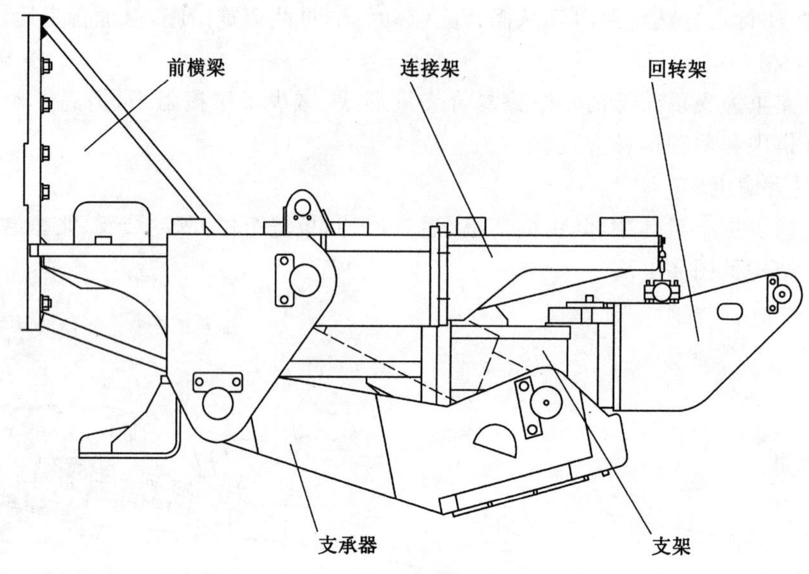

图 4-4-8　后支承结构图

紧；⑦ 驱动中间运输机；⑧ 驱动内喷雾泵；⑨ 截割头上、下、左、右运动；⑩ 铲板升、降运动；⑪ 支承器升、降；⑫ 提供两个备用液压动力接口；⑬ 自动加油循环冷却。

油箱采用封闭式，通过二级过滤（吸油过滤、回油精过滤），有效控制油液污染。油箱容量为 700 L，其上配置液位温度计和压力变送器，油位油温信息可经处理在司机操作液晶屏上显示，当低于工作油位或超过规定油温值时，这时应停机加油或降温。油箱两侧均有圆形清理盖板，方便维护清洗工作。

操纵台主要由换向阀、压力表、本安操作箱组成，液压操作通过换向阀手柄或遥控进行，实现各油缸及液压马达的动作，各回路油压通过压力表检测。

9）水系统

水系统承担机器的液压系统、截割电机、截齿的冷却，同时具有降尘作用。

水系统主要由泵站、冷却器、阀、过滤器组成，分内、外喷雾水路。外来水经一级过滤后分为二路，一路直接通往喷水架，由雾状喷嘴喷出；另一路经二级过滤、减压、冷却（冷却液压油）后再分为二路，一路经泵站电机法兰盖与电机后（冷却法兰盖和电机）喷出，另一路其一经水泵加压，由截割头内喷出，起到冷却截齿及降尘效果，其二经截割电机（冷却电机）由洒水嘴喷出。

10）电气控制系统

电气控制系统主要由电气控制箱、操作箱、无线遥控、电机、显示箱、照明灯、瓦斯报警装置等组成，控制电机起、停，照明灯、瓦斯报警等，完成对掘进机用电设备的电气控制。

电气控制系统除了实现对掘进机油泵、截割、二运、除尘等电机的顺序起停外，还要完成电气系统的漏电保护，电机的过压、过流、缺相、过热等保护，掘进机液压系统压力、油温油位超限报警等功能；机载的瓦斯断电仪能够实现掘进机附近瓦斯超标时的报警和电气系统断电功能；掘进机电控箱、操作箱，以及机身另一侧的紧急停止按钮控制紧急情况下的电气控制系统输出；显示箱显示掘进机电气系统控制过程、工作状态、故障报警等信息。

4.4.2.4　悬臂式掘进机功能

悬臂式掘进机自动化与智能化主要是掘进机根据控制要求，针对特殊作业过程的自主判断，所采取的应对控制程序，实现掘进机作业过程的自动化控制，及对掘进机自身、作业环境等的检测监控数据存储、分析，完成掘进机故障自诊断和作业判断。

悬臂式掘进机主要由机载控制器、工作状态传感器、环境监测传感器、定位定向系统等组成。悬臂式掘进机的自动化、智能化系统根据掘进工作面的围岩情况、岩石硬度、掘进方向等环境参数，掘进机截割情况综合判断，采取相应控制程序，在少人甚至无人的情况下，高效完成巷道掘进，提高生产效率。

4.4.2.5　悬臂式掘进机的维护保养

1）日常检查保养

悬臂式掘进机日常检查保养能早期发现机器的异常现象，采取相应的处理措施，及时消除事故隐患，充分发挥机器性能。其日常检查保养的检查内容和处理方法如表 4-4-1 所示。

表 4-4-1　　悬臂式掘进机日常检查保养

检查部位	检查内容	处理方法
截割部	1. 截齿是否磨损、损坏； 2. 齿座是否有裂纹及磨损； 3. 减速器有无异常振动和噪音； 4. 观测油位计，检查减速器油量； 5. 螺栓类有无松动现象； 6. 打开漏水塞检查是否有水； 7. 检查截齿转动是否灵活	1. 更换截齿； 2. 升井维修； 3. 停机检修； 4. 及时补加； 5. 紧固防松； 6. 停用内喷雾供水，检、换相关密封件； 7. 清理齿座与齿间夹杂物，保证截齿转动灵活
铲板部	1. 星轮转动是否正常； 2. 星轮的磨损状况； 3. 紧固件有无松动现象	1. 严重的更换； 2. 紧固防松
行走部	1. 履带的张紧程度是否合适； 2. 履带板有无损坏、变形； 3. 履带销是否损坏、变形、脱落	1. 调整； 2. 更换； 3. 更换、补加
中间运输机	1. 链条的张紧程度是否合适； 2. 刮板、链条的磨损、破损情况； 3. 从动轮、压链板处是否积料	1. 调整； 2. 严重的更换； 3. 清理
水系统	1. 过滤器是否堵塞； 2. 喷嘴是否堵塞； 3. 喷嘴是否破损	1. 清洗； 2. 清理； 3. 更换
液压系统	1. 油温是否在 70 ℃以下； 2. 观测油位计，检查油量是否足； 3. 配管是否有泄漏处； 4. 油泵是否有噪音、异常温升； 5. 马达是否有噪音、异常温升； 6. 换向阀有无漏油现象	1. 调整冷却器水量； 2. 加油； 3. 紧固或更换相关件； 4. 见表 5； 5. 参照油泵的处理方式
电气系统	1. 照明是否正常； 2. 线缆接头是否松动	1. 换灯、查电路； 2. 紧固

2）定期检查保养

悬臂式掘进机定期检查保养的保养内容和时间如表 4-4-2 所示，并参照各部的构造说明及调整方法进行维修。

表 4-4-2　　悬臂式掘进机定期检查保养

检查部位	保养内容与时间				
	检修项目	每月 (250 h)	每 3 个月 (750 h)	每 6 个月 (1 500 h)	每年 (3 000 h)
整机	1. 螺栓类全面检查有无松动		○		
截割部	1. 修补截割头耐磨焊道		○		
	2. 更换或维修磨损的齿座		○		
	3. 检查凸起部分的磨损	○			
	4. 拆卸检查内部				○
	5. 截割部有无噪音		○		
	6. 减速器换油(正常运行后)			○	
铲板部	1. 检查驱动装置的密封效果	○			
	2. 修补星轮的磨损部位	○			
	3. 检查铲板镜板的磨损		○		
	4. 从动轮磨损情况	○			
本体部	1. 回转轴承连接螺栓是否松动	○			
	2. 回转轴承润滑是否充分	○			
行走部	1. 检查履带组件是否正常		○		
	2. 检查张紧装置是否有效	○			
	3. 调整履带的张紧程度				
	4. 检查滑动摩擦板磨损程度	○			
	5. 检查减速器油质更换				○
中间运输机	1. 检查链轮的磨损	○			
	2. 检查溜槽底板的磨损情况		○		
	3. 检查刮板的磨损	○			
	4. 驱、从动轮装置换油			○	
水系统	1. 检查、调整减压阀的压力	○			
	2. 清洗过滤器(酌情换芯)	○			
液压系统	1. 检查泵站联轴器	○			
	2. 检查系统压力	○			
	3. 更换液压油、润滑油			○	
	4. 更换滤芯(使用初期 1 月)		○		
	5. 调整换向阀的附加阀			○	
	6. 检查油质并取样对比	○			

续表 4-4-2

检查部位	保养内容与时间				
	检修项目	每月 (250 h)	每 3 个月 (750 h)	每 6 个月 (1 500 h)	每年 (3 000 h)
油　缸	1. 检查密封是否失效			○	
	2. 衬套有无松动及磨损失效			○	
	3. 有无划伤				○
电气系统	1. 检查电机的绝缘阻抗			○	
	2. 检查控制箱内电气件的绝缘电阻值，元件有无松动			○	
	3. 电源电缆有无损伤	○			
	4. 紧固各部螺栓		○		
	5. 电机轴承加黄干油			○	

3）掘进机故障诊断

掘进机是一个复杂的煤矿巷道掘进设备，由于巷道掘进工作面的环境恶劣，掘进机工作时，当煤岩硬度变化大时，会对截割机构产生巨大的冲击作用，从而使截割机构出现各种故障。据调查，掘进机在工作过程中，因截割臂在空间的位置不够稳定而造成的停机达 26%；因截割电机崩溃造成的停机占 20%。

为确保机器正常运转，切实做好日常维护保养，设备操作者、维护人员必须不断积累经验，及时发现异常情况并排除故障。常见故障汇总见表 4-4-3。

表 4-4-3　　常见故障汇总表

	故　障	原　因	常规处理方法
截割部	截割头不转动	1. 截割电机过负荷； 2. 过热继电器保护动作； 3. 截割机械传动元件损坏	1. 减轻负荷； 2. 约 3 min 后复位； 3. 检查内部
	截齿损耗过大	1. 钻进深度过大； 2. 岩石硬度超过机组设计； 3. 进刀量大，速度过快； 4. 截齿转动不好； 5. 截齿质量差	1. 减小钻进深度； 2. 建议采取松动措施； 3. 减小进刀量，降低操作速度； 4. 清理齿座； 5. 更换原厂截齿
	截割臂振动剧烈	1. 截齿磨损严重或掉齿； 2. 销轴铰接处磨损严重； 3. 岩石硬度超过机组设计； 4. 进刀量大，速度过快	1. 更换截齿； 2. 更换轴套或销轴； 3. 建议采取松动措施； 4. 减小进刀量，降低操作速度

续表 4-4-3

	故障	原因	常规处理方法
装运部	星轮转动慢或不转动	1. 油压不足； 2. 油压马达内部损坏； 3. 转动件卡阻	1. 调整系统压力； 2. 更换新品； 3. 检查相关件是否卡阻
	中间运输机链条速度低	1. 油压不足； 2. 油压马达内部损坏； 3. 运输机过负荷； 4. 链条过紧； 5. 转动件卡阻	1. 调整系统压力； 2. 更换新品； 3. 减轻负荷； 4. 重新调整张紧程度； 5. 检查相关件是否卡阻
	中间运输机断链	1. 链条磨损严重； 2. 链条跑偏； 3. 链轮处卡有岩石	1. 更换链条； 2. 调整张进装置或从动轮装置； 3. 清除异物
行走部	行走不动或不畅	1. 油压不足； 2. 履带板内充硬物； 3. 履带过紧或过松； 4. 驱动轮损坏； 5. 行走减速器内部损坏； 6. 行走马达故障； 7. 履带板、销变形或损坏	1. 调整系统压力； 2. 清除； 3. 调整张紧度； 4. 更换驱动轮； 5. 检查内部或更换； 6. 检查或更换马达； 7. 更换
	履带跳链	1. 履带过松； 2. 驱动轮齿损坏； 3. 履带板、销变形或损坏	1. 调整张紧度； 2. 更换驱动轮； 3. 更换
行走部	减速器噪音或温升高	1. 减速器内部损坏(齿轮或轴承)； 2. 油量不足	1. 拆开检查或更换； 2. 加油
液压系统	配管漏油	1. 配管接头松动； 2. 密封或接头损坏； 3. 胶管破损	1. 紧固或更换； 2. 更换； 3. 更换
	系统温升过高	1. 液压油量不足； 2. 液压油质不良； 3. 系统压力过高； 4. 油冷却器水量不足； 5. 油冷却器内部堵塞； 6. 连续工作时间过长	1. 补加油量； 2. 换油； 3. 调整系统压力； 4. 调整水量、清理过滤器； 5. 清理内部或更换； 6. 停机冷却
	油泵噪声	1. 油箱的油量不足； 2. 吸油过滤器堵塞； 3. 油泵内部损坏； 4. 油温过低	1. 加油； 2. 清洗； 3. 检查内部或更换； 4. 预热或空载运行升温

续表 4-4-3

	故　障	原　　因	常规处理方法
液压系统	油压不足	1. 油泵内部损坏； 2. 压力控制阀动作不良； 3. 压力表损坏	1. 检修或更换； 2. 检查压力控制阀； 3. 更换
	换向阀手柄不动作	1. 阀杆研伤，或有异物； 2. 限位块卡阻或调整不当	1. 检修阀、清理异物、换油； 2. 检查并调整
	油缸不动作	1. 油压不足； 2. 换向阀动作不良； 3. 密封损坏； 4. 负载过大	1. 调整系统压力； 2. 检修或更换； 3. 更换； 4. 减小负载
水系统	油缸回缩	1. 内部密封损坏； 2. 平衡阀失灵	1. 更换； 2. 更换
	外喷雾雾化效果差	1. 喷嘴堵塞； 2. 供水口过滤器堵塞； 3. 水量不足； 4. 水压不足； 5. 溢流阀动作不稳定； 6. 喷雾泵密封损坏； 7. 喷雾泵内部损坏	1. 清理； 2. 清理； 3. 调整水量； 4. 调整水压； 5. 调整或检修； 6. 更换密封； 7. 检修或更换
	内喷雾不喷或效果差	1. 喷嘴堵塞； 2. 旋转水密封损坏； 3. 水量不足； 4. 溢流阀动作不良； 5. 喷雾泵密封损坏； 6. 喷雾泵内部损坏	1. 清理； 2. 更换旋转水密封； 3. 调整水量； 4. 调整或检修； 5. 更换密封； 6. 检修或更换

4.4.3　掘锚一体机

我国煤炭赋存条件千差万别，很难研制出一套适应各种条件的快速掘进技术与装备。因此，在“掘、支平行作业”理念的指导下，因地制宜的设计适应某种地质条件的快掘系统是必由之路。

我国各煤科研院所和装备制造企业在研发快速掘进系统方面投入了大量的人力、物力、财力，部分快掘装备已经投入使用，取得了一定好成绩。目前来看，国内主要存在以下几种适应不同条件的快掘系统：① 悬臂式掘进机超前支护快掘系统；② 掘锚护一体机快掘系统；③ 高集成度快掘系统；④ 高适应性快掘系统。

4.4.3.1　悬臂式掘进机超前支护快掘系统

该系统由悬臂式掘进机＋步移式超前支架＋锚运车组成，适用于顶板破碎，需临时性支护的煤及半煤岩巷道，较小断面巷道掘进，目标月进尺≥600 m。悬臂式掘进机超前支护快掘系统如图 4-4-9 所示。

悬臂式掘进机连续向前掘进，超前支架对空顶进行临时性支护，锚运机在转载的同时进

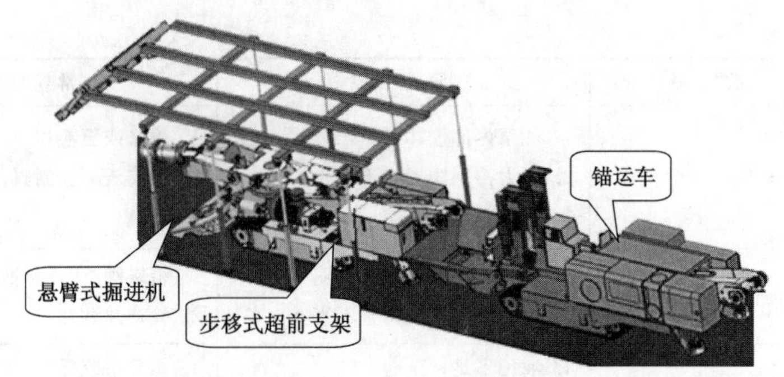

图 4-4-9　悬臂式掘进机超前支护快掘系统

行锚杆的打设。一个作业循环完成以后，掘进机向前推进，超前支架交叉式迈步向前行走，空顶始终处于支护状态，同时运锚机拉动转载运输机前行，进入下一个循环。

该系统的适应条件如下：巷道宽度 4.8～6 m；巷道高度 3.5～5 m；临时支护最小空定距＜0.5 m；皮带搭接长度 30 m。

4.4.3.2　掘锚护一体机快掘系统

掘锚护一体机快掘系统由掘锚护一体机、锚运车、转载运输机等组成，适用于顶板破碎，需要及时支护的煤及半煤岩巷道，较小断面巷道掘进，目标月进尺≥500 m。掘锚护一体机快掘系统如图 4-4-10 所示。

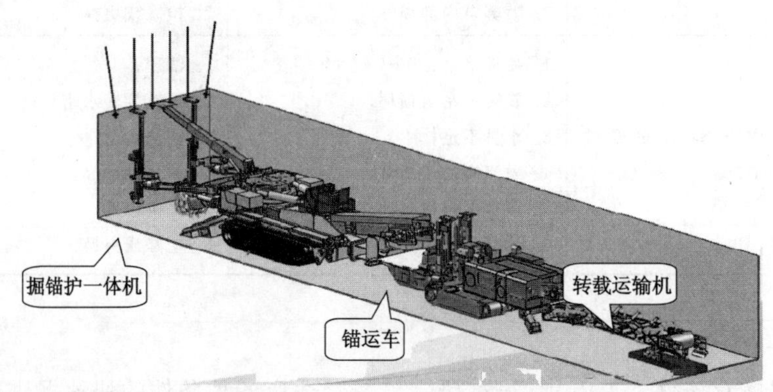

图 4-4-10　掘锚护一体机快掘系统

掘进机向前掘进一到两排后，截割臂着地，两台锚杆机分别遥控伸到工作面迎头，根据需要打部分顶或帮的锚杆或锚索，运锚机在转载的同时进行其余锚杆或锚索的补打。

该快掘系统适应条件如下：巷道宽度 4.5～6 m；巷道高度 2.5～5 m；临时支护最小空定距＜0.5 m；皮带搭接长度 20 m。

4.4.3.3　高集成度快掘系统

高集成度快掘系统由掘锚机组、破碎转载机、锚杆机、可弯曲胶带转载机、迈步式自移机尾、自移动动力站等组成，如图 4-4-11 所示。该系统适用于中厚煤层巷道的快速掘进：顶底板较稳定，允许空顶 15 m 以上；煤层倾角≤3°；断面宽度 5.4～6.0 m，高度 3.5～4.5 m。

掘锚机负责全断面一次成型的掘进，破碎转载机在破碎、转载的同时，还可牵引后方的

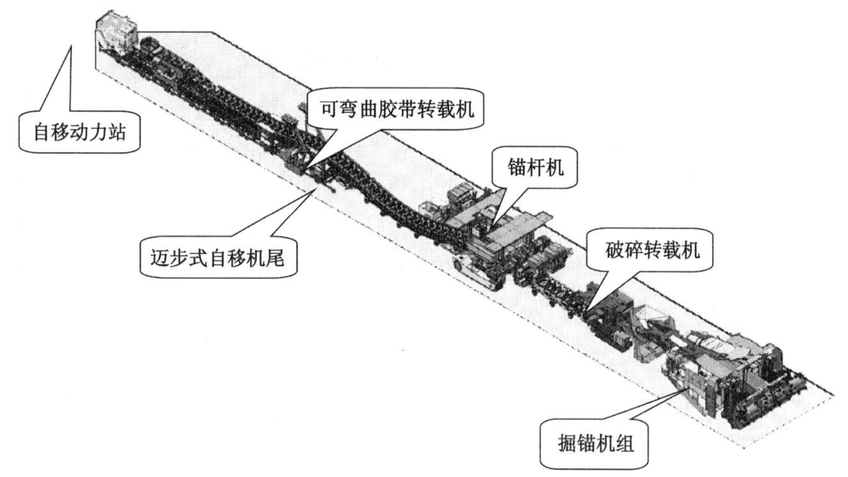

图 4-4-11 高集成度快掘系统

胶带转载机前进；10 臂锚杆钻车跨骑在可弯曲胶带转载机上，负责打 6 根顶锚，4 根侧锚，顶、帮支护可同时进行；可弯曲胶带转载机可上下、左右弯曲，搭接在自移机尾上，搭接行程最大可达 150 m。

该套系统采用远程遥控操作，司机位于十臂锚杆钻车上，遥控工作面迎头的所有设备。其适应条件如下：巷道宽度 5.4～6 m；巷道高度 3.5～4.5 m；皮带搭接长度 100 m。

4.4.3.4 “三位一体”高适应性快掘系统

“三位一体”高适应性快掘系统由掘锚机、帮锚机、锚索钻车、可弯曲胶带转载机、迈步式自移机尾组成，如图 4-4-12 所示。该系统适用于顶板侧帮较稳定中等断面的煤巷掘进，允许空顶 0.5 m 以上；煤层倾角≤3°；断面宽度 4.6～5.4 m，高度 3～4.2 m；最高月进尺≥1 000 m。

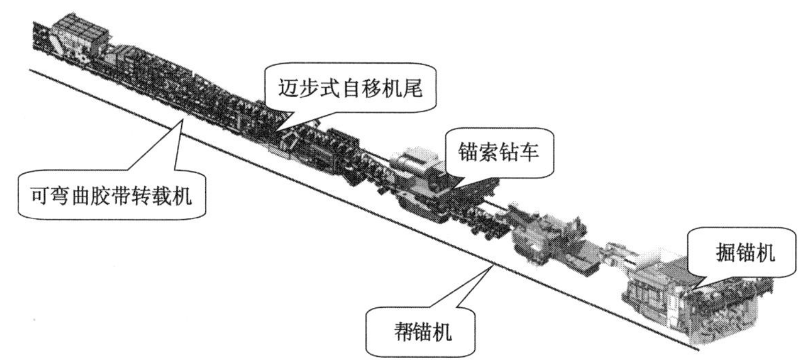

图 4-4-12 “三位一体”高适应性快掘系统

掘锚机负责全断面一次成型的掘进，同时带有临时支护，负责打迎头的四根顶锚；帮锚机在破碎、转载的同时，还可牵引后方的胶带转载机前进，且还负责打两帮的锚杆；三臂锚索钻车跨骑于可弯曲胶带转载机上，在后方补打锚索；其余部分与高集成度快掘系统类似。

4.5 掘进工作面自动化、智能化控制技术

掘进和回采是煤矿生产的重要生产环节，采掘技术及其装备水平直接关系到煤矿生产的能力和安全。生产集中化的发展和回采工作面的快速推进，要求继续完善机械化和自动化手段，其目的在于达到更高的巷道掘进速度，同时还可降低掘进费用以及不断提高安全程度和改善劳动条件。但是由于国产成套设备的自动化程度不高，综掘单进仍处于较低水平阶段。在新的市场经济形势下，掘进技术已经成为煤矿生产的一个瓶颈，解决好这一问题，可以达到提高工效的目的，并且保障矿井采掘关系的平衡，有利于煤矿生产的稳产、高产、安全、高效。因此，必须研究采用国产成套设备的自动化快速成巷技术，以使掘进工作面与综采(放)工作面的自动化程度相适应，以达到高产高效、快速推进的要求。

掘进工作面自动化系统由工作面的巷道掘进系统、支护系统、运输系统和安全保障系统等组成。通过掘锚一体机实现掘进与支护自动化，再通过运输设备自动化实现掘进工作面的自动化。通过对瓦斯、通风、粉尘、矿压、火灾等环境监测监控，实现对采场生产环境的安全管理，掘进工作面自动化系统控制模型如图 4-5-1 所示。

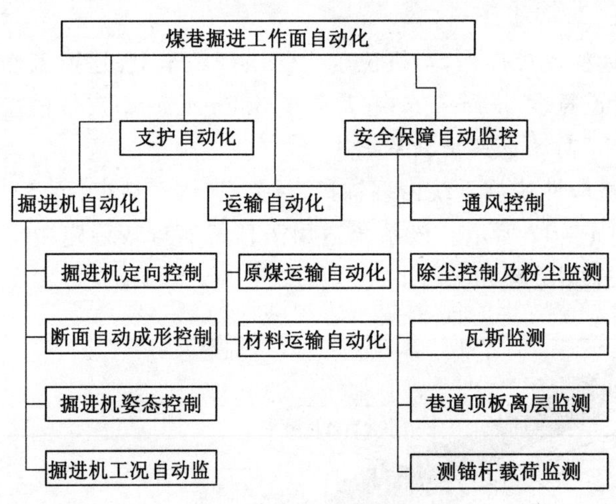

图 4-5-1 掘进工作面自动化系统控制模型

4.5.1 掘进机智能控制技术

掘进机是用来开凿平直低下巷道的大型机械设备，常用的有开敞式掘进机和护盾式掘进机两种，造价通常高达到数亿元人民币，是现代煤矿和隧道工程中的主要设备之一。由于掘进机属于大型的重工设备，以及掘进机大多数用于地下的岩石作业，其工作环境相当复杂和危险，因此现代的掘进机都有着复杂、灵敏的自动化控制系统，通过该系统不仅可以实现掘进机的自动化运作，提高工作效率，还可以减少人员伤亡。不过，由于掘进机的自动化控制系统涉及多项自动化技术，使得许多操作人员在操作掘进机的过程中依然存在不少问题。

掘进机的自动化系统是由一系列的电气设备与各硬件机构相连接，通过车载的计算机

利用预先编制好的程序代码来实现对掘进机的控制。掘进机的智能化技术主要研究以下几个方面内容。

4.5.1.1　掘进机机身姿态检测技术

掘进机机身姿态检测是通过对掘进机机身的水平位置、水平旋转角度、仰俯角和翻滚角等的检测，结合运算液压油缸的行程，从而确定悬臂式掘进机机身的姿态。

4.5.1.2　掘进机截割头控制系统

掘进机通过安装在截割面或掘进机机身各部位的传感器获得截割头位置数据，同时利用机载计算机内置的动态行程算法得出截割头位移量变化值，再通过一些函数运算，便可以计算出掘进机截割头在巷道断面中所处的位置。通过预先计算和调整截割头的坐标位置，通过掘进机自动截割控制程序，提供给掘进机控制系统，控制掘进机截割头完成对掘进断面的自动化截割。

4.5.1.3　掘进机自动定向系统

掘进机自动定向是掘进机自动化的关键技术，只有高效、精准的定向系统，才能确保掘进机在调动过程中不会偏离掘进方向，从而保证工程的质量。掘进机的自动定向过程一定是实时控制，并且先于截割过程。只有在掘进机方向信息有效的情况下，掘进机的位置信息才具有可信度。据此反算的截割头在断面上的位置信息才是准确的，控制系统根据此信息进行截割轨迹规划，截割作业才能保证巷道的施工精度，从而保证巷道施工质量。

掘进机定向的关键在于建立起掘进机自身位置的实时坐标，有了这个实时坐标，就可以精准控制掘进机的位置。目前国内的掘进机多数采用的是两轴倾角传感器和三维电子罗盘相结合的双重定位系统，利用两轴倾角传感器得到掘进方向和巷道水平面之间的俯仰角，结合三维电子罗盘的磁极指向，建立掘进机的位置坐标。与定向系统关联的掘进机的位置控制系统则可以通过定向系统传来的实时位置坐标信息，结合预先编制好的程序代码对掘进机进行位置调整，从而确保掘进机不会偏离原先制定的掘进方向。

4.5.1.4　掘进机自动截割技术

掘进机自动截割是通过数字坐标控制截割头实现自动截割的一种掘进机自动控制方法。

1）掘进机断面自动截割技术

掘进机自动截割可通过实时获取截割头空间位置坐标、自动截割导航和截割高一级实时调整来完成，并利用数控加工技术、运动控制技术和传感器技术来实现。掘进机在巷道中的工作位置分为对心和偏心两种状态，处于后一种状态时掘进机受到不平衡倾覆力矩影响，振动和噪声都很大，故应采用前一种状态。通过合理设置截割端面参数和截割轨迹参数确保截割头按照预设轨迹完成截割。接着，利用 DSP 运动控制器实现闭环控制，以提高系统控制精度。

具体作业流程如下：根据安装在回转油缸、升降油缸、伸缩油缸、铲板油缸的位移传感器确定的动态行程变化得出的位移量变化值，运用传导运算函数，得出截割头切割中心在计算机虚拟切割平面的直角坐标(x,y)。由(x,y)组成的坐标集合就构成了与设定截割断面的坐标信息(x_0,y_0)的联系。以截割矩形断面为例，在进行截割时，计算机与 PLC 按照导航的方式进行截割控制。其过程为：系统启动后，首先选择了所要截割断面的设定曲线信息，即图中的矩形断面曲线。掘进断面形状就是掘进机在选择了所要掘进的断面设定曲线后，计算机内的控制运算程序就自动地将矩形断面数据集合(X_0,Y_0)调用,所以就限定了截割头所截割的(外围)边界,截割断面形状信息马上被提取到系统中,截割头将沿着图中右下角 A 位置开始向右做水平截割,截割头坐标点(X,Y)中 X 值变化,Y 值保持不变化。当截割头到达右下角 B 附近时,为了使截割出的巷道形状更加理想,回转台油缸在系统控制下,做流量减速控制,到达 B 点后,截割部举升油缸上行电磁阀导通,通过系统对其实施的流量控制,截割部举升油缸上行一个截割头的直径距离后停止,Y 值向上增加一个截割直径后停止变化,截割头移动到位置 C,截割回转台左右两油缸电磁阀反向导通,截割回转油缸亦反向动作,此时 X 值连续变化(变小),Y 值保持不变,当(X,Y)逐渐靠近 D 点时,回转台油缸在系统控制下,做流量减速控制,到达 D 点后,截割部举升油缸上行电磁阀导通,通过系统对其实施的流量控制,截割部举升油缸上行一个截割头的直径距离后停止,Y 值向上增加一个截割直径后停止变化,如此循环下去,当截割头截割到位置 E 时(E 的位置是随机的),一个完整规则的煤巷断面就打出来了。截割头将恢复到初始位置,这里所说的导航方式,就是由 A——B——C——D……直到 E 的一个处理过程,如图 4-5-2 所示。

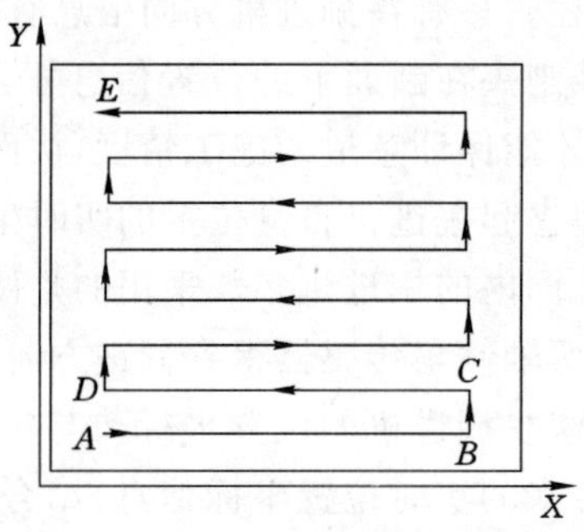

图 4-5-2　截割曲线图

2）掘进机记忆截割技术

掘进机的记忆截割技术是在自动截割技术的基础上,截割头运行位置坐标来自人工操作记录、存储、控制来完成的。首先通过人工操作示范,掘进机记忆截割控制系统采集并记录其相关信息和运行轨迹,然后掘进机对其路径进行优化存储,当掘进机根据优化后的路径进行截割时,若其截割路径是水平的,则控制回转台单独开启回转油缸;若其截割路径是垂直的或是斜线的,这控制回转台同时开启回转油缸和截割臂升降油缸,然后通过与目标的距离来设置阀开度的大小并进行往复运动。

3）掘进机自适应截割技术

自适应截割控制的主要目的是应对工作载荷的突变现象。悬臂式掘进机截割过程中工作载荷变化主要取决于截割对象的机械物理特性、截割操作参数以及掘进机自身结构参数。截割操作参数主要是由回转和升降油缸引起的截割臂摆动速度,它直接影响工作载荷的大小和截割效果,掘进机自身的结构特点造成截割头所受载荷随截割臂的摆动时刻变化,但其自身结构参数在设计过程已经确定,在工作过程中无法调节,由其引起的冲击载荷指只能通过调节截割头转速或者截割臂摆动速度来解决,要获得最优的截割效果不仅需要截割头转速、截割臂摆动速度与工作载荷相适应，还要求两者之间相互匹配。这一过程无法用过人工来完成。自适应截割控制是通过改变控制系统自身的参数来适应工作过程中掘进机动态特性的变化以及环境条件变化的控制策略。它在对被控对象模型或环境不熟悉的情况下，使系统自动工作于最优或接近最优运行状态，给出高品质的控制性能，主要通过采用模糊理论、神经网络等人工智能手段来实现。自适应截割技术，赋予了掘进机自学习能力，使掘进机具备了智能化控制功能。

4.5.1.5　掘进机煤岩识别技术

煤岩识别技术是指能够将煤层和岩石有效辨识的技术。要实现自动化，掘进机必须具备煤岩自动识别功能。目前掘进机的煤层和岩石自动识别技术，主要依赖于不同的煤层和岩石层的硬度变化，以及硬度变化带来的掘进机负荷变化，因为不同深度的煤层和岩石在硬度上存在着一定的差异，当掘进机由截割煤层转到截割岩石时会导致一些参数发生变化，如截割电机的电流、旋转油缸的压力、升降油缸的压力、速度等均产生变化，所以可以根据截割电机和回转油缸压力和速度的参数值，依据掘进机在同一巷道截割不同层面条件下煤和岩石的参数值，分别对煤与岩的界面做出判别。

4.5.1.6　掘进机远程控制技术

掘进机的远程控制是将掘进机的工况信息、视频信息、音频信息通过传输单元送到远端的监控中心，监控中心操作人员可以依据掘进机传感器信息获取掘进机的工作状态及其采场的环境参数，通过视频信息了解掘进机的机身位姿、油缸位移、端面截割形状以及周围环境瓦斯、矿压、粉尘、通风等参数，通过音频信息可以了解现场设备故障情况等，同时操作人员还可以通过组态监视器观察掘进机工作状态参数，根据实际需要操作响应的手柄从而间接控制掘进机。操作人员在远控终端可以选择自动控制、手动控制方式，进入自动控制模式时掘进机将按照程序完成工作，进入手动控制模式时掘进机按照操作员手控操作指令工作。

4.5.1.7　掘进机监控技术

图 4-5-3 为掘进机监控系统示意图，由图可知，掘进机监控系统由掘进机、网络传输单元（多合一基站）、手持终端（矿用手机）、传输接口和监控中心计算机等组成。掘进机监控系统具有以下功能：

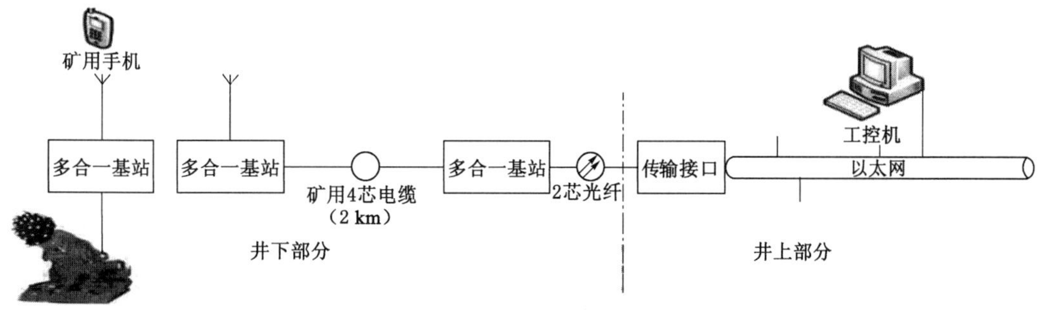

图 4-5-3　掘进机监控系统示意图

（1）可根据工作需要对监测参数进行修改、设置，对监测数据进行分析，打印报表。

（2）对掘进机的开停和运行状态、网络传输单元（各多合一基站）的工作状态等监测数据进行实时统计，每隔 2 min 形成数据分析，可对掘进机的工作状态进行自诊断并具有一定错误统计功能。

(3) 操作者可随时浏览掘进机监测数据,支持多屏多画面显示。查询功能包括数据查询和曲线查询。

(4) 报警与控制功能。出现掘进机运行故障、供电故障、传输故障或系统故障时,系统具有故障自诊断功能和报警功能,可实现掘进机开停运行的远程控制和手动控制,可对设备进行远程维护。

4.5.2 掘锚一体化快速掘进成巷技术

掘锚一体化快速成巷技术是通过掘进工艺,将掘进与支护有效的结合在一起,简化掘进工艺,实现掘进与巷道支护平行作业,提高了巷道掘进效率。掘锚一体化是在掘锚机组截割的同时,装运机构将魄罗的煤岩通过星轮和刮板运输系统运至机后配套运输设备,机载除尘装置处于长时工作状态,同时掘锚机组上的机载锚杆机进行钻孔、安装锚杆作业,一排锚杆安装完毕,机器前景进行下一个循环作业。锚杆机组可节省移动和装钻机时间,掘进速度可提高 50%～100%。

4.5.3 运输自动化

掘进工作面的运输系统由掘锚机转运部、泼水转载机装运部、可弯曲输送带转载机、迈步式自移机尾、顺槽带式输送机组成。运输工序采用顺序联动,后部运输节点启动后,前部运输节点方可启动,实现运输系统逆煤流顺序启动,顺煤流顺序停止一键启停控制。任一处运输节点停机后,前部所有节点全部自动停机;利用转运综合机综合保护装置和转载点、关键运输环节布设的高清视频监视系统实时监控运输环节。

4.5.4 通风自动监控系统

通风自动化控制系统采用风压、温度及 CO 含量传感器对井下通风效果进行实时检测,使用电压、电流传感器对驱动风机的交流电机进行检测,保证电机的正常运转。同时在风机附近安装视频监视装置,监视风机运转中机械装置的工作状态。风机状态信息和视频图像均通过网络传送中控制中心,在通风效果异常或风机出现故障时,通过完善的报警装置提示操作人员。最终实现对井下风机运行的实时监控,确保井下通风的安全。通风智能监控系统具备以下功能:

(1) 能实时采集风机的出气压力、风机转速、风机风量和瓦斯浓度的大小,并在监控界面上显示出来。

(2) 在主监控界面上,可以实现风机的自动变频、手动变频、工频运行、停止运行、变频器故障复位和瓦斯浓度报警解除的控制,同时还具有风机启动/停止、变频/工频、变频器/风机故障报警和瓦斯浓度超限报警指示的功能。

(3) 能够实现风机风压、转速、风量和瓦斯浓度的实时趋势曲线和历史趋势曲线的显示功能。

(4) 在系统状态数据库中,可以查看局部通风机的风压、风量、转速和瓦斯浓度的实时报警和历史报警 记录;可以查看电机的参数及相关状态,如漏电闭锁故障、漏电故障、过载故障、不对称短路故障、对称短路故障、断相故障、过热故障、无法启动故障、整定错误故障、过电压故障、欠电压故障、分闸状态、合闸状态。

(5) 信息查询窗口具有风机风压、风量、转速和瓦斯浓度的实时数据和历史数据报表的功能,可以进行数据报表的查询、打印以及打印的设置。

(6) 被授权的操作员可通过该系统网络实现掘进工作面局部通风机的远程多路程序自动控制,远程单路独立控制,远程启动、停止,远程短路、漏电试验以及远程故障和报警复位等功能。

(7) 该监测监控网络能对系统分站进行故障诊断,可检测掘进通风机各子系统的故障信息并进行风机故障诊断,并将其在界面上显示。

4.5.5 自动探水、排水自动化系统

在进行工作面巷道掘进前必须先根据矿井水文地质资料并通过钻孔探测矿井含水层,估算矿井涌水量,并通过必要的排水设施提前疏水排水,防止在掘巷期间发生矿井透水事故。可以通过顺层和穿层方式,或两者兼顾布置疏水管路,以确保在巷道掘进前达到疏放水的标准。

4.6 综掘工作面自动化快速掘进系统发展趋势

4.6.1 快速掘进技术发展趋势

快速掘进技术的发展主要从以下几个方面进行研究:

(1) 不断探索新的截割技术、不断扩大适用范围。研究、试验新的截割技术,尤其是硬岩截割技术;研究新型的截割方式与硬岩截齿,扩展适用范围。

(2) 大力发展自动控制技术。随着实用型新技术的发展,快掘系统自动化趋势越来越明显。主要表现为:推进智能导航、全功能遥控、智能监测、预报型故障诊断、定循环截割、网络化控制等。

(3) 多功能集成趋势明显。快掘系统成套装备集成锚钻系统、临时支护系统、高效除尘系统、前探物探系统等,通过多功能的集成达到平行作业,提高单进的目标。

(4) 工作可靠性不断提高。可靠性是掘进机进行高效作业的根本保证。因此,快掘系统各设备系统匹配、结构、使用材质等都要建立在实践验证的基础上。

4.6.2 煤矿巷道掘进技术装备发展趋势

随着自动化、信息化、新材料和先进制造等科学技术的发展,我国煤矿巷道掘进技术与装备进入了快速发展阶段,科研能力进一步提高,各项技术不断取得进步。我国煤炭企业、煤机制造企业、科研单位结合煤矿生产发展要求,引进消化和创新研发先进技术,不断进行结构创新和完善新功能,提高自主开发能力,尽可能解决新时期出现的问题,技术水平和国际先进水平差距不断缩小,相关生产厂家和机型数量有了大幅增加,年生产能力达到 1 200 台左右,其中代表上海创力集团推出的 EBZ220H、EBZ260H、EBZ315B 等机型结构紧凑、造型简洁、重心低,元件性能及质量优越、安全保护完善,但是依然有很多难题需要攻关解决。今后我国悬臂式掘进机的发展趋势如下。

4.6.2.1 *硬岩截割技术*

掘进机与岩石相互作用过程时,磨损集中体现在截割头体、截齿和齿座、星轮和扒爪及输送机等部件。当被截割对象的硬度和磨蚀性较高时,截齿无法有效切入岩体,导致截齿顶部硬质合金在高接触应力条件下发生明显磨损。当齿座设计或制造角度不佳或安装在齿座中的截齿缺失时,齿座顶部或侧面将会迅速出现磨损。截割头大端的磨损在纵轴式掘进机上尤为突出,这主要是由于扫底过程中截割头大端的薄壁结构以较高的线速度运行,以及长

时间处于未及时运出的岩屑中造成的，对于横轴式截割头，由于受减速器壳体结构的保护作用，磨损现象并不显著。在被截落物料的装载和运输过程中，由于装运机构长期与岩屑接触且相对运动速度较高，在金属表面极易形成磨损。

4.6.2.2 截割机理的改进

悬臂式掘进机技术是随着机械破碎技术发展而发展的。国外研究连续超高压水射流系统截割技术取得突破，例如俄罗斯开发的最大水枪直径 13 mm，水压高达 1 000 MPa，活塞动能为 150 kJ，掘进效率已超破碎锤。美国空军也同样制造类似产安品，将水力喷射器安装在凿岩机上，能够破碎 f20 的超硬岩。南非也开发出用于黄金矿山的水力开采系统，破碎出的岩块大，成形好，对于硬岩效果好，成本相对机械破碎小，而且这种机构的体积小，可用于大、中、小断面硬岩截割。另外机械破碎的截割，也有采用惯性冲击截割破碎的掘进机，利于振动形式压缩波在自由面反射成拉伸波后产生的拉应力，加速岩石的破裂和碎落，从而实现煤岩破碎掘进。掘进机的技术都是伴随着机械破碎技术进步而发展的，对于超硬岩巷还需要继续研究。

4.6.2.3 重型化、大功率化

随着煤炭的不断开采，易采的煤巷不断减少，不易开采的煤巷开采提上日程，而且巷道断面也在不断扩大，掘进机需要面对越来越硬和耐磨性越来越强的岩巷。用机械破碎原理的悬臂式掘进机就需要不断提高截割功率和机身重量，这样可提供更大的切割力，更大的切割范围。国内目前掘进机截割功率达 420 kW，可截割岩石硬度已达 $f=8$(如岩石更硬，则需震动松动)，机身重量已达 100 t；国外悬臂式掘进机国外掘进机截割功率已达到500 kW，可截割岩石硬度 $f=10$，机身重量达 145 t。重型大功率化的弊病也显而易见，如调动困难，生产效率下降，截割比能耗加大，截齿损耗加大，成本剧升，性价比有待提高，但是从发展趋势来看，重型大功率化是目前硬岩比较可能的解决方式。

4.6.2.4 机型系列化、模块化

目前悬臂式掘进机应用范围在不断扩大，某些煤巷断面比较小、比较矮，则需要矮型化、窄型化，功率适中的掘进机。面对综合管廊类的需要，断面大，则机器体积可能大，可能高，或者特殊类型工程用掘进机。这也为掘进机适用不同断面的需要或者为配置其他辅助设备(安装锚杆机、辅助工作平台等)带来了方便，即掘进机越来越个性化，越来越私人定制。

4.6.2.5 岩巷炮掘自动化

目前岩巷炮掘是实现岩巷快速掘进最直接有效和经济实用的方法，但受制于钻装机和后配套机械转载设备等自动化设备无法近距离承受爆破冲击。每次爆破前，设备都要后撤至安全区域或掩体内，设备调动频繁使整个循环作业时间加长。如果能解决相关设备近距离抗爆破冲击的能力，岩巷炮掘自动化的适用前景很广阔，

4.6.2.6 智能化、无人化

现在随着技术的进步，各行各业的智能化、无人化的研究都在发展，特别是自动驾驶汽车技术和车联网技术对智能化、无人化掘进机的启发大，加上工业 4.0 相关技术不断成熟，遥控技术、截割轨迹显示与红外线定位系统、煤岩识别技术、记忆截割技术、运行状况监测及故障自诊断系统结合，掘进机越来越像机器人一样自动、智能的截割巷道，最终实现掘进机巷道工作面的无人化。智能化采掘技术是煤机装备技术由粗放型向精细化方向发展的必由

之路，是提升综掘工作效率、降低工人劳动强度、实现煤矿安全高效生产的主要途径。“十二五”期间，掘进机的研究重点专注于智能化，掘进机智能化关键技术主要包括掘进机定位导向及姿态调整、截割轨迹规划、地质条件识别及自适应截割、状态监测与故障诊断、远程通信及配套设备等技术。国内学者在掘进机的智能化进行了许多探索工作，主要集中在自适应截割、截割轨迹规划等方面，通过利用模糊理论、遗传算法、神经网络等智能算法、专家系统等人工智能决策手段，控制截割转速，达到截割参数最优匹配，掘进机可以根据实际地质条件自适应调整截割速度，达到硬岩低速大扭矩、软岩快速高效截割的目的，并在各子系统及元部件上安装了大量的传感器，实时监测机器状态，进行故障诊断，在掘进辅助设备如运输、除尘等方面同样应用了自动控制技术。

4.6.2.7　大倾角掘进机

我国地质复杂，某些地域的煤巷倾角比较大，以前开采条件不成熟就放弃开采。现在使用特殊设计，加大行走功率、使用四驱驱动，降低接地比压，使用柔性行走，使用高牙履带板，降低机器中心或者使用特殊辅助驱动油缸，或者使用新型轻型高强度材料等技术，个别机型甚至能爬到 22°～25°的坡。

4.6.2.8　多机协同平行作业技术

目前，综采率和综掘率脱节，综掘落后的原因是巷道支护的占用时间 40%～50%掘进作业时间的 40%～50%。故现在发展掘锚一体化、掘钻一体化等需求，在掘进机上装备锚杆钻机超前临时支护装置等以提高工作效率。特别是掘锚联合机组集掘、钻、锚为一体的综合机组，既能快速掘进，又能同时进行打眼安装锚杆，支护顶板、侧帮，实现掘进支护平行作业，解决掘进机利用率低等问题。目前澳大利亚 80%以上长臂工作面采用掘锚一体化施工，只是该机组机型庞大，要求巷道条件好，适用范围较小。

4.6.2.9　掘锚支护一体化作业技术

掘锚联合作业是适应煤矿巷道高效掘进的发展方向，将掘进和支护结合或组合于一起以完成掘锚工艺。目前掘锚一体机和掘锚成套机组主要有 2 种类型：① 悬臂式掘进机集成液压锚杆钻机于一体，适应矩形、拱形和异形的煤岩巷道的掘进；② 掘锚机组。目前国外掘进机机载锚杆钻机主要有 AHM105 等配套钻臂系统，国投新集矿业集团使用了机身一侧布置机载液压锚杆钻臂系统的 EBZ300M 型岩巷掘进机，其具有简单实用、安全高效的特点。掘锚机组采用掘锚一体化技术，可实现掘锚同步作业，主要适用于较软的煤和半煤岩巷，改善了在较差顶板条件下的支护效果，提高了掘进工效。

4.6.2.10　矩形全断面掘进机

1995 年，上海隧道工程公司开展矩形盾构技术研究和实验工作，在消化和吸收国外技术的基础上，研制成功矩形隧道掘进机，这种快速掘进机的技术特点是掘进机机头采用复合层次组合式刀盘，复合层次组合式刀盘包括一个中心大刀盘和周围四个小刀盘，一个中心大刀盘突前并居中，四个小刀盘布置在中心大刀盘的后方，并分布在中心大刀盘的四个角上，复合层次组合式刀盘组合截割形成矩形断面，完成全断面截割；神华集团引进相关技术用在煤巷掘进，这种设备控顶距大，对顶底板要求高，要求煤巷断面大，工作面长。

4.6.3　综掘工作面辅助技术及装备发展趋势

综掘机械化是一项系统工程，各种辅助系统和子工程制约着掘进机的发展，特别是支护和其他辅助工具。下边就具体讲讲相关技术的发展趋势。

4.6.3.1　机载式防突钻机

在掘进机开拓巷道之前需要在碛头预打防透孔，深度一般在 10 m 左右，在掘进机上配置此设备，打瓦斯抽采孔、探水孔等，这样使掘进机利用更充分，减少停机待工时间。支护：支护作用是维护掘进工作面和永久支架的作业空间，防止掘进工作面围岩的早期离层和冒落，确保掘进工作面的作业安全，目前主要分为两类：一类是超前临时支护系统，主要配在掘进机截割部或本体上，能在一定程度上起到临时支护作用，但适应的巷道断面有限，在中小断面煤岩或半煤岩上根本无法使用；另一类是步进式临时支持系统，步进式支护系统与掘进机完全分离、互不干涉的独立同步运行用来进行超前临时支护。

4.6.3.2　步进式(迈步式)临时支护

它的特点是与掘进机完全分离，互不干涉，能独立自移，并能消除空顶作业现象，保证多工序间平行作业。该系统具有结构紧凑、适应性强、操作简单、控制灵活和控制方式多样化等诸多优点，而且该系统集成锚杆钻机，实现临时支护区域部分“超前永久支护”。如果能够实现支架可靠均匀的步进或者迈步，对于快速掘进系统的研制将会起到关键性作用。

4.6.3.3　巷道综合除尘、防尘技术

防尘、除尘煤尘不仅严重危害综掘工作面工作人员的身体健康，也影响设备的工作环境，增加设备故障率和保障成本，而且煤尘可能引起安全事故。目前掘进机的内喷雾装置只是一个摆设，实际作用只能靠外喷雾，这也是目前技术发展方向，采用用负压喷雾技术、高压喷雾技术、泡沫除尘技术、风水喷雾技术，等等。选用除尘效率高的除尘器，利用其除尘净化技术，配合长压短抽的除尘系统，合理设计布置吸尘罩，减少除尘系统阻力，这些机载喷雾除尘系统，加上空气幕封闭除尘、化学除尘构成全岩综掘工作面高效综合除尘技术目前已经试验，效果还不错。现在技术的方向是怎么降低除尘系统的除尘时间和经济成本。

4.6.3.4　转载运输技术

根据运输设备的不同，掘进作业线基本分为以下 5 种类型：① 掘进机、桥式转载带式输送机和可伸缩带式输送机作业线；② 掘进机、桥式带式转载机和刮板输送机作业线；③ 掘进机、运锚机、桥式转载带式输送机和可伸缩带式输送机，运锚机在截割过程中可实现物料的转运和锚杆的打设；④ 掘进机和梭车作业线；⑤ 掘进机、吊挂式带式输送机和矿车作业线。

4.6.3.5　综合除尘技术

目前，除尘系统主要有干式和湿式两种。我国掘进工作面主要采用喷雾除尘方式，这种方式可靠性差，效果不理想；国际上的掘进工作面使用高效除尘系统，利用气流的附壁效应和气幕控尘原理实现了技术突破。湿式除尘系统已实现了与掘进机的有效集成，干式除尘系统在我国煤矿采掘中也有应用，其除尘效果显著，整个巷道视线清晰，空气质量明显改善。经现场测试结果认定，干式除尘系统可大幅降低工作面粉尘浓度，效果优于湿式除尘系统。

4.6.3.6　综掘工作面后配套系统

巷道综合机械化快速掘进是一项系统工程，是以掘进机为关键，形成集掘进、锚护、运输、除尘等为一体的相互配合、连续均衡及高效生产的作业线。制约综掘设备生产效率的因素很多，其中配套设备的性能起着重要作用。目前国内典型的后配套形式是桥式转载机加可伸缩带式输送机；而吊挂式带式转载机、龙门式带式转载机可解决后配套矿车的转载运输问题，有利于掘进机向大型基建矿井及不具备连续运输设备的矿井、工程隧道扩展。

4.6.4 巷道支护技术及装备发展趋势

虽然阳泉矿区锚杆支护技术取得了很大进展，但还存在很多问题，需要今后逐步完善与提高。

4.6.4.1 进一步细化和深化锚杆支护作用机理的研究

虽然阳泉矿区在煤巷锚杆支护作用机理方面做了大量工作，在实际应用中也解决了不少问题。但是巷道地质条件的复杂性与多变性，导致对锚杆支护作用机理的认识还缺乏全面性、系统性，缺乏细化的、深入的试验研究。对深部高地应力巷道、极破碎围岩巷道等困难条件的支护理论研究也还不够。因此，针对阳泉矿区巷道条件，在锚杆支护理论方面还需进行大量细致、深入的研究与试验。

4.6.4.2 积极开展巷道围岩地质力学测试和超前地质预报

巷道围岩地质力学参数，包括地应力、围岩强度和结构是锚杆支护设计的重要基础参数，是保证锚杆支护合理、有效、可靠、安全的前提条件。目前，阳泉矿区尚未开展大面积的巷道围岩地质力学参数测定工作，缺乏锚杆支护设计必需的基础参数，设计的合理性与可靠性无法保证。今后，应该把巷道围岩地质力学测试放在十分重要的位置，并把它列为锚杆支护技术必不可少的工作。此外，目前缺乏有效的巷道地质构造超前预报手段。当掘进遇到地质构造时只能临时采取措施，极易导致冒顶、片帮事故发生。因此，急需开发巷道超前地质预测预报仪器。

4.6.4.3 锚杆支护设计方法的研究与推广

锚杆支护设计方法已经从过去简单的经验法、理论计算法，发展到现在以数值计算、现场监测为基础的动态信息设计法。但是，目前阳泉矿区仍是以经验法为主，设计是静态的，监测数据的收集、分析与反馈不够。有的矿井甚至不论巷道地质与生产条件如何，都是一种支护形式和参数，导致巷道冒顶事故时有发生。因此，阳泉矿区需要大力推广先进的设计方法，使现场工程技术人员能够掌握和实际应用，并不断改进与提高。

4.6.4.4 锚杆支护材料多样化、系列化与标准化

虽然高强度锚杆、小孔径锚索等支护材料已经得到大面积使用，但还存在锚杆、锚索形式单一、加工工艺落后及产品质量不稳定等弊端。首先，应根据阳泉矿区煤巷条件，从材料和结构上开发不同形式的锚杆、锚索及组合构件，以满足不同巷道条件的需要；其次，应改进和更新支护材料加工设备与工艺，提高加工水平。

4.6.4.5 锚杆支护施工机具的改进、提高与新产品开发

由于煤巷地质与生产条件复杂多变，现有的锚杆钻机还不能完全满足使用要求，无论是性能与质量都还需进行完善与提高。如需要开发大扭矩锚杆钻机，以提高锚杆预紧力；开发适用于巷道底板钻孔的锚杆钻机，满足治理底鼓的需要。此外，掘锚联合机组在国外已经普遍应用，为巷道快速掘进和支护创造了极为有利的条件。阳泉矿区应开展掘锚联合机组的引进、消化吸收、自主研究与开发工作，以大幅度提高巷道掘进速度。

4.6.4.6 改进锚杆支护施工质量检测与矿压监测仪器的，研发巷道变形、围岩应力应变自动化监测系统

在锚杆支护施工质量方面，阳泉矿区还需要研制非接触、无损质量检测仪器，以达到快速、准确、大面积检测的目的。在矿压监测仪器方面，应进一步提高仪器的稳定性与可靠性，推广应用矿压综合监测系统，实现监测数据的自动收集、传输和地面监测监控。研发巷道变形、矿山压力、围岩应力应变自动化监测系统，改进支护方法与工艺，进一步提高巷道稳定性和安全性。

第五章　综采工作面智能化

5.1　引言

综采工作面是矿井煤炭生产的主要场所，承担煤炭产出、转运任务。综采工作面生产是一个系统工程，为保证综采工作面的正常生产，需要解决的主要技术问题包括：煤层和地质条件分析、合理采煤方法的选择、开采工艺参数的确定、综采设备配套、围岩控制以及通风、瓦斯抽采、供电、运输、排水等方方面面的问题。其中，综采工作面的生产方式和技术装备是决定综采工作面实现安全高效回采的关键因素。我国自 20 世纪 70 年代初开始引进国外综采成套装备，发展综合机械化采煤。40 余年来尤其是进入 21 世纪以后，我国煤炭开采技术和装备的自主创新研究取得了重大进展，在液压支架、采煤机、刮板输送机、带式输送机以及综采自动化技术等方面都实现了重大突破，经过井下工业性试验取得了良好的应用效果，使我国煤炭开采技术和装备整体上达到国际先进水平。综采工作面技术与装备经历从综合机械化、自动化、智能网络化（简称智能化，分为单机智能化、成套智能化、智能网络化）到无人化（最高级）发展的阶段。目前，综采工作面自动化技术和装备已经基本成熟，综采工作面的智能化开采将是国内现代化矿井的主要发展趋势，综采工作面无人化生产是智能化时代的标志。

国外煤矿装备厂商、院校和科研单位、煤炭企业对综采工作面自动化智能化控制技术进行了多年的研究和探索，在采煤机位置三维和姿态监测、液压支架及刮板输送机找直、综采工作面网络通信等关键技术上取得了一系列成果。主要成果包括：利用陀螺仪进行采煤机位置、运行轨迹检测、综采工作面设备工况、环境检测，采用高速以太网有线或无线的采煤机通信技术研究，综采工作面设备健康故障分析，激光制导找直技术研究，综采工作面可靠性技术研究等。其中，澳大利亚联邦科学与工业研究组织（CSIRO）利用惯性导航技术，对采煤机进行三维定位，实现工作面直线度控制和水平控制。该系统在澳大利亚 2/3 的综采工作面在用或正在安装，取得了较好应用效果。目前，国内外尚未有基于滚筒采煤机的全智能化开采工作面，即所有设备自动运行，工作面内无人操作。

国内综采工作面的技术装备已经实现了三机设备的“一键”启停、液压支架的电液控制、采煤机的跟机自动等智能技术，综采工作面的视频的全景监视，井上、下的高速光纤网络已经与综采工作面相连，为综采工作面的智能自动化提供了必要条件。但采煤机、液压支架和输送机等主要设备仍为单机集中控制，各个综采设备之间相对独立。因此，需要完善采煤机、液压支架和输送机等综采设备的信息采集及三机通信联网，在设立工作面监控中心的基础上建立地面远程遥控中心，研究远程遥控系统软件并结合工作面视频系统实现综采工作面可视化远程自动控制。

综采工作面自动化控制围绕综采设备姿态定位、综采设备安全感知、工作面直线度控制、视频图像处理等多种关键技术，需要从总体上研究自动化智能控制的关键核心技术。图 5-1-1 是根据近几年智能化实践过程中总结出来的控制结构。

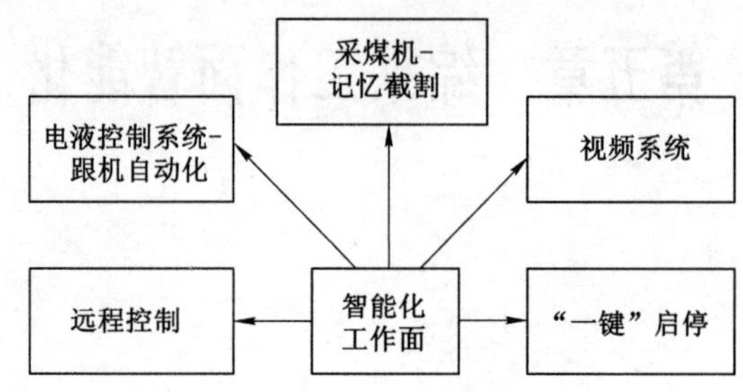

图 5-1-1　综采工作面智能化控制总体结构

为实现综采工作面的智能化、无人化生产，研制智能化程度高的综采设备是必不可少的。虽然国内外综采设备厂商经过多年的技术开发，但综采设备离智能化还有较大差距。因此，急需研发综采工作面智能化新设备，开发智能化控制系统，实现液压支架、采煤机、刮板输送机等设备自身的智能化和综采工作面生产与矿井运输、通风、安全监控系统的协调控制。

综采工作面智能控制，还需要对一些关键技术的突破，如煤矸自动识别及煤岩分界技术、刮板输送机直线度检测与控制技术、支持过程、视频、3D 可交互多视窗可视化平台技术等，预计在未来 3～5 年，煤岩界面识别、自动找直、推进度控制等技术问题会逐步解决。

目前，我国在少数地质条件很好的矿井开始实现智能化的无人开采，采煤生产班工作面巷道控制中心有值班人员值守，系统自动运行(特殊情况下少量干预)、工作面采场内没有工作人员。在较大数量的地质条件较好的矿井，采用遥控式的少(无)人化开采，采煤生产班工作面巷道控制中心控制人员通过自动控制系统实时监视、干预、控制主要生产设备，工作面采场内配有一个不需要进行生产操作的巡检人员。

随着煤矿行业工业化和信息化深度融合，加快煤矿智能化建设，推进煤炭科技创新发展，实现劳动密集型向人才技术密集型转变，具有智能型和高信息化水平的高端装备必然迎来发展的黄金时期。因此，综采装备的发展必将在行业整体政策的环境影响下，沿着科技发展的规律，向高智能、高信息化的方向发展，最终实现"以智能化圆安全梦"，达到无人化开采。

5.2　综采工作面布置

目前，综采工作面巷道布置方式大致可分为以下两大类：① "一进一回"两条巷道的布置方式；② 工作面采用多条巷道的布置方式。工作面巷道布置方式主要考虑通风、运输以及瓦斯治理的需要。阳泉矿区各矿井均属高瓦斯矿井，工作面巷道布置方式采用"一进一回＋内错尾巷＋走向高抽巷"的四巷布置方式。如图 5-2-1 所示为阳煤一矿 S8310 工作面巷道布置图，其特点如下：

(1) 进风巷支护形式为全锚支护，沿 15 号煤层顶板布置，断面为矩形，毛高 3.8 m，净高

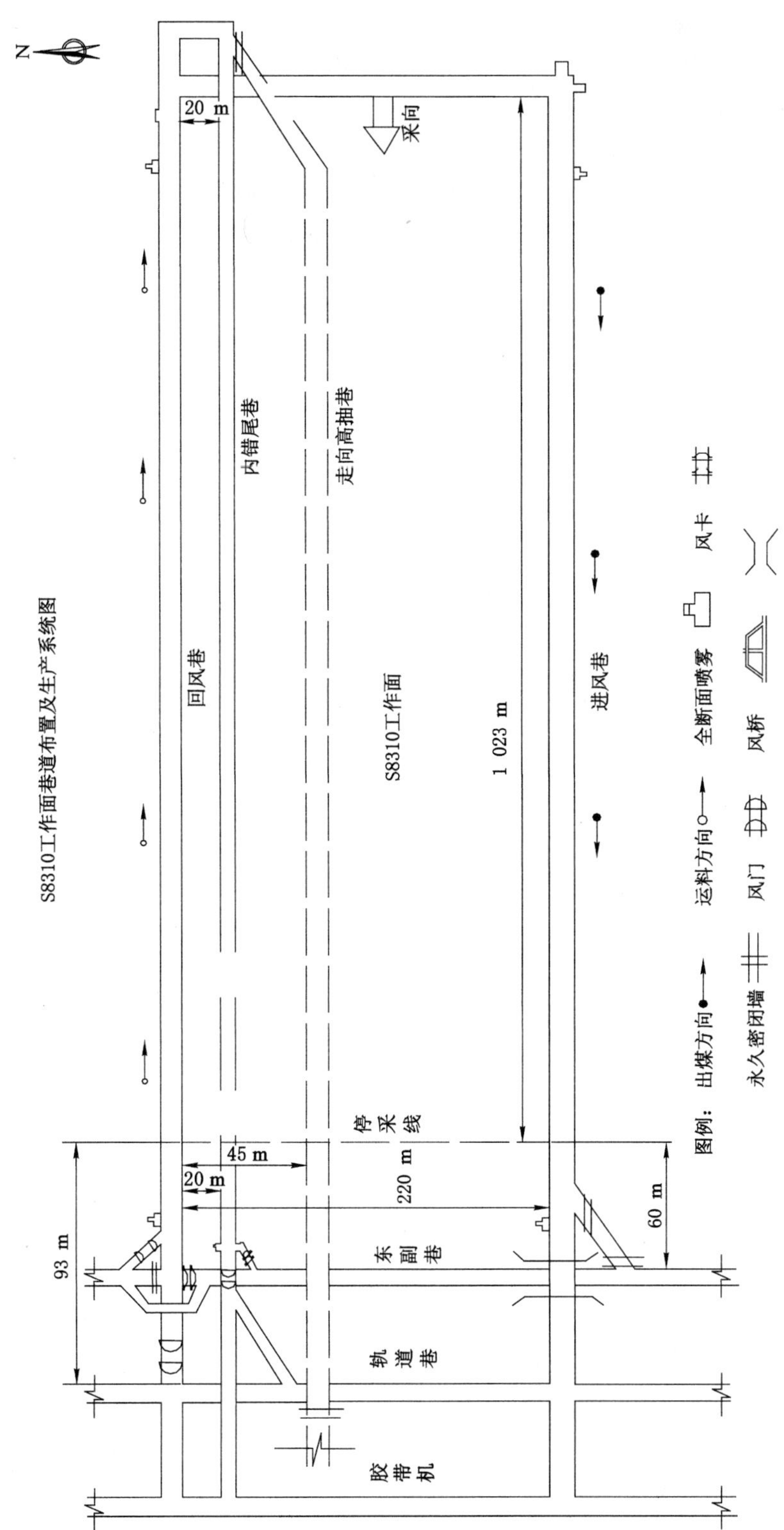

图5-2-1　阳煤一矿S8310工作面巷道布置图

3.7 m,毛宽 5.4 m,净宽 5.1 m。毛断面面积 20.52 m^2,净断面面积 18.87 m^2。进风巷安装一部皮带输送机及一部转载机。

(2) 回风巷支护形式为全锚支护,沿 15 号煤层顶板布置,断面为矩形,毛高 3.8 m,净高 3.7 m,毛宽 4.6 m,净宽 4.3 m。毛断面面积 17.48 m^2,净断面面积 15.91 m^2。铺设轨道,安装一部梭车,用于材料设备的运输。

(3) 尾巷支护形式为锚杆+锚索支护,沿 K2 岩层布置,断面为矩形,毛高 2.4 m,净高 2.3 m,毛宽 4.1 m,净宽 3.8 m。毛断面面积 9.84 m^2,净断面面积 8.74 m^2。解决回风落山角瓦斯。

(4) 高抽巷支护形式为锚杆+锚索支护,沿 11 号煤基本顶布置,断面为矩形,毛高 2.4 m,净高 2.3 m,毛宽 3.3 m,净宽 3.0 m。毛断面面积 7.92 m^2,净断面面积 6.90 m^2。用于抽采邻近层瓦斯。

5.3 综采工作面围岩控制

综采工作面是一个由液压支护的可迁移的采场,在这个采煤空间里,有来自顶板的矿压,和底板当工作面埋深发生变化时,造成上覆岩层对工作面施加的载荷发生变化,因而工作面矿压显现强度会出现相应变化。如埋深增加时,工作面顶板压力会增加,矿压显现程度也会加大,煤矿开采的深度影响到岩层的原始应力,并且随着深度的增加,巷道围岩变形与支架载荷随之增大,岩层受重力变形所积聚的能量与深度平方成正比关系,煤层倾角的大小,对工作面顶板压力的影响也很大,工作面推进速度对顶板压力也有一定的影响。

综采工作面采用液压支架控制顶板,自移支架放顶,采空区处理方法为全部垮落法,支架跟机移架,及时支护顶板。工作面端头采用端头支架管理顶板,工作面超前支护采用单体支柱支护,超前支护的长度一般为 20 m。以阳煤一矿 S8310 大采高工作面为例,该工作面使用 119 组 ZY12000-30/68D 型两柱掩护式液压支架,机头机尾各两组 ZYG12000-26/56D 型过渡支架,机头三组机尾四组 ZYD12000-22.5/45D 型端头支架,回风超前四组 ZCZ10000/26/45 四柱两列式、中置式超前支护支架管理顶板。液压支架形式为掩护式,最小控顶距 4.669 m,最大控顶距为 5.469 m,循环进度 0.8 m,支架中心距为 1.75 m,端面距不大于 0.34 m。工作面支架采用 SAC 电液控制系统实现自动移架。

5.3.1 综采工作面围岩运移、应力分布与液压支架的相互作用

支架-围岩关系是研究综采工作面设备选型配套、确定支架主要参数和研究液压支架适应性的主要理论依据。支架-围岩关系的实质是分析支架性能、结构对支架受力及围岩运动的影响,以及在各种围岩状态下支架呈现什么反应,从中分析支架应该具有的最合理结构及参数。人们研究支架-围岩关系有两个目的,一是寻求支架合理的支护强度,对顶板进行有效控制,二是寻求有效的支架结构形式达到维护综采工作面围岩稳定性的目的,保证工作面安全。

5.3.1.1 长壁工作面岩层移动规律及围岩稳定性

关于回采工作面上覆岩层的活动规律,有许多传统理论及假说,如砌体梁理论、传递梁理论及板的理论等,其目的都是为了研究上覆岩层的活动对支护体的影响,支架-围岩关系,

而这些传统理论都是从单一长壁开采的基础上发展起来的，随着放顶煤开采技术的大范围应用，放顶煤开采的矿压研究也有了很大的发展。

1）采场围岩移动和应力分布特征

长壁工作面推进引起上、下方围岩应力重新分布和移动破坏，这一过程对工作面开采和支护将产生显著影响。

（1）采场上覆岩层的分带和分区

采场上方岩层沿垂直方向自上而下分为 3 带：整体移动带、裂隙带和冒落带。其后两带的几何特性对采场岩层移动有较显著的影响。冒落带的高度一般为采高的 2～5 倍。裂隙带高度根据覆岩性质的不同，变动在 10～25 倍左右。坚硬岩层垮落后松散系数较小，一般冒落带和裂隙带高度较大，同时由于滞后垮落，对工作面矿压显现影响较大。另一方面，从工作面推进方向的覆岩运动特征也可以分为 3 个区域：

① 支承影响区（A 区）。位于工作面前方和上方，一般始于工作面前方 30～40 m。此区域岩层变形缓慢，在支承压力作用下表现为垂直压缩，在采空区覆岩运动影响下出现水平拉伸和局部微量上升。

② 离层区（B 区）。煤壁后方至采空区压实区上方岩层失去支承后，断裂岩块急剧下沉，离层自下而上发展，出现若干相互分离的咬合岩层。其挠度曲线各不相同，一般自下而上挠度递减。

③ 重新压实区（C 区）。在工作面后方 40～60 m，裂隙带岩层受到下部已垮落岩层的支承，下沉速度减小，直至完全压实。

采场上覆岩层推进方向的分区如图 5-3-1 所示。

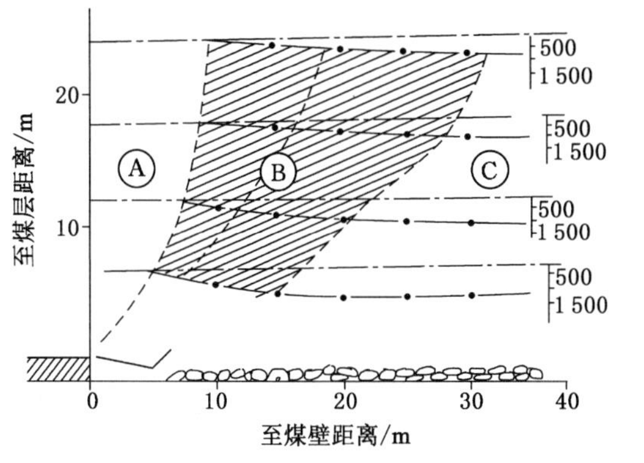

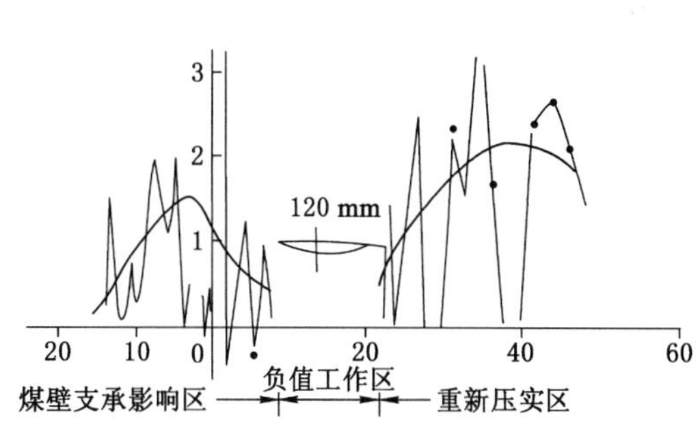

图 5-3-1　采场上覆岩层沿推进方向的分区

（2）采场围岩应力分布

采煤工艺和工作面推进引起围岩应力重新分布，出现高、低应力区。相应形成剪切破坏、拉伸破坏区。高应力出现在采场周围未采煤体上、下方围岩中，包括工作面前方超高应力区、工作面两侧持久性高应力区和切眼侧高应力区。应力峰值和高应力范围取决于开采系统、围岩力学特性、采高和相邻工作面及开采煤层的相互影响。工作面后方采空区为低应力区。图 5-3-2 为采场周围的高、低应力区分布特征。

按照摩尔-库仑准则，在高、低应力区的交界面附近由于较大的主应力差，会出现剪切应

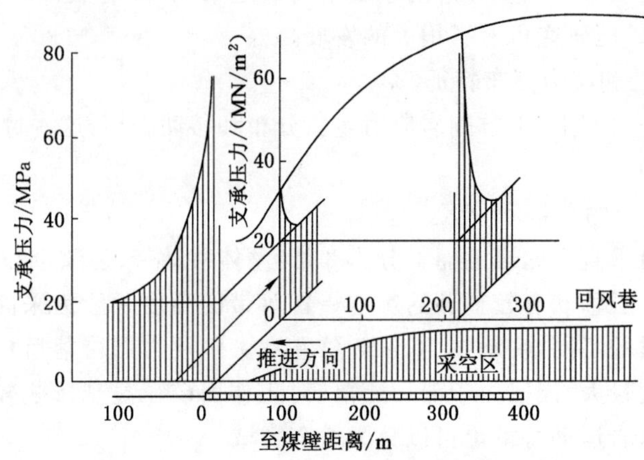

图 5-3-2 采场周围的高、低应力区分布特征

力超过极限值的条件而出现剪切破坏，形成所谓的预成裂隙或开采裂隙，它在一定范围内削弱煤层、直接顶和基本顶的强度和稳定性。采深或采高越大，这种由剪切应力形成的开采裂隙越发育，其结果是降低了直接顶的稳定性，增加了岩层控制的难度，但同时基本顶来压步距和强度也有所降低。由于直接顶稳定性的降低，对支架结构设计和采煤工艺的要求也随之提高。

(3) 底板应力变化

工作面煤层底板经历了超前应力的压缩作用和工作面空间及采空区的卸压作用，在煤壁附近的底板岩层一定范围内形成剪切破坏区和拉伸破坏区，如图 5-2-3、5-2-4 所示。这种情况导致工作面底板力学特性的部分改变，特别是抗压入强度和刚度的降低，容易引起支架底座前端压入底板。

2) 顶底板稳定性特征及分类

采场围岩包括：煤层上方的直接顶、基本顶和煤层下方的直接底。它们的力学和运动特性对工作面支架选型和参数确定至关重要。

(1) 直接顶的稳定性划分

直接顶是工作面支架首要的支护对象。对直接顶的稳定性评价是支架结构和参数确定的首要依据。影响顶板稳定性的主要因素如下：

① 组成顶板岩石的坚硬程度和脆性特征。一般用单轴抗压强度表征其坚硬程度，用单轴抗拉强度表征其脆性特征。

② 顶板岩层分层厚度和分层强度沿厚度的分布。这里涉及刚度较大的岩层(承载层)和刚度较小的岩层(随动层)的厚度及相对关系。

③ 顶板岩体的完整程度。主要指节理弱面的发育程度，包括分层厚度和节理特征。

以上 3 个指标是反映直接顶稳定性的基本要素。从岩层控制的需要出发，有必要对直接顶的稳定性进行实用性分类。

直接顶的初次垮落步距是综合反映其稳定性的权威指标。直接顶分类主要因素回归分析结果如表 5-3-1 所示。

表 5-3-1　　**直接顶分类主要因素回归分析结果**

序号	因变量	自变量	回归公式	样本数	相关系数	F 检验
1	l_{z0}	h_0	$l_{z0}=-3.68+0.78\sqrt{R_c}$	318	0.86	79.6
2	l_{z0}	R_c	$l_{z0}=-3.68+0.78\sqrt{R_c}$	325	093	188.5
3	l_{z0}	D	$l_{z0}=6.44+0.225D$	306	0.96	199.6
4	l_{z0}	I	$l_{z0}=9+10.93I$	314	0.69	45.5

由表 5-3-1 可知，直接顶初次垮落步距（l_{z0}）与直接顶分层厚度（h_0）、岩石单轴抗压强度（R_c）的平方根密切相关，这与固支梁理论的计算结果一致。其次是裂隙密度（I），它可以用直接顶岩体综合弱化系数表征。

在直接顶中无裂隙参与时，其垮落步距可以视为与固支梁的极限断裂步距等效，即

$$l_{z0}-h_{11}\sqrt{\frac{2R_t}{\gamma h_{22}}} \tag{5-3-1}$$

式中　$h_{22}=h_{11}+h_{12}$；

h_{11}——直接顶内承载层厚度；

h_{12}——直接顶内随动层厚度；

γ——直接顶岩层容重；

R_t——直接顶岩石的抗拉强度。

如果已知直接顶的平均分层厚度 h_0、岩石的抗压强度 R_c，即

$$h_{11}=C_1h_0,h_{12}=C_2h_0,R_t=C_3R_c$$

令 $C_0=C_1\sqrt{\dfrac{C_3}{C_2}}$，引入弱化系数 C_4，得：

$$l_{z0}=8.94C_0C_4\sqrt{R_ch_0}\text{ 或 }l_{z0}=8.94C_Z\sqrt{R_ch_0}\quad\text{（理论式）} \tag{5-3-2}$$

式中　C_Z——直接顶综合弱化常量，$C_Z=C_0C_4$。

在以上研究的基础上，可建立直接顶稳定性分类指标，见表 5-3-2。

表 5-3-2　　**直接顶稳定性分类指标**

项目	1类（不稳定）		2类（中等稳定）	3类（稳定）	4类（非常稳定）
	1a（极不稳定）	1b（较不稳定）			
基本指标	$l_z\leqslant 4$ m	4 m$<l_z\leqslant 8$ m	8 m$<l_z\leqslant 18$ m	18 m$<l_z\leqslant 28$ m	28 m$<l_z\leqslant 50$ m
辅助参考指标	泥岩、泥页岩节理裂隙不发育；分层厚度小于 0.13～0.41 m；抗压强度小于 38 MPa；综合弱化常量 C_Z = 0.10～0.23	泥岩、碳质泥页岩节理裂隙较发育；分层厚度 0.15～0.42 m；抗压强度 10～60 MPa；综合弱化常量 C_Z = 0.18～0.38	致密泥岩、粉砂岩。砂质页岩、砂岩；节理裂隙不发育；分层厚度 0.16～0.86 m；抗压强度 26～66 MPa；综合弱化常量 C_Z=0.18～0.4	砂岩、石灰岩；节理裂隙很少；分层厚度 0.33～1.0 m；抗压强度 32～99 MPa；综合弱化常量 C_Z = 0.28～0.6	致密砂岩、石灰岩；节理裂隙极少；分层厚度 0.37～1.1 m；综合弱化常量 C_Z = 0.37～0.6

续表 5-3-2

项目	1类(不稳定)		2类(中等稳定)	3类(稳定)	4类(非常稳定)
	1a(极不稳定)	1b(较不稳定)			
辅助指标参考区间	$C_{ZC}=0.163\pm0.064$ $R_c=27.94\pm10.75$ $h_0=0.26\pm0.125$ $R_Ch_0<7.52$	$C_{ZC}=0.27\pm0.09$ $R_C=36\pm25.75$ $h_0=0.285\pm0.13$ $R_Ch_0=2.9\sim11.4$	$C_{ZC}=0.30\pm0.12$ $R_C=46.3\pm20$ $h_0=0.51\pm0.355$ $R_Ch_0=7.8\sim29.1$	$C_{ZC}=0.43\pm0.16$ $R_C=65.3\pm33.7$ $h_0=0.675\pm0.34$ $R_Ch_0=33\sim104$	$C_{ZC}=0.48\pm0.11$ $R_C=89.4\pm32.6$ $h_0=0.72\pm0.34$ $R_Ch_0=45.5\sim139$

注:参考区间中,C_{ZC}:平均综合弱化常量;R_C:岩石单轴抗压强度;h_0:分层厚度,均为该类岩层顶板各煤层的平均值±均方差。

上述分类标准可以根据已采工作面或煤层的基本参数,特别是综合弱化常量,在考虑未采工作面或煤层的分层厚度和抗压强度推算未采工作面或煤层直接顶分类,进而可推算新矿井未采煤层的直接顶类别。

(2) 基本顶矿压显现分级

基本顶是指直接位于煤层之上对于工作面动态有不同程度影响的较硬岩层。它的运动特征对于综采工作面支架设计和选型有重大意义。基本顶断裂对于综采工作面压力显现的影响程度取决于:

① 基本顶初次或周期来压步距,是基本顶厚度、抗拉或抗压强度及被裂隙弱化程度的综合反映;

② 直接顶垮落后的充填程度,通常用直接顶厚度与采高的比值表示;

③ 采高在直接顶厚度一定的情况下,采高越大,矿压显现越强烈。

运用模糊动态聚类分析,对综采工作面基本顶压力显现数据随机抽样,选取160个样本,得到基本顶相应的分级界限如下:

Ⅰ级:$qmf\leqslant440\ \text{kN/m}^2$;

Ⅱ级:$440\ \text{kN/m}^2<qmf\leqslant520\ \text{kN/m}^2$;

Ⅲ级:$520\ \text{kN/m}^2<qmf\leqslant620\ \text{kN/m}^2$;

Ⅳa级:$620\ \text{kN/m}^2<qmf\leqslant690\ \text{kN/m}^2$;

Ⅳb级:$690\ \text{kN/m}^2<qmf$。

另一方面,根据171个综采工作面的观测数据建立了如下回归公式:

$$qmf=241.3\ln(L_0)+52.6M-15.5N-455$$

式中 qmf——基本顶初次来压支架载荷强度;

L_0——基本顶初次来压步距;

M——煤层开采高度;

N——直接顶充填系数,为直接顶和采高的比值。

根据刚度理论,式(5-3-1)中的非常数项等效于基本顶来压时的载荷增量,与来压时的顶板下沉成比例,故可作为基本顶初次来压强度的当量值和基本顶分级界限(DL)。

$$\text{DL}=241.3\ln(L_0)+52.6M-15.5N$$

将上述分界值带入式(5-3-2),即得到各级基本顶矿压显现级别相应的当量值及地质条件,见表5-3-3。

表 5-3-3　　基本顶压力显现分级界限及相应的典型条件

<table>
<tr><td colspan="2" rowspan="3">项目</td><td colspan="5">基本顶压力显现等级</td></tr>
<tr><td rowspan="2">Ⅰ级
（来压不明显）</td><td rowspan="2">Ⅱ级
（来压明显）</td><td rowspan="2">Ⅲ级
（来压强烈）</td><td colspan="2">Ⅳ</td></tr>
<tr><td>Ⅳ$_a$ 级
（来压很强烈）</td><td>Ⅳ$_b$ 级
（来压极强烈）</td></tr>
<tr><td colspan="2">分级界限</td><td>$D_L \leqslant 895$</td><td>$895 < D_L \leqslant 975$</td><td>$975 < D_L \leqslant 1\ 075$</td><td>$1\ 075 < D_L \leqslant 1\ 145$</td><td>$1\ 145 < D_L$</td></tr>
<tr><td rowspan="5">典型条件</td><td>区间</td><td>$N=1\sim2$　$3\sim4$</td><td>$N=1\sim2$　$3\sim4$</td><td>$N=1\sim2$　$3\sim4$</td><td>$N=1\sim2$　$3\sim4$</td><td>$N=1\sim2$</td></tr>
<tr><td>$M=1$</td><td>$L_0<37$
$37\sim41$</td><td>$L_0<41\sim47$
$47\sim54$</td><td>$L_0<54\sim72$
$72\sim78$</td><td>$L_0<82\sim105$
$105\sim120$</td><td>$L_0>120$</td></tr>
<tr><td>$M=2$</td><td>$L_0<30$
$30\sim34$</td><td>$L_0<34\sim38$
$38\sim43$</td><td>$L_0<43\sim58$
$58\sim66$</td><td>$L_0<66\sim85$
$85\sim96$</td><td>$L_0>96$</td></tr>
<tr><td>$M=3$</td><td>$L_0<24$
$24\sim27$</td><td>$L_0<27\sim31$
$31\sim35$</td><td>$L_0<35\sim46$
$46\sim53$</td><td>$L_0<53\sim68$
$68\sim78$</td><td>$L_0>78$</td></tr>
<tr><td>$M=4$</td><td>$L_0<19$
$19\sim22$</td><td>$L_0<22\sim27$
$27\sim31$</td><td>$L_0<31\sim41$
$41\sim47$</td><td>$L_0<47\sim55$
$55\sim62$</td><td>$L_0>62$</td></tr>
</table>

根据工作面的 3 个基本数据，可由表 5-3-2 初步判断该工作面基本顶级别。

长壁工作面的开采边界条件，如周围未采、一侧采空、两侧采空等因素对围岩应力及基本顶断裂步距有一定影响，特别是当基本顶初次来压步距超过工作面长度 1/2 时，影响显著。为此，需要进行基本顶初次来压步距的等效值计算。具体要求是，在上述条件下实测的基本顶来压步距按表 5-3-4 中的公式进行等效值计算。

表 5-3-4　　基本顶初次来压步距换算公式

项目	周边条件		
	四周未采	一边采空或有断层	两侧已采
折算公式	$L_{0b}=L_0/A_4$	$L_{0b}=L_0/A_3$	$L_{0b}=L_0/A_2$
换算系数	$A_4=\sqrt{\dfrac{1+k}{1+\mu k}}$	$A_3=\sqrt{\dfrac{2(2+k)}{4+3\mu k}}$	$A_2=\sqrt{\dfrac{2(1+k)}{3(1+\mu k)}}$

注：$k=L_0/L_g$；L_g——工作面长度；μ——基本顶岩层的泊松系数。在无资料时，砂质页岩 0.35；砂岩 0.2～0.3；砾岩 0.20。

(3) 回采工作面底板分类综述

对综采工作面围岩控制有重要影响的是直接底板对支架的抗压入特性。实测研究表明，底板抗压入特性可以分为 3 种典型类型：脆性、塑脆性和塑性。每种类型又可分为增阻型和降阻型两类，如图 5-3-3 所示。图 5-3-3(a)为脆性特征，图 5-3-3(b)为塑脆性特征，图 5-3-3(c)为塑性特征。但共同特点是，在支架压入底板以前，底板具有线弹性特征，具有不同程度的抗压缩刚度，而一旦支架压入底板，抗压强度显著降低，支撑系统的总刚度显著降低。

为了便于对底板控制的优化设计，需要对底板进行分类。底板分类的基本原则是：根据实测的底板容许极限载荷作为基本指标、底板抗压入刚度作为辅助指标对工作面底板进行分类，依此作为支架选型和围岩可控性分类的依据，避免支架在相应类别的工作面出现压入底板。缓倾斜煤层工作面底板分类指标见表 5-3-5。

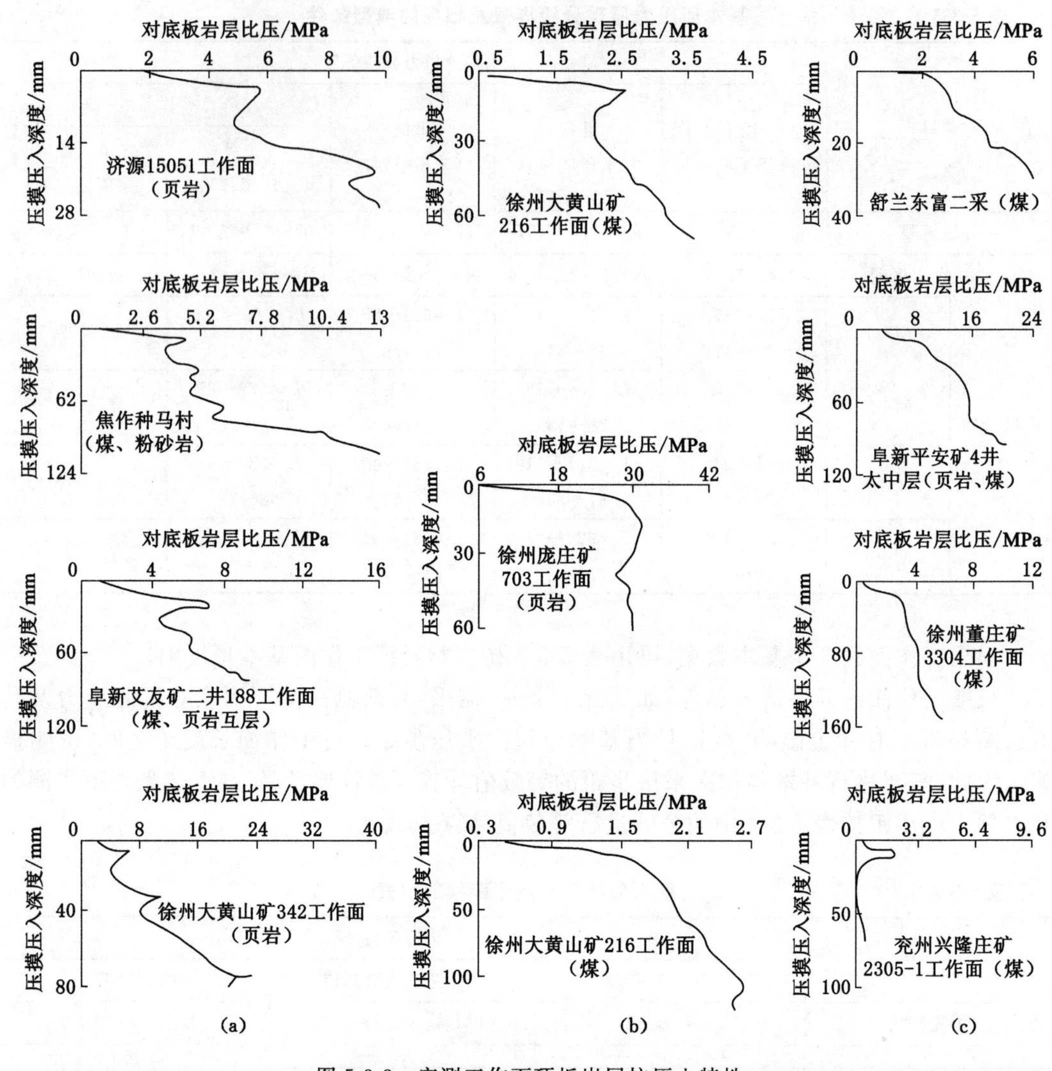

图 5-3-3　实测工作面顶板岩层抗压入特性

表 5-3-5　　缓倾斜煤层回采工作面底板分布指标

底板类别		基本指标	辅助指标	参考指标	参考岩性
名称	代号	容许比压 p_p/MPa	容许刚度 S_p/(MPa/mm)	容许单向抗压强度 R_p/MPa	
极软	Ⅰ	$p_p \leqslant 3.0$	$S_p \leqslant 0.23$	$R_p \leqslant 6.31$	充填沙、泥岩、软煤、泥页岩、煤、中硬煤、薄层页岩、硬煤、致密页岩
松软	Ⅱ	$3.0 < p_p \leqslant 6.0$	$0.23 < S_p \leqslant 0.53$	$6.31 < R_p \leqslant 9.88$	
较软	Ⅲ	$6.0 < p_p \leqslant 10$	$0.53 < S_p \leqslant 0.93$	$9.88 < R_p \leqslant 14.65$	
	Ⅲ	$10 < p_p \leqslant 16$	$0.93 < S_p \leqslant 1.53$	$14.65 < R_p \leqslant 21.80$	
中硬	Ⅳ	$16 < p_p \leqslant 32$	$1.53 < S_p \leqslant 3.31$	$21.80 < Rp \leqslant 40.87$	致密页岩、砂质页岩、厚层砂质页岩、粉砂岩、砂岩
坚硬	Ⅴ	$32 < p_p$	$3.31 < S_p$	$40.87 < Rp$	

5.3.1.2　液压支架与围岩相互作用

1）支架对工作面围岩的控制任务和特点

由于开采过程引起的围岩离层和下沉运动、支承压力引起的剪切破坏以及底板在通过高、低应力区时发生的松动，导致顶、底板围岩发生弱化趋势；另一方面，由于直接顶、基本顶和直接底的岩层初始力学特性不同，在采场表现了不同的稳定性和压力显现特征。为了保持回采工作面可靠的工作空间，支架的基本任务是对控顶区暴露的顶、底板给予支护，包括：① 对直接顶的纵向和横向卸压运动给予控制；对于已被裂隙分割的暴露的顶板岩块给予承托或遮 盖，避免在控顶区内出现冒落；② 对基本顶的破断失稳运动引起的周期性高载荷给予足够的平衡阻力，以避免控顶区过大的下沉和离层；③ 同时，必须限制支架对底板岩层的比压（或称载荷强度）以避免出现支架压入底板而引起对顶板控制恶化的可能。

现代化支护设备要求，不仅是保护可靠的工作空间，而且要求支护工艺对采煤工序的干扰或影响最小，以便为高产高效，连续采煤创造条件。以液压支架为支护设备的综合机械化采煤，实现了这一要求。其特点是支架的支-移工序可以和采煤机采煤联合作业，且高阻力的支架可保证较大而可靠的采煤作业空间。掩护支架和支撑掩护支架可同时遮盖顶板和采空区，实现支与护的统一。这些优点决定了液压支架得到广泛推广和应用。同时，液压支架在对底板的控制方面也优于单体支柱，一般支架底座尖端压入底板的可能性显著减小。

综采工作面由于支护工艺与一般单体工作面不同，其矿压显现也有不同于一般长壁工作面的新特点。主要表现在以下几个方面：

（1）支-移过程的顶板下沉波

单体支柱支设后直至达到最大控顶位置，回柱前不脱离顶板。而液压支架则不同，其在控顶区内的工序为支-降-移-支，且在支架与顶板接触的每个位置，顶板一般均要遭受 6～10 次支撑-卸压过程，使顶板应力发生显著变化，顶板下沉出现明显的波动。这种现象称为移架引起的顶板下沉波，急剧的下沉发生在移架期间，几个矿井实测的顶板下沉波如图 5-3-4 所示。

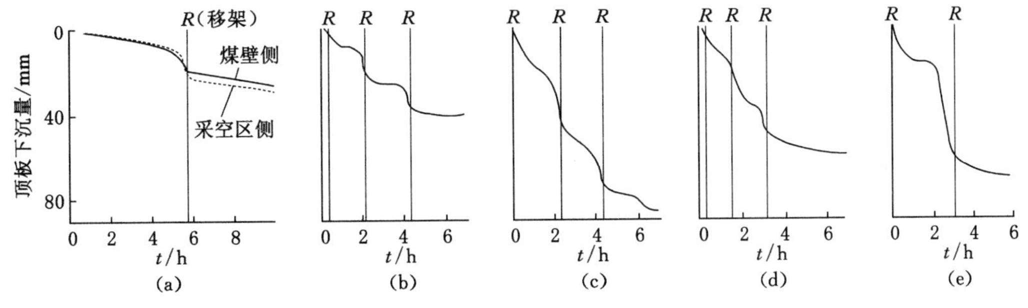

图 5-3-4　液压支架移架引起的顶板下沉波（实测资料）

同理，工作面生产工艺引起的下沉量和下沉速度变化如图 5-3-5 所示。由图可知，割煤、移架工序形成顶板下沉速度的两次高峰，此时的下沉速率达到 2.1～3.2 mm/min。而非工序时间为 0.1 mm/min 以下。

割煤、移架工序对工作面顶板下沉的影响幅度，取决于支架的实际初撑力与支架-围岩 平衡必需的临界阻力之间的差值。在沿工作面顺序割煤和移架期间，控顶区支架对顶

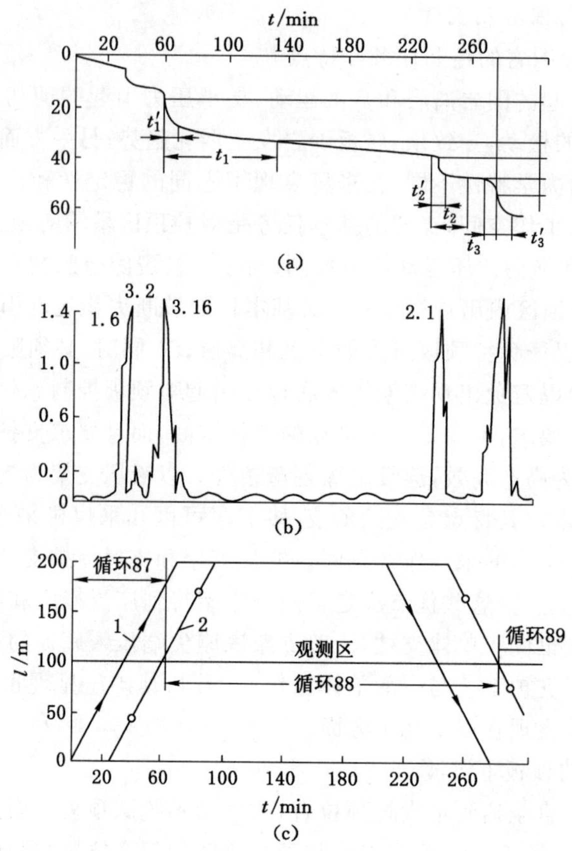

图 5-3-5 割煤和移架工艺与下沉量的组成

(a) 顶板下沉量；(b) 顶板下沉速度；(c) 工作面工作图表

板的支护阻力显著变化。尚未移动的支架处于接近循环末阻力，而正在移动的支架支护阻力为零，刚刚移过的支架支护阻力接近初撑力，从而导致沿工作面整个控顶区支护阻力随支架移动发生波浪式的降低，引起顶板下沉波的出现。随后支护阻力又随顶板下沉的增加而增加，直至出现新的平衡，下沉减小。移架过程引起的工作面支护阻力的变化如图 5-3-6 所示。

该过程引起的顶板下沉波动幅度在低阻力支架，特别是低初撑力的支架特别严重。近年来液压支架普遍提高了支护阻力，包括高初撑力。同时实现了对顶板和采空区的高遮盖率。但对于特殊条件，如在采高很大，顶板稳定性很低及放顶煤开采等情况下，避免或减小移架引起的顶板下沉波仍是十分重要的课题。

(2) 机道上方顶板动态

随着综采技术的发展和开采强度的增加，工作面装备能力不断增加，要求工作面设备尺寸增加，液压支架必需控顶面积增加，从而出现了机道上方顶板的控制问题。在此区域顶梁对顶板的支护阻力一般较低，且支架无阻抗顶板水平推力的能力，导致机道顶板早期下沉过大或离层破碎，机道及控顶区顶板下沉如图 5-3-7 所示。

① 端面顶板冒落率。德国学者首先研究了机道上方顶板冒落率及相关因素，冒落率与顶板岩性及梁端距有关，一般与梁端距呈线性关系，即

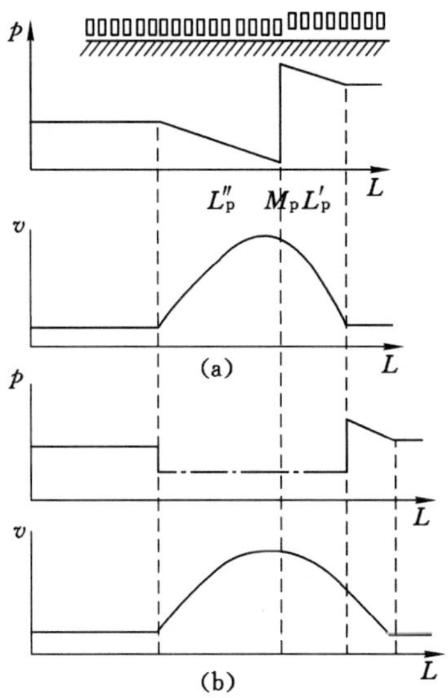

图 5-3-6　移架过程引起的工作面支护阻力的变化

M_p——卸载和移架地点；L'_p——支架卸载的前方影响带

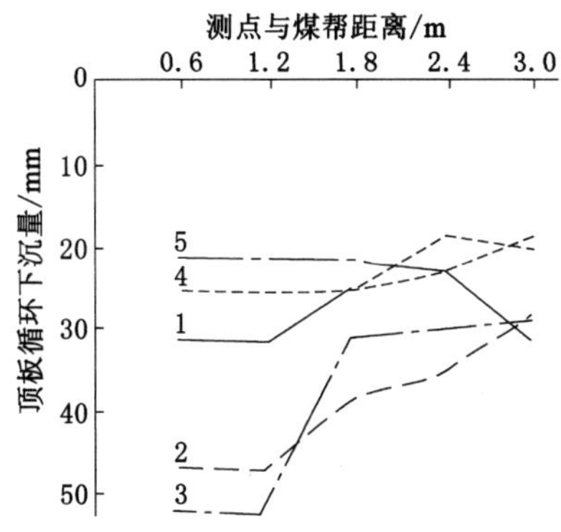

图 5-3-7　机道及控顶区顶板下沉

1～5 为测站测点 其中，1～3 为中部测站；4、5 为端头测站

$$F = A + BS \tag{5-3-3}$$

式中　F——冒落率，%；

S——机道上方未支护宽度，一般取 $S=a+b+c$；

α——顶梁端至第一接顶点的距离，cm；

b——梁端至煤壁切割面的距离，cm；

c——煤壁片帮深度，cm；

A、B——与顶板岩性有关的常数。

表征岩性影响用冒落敏感度 E(%)表示，此值为梁端距 $S=100$ cm 时的顶板冒落率。长壁工作面顶板冒落敏感度如图 5-3-8 所示。

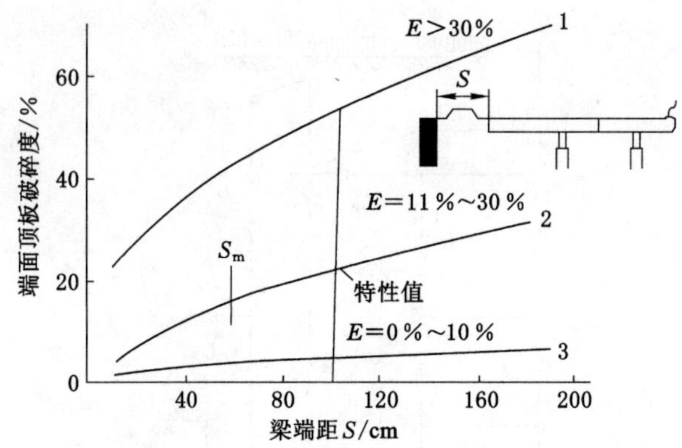

图 5-3-8　长壁工作面顶板冒落敏感度

1——冒落敏感度高；2——冒落敏感度中等；3——冒落敏感度低

德国学者根据测量结果将顶板分为 3 类：高敏感度顶板，$E>30\%$；中等敏感度顶板，$E=1\%\sim30\%$；低敏感度顶板，$E\leqslant10\%$。

我国 80 年代对综采工作面顶板的冒落度进行过细致的测定，发现除上述两因素外，支护阻力也有一定的影响。回归公式具有如下形式，即

$$F=\mathrm{A}+\mathrm{B}S+c/q_t$$

式中　q_t——时间加权平均支护强度，即适当提高支护阻力可减少机道顶板冒落度，一般 q_t 应在 300 kN/m² 以上。

(2) 顶板裂隙类型及其发展。

德国和原苏联学者研究了开采工作面顶板裂隙的类型和发展，将顶板裂隙主要分为 5 类：平行层面的裂隙(R_1)；垂直层面的裂隙(R_2)；向煤壁倾斜的裂隙(R_3)；向采空区倾斜的裂隙(R_4)和模型裂隙(R_5)。还有以上各种交叉裂隙，其中对综采工作面最危险的是机道上方经常出现的模楔形裂隙。这种裂隙多发生在总支护阻力和支护强度不足的工作面。机道出现楔形冒落，特别是冒高超过 50 cm 时，对工作面控制非常不利。

原苏联测量研究所将综采工作面的顶板状况分为 4 级并进行综合评分。

Ⅰ级(良好)：顶板无裂隙或仅有裂隙而无错动；

Ⅱ级(中等)：顶板裂隙有错动但不超过 100 mm；

Ⅲ级(不好)：顶板裂隙有错动和冒落(一般不超过 0.5 m)；

Ⅳ级(很差)：顶板到处有不规则的台阶错动和冒落。

现场研究表明，当工作面支护强度超过 300 kN/m² 时，顶板裂隙占的比重显著增大，而冒落显著减小；而当支护阻力再增大时，对顶板状况的改善已不显著。在其他条件相同时，适当提高支护阻力可控制顶板裂隙和错动，以及冒落的发展。

(3) 改善顶板下沉和离层破碎的原则

近年来国内外的研究和实践表明，改善综采工作面顶板控制，应优先予以考虑以下技术途径：

① 提高支架阻力，包括初阻力和额定工作阻力。由于移架期间对顶板的支护阻力显著下降，为避免顶板失稳，应适当提高支架的初撑力和额定工作阻力，以便使移架期间对顶板

的总支护阻力不低于使直接顶板保持平衡必需的阻力。近几年来综采液压支架普遍采取了高工作阻力及初撑力与额定工作阻力的高比值，取得良好效果。

② 增加对顶板的隔离或遮盖作用。由于支架的反复支撑和卸载作用，除较坚硬的顶板以外，一般总会在支架上方出现一些破碎矸石。通过提高支架顶梁对顶板的遮盖率，可避免破碎石于石落入工作空间。目前掩护支架和支撑掩护支架对控顶区顶板的遮盖率可达90%，避免了破碎矸石落入控顶区，并在大多数综采工作面获得成功。

③ 擦顶移架。如果移架前降柱过多，将导致顶梁上的破碎矸石厚度增加，进而增加梁端到煤壁距离，促使机道上方破碎顶板冒落。采用擦顶移架措施，即移架时不使顶梁脱离顶板，既可避免与支架接触的顶板层进一步破碎，又可提高移架速度。

④ 控制和减小机道顶板冒落的措施。除以上措施外，液压支架多采取以下结构措施：一、伸缩梁结构。一般采用外套式结构，割煤后此部分可从前梁伸出，及时支护机道上方顶板。二、挑梁结构。此部分结构铰接在前梁下方，可通过千斤顶使其伸出并支护机道顶板。三、立即移架结构。这种支架结构设计使得支架底座至输送机之间有不小于一个移架步距的宽度，割煤后可及时移架，支护已暴露的顶板。

这些结构有可能使机道上方无支护宽度降低到容许的范围以内，并避免支护迟延，对所暴露的顶板实现及时支护。

2）顶梁载荷分布及前端的支护阻力控制

综采工作面的无立柱空间宽度一般在2.0 m以上，如果没有足够的支护阻力，将同样导致机道顶板的过大早期下沉和离层破碎。特别是在采高较大或煤层松软条件下，无支护宽度进一步增大，顶梁前端的支护阻力问题更为突出。为此必须研究不同条件下液压支架顶梁载荷分布。

顶梁载荷分布规律的研究对于改善顶板控制无疑是十分重要的因素。在多年来实验室和现场试验基础上取得了以下主要成果：

(1) 顶梁载荷的统计分布

在天然条件下顶板是不平的。顶梁与顶板的接触处仅是几个小面积，通常为三点接触。研究表明，接触点是随机分布的，而在接触点处的压力服从力矩平衡条件。例如，对于掩护支架，相对于顶梁-立柱铰接点保持力矩平衡，即

$$\sum_{i=1}^{2} p_i x_i = \sum_{j=1}^{2} p_j x_j \tag{5-3-4}$$

式中　$\sum_{i=1}^{2} p_i x_i$：顶梁-立柱铰接点前方（前梁）接触压力与至铰接点距离的乘积；

$\sum_{j=1}^{2} p_j x_j$：顶梁-立柱铰接点后方（后梁）接触压力与至铰接点距离的乘积。

左右两侧的接触点不超过2个。

图5-3-9为掩护支架井下工作面测定的顶梁载荷统计分布。由图可见，顶梁载荷统计分布不是线性的，而是波浪形的，且在周期来压时显著增大。其共同点是：顶板合力作用点位置始终接近顶梁与立柱铰接点处，该点大约是顶梁力矩中心。

通过改变顶梁前后比，可以改变顶梁载荷分布。从接触概率角度理论出发，通过改变顶梁上平面的不平整度，同样可以改变顶梁前后端比压分布。

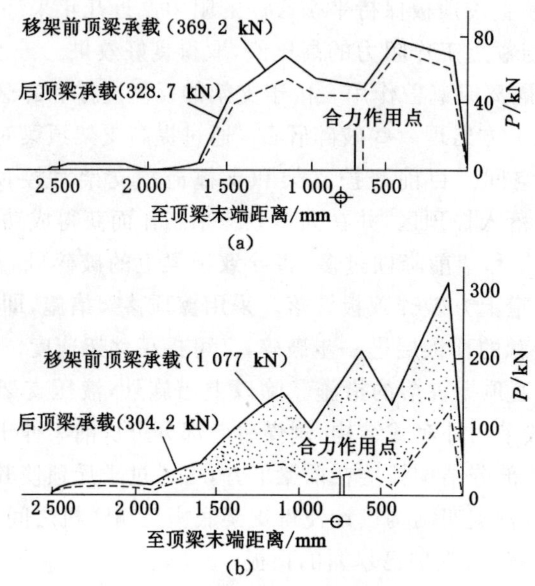

图 5-3-9　掩护式支架顶梁载荷实测统计分布

(a) 非周期来压；(b) 周期来压期间

(2) 顶梁载荷的线性分布

顶梁、底座载荷一般为线性分布，顶梁前端的支护阻力与支架架型、支架总支护阻力和顶梁前、后段尺寸等相关。

3) 底板比压分布的实验研究和控制

在实验室条件下，液压支架在外载作用下底板比压分布可通过采用特殊的压力传感器测定。煤炭科学研究总院北京开采研究所液压支架实验室的多次试验表明，底板比压从底座尖端至后端按负指数曲线规律衰减，如图 5-3-10 所示；不同摩擦因数对底板比压分布的影响如图 5-3-11 所示。

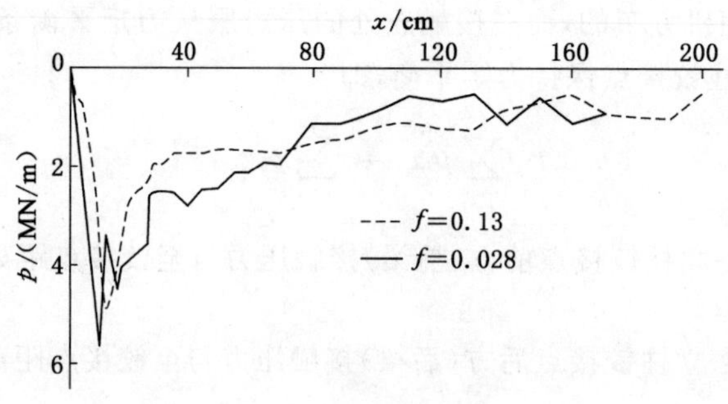

图 5-3-10　液压支架底板比压实验分布

从图 5-3-10 中可以看出，底座比压最大值在其尖端附近，随远离尖端迅速衰减。而随着支架与顶、底板摩擦因数的减小，底座尖端比压显著增大。对于支架设计和选择方面，应考虑以下几点：

① 最大比压主要由支架额定工作阻力确定。因此，对于松软底板，应限制支架的额定

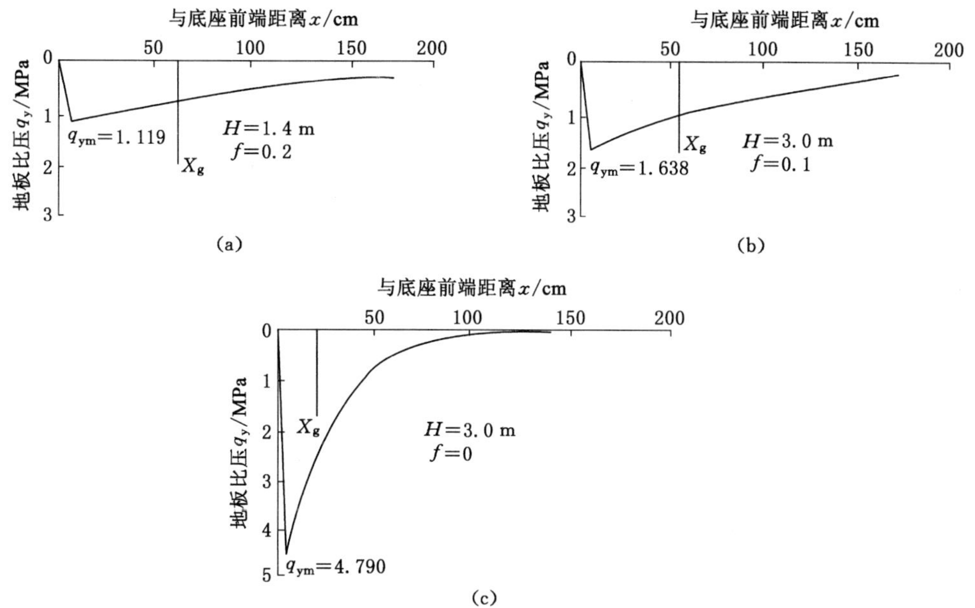

图 5-3-11　支架-围岩摩擦系数对底板比压分布的影响

工作阻力，以避免其尖端压入底板。

② 底座最大比压同时受支架结构、工作高度、摩擦因数的影响，它们均影响外载合力作用点在底座的位置。

③ 原则上应适当增加液压支架顶梁和底座的粗糙度，以增大摩擦因数。同时应考虑到在顶板淋水或积存浮煤等条件下由于摩擦因数的减小，支架底座尖端对底板比压有增大的可能性，适当选择相应的支架结构及参数。

4）液压支架与顶、底板围岩沿层面方向的相互作用及控制

液压支架与围岩力学相互作用的研究是我国在给定地质和采矿条件下合理选择支架结构和参数及制定岩层控制措施的科学基础。为分析液压支架与围岩沿层面的相互作用，煤科总院开采分院完成了支架载荷的井下测定和支架-围岩相互作用的实验室试验和相关的理论研究。

（1）液压支架与直接顶板接触平面相互作用的实验室和现场研究

对两柱掩护型液压支架与围岩力学平衡的计算表明，支架对顶板有两种支撑作用（图 5-3-12）。第一种是初撑状态下支架对顶板的主动支撑力，即

$$P_{x1} = P_C(\delta_3 \cos\beta_a - \delta_4 \sin\beta_a) \tag{5-3-5}$$

式中　P_c——平衡千斤顶的推力；

β_a——平衡千斤顶与水平面的夹角；

δ_3、δ_4——相关常数，$\delta_3=(c+l_0\sin\beta_c)/h_2$，$\delta_4=(l_0\cos\beta_c)/h_2$；

β_c——掩护梁与垂线夹角。

掩护支架对顶板的主动支撑力随平衡千斤顶的推力而增加，有利于阻止顶板岩石指向采空区的分离运动。从而可改善对顶板，特别是不稳定顶板的控制。第二种主动支撑作用是在掩护支架受载过程中形成的。当外载合力不通过支架重心时，掩护支架通常向

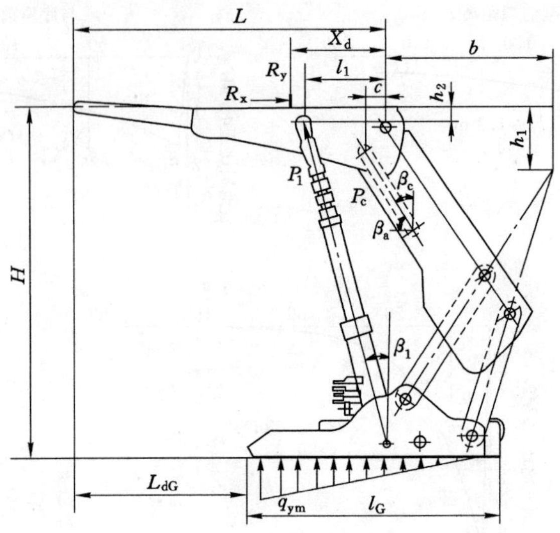

图 5-3-12　掩护式支架与顶板相互作用力图

前方回转,同时产生对顶板的主动水平力。在煤炭科学研究总院北京开采研究所实验室对掩护支架的加载试验表明,在加载过程中,支架顶梁向煤壁方向发生水平位移,同时形成对顶板的水平推力。卸载过程中刚好相反,此时顶梁向后方,即采空区方向水平移动。如图 5-3-13,图 5-3-14 所示。以上所述的对顶板的主动水平力特征主要归属于两柱掩护支架,是其相对于四柱支撑掩护型的优点之一,也是两柱掩护型在我国得到广泛应用的主要原因之一。

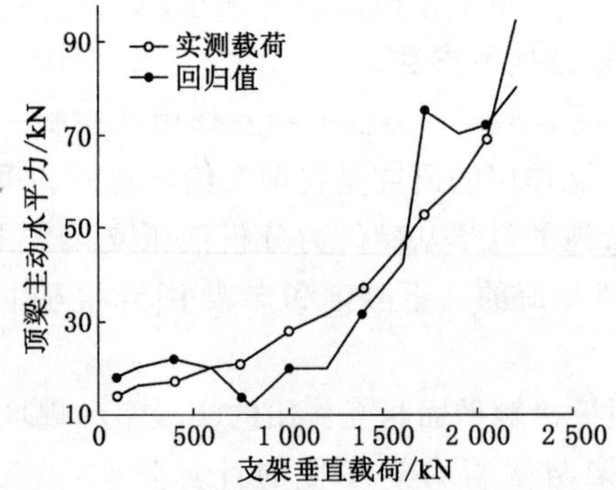

图 5-3-13　支架加载和卸载过程的水平力

(2) 沿推进方向的被动水平力

力学分析和支架部件受载的现场观测(借助于测力传感器)表明,两柱掩护支架可以形成指向煤壁的被动水平推力。该力是顶板水平力的反作用力,并由下式计算

$$R_{xm} = \frac{f_1[P_1\cos\beta_1(1-h_1/b)\tan\beta_1]-P_c c/b}{1-f_1h_1/b} \tag{5-3-6}$$

式中　f_1 ——顶梁对顶板的摩擦因数;

P_1 ——立柱阻力;

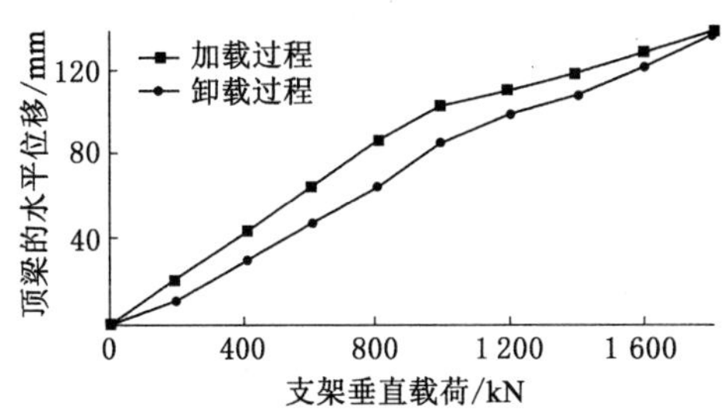

图 5-3-14　试验台对支架加载和卸载过程的水平位移

h_1、b ——四连杆瞬心相对于顶梁上平面的垂直距离和对顶梁-掩护梁联结点的水平距离；

β_1 ——立柱相对于水平面的倾角；

c ——平衡千斤顶轴线对于顶梁一掩护梁连接点的垂直距离。

通过实测，大多数工作面顶板对支架的水平力，指向采空区的频率占 80%以上，仅有个别工作架承受来自顶板指向煤壁的水平力，可能是在基本顶周期来压期间发生的。水平力与垂直力的一般在 0.1～0.4 之间。这意味着液压支架对顶板的水平力绝大多数是指向煤壁，因而有利于控制的裂隙岩块指向采空区的分离运动。

支架对顶板产生被动水平力是两柱掩护型和四柱支撑掩护型支架的共同特点。而主动水平力大多为两柱掩护支架形成。

5.3.1.3　液压支架支护强度确定及架型选择

液压支架与围岩力学相互作用研究，需要综合分析不同地质技术条件下支护强度确定方法和不同支架的结构力学特征，为支架选型提供依据。

1）液压支架支护强度的确定

支架支护强度的确定，既要保证对工作面顶板实现有效控制，又要满足回采工艺的各种要求。为此，需要对顶板运动的类型和支架与围岩进行分析。

（1）常见的顶板运动类型

在我国的煤层地质和采矿条件下，根据回采工艺、顶板运动和来压特征可以将顶板运动分为 5 种类型：

类型 A：中厚煤层开采。直接顶为不稳定顶板（松软或破碎顶板），支架载荷主要由基本顶的级别和运动特征决定，直接顶作为主要传力介质，并将自重作用于支架。

类型 B：中厚煤层开采。直接顶中等稳定和稳定，在与支架相互作用中具有不同的回转趋向，同时传递有Ⅱ级和Ⅲ级基本顶形成的周期载荷。

类型 C：中厚煤层开采。具有非常稳定的直接顶和Ⅳ级基本顶形成的剧烈载荷。

类型 D：厚煤层采用放顶煤开采。采用放顶煤开采时，支架直接面对顶煤，而且顶煤在回采过程中要求最大限度地放出。

类型 E：浅埋深煤层开采。

（2）类型 A 顶板所需支护强度计算

当支架-围岩关系正常工作时，即支架给予直接顶板必要的初撑力，直接顶不发生离层的条件下，基本顶周期来压时，支架和直接顶处于“给定变形”状态，此时必需的支架载荷由直接顶重量和基本顶来压时引起的控顶区下沉导致的载荷增量组成，可按式(5-3-7)计算。

$$
\begin{aligned}
P_Z &= \gamma h_1 + k_j S_2 \\
k_j &= \frac{k_z}{1 + k_z/k_r + k_z/k_f} \\
S_2 &= \frac{[M - h_1(K_C - 1)]l_s}{L_p} \\
P_Z &= \gamma h_1 + \frac{k_z}{1 + k_z/k_r + k_z/k_f}\frac{[M - h_1(K_C - 1)]l_s}{L_p}
\end{aligned}
\tag{5-3-7}
$$

式中　γ——直接顶岩石容重；

h_1——直接顶厚度；

k_z——支架安全阀开启前的抗压刚度；

k_r——直接顶岩石抗压刚度；

k_f——底板岩石抗压刚度；

M——采高；

K_C——直接顶垮落初始松松散系数；

L_p——周期来压步距；

l_s——控顶宽度。

可见，在给定变形条件下，直接顶厚度对必需支护强度的影响较大。当直接顶厚度小于2倍采高时，支架所需支护强度很大。在较高工作阻力的综采工作面，出现“给定变形”的可能性较小。

(3) 类型B顶板所需支护强度计算

该类型直接顶在综采工作面通常不完全破碎，而是被支承压力形成的剪切裂隙分割为不同倾角的块体，并在支架上方出现不同的回转趋势。

液压支架必需的支承能力应根据直接顶和基本顶的力学特性和运动特性确定，包括被剪切裂隙分割的直接顶的回转趋势和基本顶的来压强度。直接顶岩块可分为向煤壁回转和向采空区回转两种回转趋势。在第一种趋势下，顶板岩块对支架施以指向采空区的水平力，而支架则对顶板施以指向煤壁的被动水平阻力；在第二种情况下，支架对顶板施以指向采空区的水平力。同时由于顶板岩块与煤壁前方顶板相接触，后者向顶板岩块施以摩擦阻力，其方向制约直接顶岩块的回转，同样，基本顶对直接顶岩块给予阻滞其运动的被动反力。

必需的支护强度按以下公式计算。

第一种情况：

$$
R_Z = \gamma h_1 \frac{1 + k_d(1 + \tan\delta)/\tan(\alpha - \delta)}{1 + f_d \tan(\alpha - \delta)} \tag{5-3-8}
$$

第二种情况：

$$
\begin{aligned}
R_Z &= \gamma h_1 \frac{1 + k_d(1 + \tan\delta)/\tan(\alpha - \delta)}{1 - f_d \tan(\alpha - \delta)} \\
\delta &= \arctan^{-1}(f)
\end{aligned}
\tag{5-3-9}
$$

式中　γ——直接顶岩石容重；

h_1——直接顶厚度；

f_d——直接顶-顶梁摩擦因数；

α——直接顶岩石断裂角；

f——岩石间的摩擦因数；

k_d——基本顶来压动载系数。

(4) 类型 C 顶板所需支护强度计算

该类型的顶板非常稳定，岩层厚度大而坚硬，断裂垮落形成巨型菱形岩块。当工作面推进到一定距离后，顶板在控顶区上方突然断裂，给支架以突发性载荷，随后，由于重心出在支架顶梁以外，即向采空区回转，并与已垮落在采空区的巨型岩块挤压，形成半拱式平衡。在此条件下，必需支护强度的计算公式如下：

$$R_y = \gamma h_2 \frac{C_y}{D_y} + \gamma h_1 \tag{5-3-10}$$

式中　$\frac{C_y}{D_y}$——基本顶传力系数；

γh_1——直接顶岩重；

$$C_y = \frac{1}{2}(L_p + h_2 \cot\alpha) - \frac{(Z-A)\sin(\alpha_1 - \delta)}{2\cos(\alpha_1 - \delta)}$$

$$D_y = \frac{f_d[Z + a\sin(\alpha_1 - \delta)]}{2\sin(\alpha_1 - \delta)} - \frac{(Z-A)\sin(\alpha_1 - \delta)}{2\cos(\alpha_1 - \delta)}$$

$$\alpha_1 = \alpha - arctg\left[\frac{M - h_1(K_C - 1)}{L_p}\right]$$

式中　h_1——直接顶厚度；

h_2——基本顶厚度；

K_C——直接顶松散系数；

L_p——周期来压步距；

α——基本顶岩石断裂角；

δ——岩块间摩擦角；

A——基本顶岩块挤压面合力作用点至岩块表面距离；

Z——相关常数。

(5) 类型 D 放顶煤开采所需支护强度计算

该类型的放顶煤工作面支架载荷有三种基本机制：基本顶长梁型断裂，在煤壁上方回转；直接顶形成短梁拱，周期性失稳；直接顶有一定的自承能力，仅下部直接顶对顶煤施加载荷。

① 短梁拱形直接顶在基本顶均布载荷条件下对支架的载荷可以通过计算获得。处于放顶煤工作面顶煤上方的中等强度的直接顶破坏程度一般小于普通长壁工作面，形成短梁拱失稳的概率较大，失稳时，其载荷将通过控顶区顶煤的弹性区传递。基本计算公式如下：

达到极限跨距时，短梁拱对顶煤的垂直载荷为

$$R_{by} = \frac{\gamma L_p \left(\frac{h_2 + h_3 k_c}{k_b} - \frac{h_2 + h_3 \cos\delta_2}{2k_a}\right)}{\frac{L_p - x_z}{k_a L_P} - \frac{1}{k_b}} \tag{5-3-11}$$

$$k_a = [M - 0.2M(C_1 - 1)]\cos(\delta_1 - \beta)/L_p + \sin(\delta_1 - \beta)$$

$$k_b = \sin(\delta_1 - \beta) + \cos(\delta_1 - \beta)\tan(\delta_1 + \beta)$$

$$k_c = \cos\delta_1 + \sin\delta_1 \tan(\delta_1 + \beta)$$

$$\delta_1 = \arctan(f_1)$$

$$\delta_2 = \arctan(f_2)$$

$$\beta = \frac{\pi}{2} - \alpha + \arctan\left[\frac{M - 0.2M(C_1 - 1)}{L_p}\right]$$

式中　x_z ——顶煤对直接顶的反力作用点至煤壁距离；

L_p ——短梁拱失稳步距。

根据顶煤弹性区传递短梁拱失稳载荷、顶煤回转、围岩和支架的平衡条件，以及顶煤塑性区本身的载荷，得出支架必需的支护强度为

$$q_y = \frac{R_{by}(1 - f_1 f_2 \cot\delta) + \gamma_0 M_f l_s}{(1 + f_d f_1 \cot\delta) l_s} \tag{5-3-12}$$

传力系数是一项衡量支架载荷相对值的重要指标。对于放顶煤工作面，液压支架移架后直接顶短梁拱失稳，通过顶煤对支架的载荷与短梁拱及其顶煤总岩重之比，称为传力系数。即

$$C_f = \frac{q_y l_s}{\gamma_1 (h_2 + h_3) + \gamma_0 M_f} \tag{5-3-13}$$

式中　γ_1, γ_0 ——顶板岩层和煤层容重；

h_2, h_3 ——直接顶厚度和随动层厚度。

传力系数一般在 0.1～0.5 之间。随着来压步距或煤层厚度的增加，传力系数逐步减小；随着直接顶厚度和随动层厚度的增加，传力系数显著增加。

② 直接顶有部分自承能力的放顶煤工作面，如果处于顶煤上方的直接顶厚度较大，可以分为两个部分：其下部被贯穿性裂隙所切割，而上部保持较大的自承能力，即不沿煤壁上方切断，可承受自身的挠曲和基本顶破断来压的载荷。在此条件下，支架必需的支护强度计算公式为：

$$q_h = (\gamma_1 h C_d + \gamma_0 M_f) C_3 \tag{5-3-14}$$

式中　h ——直接顶厚度；

C_d ——剪切裂隙穿透系数，一般在 0.2～0.8；

M_f ——顶煤厚度；

C_3 ——额定阻力备用系数。一般取 1.2～1.5。

③ 根据我国多个综放开采工作面实测，支架最大载荷 P_{max} 与煤层普氏系数 f、采深 H 以及顶煤厚度 M_d 进行回归，得到确定工作阻力的关系式

$$P_{max} = 1939 + 2.2 \cdot H + 471 \cdot f + \frac{155}{M_d} \tag{5-3-15}$$

式中　M_d ——顶煤厚度。

(6) 类型 E 浅埋深煤层开采所需支护强度计算

浅埋深煤层综采工作面岩层受力情况如图所示。液压支架支护强度的确定受到以下两方面的影响，一是由于关键层的旋转施加给支架的“给定变形”状态的压力，主要与主关键层的厚度、断裂步距、上覆岩层传递的载荷等有关，其压力通过直接顶传递给工作面支架；另一

个是直接顶断裂后施加给支架的“给定载荷”状态的压力，即直接顶的重量直接施加在支架的顶梁上部。其计算公式如下：

$$F=\frac{q\cdot l_1^2}{2(l_1-L)}+\frac{l_1^2\cdot H_K\cdot \rho\cdot g}{2(l_1-L)}+(L_1+L_2)\cdot \rho'\cdot g\cdot H_Z \tag{5-3-16}$$

式中　q——松散载荷层对顶板形成结构关键层的载荷；

g_1——岩块Ⅰ的自重载荷；

l_1——岩块Ⅰ的长度；

H_k——岩块Ⅰ的厚度；

F——直接顶对关键层的支撑作用力。

可见，支架载荷主要由三部分组成，分别为沙土层载荷、关键层“给定变形”载荷和直接顶“给定载荷”作用。

考虑到最危险的状态为直接顶基本顶均在支架前方断裂，即 $L_1=0,L=L_2$，得

$$F=\frac{q\cdot l_1^2}{2(l_1-L)}+\frac{l_1^2\cdot H_K\cdot \rho\cdot g}{2(l_1-L)}+L\cdot \rho'\cdot g\cdot H_Z \tag{5-3-17}$$

浅埋深煤层由于基岩较薄和上覆沙土层载荷较大，容易出现“短砌体梁”和“台阶岩梁”状态结构，根据浅埋深煤层的一般条件，“短砌体梁”和“台阶岩梁” 结构都将出现滑落失稳，这也是浅埋深工作面周期来压剧烈和出现台阶下沉的根本原因。

同时，关键层和直接顶的自平衡作用，并非所有的作用力均作用于工作面支架，同时支架具有卸载功能，能够通过安全阀的开启和降柱维持一定的动态平衡。

由于沙土层的传递具有时间效应，根据相似模拟试验及其现场观测结果，考虑支架支护强度为峰值点的 1/2，其工作阻力的适用公式为：

$$F=\frac{l_1^2\cdot H_K\cdot \rho\cdot g}{4(l_1-L)}+\frac{1}{2}L\cdot \rho'\cdot g\cdot H_Z \tag{5-3-18}$$

2）液压支架额定工作阻力确定

工作面支护强度确定以后，支架工作阻力值主要取决于支护顶板的控顶面积。支架控顶面积主要与工作面“三机”配套设备的断面纵向尺寸有关；工作面“三机”配套设备的断面纵向尺寸在采煤机、刮板输送机定型配套后才能准确地确定。

额定工作阻力 F：

$$F\geqslant P\cdot B_c\cdot L/h \tag{5-3-19}$$

式中　P——一首采区工作面额定支护强度；

L——支架中心距；

B_c——控顶距，包括支架顶梁长度和梁端距离；

η——支撑效率。支架的支撑效率主要取决于支架的架型，即立柱在不同工作状态的倾斜角度。

3）支架架型确定

液压支架架型的确定必须与矿山地质条件相适应，与工作面其他设备相配套，与回采工艺相配合，并且满足安全高效生产的要求。液压支架选型不仅包括支架的架型及额定支护强度、工作阻力，而且设计到顶梁、护帮、底座、侧推、防倒防滑等主要部件的选型及参数确定。

简单的支架选型流程如下：

① 根据采煤方法论证结果确定采煤方法；

② 根据顶板(煤层)岩石力学性质、厚度及岩层结构和弱面发育程度确定直接顶(煤层)类型；

③ 根据基本顶岩石力学特性及矿压显现特征确定其级别；

④ 根据底板岩性及底板抗压入强度和刚度确定底板类型；

⑤ 根据矿压实测数据计算额定工作阻力或根据采高、控顶距离及来压步距估算支架支护强度；

⑥ 根据顶底板类型、级别初选支架额定工作阻力和支架架型；

⑦ 考虑工作面风量，行人断面，煤层倾角修正支架架型和参数；

⑧ 考虑煤壁片帮条件确定顶梁及护帮机构。

除以上常见条件外，还要考虑如下特殊因素：

① 上下部采动条件。近距离煤层采动，会导致顶底板岩层一定程度的松动，降低直接顶的稳定性、基本顶的来压强度。一般地，当上部 10 m 范围内有采高大于 1 m 的煤层已采，本煤层直接顶、基本顶类级降低一个类级；当下部 20～30 m 内有采高大于 1 m 煤层已采，本煤层直接顶、基本顶降低一个类级处理。

② 相邻区段或两侧开采条件。本煤层一侧开采，对其稳定性和来压强度有一定影响，可不考虑；本煤层两侧已采，对本工作面影响强烈，应对直接顶、基本顶分别降低一个类级处理。

③ 地质构造、断层、褶曲等分布和参数对支架选型影响很大，对于构造影响较强烈的区段，应该有限选用两柱掩护式支架。可伸缩顶梁对通过破碎带有较好的适应性。

④ 开采深度的影响。顶板小于 150 m 时，需要按照浅埋深的矿压特征进行选型，当采深逐步增加，矿压显现表现为不但顶板压力增加，而且底板和煤壁的扰动增加的特性，需要进行详细考虑。

⑤ 顶底板含水。顶底板含水会导致开采时，顶板淋水和底板集水，减低底板抗压入强度和刚度。

5.3.2 工作面初、末期采顶板管理

5.3.2.1 工作面初采期顶板管理

从切眼推进 30 m 范围内为工作面初采阶段。在此期间，生产过程中工作面的支架必须拉成一条直线，并保证全部达到初撑力；初采期间每刀煤下挖不得超过 0.2 m，以工作面割到实地为止，且在 9～10 m 范围内采高必须达到规定范围。

工作面初次来压时应严格按支架基本操作要求进行，根据实际情况，选择合理的拉架方式，回进风巷道超前支护一定要达到初撑力，防止来压时两顺槽支护达不到要求造成顺槽顶板冒落。不论生产或检修，都必须及时伸出一二三级护帮板，且保证护帮板紧贴工作面煤壁。支架检修工要加强对支架的检修，保证工作面所有支架都保持完好状态，严禁液压系统出现跑、冒、滴、漏现象。来压期间采煤机司机要控制采高，防止漏矸。

各班工长、现场安监员要注意观察基本顶来压情况，加强工作面及两巷支护和退锚管理，加强矿压观测。

5.3.2.2 工作面末采期顶板管理

(1) 当工作面推进到距离停采线 200 m 时，开始进行矿压观察，准确计算出周期来压步

距，合理调整推进速度，确保末采拉架巷不在来压范围内。

(2) 根据以前回采经验确定在工作面推进到距离停采线 50 m 时，开始调整采高，采高最终调整到拉架巷的高度，但为了保证顶板的平缓过渡，支架接顶严密，确保每次降低的高度不得超过 150 mm。

(3) 必须保证每台支架都达到初撑力，保证顶底板的平整。

(4) 末采期间必须跟机拉架，顶板不好时支架工要注意提前拉架，减少空顶面积。

5.3.3 工作面顶板灾害事故的防治措施

顶板灾害事故是指在煤矿井下生产过程中，顶板意外冒落造成的人员伤亡、设备损毁、生产终止等事故。顶板事故相对于煤矿瓦斯爆炸、透水等事故而言，虽然每次死亡人数比较少，但其事故发生频率高，事故总量大，也是控制煤矿事故总量的重点。多年来，我国煤矿的顶板事故及顶板灾害以其点多面广、控制难度大等特点，在各类煤矿事故中一直居于前列。为减少工作面片帮冒顶事故的发生，结合阳泉矿区顶板管理的经验，本书提出以下顶板管理措施：

5.3.3.1 提高支架初撑力和支护阻力

支架合理支护阻力既要能够支撑顶板、抵抗住顶板来压，又要能够缓解煤壁压力，减缓甚至抵消煤壁片帮，高阻力可以减小煤壁处压力，有利于缓解煤壁片帮。为了保证初撑力达到最佳有效状态应及时对支架进行二次注液，保证工作面支架具有足够的初撑力和支护阻力，减小煤帮压力，以提高支架-围岩体系的整体刚度，确保良好的支架位态。在移架伸柱后，不要立即把伸柱手把打回零位，以提高初撑力，充分利用支架的初撑力，及时有效的支护顶板。

自动化综采工作面泵站采用远距离集中供液方式，泵站压力为 37.5 MPa，高于普通综采工作面 31.5 MPa 的泵站压力。液压支架电液控制系统在自动移架时其支撑力均应达到预设的初撑力，并设置有自动补液功能，以上几个方面的因素均有利于支架获得较高的初撑力。

5.3.3.2 合理使用护帮、侧护装置

护帮板的水平推力对防止煤壁片帮具有积极作用，为了充分发挥护帮板的护帮作用，在支架设计时采用护帮板装置，提高护帮效果。割煤时安排专人超前在采煤机前滚筒 1/2～1 个支架处收回护帮板，待前滚筒过后伸出护顶，移架时收回护帮板，移架后伸出护帮，在时间上和空间上形成对煤帮和顶板的不间断支护。同时大行程双活强力侧护板对顶板或顶煤体有一个全封闭的作用，可以防止架间漏顶现象。

5.3.3.3 及时支护，减小空顶范围

为减少工作面端面顶板空顶时间，在距采煤机后滚筒 3～5 架处开始顺序移架，对端面顶板及时支护。在顶板破碎，悬顶面积大时可在采煤机割过上刀后，及时将支架伸缩梁伸出，维护煤帮顶板，保证其完整性。在综放工作面，正四连杆低位放顶煤液压支架设计中也采用了整体顶梁加伸缩梁结构，前滚筒割顶煤后，可先把伸缩梁伸出，对顶板起到维护作用。而后跟机及时伸出前梁护顶煤，防止顶煤跨落。拉架后升紧支架，保证支架具有较高的初撑力和工作阻力，降低煤壁支撑压力，提高煤壁稳定性。另外，严格控制采煤机截割深度，减小空顶范围，从而有利于防止片帮和冒顶事故的发生。

5.3.3.4 控制机采高度

现场开采实践证明，当加大工作面的采高时，工作面顶板压力随之增大，煤壁前方支承应力集中程度也随之增大，从而加剧了工作面煤壁片帮和冒顶的风险。因此，为防止片帮冒顶事故的发生，应根据工作面顶板和煤壁条件，适当控制机采高度。另外，在综放工作面，机采高度不仅通过对煤壁稳定性的影响而影响顶煤的稳定性，而且机采高度增加将使顶煤下位完整层厚度减小，容易造成下位顶煤破坏漏顶，因此综放工作面在回采过程中也应严格控制机采高度，保持合理的采放比。

5.3.3.5 加快工作面推进速度

工作面推进速度对片帮和冒顶有显著影响，推进速度越慢，煤壁片帮和端面冒顶现象越严重，这是煤壁处于峰后压碎状态在残余应力作用下塑性变形以及随时间的延长蠕变变形增大的结果。工作面停产期间，片帮和冒顶现象更是成倍增加，长时间的工作面停产，极易造成煤壁片帮、端面冒顶和支架工况恶化三者之间的恶性循环，给工作面安全生产带来严重威胁。为此，应从以下几个方面加以改进：

(1) 尽量加快工作面推进速度，减小每循环的顶板下沉总量，控制煤壁片帮。

(2) 尽量减小各种不正常事故导致的工作面停产，当出现事故时要及时处理，尽可能地缩短停产时间。

(3) 工作面停产大修时，要尽量在煤层较薄、采高较低、顶板条件较好的地段进行，并用单体支柱加强支护，以防止片帮扩大，造成冒顶。

5.3.3.6 超前拉架

在片帮冒顶区域，采用及时拉超前架的方法，使支架顶梁顶住煤壁，并及时打出护帮板。同时，操作支架采用擦顶带压移架方式，防止液压降低，影响拉架力和拉架速度。

5.3.3.7 顶板和煤帮化学加固控制技术

在松软煤层、破碎顶板以及过地质构造期间，对破碎顶板和煤壁化学注浆加固是防治工作面片帮冒顶的有效手段，是顶板灾害事故的一种解危措施，但其成本高昂，预防工作面片帮冒顶仍应以加强工作面的日常管理和严格控制采高为主。

5.3.3.8 加强顶板灾害的实时监测及预警

对于工作面顶板灾害的预警，主要通过监测支架工作阻力，分析初撑力、循环末阻力和来压步距，统计安全阀开启率、支架保压概率、初撑力合格率，及时了解支架工作状态，防止片帮冒顶、压架及大倾角工作面倒架事故的发生。

5.3.3.9 顶板灾害事故的处理措施

综采工作面一旦发生较为严重的顶板灾害事故，应及时采取有效措施避免事故影响范围的进一步扩大。根据片帮冒顶程度，采取化学注浆、降低采高、及时构顶、铺金属网、填充冒顶区、超前拉架、端面顶板和煤壁补打锚(索)等一系列措施。

5.4 工作面自动化开采工艺与技术

国外自动化控制对象是以支架、采煤机、刮板输送机“三机”为主的全工作面自动化控制，采用控制中心＋控制器＋工业现场总线的控制技术，自动化控制程度较高；国内煤矿工作面自动化控制技术刚刚起步，控制对象是以“三机”、输送带、泵站局部综采设备简单集控，采用控制器+工业现场总线的控制技术，自动化控制程度较低。

阳煤集团综采系统装备的机电设备技术先进、可靠性高、产运量大、煤层倾角小，是综采面实现自动化的良好基础，加之近年来我国煤炭行业持续低迷，因此借助自身得天独厚的资源优势与开采设备条件，推进综采工作面的自动化成套技术研究，大幅度提高开采效率，降低煤炭生产事故发生率和生产成本，保证生产人员的人身安全、改善生产人员的工作环境。

阳煤集团自动化开采工艺的发展按照设备的配备情况分为了中厚煤层一次采全高、厚煤层综采放顶煤、厚煤层一次采全高。阳煤集团承担的山西省重点项目，全集团第一个薄煤层自动化开采项目也在有序地开展当中。

5.4.1　厚煤层大采高工作面的自动化开采工艺

5.4.1.1　阳煤一矿大采高自动化工作面情况

阳煤一矿 S8310 工作面是阳煤集团首个大采高自动化工作面，煤层厚度最大为 6.46 m，最小厚度为 6.35 m，平均厚度 6.41 m。该区域总体构造形态为单斜构造，局部地段发育有次一级的向、背斜构造，煤层倾角最大 12°，最小 3°，一般 6°左右。S8310 工作面设计走向长度 1 080 m，采长 220 m，工作面地质储量 210 万吨，可采储量 182 万吨。工作面主要设备配置情况如表 5-4-1 所示。

表 5-4-1　　主要设备配备明细表

<table>
<tr><th>序号</th><th>设备名称</th><th>型号</th><th>单位</th><th>数量</th><th>生产厂家</th></tr>
<tr><td>1</td><td>采煤机</td><td>SL1000</td><td>台</td><td>1</td><td>德国艾柯夫</td></tr>
<tr><td>2</td><td>液压支架</td><td>ZY12000-30/68D</td><td>架</td><td>119</td><td rowspan="3">平顶山煤机厂</td></tr>
<tr><td>3</td><td>端头支架</td><td>ZY12000-22.5/45D</td><td>架</td><td>7</td></tr>
<tr><td>6</td><td>过渡支架</td><td>ZY12000-26/56D</td><td>架</td><td>4</td></tr>
<tr><td>7</td><td>刮板输送机</td><td>SGZ-1250/2×1000</td><td>部</td><td>1</td><td rowspan="4">山西煤机厂</td></tr>
<tr><td>8</td><td>转载机</td><td>SZZ-1350/525</td><td>部</td><td>1</td></tr>
<tr><td>9</td><td>破碎机</td><td>PLM4000</td><td>台</td><td>1</td></tr>
<tr><td>10</td><td>自移装置</td><td>ZY2700</td><td>台</td><td>1</td></tr>
<tr><td>11</td><td>乳化液泵站</td><td>GRB37.5/400</td><td colspan="2">4 泵 2 箱</td><td rowspan="2">英国雷波</td></tr>
<tr><td>12</td><td>喷雾泵站</td><td></td><td colspan="2">3 泵 1 箱</td></tr>
<tr><td>13</td><td>支架电液控制系统</td><td></td><td>套</td><td>1</td><td>天玛公司</td></tr>
<tr><td>14</td><td>超前液压支架</td><td></td><td>架</td><td>4</td><td>平顶山煤机厂</td></tr>
<tr><td rowspan="2">15</td><td rowspan="2">组合开关</td><td>华宁组合开关</td><td>台</td><td>2</td><td rowspan="2">华宁公司</td></tr>
<tr><td>QJZ-4×315</td><td>台</td><td>2</td></tr>
<tr><td>16</td><td>乳化液自动配比装置</td><td>GDSZ2-00</td><td>套</td><td>2</td><td>天玛公司、英国雷波</td></tr>
<tr><td>17</td><td>胶带输送机</td><td>SSJ1200/2×315</td><td>部</td><td>1</td><td>华越公司</td></tr>
</table>

5.4.1.2　大采高自动化开采工艺

S8310 工作面采用一次采全高综合机械化采煤方法，全部垮落法管理顶板。割煤→拉架→移溜→清煤→割煤依次循环的采煤工序。

1）回采工艺流程

(1) 工作面回采工艺。采煤机采用端部斜切割三角煤进刀、双向割煤,即采煤机往返一次为两循环。液压支架及时支护顶板,跟机移架。

(2) 双滚筒采煤机割煤、装煤→可弯曲刮板运输机运煤→液压自移式支架支护顶板→推移运输机→清扫浮煤。

2) 采煤机割煤

使用 SL-1000 型电牵引双滚筒采煤机,端头斜切割三角煤进刀,双向割煤(前滚筒割顶煤,后滚筒割底煤),往返一次进两刀,即:

(1) 采煤机割煤至端头后,前滚筒下降,后滚筒上升,反向沿输送机弯曲段割入煤壁,直到进入直线段,以采煤机前滚筒为准,端头斜切进刀距离不少于 30～35 m,如图 5-4-1 所示。

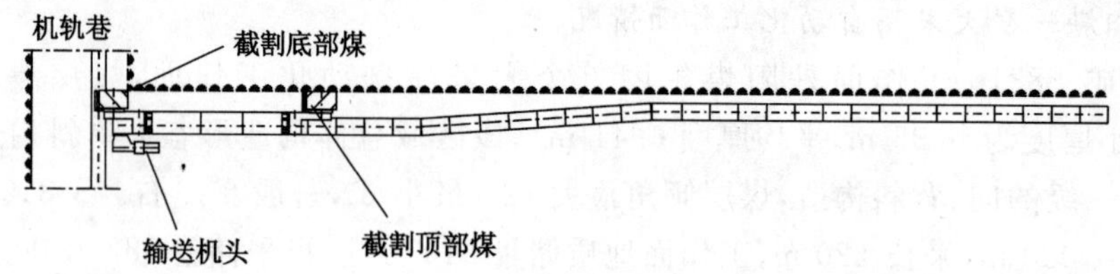

图 5-4-1　采煤机割煤工艺(斜切进刀)

(2) 采煤机机身全部进入直线段且两个滚筒的截深全部达到 0.8 m 后停止牵引,如图 5-4-2 所示。

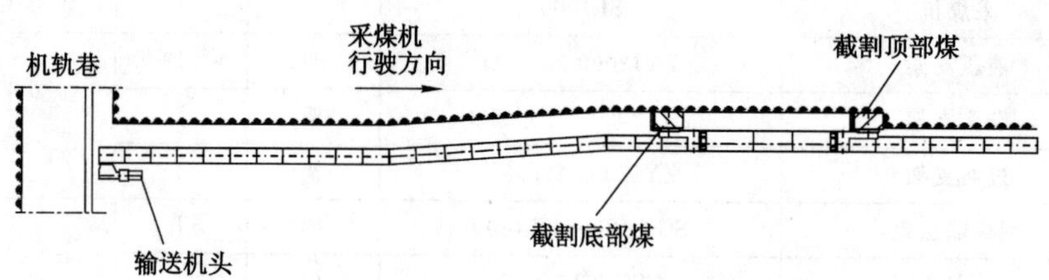

图 5-4-2　采煤机割煤工艺(掏机窝)

(3) 采煤机停止运行,等进刀段推直输送机后,调换滚筒位置,反向割三角煤至端头,如图 5-4-3 所示。

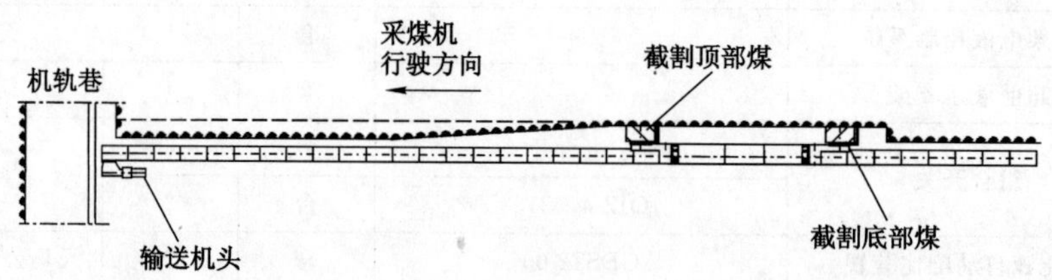

图 5-4-3　采煤机割煤工艺(割三角煤)

(4) 再调换滚筒位置,清理进刀段浮煤,向机尾(机头)割煤,进入下一个循环的割煤,如图 5-4-4 所示。

3) 采煤机运行工序

工作面平均斜长 220 m,采煤机斜切进刀段的长度 50 m,其中斜切煤壁长度按 20 m

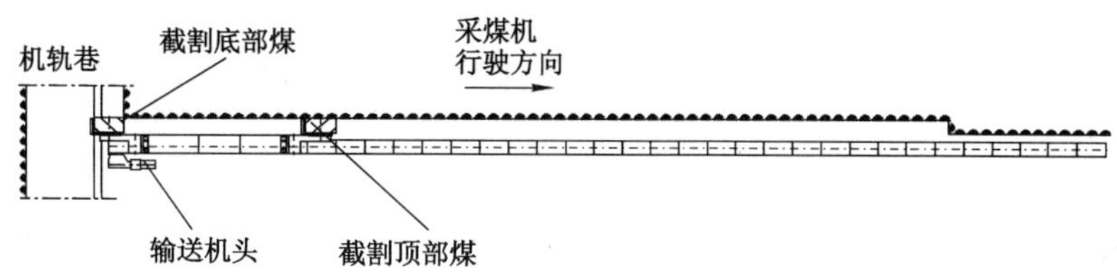

图 5-4-4　采煤机割煤工艺(反刀)

计，正常割煤段的长度 170 m。

4）移架

(1) 移架工艺

工作面采用及时移架支护方式。采煤机割煤时，移架滞后采煤机前滚筒 3～5 架。ZY12000/30/68D 支架采用电液控制系统操作，可实现以下四种移架方式：双向邻架自动顺序移架、成组顺序移架、手动移架、跟随采煤机自动移架。采用邻架的自动顺序联动(ASQ)操作方式，即沿采煤机的截割方向依次移架，移动步距为 0.865 m。

(2) 移架质量要求

① 必须严格按移架安全操作规程进行移架，移架的程序是：降支架立柱(保持一定压力)→以输送机为支点，用移架千斤顶移架 0.865 m 的距离→升起支架立柱，并在升柱手把位置保持几秒钟使支架达到额定的初撑力；

② 为保证拉架时不致将输送机后拉，在移架时，应将邻架的推移千斤顶手把打在推溜位置；

③ 当煤壁片帮较深或顶板碎破时，应在采煤机前滚筒割煤后及时移架或挑起护帮板；

④ 在移架时，必须使工作面支架保持成一条直线，其直线误差在±5 mm 以内，仰俯角不超过 7°，歪斜不得超过±5°。相邻支架间不能有明显高低错差，错差不超过侧护板高度的 2/3. 移架时保证支架移到位；移架过程中要及时调整支架状况；移架时支架降架距离顶板不大于 200 mm，在顶板破碎段必须带压擦顶移架或超前移架，防止漏矸冒顶。

5）推移输送机

(1) 推移输送机工序

工作面可实现 5 种推移方式：双向邻架推移、双向成组推移、手动推移、采煤机和液压支架联动推移和本架推移。工作面采用成组推移，调架时用本架推移或双向邻架推移，双向成组推移每组设置为 12 架，推移刮板输送机滞后采煤机后滚筒不小于 15 个支架。支架拉移后应及时移溜，移溜距采煤机后滚筒 10～15 m 处进行，刮板输送机弯曲长度不小于 15 m，而且使刮板运输机形成缓慢的弯，其弯曲长度不得小于 18 m，当底板不平时，顶溜子时要垫平溜槽。推移输送机头、尾时，至少十架支架同时推移，推移千斤顶与运输机之间的浮煤，设专人清理干净。

(2) 推移输送机质量要求

① 每次推进应保持 0.865 m 的推进度，并与煤壁平行成直线，直线误差应在±30 mm 以内；

② 为了减少输送机在弯曲段的磨损，提高其寿命，在推输送机时，必须保持采煤机之后的弯曲段长度不得小于 15 m；

③ 推移输送机必须单方向进行，严禁从两头向中间进行；

④ 为防止卡死输送机，停机时严禁推溜，推移单向割煤的机头、机尾时不需停机作业；

⑤ 为了保证在推输送机时操作顺利，不致发生飘底，啃底现象，在推输送机时，应同时使用 3 个千斤顶一起前推。

⑥ 完成推移输送机后，必须及时清扫散落在电缆槽内、输送机与液压支架之间等处的浮煤，并且把浮煤和矸石一起装入输送机内。

6）推移转载机

转载机在推移(交叉侧卸式)刮板输送机机头时一起移动；转载机前移前，要清理机道上的浮煤、矸石、杂物，检查机头是否在机道上，且无刮、卡现象，保持机道通畅；保护好电缆、油管、水管，防止移动转载机时损坏。转载机前移后，保持“平、正、稳、直”。S8310 工作面胶带输送机使用自移式机尾，当采煤机采 3 刀煤(2.595 m)后，开始移动胶带输送机机尾。

5.4.1.3 综采工作面自动化试验

2014 年 3 月，阳煤一矿 S8310 工作面全面展开自动化试验，试验分三个阶段进行：第一阶段，中部自动跟机拉架试验；第二阶段，三角煤斜切进刀跟机拉架试验；第三阶段，采煤机记忆截割拉架试验，最终实现工作面的全面自动化。

1）中部自动跟机拉架试验情况

第一阶段：试验初期在工作面分段进行自动跟机拉架作业，由厂家设定程序和现场指导，并指定 4 名队组大学生全力配合完成。跟机自动化拉架工序：① 在超前采煤机 9 架处(距前滚筒 3 架)开始收护帮板；② 采煤机割煤；③ 支架滞后采煤机 7 架(距后滚筒 2 架)处开始拉架伸前探梁并展开护帮板；④ 滞后 25 架开始推溜。

第二阶段：阳煤一矿队组员工已能自主完成中部自动跟机作业。自动跟机作业时工作面只需要 2 名机组司机和 2 名监护工(一名跟在采煤机后面监测支架的拉架状况，另一名在支架前面监测支架收护帮板和前探梁收缩情况)就可实现生产作业。

第三阶段：中部自动跟机作业在工作面生产过程中已成为正常生产工艺，工作面实现了中部自动跟机拉架的自动化。

2）端头斜切进刀自动跟机拉架试验情况

在跟机阶段结束后进行中部自动跟机与端头斜切进刀联合试验，首先进行了机尾的自动跟机拉架试验：中部自动跟机拉架至 116 架时，进入自动拉机尾阶段，117～123 架不拉架，124～130 架机尾为过渡架，端头架已提前拉架割透第一次机尾开始反向斜切进刀至 100 架时，123～117 架顺序自动移架，机组继续往后退至 95 架时，130～101 架顶溜，然后机组向机尾开至 101 架时，130～124 架顺序自动移架，第一次拉机尾结束；机组割透第二次机尾，进入扫煤程序，扫干净煤往出退机组时，机组必须开至 125 架再向机头开，从 123 架开始往前依次拉架，进入中部跟机阶段，机组开至 108 架时，130～114 架顶溜，机组开至 98 架时，130～124 架顺序自动移架，拉机尾结束。同样进行了机头的自动跟机拉架试验。

3）采煤机记忆截割拉架试验情况

采煤机的自动截割和支架的跟机自动化联合试验情况：采煤机从 30 架往后开始试验，给采煤机传入自动化的程序，然后编辑采煤机在不同的支架段内，输入采高、卧底量及其采煤机的行驶速度；同时设置好支架的跟机自动化参数，开始准备进行采煤机记忆截割。

在两个月的时间内，S8310 工作面试验了采煤机的自动截割和支架的中部跟机及其采煤机的自动割三角煤自动化程序。

5.4.1.4　试验过程中出现的问题及解决办法

在试验过程中自动跟机拉架后存在以下一些问题：① 拉架后支架参差不齐；② 个别支架压力达不到初撑力；③ 拉架时间间隔不一致；④ 机组速度较快时自动跟机拉架跟不上出现“跳跃式”拉架等一些现象，造成丢架；⑤ 个别支架前探梁伸出后，插入煤壁护帮板展开后与煤壁之间形成夹角不能有效护帮；⑥ 局部地段由于煤壁不齐，支架拉架后前探梁不能伸出去；⑦ 在不同的支架段内需要输入不同的采高及其卧底量，需要根据工作面的不同采高及其底板条件即时的调整相关参数；⑧ 根据工作面的地质条件需要适时的人为干预，停止自动化功能，例如当工作面片帮煤大时，需要人为的即时调整采煤机的速度和采高；⑨ 根据工作面地形及其工作溜的上窜下滑，需要调整采煤机割透三角煤的停机位置，及其在三角煤处的滚筒卧底量，另外在机头机尾位置割透三角煤时需要增加一步清扫浮煤的程序，否则在移动机头或者机尾时不容易移到位；⑩ 工作面全长自动化需满足支架全部提前支护或全部滞后支护的情况下，才能实现工作面全长自动化作业；⑪ 自动化跟机作业时，二级护帮弯头损坏严重。

因为自动化试验情况需要在工作面环境较好的情况下开展，阳煤集团及一矿根据实际情况，对工作面及支架设定程序做了进一步改进：

(1) 试验初期，工作面采高设定为 6.3 m，由于顶板难以管控，出现片帮等现象，自动跟机系统难以实现，后将采高降至 5.5 m，才实现了中部自动跟机作业。

(2) 自动跟机系统移架时，主要依据支架本身压力决定，试验初期，移架压力设定为 25 MPa，使支架下缩量不能保证(不能带压移架或出现支架挤、咬现象)，对顶板管理有一定影响，后设定为 28 MPa，经过一段时间的试验，效果比较理想。

5.4.2　中厚煤层工作面的自动化开采工艺

5.4.2.1　新元矿中厚煤层自动化工作面情况

新元矿 3107 综采工作面均沿 3 号煤层布置。3 号煤层赋存稳定，结构较简单，属中灰、低硫的优质贫、瘦煤。工作面走向长 1 591.4 m，工作面倾斜长 240 m，面积 381 936 m^2。煤层平均厚度为 2.82 m，可采储量为 1432 489 t。

新元矿 3107 综采工作面的主要生产设备概况如下：

(1) 支架——ZTZ25000/18/35 型 2 架；ZY6800-18/37 型 157 架；ZZC8300/22/35 型 7 架；全部配套天玛 SAC 型电液控制系统；

(2) 采煤机——上海创立 MG400/930-W 型动力载波；

(3) 转载机——SZZ-1000/400 箱式自移；

(4) 工作溜——SGZ-1000/1400，L=250 m 型；

(5) 乳化液泵——BRW400/31.5 远距离集成供液；

(6) 集控系统——天玛监测监控、KTC101 型工作面通信、CLX01 型采煤机顺槽监测监控系统。

5.4.2.2　中厚煤层自动化开采工艺

1) 回采工艺流程

进刀→割煤(落煤、装煤、运煤)→移架→移溜→过机头(尾)→进刀

(1) 进刀:割三角煤端头斜切进刀:即采煤机右滚筒割透机头(尾)后,将其后方生产溜顶至煤帮。调换滚筒上下位置,将采煤机返回距机头(尾)35 m 处斜切进刀。之后将生产溜弯曲段及机头(尾)顶至煤帮。采煤机调换滚筒上下位置返回机头(尾)将进刀时所留三角煤割掉,最后再次调换滚筒上下位置返回正常割煤。

采煤机割机头(尾)时,在距离机头(尾)7.5 m 时,机头(尾)周围 5 m 范围内人员必须撤离;采煤机割透机头(尾)后,退出机头(尾)35 m,待拉完架,清理完机头(尾)的煤矸,替换支设好单体柱之后,用支架的顶溜千斤拉过机头(尾),在此期间必须闭锁生产溜、机组。机头(尾)处的 3 架支架范围内拉架和回柱不得同时作业,机头(尾)拉架时,无关人员必须撤离至 5 m 以外的安全地点;回柱支柱时,不得操作机头(尾)处的 3 架支架,防止支架上方漏矸伤人。采煤机割煤、移架、移溜距离示意如图 5-4-5 所示。

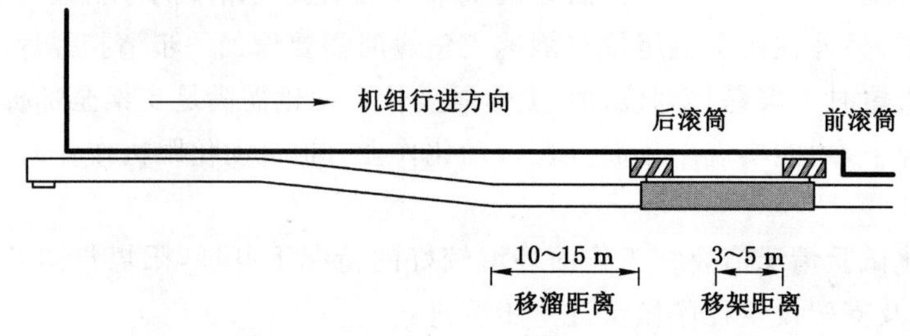

图 5-4-5　采煤机割煤、移架、移溜距离示意图

2) 割煤

采煤机跨在生产溜上行进割煤(采煤机行进方向为前方),由机头向机尾行进时,左滚筒割顶煤,右滚筒割底煤;由机尾向机头行进时,右滚筒割顶煤,左滚筒割底煤。滚筒截深 0.8 m。割煤过程中,滚筒严禁割顶、硬底及坚硬砂岩,采高不够机组不能通过需人工落底或破顶时,另报单项施工措施。

割煤期间,其他人员必须撤至采煤机上风侧 15 m 以外的安全地点。机组正、副司机必须使用遥控器远距离操作采煤机,工作面割煤时,机组附近只允许有机组正、副司机和跟机瓦检工作业,机组正司机和看后滚筒司机应在支架的人行道内监控操作。

3) 装煤

机组滚筒割煤致使煤体松散,靠自重落入生产溜;滚筒割下的煤通过滚筒旋叶装入生产溜;未装完的煤矸在移溜过程中由生产溜铲板装入生产溜。

4) 运煤

生产溜→转载机机尾(大块煤矸必须为不大于 300 mm×300 mm×300 mm 的小块方可运出,如煤矸过大不能正常运出时,必须在生产溜机头由破碎机破碎成小块方可运出)→转载机机头→皮带机(胶带顺槽)→西胶带运输大巷皮带机→2 号煤仓→主皮带(集中胶带大巷)→主皮带(主斜井)→地面皮带→选煤厂煤仓。

5) 移架

(1)工作面支架实行跟机自动化和单架手动操作相结合方式控制。跟机自动移架范围为 21～142 架,单架手动操作移架范围为 1～20 架、143～162 架。推溜应按顺序进行,不得任意分段或由两端向中间推溜,推溜弯曲段不少于 12～15 m。

（2）如图 5-4-6 所示，在工作面顶板完好、地质条件正常的条件下，实行跟机自动化的具体要求如下：

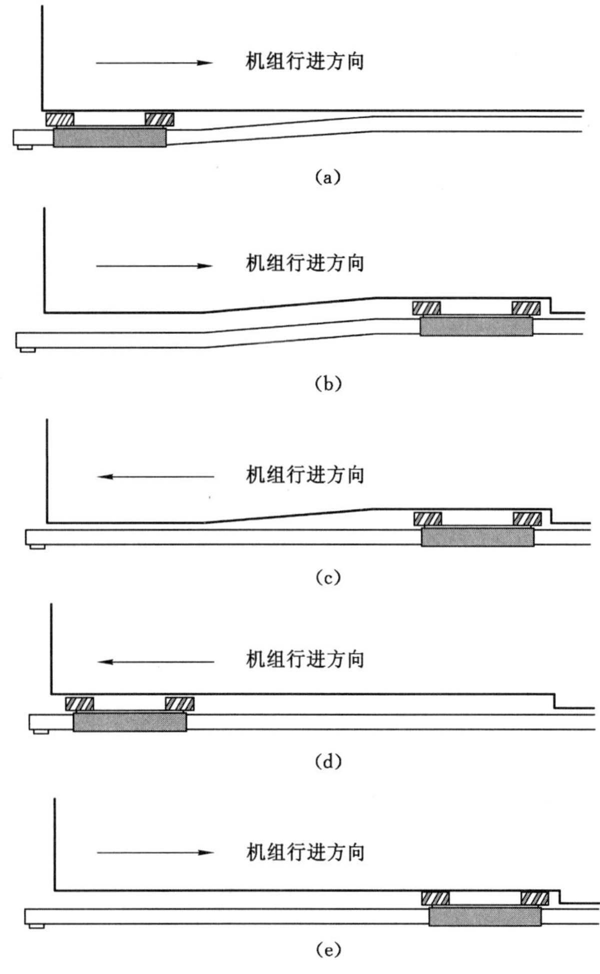

图 5-4-6　端头斜切进刀示意图

① 跟机自动化开启后，正常情况下只允许机组工进入跟机自动化区域。

② 机组工、支架工、当班队干及工长应事先注意顶底板条件以及跟机自动化动作情况，如遇顶板破碎，片帮大等问题时，应提前人为干预处理。

③ 工作人员一旦发现安全事故或存在安全隐患必须立即按下就近控制器的急停按钮（红色），停止跟机自动化。

④ 跟机自动化参数设置如下：(a) 允许实现跟机自动化范围：21～142 架；(b) 机组由进风侧向回风侧割煤时，拉架滞后机组前滚筒 3 架进行；(c) 机组由回风侧向进风侧割煤时，拉架滞后机组后滚筒 3 架进行；(d) 降架幅度为 0.1～0.15 m；(e) 拉架步距：0.8 m；(f) 机组由进风侧向回风侧割煤时，支架提前后滚筒 5 架收前探梁，并保证支架距后滚筒始终保持 5 架的前探梁收回状态，机组开始割煤后，机组每割一架煤，支架顺次收回一架前探梁；(g) 机组由回风侧向进风侧割煤时，支架提前前滚筒 5 架收前探梁，并保证支架距前滚

筒始终保持5架的前探梁收回状态,机组开始割煤后,机组每割一架煤,支架顺次收回一架前探梁。

⑤ 工作面实行跟机自动化注意以下事项:(a) 实行跟机自动化作业的工作面,进入工作面的瓦检员、跟机工、安监人员和其他人员必须经过专门的培训方可允许进入,工作面跟机自动化实行过程中严禁一切无关人员进入。工作面支架只允许经过专门培训的支架操作人员操作,严禁由支架工和采煤机司机以外的其他人员开启跟机自动化功能;(b) 工作面实行跟机自动化前,首先检查工作面20号—141号支架,保证支架上人机操作界面中的黑色闭锁按钮处于开启状态,防止跟机自动化实行过程中途漏架或停止;(c) 工作面跟机自动化开启以后,禁止任何未受过跟机自动化安全培训的人员进入跟机自动化区域。采煤机前滚筒前20架至后滚筒后20架为跟机自动化危险区域,除采煤机司机、支架工外禁止任何人员在此区域停留;(d) 支架工和采煤机司机应时刻注意顶底板条件以及跟机自动化动作情况,发现问题立即按下支架上的红色闭锁按钮停止跟机自动化,待问题处理完毕后方可恢复;(e) 跟机自动化实行过程中,机组人员不得在支架立柱上的红外接收仪器的前方停留阻挡信号的传输;(f) 跟机自动化过程中,发现有支架动作不完全的,例如支架接顶不严密、支架护帮板伸缩梁没有完全打开或收回、支架移溜不够规定的距离时,采用人工手动操作将支架动作完成。人工手动补充操作支架必须在跟机自动化移溜动作完成后进行,严禁进入正在运行中的跟机自动化区域内操作;(g) 工作面开始割煤,跟机自动化开启过程中,任何人员不得进入机组回风侧作业和停留。发现问题需要处理,必须联系机组工停止机组运行并停止跟机自动化后方可进行。

(3) 当工作面顶板破碎、出现地质构造和煤帮滚帮增大时,工作面实行单架手动操作,具体要求如下:

① 单架手动操作时,允许支架工跟机作业,但必须与机组滚筒保持5架的安全距离,不得在机组割煤过程中进入机组机身区域操作支架。

② 支架单架手动动作参数如下:(a) 跟机操作范围:1～162架;(b) 机组由进风侧向回风侧割煤时,拉架滞后机组前滚筒5架进行;(c) 机组由回风侧向进风侧割煤时,拉架滞后机组后滚筒5架进行;(d) 降架幅度为0.1～0.15 m;(e) 拉架步距为0.8 m;(f) 机组由进风侧向回风侧割煤时,支架提前至后滚筒3架处收前探梁,机组每割一架煤,支架顺次收回一架前探梁;(g) 机组由回风侧向进风侧割煤时,支架提前至前滚筒3架处收前探梁,机组每割一架煤,支架顺次收回一架前探梁。

③ 单架手动操作移架只允许对操作架和左右相邻的各两架支架进行控制,成组控制移溜允许对操作架和左右相邻的各五架支架进行控制。

④ 在支架电液控制系统正常的情况下,不得直接手动操作电磁先导阀按钮对支架进行控制。如有必要手动操作本架先导阀时,必须保证有足够的安全空间,并检查管路连接状况(包括管路连接位置是否正确、U型卡是否连接紧固可靠、胶管及接头是否完好),只有在确认完好后,工作人员才可以站在支架立柱下方,用专用的长柄工具操作支架先导阀,严禁进入支架内操作。

⑤ 支架操作人员进行人机操作界面的操作时,只能用手指按动操作界面上的按钮,不得使用改锥、铁丝等尖锐物品操作。操作过程中,人员不得佩戴宽大的帆布手套,可以佩戴线手套,但必须保证操作的准确可靠,防止误操作。

⑥ 执行手动操作液压支架立柱卸压或降柱动作时，必须先检查相邻液压支架的支护状况，在确保处于支撑状态时方可操作。

⑦ 单架手动操作移架只允许操作工站在临架上进行，其他人员必须撤至操作架前后5架范围以外的安全距离。

⑧ 顶板破碎地带采取带压擦顶移架措施。

(4) 鉴于初采期间工作面巷道不直，以及各设备处于调试阶段，故要求初采前三刀煤为单架手动控制支架，待工作面条件允许后再实行跟机自动化操作。

6) 移溜

(1) 推移生产溜实行跟机自动化及单架手动操作相结合的方式，跟机自动推溜范围为21～142架，手动操作推溜范围为1～20架、143～162架。推溜应按顺序进行，不得任意分段或由两端向中间推溜，推溜弯曲段不少于12～15 m。

(2) 跟机自动化推溜要求如下：

① 程序主要参数设定如下：(a) 自动化推溜范围：21～142架；(b) 推溜与移架滞后要求：推溜动作滞后机组割煤6架自动化进行，滞后移架3架开始；(c)推溜步距：0.8 m；

② 推溜步距0.8 m，共分6次完成，前5次推溜15 cm，最后一次5 cm。

(3) 人工手动操作推溜要求如下：

① 人工手动操作推溜为成组动作，每组有6架支架一起动作。在采煤机割过后按照滞后5架移架距离进行顶溜操作。

② 推溜时要注意观察，避免损坏支架、溜槽及管缆，推移时，严禁人员身体部位深入抬底千斤顶下、溜槽内或伸入溜槽下。

7) 过机头(尾)

(1) 过机头(尾)工作面人员必须提前替移单体柱，清理杂物，往外拖拉管线，超前1.6 m回收煤帮侧托板。

(2) 在割透两端头时，利用机组松动锚杆，人工取出，禁止强行硬割，取帮锚杆时，必须停机，并拉掉工作面急停闭锁。人员进入煤帮取锚杆等作业时，严格执行“敲帮问顶”制度，并设专人监护顶板。

(3) 当机组割透两端头，将机组开回25 m处，待中间架全部拉出后，开始移机头(尾)。

(4) 推移机头(尾)或移机头(尾)架时，落山侧及煤帮附近严禁有人作业，人员撤离至距机头(尾)支架10架外，回、进风巷工作人员撤至距机头(尾)10 m以外。

(5) 推移机头(尾)及机头(尾)架时，要闭锁生产溜和转载机，严禁开溜作业。

(6) 每次过机头(尾)后移机头(尾)架前，及时在跨溜抬棚下支柱，在跨溜抬棚完好不缺柱的前提下方可移机头(尾)架。

5.4.3 厚煤层综采放顶煤开采技术研究

5.4.3.1 放煤工艺研究

(1) 根据阳煤集团试验工作面的地质条件，如图5-4-7所示，利用PFC数值模拟软件对不同放煤方式(单轮顺序放煤、单轮间隔放煤、两轮顺序放煤、两轮间隔放煤)条件下顶煤的回收率和含矸率进行模拟分析，确定合理的放煤工艺。

(2) 现场实测不同放煤方式(单轮顺序放煤、单轮间隔放煤、两轮顺序放煤、两轮间隔放

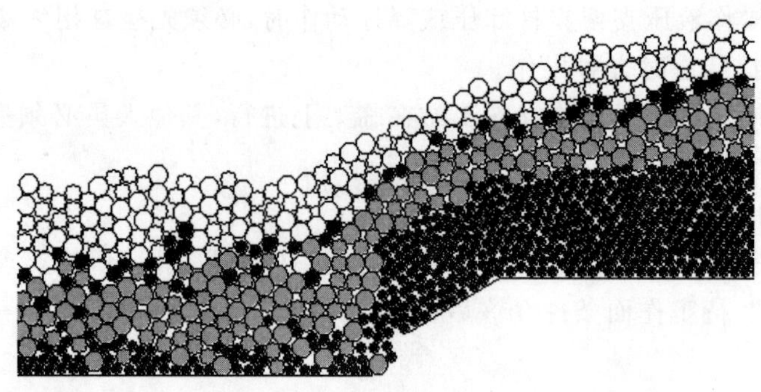

图 5-4-7　PFC 模拟放煤模型

煤)条件下的顶煤回收率,结合数值模拟分析结果确定合理的放煤方式。具体观测方式如下:

① 采用单轮顺序的放煤方式进行放煤(按支架编号顺序 1 号支架、2 号支架、3 号支架、4 号支架……进行放煤,当前面支架放煤完毕后进行下一支架的放煤),采用该种放煤方式历时两天,根据每天的推进度、出煤量、煤厚、采高等推算出该种放煤方式下顶煤的回收率。

② 采用单轮间隔的方式进行放煤(按支架编号顺序 1 号支架、2 号支架、3 号支架、4 号支架……隔架进行放煤,例如先放 1 号支架,当 1 号支架放煤完毕后放 3 号支架,接着再放 5 号支架、7 号支架……直到编号为奇数的支架放完,然后再放编号为偶数的支架 2 号支架、4 号支架、6 号支架……)采用该种放煤方式历时两天,根据每天的推进度、出煤量、煤厚、采高等推算出该种放煤方式下顶煤的回收率。

③ 采用双轮顺序的方式进行放煤(按支架编号顺序 1 号支架、2 号支架、3 号支架、4 号支架……进行放煤,第一轮所有支架放煤量都为顶煤的一半,第二轮放煤所有支架都将顶煤放完。)采用该种放煤方式历时两天,根据每天的推进度、出煤量、煤厚、采高等推算出该种放煤方式下顶煤的回收率。

④ 采用双轮间隔的方式进行放煤(按支架编号顺序 1 号支架、2 号支架、3 号支架、4 号支架……隔架进行放煤,第一轮所有支架放煤量都为顶煤的一半,第二轮放煤所有支架都将顶煤放完。)采用该种放煤方式历时两天,根据每天的推进度、出煤量、煤厚、采高等推算出该种放煤方式下顶煤的回收率。

5.4.3.2　放煤参数测试

放煤工的责任心和技术水平不同,会导致工人放煤质量的随机性较大,很难达到理想的放煤效果,造成放顶过程中的"欠放"和"超放"现象。"欠放"会造成煤炭回收率的降低,"超放"则会因大量矸石的混入而造成煤质下降、运输及洗选成本增加。

为此,我们选取技术水平高且有责任心的放煤工进行放煤,且放煤过程中对放煤工进行监督确保工人处于最佳的技术水平和责任心状态下。在此基础上对工作面放煤工的各个操作参数和放煤机构动作参数进行实测,实测内容包括尾梁摆动次数、摆动时间间隔、上摆角度、下摆角度、插板伸出次数、伸出量、放煤时间等。通过分析多次实测数据,得到合理的放煤参数,为自动化放煤机构自动控制提供基础参数。

各实测项目采用的观测手段如下:

(1) 尾梁摆动次数:人工进行现场统计。

(2) 摆动时间间隔:利用秒表进行现场统计。

(3) 上摆角度和下摆角度:工人在操作过程中一般将尾梁上下摆动到最大位置,因此,利用坡度仪在不进行放煤(出于安全考虑)的时候测量 3～5 次即可。

(4) 插板伸出次数:人工进行现场统计。

(5) 伸出量:在插板上每隔 10 cm 做一个标记,在放煤过程中,人工利用插板上的标记进行目测。

(6) 放煤时间间隔:利用秒表进行现场统计。

注:放煤参数与顶煤的破碎程度有关,而顶煤的破碎程度与支架立柱受力大小有关,造成当支架受力不同时放煤参数可能不同。因此将统计数据与支架立柱受力相结合,得出不同压力条件下支架合理的放煤参数。

5.4.3.3　放煤对支架及支架各千斤顶受力状态的影响

对支架立柱和平衡千斤顶受力进行监测,并分析放煤对支架立柱和平衡千斤顶受力情况的影响,确定放煤前后支架立柱和平衡千斤顶受力的变化范围和变化幅度,得出支架立柱和平衡千斤顶受力的合理范围,划定立柱和平衡千斤顶受力的危险警戒线,以便当立柱和平衡千斤顶受力超过警戒值时停止放煤。

5.4.3.4　自动化放煤控制

根据上述研究和实测的放煤方式及参数,编写放煤机构的控制程序,植入到电液控制系统内,实现模仿放煤工最合理的放煤操作,并进行现场试验。

如图 5-4-8 所示,放煤程序大概过程为:① 监测立柱和平衡千斤顶受力大小;② 判断立柱和平衡千斤顶受力是否超限,若超限则停止放煤并报警,若不超限则进行放煤;③ 根据第一步监测的立柱受力大小确定合理的放煤参数(尾梁摆动次数、摆动时间间隔、上摆角度、下摆角度、插板伸出次数、伸出量、放煤时间);④ 实施第三步的过程中实时监测立柱和平衡千斤顶的受力情况,若没有超过警戒值则执行第三步操作,直到第三步操作完成,若超过警戒

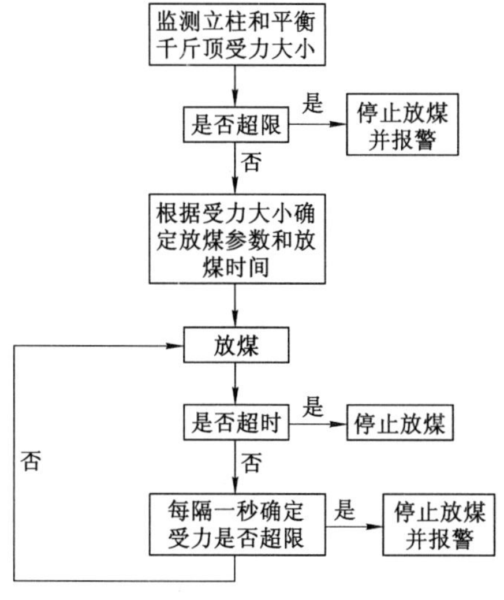

图 5-4-8　放煤程序流程图

值则停止第三步操作。

5.5 预评价方法和指标体系研究

工作面智能化开采受煤层赋存条件影响非常大，而煤层赋存又受多个因素的影响，各因素之间影响程度各异且又具有随机性和不确定性，难以用某一指标对其进行全面描述和评价。本书通过对阳泉矿区各种地质条件下的机械化开采工作面调研，确定影响智能开采的主要煤层赋存条件，建立基于特定煤层工作面的智能化开采评价模型。将煤层赋存参数（如埋深、倾角、物理力学参数、节理发育、瓦斯、构造、顶底板等参数）设置为因素论域 $U=\{u_1, u_2, \cdots, u_n\}$，将开采参数（如割煤高度、工作面长、推进速度等参数）设置为评语论域 $V=\{v_1, v_2, \cdots, v_m\}$。在评价对象的因素论域 U 与评语论域 V 之间进行单因素评价，建立评价矩阵 R；然后，设置各因素对工作面智能化开采影响指标的权重，通过合成运算出特定煤层智能化开采的评价指数；最后，给出各种不同条件下所实施智能开采的具体限制和条件，指导特定煤层智能化开采实践。

5.5.1 自动化智能化地质条件分析模型

将适合自动化智能化开采的煤层进行分类，研究特定煤层智能化自动化开采工艺，建立该煤层的成本模型和开采价值经济评价模型。评价过程遵循局部和整体相结合、单因素分析和综合分析相结合、定量与定性相结合的指导思想和原则，对相应煤层赋存条件进行建模，形成该煤层开采评价模型。

5.5.1.1 煤层地质条件分类模型

煤层的分类标准与定量化指标在国内外一直没有定论，随着煤矿开采技术的发展，一些地质条件复杂、开采困难、生产成本高的煤层，所能达到的生产技术经济指标虽然要低于相似条件的正常煤层，但仍属于经济可采煤层，可以进行资源开发利用。当然，一些经营不善、生产系统不合理、采煤方法不当的正常煤层矿井也会造成经济指标低下。因此，在分析原因、研究对策和制定相关开采政策时，必须首先考虑所开采的煤层地质条件是否属于难采煤层范畴，对难采煤层地质条件分类标准的定量化研究显得尤为重要。

5.5.1.2 煤层地质条件的分类

难采煤层是指那些赋存不稳定、构造复杂或有特殊灾害威胁，在当前的开采条件下，开采困难、安全生产条件不好的煤层。难采煤层具有时限性、相对性和模糊性。时限性表现为随着开采技术的发展，使原来还难以开采的煤层变得容易开采；相对性表现为难采煤层是相对于那些可用一般开采方法顺利开采的煤层而言；其模糊性表现为难采煤层与一般煤层没有明确的分界线，必须根据具体情况进行分析。目前，难采煤层基本上有两种类型（表 5-5-1）：

（1）在当前开采技术条件下，实现正常安全生产有一定难度的煤层，需要一些特殊的、附加的技术安全措施方能顺利开采；

（2）由于地质构造条件复杂、赋存条件差，难以实现机械化或连续化开采的煤层。

表 5-5-1 **煤层地质条件分类**

类别	地质构造特征
第一类	煤与瓦斯突出危险的煤层
	地温高的煤层
	富含水的煤层
	冲击地压危险的煤层
第二类	断层
	陷落柱
	褶皱
	岩浆岩侵入
	不稳定煤层
	大倾角煤层
	“三软”煤层

5.5.1.3 难采煤层的主要定量指标

当前国内外对煤层的分类研究仅限于定性的分析，实用性较差。因此对各类煤层进行定量的指标研究非常重要。经过对国内外大量的资料进行分析研究，并结合目前煤矿开采技术现状，本书提出以下定量指标：

1）断层

在地质构造影响中，断层影响最大。一般全面描述断层对开采的影响需知道断层密度、断层长度指数、断层落差系数 3 个指标。

（1）断层密度 q_1 为单位面积内断层数

$$q_1 = n_1/S \tag{5-5-1}$$

（2）断层长度指数 q_2 为单位面积内断层长度之和

$$q_2 = \sum_{i=1}^{n_1} \frac{l_i}{S} \tag{5-5-2}$$

（3）断层落差系数 q_3 为断层落差与采高的比值，并用对数函数进行修正

$$q_3 = \frac{1}{n_1} \cdot \sum_{i=1}^{n_1} \frac{h_i}{m\ln(m+1)} \tag{5-5-3}$$

式中 n_1——单位面积内断层条数；

S——单位面积，km^2；

l_i——第 i 条断层长度，km；

h_i——第 i 条断层落差，m；

m——采高，m。

当一个采区范围内，3 项定置指标满足 $q_1 \geqslant 20$，$q_2 \geqslant 4$，$q_3 \geqslant 0.7$ 中的 2 项时，则该采区的煤层属难采煤层。

2）褶皱

褶皱的规模、形态特征、起伏大小和延伸距离的不同，对煤层开采影响程度也不同。对

那些赋存在紧闭急转褶曲内的煤层，或中小褶曲频繁发生的构造带内煤层，均属难采煤层。一般可依据褶皱强度系数 K_Z 来确定，即

$$K_Z = [(L-1)/I] \times 100\% \tag{5-5-4}$$

式中 L——在垂直褶皱剖面上两点间煤层(等高线)的实际长度，m；

I——两点间的直线长度，m。

一般 $K_Z \geqslant 35\%$ 时，可采区域属难采煤层。

3) 岩浆岩侵入

侵入体呈岩墙状可作为落差系数大于1的断层处理；侵入体呈岩床状时，对煤层的破坏与其面积和厚度相关，可用岩浆岩侵入影响系数 K_Y 表示，即

$$K_Y = \sum_{K=1}^{n} \frac{S_K}{S} \times \eta \times 100\% \tag{5-5-5}$$

式中 n——可采区域内岩床个数；

S_K——第 K 条岩床侵入煤层面积，km^2；

S——为可采区域面积，km^2；

η——破坏厚度与开采厚度的比值。

当 $K_Y \geqslant 30\%$ 时，可采区域属难采煤层，当侵入体呈串珠状、浑圆状，其厚度超过可采厚度或有两层以上侵入体，也均属难采煤层。

4) 不稳定煤层

不稳定煤层主要指煤层的厚度、倾角变化大，可采性时断时续的煤层。其定性指标主要由煤厚变异系数 γ 和可采性指数 K_C 表示，即

$$\gamma = \frac{\sigma}{X} \tag{5-5-6}$$

$$K_C = \frac{N'}{N} \tag{5-5-7}$$

$$\sigma = \left[\frac{1}{N-1} \cdot \sum_{I=1}^{N} (X_i - X)^2\right]^{1/2} \tag{5-5-8}$$

式中 N——钻孔个数；

X——钻孔中煤厚平均值，m；

X_i——第 i 个钻孔见煤厚度，m；

N'——煤层大于可采厚度的钻孔数。

其评价指标为：不稳定煤层，$0.60 > K_C \geqslant 0.80$，$0.35 < \gamma \leqslant 0.55$；极不稳定煤层，$K_C < 0.6$，$\gamma > 0.55$。

5) 大倾角煤层

煤层倾角对于支架的稳定性、生产管理及工人作业难度均有较大影响，煤层倾角逐渐加大，影响明显加大，当 $\alpha > 45°$ 时，对生产影响极大。

6) “三软”煤层

“三软”煤层是指煤层软、顶板软和底板都软的煤层。煤层软是指煤体本身强度很低，而且存在各种地质构造和节理等，极易片帮。顶板软是指Ⅰ类顶板，它的岩体强度指数 D 不大于3 MPa，允许暴露面积和时间分别在20 m² 和0.5 h以下。底板软是指底板极限比压 q

小于 5 MPa 的极软和松软底板。

另外，还有一些极特殊开采的困难煤层，例如陷落柱、大采深煤层（采深超过 1 000 m），富含结核的煤层和冲刷变薄带等均属难采煤层。其中，陷落柱在阳泉矿区较为常见；大采深煤层理论上存在，实际地方煤矿开采均为浅部或者普通深度开采，关于开采深度问题将在第六章中论述；富含结核的煤层和冲刷变薄带的煤层一般赋存面积较大，目前我国还没有列入经济开采煤层。

5.5.2　自动化智能化开采技术条件分析模型

5.5.2.1　煤层赋存条件分类

目前，煤层开采技术条件基本上有以下几种类型：

(1) 煤与瓦斯突出危险的煤层；

(2) 易自燃的煤层；

(3) 富含水的煤层；

(4) 特殊顶底板煤层；

(5) 薄及极薄煤层。

5.5.2.2　煤层赋存条件的主要定量指标

经过对国内大量的矿井实际开采资料进行分析研究，并结合目前煤矿开采技术现状，提出以下定量指标：

1) 煤与瓦斯突出危险的煤层

属于这类煤层的评价指标目前多采用煤炭科学研究总院抚顺分院于 1982 年提出的勘探阶段煤层瓦斯突出预测方法确定，即

$$D=(0.007\times\frac{5H}{f}-3)(p-7.5) \tag{5-5-9}$$

$$K=\frac{\Delta p}{f} \tag{5-5-10}$$

式中　D——煤层突出危险性综合指标；

K——煤的突出危险性综合指标；

H——煤层距地表垂深，m；

P——煤层瓦斯压力，MPa；

Δp——煤层的瓦斯放散指数；

f——煤的坚固系数。

当 $D\geqslant 2.5$，$K\geqslant 1.5$ 时，可采区域为具有煤与瓦斯突出危险的煤层，开采时需要采取防突措施。

2) 易自燃的煤层

按照《煤炭资源地质勘探规范》标准，气煤的还原样与氧化样温差小于 20 ℃为不自燃煤层；20～35 ℃为不易自燃煤层；35～50 ℃为易自燃煤层；大于 50 ℃为极易自燃煤层。煤层自燃倾向性由有资质的地质测量勘探队在煤田（井田）地质报告中提供。有自燃发火倾向性煤层，必须采取煤层自燃防治措施。

3) 富含水煤层

部分石炭二叠纪煤层，其底板薄、强度低，且下伏有动储量、水压高的厚层强岩溶含水

层；另外还有位于蓄水盆地之下，断裂构造发育，常与地表水或基岩水有联系及受松散强含水层、覆盖有大量地表水补给的浅部煤层，均属富含水煤层。对于这些富含水煤层常用其单位涌水量 $q_0 > 10$ L/(s・m)及富含水系数 $K_b > 25$ 来断定。

$$K_b = \frac{Q_0}{m_0} \tag{5-5-11}$$

其中 Q_0——矿井排水量，m^3/a；

m_0——矿井产量，t/a。

4）特殊顶、底板煤层

属于这类煤层的定性指标一般按采矿工程设计手册中的直接顶（底）分类指标作为参考要素。一类顶板：泥岩、泥页岩、碳质泥岩。分层厚度：0.15～0.4 m，单向抗压强度 17.2～61.75 MPa；二类顶板：粉砂岩、砂质泥岩。分层厚度：0.15～0.85 m，单向抗压强度 26～66.3 MPa。

煤层为一、二类顶板，采掘生产需要采取特殊支护措施来确保安全。

5）薄及极薄煤层

按照《采矿工程设计手册》中煤层开采厚度的规定，小于 0.8 m 的煤层均视为难采煤层。

5.5.3 自动化智能化经济条件分析模型

5.5.3.1 煤层煤质条件主要定量指标

目前，阳煤集团开采的煤层，从煤质条件上基本可以分为以下几种类型：

（1）炼焦煤类；

（2）非炼焦烟煤类；

（3）无烟煤类。

煤类、煤质是影响煤炭价格的主要因素，是决定煤层可采性的重要工业指标。无烟煤、非炼焦烟煤和炼焦煤三者的售价差异明显，它反映出单位煤耗创造国民经济产值的不同。我国炼焦煤是根据洗精煤等级定价的，等级越高，售价也越高。等级主要体现在灰分、水分、硫分等指标上，低灰、低硫的炼焦煤售价高，价格按照焦煤、肥煤、1/3 焦煤、气肥煤、气煤、瘦煤、贫瘦煤依次递减。非炼焦烟煤和无烟煤计价是以发热量为主的，高发热量的煤售价就高，低发热量的煤售价就低。

经过对我国大量的矿井实际开采资料进行分析研究，本书进行单因素分析和多元回归分析，最终确定煤种和煤质之间存在如下的价格模型：

$$P = 428.710(10 - a) + \text{煤种修正} \tag{5-5-12}$$

式中 P——煤价格，元/t；

a——灰分。

煤种修正：焦煤为＋20；肥煤和 1/3 焦煤不予修正；气肥煤和气煤为－10；瘦煤和贫瘦煤为－20；弱黏结煤和长焰煤为－30；无烟煤为－40。

5.5.3.2 薄煤层煤炭资源的开采价值及构成要素

煤炭资源的价值由自然价值（正价值）和环境价值（负价值）构成。煤炭资源的自然价值主要表现为绝对价值和相对价值。绝对价值是由煤炭资源的有用性、有限性、不可再生性及所有性所决定的。相对价值由煤炭资源本身在资源量、质量、开采条件、经济地理条件等方面的差异所引起。

开发利用煤炭资源可以给煤炭企业带来经济收益，这是由煤炭资源的自然价值所决定的正价值的体现；而开发利用煤炭资源又会对生态环境造成破坏，要重建生态平衡或维持环境质量，社会或煤炭企业必须投入一定的资金和劳动，这是由煤炭资源的环境价值所决定的负价值的体现。

在市场经济体制和"可持续发展"的目标下，煤炭资源的开发利用既要考虑其自然价值（经济效益），也要考虑其对环境的负面影响（环境价值或环境成本）。因此，应当从煤炭资源开发利用的正价值和负价值两个方面，对煤炭资源进行全面的价值评定和估计，即进行煤炭资源的开采价值评估。

煤炭资源的开采价值是在综合考虑煤炭资源的自然价值和环境价值的基础上，煤炭资源可开发性的评价指标。煤炭资源开采价值模型为：

$$V_{\mathrm{M}} = V_{\mathrm{T}} - C_{\mathrm{M}} \tag{5-5-13}$$

其中，

$$C_{\mathrm{M}} = V_{\mathrm{P}} + V_{\mathrm{G}} + V_{\mathrm{E}} + V_{\mathrm{R}} \tag{5-5-14}$$

式中　V_{M}——煤炭资源的开采价值；

V_{T}——煤炭销售收入，万元；

C_{M}——煤炭开采成本，万元；

V_{P}——纯生产成本，万元，包括建井成本和正常生产成本；

V_{G}——地勘补偿费，万元，补偿国家对煤田普查与详查的资金投入；

V_{E}——环境补偿费，万元，用于矿区复垦、生态复原、环境污染和灾害的防治等；

V_{R}——采矿权利金，万元，是煤炭企业为了取得某一地区煤炭资源的开采权利应向国家缴纳的费用。

煤炭资源开采价值评估应考虑以下几个主要因素：煤炭价格、纯生产成本、地勘补偿费、采矿权利金、环境补偿费。

1）煤炭价格

这里考虑煤炭价格，只是为了预计开发利用一定量的煤炭资源会产生的经济收益，用于煤炭开采价值评估。为了得到比较可靠的评估结果，煤炭价格可按不同情况分别确定。随着资源的可替代程度、煤炭供求关系的变化，煤炭价格必然出现较大波动。所以在确定煤炭价格时限应以 1 a 为宜，以实现煤炭资源开采价值评估的动态性，并根据实际价格进行调整。

2）纯生产成本

根据国务院统一规定，结合煤炭工业的具体情况，煤炭纯生产成本可按下式计算

$$V_P = V_1 + \sum_{i=1}^{n} \frac{V_2}{(r+1)^i} \tag{5-5-15}$$

式中　V_1——初期建井成本，万元，包括井巷工程费、土建费、机电设备费和其他费用；

V_2——正常生产成本，万元，包括材料费、工资、电费、生产维简费、设备折旧费和销售费用；

r——社会贴现率，%；

n——矿井生产年限，a。

如果已知正常生产时的吨煤生产成本 C 和按国家规定该区内应该采出的煤炭资源量 Q_T(万吨),则上式简化为 $V_P = V_1 + C \cdot Q_T$

3) 地勘补偿费

地勘补偿费可按下式计算:

$$V_G = \frac{Q \cdot C_G}{1 - K_G}(1 + r_0)^i \tag{5-5-16}$$

式中 V_G——地质补偿费,万元;

Q——已探明煤炭资源的总可采储量,万吨;

C_G——地质勘探部门的平均成本,元/t;

K_G——地质勘探部门的合理盈利率,%;

r_0——年利息率,%;

i——从勘查结束到建矿生产的时间间隔,a。

确定地勘补偿费的另一种方法是统计新中国成立以来历年的原煤产量和国家投入的地质勘查费总额,计算出中国历年来吨煤地质勘查费用的平均值,并按利率贴现到当前年。地勘补偿费应为该平均值与评估区内已探明煤炭资源总可采储量的乘积。

4) 环境补偿费

根据当前采煤引起的主要环境问题,暂从以下 3 个方面评估煤炭资源的环境价值(即煤炭生产的环境成本):土地资源补偿费、水资源补偿费和大气污染补偿费。

5) 采矿权利金

由于资源税并不能真正起到调节级差收入的作用,资源补偿费只是象征性的收取,并没有真正对矿产资源进行补偿,为了维护国家对煤炭资源的所有权权益,同时切实保护不可再生的宝贵资源,应该以采矿权利金取代资源税和矿产资源补偿费。煤炭企业要开采煤炭资源,必须首先从国家取得采矿权利,要取得采矿权利就必须向国家缴纳采矿权利金。矿产资源不论其优劣,采矿者都必须向国家缴纳采矿权利金。采矿权利金的数额主要取决于开采区域的煤炭资源量及其赋存与开采地质条件

$$V_R = 15\% \cdot K_R \cdot Q_T \cdot P_0 \tag{5-5-17}$$

式中 V_R——煤炭企业应向国家缴纳的采矿权利金,万元;

K_R——采矿权利金系数,根据煤炭资源赋存条件等级划分,分别取:优级 1.5,良级 1.4,中级 1.2,差级 1.1,劣级 1;

Q_T——按国家规定该区内应采出的煤炭资源量,万吨;

P_0——煤炭价格,元/t。

式(5-5-17)中的 15%为调节系数。采矿权力金的征收数额应与目前国家征收的资源税和资源补偿费的数额大体持平。根据有关资料,目前国家征收的各项税费约占煤炭企业总产值的 15%。

5.5.4 智能化安全条件分析模型

5.5.4.1 基于熵值理论的综合评判方法

结合阳泉矿区煤层地质条件特点,采用客观的熵值理论对多个影响自动化智能化开采的离散因素进行关联度分析,找出各个因素的内在规律,并引入多级评价指标,建立多级别评价模型。评价系统中,用关联度衡量事物之间、因素之间动态发展态势的相似程度。关联

度越大，事物之间的相似程度越大；否则，关联度就越小，即越不相似。熵值理论综合评判是指对多种因素所影响的事物或现象进行总的评价，若这个评价过程涉及模糊因素，即是模糊综合评判。多级模糊综合评判就是在以模糊综合评判为初始模型的基础上，再进行模糊综合评判，并根据需要多层次地进行下去。

为了考虑所有因素的影响，可以从单因素评判矩阵看出，$\boldsymbol{R}$ 的 i 行反映了第 i 个因素影响评判对象取各个备择元素的程度，$\boldsymbol{R}$ 的 j 列则反映了所有因素影响评判对象取第 j 个备择元素的程度，因此可用每列元素之和 $R_j = \sum_{i=1}^{n} r_{ij} (j=1,2,\cdots,m)$ 来反映所有因素的综合影响，但并未考虑单个因素的重要程度，如果各项再考虑相应因素的权数 $a_i(i=1,2,\cdots,n)$，则能合理地反映所有因素的综合影响。用模糊变化的方式进行模糊综合评判：$\boldsymbol{B}=\boldsymbol{A}\cdot\boldsymbol{R}$，权重 $\boldsymbol{A}$ 可视为 1 行 n 列的模糊矩阵，与模糊矩阵 $\boldsymbol{R}$ 的合成运算为

$$\boldsymbol{B} = (a_1 \quad a_2 \quad \cdots \quad a_n) \cdot \begin{bmatrix} r_{11} & r_{12} & \cdots & r_{1n} \\ r_{21} & r_{22} & \cdots & r_{2n} \\ r_{a1} & r_{a2} & \cdots & r_{an} \end{bmatrix} = (b_1 \quad b_2 \quad \cdots \quad b_m) \tag{5-5-18}$$

式中，$\boldsymbol{B}$ 为综合评判矩阵；$b_j = \vee (a_i \bigwedge_{i=1}^{n} r_{ij})$，$(j=1,2,\cdots,m)$ 为模糊综合指标，是综合考虑所有因素影响时，评判对象对备择集中第 j 个元素的隶属度。

5.5.4.2 智能化开采评价模型

根据煤层赋存特点，选择出影响自动化开采的因素，实际工作中主要考虑 10 个方面、共 24 个影响因素，对影响智能化开采的综合评判设定为 3 个等级。

(1) 建立因素集

智能化开采适应性的影响因素主要包括煤层硬度 C_1、煤层结构 C_2、地质构造 C_3、煤层底板 C_4、煤层直接顶 C_5、煤层基本顶 C_6、煤层厚度 C_7、煤层节理裂隙 C_8、涌水瓦斯发火期 C_9 和煤层倾角 C_{10} 等 10 个方面。煤层结构 C_2 决定因素包括夹矸硬度 C_{21}、夹矸厚度与煤层厚度比值 C_{22}、夹矸位置 C_{23}（用夹矸底界至煤层底板的距离与煤层厚度的比值表示）、是否含硫化铁结核 C_{24}；地质构造 C_3 决定因素包括地质构造小断层 C_{31}（用断层落差与煤层厚度的比来表示）和断层分布 C_{32}（用每万平方米的小断层条数表示）和断层岩石硬度 C_{33}、开采深度 C_{34}；煤层底板 C_4 决定因素包括底板起伏程度 C_{41}（用工作面竖向弯曲度表示）和底板硬度 C_{42}；煤层直接顶 C_5 决定因素包括分层厚度 C_{51}、顶板节理间距 C_{52}、顶板抗压强度 C_{53}、煤层黏性系数 C_{54}；煤层节理裂隙 C_8 决定因素包括主节理面与截齿方向的夹角 C_{81} 和节理分布系数 C_{82}（用沿着工作面方向每米的节理条数表示）；涌水瓦斯发火期 C_9 决定因素包括淋水 C_{91}、瓦斯 C_{92}、自燃 C_{93}、地温 C_{94}。

(2) 建立权重集

熵值法就是用指标熵值来确定权重。一般地，将评价对象集记为 $\{A_i\}(i=1,2,\cdots,n)$，用于评价的指标集记为 $\{X_i\}(j=1,2,\cdots,n)$，用 X_{ij} 表示第 i 个方案第 j 个指标的原始值。计算过程如下：

首先将 X_{ij} 进行正向化处理，并计算第 j 个指标第 i 个方案所占的比重 p_{ij}，且 $p_{ij} = \dfrac{x_{ij}}{\sum_{i-1}^{m} x_{ij}} (i=1,2,\cdots,m;j=1,2,\cdots,n)$；

然后，计算第 j 个指标的熵值 e_j，且 $e_j = -k\sum_{i=1}^{m} p_{ij}\ln p_{ij}(j=1,2,\cdots,n), k \geqslant 0, e_j \geqslant 0$；

接着，来计算第 j 个指标的差异系数 g_j，且 $g_j = 1 - e_j(j=1,2,\cdots,n)$；

最后，计算第 j 个指标的权重 w_j，且 $w_j = \dfrac{g_j}{\sum_{j=1}^{n} g_j}(j=1,2,\cdots,n)$。

各个因素对适应性的影响不相同，综合国内外研究结果并结合中国地质条件特点，将影响程度采用无量纲正交化处理，采用模糊和加权求和的方法获得各因素权重集，采用概率统计方法，统计结果如表 5-5-2 所示。

表 5-5-2 各单因素对煤层智能化开采的影响权重

类别	影响因素	权重
1	煤层硬度	0.183 5
2	煤层结构	0.149 4
3	地质构造	0.122 1
4	煤层底板	0.102 4
5	直接顶	0.095 3
6	煤层基本顶	0.044 8
7	煤层厚度	0.068 5
8	节理裂隙	0.084 2
9	煤层倾角	0.097 3
10	其他因素	0.052 5

(3) 建立评价集

在考虑影响自动化适应性的主要因素时，定量指标参考国内外类似评价方法的选取，定性指标则由专家按极难采、难采、一般、易采、极易采进行分类并量化赋值，对应表 5-5-3 的赋值标准进行评判。

表 5-5-3 智能化开采适应性评价表

类别	评价类型	智能化开采评价指标
1	极难采	$0 \leqslant I < 2$
2	难采	$2 \leqslant I < 4$
3	一般	$4 \leqslant I < 6$
4	易采	$6 \leqslant I < 8$
5	极易采	$8 \leqslant I \leqslant 10$

5.5.4.3　自动化智能化开采分析

新元矿 3206 工作面走向长 1 694.5 m，倾斜长 240 m，煤层平均厚度为 2.7 m。井下东邻 3205 工作面（已采完），西邻 3207 工作面（正在掘进），北邻西胶带运输大巷、西辅助运输大巷、西回风大巷，南邻中条带西回风大巷（北）、中条带西辅运大巷（北）。误工作面位于同一水平，地面标高 1 059.8～1 136.1 m，工作面标高 502.0～562.0m，埋藏深度 494.8～620.1 m。

表 5-5-4　　新元矿 3206 工作面煤层顶底板情况表

顶底板名称	岩石名称	厚度/m	岩性特征
基本顶	白色细砂岩	2.10	成分以石英为主，长石次之，夹粉砂岩条带
直接顶	灰黑色砂质泥岩	2.60	致密、坚硬，断口参差状，含薄层细砂岩条带
伪顶	高岭石泥岩	0.25	黑色泥岩，下部含碳量增高，参差状断口，过渡接触
直接底	泥岩	2.37	黑色泥岩，下部含碳量高增高，参差状断口，过渡接触
基本底	砂质泥岩	1.38	黑色砂质泥岩，透镜状层理，参差状断口，半坚硬，明显接触，底部丰富不完整植物根茎化石。

3206 工作面所采 3 号煤层赋存稳定，结构简单，属中灰、低硫的优质贫瘦煤，煤层以亮煤为主，内生裂隙发育，煤层中含 1～2 层泥质夹矸，厚度一般为 0.01～0.04 m，平均 0.02 m，煤层平均厚度 2.70 m；伪顶为高岭石泥岩，平均厚度 0.25 m；直接顶为灰黑色砂质泥岩，平均厚度 2.70 m；老顶为白色细砂岩，平均厚度 2.10 m；直接底为泥岩，平均厚度 2.37 m；老底为砂质泥岩，平均厚度 1.38 m。

表 5-5-5　　多级综合评判情况统计

类别		因素	智能化开采评判结果	备注	权重（二级评价内一级评价权重和为 1）
普氏系数		煤块硬度	易采	一级评价	
		煤物理性质	易采	一级评价	
		煤层厚度综合评价	极难采	二级评价	
煤层结构	夹矸	夹矸厚度	一般	一级评价	
		夹矸硬度	易采	一级评价	
		夹矸位置	易采	一级评价	
		硫化铁矿结核系数	一般	一级评价	
		夹矸综合评价	一般	二级评价	
	节理	节理分布系数	一般	一级评价	
		节理面与截齿夹角	难采	一级评价	
		节理综合评价	难采	二级评价	

续表 5-5-5

类别	因素	智能化开采评判结果	备注	权重(二级评价内一级评价权重和为1)
地质构造	地质构造小断层	极难采	一级评价	
	断层分布系数	难采	一级评价	
	断层落差	极难采	一级评价	
	围岩两侧岩石硬度	难采	一级评价	
	开采深度影响系数	一般	一级评价	
	地质构造综合评价	易采	二级评价	
煤层起伏	底板起伏程度	一般	一级评价	
	底板硬度	一般	一级评价	
	底板综合评价	一般	一级评价	
直接顶	分层厚度	一般	一级评价	
	顶板节理间距	难采	一级评价	
	顶板抗压强度	一般	一级评价	
	煤层黏顶系数	一般	一级评价	
	直接顶综合评价	难采	二级评价	
煤层基本顶	基本顶来压步距	一般	一级评价	
	支护条件	一般	一级评价	
	其他开采条件指数	一般	一级评价	
	基本顶综合评价	一般	二级评价	
煤层厚度	煤层厚度	易采	一级评价	
	适宜支护条件	一般	一级评价	
	煤层厚度综合评价	易采	二级评价	
节理裂隙	断层分布系数	易采	一级评价	
	节理分布系数	易采	一级评价	
	节理裂隙综合评价	易采	二级评价	
煤层倾角	煤层倾角	易采	一级评价	
	采煤机防滑适应性	一般	一级评价	
	刮板机防滑适应性	一般	一级评价	
	支架防滑适应性	一般	一级评价	
	煤层倾角综合评价	一般	二级评价	
水火瓦斯	涌水量系数	易采	一级评价	
	瓦斯涌出量系数	易采	一级评价	
	发火期系数	易采	一级评价	
	安全环境综合评价	易采	二级评价	
总评		易采	最终评价	

通过上述模型分析，新元矿 3206 工作面属极易采煤层。采用灰色系统理论，将多个影响智能化开采的离散因素进行关联度分析，找出各个因素的内在规律并引入多级模糊评价指标，建立多级别模糊评价模型。通过分析表明该方法可行，模型准确。

5.6　综采工作面单机智能化技术与装备

近年来，我国的大型煤机装备得到了较快的发展，但是，与国外发达国家的煤机装备水平相比仍存在着较大的差距。国家发改委等部委将“煤炭综采装备智能化系统”列入了“十二五”国家战略新兴产业-智能制造装备发展专项，开发具有自主知识产权的大型煤炭综采智能化成套装备，重点研究以高精度、高可靠性智能元部件为基础的智能控制系统。随着煤炭工业的不断发展，我国煤机装备的功率越来越大，产量越来越大，煤矿安全、高效、高回收率的开采要求与现有煤机装备控制技术落后和自动化程度低的矛盾越来越突出。大力发展我国煤机装备的智能化对于实现两化融合，尽快缩短我国煤机装备与世界发达国家的差距，提高我国煤机装备的技术水平具有重要的意义。

煤矿综采工作面的单机设备一般都是由不同专业厂家生产的，在工作面设备配套时仅从设备的生产能力、空间布置等方面进行协调配套，并没有把整个工作面设备作为一个整体进行考虑，在进行综采工作面自动化系统调试时，存在各厂家设备接口不一，控制功能及参数不协调，智能化水平不均衡等问题，实施起来较为困难，达不到良好的应用效果。

煤机装备系统庞大，需要控制的动作多，且对动作顺序、准确性、响应速度等要求特别高。现有装备多为单机人工操作，控制方式分散，不能实现快速、准确的配合，无法充分发挥设备性能和提高开采效率。而且，现有装备获取的煤壁、顶底板状况不够全面、准确，操作以人为经验判断为主，容易发生丢煤、无法及时支护等问题。此外，井下环境恶劣，工人在工作面近距离操作，噪音、粉尘等对会工人身体健康带来损害，突发的矿井事故更是威胁着工人的生命安全。

综采工作面是一个可以迁移的狭长采场，在这个采场中有工作面的“大三机”(采煤机、液压支架、刮板运输机)通过在采场的破煤、落煤、装煤和运煤等一系列活动完成工作面的产煤过程，如图 5-6-1 所示。在这个采场中，液压支架支护为采场生产设备和操作人员提供安全的作业空间；采煤机破煤，开拓这个作业空间，刮板运输机负责将工作面的煤块运送出去。采煤机骑在刮板运输机上，以刮板运输机为轨道进行割煤，液压支架与刮板运输机互为支点进行液压支架和刮板运输机设备的迁移，从而实现工作面设备与作业空间场的迁移，在液压支架进行推溜时，把刮板运输机推至煤帮，将垮落在刮板运输机与煤壁之间的煤块装载到刮板运输机上。因此，应将工作面的“大三机”作为一个整机考虑，通过这 3 种设备的相互连接、相互协调、相互配合、相互作用来共同完成整个采煤过程控制。

综采成套装备智能系统应具有学习、记忆和适应不断变化的采矿环境能力，能有效处理各种信息，以减少不确定性，能以安全可靠的方式进行规划、生产和执行控制，从而达到预定的生产目标和良好的性能指标。

根据以上分析，为了实现综采工作面设备的成套化和智能化，本书将综采工作面设备作为整体进行设计，煤炭综采成套装备智能系统技术支撑框架如图 5-6-2 所示，需要将生产能力、地质条件、几何结构、工作性能、使用寿命与开采工艺等方面综合考虑，需要在综采工作

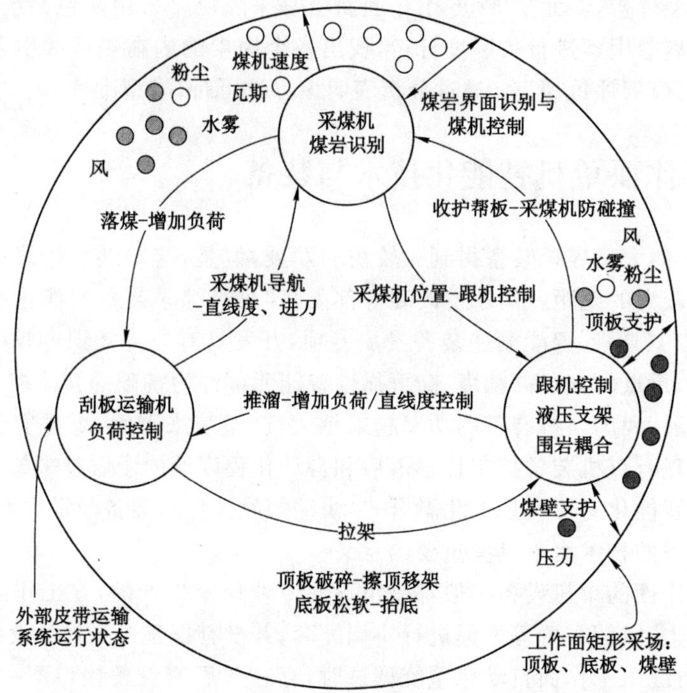

图 5-6-1　综采工作面相关因素关联示意图

面各设备单机的层级之上建立一个基于以太网的通信网络层，将各单机子系统数据进行汇集，建立综采工作面设备及其生产环境监控数据库，对综采工作面设备间、设备与环境间，设备与工艺间，设备生产过程间进行多维度的分析、处理、决策与控制，建立综采工作面监控调度控制中心，实现对工作面设备的统一协调作业。总体设计思想是增加单机感知元件，提高单机设备的状态识别能力，实现单机设备的自动化，同时也简化单机控制系统的作业协调能力，由监控中心作为总体调度中心进行协调总体控制。

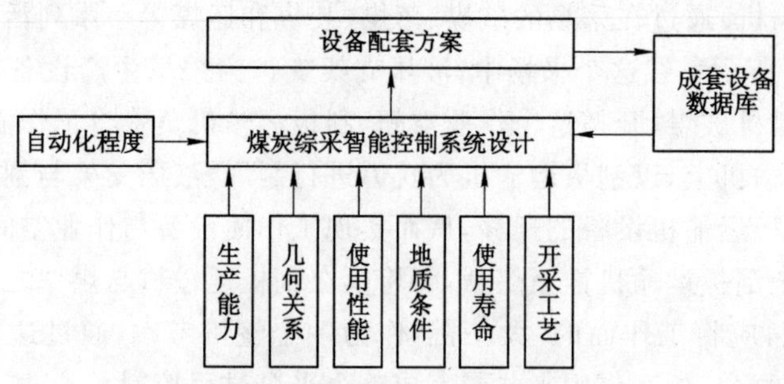

图 5-6-2　综采成套装备智能系统技术支撑框架

综采成套装备智能系统是由采煤机智能控制系统、液压支架智能控制系统、三机（刮板运输机、转载机、破碎机）智能控制系统、智能供液和监控中心网络决策控制平台等组成，如图 5-6-3 所示。综采成套装备智能系统的特点是将整个工作面设备作为一个出煤系统进行设计，系统内部设备相互配合、相互作用，共同实现综采工作面的破煤、落煤、装煤、运煤等生产过程。系统具有学习能力，可以依据模拟人工操作进行系统自动控制，可以依据历史数据分析，建立专家系统模式，进行自学习、自维护；具有组织综合能力，通过将采场环境参数、设备参数等融合进行分析、决策与控制，实现综采设备整机在时间、空间、环境、工艺、参数等多维度融合，提高整机对生产环境的适应性能；实现煤机装备最优的控制效果。单机自动化是综采工作面自动化的基础，本章节从综采工作面智能化系统顶层设计，单机智能化底层实现来描述综采工作面单机智能化技术与装备。

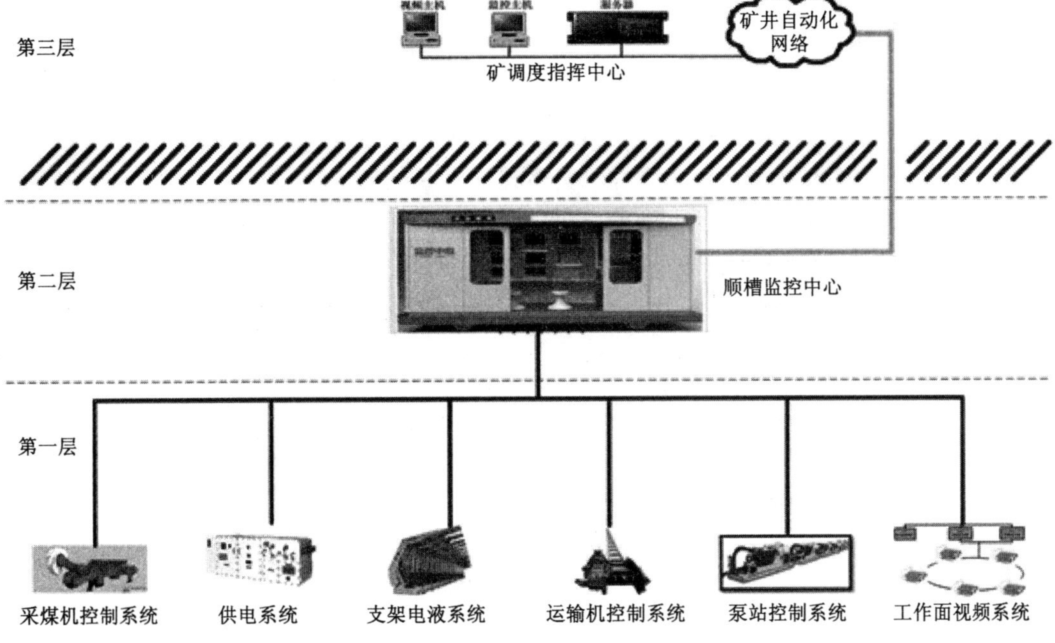

图 5-6-3　综采成套装备智能控制系统总体结构示意图

5.6.1　采煤机

综采工作面的主要设备包括采煤机、液压支架、刮板运输机等。在生产作业过程中，液压支架顶天立地，掩护着内部的设备、人员；采煤机骑在刮板运输机上，左右来回行走，通过采煤机摇臂上的滚筒截割煤壁；刮板机将截割下来的煤运出工作面。综采工作面设备职责如图 5-6-4 所示。

5.6.1.1　*滚筒式采煤机的起源和发展历程*

滚筒式采煤机最早出现在 20 世纪 50 年代初的英国和德国，在这种采煤机上安装有截煤滚筒，这是一种圆筒形部件，其上安装有截齿，用截煤滚筒实现落煤和装煤。这种采煤机与可弯曲输送机配套，奠定了煤炭开采机械化的基础。这种采煤机的主要缺点有二个：其一是截煤滚筒的高度不能在使用中调整，对煤层厚度及其变化适应性差；其二是截煤滚筒的装煤效果不佳，限制了采煤机生产率的提高。因此，当时各国的机械化采煤机技术仅处于普通机械化水平 ，虽然当时英国和苏联已经成功研制了液压支架装备，但由于采煤机本身和可弯曲刮板运输机尚不完善，当时的综合机械化采煤技术仅处于实验开始的阶段。

进入 20 世纪 60 年代后，英国、德国、法国和苏联先后对采煤机的截割滚筒做出革命性改进。其一是截煤滚筒可以在使用中调整其高度，完全解决对煤层赋存条件的适应性；其二

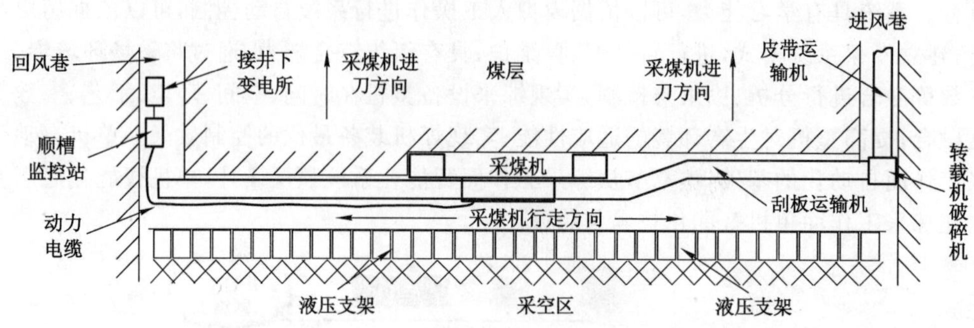

图 5-6-4　综采工作面职责分工图

图 5-6-5　MG400/930-WD 采煤机工作中

是把圆筒形截割滚筒改进成螺旋叶片式截煤滚筒，即螺旋滚筒，极大地提高了装煤效率，如图 5-6-5 所示。这两项关键的改进是滚筒式采煤机称为现代化采煤机械的基础。可调高螺旋滚筒采煤机或刨煤机与液压支架和可弯曲输送机配套，构成综合机械化采煤设备，使煤炭生产进入高产、高效、安全和可靠的现代化发展阶段。从此，综合机械化采煤设备成为各国地下开采煤矿的发展方向。

5.6.1.2　滚筒式采煤机的国内外发展现状

近几年来，在高新技术牵动下，高效综采装备的研制开发取得了重大进展。美国 JOY 公司、德国 DBT 公司和 Eichoff 公司等世界采矿机械制造商在较短时期内推出了新一代综采设备，在整体结构设计、技术性能、生产能力指标等方面有创新性突破。纵观以上国内外采煤机技术现状，可以判断未来采煤机主要技术特征是：大功率、电牵引、高效可靠、安全环保、自动化、智能网络化。

衡量一个国家的采煤机的技术水平，首先应对其机械设备的先进性品种、质量、可靠性、适应程度以及寿命等加以分析。我国是一个发展中国家，改革开放以来，采煤机得到了很大的发展，但生产的质量、寿命、高新技术的应用、科学管理等与世界煤炭工业发达国家相比，还存在较大的差距，国外采煤机有关部件的设计寿命是：齿轮 12 500 h，轴承 20 000～30 000 h，电机绝缘寿命 4 400 h，滚筒可产煤 300 万吨。综合工作面采煤机一般都装有自动控制、诊断、数据传输、无线电遥控装置，不仅操作方便，而且能通过诊断装置预先发现故障并及时排除。我国采煤机的齿轮、轴承、滚筒、电机等主要部件的设计寿命均低于国外水平。

我国要求采煤机出200万吨煤而不大修，实际上与要求还有距离。与目前最先进的国外采煤机相比，国内电牵引采煤机在总体参数性能方面尚有较大差距，某些关键部件的性能、功能、适应范围还有待完善和提高，尤其是无线监测、故障诊断及预报、信号传输与采煤机自动控制、传感器等智能化技术和机械部件的可靠性、寿命与国外相比还是存在一定差距，我国在缩小差距的道路上任重而道远。

5.6.1.3 采煤机结构组成

采煤机如图5-6-6所示，采煤机主要由左、右截割滚筒，左、右摇臂，左、右行走减速箱，滑靴组件，行走箱，采煤机用隔爆兼本安型电控箱，采煤机用隔爆型交流变频调速箱，调高泵站，中间框架，拖缆装置及喷雾冷却系统等组成，例如MG500/B40-(Q)WD型采煤机的外形如图5-6-7所示。

图5-6-6 采煤机

1）截割部

采煤机截割部由采煤机的工作机构和驱动机构组成。采煤机截割部的作用是破煤和装煤，由左、右截割电机，左、右摇臂减速箱，左、右滚筒，冷却系统，内喷雾系统，挡煤板，截割滚筒，摇臂减速器和截割部减速器等部件组成。截割部还包括调高机构和挡煤板及其翻转机构，调高机构和翻转机构都是采用液压驱动及控制的。截割部位于采煤机机身的两端，通过销轴与机身铰接，以销轴为回转中心，通过调高油缸活塞杆的伸缩，实现左右滚筒的升降。摇臂与调高油缸采用销轴连接。左右摇臂分别用电机驱动，经2～3级直齿减速，1～2级行星减速后通过方形滚筒座来驱动滚筒转动，完成截煤和装煤。

截割部能耗占采煤机装机总功率的80%～90%。截割滚筒能适应煤层的地质条件和先进的采煤方法及采煤工艺的要求，具有落煤、装煤、自开切口的功能。滚筒由螺旋叶片、端盘、齿座、喷嘴、筒毂及截齿组成。截割电动机横向布置在摇臂上单独驱动，经摇臂三级直齿、一级行星传动减速后，通过方形出轴与截割滚筒连接，驱动截割滚筒旋转，实现截煤、落煤、装煤工序。

（1）传动装置

截割部传动装置的作用是将采煤机电动机的动力传递到滚筒上，以满足滚筒转速及转矩的要求；同时，还应具有调高功能，以适应不同煤层厚度的变化。截割部的传动方式主要有以下几种：① 电动机-摇臂减速箱-行星齿轮减速箱-滚筒；② 电动机-固定减速箱-摇臂减速箱 滚筒；③ 电动机-固定减速箱-摇臂减速箱-行星齿轮减速箱-滚筒；④ 电动机-摇臂减速

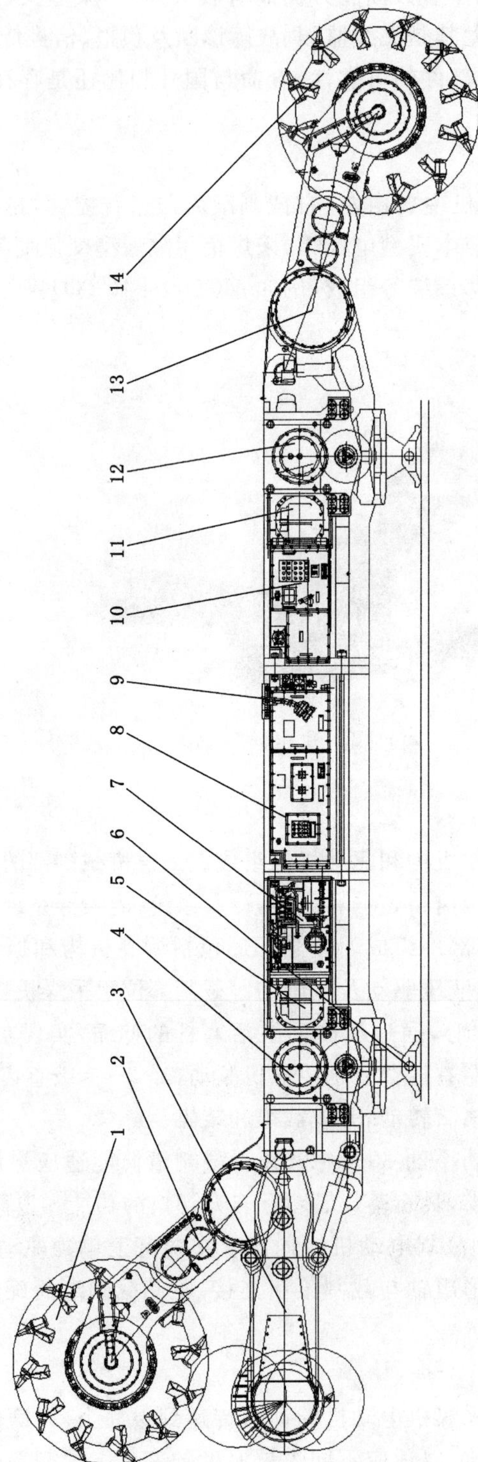

图5-6-7　MG500/1340-(Q)WD型采煤机的外形图

1——左滚筒；2——左摇臂；3——破碎机构；4——左行走部；5——左牵引部；6——滑靴组件；7——液压部；
8——变频调速箱；9——拖缆装置；10——电控箱；11——右牵引部；12——右行走部；13——右摇臂；14——右滚筒

箱-滚筒。

(2) 截割滚筒

截割滚筒是采煤机破煤和装煤的工作机构，对采煤机工作起决定性作用，消耗总功率的80%～90%。它应能适应煤层的地质条件和先进的采煤方法及同采工艺的要求，还应具有破煤、装煤、自开工作而切口的功能。截割滚筒的优点是简单可靠，缺点是煤被过于破碎，产生的煤尘较大，截割能耗较高。

(3) 调高泵站

调高泵站安装在左行走减速箱框架内，为摇臂升降、牵引制动提供动力源。

2) 牵引部

采煤机的牵引部是采煤机的重要组成部分，是采煤机沿工作面运行的工作部分，用来保证采煤机截煤的连续性。牵引部用来改变采煤机的运行速度和运行方向，牵引过载时减小牵引速度，牵引欠载时增大牵引速度，保持采煤机良好的运行状态。牵引部由牵引机构和牵引传动装置两大部分组成。牵引机构是直接移动机器的装置，使采煤机沿工作面行走。牵引传动装置将采煤机电动机的能量传递到驱动轮上，并实现调速和换向。它是用来驱动牵引机构实现牵引速度的无级调节和控制，将电动机的电能转换为传动主链轮或者驱动轮的机械能。传动装置装于采煤机本身为内牵引，装在采煤机工作面两端的为外牵引。采煤机牵引部所受载荷复杂，且工作环境恶劣，传统的研究方法无法全面反映采煤机牵引部的动态特性。它不但负担采煤机工作时的移动和非工作时的调动，而且牵引速度的大小直接影响工作机构的效率和质量，并对整机的生产能力和工作性能产生很大的影响。

绝大部分的采煤机采用内牵引，仅在薄煤层开采中为了缩短机身长度才采用外牵引。随着高产高效工作面的出现以及采煤机功率和牵引力的增大，为了工作面更加安全可靠，无链牵引机构逐渐取代了有链牵引。两台行走电动机分别横向布置在左、右行走减速箱框架内实现双牵引，经直齿减速箱和双级行星减速器的减速后，带动行走箱中的小齿轮回转，经一级直齿减速后，驱动行走轮与销轨啮合，使采煤机沿输送机正方向或反方向移动。牵引形式采用交流变频调速、齿轮-销轨式牵引系统。

牵引部的特点是：① 有大的传动比和传动转矩；② 有足够大的牵引力，以便顺利割煤和爬坡；③ 能实现无级调速；④ 能够实现双向牵引；⑤ 具有液压自动调速和恒功率自动调速；⑥ 具有过载保护装置。

3) 电气系统

电气系统包括电动机及其箱体和装有各种电气元件的中间箱(连接筒)。该系统的主要作用是为采煤机提供动力，并对采煤机进行过载保护及控制其动作。采煤机用隔爆兼本安型电控箱为独立防爆箱体，可从采空侧抽出。电气控制系统采用可编程控制器(PLC)控制，具有瓦斯报警装置，各项保护和显示功能齐全，并配套中文液晶显示屏。电气控制系统、液压传动系统及喷雾冷却系统组成机器的控制保护系统。采煤机用隔爆型交流变频调速箱。该变频调速箱为独立防爆箱体，由三个腔体组成：变压器腔，变频器腔和接线腔。大盖板上设有电控按钮和显示窗，箱体上设有冷却水道。

电控系统的操作与显示有多种操作方式，非常方便实用。具体如下：① 机身中部设有电控操作按钮控制采煤机的启动、停止、牵引方向、牵引速度；② 端头操作站设在机身两端，控制采煤机的牵引方向、牵引速度以及左、右摇臂的升降，并设有急停按钮；③ 液压调高手把操作左、右摇臂的升降。

4）辅助（附属）装置

辅助装置包括挡煤板、底托架、电缆拖曳装置、供水喷雾冷却装置，以及调高、调斜等装置。该装置的主要作用是同各主要部件一起构成完整的采煤机功能体系，以满足高效、安全采煤的要求，改善采煤机的工作性能。

例如 MG500/1130-WD 型电牵引采煤机就是多部电机横向布置的。整机由左、右牵引部，左、右截割部，左、右行走部及电控箱组成，电气控制系统、液压传动系统及喷雾冷却系统组成机器的控制保护系统。左、右牵引部、电控箱通过一组连接丝杠，形成刚性连接，左、右牵引部分别与电控部的左、右端面干式对接。两行走部分别固定在左、右牵引部的箱体上。牵引部与电控部对接面用圆柱销定位，高强度 T 形螺栓和螺母连接。截割部为整体弯摇臂结构，即截割电机、减速器均设在截割机构减速箱上，与牵引部铰接和调高油缸铰接，油缸的另一端铰接在牵引部上，当油缸伸缩时，实现摇臂升降。支承组件固定在左、右牵引部上，与行走箱上的导向滑靴一起承担整机重量。

5.6.1.4 采煤机工作原理

采煤机的主要职能是破煤、落煤、装煤。采煤机骑在刮板运输机上，依靠采煤机上的牵引装置带动采煤机在工作面上运行，通过采煤机上的滚筒旋转，滚筒上的截齿截割煤体，实现落煤，滚筒下的装煤板将落煤装入刮板运输机实现自动装煤。摇臂可升降滚筒高度，实现了缓倾斜特厚煤层的一次采全厚开采，对地质条件的适应性较强，适应煤层的厚度变化。

采煤机由采煤机煤壁侧的两个滑靴和采空侧两个导向靴滑分别支承在输送机的铲板和销轨上。采煤机的左、右行走减速箱与中间框架三大组件组成采煤机的机身，中间框架三大组件间采用液压螺母和高强度螺栓副连接。行走箱通过止口与螺栓固定在左、右行走减速箱上。调高泵站固定在左行走减速箱框架内。采煤机用隔爆兼本安型电控箱固定在右行走减速箱框架内。采煤机用隔爆型交流变频调速箱与水阀固定在中间框架内。左、右截割部（摇臂）与机身采用铰轴连接，与机身无动力传递。

采煤机骑坐在刮板运输机的销排上，以运输机为轨道，采煤机与运输机配套端面如图 5-6-8所示。如图 5-6-9 所示，双滚筒采煤机工作时，前滚筒割顶部煤，后滚筒割底部煤。因此双滚筒采煤机沿工作面牵引一次，可以进一刀，返回时又可以进一刀，即采煤机往返一次进二刀，这种采煤法称为双向采煤法。

采煤机滚筒的旋转方向的确定原则是有利于装煤和机器的稳定性。为了输送机推运煤，滚筒的旋转方向必须与滚筒的螺旋线方向一致。对逆时针（站在采空区侧看滚筒）旋转的滚筒，叶片应为左旋；顺时针旋转的滚筒，叶片应为右旋，即符合“左转左旋，右转右旋”的规律。

为了保证采煤机的工作稳定性，滚筒采煤机两个滚筒的旋转方向应相反，以使两个滚筒受的截割阻力相互抵消，因此，两个滚筒必须具有不同的螺旋方向，如图 5-6-10 所示。两个转向相反的滚筒有两种布置方式：一是前顺后逆，采用这种方式，采煤机的工作稳定性较好，但滚筒易将煤甩出打伤司机，且煤尘较大，影响司机正常操作；二是前逆后顺，采用这种方式，采煤机的工作稳定性较差，易振动，但装煤效果好，煤尘少，对机身较重的采煤机，机器振动影响不大。因此，大部分采煤机都采用“前逆后顺”的方式，即左滚筒为左旋叶片，逆时针旋转;右滚筒为右旋叶片,顺时针旋转。

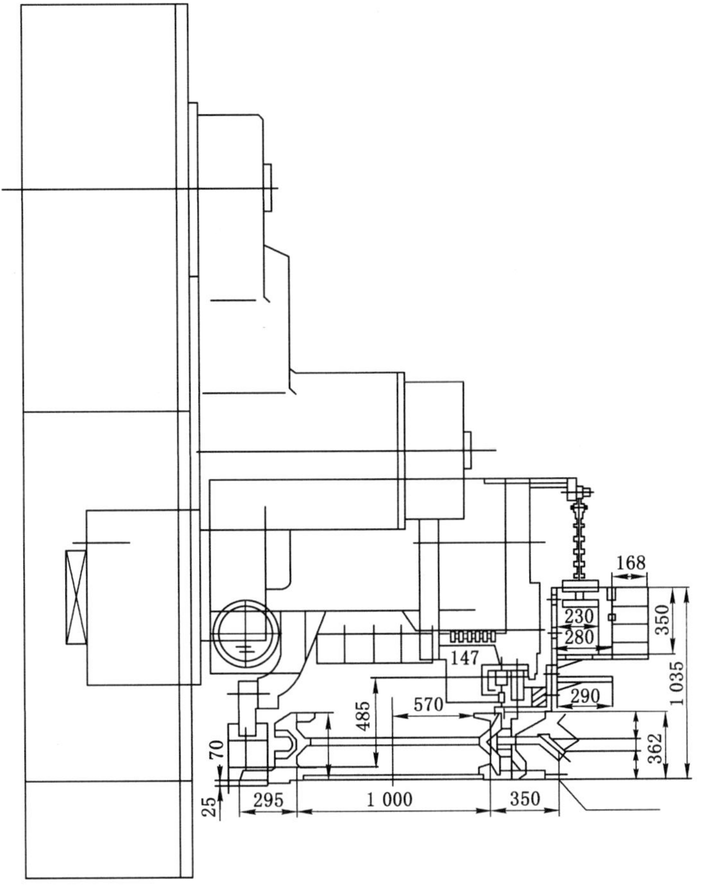

图 5-6-8　采煤机与运输机配套端面图

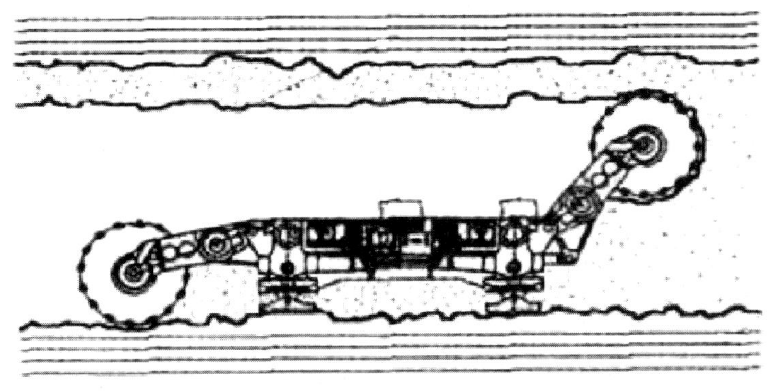

图 5-6-9　采煤机切割顶底板工作原理图

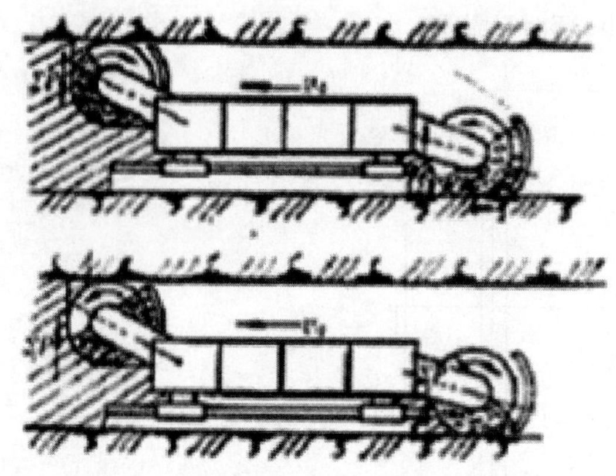

图 5-6-10　采煤机工作原理图

5.6.1.5　采煤机的型号、分类、结构及其特点

采煤机的型号命名规则如图 5-6-11 所示。

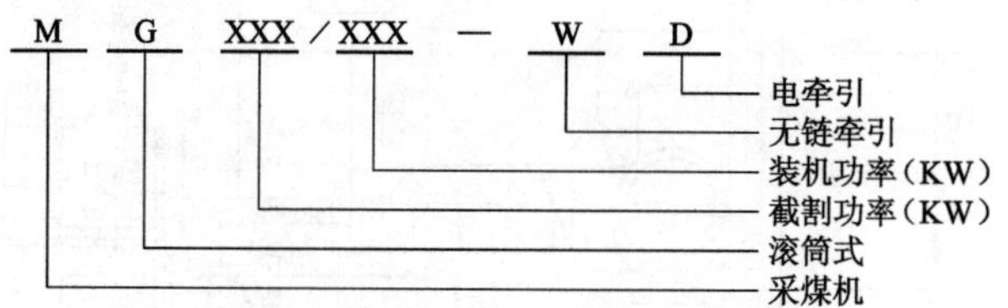

图 5-6-11　采煤机的型号命名示意图

我国薄煤层采煤机的研究始于 20 世纪 60 年代。在顿巴斯-1 型采煤机的基础上，我国开始自行研制生产采煤机。这类薄煤层滚筒采煤机主要有 MLQ 系列采煤机，如 1964 年生产的 MLQ-64 型，1980 年生产的 MLQ-80 型浅截石单滚筒采煤机，另外还有 MLQ3-100 型采煤机。20 世纪 70 年代至 80 年代初期，我国自行研制开发了中小功率薄煤层滚筒采煤机。比较典型的有山东煤研所和淄博矿务局研制的 ZB2-100 型单滚筒骑输送机采煤机。ZB2-100 型采煤机装机功率 100 kW，链牵引，牵引传动方式为液压调速加齿轮减速。牵引力 90 kN，牵引速度 0～214 m/min，采高 175～113 m，煤质硬度为中硬以下的缓倾斜薄煤层。

20 世纪 80 年代，在引进德国、英国等采煤机生产技术的基础上，我国自主开发和制造适应我国不同的煤层条件的滚筒式采煤机系列产品，并在 90 年代中期初步完成了主导机型，由液压牵引采煤机向电牵引采煤机升级换型工作。1980 年，黑龙江煤矿机械研究所和鸡西煤矿机械厂共同开发出 BM 系列骑输送机滚筒采煤机，其中 BM-100 型双滚筒采煤机，性能良好，能自开缺口、强度高、工作可靠，在我国薄煤层采煤中被广泛应用。但是采薄煤层的双滚筒采煤机，结构较复杂，机身又长，使用不便，于是简化的 BMD-100 型单滚筒薄煤层采煤机应运而生。20 世纪 90 年代以来，为了满足厚薄煤层、薄煤层作为解放层开采矿井的迫切需要，并结合当代中厚煤层滚筒采煤机技术，1997 年，大同矿务局、煤科总院上海分院联合研制了 M G200/450-BWD 型薄煤层采煤机，采用多电机驱动、交流变频调速、无链牵引总装机功率达 450 kW，其中截割功率 2×200 kW，牵引功率 2×25 kW，牵引力 400 kN，牵引速 0～6 m/min。采用骑输送机布置方式，可用于 110～117 m 的薄煤层综合机械化工作面。样机于 1997 年 12 月在晋华宫煤矿 9 号层 83 工作面投入使用，取得了最高月产量 916 万吨、年产量 5 300 吨的好成绩。根据煤层厚度的限制，薄煤层采煤机分为骑溜子式和爬底板式两类。骑溜子式采煤机的机身骑在刮板输送机上，并靠其支撑和导向。当电动机功率为 100 kW 时，电动机高度 h 为 350 mm，国美空间高度至少为 C＝140～160 mm，输送机中部槽高度为 180～190 mm，则机面高度至少达到 A＝600～650 mm。考虑到顶梁厚度，顶板下沉厚度以及过机空间高度 Y（通常 Y＝90～200 mm），则骑溜子薄煤层采煤机只能适用于 0.75～0.95 m 以上的煤层（小值对单滚筒，大值对双滚筒）。如果电动机功率加大，则电动机高度相应增大，因而最小采高还要加大。爬底板式采煤机，机身位于机道内，因而机面高度降低，使过煤空间高度及过机空间高度增大（240 mm），这不仅改善了机器性能，还可使采煤机在 0.6～0.8 m 的薄煤层中工作。采用机身在煤壁侧机道内的爬底板式采煤机的工作面通风断面大，提高了工作的安全性。因此，爬底板采煤机是当前薄煤层采煤机主要的发展方向。

我国薄煤层采煤机经过 40 多年的发展，技术已趋成熟。但一个突出的问题是：目前我国薄煤层采煤机为方便设计，在行走机构上均采用中厚煤层采煤机所用的相关参数，例如销排节距，一般大都采用 126 mm。这样做虽能保证其正常运行，但其强度余量过大。近几年来，我国薄煤层采煤机得到了很大的发展，但在质量、寿命和高新技术应用等方面与国内大型采煤机，特别是与国外采煤机相比，还存在较大的差距，需要进一步的改进提高。

(1) 按滚筒数目分为单滚筒采煤机和双滚筒采煤机。其特点分别为：单滚筒采煤机机身较短，重量较轻，自开切口性能较差，适宜在煤层起伏变化不大的条件下工作；双滚筒平煤机调高范围大，生产效率高，可在各种煤层地质条件下工作。

(2) 按煤层厚度分为厚煤层采煤机、中厚煤层采煤机和薄煤层采煤机。其特点分别为：厚煤层采煤机机身几何尺寸大，调高范围大，采高大于 3.5 m；中厚煤层采煤机机身几何尺寸较大，调高范围较大，采高 1.3～3.5 m；薄煤层采煤机机身几何尺寸较小，调高范围小，采高小于 1.3 m。

(3) 按调高方式分为固定滚筒式采煤机、摇臂滚筒式采煤机和机身摇臂滚筒式采煤机。其特点分别为：固定滚筒式采煤机靠机身上的液压缸调高，调高范围小；摇臂滚筒式采煤机调高范围大，卧底量大，装煤效果好；机身摇臂滚筒式采煤机机身短窄，稳定性好，但自开切口性能差，卧底量较小，适应煤层起伏变化小、顶板条件差等特殊地质条件。

(4) 按机身设置方式分为骑输送机采煤机和爬底板采煤机。其特点分别为：骑输送机采煤机适用范围广，装煤效果好，适用于中厚及其以上的煤层；爬底板采煤机适用各种薄煤层和极薄煤层地质条件。

(5) 按牵引控制方式分为机械牵引采煤机、液压牵引采煤机和电牵引采煤机。其特点分别为：机械牵引采煤机操作简单，维护检修方便，适应性强；液压牵引采煤机控制、操作简便、可靠、功能齐全，适用范围广；电牵引采煤机控制、操作简便、传动效率高，适用各种地质条件。

(6) 按牵引方式分为钢丝绳牵引采煤机、锚链牵引采煤机和无链牵引采煤机。其特点分别为：钢丝绳牵引采煤机牵引力较小，一般适用于中小型矿井的普采工作面；锚链牵引采煤机中等牵引力，安全性较差，适用于中厚煤层工作面；无链牵引采煤机工作平稳、安全，结构简单，适应于倾斜煤层开采。

(7) 按煤层条件分为缓倾斜煤层采煤机、倾斜煤层采煤机和急倾斜煤层采煤机。其特点分别为：缓倾斜煤层采煤机设有特殊的防滑装置，适用于倾角15°以下的煤层工作面；倾斜煤层采煤机牵引力较大，具有特殊设计的制动装置，与无链牵引机构相配，适用于倾斜煤层工作面；急倾斜煤层采煤机牵引力较大，有特殊的工作机构与牵引导向装置，适用于急倾斜煤层工作面。

(8) 按牵引机构设置方式分为内牵引采煤机和外牵引采煤机。其特点分为：内牵引采煤机结构紧凑，操作安全，自护力强；外牵引采煤机身机短，维护和操作方便。

5.6.1.6 采煤机主要技术参数

1) 薄煤层采煤机

薄煤层工作面的采高为0.7～1.4 m。MG2x100/460-BWD型交流电牵引采煤机，采用多电动机驱动、横向布置的交流电牵引采煤机，总装机功率为460 kW；供电电压1 140 V；截割功率为2×2×100 kW；行走功率为2×25 kW，采用机载交流变频调速、销轨式牵引，适用于0.9～1.65 m的薄煤层工作面。典型的薄煤层采煤机机型参数示例：

型号	MG2x100/460-BWD
采高/m	900～1 650
截深/m	0.63;0.7;0.8
适应倾角/(°)	0～15
普氏系数	$f \leqslant 4$
装机功率/kW	460
截割功率/kW	2×2×100
牵引功率/kW	2×25
电压等级/V	1140
机面高度/mm	640
摇臂回转中心距/mm	5 590
过煤高度/mm	220
中部卧底量/mm	159
滚筒直径/mm	950
有效截深/mm	800
控制方式	PLC或CAN总线控制技术及液晶彩色显示屏
操作方式	左右端头站、中间机身面板、左右遥控器三种
牵引电机电压/V	380
调速方式	机载交流变频调速
牵引方式	渐开线齿轨无链牵引
牵引速度/(m/min)	0～8.8
牵引力/kN	400
电机冷却方式	定子水冷
降尘方法	内外喷雾
整机质量/t	25

2）中厚薄煤层采煤机

中厚煤层工作面采高为 1.4～3.5 m。MG2x200/930-WD1 型交流电牵引采煤机，是一种沿长壁回采工作面全长穿梭式采煤的大功率较薄煤层的电牵引采煤机。该采煤机采用多电动机驱动、横向布置，总装机功率为 930 kW，供电电压为 3 300 V，截割功率为 2×2×200 kW，牵引功率为 2×55 kW，采用机载"一拖一"交流变频调速形式，摆线轮-销轨式牵引，适用于煤层 1.2～2.5 m，倾角≤45°，煤质中硬或硬的综采工作面。其主要的技术参数如下：

型号	MG2x200/930-WD1
采高范围/mm	1 400～2 513
适应倾角走向/(°)	≤45
普氏系数	f≤4
装机功率/kW	930
截割功率/kW	2×2×200
牵引功率/kW	2×55
电压等级/V	3 300
机面高度/mm	≤894
摇臂回转中心距/mm	6 210
过煤高度/mm	296
中部卧底量/mm	427
滚筒直径/mm	1 250
有效截深/mm	≥800
控制方式	基于 DSP、ARM 控制
操作方式	左右端头站、中间机身面板、左右遥控器三种
变频调速系统	四象限"一拖一"交流变频器
牵引电机电压/V	380
调速方式	机载交流变频调速
牵引方式	渐开线齿轨无链牵引
牵引速度/(m/min)	0～11.6(重载)/0～18.5(调机)
牵引力/kN	525/328
降尘方法	内外喷雾
整机质量/t	36

3）厚层采煤机

工作面采高在 3.5 m 以上的为厚煤层。MG900/2360-GWD 型电牵引采煤机，是为适应大采高煤层推出的一种新型大功率、智能化交流电牵引采煤机，采用多电机驱动、横向布置，总装机功率为 2 360 kW，供电电压为 3 300 V，截割功率为 2×900 kW，牵引功率为 2×150 kW；采用机载"一拖一"交流变频调速，强力销轨式牵引（节距 147 mm）；适用于采高范围为 3.5～6.1 m，煤层倾角≤12°，含有夹矸等硬煤质、大采高煤层，年产 800 万吨以上的高产高效综合机械化工作面。

型号	MG900/2360-GWD
采高范围/mm	3 500～6 100

适应倾角走向/(°)	≤12
普氏系数	f≤5.5
岩石硬度	f≤8
装机功率/kW	360
截割功率/kW	2×900
牵引功率/kW	2×150
电压等级/V	3 300
机面高度/mm	2 265
过煤高度/mm	1 016
中部卧底量/mm	650
滚筒直径/mm	3 000
有效截深/mm	≥800
控制方式	基于IPC的多总线分布式I/O架构
操作方式	左右端头站、中间机身面板、左右遥控器三种
变频调速系统	四象限“一拖一”交流变频器
牵引电机电压/V	380
调速方式	机载交流变频调速
牵引方式	渐开线齿轨无链牵引
牵引速度/($m \cdot min^{-1}$)	0～12.5(重载)～25(调机)
牵引力/kN	1 250/625
电机冷却方式	定子水冷
降尘方法	内外喷雾
整机质量/t	115(不含破碎)

5.6.1.7 采煤机自动化、智能化功能与技术实现

采煤机的主要职责是破煤、落煤和装煤，采煤机沿着运输机轨道行驶，按照采煤工艺完成工作面采煤生产。采煤机在破煤过程中不仅要精确控制采煤机滚筒高度，尽可能少的割顶，以减少滚筒截齿的磨损量，减少煤炭含矸率，提高煤质，还应根据刮板输送机上割落下来的煤量来确定采煤机割煤过程中的行走速度，避免刮板输送机过载作业。同时，采煤机要满足液压支架能够跟机护顶、护壁的能力，避免在割煤区域出现大面积的空顶，造成顶板安全事故，还要依据采煤空间场的瓦斯等危害气体的浓度进行采煤速度的自动调节，确保工作面的安全生产。还应精准确定采煤机当前所在的位置，以便为液压支架电液控制系统提供精确的采煤机位置，为液压支架实现跟机自动化控制提供必要的条件。因此，采煤机智能控制系统的核心问题是滚筒采高控制、行走位置控制、与配套设备的协同运行控制、采煤机自身工况及故障监测等，主要是以具有高适应性与可靠性的机载防爆监控计算机系统为技术基础，进一步通过融合煤岩界面自动识别技术、采煤机运行过程中三维动态精确定位技术、远程监控所需的高可靠宽带移动通信技术、采煤机与液压支护、运输系统设备间的协调控制干涉和碰撞预测技术、采煤机工况检测与故障诊断预警技术等，完成采煤机智能化控制。

采煤机智能控制系统将实现采煤机的自动化控制，操作人员在顺槽监控中心或地面调

度室进行远程干预的生产模式。

1）采煤机具有调高控制系统，可以精确控制采煤机滚筒高度

采煤机中最重要的组成部分为滚筒调高机构。不论煤岩识别技术的自动控制，还是记忆截割技术的自动控制，都是通过驱动液压油缸实现摇臂的控制。采煤机摇臂调高控制过程具有非线性大滞后的工作特点，牵引速度对摇臂升降控制有很大的影响，是实现采高精确控制的关键，需要进行优化控制。滚筒调高结构在采煤机的运行过程中起到了调节采煤机高度的作用，从而确保采煤机能够对不同高度的煤层进行开采，提高煤矿开采的效率。而采煤机的自动控制技术则指对采煤机的调高系统进行预先的设置，使得采煤机能够在采煤现场进行规律的高度的调节，来完成整个高度调节工作。在调节方式上，一般通过摇臂的调节、切割部分调节及机身的调节来完成高度的调节过程。这三种调节方式的共同之处在于都通过油缸活塞的伸缩来实现对采煤机高度的调节；不同点在于在三种调节方式中，活塞的按照位置和驱动方式有所差异。较为广泛的应用是大功率的摇臂调高方式，从摇臂调高方式可以看到，在这一种调高方式中，油缸是架设在机身的侧下方，在另一端还有一个较小的摇臂起到辅助作用。这种调高方式具有调高范围大、效果好的优点，并且还有水平调高和倾斜调高两种方式可供选择。

（1）调高系统工作原理

采煤机截割滚筒的液压调高系统包括：油缸、平衡阀、换向阀、精过滤、油泵、粗过滤、冷却器、油箱，滚筒液压调高系统如图 5-6-12 所示。

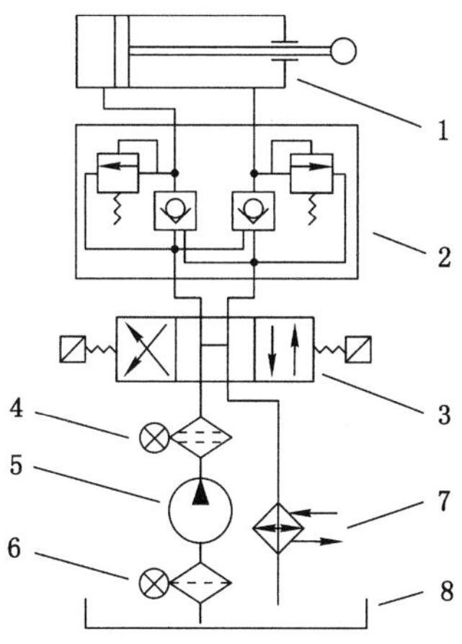

图 5-6-12　滚筒液压调高系统图

1——油缸；2——平衡阀；3——换向阀；4——精过滤；5——油泵；6——粗过滤；7——冷却器；8——油箱

当采煤机开始工作时，电动机带动油泵从油箱中吸油，液压油经粗过滤器后进入油泵，再经精过滤器后进入换向阀；当换向阀处于上位时，压力油通过平衡阀进入伸缩油缸，推动活塞伸出，实现滚筒调高操作。当换向阀处于中位时，油缸左右油路被平衡阀封死，此时，滚筒高度不改变；当换向阀处于下位时，调高油缸的右边进油，左边出油，实现降滚筒操作。

采煤机摇臂滚筒调高系统简化示意如图 5-6-13 所示，其中 A、O 为固定点，油缸固定于 A 点与 B 点之间，滚筒安装于 E 点；当油缸伸长时，B 点围绕 O 点转过 θ（$\angle BOC$）角，即，油

缸的一端从 B 点移动至 C 点，同时 E 点围绕 O 点转过 $\angle EOF$ 角（$\angle EOF=\angle BOC=\theta$），移动至 F 点。控制 A 点与 B 点间的油缸的伸缩量就可以控制滚筒的高度。

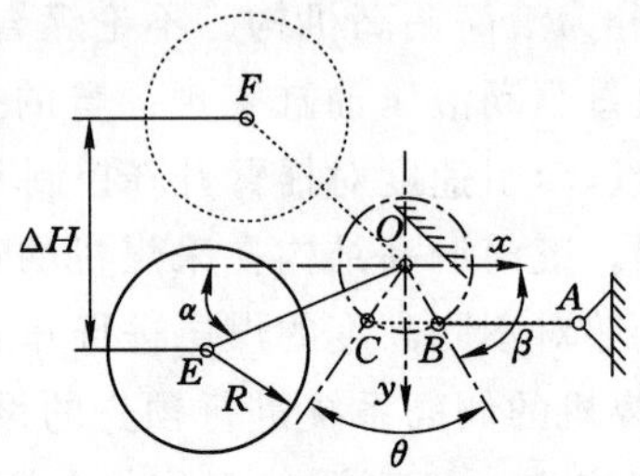

图 5-6-13　采煤机摇臂滚筒调高系统简化示意图

采煤机摇臂调高的量 ΔH，与油缸伸缩量 ΔL 之间的关系推导如下：

① 计算摇臂的调高量 ΔH 与摇臂的转角 θ 的数学关系

$$\begin{aligned}\Delta H &= OE\times\sin\alpha+OF\times\sin(\theta-\alpha)\\ &= OE\times(\sin\alpha+\sin(\theta-\alpha))\end{aligned} \tag{5-6-1}$$

② 计算油缸伸缩量 ΔL 与摇臂的转角 θ 的数学关系

计算 C 点的坐标 x_C、y_C：

$$\begin{cases}x_C = CO\times\cos(\beta+\theta)\\ y_C = CO\times\sin(\beta+\theta)\end{cases} \tag{5-6-2}$$

计算 C 点与 A 点间的距离 AC：

$$\begin{aligned}AC &= \sqrt{(x_C-x_A)^2+(y_C-y_A)^2}\\ &= \sqrt{(CO\times\cos(\beta+\theta)-x_A)^2+(CO\times\sin(\beta+\theta)-y_A)^2}\end{aligned} \tag{5-6-3}$$

计算油缸的伸缩量 ΔL：

$$\begin{aligned}\Delta L &= AC-AB\\ &= \sqrt{(CO\times\cos(\beta+\theta)-x_A)^2+(CO\times\sin(\beta+\theta)-y_A)^2}-AB\end{aligned} \tag{5-6-4}$$

因此，ΔH 与油缸伸缩量 ΔL 之间的关系为：

$$\begin{cases}\Delta H = OE\times(\sin\alpha+\sin(\theta-\alpha))\\ \Delta L = \sqrt{(CO\times\cos(\beta+\theta)-x_A)^2+(CO\times\sin(\beta+\theta)-y_A)^2}-AB\end{cases} \tag{5-6-5}$$

式中　x_A、y_A——A 点相对于 O 点的坐标，α、β 为油缸最短时的初始角度。

在采煤机摇臂调高系统中，多将比例换向阀作为开关阀使用，通过控制比例换向阀的全部导通时间 t，实现对油缸伸长量 ΔL 的控制，即 $\Delta L=f(t)$。由于液压元件、管路在工程应用中没有定量的特性方程，因而油缸的伸长量与控制换向阀的时间关系很难推导出确定的数学方程。

采煤机割煤的高度还有很大程度受工作面倾角的影响，应充分考虑工作面倾角对摇臂调高系统的影响，如图 5-6-14 所示，通过建立工作面坐标系统，建立采煤机各部件的位置坐标，并将其全局坐标与局部坐标相结合，以达到采煤机割煤高度的精确控制。

经测试，MG400/930-WD 采煤机的摇臂上升启动延时 400～700 ms，摇臂上升停止延时 150～350 ms，摇臂下降启动延时 500～750 ms，摇臂下降停止延时 100～400 ms。摇臂的液压控制系统具有明显的滞后性，并且延时时间不固定。测试数据见表 5-6-1，

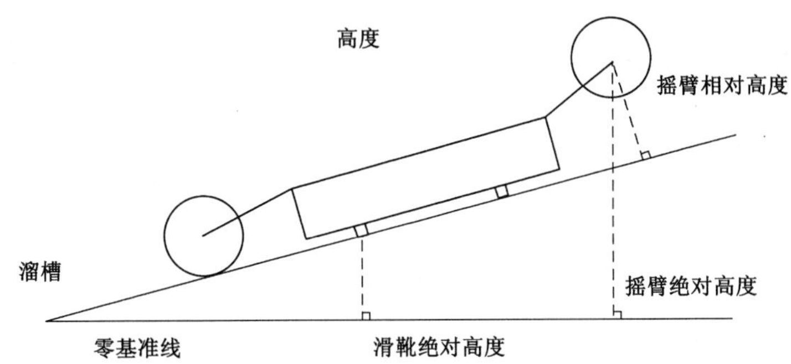

图 5-6-14　割煤高度控制示意图

表5-6-2。

表 5-6-1　　摇臂上升测试

	第一次	第二次	第三次	第四次	第五次	第六次
启动延时/ms	600	500	400	400	450	400
停止延时/ms	200	200	150	350	200	250

表 5-6-2　　摇臂 1 下降测试

	第一次	第二次	第三次	第四次	第五次	第六次
启动延时/ms	700	500	550	650	550	750
停止延时/ms	200	100	100	150	200	400

③ 牵引速度与调高的关系

经测试，MG400/930-WD 采煤机摇臂从底升至顶需要近 60 s，从顶降至底需要 60 s 左右，见表 5-6-3，表 5-6-4。牵引速度的加速时间的设置为 5 s(速度从 0 加至 10 m/min 的时间)，减速时间的设置为 10 s(速度从 10 m/min 减至 0 的时间)。

表 5-6-3　　摇臂 1 上升测试

	第一次	第二次	第三次	第四次	第五次	第六次
启动延时/ms	700	600	600	550	550	450
总时长 s	55.95	55.8	58.5	56.0	56.15	56.45

表 5-6-4　　摇臂 1 下降测试

	第一次	第二次	第三次	第四次	第五次	第六次
启动延时/ms	750	750	700	650	650	750
总时长/s	60.8	59.65	58.9	56.65	57.15	56.95

采煤机以较高的速度行走时，当采高发生变化，系统开始调整摇臂的升降；由于摇臂动作相对较慢，出现采煤机走了较远一段距离后，摇臂才调整至之前的相应位置，导致很大的控制误差。因而，需要提前适当减小割煤速度，在到达预定位置时，摇臂有足够的时间调整到对应高度，从而可有效避免了控制误差的出现。

2）采煤机位置检测功能

采煤机位置是液压支架电液控制系统实现跟机自动化控制的依据，因此，采煤机位置检测系统的准确性和可靠性是实现工作面自动化的基础。

通过在牵引驱动系统高速轴安装增量型编码器或在低速轴安装多圈绝对型编码器，可实现相对于刮板输送机的±20 mm 精确定位与低至 0.01 m/min 的测速。在综采工作面生产过程中，采煤机行走齿轮在刮板输送机的齿轨上行走，如图 5-6-15(a)所示，在其行走轴上安装带动一个装有磁珠的圆盘，在采煤机上安装一个霍尔感应器件，当齿轮旋转时的采煤机行走时，齿轮旋转圆盘上的磁珠接近霍尔元件时将产生霍尔效应，如图 5-6-15(b)所示，产生一个感应脉冲电信号，通过对脉冲信号的计数，以及行走齿轮的周长，就可以计算出采煤机行走的距离，也就能知道采煤机具体的位置，根据支架的架间距计算出采煤机的中间部位位于哪个支架的重心，即架号，从而确定采煤机在工作面的位置。

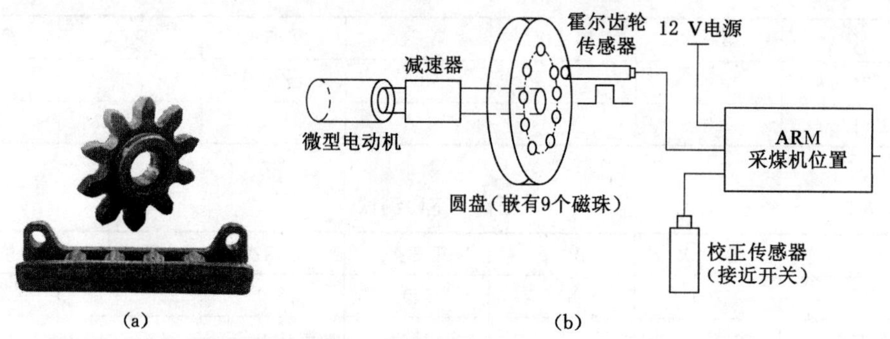

图 5-6-15　采煤机位置检测系统工作原理图

(a) 采煤机行走齿轮与刮板输送机齿轨；(b) 采煤机位置检测系统工作原理

在左齿轮和右齿轮上分别安装采煤机行走感知霍尔元件进行采煤机位置的检测，左齿轮感知装置系统用于计算，右齿轮感知装置系统用于复核校验，从而提高采煤机位置检测系统的可靠性，如图 5-6-16 所示。

3）采煤机姿态感知功能与智能控制

采煤机的运行姿态是采煤机工况监测的重要部分。采煤机控制系统需要摇臂的位置信息，才能正确执行某些功能。在采煤机左、右摇臂上安装了角度传感器，一个摇臂使用一个角度传感器，摇臂传感器安装在摇臂的根部。摇臂角度传感器把每个摇臂的位置信息传送给采煤机控制系统。采煤机控制系统需要掌握采煤机位置有关信息才能正常工作，在电控箱中安装了倾角传感器、陀螺仪，用来检测采煤机的仰俯角和摇摆角，即采煤机沿工作面方向和工作面推进(走向)方向的角度，从而使采煤机沿工作面自动运行，不受坡度和摇摆角度的影响，如图 5-6-17 所示。也可以在摇臂上安装行程传感器实现采煤机摇臂位姿检测功能。

(1) 采煤机与液压支架防碰撞检测与控制。当采煤机前滚筒前方的液压支架未收回护帮板时，采煤机应停止前行，防止与液压支架结构件发送碰撞。

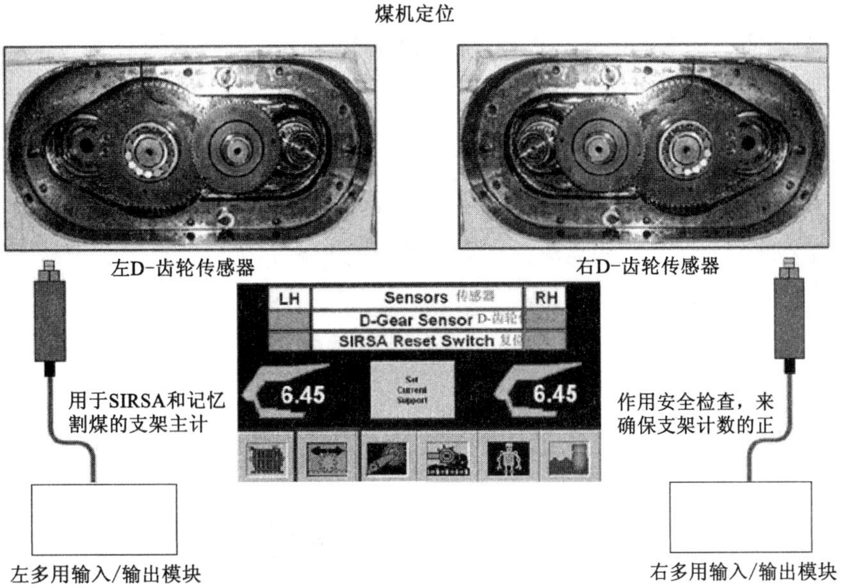

煤机定位
左D-齿轮传感器
右D-齿轮传感器
LH
Sensors 传感器
RH
D-Gear Sensor
SIRSA Reset Switch
6.45
6.45
用于SIRSA和记忆
割煤的支架主计
作用安全检查，来
确保支架计数的正
左多用输入/输出模块
右多用输入/输出模块

图 5-6-16 采煤机位置检测系统示意图

角度传感器
左角度传感器
仰俯/摇摆传感器
右角度传感器
PITCH
ROLL
煤机右侧壁左测高时，摇摆角度为正
煤机工作面侧比采空区测高时，俯仰角为正

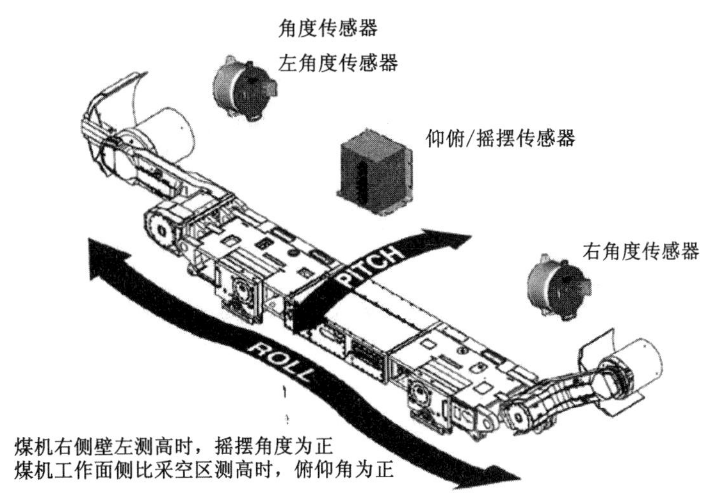

图 5-6-17 采煤机姿态检测示意图

(2) 采煤机防倾倒控制。在大倾角工作面为了防止采煤机倾倒。

(3) 采煤机摇臂高度控制，实现摇臂的精准定位。

4) 采煤机具有自动割煤功能

将采煤机在工作面的每一个支架顶、底板的高度参数输入到采煤机控制系统，采煤机调高控制系统使用这些工作面顶、底板高度数据进行自动调高控制，从而实现采煤机的自动化割煤控制。可以将预先探测好的煤层赋存情况及工作面顶、底板位置坐标数据，或者按照工作面当前采高数据人工测量预估数据输入到采煤机控制系统，采煤机按照煤层分布工作面顶底板位置数据进行自动割煤。

① 使用程序控制模式实现采煤机的自动割煤。在水平或恒斜度的工作面可以使用采煤机的程序模式实现采煤机的自动控制,通过程序控制摇臂,把摇臂定位在一个固定的截割高度。此高度为当前摇摆角的平行线垂直的,滚筒中心到溜槽底板之间的间距。

② 对于煤层高度不变的情况下,设置导向滚筒和尾滚筒的高度差,导向滚筒还可以使用程序差模式进行自动割煤,煤机在正负方向上自动控制尾滚筒,如图 5-6-18 所示。割煤过程中,导向滚筒的高度被存储在存储器中。尾滚筒将以确定的垂直偏差值跟随相同的截割轮廓,垂直差值为导向滚筒和尾滚筒中心间的垂直距离。正确的差值为要求采高减去滚筒直径(偏差=要求采高－滚筒直径)。

等高定差模式

区段	方向	支架		左摇臂			右摇臂		
		开始	停止	模式		高度差	模	式基准	高度差
1	左	100	5	MAN			PDIF		-1 000
2	右	5	100	PDIF	1L	-1 000	PDIF	1R	+1 000

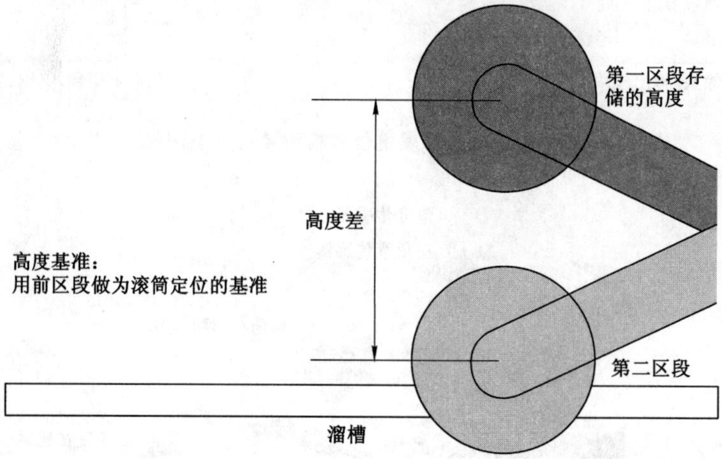

图 5-6-18　高度差模式下的自动割煤控制

③ 使用重复模式实现自动割煤。重复模式允许采煤机司机把工作面的轮廓输入记忆割煤程序,然后在随后的割煤过程中重复。

5）采煤机具有记忆割煤自动化控制功能

记忆截割法不是直接识别煤岩分界的方法,是一种间接识别技术,它是计算机发展的产物,其工作原理为在示范模式下,由采煤机司机操纵采煤机沿工作面煤层高低起伏条件先割一刀,将采煤机的位置、牵引方向、牵引速度、左截割摇臂位置、右截割摇臂位置、采煤机横向倾角、采煤机纵向倾角等参数由控制系统存入计算机。进入记忆截割模式后,采煤机运行动作和指令再现示范模式存入的运行信息。如煤层条件发生较大变化,则由采煤机司机手动操作截割,并自动记忆调整过的工作参数,作为以后切割采煤机滚筒调高的参数,之后生产过程中将由电控系统根据记忆的数据自动调整,实现采煤机自动割煤。

记忆截割的关键问题是采煤机的采高、行走位置的精确检测及机身姿态检测:该系统采用高精度摇臂倾角传感器测量摇臂转角,进而精确测量出滚筒采高;采用高精度位置传感器测量牵引二轴转动的圈数,进而精确测量出行走位置;由于机组生产时震动很大,该系统使用陀螺仪以修正震动产生的倾角测量误差,测量机身的姿态包括机身倾角、仰俯角。

记忆截割是将人工示范刀前后滚筒割煤轨迹记忆下来，然后通过自动割煤功能实现采煤机割煤过程自动化，如图 5-6-19 所示。采煤机记忆割煤有 2 个过程，先进行割煤学习，即由采煤机司机操作，割示范刀，采煤机对滚筒轨迹进行记忆，示范刀割完后，采煤机改到记忆截割上，启动滚筒，开始牵引时，操作遥控器进入自动方式，实现完全意义上的自动割煤。

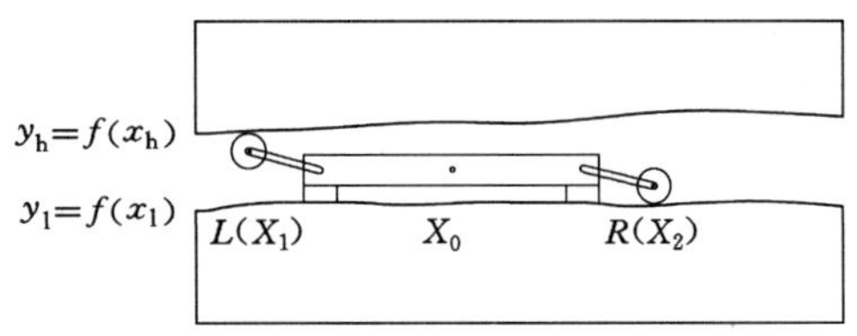

图 5-6-19　采煤机记忆截割滚筒自动调节示意图

使用采煤机重复模式可以实现采煤机的记忆割煤，在沿工作面的手动控制割煤过程中，记忆割煤系统保存或学习一个摇臂的高度轮廓。一旦煤机保存了轮廓曲线，且处于自动模式，重复模式将复制保存的割煤过程。如果在重复模式下，司机手动调节摇臂高度，一旦松开摇臂按钮，摇臂将自动返回程序保存的高度。任何时候，司机都能把煤机转换到学习模式，采煤机具有重新在线学习功能，因为工作面轮廓的变化，司机可能发现有必要重新执行学习模式，来记忆工作面的轮廓。从而自动模式切换到学习模式，可开始学习模式。司机可按下和松开手持式遥控器上的查看按钮，来实现自动到学习模式的转换。在学习过程中，测量并保存仰俯角。当前仰俯角与保存仰俯角的差值被转换成以毫米为单位的高度差，此差值再乘以仰俯变化增益参数。保存的摇臂高度程序表加上或减去最后的仰俯角度偏差值。如果仰俯角变化增益大于 0%，在线学习过程不再更新保存的摇臂程序表。但是随后在学习区域割煤过程中的仰俯角还用于更新保存的仰俯角程序表。

总结下来记忆截割的核心技术有两个关键点：① 精准调高，采高传感器的精度达$1/2^{12}$，位置传感器的精度达 $1/2^{12}$，调高误差小于 0.9 cm；② 基准点，确保滚筒所在位置的采高、卧底数据的存储，及平滑算法处理，确保支架红外定位的架号数据实现自动匹配。

记忆截割操作流程如下：

（1）示范刀

示范刀可以产生数据并记录数据。

① 进入学习模式。

② 清除存储：清除。清楚原有存储空间，为新的数据存储腾出空间。

③ 补偿：关断。

④ 记忆 2 个滚筒高度数据。

⑤ 速度自动：关断。启动人工操作进行采煤机速度控制。

⑥ 示范刀割煤：建立采煤机前后滚筒位置数据。

（2）记忆截割

① 进入自动截割模式。

② 设置自动方式：关断→准备→打开。

③ 采煤机启动截割。

④ 开始记忆截割。

示范刀可选择分开和公共 2 种模式，根据现场情况，可以割单刀示范，也可以割双刀。

6）采煤机速度与瓦斯浓度联动控制功能。

目前高瓦斯突出矿井分布广泛，为确保安全，采煤机牵引速度控制的很低，大大降低了煤炭的开采速度与生产效率，随时掌握瓦斯浓度变化规律，对工作面瓦斯浓度采取预先控制措施，引入瓦斯浓度与采煤机速度的联动控制，通过控制采煤机截割速度将工作面瓦斯浓度控制在安全可靠的范围内，从而即保证采煤机截割速度得到有效的解放，采煤机截割与瓦斯浓度联动控制技术对高瓦斯矿井提高煤矿安全高效有着重大意义。

采煤机截割速度快时，煤炭裸露的表面积增大，瓦斯涌出量也会增加，如图 5-6-20 所示，随着采煤机速度的提升会增加瓦斯浓度，因此，在高瓦斯矿井实现煤机速度与瓦斯浓度

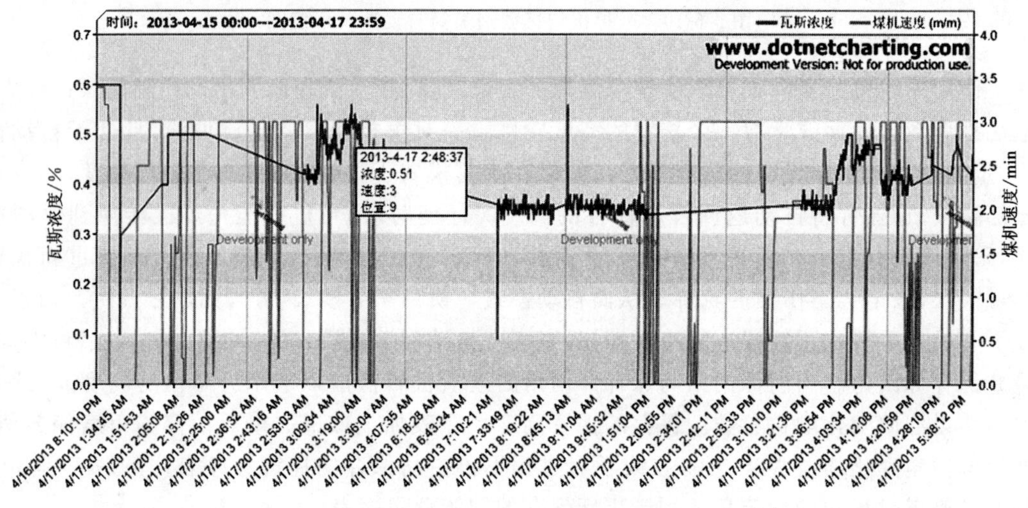

图 5-6-20　采煤机速度与瓦斯浓度关联关系图

的联动控制对煤矿安全生产有着重要的意义，在工作面隅角安装瓦斯浓度传感器，通过自动化工作面综合接入器将工作面瓦斯浓度信息传送到顺槽监控中心的采煤机监控主机上，采煤机监控主机依据工作面瓦斯浓度的大小进行采煤机速度的控制。当瓦斯浓度小于最小阀值时，提高采煤机割煤速度；当瓦斯浓度大于高位阀值时，降低采煤机速度；当瓦斯浓度大于最大高位阀值时，停止采煤机割煤。在设置采煤机最大高位阀值时，应设计足够的安全余量。通过瓦斯与采煤机速度的联动，实现了采煤机截割速度与工作面采场瓦斯浓度的耦合控制，在保证煤矿安全的环境条件下最大化的提升高瓦斯矿井生产能力。为分析高瓦斯矿井瓦斯、采煤机割煤速度和工作面压力提供了基础数据，为合理的设计采煤机截割速度提供了科学依据，通过瓦斯浓度的大小来改变采煤机割煤速度，使其工作面生产效率达到最大，为保证安全生产，瓦斯不超限提供了有力的保障。工作面煤机速度与瓦斯浓度关联控制系统如图 5-6-21 所示。

7）采煤机与其他设备的协同控制

工作面正常回采需要采煤机、液压支架、输送机等设备紧密配合、协调运行，工作面自动化要求采煤机实现与液压支架、运输系统自动协调运行。通过采用编码器位置检测或红外发射器定位，将采煤机行走位置、速度信息实时发送到支架电液控制系统，实现自动跟机推

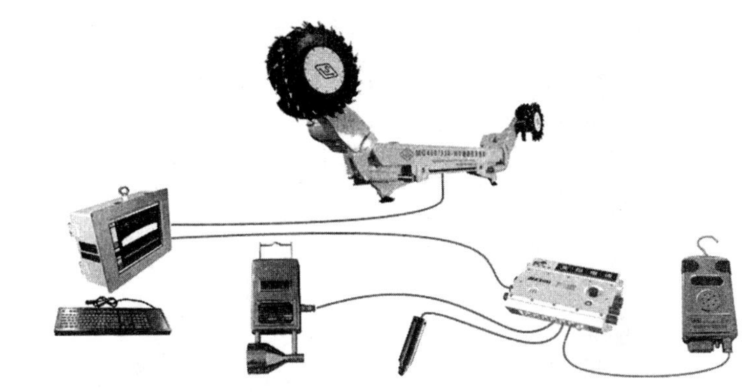

图 5-6-21　采煤机速度与瓦斯浓度关联关系图

移刮板输送机并移架；利用支架电控输出的移架与推移刮板输送机速度与状态信息，自动实现采煤机的行走速度与位置控制；采用双频雷达探测技术实现截割滚筒与支架顶梁干涉预警。

工作面整体高效自动化运行，要求采煤机行走割煤速度根据工作面输送机系统负荷状态进行自适应调节控制，尽可能提高系统生产能力。根据实时采集的刮板输送机与带式输送机工作负荷，按照欠载、满载、异常过载、压死等不同状态对应的调节模型，在运输系统负荷低时以一定斜率提高采煤机行走速度；负荷偏高时降低速度，有片帮等造成运输系统压死时立即停止采煤机牵引。由于该反馈调节系统为含有大滞后环节非连续性闭环系统，常规 PID 调节算法效果不佳，一般采取具有一定参数自适应的预测调节控制或模式化调节。

采煤机前滚筒在割煤前需要将采煤机前的液压支架的护帮板收回来，防止采煤机与液压支架护帮板发生碰撞，在采煤机切割顶板后，需要对空顶及时支护，否则会存在冒顶的危险，因此，在采煤机快速自动割煤时，应受液压支架相关约束，当液压支架动作速度缓慢，不能及时地收护帮板、护顶和护帮时，则采煤机应减低截割速度或停止割煤，以保证工作面顶板的安全管理和设备的安全管理，从而实现采煤机与液压支架的耦合控制。

8）采煤机视频监视

采煤机上安装 4 台摄像机，每个摇臂 2 台，拍摄沿煤壁方向，滚筒前方的截割情况。另外两个摄像头安装在机身上，用于观察工作面走向的情况。主要功能为获取支架顶梁位置以便配合滚筒动作。所有摄像头装备有自动水喷雾清洗系统。通过安装在采煤机摇臂内侧的低照度高清晰视频摄像装置监视采煤机两端滚筒附近空间的状况，避免采煤机在行走时发生设备碰撞，图 5-6-22 所示艾柯夫采煤机机载视频，并将该信号通过工作面光缆传输到监控中心，也可以在液压支架上安装摄像仪，观察采煤机在割煤过程中的情况如图5-6-23所示，并通过综合接入器，将视频信号传送到顺槽监控中心，通过顺槽监控中心的视频监视器对工作面采煤机运行情况进行视频实时监视，如图 5-6-24 所示。

9）采煤机三维虚拟现实

本书通过构建采煤机的三维模型，采煤机传感器数据支撑的工作面装备动画现实，实现工作面采煤机运行场景的真实再现，可以通过不同的视角观察采煤机运行情况，如图 5-6-25 所示。

10）采煤机顺槽集中监测与远程控制

图 5-6-22　采煤机视频系统

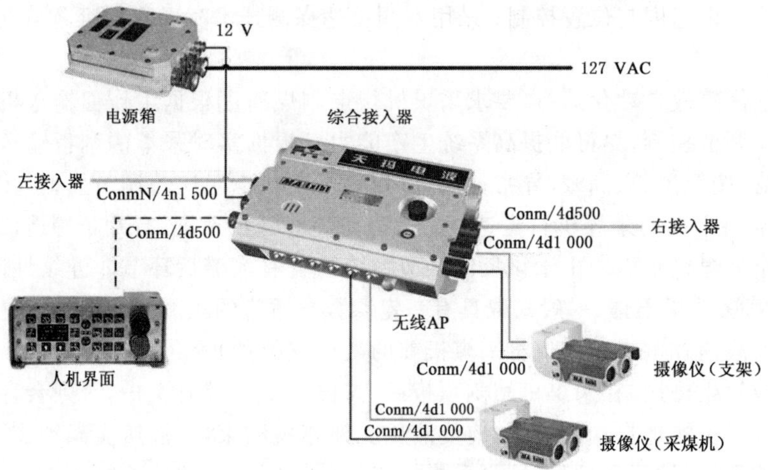

图 5-6-23　工作面视频系统

图 5-6-24　采煤机视频画面

图 5-6-25　采煤机三维虚拟现实显示画面

为了改善操作人员的劳动环境，尽可能将人员从危险、粉尘及行走困难的工作面开切眼向安全、舒适地方转移，通过在顺槽监控中心安装远程控制台，使用显示器显示所有相关的采煤机数据，用于调整和控制采煤机，采煤机和远程操作台的通信是通过宽带调制解调器实现的。宽带调制解调器的数据传输是通过拖曳电缆中的控制芯线，将数据传输至远程控制台。信号从远程控制台，经转换器通过高速光缆传输到监控中心的计算机上心对采煤机运行进行远程监控。按照零损伤原则，在通过控制台操作采煤机的时候需注意强制执行附加安全规则和程序，在通过远程控制台进行采煤机的远程遥控时，应建立必要的设备、人员安全策略，如“心跳”检测、远程操作许可与确认等，同时，在操作过程中还应通过采煤机视频监视系统观察采煤机周边环境，避免采煤机和工作面其他设备发生干涉的风险。

采煤机对外通信属于较为特殊的地下移动通信，20 世纪 90 年代末，国外率先利用控制芯线加音频调制解调器或通过高压动力线载波方式，实现了采煤机到巷道的数据通信。其特点是可靠性较高，但速率低(一般 19.2 Kb/s)。该技术在许多新进口采煤机上继续沿用。天地科技股份有限公司上海分公司在 2005 年开始研发了采煤机专用控制芯线中频调制通信系统，先后实现 56 Kb/s 半双工、120 Kb/s 的非对称全双工 FSK 调制通信及2 Mb/s的半双工通信，该技术无须专用电缆、抗干扰能力较强、可靠性较高。近年来随着采煤机机载视频监视、机载探测雷达数据远程分析等需求的增长，导致通信带宽的需求剧增。通常 2～4 路机载压缩视频需要 2～30 Mb/s 带宽，实时传送机载雷达扫描数据则需要高达 70 Mb/s 带宽，这使得能够提供高带宽的光纤通信、无线局域网技术被迅速用于采煤机与巷道设备间的监控通信。但光纤通信在工作面应用存在安装要求高、维护不便的问题，而无线局域网技术在工作面则存在可靠性与适应性较差、需要布置大量接入 AP 等问题，这些技术在工作面的应用还需继续发展完善。在采煤机至巷道底层通信支持下，巷道设备列车上的防爆计算机可通过专用协议或通用 TCP/IP、UDP 等传输控制协议，实时获取机载控制计算机中工况数据以及机载摄像装置输出的视频数据流，实现采煤机运行工况数据及截割视频全面监视。通过设立巷道通信网关、交换机及 OPC 数据服务器等，将采煤机运行工况数据传至矿井综合数据网，进而传至 Internet 网络，实现了对井下运行采煤机的异地远程 Web 监视。在双向通信的支持下，在巷道甚至是地面远程操作采煤机，不存在原理上的障碍，但如何在技术上保障操作的安全性、可靠性与实时性仍然需要大的突破。

采煤机控制系统通信网络将采煤机运行数据传送到顺槽采煤机监控主机上，对采煤机运行状态实施监测，对采煤机工作电压、电流、截割功率、运行方向、牵引速度、割煤高度、摇臂位姿、采煤机位置等信息进行监视，如图 5-6-26 所示。同时顺槽监控中心还配置有采煤机远程操作台，如图 5-6-27 所示。采煤机操作台可以直接对工作面采煤机的摇臂升降、牵引速度等进行控制，同时采煤机的远程操作还可以在采煤机记忆割煤自动控制过程中直接记忆割煤曲线。在采煤机远程操作台上通过采煤机“心跳”检测和远程安全确认等方法建立起了采煤机远程操作的安全体系，以确保采煤机远程操作设备和人员的安全性能。在井下监控中心或地面调度室可以通过远程操作台实现采煤机的远程遥控。

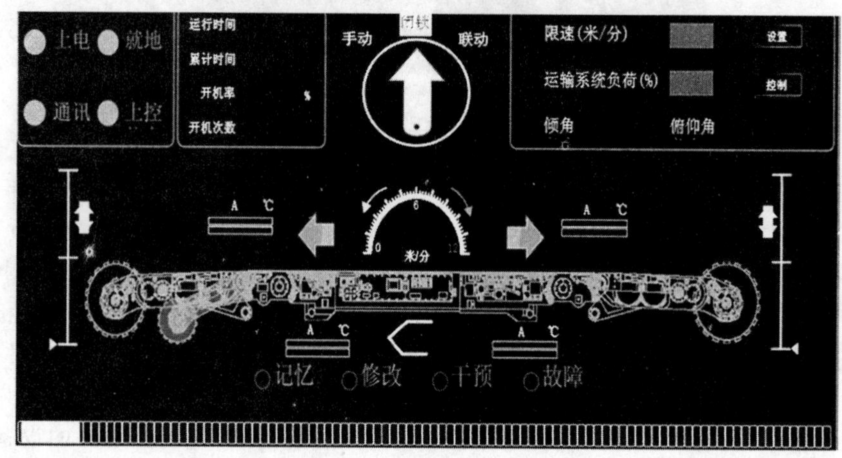

图 5-6-26　采煤机监视画面

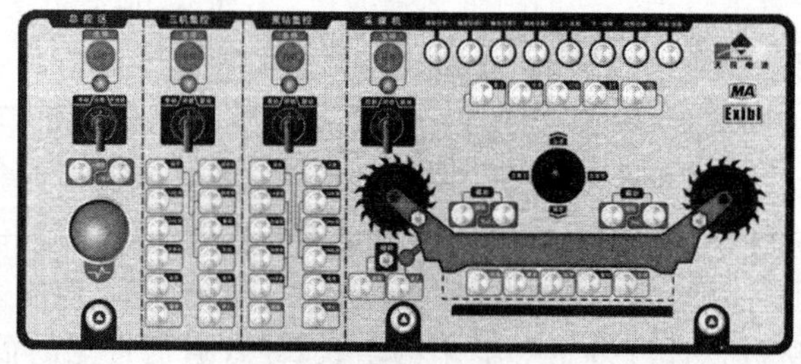

图 5-6-27　采煤机远程操作台

11）采煤机状态检测

采煤机具有内部关键部件工作状态检测、工况监测与自动控制与保护功能，可以实现对采煤机截割电机和泵站电机的超温度保护及绕组温度检测；采煤机左、右截割电机，牵引电机的功率监测和恒功率自动控制及过载保护；总进水压力监测，冷却水流量调节及压力保护；供电电压检测；采煤机位置、滚筒位置检测以及机身倾角（水平、垂直角度）检测功能。电控系统具有全中文显示，具有人机交互导航操作系统，可显示电机功率（电流）和温度、油温、油压、采煤机牵引速度、运行位置等工作参数，显示主要器件的工作状态和故障记录信息，可记忆多条故障记录。

12）煤岩识别

煤层分布的不确定性和复杂性导致工作面煤层的走向存在变数。如果摇臂上安装的滚筒以固定的路径进行自动截割,就会割到顶上或者底板上的岩石,从而导致滚筒上安装的截齿大量无意义的磨损,以及煤炭里的煤矸石的含量增加,降低了煤的质量;同时,大大增加了工作面粉尘的浓度,进一步危害工作人员身体健康。煤岩识别技术就是通过对煤炭和岩石属性的辨识来获取煤岩界面,控制系统自动控制摇臂的高低,使得安装于摇臂上的滚筒贴着煤岩分界面进行自动截割。煤岩识别技术主要有:雷达探测、伽马射线探测、截割应力检测、振动检测、热红外检测、图像识别、光电触觉传感等。由于煤的质地、密度、含量等差异性,以上这些煤岩识别技术还不能作为标准的工业方法进行推广使用。因而,在煤炭开采中,煤岩识别技术并没有产品化应用。

(1) 基于多传感器融合的煤岩界面识别。采用扭矩传感器检测采煤机滚筒的电机扭矩,加速度传感器测割煤过程中产生的振动信号,使用压力传感器检测割煤过程中摇臂油缸压力,采用电流传感器检测电机电流,采用扭矩传感器检测轴角速度,采用声传感器检测割煤过程中的声波信号,通过径向基函数神经网络对各传感器的识别结果进行融合,得出确定性的煤岩识别结论。

(2) 基于支持向量机的煤岩界面识别。采集采煤机割煤和岩石的振动信号,信号先用小波包分解进行特征提取,使用频域功率谱算法进行振动信号的频谱分析,使用支持向量机进行煤岩界面的识别,同时与神经网络分类器进行比较。

(3) 伽马射线探测法。煤层中的放射性元素一般较岩石中低得多,且随着煤层厚度的增加,岩层放射性辐射穿透煤层厚其辐射强度减少,通过检测经煤层衰减后的伽马射线强度,即可测算出顶板煤层厚度,无放射源、便于管理。非接触测量以及不易损坏等是该方法的优点,但不适用于煤层中夹矸较多的情况。

(4) 雷达探测法。由于煤与岩石不同的介质特性,电磁波穿透煤层时,在煤岩界面上会发生电磁波反射。反射波滞后时间除了与煤和岩石介质等可测因素有关外,还与煤层厚度有关。因此,通过检测反射波滞后时间可测算出煤层厚度。这种方法适用范围较广,不需要预先测取煤岩物理特性,但存在着当煤层厚度增加时,信号快速衰减,难以检测。

(5) 红外探测法。采煤机在截割煤和岩石后,由于不同的介质性质,采煤机截割时产生的温度也不同。因此,采用红外探测法检测采煤机滚筒截齿温度,即可测算出煤岩界面。该方法只有截割到岩石时,才能测算出煤岩界面。当煤炭与岩石普氏系数相近时,即使截割到岩石也很难测算出煤岩界面。

(6) 有功功率监测法。在单位时间内截割量等不变的情况下,被截割物越硬,所需要的有功功率越大。因此,通过检测有功功率即可测算出煤岩界面。该方法要求煤炭与岩石普氏系数等差异大,并且只有截割到岩石时才能测算出煤岩界面。

(7) 振动检测法。由于煤炭与岩石普氏系数等不同,采煤机截割煤炭和岩层时振动频谱不同。因此,通过检测振动频率可测算出煤岩界面。该方法同样要求煤炭与岩石普氏系数等差异大,并且只有截割到岩石时才能测算出煤岩界面。

(8) 声音检测法。由于煤炭与岩石密度等不同,落在刮板输送机中部槽发出的声音也不同。因此,通过检测煤炭或岩石撞击中部槽发出的声音可测算出煤岩界面。该方法要求煤炭与岩石介质差异大,只有截割到岩石并且有岩石撞到中部槽时才能测算出煤岩界面,属于事后判断。另外,采煤工作面设备运行噪声大,无法准确识别岩石落到中部槽上的声音。

(9) 粉尘检测法。采煤机截割煤炭的岩石时会产生煤尘和岩尘等粉尘,煤尘和岩尘具有不同的特性,因此,通过检测粉尘可测算出煤岩界面。该方法只有截割到岩石时才能测算出煤岩界面,属于事后的判定,在实际生产过程中不具备可操作性,不能指导采煤机对煤层的判断。

(10) 图像识别法。通过实时摄取工作面煤层图像判断关键图像元素,识别煤岩界面。同一煤层(或岩层)的颜色、光泽、纹理以及断口形状等特征基本相同,但与顶底板岩石却有着明显的不同。基于可见光图像识别的煤岩界面检测方法又分为黑白图像和彩色图像,黑白图像特征主要有灰度、纹理和形状等;彩色图像特征主要有色彩、灰度、纹理和形状等。但是由于井下工作面粉尘大,很难根据图像实时地识别出煤和岩石。

5.6.1.8 采煤机操作与维护

1) 采煤机操作

采煤机操作首先进行解锁控制操作,然后分别启动左、右截割电动机和牵引电机,设定煤机牵引方法和牵引速度,调整摇臂高度进行割煤控制。在停止割煤时,先停止牵引速度,然后停止煤机,断开隔离开关。

2) 维修、保养

正确的维护和检修,对提高机器的可靠性,减少事故率,延长使用寿命十分重要。采煤机维护和检修一般分日检、周检、季检及大修。采煤机的维护保养主要包括液压系统、机械系统、电气系统维护保养。

(1) 日检

检查各大部件连接的液压螺母及其他螺钉是否紧固齐全,发现松动要及时拧紧,日检主要检查内容如下:

① 电缆、水管、油管是否有挤压和破损;② 检查各压力表是否损坏;③ 各部位油位是否符合要求,是否有渗漏现象;④ 各操作手柄、按钮动作是否灵活;⑤ 截齿和齿座是否损坏与丢失;⑥ 喷嘴是否堵塞或损坏,水阀是否正常工作;⑦ 行走轮与导向滑靴的工作状况是否正常;⑧ 机器运转时,检查各部位的油压、温升及声响;⑨ 水量检查,特别是用作冷却后喷出的水量一定要符合要求。

(2) 周检

周检的主要内容如下:

① 清洗调高泵箱及水阀中的过滤器滤芯;② 从放油口取样化验工作油的油质是否符合要求;③ 检查和处理日检中不能处理的问题,并对整机的大致情况做好记录;④ 检查司机对采煤机的日常维护情况和故障记录;⑤ 提出对备品、备件要求的建议。

(3) 季检

季检除了周检内容外,对周检处理不了的问题进行维护和检修,并对采煤机司机的日检、周检进行检查,做好季检记录。

(4) 大修

采煤机在采完一个工作面后应升井大修。大修要求对采煤机进行解体清洁检查,更换损坏零件及密封件,测量齿轮啮合间隙,对液压元件应按要求进行维护和试验,电气元件检修更换时,应做电气性能试验。机器大修后,主要零部件应做性能试验、整机空转试验,检测有关参数,符合大修要求后方可下井。

3）采煤机故障分析与排除

通过对采煤机的在线监测,建立采煤机故障状况库,实现对采煤机的故障监测与预警。建立采煤机的故障诊断数学模型,进行采煤机运行数据的计算,确定采煤机的运行状态,从而进行采煤机的故障诊断与故障报警;可以建立采煤机的故障树,通过对采煤机信号的数据采集与相关分析,确定采煤机的故障状态,实现采煤机的故障报警;通过对采煤机运行历史数据的分析,可以判定采煤机的健康状态,实现采煤机的健康诊断。采煤机故障主要有机械元部件故障、辅助液压系统故障、电气元部件故障和自动化控制系统故障。

(1) 机械元部件故障一般比较直观,容易查找,根据现场直接判断,损坏的部件及时更换。

(2) 辅助液压系统常见的几种故障及处理方法,如表 5-6-5 所示。

表 5-6-5　　采煤机辅助液压系统故障排查一览表

序号	故障	原　　因	处理方法
1	摇臂不能动作	调高泵损坏,高压表无压力显示	更换调高泵
		系统主油管损坏漏油	更换油管
		高压安全阀失灵,压力达不到规定压力值	更换高压安全阀
		调高油缸损坏泄漏严重或内部咬死	更换调高油缸
2	摇臂调高速度下降	系统中存在泄漏,如有油缸漏油,胶管破损,密封损坏等	检查系统,找出泄露部位
		调高泵容积效率过低,排出油量减少	更换调高泵
		高压安全阀密封不好,不打开也有较大泄漏	更换高压安全阀密封
3	摇臂锁不住,有下沉现象	液力锁有泄漏	更换或检修液力锁
		油缸活塞密封损坏,内部窜油	检查密封,更换
4	手动能操作,电控不能操作	电控箱-换向电磁阀的电缆损坏	检查电缆及接线,更换
		电控接收盒损坏,无接收信号	检查电控接收盒,更换
		换向电磁阀损坏	更换换向电磁阀

(3) 电动机常见的几种故障及处理方法,如表 5-6-6 所示。

表 5-6-6　　采煤机电气元部件故障排查一览表

序号	故障现象	原　　因	排除方法
1	电动机通电后不转	电缆芯线与接线柱连接不好	重新连接
		电动机线圈烧损	修理电动机的线圈
2	电动机起动时电磁噪声大但不转动	三相中有一相断线	修理端线
3	电动机不能起动	定子绕组相间短路或接地转子断条	找出断路、短路部件进行修复并找出事故原因。若应漏水、漏油导致绝缘损坏,还应更换 O 形圈或骨架油封

续表 5-6-6

序号	故障现象	原　因	排除方法
4	电动机温升过高	电动机负载过大	减轻负载运转
		电动机断水	修复水路、疏通水道，保持冷却水路的通畅
		电动机过载	减轻负载
		电动机单相运行	检查熔丝，排除故障
		电源电压太低	检查并调整电压
		电动机转子笼条断条	更换笼子断条
		电动机定转子相擦	检查轴承、轴承腔，轴承有无松动，定转子装配有无不良情况，加以修复

(4) 采煤机用隔爆兼本安型电控箱及电气系统常见故障及处理方法，详见《KXJ-1340/3300C 采煤机用隔爆兼本安型电控箱的使用说明书》。

(5) 矿用隔爆型交流变频调速箱常见故障及处理方法，详见《KXBT3-2×55/1140C 采煤机用隔爆型调速控制箱的使用说明书》。

(6) 采煤机自动化控制系统主要故障及处理方法，如表 5-6-7 所示。

表 5-6-7　　采煤机自动化控制系统主要故障排查一览表

序号	故障现象	原因	排除方法
1	采煤机监控主机没有数据	通信电缆损坏	检查并更换
2	远程操作台无法获取采煤机“心跳”信号		
3	远程操作无法完成	远程操作台损坏	更换操作台
4	采煤机在自动割煤过程中不能获取液压支架跟机动作信息	采煤机控制系统与液压支架控制系统通信故障	检测通信链路
5	采煤机割煤高度控制不准	倾角传感器故障	更换倾角传感器
6	采煤机位置不准确	编码器故障	检查更换编码器
		校正磁铁脱落	检查校正磁铁
7	没有瓦斯信号	瓦斯浓度传感器损坏	检测并更换传感器

5.6.1.9　采煤机发展趋势

目前，滚筒式采煤机在结构、性能参数、可靠性和易维修性上有了很大的改进。滚筒式采煤机有以下特征和发展趋势：

(1) 装机功率增大、性能提高。为了适应综采工作面高产、高效和在不同地质条件下快速截割煤岩的需要，不论厚、中厚和薄煤层的采煤机均在不断增大装机功率和生产能力。

(2) 提高采区工作电压。20 世纪 80 年代以前，各国采区工作面设备电压多为 1 000 V 左右。随着综采设备向大功率发展，目前采煤机最大功率达 1 220 kW ，截割电机最大功率达 6 000 kW,刮板输送机最大功率达 1 125 kW,驱动电机最大功率达 525 kW,加上工作面长度的不断增长,所以必须提高采区的供电电压,目前各国生产的大功率采煤机的供电电压一般分为 2 300 V、3 300 V、4 160 V 和 5 000 V 等几挡。

(3) 监控保护系统智能化。

(4) 电牵引系统向交流调速发展,开发四象限运行的矿用交流变频调速装置,使采煤机能适应较大倾角煤层开采的需求。提高交流变频调速牵引系统的可靠性,重点提高系统的抗震、散热和防潮性能。

(5) 总体结构趋向模块化及多电机横向布置。

(6) 无链牵引向齿轮-齿轨式演变。

(7) 增大牵引速度和牵引力,改进无链牵引机构为了适应综采高产高效的要求,近代采煤机的牵引速度和牵引力都有大幅的增大。

(8) 机器的结构布局有新的发展。近年来,不断发展和研制出了多机横向布局、部件可侧面拉装的整机箱式机身、纵向布局采煤机的牵引部和截割部合为一个部件、破碎机采用单独电动机传动、改进挡煤板传动装置、无底托架或不用整体底托架等新的结构布置方式。

(9) 截割滚筒的革新和改进。截割滚筒的改进是围绕增大截深、减低煤尘、增大块煤率和提高寿命等目标进行的,主要改进有增大截深、采用强力截齿、增大块煤率和减少煤尘生成、滚筒设计 CAD、高压水射流喷雾降尘和助切、加固滚筒结构等方面。

(10) 扩大采煤机的使用范围,不断开发难采煤层的机型:薄煤层、厚煤层、硬黏并有夹矸煤层、大倾角、破碎顶板等难采煤层的机型。

(11) 采用微电子技术,实现机电液一体化的采集、工况监测、故障诊断和自动控制。现代采煤机均装有功能完善的,用微处理器控制的数据采集、工况监测、故障诊断和自动控制,这是代表采煤机水平的重要标志。现代采煤机的微处理系统除了工况监测,还可以对式采集信息进行分析处理,再输出显示、存储、控制和传输等,以实现检测、预警、保护、健康诊断、事故查询、维修指导和调度分析等多种功能。

(12) 电器元件小型化的研究,由于装机功率增大,电动机、变压器、变频器等设备的体积相应增大,为满足整机结构布置紧凑的要求,必须研究设备小型化的技术途径。

(13) 开发或增强电控系统的监控功能,重点研究故障诊断与专家系统、工况监测、显示与信息传输系统、工作面采煤机自动运行控制系统、自适应变频电路的漏电检测与保护技术、摇臂自动调高系统等。

(14) 贯彻标准化、系列化和通用化原则,加速开发适合不同地质条件的新机型。目前各主要采煤机生产厂家都十分重视“三化”原则,将采煤机各主要部件制定标准,各部件间的连接尺寸一致。这样,就可以根据不同的地质条件的要求,很容易将各部件组合成新机型,扩大采煤机的系列。

5.6.2　液压支架

液压支架是综采设备的重要组成部分。它能可靠而有效地支撑和控制工作面的顶板,隔离采空区,防止矸石进入回采工作面和推进输送机。它与采煤机配套使用,实现采煤综合机械化与自动化,解决机械化采煤工作中顶板管理落后于采煤工作的矛盾,进一步改善和提高采煤和运输设备的效能,减轻煤矿工人的劳动强度,最大限度保障煤矿工人的生命安全。液压支架是用来控制采煤工作面矿山压力的结构物。采面矿压以外载的形式作用在液压支架上。在液压支架和采面围岩相互作用的力学系统中,若液压支架的各支承件合力与顶板作用在液压支架上的外载合力正好同一直线,则该液压支架对此采面围岩十分适应。液压支架为煤矿生产的高效、安全和煤矿工人劳动环境的改变提供了条件。目前,以液压支架为主的综合采设备已逐步向程控、遥控和自动化方向发展。

我国液压支架在设计、制造和使用方面已积累近 20 年的实践经验,总的看来偏重于架型结构的研究工作,并投入较大的科研力量,但对于液压系统及液压元件的开发工作尚处在比较薄弱的状态。为了使我国液压支架能够打入国际市场,就必须在液压系统和液压元件方面重视开发工作,尤其是元件的更新换代,提高使用寿命和可靠性,改进管路布置、减少压力损失和提高移架速度等才能达到国际先进技术水平,以争取在国际市场竞争中占有一席之地。液压支架是综采工作面支护设备,它的主要作用是支护采场顶板,维护安全作业空间,推移工作面采运设备。目前,在国内大、中型矿井中,条件合适的煤层均采用液压支架进行综合机械化开采。世界主要采煤国家一直围绕减面提产、减人提效、降低成本,为实现矿井集中生产而努力,积极开发和应用新技术,致力于高性能、高可靠性的新一代重型液压支架的研制。液压支架技术水平同时也是衡量一个国家煤机装备水平高低的重要指标。我国煤炭工业的迅速发展,带动了煤机装备制造业蓬勃发展,其中液压支架的产量也在逐年增长,质量不断提高,可适用于各种复杂开采条件。

随着高产高效矿井建设的理念日益高涨,煤矿高产高效综采技术进一步发展,特别是近 10 年来,我国煤矿装备与开采技术水平达到国际先进水平。尤其是薄煤层液压支架、大采高液压支架和放顶煤液压支架更是不断创新,为中厚煤层开采、厚煤层一次采全高开采和薄煤层全自动化生产等技术和工艺取得成功奠定了基础。国内高端液压支架在技术水平上接近国际水平,但还存在一定的差距,主要表现在以下几个方面:① 液压支架智能控制。液压支架的智能控制系统是建立在液压支架电液控制系统的基础上的,增加对液压支架的充分感知技术来实现的,液压支架电液控制系统关键元部件的可靠性、稳定性与发达国家还有一定的差距,特别是液压支架的感知传感器在检测精度、传感器的稳定性能等方面还存在着很大的差距。② 液压控制元件的控制精度不能满足液压支架智能化的要求,电液换向阀采用的是开关式控制,存在着大流量、快速移架与液压支架工作面直线度精细化控制存在的矛盾未解决。③ 液压支架的泵站自动配液检测与伺服系统应用技术还不成熟,还没有得到很好的应用。④ 高端液压支架采用的阀类仍有差距。高端支架用阀主要有:立柱安全阀、单向阀;平衡缸用安全阀、双向锁;推移千斤顶用安全阀、单向锁,系统用球形截止阀、回油断路阀;反冲洗过滤器，喷雾阀等。以上所有阀类目前国产均有同规格产品，阀体、阀芯也都采用不锈钢材质，与国外产品主要差距是密封性能、寿命、耐蚀性能等质量不稳定。⑤ 高端液压支架的管路系统和工作面供液系统。对进一步提升国产高压胶管的产品质量是国产高端液压支架采用的前提。

5.6.2.1 液压支架的型号、分类、结构及其特点

液压支架是以高压乳化液为动力,由若干液压元件(液压缸和液压阀)与一些金属结构件组合而成的支撑和控制顶板的支护设备,实现升架(支撑顶板),降架(脱离顶板),移架,推动刮板输送机前移以及顶板管理一整套工序。

20 世纪 60 年代,苏联就研制出了掩护式液压支架,并成功地应用在破碎顶板的支护管理中。随后,德国、英国及东欧各国也研制了各种形式的液压支架,并且迅速推广应用。

近几年来，为适应综合机械化采煤的需要，我国液压支架的研制生产工作发展很快，已经研制成功了适应不同煤层条件的液压支架新架型。

1）架型分类

基于液压支架的功能要求，在煤矿综采发展过程中出现各种架型，液压支架（简称支架）架型既是综采技术发展和实践的产物，又是综采技术发展的标志。按照支架架型结构及与围岩关系、适用采高、适用采煤方法、适用煤层倾角、适用工作面中的安装位置、支架稳定机构型式及组合方式分别进行分类。为了便于设计、制造和适用中的设备管理、材料供应、备件准备，支架主要参数应系列化，支架选型应参照执行《液压支架型式、参数及型号编制》（GB/T24506—2009）。

（1）按架型结构及与围岩关系分类

按架型结构及与围岩关系可分为掩护式、支撑掩护式和支撑式支架。

① 掩护式支架

掩护式支架按其立柱和平衡千斤顶支点方式不同又可分为支掩掩护式支架、支顶掩护式支架和支顶支掩式支架三种。（a）支掩掩护式支架有四连杆稳定机构，两根立柱支撑在掩护梁上，短顶梁与掩护梁铰接，有平衡千斤顶。分为插腿式（底座插入刮板输送机溜槽下）支架和不插腿式支架两类（图 5-6-28、图 5-6-29）。（b）支顶掩护式支架按其稳定机构又可分为四连杆支撑掩护式支架、伸缩杆式（直线型）支架、单摆杆式支架和单铰点式支架。掩护式支架一般有四连杆稳定机构，两根立柱支撑在顶梁上，平衡千斤顶设在顶梁与掩护梁之间的掩护式支架（图 5-6-30）。（c）支顶支掩式支架有四连杆稳定机构，两根立柱支撑在顶梁上，平衡千斤顶设在掩护梁与底座之间的掩护式支架（图 5-6-31）。

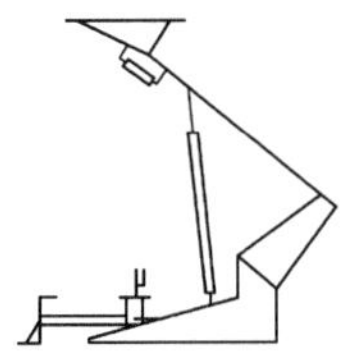

图 5-6-28　插底式支掩掩护式支

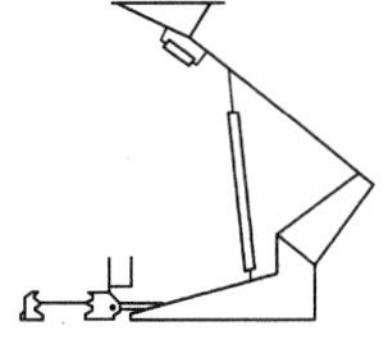

图 5-6-29　不插底式支掩掩护式支架

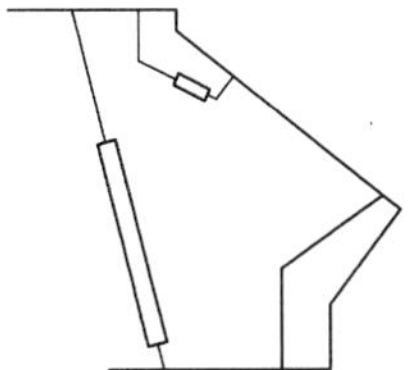

图 5-6-30　支顶掩护式支架

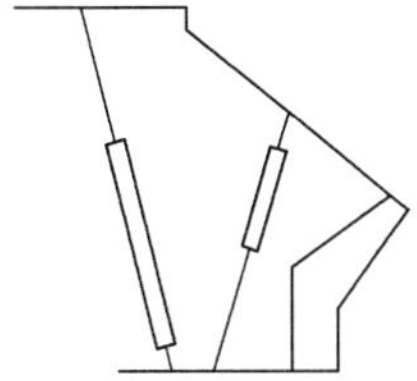

图 5-6-31　支顶支掩掩护式支架

② 支撑掩护式支架

支撑掩护式支架按其稳定机构型式可分为四连杆支撑掩护式支架、伸缩杆式（直线型）支架、单摆杆式支架和单铰点式支架等四种：（a）四连杆支撑掩护式支架有四连杆稳定机构，四根立柱支撑在顶梁上（图 5-6-32），一般称为支撑掩护式支架；（b）伸缩杆式（直线型）支撑掩护式支架一般在顶梁和底座间设有伸缩杆式稳定机构，立柱在顶梁和底座柱窝上铰接，顶梁前端点运动轨迹为直线(图 5-6-33)；(c) 单摆杆式支撑掩护式支架一般在顶梁和底座间设有单摆杆式稳定机构，立柱在顶梁和底座柱窝上铰接，顶梁前端点运动轨迹为圆弧线(图 5-6-34)；(d) 单铰点式支撑掩护式支架一般在顶梁和底座间设有单铰点式稳定机构，立柱在顶梁和底座柱窝上铰接，顶梁前端点运动轨迹为圆弧线(图 5-6-35)。

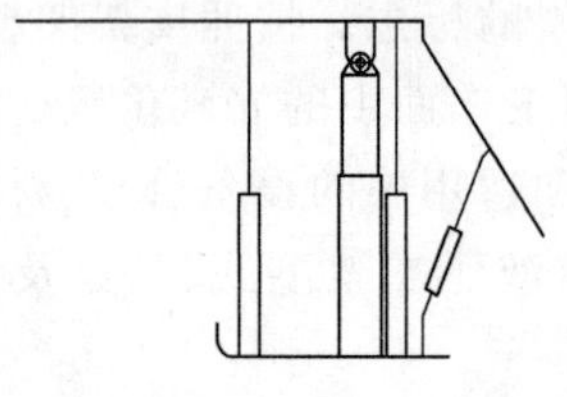

图 5-6-32　四连杆支撑掩护

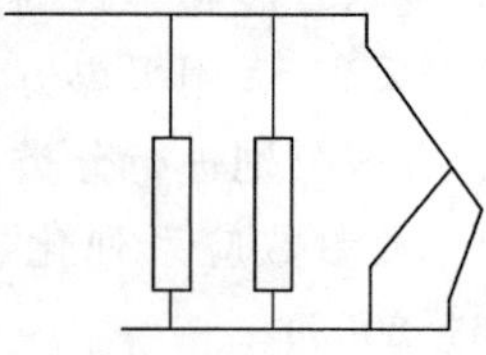

图 5-6-33　伸缩杆式支架

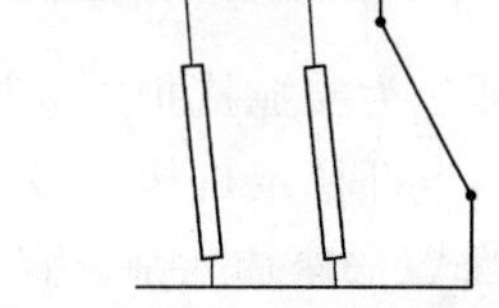

图 5-6-34　单摆杆式支架

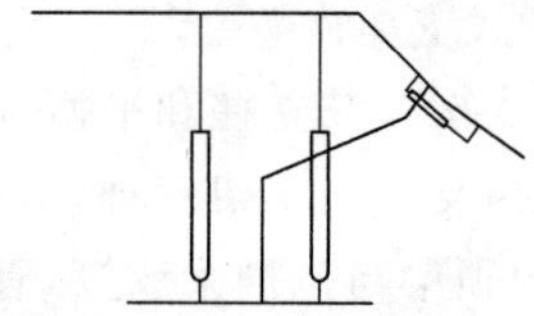

图 5-6-35　单铰点式支架

③ 支撑式支架(垛式支架)

该类型支架没有稳定机构，有横向复位装置，立柱支撑在顶梁和底座间并被限制摆动自由度(图 5-6-36)。

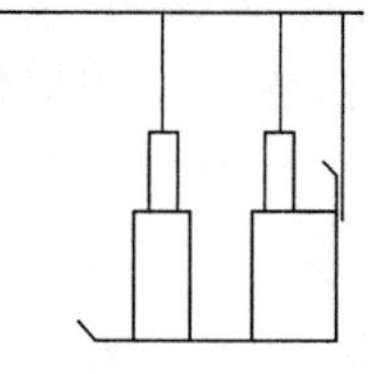

图 5-6-36　垛式支架

(2) 按适用采高分类

液压支架按适用采高分类可分为薄煤层支架、中厚煤层支架、大采高支架和超大采高支架等四种：① 薄煤层支架支架最小高度小于 1.0 m，能适用于 1.3 m 以下薄煤层的支架；② 中厚煤层的支架最大高度小于或等于 3.8 m，能适用于 1.3 m 以上、3.5 m 以下采高的支架；③ 大采高的支架最大高度大于 3.8 m，能适用于 3.5 m 以上最大采高的支架；④ 超大采高的支架最大高度大于或等于 6.0 m 以上的支架。

(3) 按适用采煤方法分类

液压支架可分为一次采全高支架、放顶煤支架、铺网支架、充填支架等四种：① 一次采全高支架适用于一次采全高工作面的支架；② 放顶煤支架适用于放顶煤开采工作面，并具有放煤机构的支架；③ 铺网支架适用于分层开采工作面，并具有铺网机构的支架；④ 充填支架适用于充填开采工作面，并具有充填机构的支架或支架组。

(4) 按适用煤层倾角分类

液压支架按适用煤层倾角可分为一般工作面支架和大倾角支架两种：① 一般工作面支架适用于近水平和缓倾斜工作面的支架；② 大倾角支架适用于煤层倾角在 35°以上的支架。

(5) 按在工作面中的位置分类

按在工作面中的位置分类，液压支架可分为基本支架、过渡支架、端头支架、超前支架等四类：① 基本支架用于工作面中部，与刮板输送机普通中部槽配套的支架；② 过渡支架用于工作面两端刮板输送机驱动部，与工作面刮板输送机过渡段配套的特殊支架；③ 端头支架用于工作面端头，支护巷道与工作面交叉出口处顶板的支架；④ 超前支架用于工作面出口巷道超前支护的支架或支架组。

(6) 按稳定机构分类

按稳定机构分类，液压支架可分为正四连杆式支架、反四连杆式支架、单(双)摆杆式支架、单铰点式支架和伸缩杆式(直线型)支架等五种，具体如下：① 正四连杆式支架是在稳定机构中连接底座的连杆为从高到低摆向采空区侧的支架；② 反四连杆式支架是在稳定机构中连接底座的连杆为从高到低摆向煤壁侧的支架；③ 单(双)摆杆式支架是在稳定机构为单(双)摆杆机构的支架；④ 单铰点式支架是在掩护梁直接铰接在底座上的支架；⑤ 伸缩杆式(直线型)支架是在顶梁和底座间设有伸缩杆稳定机构的支架。

(7) 按组合方式分类

按组合方式分类、液压支架可分为单架式支架和组合式支架两种，具体如下：① 单架式支架是顶梁和掩护梁均为整体部件的支架；② 组合式支架是由两个或多个可以分解为稳定的独立单元组合而成的支架。

(8) 按控制方式分类

按控制方式分类，液压支架可分为液压手动控制支架、电液控制支架两种，具体如下：① 液压手动控制支架采用液压手动控制系统，分为液压直动和液压先导本架控制和邻架控制。② 电液控制支架是采用电液控制系统的支架。液压支架系列型谱如图 5-6-37 所示。

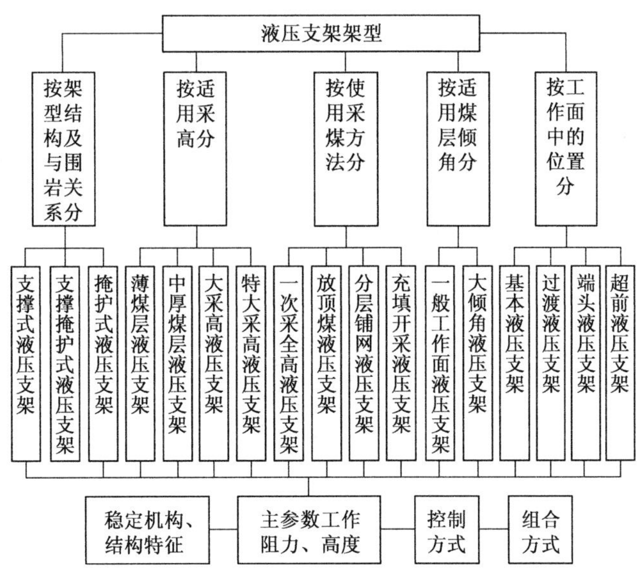

图 5-6-37　液压支架系列型谱

2) 液压支架采高与工作阻力

(1) 支架最大高度和最小高度系列

支架最大高度(H_{max})和最小高度(H_{min})(图 5-6-38)系列优选参数应符合表 5-6-8 的规定。

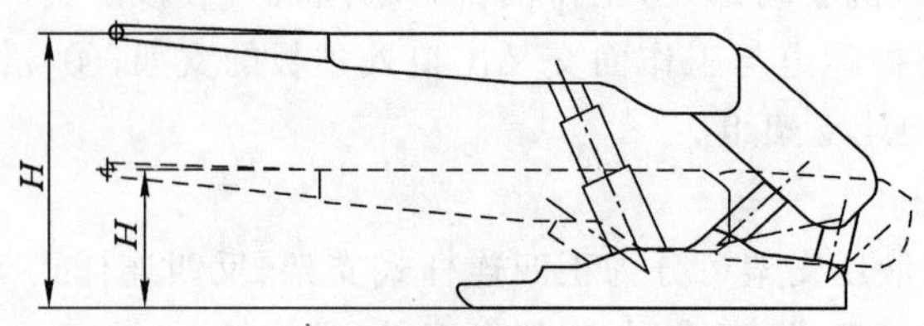

图 5-6-38　支架高度示意图

表 5-6-8　　支架最大高度和最小高度系列优选参数

最大高度 H_{max}/dm	10	11	12	13	14	15	16	17	18	19	20	21
	22	23	24	25	26	27	28	29	30	32	33	34
	35	36	37	38	39	40	41	42	43	45	47	50
	52	53	55	56	57	58	60	62	63	65	67	70
	72	73	75									
最小高度 H_{min}/dm	5	5.5	6	6.5	7	7.5	8	8.5	9	10	11	12
	13	14	15	16	17	18	18.5	19	20	21	22	23
	24	25	25.5	26	27	28	29	30	31	32	33	34

(2) 支架中心距系列

支架中心距 A(图 5-6-39)优选参数应符合表 5-6-9 的规定。

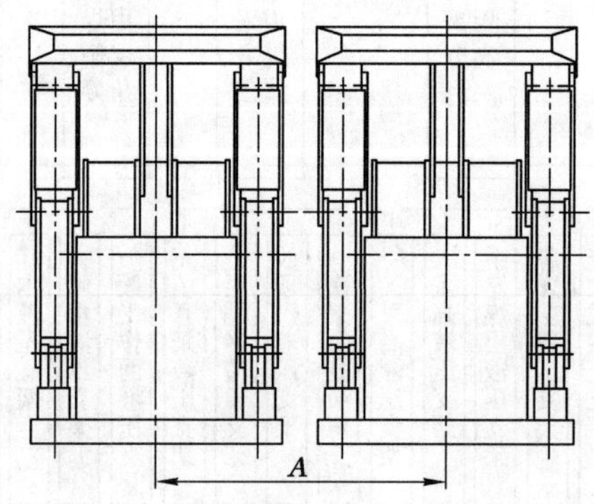

图 5-6-39　支架中心距示意图

表 5-6-9　　支架中心距 A 系列优选参数

支架中心距 A/m	1.25	1.5	1.75	2.05

(3) 支架工作阻力系列

支架立柱工作阻力总值分为轻系列、中系列和重系列，优选参数分别应符合表 5-6-10、表 5-6-11 和表 5-6-12 的规定。

表 5-6-10　　支架工作阻力轻系列优选参数

支架立柱工作阻力总值/kN									
	1 600	1 800	2 000	2 200	2 400	2 500	2 600	2 800	3 000
	3 200	3 300	3 400	3 500	3 600	3 700	3 800	3 900	

表 5-6-11　　支架工作阻力中系列优选参数

支架立柱工作阻力总值/kN									
	4 000	4 100	4 200	4 400	4 600	4 800	5 000	5 200	5 400
	5 600	5 800	6 000	6 200	6 400	6 500	6 600	6 800	

表 5-6-12　　支架工作阻力重系列优选参数

支架立柱工作阻力总值/kN									
	7 000	7 200	7 600	8 000	8 200	8 500	8 600	8 800	9 000
	9 200	9 400	10 000	11 000	12 000	13 000	14 000	15 000	16 000
	17 000	18 000	19 000	20 000	21 000	22 000	23 000	24 000	25 000

(4) 支架推移装置行程

支架推移装置行程系列优选参数应符合表 5-6-13 的规定，当工作面配套有特殊要求时，可对表 5-6-13 中的数据作适当调整。

表 5-6-13　　支架推移装置行程系列优选参数

配套采煤机截深/mm	600	700	800	865	1 000
支架推移千斤顶行程/mm	700	800	900	965	700

3) 液压支架型号编制

(1) 支架型号的组成和排列方法

支架型号主要由“产品类型代号”“第一特征代号”“第二特征代号”和“主参数”组成。如果这样表示仍难以区分时，再增加“补充特征代号”以及“设计修改序号”。图 5-6-40 为支架型号的组成和排列方式。

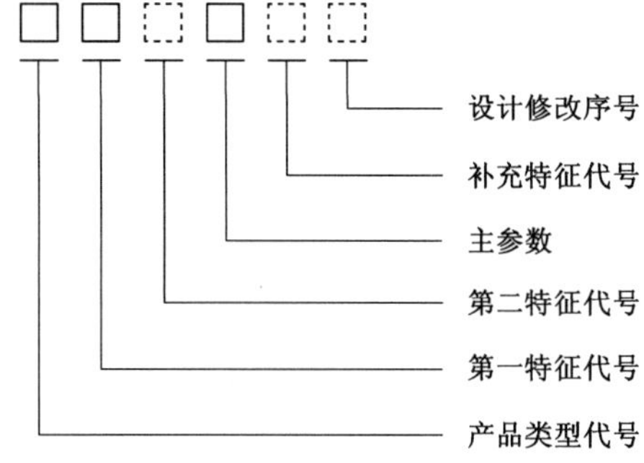

图 5-6-40　液压支架型号的组成和排列方法

(2) 支架型号的编制方法

① 产品类型代号表明产品类别,用汉语拼音大写字母 Z 表示。

② 第一特征代号用于一般工作面支架时,表明支架的架型结构。如果用于特殊用途支架,"第一特征代号"表明支架的特殊用途。第一特征代号的使用方法见表 5-6-14。

表 5-6-14　　支架第一特征代号

用　途	产品类型代号	第一特征代号	产品名称
一般工作面支架	Z	Y	掩护式支架
		Z	支撑掩护式支架
		D	支撑式支架
特殊用途支架	Z	F	放顶煤支架
		P	铺网支架
		C	充填支架
		T	端头支架
		Q	(巷道)超前支架

③ 第二特征代号用于一般工作面支架,表明支架的主要结构特点。其使用方法及省略规定见表 5-6-15。如果用于特殊用途支架,第二特征代号表明支架的结构特点或用途。

表 5-6-15　　支架第二特征代号

用途	产品类型代号	第一特征代号	第二特征代号	注解
一般工作面支架	Z	Y	Y	两柱支掩掩护式支架
			省略	两柱支顶掩护式支架,平衡千斤顶设在顶梁与掩护梁之间
			V	两柱支顶掩护式支架,平衡千斤顶设在底座与掩护梁之间
			G	两柱掩护式过渡支架
		Z	省略	四柱支顶支撑掩护式支架
			X	立柱"X"形布置的支撑掩护式支架
			G	四柱支撑掩护式过渡支架
		D	D	垛式支架
			B	稳定机构为摆杆的支撑式支架
			L	伸缩杆式(直线型)支架
			G	支撑式过渡支架

续表 5-6-15

用途	产品类型代号	第一特征代号	第二特征代号	注解
特殊用途支架	Z	F	D	单输送机高位放顶煤支架
			Z	中位放顶煤支架
			省略	四柱正四连杆式低位放顶煤支架
			H	反四连杆式大插板低位放顶煤支架
			Y	两柱掩护式低位放顶煤支架
			B	摆杆式低位放顶煤支架
			L	伸缩杆式(直线型)放顶煤支架
			G	放顶煤过渡支架(反四连杆式。其他形式加补充特征)
		P	Z	支撑掩护式铺网支架
			Y	掩护式铺网支架
			G	铺网过渡支架
		C	省略	四连杆式充填支架
			B	摆杆式充填支架
			G	充填过渡支架
		T	P	偏置式端头支架
			Z	两列中置式端头支架
			S	三列中置式端头支架
			Q	前后中置式端头支架的前架
			H	前后中置式端头支架的后架或后置式端头支架
		Q	L	两列式超前支架
			S	四列式超前支架

④ 主要参数。支架型号中的“主参数”依次用支架工作阻力(立柱工作阻力总值)、支架的最小高度和最大高度三个参数,均用阿拉伯数字表示,参数与参数之间应用“/”符号隔开。参数量纲分别为 kN 和 dm。高度值出现小数时,最大高度舍去小数,最小高度四舍五入。

⑤ 补充特征代号。如果用“产品类型代号”“第一特征代号”“第二特征代号”“主参数”仍难以区别或需强调某些特征时,则用“补充特征代号”。

“补充特征代号”根据需要可用一个或两个,但力求简明,以能区别为限。“补充特征代号”主要表明支架的特殊适用条件、控制方式或结构特点。“补充特征代号”使用方法见表 5-6-16。

表 5-6-16　　　　支架补充特征代号

补充特征代号	说明
Q	表示支架适应于大倾角煤层条件
R	用于支掩掩护式支架表示插底式
D	表示电液控制支架
Z	用于放顶煤过渡支架表示正四连杆架型
B	用于放顶煤过渡支架表示摆杆式架型
L	用于放顶煤过渡支架表示伸缩杆式架型
F	用于端头支架表示放顶煤端头支架
W	用于超前支架表示材料巷(机尾)超前支架

⑥ 设计修改序号。产品型号中“设计修改序号”应使用加括号的大写汉语拼音字母(A)、(B)……依次表示。

⑦ 字体。产品型号中的数字、字母和产品名称的汉字字体的大小要相仿,不得用角标和脚注。

4) 液压支架典型应用

(1) 薄煤层液压支架

根据煤层厚度分类,0.8～1.3 m 厚度煤层为薄煤层。我国薄煤层资源丰富且分布广泛,据统计,我国薄煤层煤炭可采储量约占煤炭总可采储量的 19%,其中 0.8～1.3 m 缓倾斜薄煤层约占 73.4%,全国各产煤省份都有不同程度的薄煤层分布。多年来,薄煤层一直是南方和西南矿区的主采煤层,近年来随着中厚煤层大量开采,薄煤层也开始逐渐成为中东部一些矿区的主采煤层。由于采高较小,使得薄煤层综采设备有其特殊性。

① 薄煤层支架结构特点如下:(a) 伸缩比大。立柱多采用双伸缩立柱,很少采用带机械加长段结构。为满足调度幅度变化要求,低位工作状态时,立柱倾角较大,支护效率较低。(b) 架型多用两柱掩护式。由于薄煤层液压支架立柱伸缩比大,架型多选用两柱掩护式,以满足调度幅度变化较大要求。(c) 结构简单紧凑。薄煤层支架结构力求简单,顶梁多设计为整顶梁结构,不带伸缩梁,不设抬底与调架机构,顶板条件尚可时,一般不设置活动侧护板。薄煤层支架由于最低位置时,高度十分低,结构件除了尽量薄之外,结构件间尽量布置得紧凑。采用整体底座结构时,多采用板式过桥结构;采用分体底座时,前端采用活连接,后端用特殊结构连接。(d) 广泛采用高强度板材。薄煤层支架由于采高较小,为满足通风断面、行人空间、设备安全过机空间、结构强度等要求,为此结构件大多采用高强度板材、箱形结构。(e) 提高控制系统自动化水平。薄煤层工作面由于采高较小,行人困难,所以操作系统最好采用自动控制系统,以减轻工人劳动强度,提高安全程度、工作效率和产量。

② 薄煤层的主要参数如下:(a) 掩护梁背角。薄煤层顶板一般较好,冒落矸石较少,掩护梁受冲击载荷作用可能性较小,所以掩护梁背角不一定太大,只要在工作区段矸石能很好滑落就可以。(b) 支架高度。薄煤层支架高度的确定十分重要。如果确定过低,就会丢失

本来就很薄的煤；若确定过高，又会给设计带来很大难度。随着综采设备的发展，目前多采用提高最小采高，通过加大装机功率，切割一部分矸石的办法来解决煤层厚度过小的问题。(c) 工作阻力。由于采高小，易充填，薄煤层工作面，基本顶易形成平衡拱，所以工作面矿压显现不明显，支架工作阻力可适当减小。(d) 顶梁宽度。薄煤层工作面顶板一般较完整，可以不设可活动的侧护板。但架间间距不可太大，因为间距大，不仅可能掉矸石，而且还会给支架下滑提供空间，影响支架行走；如果不留间隙或者间隙过小，可能会出现挤架现象，造成支架行走困难。一般支架中心距为 1.5 m 时，顶梁和掩护梁的宽度可确定为 1.35～1.45 m。(e) 安全过机空间。薄煤层支架在最小采高时，支架高度较低，为保证合理的安全过机空间，一般将顶梁箱形断面尽量做薄，同时尽可能地减小采煤机的机面高度。一般要求安全过机空间不小于 100 mm。

③ 薄煤层液压支架典型应用。该支架的应用包含以下几个方面的内容：(a) 支架结构 (b) 主要参数。示例：ZY4000/08/19D 掩护式液压支架主要技术参数如表 5-6-17 所示；(c) 结构特点。该支架的结构(图 5-6-41)主要有以下几个方面的特点：一是架型方面。该支架稳定机构为前单连杆、后双连杆四连杆机构，采用 ϕ160/85 双平衡千斤顶，支架稳定性好，

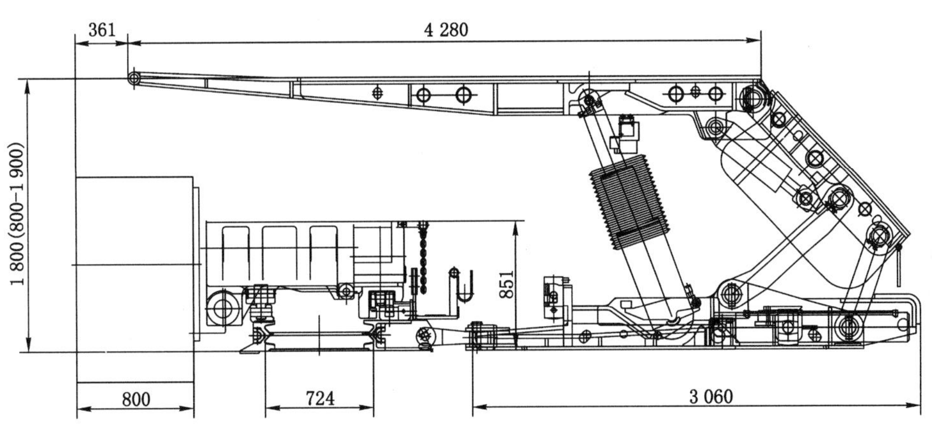

图 5-6-41　ZY4000/08/19D 型液压支架结构示意图

纵向尺寸小，搬家、运输方便。二是底座方面。底座为中封式整体刚性底座，既保证推移机构能顺利排出浮煤，又提高支架整体刚度，并且在一定程度上有效地减小了底板比压。采用板式过桥结构，既提高了强度，又满足了采高较小的要求。三是顶梁方面。顶梁为变断面薄型、前翘整体顶梁，结构简单，对前部顶板的支撑效果好，并具有较高可靠性。四是设备配套能力方面。其配套了 MG2×160/730-WD 型电牵引滚筒式采煤机和 SGZ764/400 刮板输送机，综采设备装机功率均创国内领先地位。五是自动化程度方面。支架采用电液控制系统进行控制，并实现了跟机自动移架、推溜功能，为山西省煤基装备项目自主研制开发并具有自动知识产权的薄煤层自动化综采设备。

表 5-6-17　　ZY4000/08/19D 掩护式液压支架主要技术参数

1	支架	支架高度	mm	800～1 900
		支架宽度	mm	1 430～1 600
		支架中心距	mm	1 500
		支护强度	MPa	0.40～0.53
		对底板比压(前端)f=0.2	MPa	2.0～2.8
		初撑力(p=31.5 MPa)	kN	3 090
		工作阻力(p=40.76 MPa)	kN	4 000
		操作方式		电液控制
		重量	kg	约 10 800
		泵站压力	MPa	31.5
2	立柱	根数	根	2
		缸径(大/小)	mm	250/175
		柱径(大/小)	mm	230/150
		初撑力	kN	1545
		工作阻力 (p=40.76 MPa)	kN	2 000
3	平衡千斤顶	根　数	根	1
		缸径/杆径	mm	160/85
		工作阻力(推)(p=40.76 MPa)	kN	816
		工作阻力(拉)(P=40.76 MPa)	kN	586
4	推移千斤顶	根　数	根	1
		缸　径	mm	160
		杆　径	mm	105
		推溜/拉架	kN	272/360
		行　程	mm	900
5	侧推千斤顶	根　数	根	3
		缸　径	mm	63
		杆　径	mm	45
		推力/拉力	kN	98/48
		行　程	mm	170

续表 5-6-17

6	抬底千斤顶	根　　数	根	1
		缸径/杆径	mm	100/80
		抬 底 力	kN	247
		行　　程	mm	150

(2) 中厚煤层液压支架

中厚煤层液压支架一般是指适用于煤层厚度 1.3～3.5 m 的支架。中厚煤层支架的使用量大、面广，其原因是中厚煤层赋存量大，也是最适合高产高效综采的。

我国煤炭储量丰富，分布地域广阔，地质条件千差万别，为了能实现不同地质条件下的综采，必须研制和设计适应不同地质条件的中厚煤层液压支架。

① 中厚煤层支架

a. 中厚煤层支架结构特点：(a) 支架结构简单、可靠性高。支架工作阻力高，支护强度大，并有足够的安全系数；进行支架结构分析时，摩擦因数取值为－0.3～＋0.3；进行支架试验时，加水平力时，水平力大小要满足摩擦因数 $f=0.3$ 和 $f=-0.3$ 两种极端值要求。(b) 支架结构稳定。减小四连杆机构销孔间隙，四连杆机构的销孔间隙小于 0.85 mm(包括名义尺寸和公差)；控制铰接处的横向配合间隙，应小于 10 mm(包括名义尺寸和公差)；提高结构件的刚度；增大侧护板的调架能力，有利于提高支架的稳定性，侧护板由弹簧和千斤顶控制，由于弹簧力有限，移架时可通过电液控制系统使侧推千斤顶同时供液，以保证支架移架时的稳定性；(c) 支架移架速度快。支架在操作过程中，辅助时间应尽量短，采用手动快速移架系统单机操作每架操作时间不大于 10 s；采用电液控制系统，实现工作面支架成组顺序控制；(d) 支架适应能力强。对小的断层、地质构造，支架不需要采取特殊措施即可移架、行走、支护顶板；对支架前少量的浮煤不需要处理，支架即可顺利行走；对进入架内浮煤，支架不需特殊处理即可正常操作。

b. 中厚煤层液压支架典型应用示例：ZY6400/17/31 型掩护式电液控制液压支架。该系列高可靠性液压支架是北京开采设计分院开采技术装备技术研究所为阳煤集团设计的。该支架采用电液控制系统，支架参照欧洲标准进行了 4 万次型式试验。该支架的主要特点如下：(a) 架型。该支架的立体图如图 5-6-42 所示。(b) 主要技术参数。其主要技术参数如表 5-6-18 所示。(c) 主要技术特点。其特点如下：按照中华人民共和国煤炭行业标准《液

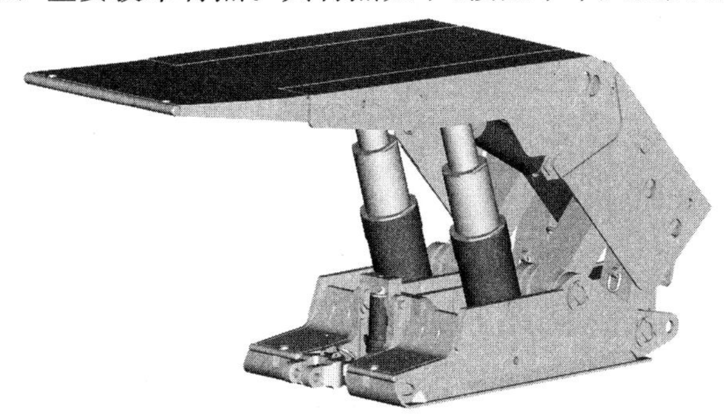

图 5-6-42　ZY6400/17/31 型两柱掩护式液压支架立体图

表 5-6-18　　ZY6400/17/31 型掩护式液压支架技术特征

1	支架	支架高度	mm	1 700～3 100
		支架宽度	mm	1 430～1 600
		支架中心距	mm	1 500
		支护强度	MPa	0.94～0.96
		对底板比压(前端)f=0.2	MPa	2.3～3.2
		初撑力(p=31.5 MPa)	kN	5 066
		工作阻力(p=39.8 MPa)	kN	6 400
		适应倾角	(°)	≤15°
		泵站压力	MPa	31.5
		操作方式		本架控制
		重　量	kg	18 078
		截深	mm	800
		泵站压力	MPa	
2	立柱	根　数(双伸缩)	根	2
		缸径(大/小)	mm	320/230
		柱径(大/小)	mm	290/210
		行程	mm	1 377
		初撑力(p=31.5 MPa)	kN	2 532
		工作阻力 (p=39.8 MPa)	kN	3 200
3	平衡千斤顶	根　数	根	1
		缸径/杆径	mm	200/120
		行程	mm	450
		初撑力(推/拉)(p=31.5 MPa)	kN	989/633
		工作阻力(推/拉)(p=39.8 MPa)	kN	1 250/800
4	推移千斤顶	根　数	根	1
		缸　径	mm	160/105
		推溜/拉架(p=31.5 MPa)	kN	360/633
		行　程	mm	900
5	侧推千斤顶	根　数	根	3
		缸径/杆径	mm	63/45
		推力/拉力(p=31.5 MPa)	kN	98/48
		行　程	mm	170
6	抬底千斤顶	根　数	根	1
		缸径/杆径	mm	125/90
		抬底力(p=31.5 MPa)	kN	387
		行　程	mm	260
		工作阻力(p=39.8 MPa)	kN	488

压支架通用技术条件》(MT312－2000)的要求进行设计;并在此标准基础上,将型式试验总加载次数,达至 40 000 次,可靠性高,耐久性长;单排立柱支撑,加之平衡千斤顶的作用,支撑合力作用点位置距离煤壁较近,可有效防止端面顶板的早期离层与破坏;由于平衡千斤顶可调节合力作用点的位置,增强了支架对难控顶板的适应能力;采用"前双、后双"四连杆结构;控顶距小,顶梁相对较短,对顶板的反复支撑次数少,减少了对直接顶板的破坏;支架纵向尺寸较小,稳定性较好,便于运输、安装和拆卸;电液控制,系统简单,且立柱与推移千斤顶均采用较大流量电液换向阀,可靠性高,有效地提高了移架速度;支架采用分底式底座,有利于底座中档排浮煤;底座前部带抬底装置,底座前端设有抬底装置,拉架时抬底千斤顶活塞杆伸出,压在推杆上将底座前端抬起,保证顺利拉架;推杆采用长推杆,推移千斤顶倒装。

(3) 大采高液压支架

我国国有重点煤矿厚煤层储量占总储量的 44%,而厚煤层采出的产量占总采量的 45%以上,绝大多数高产高效矿井是在以厚煤层开采为主的生产条件下实现的。目前,我国重点煤矿厚煤层开采方法主要有综采放顶煤开采和大采高综采两种。放顶煤开采虽然已经在我国发展成为一种厚煤层高产高效采煤方法,广泛应用于 5～15 m 厚煤层一次采全高,但仍有许多难以解决的技术难题。对于 4～6 m 的稳定厚煤层,大采高综采具有更好的技术经济优势。

① 架型。ZY12000/30/68 掩护式电液控制液压支架,如图 5-6-43 所示。

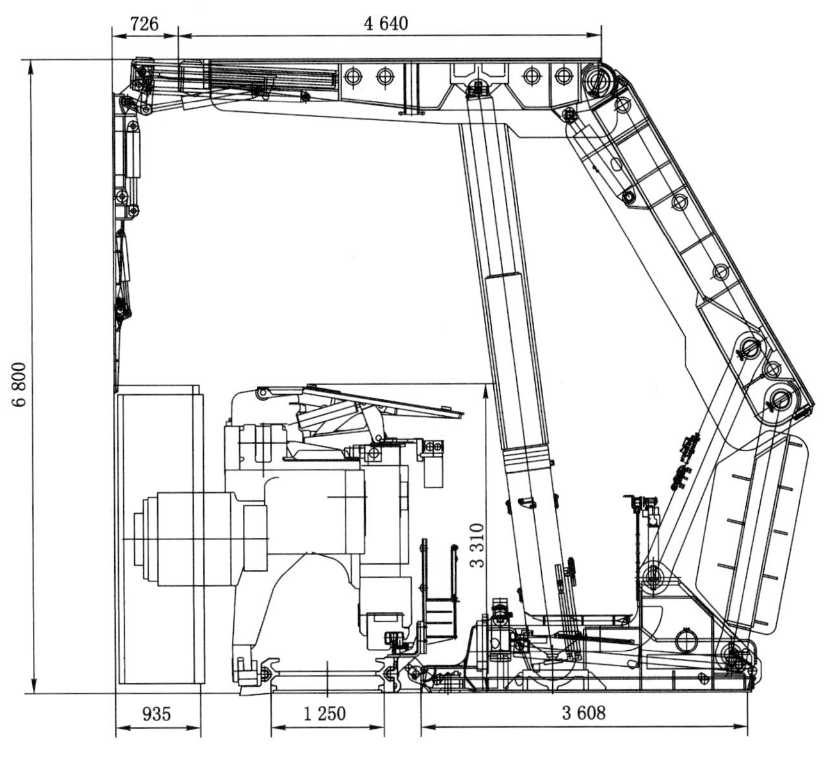

图 5-6-43　ZY12000/30/68 大采高液压支架

②支架主要技术参数。ZY12000/30/68 掩护式电液控制液压支架主要技术特征如表 5-6-19 所示。

表 5-6-19　ZY12000/30/68 掩护式电液控制液压支架主要技术特征

1	支架	支架高度(最高/最低)	mm	3 000/6 800
		支架中心距	mm	1 750
		初撑力(p=31.5 MPa)	kN	10 192～10 548
		工作阻力(p=43.3 MPa)	kN	11 771～12 182
		对底板比压(前端)	MPa	2.32～4.42
		支护强度	MPa	1.27～1.32
		移架步距	mm	865
		泵站压力	MPa	37.5
		操作方式		本架控制

③ 支架特点如下:(a) 单排立柱支撑,加之平衡千斤顶的作用,支撑合力距离煤壁较近,可较为有效防止端面顶板的早期离层和破坏。(b) 平衡千斤顶可调节合力作用点的位置,增强了支架对难控顶板的适应性。(c) 控顶距小,顶梁较短,对顶板的反复支撑次数少,减少了对直接顶板的破坏。(d) 伸缩比较大,可达到 2.1,适应煤层厚度的变化能力强。(e) 顶梁和底座较短,稳定性较好,便于运输、安装和拆卸。(f) 重量较支撑掩护式轻,投资少。(g) 支架能经常给顶板向煤壁方向以推力,有利于维护顶板的完整性。(h) 采用电液控制系统,自动化水平高,移架速度快。(i) 采用优化设计,确定支架的总体参数和主要部件的结构尺寸,并利用计算机模拟试验进行受力分析和强度校核,确保支架的可靠性。(j) 支架的顶梁带有两级护帮板,能对煤帮进行及时支护,有效抑制架前片帮。(k) 为了提高支架的可靠性,支架的结构和大部分元部件均采用了成熟可靠的技术。(l) 支架采用分体底座,有利于底座中档排浮煤,为顺利移架提供保证。(m) 采用长推杆机构,充分发挥了推移千斤顶的能力,且确保了推杆的可靠性。(n) 底座前端对底板的比压大,一般不适用于软底板的采煤工作面,但本支架配备了抬底结构,可适用于这类工作面。(o) 该种架型适用于破碎顶板及部分中等稳定顶板,且对煤层变化较大的工作面适应性较强。

(4) 放顶煤液压支架

放顶煤支架是综采放顶煤工艺的核心技术之一,自 20 世纪 70 年代初以来,放顶煤支架从高位、中位、正四连杆小插板式、反向四连杆大插板式到两柱掩护式低位放顶煤支架,经历了多次架型的变革,使放顶煤技术逐步得以发展。实践证明,放顶煤液压支架的适应性及配套的合理性和可靠性是影响工作面产量、效率及回采率的关键因素。因此,放顶煤支架架型的发展成为综采放顶煤技术发展的重要标志。

在我国煤矿高位和中位放顶煤支架已被淘汰,在放顶煤工作面推广使用的主导架型有正连杆四柱支撑掩护式低位放顶煤支架、反向四连杆四柱支撑掩护式低位放顶煤支架和单摆杆四柱支撑掩护式低位放顶煤支架。这三种支架在不同的开采条件下取得良好的效果,为放顶煤技术的发展提供了装备技术的保证。随着放顶煤技术的发展,放顶煤的适应范围不断扩大,为此,本书提出了放顶煤液压支架架型改革的新方案,并正在成为放顶煤液压支架架型发展的新趋势:大采高放顶煤液压支架,最大高度 3.8～4.5 m 以上的两柱式放顶煤支架和四柱式放顶煤支架;强力放顶煤液压支架,工作阻力 10 000～15 000 kN 的大工作阻力支架,适应硬煤和特厚煤层大放采比放顶煤工艺要求的支架。

① 反向四连杆大插板式放顶煤支架结构特点如下。该架型采用新型反向四连杆机构，改善支架力学特性，采用大尾梁大插板式放煤机构，增大放煤空间，提高放煤效率和顶煤回收率。其支架结构如图 5-6-44 所示。

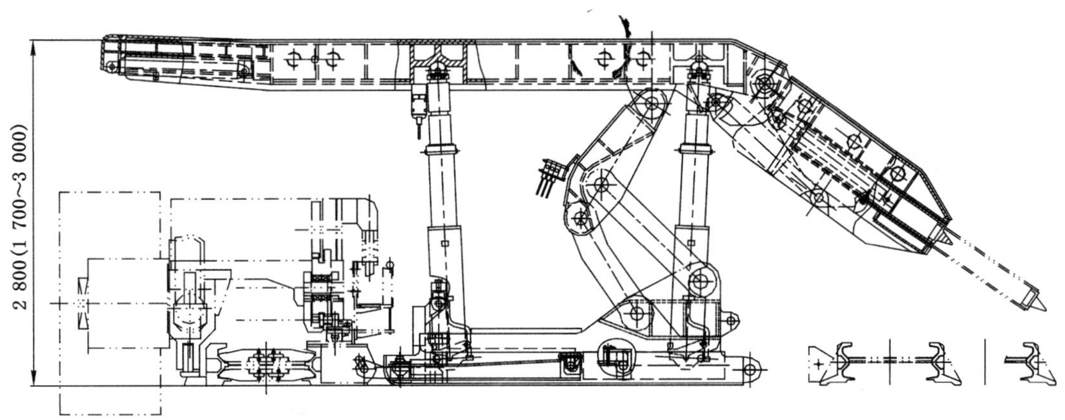

图 5-6-44　ZF5600/17/30H 型反四连杆大插板放顶煤液压支架

该架型的主要特点有：(a) 采用宽形反向四连杆机构，布置在前后立柱之间，采用双前连杆和单后连杆机构，提高了支架的抗偏载能力和整体稳定性。(b) 大尾梁大插板式放煤机构，尾梁千斤顶可双位安装，即可支设在顶梁上，也可支设在底座上，一般状态是支设在顶梁上，后部放煤空间比同参数小插板式放顶煤支架大 60%以上，为顺利放煤创造了良好的作业环境，可充分发挥后部输送机的运输能力，操作维修方便。尾梁摆动有利于落煤，插板伸缩值大，放煤口调节灵活，对大块煤的破碎能力强，对硬煤层的适应性好，可显著提高顶煤的回收率。(c) 该种支架为四柱支撑掩护式支架，后排立柱支撑在顶梁与四连杆机构铰接点的后端，适应外载集中作用点变化和切顶能力强。使前后立柱受力均衡，避免了中位放顶煤支架和正四连杆式小插板低位放顶煤支架普遍存在的前后立柱受力不均衡问题。(d) 顶梁相对较长，掩护空间较大，通风端面比同参数的正四连杆小插板放顶煤支架大 35%以上，对于降低风速、改善扬尘有显著效果。而且对顶板的反复支撑可使较稳定的顶煤在矿压作用下预先断裂破碎，利于放煤。全长封闭侧护板，避免了架间漏顶。(e) 反向四连杆机构经过总体参数优化设计，连杆力较小，是一般正向四连杆机构连杆力的 50%～70%，支架的结构可靠性高。(f) 底座对底板比压分布合理，前端比压较小，能适应软底板条件，移架阻力小，有利于顺利移架。

反向四连杆大插板式放顶煤支架优缺点如下：与正四连杆式放顶煤支架相比，其主要优点改善了前后立柱受力不均，增大放煤空间，对顶煤和底板的适应性提高。其缺点是架间人行道随采高降低而减小，为增大人行道则需加长顶梁，增大支架尺寸和支护面积。

② 大采高放顶煤支架

为了提高放顶煤开采效率，满足特厚煤层放顶煤开采合理采放比和提高回采率等要求，研制采用大采高放顶煤支架是一条有效途径。根据大采高支架的标准定义，最大高度为3.8 m 以上的放顶煤支架为大采高放顶煤支架。大采高放顶煤支架集大采高支架和放顶煤的技术特点于一体，机采高度达到 3.5～4.5 m，在安全规程规定的最大采放比 1∶3 范围内放顶煤开采最大煤层厚度可达 14～18 m。近年来，天地玛珂公司先后为兖州、淮北、大同、平朔和淄博等矿区设计了多种最大高度 3.8～4.2 m 的大采高放顶煤支架，平朔安家岭矿工作面月产超过百万吨。

大采高放顶煤工作面由于采高加大，工作面矿压显现更加明显，超前压力作用增大，煤壁片帮和冒顶倾向增强。因此，应提高支架的稳定性和顶梁前端支护效果，提高护帮能力。同时，顶煤的破碎更加充分，对中硬煤和硬煤放顶煤提高效率更有力。

随着放顶煤工作面开采厚度的增大及顶板结构的影响，工作面压力显著增大，同煤集团塔山矿和华亭煤矿等 18 m 厚煤层放顶煤开采中均证明了相同的规律。采用强力支架，提高支架的支护强度是保证安全高效生产的重要途径。塔山矿最新设计研制了工作阻力 13 000 kN的 ZF13000/25/38 型四柱式强力放顶煤支架，为华亭煤矿设计研制了 ZF12000/24/35H 型反向四连杆大插板式强力放顶煤支架，这些支架均为世界之最。

③ 低位放顶煤液压支架

我国的低位放顶煤液压支架经过多年的发展，现在主要代表架型有四柱正四连杆放顶煤液压支架、四柱反四连杆放顶煤液压支架、单摆杆轻型放顶煤液压支架和两柱掩护式放顶煤液压支架。这些架型在不同的地质条件下，都发挥了较好的使用效果，国内几个高产高效综放工作面主要参数及主要设备配套见表 5-6-20。

表 5-6-20　　国内几个高产高效综放工作面主要参数及主要设备配套表

项目 \ 工作面	山西平朔 1号井	山西大同 塔山矿	兖矿集团 东滩矿	淄博集团 唐口矿	陕西彬县 下沟矿
产量/(万吨/年)	600～700	600	600	600	300
工作面长度/m	240	230	230	210	180
采高/m	3.2～3.5	3.3～3.5	3	3.0	2.8
中心距/m	1.5	1.75	1.5	1.5	1.5
工作面支架	ZFS8000/23/37	ZF10000/25/38	ZFS6200/18/35	ZF7500/20/38	ZF7200/18/33
过渡支架	ZFG8000/23/37	ZFG10000/25/38	ZFG6500/19/32	ZFG7500/20/32.5	ZFG7200/19/32
端头支架		ZFTZ20000/25/35			ZFTZ9500/21/32
采煤机	MGTY400/930-3.3D	SL500	MGTY400/930-3.3D	MGTY400/930-3.3D	MXG300/700DA
前部输送机	SGZ1000/1400	PL6/1142	SGZ1000/1400	SGZ1000/1000	SGZ800/750
后部输送机	SGZ1200/1400	PL6/1342	SGZ1000/1400	SGZ1000/1000	SGZ800/750
转　载　机	SZZ1200/400	PF6/1542	SZZ1200/400	SZZ1200/525	SZZ900/375
破　碎　机	PCM400	进口 DBT	PCM200	PCM200	PLM2200

示例：ZF5400/17/30 放顶煤液压支架，如图 5-6-45 所示。该支架是在认真总结国内外放顶煤支架成果，分析研究各种放顶煤支架特点和使用经验的基础上，由北京开采所为阳煤集团南庄煤矿开发的新一代的低位放顶煤支架。该支架的显著特点：一是支架的前连杆为双连杆，比“Y”型连杆抗扭能力大大提高，为提高支架可靠性提供了保证；二是通过优化设计，改善了支架的受力状况，提高了支架的可靠性；三是支架采用大截深，加大开采强度，为

提高工作面单产创造条件。

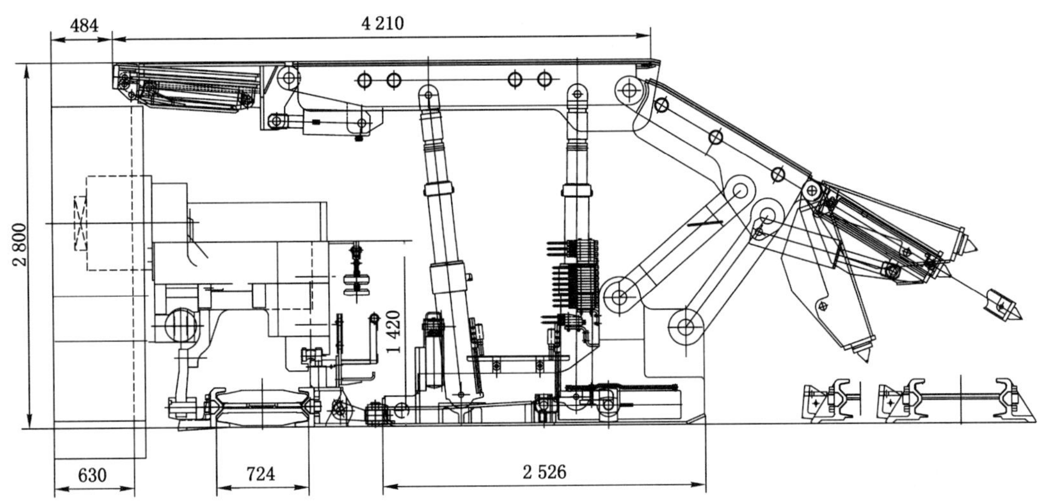

图 5-6-45　ZF5400/17/30 型放顶煤支架

该支架的主要技术参数如表 5-6-21 所示。

表 5-6-21　　　　ZF5400/17/30 型液压支架主要技术参数

序号	项目		参数	单位	附注
1	支架	型式	两柱掩护式		
		高度	1 700～3 000	mm	
		中心距	1 500	mm	
		宽度	1 430～1 600	mm	
		初撑力	4 360	kN	p=31.5 MPa
		工作阻力	5 400	kN	p=39.0 MPa
		支护强度	0.84～0.85	MPa	(f=0.2)
		底板前端比压	0.39～1.86	MPa	(f=0.2)
		泵站压力	31.5	MPa	
		操纵方式	本　架		
		质量	约 16 700	kg	以实际设计重量为准
2	立柱	型式	单伸缩带机械加长段		4 个
		缸径	210	mm	
		柱径	185	mm	
		行程	1 302	mm	
		初撑力	1 090	kN	p=31.5MPa
		工作阻力	1 350	kN	p=39.0 MPa

续表 5-6-21

序号	项目		参数	单位	附注
3	推移千斤顶	型式	差动		1个
		缸径	180	mm	
		杆径	100	mm	
		行程	700	mm	
		拉架力	554	kN	
		推溜力	247	kN	
4	前梁千斤顶	型式	普通		2个
		缸径/杆径	160/95	mm	
		行程	200	mm	
		推力	633	kN	p=31.5 MPa
		推力(工作阻力)	784	kN	p=39.0 MPa
5	伸缩千斤顶	型式	普通		2个
		缸径/杆径	100/70	mm	
		行程	600	mm	
		推/拉力	247/126	kN	
6	护帮千斤顶	型式	普通		1个
		缸径/杆径	100/70	mm	
		行程	420	mm	
		推力	247	kN	p=31.5 MPa
		推力(工作阻力)	307	kN	p=39.0 MPa
7	尾梁千斤顶	型式	普通		2个
		缸径/杆径	160/95	mm	
		行程	422	mm	
		推力	633	kN	p=31.5 MPa
		推力(工作阻力)	784	kN	p=39.0 MPa
8	插板千斤顶	型式	普通		2个
		缸径/杆径	80/60	mm	
		行程	650	mm	
		推/拉力	158/69	kN	p=31.5 MPa
9	拉后溜千斤顶	型式	普通		1个
		缸径/杆径	125/85	mm	
		行程	700	mm	
		推/拉力	386/207	kN	p=31.5 MPa

续表 5-6-21

序号	项目		参数	单位	附注
10	侧推千斤顶	型式	普通		3 个
		缸径/杆径	63/45	mm	
		行程	170	mm	
		推力	98	kN	p=31.5 MPa
		拉力	48	kN	p=31.5 MPa
11	抬底千斤顶	型式	内进液		1 个
		缸径/杆径	100/70	mm	
		行程	180	mm	
		推/拉力	246/126	kN	p=31.5 MPa

该支架的特点如下：(a) 结构为四连杆式；(b) 采用铰接前梁带伸缩梁、护帮板形式，铰接前梁可以上摆 15°，下摆 20°，护帮板可以调平；(c) 支架前部设有手动喷雾降尘装置，后部喷雾降尘装置与放煤联动；(d) 设置单侧活动侧护板；(e) 底座为分体刚性式，前端设置抬底机构；(f) 推移机构采用短推杆形式，推移千斤顶正装，差动连接；(g) 适应工作面仰采 11°的需要。

④ 新型两柱掩护式放顶煤液压支架

目前我国使用的放顶煤液压支架均为四柱式，存在结构和控制复杂，体积庞大，前后立柱受力不均衡，工作阻力利用率低问题，尤其是与电液控制系统配套适应性差。而美国、德国、澳大利亚等先进产煤国普遍应用两柱掩护式电液控制的液压支架，而且均为单一煤层支架。两柱掩护式放顶煤液压支架能有效地提高顶梁前端对顶板的支护能力，改善支架对顶煤的支护效果，便于采用电液控制，将为综放工作面自动化打下良好的基础。

两柱掩护式放顶煤支架的研究是提高综放开采技术，实现煤炭高效集约化综放开采关键装备之一，是实现综放工作面自动化控制的前提。为了进一步提高综放开采技术的生产效率，并与发达采煤国家开采装备相适应，最终实现综放技术的装备出口，必须攻关研制电液控制的高可靠性两柱掩护式放顶煤支架。从而使我国综放设备技术水平跨上一个新的台阶，对改善煤炭企业经济状况，提高煤炭企业综合经济效益起重大的推进作用，对提高我国的煤炭设备制造水平，提高综放成套设备在国内外竞争力也将产生一定的推动作用。

5.6.2.2　液压支架电液控制系统

液压支架电液控制系统方面的研究在我国起步较晚，从 1980 年起，国内相关单位就先后从美国进口了许多四柱支撑式和二柱掩护式等技术领先支护设备，随后组织科研人员对这些设备进行了细致的研究，最终掌握了与之有关的技术，并且积累了许多制造经验，为后来的研究打下坚实的基础。20 世纪 90 年代，国内相关的科研单位就依靠着先前积累下来的技术和经验，对液压支架控制系统各个方面的性能参数比如使用寿命，可靠程度，进行了不断的改进。20 世纪 90 年代我国研制出了第一套液压支架电液控制系统，并且进行了一系列试验，但令人遗憾的是，试验效果并不理想，控制系统在有效性、可靠性等方面存在诸多问题；还有煤科总院太原分院于 1996 年研制的支架电液控制系统，也按规定完成了相关试验，这是我国首个井下全套工作面试验，并且在次年的 7 月成功完成既定指标，之后几年，在先前试验的基础上，又圆满取得了多架试验成功的成果，现在已经顺利结束；近十多年来，国内的液压支架的相关技术水平得到稳步提升。在2004年，北京天地玛珂电液控制系统有限公司(以下简称天玛公司)开始独自负责我国科研部门技术研发的有关电液控制系统的专题项目，并开始进行相关支架电液控制系统系列的产品研发，经过四年的努力终于通过了中国煤炭协会成果鉴定，2008年8月销售了我国第一套液压支架电液控制系统，在宁煤石沟驿煤矿得到成功应用，并逐步推广应用，目前已有300多套系统投入应用。

1）国外的液压支架电液控制系统研究情况

1970年起，英国第一个进行电控液压支架产品项目的开发，其他国家紧随其后，澳洲煤矿企业首先在长壁综采工作面使用电控液压支架；1983年年底，两按钮式的微处理机控制液压支架被英国原道梯公司制造出来，并于次年年底投产；该产品的新一代成品也在第三年年底由该企业开发出来，这个系统是让控制部分和动力部分均匀分布在井下的运输巷道中，以便于对井下工作情况的进一步管理。

在20世纪晚期的德国也在液压支架电液控制系统方向上进行深入的研究和探索。首套支架电控装置系统于1978到1984年由西门子公司开发出来。1987年，PM2电液控制系统由德国多家企业合作研制出来，并在仅仅三年之后，更先进的PM3型号又被研制出来。1990年，其中的部分公司脱离出来，开发出了PM4系统，而另一部分公司则经过不断改进开发出了PM31系统。

除了英国、澳大利亚和德国，其他国家比如法国、俄罗斯等国家也都研发制造液压支架电液控制系统，并开始投入使用。1984年，美国配置了第一个来自英国企业的液压支架，由于电液控制系统的巨大作用，井下任务的质量和数量保持了相当高的水准，带来了巨大的效益；短短十年时间，全美90%的综采工作面已经装备了这种液压支架，这个比例仍在持续增加。目前，以美德为首的发达国家的综采工作面大都选择了电液控制的液压支架。国外的电液控制技术发展已经到达了很高的水准。

2）我国液压支架电液控制系统研究情况、国内外对比及发展趋势

我国于1986年开始液压支架电液控制系统的研究工作，先后由太原煤科院、郑煤机、北煤机进行了第一轮的支架电液控制系统开发，太原煤科院于1994年在大同矿务局马脊梁煤矿进行了182架液压支架电液控制系统井下试验与应用，并于1997年通过了原煤炭部科技司组织的技术鉴定；2008年，北京天地玛珂电液控制系统有限公司研制出了我国首套商用型液压支架电液控制系统，并在宁煤石沟驿矿投入应用，开启了国产液压支架电液控制系统推广应用。目前，北京天地玛珂电液控制系统有限公司销售的液压支架电液控制系统占我国煤矿的50%，液压支架电液控制技术已日趋成熟。但我国液压支架电液控制系统产品，在稳定性、可靠性等方面，与国外发达国家相比还存在着一定的差距，但是差距逐步缩小，我国煤矿每年将以数十套的国产支架电液控制系统将被应用，国产支架电液控制系统将得到市场更加广泛认同。

综采工作面是一个可以迁移的狭长采场，在这个采场中，由液压支架支护，为采场生产设备和操作人员提供安全的作业空间，并负责工作面设备及采场的迁移。液压支架控制系统以电液控制技术为基础，通过电液换向阀将电信号转换成液压信号，实现液压支架的依据程序的自动控制。液压支架智能控制围绕感知、传输、控制技术，进行液压支架与工作面现场设备、环境、工艺、流程等研究，在液压支架电液控制技术基础上，进一步增加对液压支架

的姿态、位置感知，提升液压支架执行机构的控制精度，进行液压支架与采煤机、刮板输送机设备之间的相互融合，进行液压支架的围岩耦合，实现液压支架的智能控制功能。

5.6.2.3　液压支架电液控制系统组成、结构及其工作原理

1）液压支架电液控制系统组成

液压支架电液控制系统是综采工作面自动化控制系统的基础，液压支架电液控制系统由感知、控制、执行等部件组成，由支架控制器、驱动器、压力传感器、行程传感器、采煤机位置传感器、耦合器、信号转换器、电源箱、连接电缆、电液换向阀组（电磁先导阀＋主阀）、顺槽监控主机、远程操作装置和地面监控中心服务器等组成如图 5-6-46 所示。

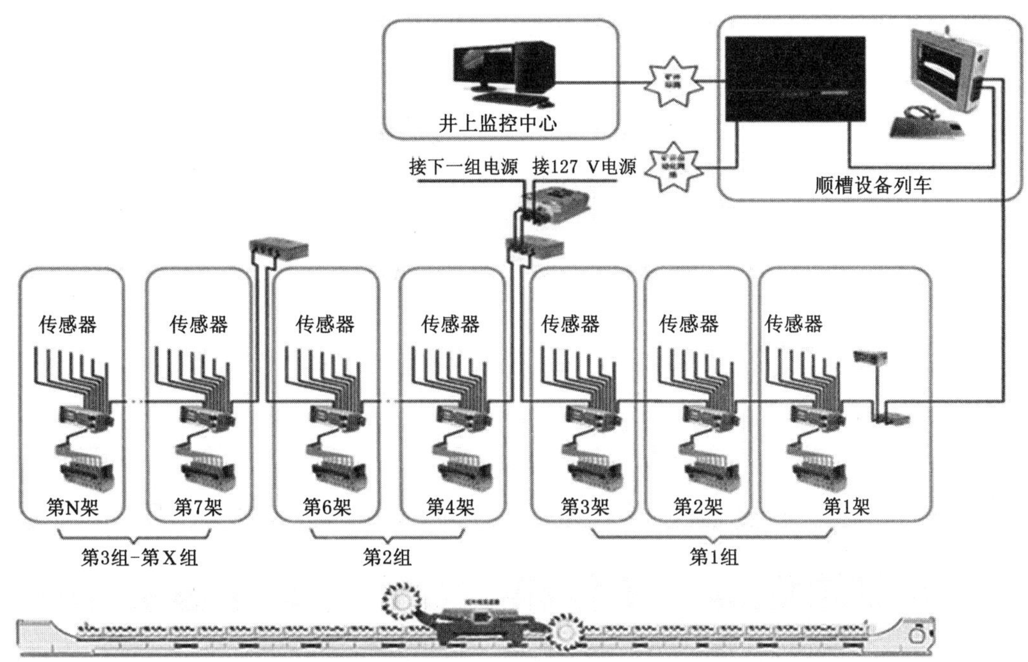

图 5-6-46　液压支架智能控制系统配置图

工作面每台液压支架上配置一套支架控制单元，支架控制器为支架控制单元核心控制部件，支架控制单元包括支架控制器，电磁驱动器，在推移千斤顶上安装有行程传感器，用于检测支架推移行程，在立柱上安装有压力传感器，用于检测支架顶板压力，在采煤机上安装有红外发射器，在每台液压支架上安装有红外接收器，用于检测采煤机所处的位置和运行方向。

2）液压支架电液控制系统工作原理

液压支架电液控制系统通过在液压支架上布置大量的感知元件，对液压支架运行工况进行实时在线检测，实现液压支架与采煤机、刮板输送机、泵站的耦合控制，实现液压支架对工作面的围岩耦合。

支架控制器是液压支架智能控制系统的核心部件，支架控制器内置计算机系统，在支架控制器上设置有总线和邻架线两个通道的通信链路，支架控制器可以接收来自邻架和远程终端设备发出的指令，通过其内置的计算机控制程序进行解析，向本架驱动器发出支架动作

控制指令，驱动器导通对应的电磁先导阀，将电信号转换成液压信号，并通过主阀将液压信号放大，推动油缸动作，从而实现对液压支架的控制。在液压支架动作过程中，通过检测相关传感部件，以确定停止油缸动作的时机。

为了满足现场安装使用与维修需求，支架控制器可以将人机交互组件和驱动组件单独分离出来，形成了人机界面、驱动器等多种结构形式，有直驱式控制器，EEP 公司 PR116 型支架控制器(图 5-6-47)，支架控制器采用直接驱动电磁先导阀，支架控制器可以直接驱动控制电磁阀动作。图 5-6-48 为 DBT 公司最早的 PM4 型支架控制器与电磁驱动，通过操作支架控制器上按键，发送控制指令到本架电磁驱动器，电磁驱动器通过分析接收到的动作命令，在对应的端口输出电磁驱动信号，控制电磁阀动作。

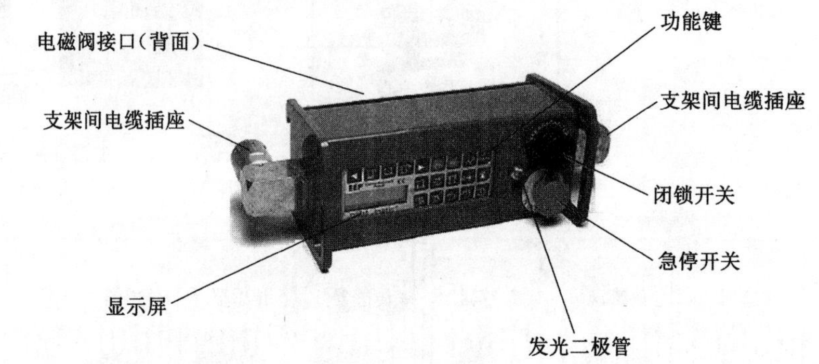

图 5-6-47　PR116 型支架控制器

图 5-6-48　PM4 型支架控制器和电磁驱动器

天玛公司开发的 SAC 型液压支架电液控制系统支架控制单元由人机界面＋控制器组成。图 5-6-49 所示为使用人机界面进行操作，通过人机界面将控制信号发往控制器进行动作控制。这样做的好处是，操作键盘为易损件，当操作键盘被砸坏时，可以使用邻架的人机界面进行操作，支架控制器可以采用全灌封的方式密封，提高了控制器的抗污染环境的能力，从而提高了支架电液控制系统的整体可靠性指标。

5.6.2.4　液压支架智能控制功能与技术

液压支架电液控制系统是液压支架智能化控制的基础，液压支架电液控制系统将人工操作转换为电信号，再将电信号转换为机械信号，最终变成液压信号控制液压支架执行动作。液压支架的智能化控制是在电液控制系统的基础上增加充分的感知，实现液压支架智能感知、数据汇集、大数据分析、控制模型与反馈控制，通过对运行工况环境的分析与学习，使设备具有自主学习能力，提高设备的自适应性能，从而实现液压支架的智能控制。

1) 液压支架电液控制系统功能

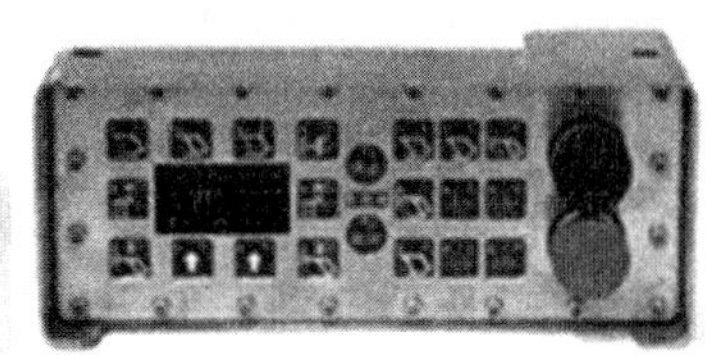

图 5-6-49　SAC-C 型 16 功能支架控制器和人机界面

液压支架电液控制系统具有本架单动作程序控制功能，可以实现本架推溜动作的程序控制；具有邻架单动作控制功能，可以实现单动作连锁控制；具有单架程序控制功能，可以实现单架自动移架程序控制；具有成组控制功能，可以实现成组支架的护帮板收/伸动作控制、成组支架自动移架控制，成组支架推溜动作控制；具有急停、闭锁、停止等安全操作功能；具有顺槽监控中心和地面的远程操作控制功能。

(1) 单架单动作控制

操作者在任意一个支架上，选定本架或左/右邻架为被控支架，要使该架进行某一动作，就按面板上相应的某一操作键。这是系统提供的最基础的初级功能。这种“单控”操作分为三种形式：

① 对于一些常用的重要的单动作，在面板上定义了专用键，直接按专用键，这是一种快捷方式。这些单动作包括立柱升、立柱降、移架、推溜、平衡千斤顶伸、平衡千斤顶收、伸一级护帮、收一级护帮、伸二级护帮板、收二级护帮板、抬底。动作的维持必须持续按键不松手，松开键动作就停止。由于被控制的对象及其动作较多，不可能所有动作都定义专用快捷键。系统提供了通过选定菜单项后再行按键操作的方式。侧护板的伸缩采用这种方式控制，动作也必须靠持续按键来维持。

② 允许双键连锁控制，即当使用一个按键执行动作控制时，还可以按下另一个单动键来进行动作控制，这样可以实现液压支架的任意两个或多个单动作的组合控制。

③ 对于可能需要持续时间较长的单动作，也在面板上定义了直接操作的专用键，但不必持续按键，采用点触方式，一按启动，再按停止。本架推溜采用这种方式。允许在操作者所在的液压支架上按下“本架推溜”执行本架的推溜动作控制。为了保证操作人员的安全，只有本架推溜功能允许操作者站在被控制的支架上操作，其他单动作控制功能均为邻架操作。

(2) 单架自动移架程序作控制

单架自动移架程序控制是指操作人员按下一个自动移架控制命令后，支架控制系统能够自动完成实现单台液压支架按的“降、移、升”控制，即当操作者发出自动移架控制命令后，液压支架将根据控制程序的流程和控制参数顺序完成液压支架的降架、移架和升架动作。控制器的程序将这三个主动作和包括与之关联的其他动作(如平衡千斤顶、护帮板、侧护板、抬底座等)协调连贯起来合成为一个大动作，自动按程序执行。每个单动作的进程及单动作之间的衔接与协调均以设置的参数及传感器实时检测的数据为依据。

(3) 支架成组动作控制

成组自动控制是：从工作面的任何一个支架开始，向左或向右连续相邻的设定数量的支架被设定为一组，支架的某一动作（单动作或自动顺序联动的复合动作）在给出命令后从起始架开始运行，按一定的顺序在组内自动地逐架传递，每架的动作自动开始，自动停止，直至本组末架完成该动作为止。组的位置、架数、执行什么动作取决于操作架位置以及在操作架上所做的选择和设置。成组自动控制必须先做一系列参数的设置，也就是给成组自动控制设条件定规则，但不必每次都设置，参数存入后只有在要改变时才重新设置。支架电液控制系统的应用程序为自动降-移-升、推溜、拉溜、护帮板伸出和收回等动作提供了成组自动控制功能。

(4) 跟机自动化控制功能

这是支架控制的高级功能，要实现这项功能系统必须有采煤机位置检测装置和一台网络变换器。控制器必须把检测到的采煤机位置信息传给网络变换器，由网络变换器进行采煤机位置识别，并将采煤机位置传送给井下主控计算机。根据工作面的作业规程，确定采煤机运行到某一位置时哪些支架应该执行什么动作，这些操作要求被编成程序存入网络变换器和主控计算机中，网络变换器或主控计算机根据采煤机位置的信息指挥相应的支架控制器完成这些操作。跟机自动化参数如表 5-6-22 所示。

表 5-6-22　　跟机自动化参数

•	10		•	10(续 1)		•	10(续 2)	
	跟机参数			跟机参数			跟机参数	
5	跟机：	停止	5	移架控制：	xx	5	下后喷距离：	xx
5	跟机类型：	xx	5	推溜控制：	xx	5	下后喷范围：	xx
5	跟机首架：	xxx	5	不动作大号：	xx	5	上行参数 1：	xx
5	跟机末架：	xxx	5	不动作小号：	xx	5	上行参数 2：	xx
5	煤机身长：	xx	5	喷雾动作：	禁止/允许	5	上行参数 3：	xx
5	移架距离：	xx	5	喷雾时间：	xx	5	上行参数 4：	xx
5	推溜距离：	xx	5	喷雾控制：	上/下/无	5	上行参数 5：	xx
5	收伸缩梁：	xx	5	上前喷雾：	禁止/允许	5	下行参数 1：	xx
5	伸伸缩梁：	xx	5	上前喷距离	xx	5	下行参数 2：	xx
5	煤机限制：	xx	5	上前喷范围	xx	5	下行参数 3：	xx
5	移架动作：	禁止/允许	5	上后喷雾：	禁止/允许	5	下行参数 4：	xx
5	推溜动作：	禁止/允许	5	上后喷距离	xx	5	下行参数 5：	xx
5	伸缩动作：	伸/缩/无	5	上后喷范围	xx	5	自动跟机：	xx
5	移架范围：	xx	5	下前喷雾：	禁止/允许	5	备用 1：	xx
5	推溜范围：	xx	5	下前喷距离	xx	5	备用 2：	xx
5	伸伸缩范围：	xx	5	下前喷范围	xx	5	备用 3：	xx
5	收伸缩范围：	xx	5	下后喷雾：	禁止/允许	5	备用 4：	xx
5	伸缩控制：	xx				5	备用 5：	xx
						5	备用 6：	xx

跟机自动化参数说明：

参数　　意义

跟机　　是否跟机的开关量，启动/停止。

跟机类型　　用于区分全工作面跟机和中部跟机，设为 0 是普通跟机，设为 1 是全工作面跟机。

跟机首架　　跟机的首架支架号。

跟机末架　　跟机的末架支架号。

煤机身长　采煤机机身在支架的长度占位。
移架距离　跟机时距离采煤机多少架的支架开始做移架动作叫作移架距离。
推溜距离　跟机时距离采煤机多少架的支架开始做推溜动作叫作推溜距离。
收伸缩梁　跟机时距离采煤机多少台支架开始做收伸缩梁动作叫作收伸缩梁距离
伸伸缩梁　跟机时距离采煤机多少台支架开始做伸伸缩梁动作叫作伸伸缩梁距离
煤机限制　采煤机位置限制项,当两次接收到位置信息大于此参数时跟机停止。
移架动作　跟机本液压支架自动移架功能设置,禁止/允许。
推溜动作　跟机本液压支架自动推溜功能设置,禁止/允许。
伸缩梁动作 跟机本液压支架自动伸缩梁动作设置,伸/收/关。
移架范围　跟机时一次触发几个支架开始移架动作预警。
推溜范围　跟机时一次触发几个支架开始推溜动作预警。
伸伸缩范围　跟机时一次触发几个支架开始伸伸缩梁动作预警。
收伸缩范围　跟机时一次触发几个支架开始收伸缩梁动作预警。
伸缩控制　1:上行动作;2:下行动作;3 上行下行都动作。
移架控制　1:上行动作;2:下行动作;3 上行下行都动作。
推溜控制　1:上行动作;2:下行动作;3 上行下行都动作。
不动作大号　跟机范围内的支架,可以使中间一部分连续的支架不动作,不动作大号是这段不动作支架的最大编号。
不动作小号　跟机范围内的支架,可以使中间一部分连续的支架不动作,不动作小号是这段不动作支架的最小编号。
喷雾动作　跟机本液压支架自动喷雾功能设置,禁止/允许。
喷雾时间　跟机本液压支架自动喷雾时间设置。
喷雾控制　1:上行动作;2:下行动作;3 上行下行都动作。目前运行项目中跟机喷雾均实现灵活喷雾方式,可分别设置上行、下行跟机,前、后滚筒跟机方式。通过上前、上后、下前、下后喷雾组合方式相关参数进行设置。并且,当“喷雾控制”参数设置为“开”时,不用启动“跟机”开关,跟机喷雾也会开启。
上前喷雾　煤机上行时是否允许前滚筒的前方支架执行喷雾动作。
上前喷雾距离　煤机上行前滚筒方向支架做跟机喷雾动作时,第一个喷雾支架到采煤机位置间隔的支架数。
上前喷雾范围　煤机上行前滚筒方向支架做跟机喷雾动作时,执行喷雾动作支架数
上后喷雾　煤机上行时是否允许后滚筒的后方支架执行喷雾动作。
上后喷雾距离　煤机上行后滚筒方向支架做跟机喷雾动作时,第一个喷雾支架到采煤机位置间隔的支架数。
上后喷雾范围 煤机上行后滚筒方向支架做跟机喷雾动作时,执行喷雾动作的支架数。
下前喷雾　煤机下行时是否允许前滚筒的前方支架执行喷雾动作。
下前喷雾距离　煤机下行前滚筒方向支架做跟机喷雾动作时,第一个喷雾支架到采煤机位置间隔的支架数。
下前喷雾范围　煤机下行前滚筒方向支架做跟机喷雾动作时执行喷雾动作的支架数。
下后喷雾　煤机下行时是否允许后滚筒的后方支架执行喷雾动作。

下后喷雾距离　煤机下行后滚筒方向支架做跟机喷雾动作时，第一个喷雾支架到采煤机位置间隔的支架数。

下后喷雾范围　煤机下行后滚筒方向支架做跟机喷雾动作时执行喷雾动作的支架数。

上行参数1　上行蛇形段支架最大号。

上行参数2　上行蛇形段支架最小号。

上行参数3　备用。

上行参数4　备用。

上行参数5　上行段补充自动移架推溜触发点，计算方法为最大架号－煤机身长/2－1。

下行参数1　下行蛇形段支架最大号。

下行参数2　下行蛇形段支架最小号。

下行参数3　备用。

下行参数4　备用。

下行参数5　下行段补充自动移架推溜触发点，计算方法为最小架号＋煤机身长/2＋1。

自动跟机　设为1—下行，设为2—上行。

备用1　与自动跟机设置必须配合，设为1—上行，设为8—下行。

备用2　不设。

备用3　不设。

备用4　不设。

备用5　不设。

备用6　不设。

(5) 支架立柱自动补压功能

支架控制器提供了一项称为PSA(positive set automatic)的自动功能。电液控制系统在正常情况下，会定时检测支架立柱压力，立柱在支撑过程中如因某种原因发生压力降落，当压力降至某一设定范围时，系统会自动执行升柱，补压到规定压力，并可执行多次，保证支护质量，对工作面顶板实施有效的管理。

(6) 安全操作功能(急停、闭锁、停止)

在井下工作面进行液压支架维修调试时，不允许对维修人员正在检修的支架实施动作控制，为此系统设置了闭锁功能。当维修人员进行支架维修或调试时，应对本架实施闭锁操作，只要按下操作架人机操作界面上的闭锁按钮即可，操作架将进入闭锁模式。闭锁操作使该架控制器硬件驱动电路的电源被切断，从而保证维修人员所在支架不会动作，左右邻架进入软件闭锁模式，通过软件将左右邻架的驱动电路电源关断，禁止对左右邻架进行动作控制，只有解除闭锁操作，才能恢复正常的动作控制功能。对于被闭锁的三个支架以外的其他支架控制器不受影响，仍可正常工作。

当工作面发生可能危及安全生产的紧急情况，需要立即停止或禁止支架成组动作时，可按压任意一个支架控制器上的紧急停止按钮，全工作面支架动作立即停止，自动控制功能在急停解除前被禁止。在急停模式下，禁止使用成组操作控制方式实施对支架的动作控制。

(7) 信息功能

支架控制系统的信息功能丰富。支架控制器、网络变换器、主控计算机及其他装置上有多种形式的信息媒体，包括汉字、图形显示，蜂鸣器声响信号及很多状态显示LED。系统可向用户提供的信息归纳为以下几类：支架动作的警示声响信号，控制过程和状态信息，支架工况信息（传感器检测值），设置的控制参数信息，故障和错误信息及一些系统本身的状态信息。支架电液控制系统还具有向系统外（如地面调度室、监控中心）传输信息的功能。

2）液压支架智能控制系统功能

液压支架智能化系统是在液压支架控制单元上增加大量的传感器，实现对设备、环境条件的充分感知后利用人工智能控制模型进行液压支架的智能控制，液压支架智能控制单元增加了主管道压力传感器，用来感知主管道上的压力，检测动作支架的供液压力能否达到额定工况需求，增加了倾角传感器，用来检测与控制液压支架在移动过程中的运行姿态，增加了接近传感器，用来检测液压支架的相关构件在运动过程中是否到达指定的位置，增加了高度传感器，用来检测工作面的采高等，如图 5-6-50 所示。

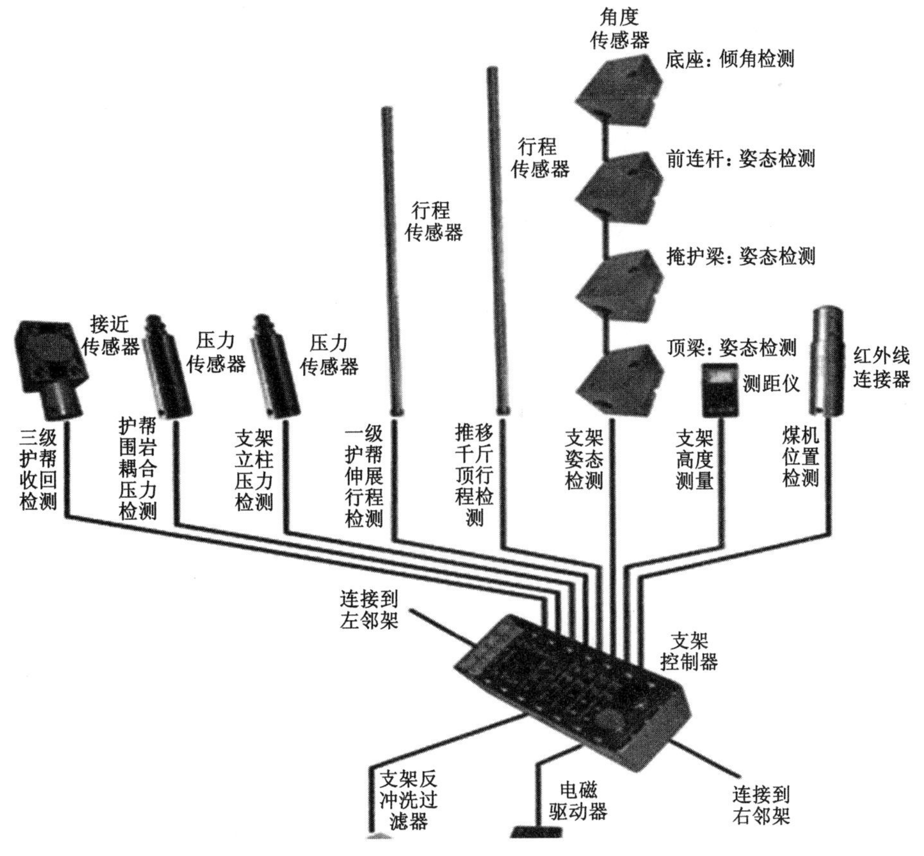

图 5-6-50　支架智能控制单元配置图

（1）液压支架姿态控制及其防倾倒智能化控制

在液压支架的底座、顶梁、掩护梁、前连杆等结构上安装倾角传感器（图 5-6-51），可以准确地描绘液压支架的姿态，可以在实现液压支架运行姿态在线检测。对于大采高液压支架来说，随着采高的加大，重量加大，重心加高，其稳定性较普通液压支架差，更容易发生倾倒等问题。通过液压支架重心计算模型，可以得到液压支架在各种姿态下的重心轨迹曲线（图 5-6-52），支架的重心位置越低，液压支架所处的状态就越稳定，分析液压支架失稳机理，在液压支架护顶等相关约束条件下，在液压支架控制程序中建立自我学习决策的能力，构建液压支架防倾倒控制策略与控制参数，可以有效地实现液压支架防倾倒的智能控制功能。在某种姿态下液压支架的重心偏离稳定区域后，将自动启动保护模式，使液压支架自动控制到与其姿态最接近的稳定区域一种姿态，确保液压支架的安全性能，防止液压支架发生倾倒等事故。

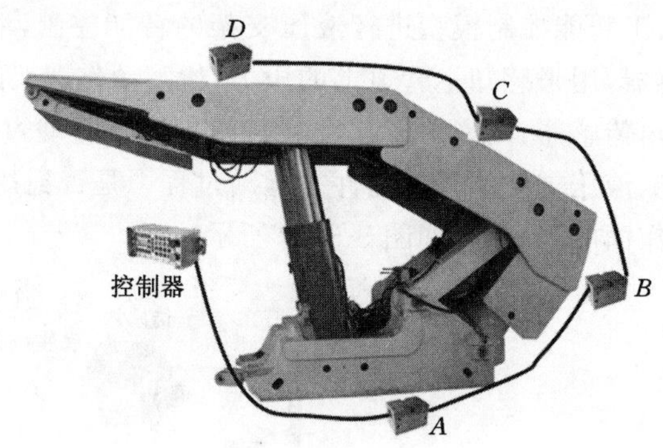

图 5-6-51　液压支架姿态检测倾角传感器安装示意图

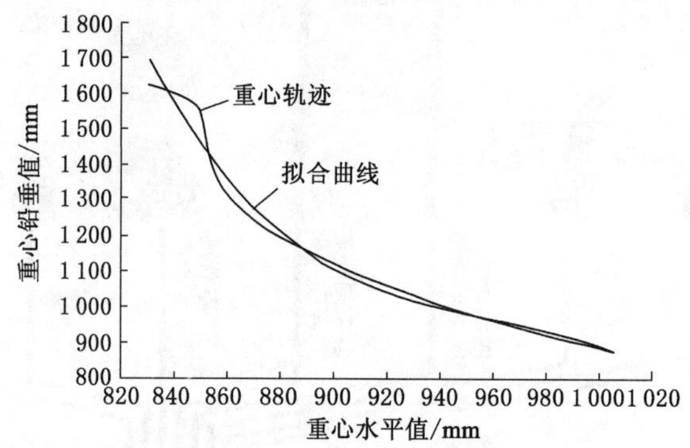

图 5-6-52　液压支架重心轨迹

(2) 工作面围岩耦合与智能补压

① 液压支架立柱的自动补压与安全阀性能自识别。通过液压支架立柱上安装压力传感器，可以实时检测工作面液压支架对顶板的支撑压力，当液压支架立柱油缸由于密封件损坏、液压阀损坏等问题出现泄漏，导致液压支架对工作面顶板支撑压力不足时，电液控制系统将自动启动支架升柱功能，使液压支架对工作面顶板支撑压力达到预先设定的初撑力，确保工作面顶板的支撑压力，从而实现工作面围岩智能耦合。当多次补压不能达到预期的补压效果，系统将自动报送故障信息，结束补压过程控制。依据补压出现的频率和补压时效性能的大数据分析，系统通过不断的自我学习认知，不但可以对液压支架安全性能及其对工作面顶板管理时效性能做出评价，还能够对液压元件安全阀的故障进行自识别。

② 液压支架护帮板姿态控制及其围岩耦合智能控制。在液压支架的一级护帮板上安装行程传感器，通过控制一级护帮板行程，防止片帮煤垮落到支架内，同时在液压支架跟机收回护帮板的过程中，多架的护帮板可以逐次收回（图 5-6-53），以提高护帮板的收回速度，

确保液压支架护帮板收回动作与采煤机速度相匹配，同时，三级护帮板上安装接近传感器，当三级护帮板完全收回到位时，发出检测信号，防止护帮板结构件未收到位造成的结构件干涉碰撞损坏。

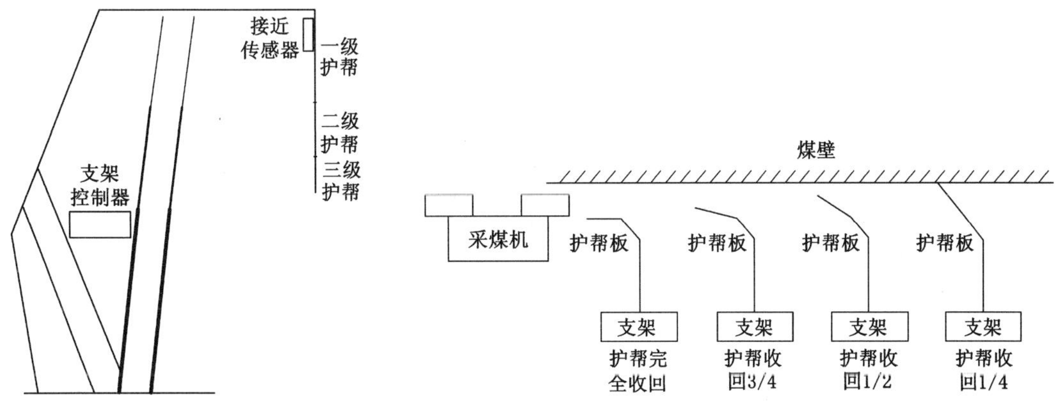

图 5-6-53 护帮板姿态控制示意图

在液压支架的一级护帮板上安装压力传感器，通过控制一级护帮板顶在煤壁上的支撑压力，实现护帮板对煤壁的主动支撑，当对煤壁的支撑压力不足时，将自动开启补压功能，以保证液压支架护帮板对煤壁达到有效的支撑力，与液压支架立柱的自动补压功能可以共同完成对工作面顶板和煤壁的有效管理，从而实现液压支架的围岩智能耦合，同时还可以防止在收护帮板后有大块煤垮落砸坏立柱油缸或卡在支架与电缆槽之间造成支架无法推移等事故。

③ 矿压分析与工作面周期来压智能预报。通过将工作面推进过程中的压力数据进行数据清洗、筛选、分析，找出工作面顶板压力变化的内在规律，对工作面支护质量支护效果进行评价，对工作面周期来压进行智能预报的研究探索。

(3) 液压支架与采煤机的耦合智能控制

① 获取精准的采煤机位置信息。在采煤机上安装红外发射装置，在液压支架上安装红外接收装置，通过对工作面液压支架上接收到采煤机上红外发射装置红外信号进行分析，确定采煤机在工作面的位置，实现工作面采煤机定位，同时也可以将采煤机智能控制系统的采煤机位置参数通过自动化综合系统传输到液压支架智能控制系统中，实现采煤机位置的冗余检测，提高采煤机位置的可靠性。

② 液压支架与采煤机几何位置耦合：防碰撞智能控制。在采煤机前滚筒割煤方向上的液压支架必须及时地收回护帮板，否则采煤机前滚筒将与液压支架的护帮板发生碰撞，液压支架将采煤机前方护帮板收回信息及时报送采煤机控制系统，当采煤机前方的液压支架护帮板未收回时，应立即停止采煤机运行。

③ 液压支架与采煤机控制功能耦合：智能跟机自动控制。液压支架自动化控制是依据采煤机位置，按照采煤工艺，在采煤机的前方将进行煤壁支护的支架护帮板收回，方便采煤机割煤。在采煤机割煤后应及时伸出伸缩梁进行顶板支护，在采煤机后方应及时移架，实现对割煤后的悬空的顶板及煤壁的支护，在完成移架后的支架，进行推溜控制，将落下的煤块装载到刮板运输机上，同时为下一刀割煤做好准备工作，整个跟机自动化程序可以将操作人

员在不同部位的操作动作形成标准化流程，编入程序进行支架的自动控制，同时依据接近传感器进行护帮板动作执行情况的跟踪，依据压力传感器控制支架降、升动作，依据行程传感器控制支架推、移动作等。液压支架跟机自动化控制的目标是实现工作面采煤设备的自动迁移，并保证采煤机与液压支架不干涉，刮板运输机形成良好的运行姿态，并保证其直线度，对工作面顶板、煤壁进行有效管理，保证支护强度达到设定的初撑力。

对于工作面不同的地质赋存条件，综采工作面跟机智能化系统可以通过运行过程中液压支架感知元件感知支架运行状态，对人工操作信息归类、分析，不断优化并修正跟机动作流程、工艺节拍和动作参数，使其达到最佳的运行状态，实现跟机控制系统的人工智能化。

跟机智能控制系统应能根据现场设备工况和工作面环境条件，自动协调设备与设备之间，设备与环境之间的关系，采用最优的方法解决各种因素对跟机控制的影响，图 5-6-54 所示为跟机智能控制影响因素分析示意图。

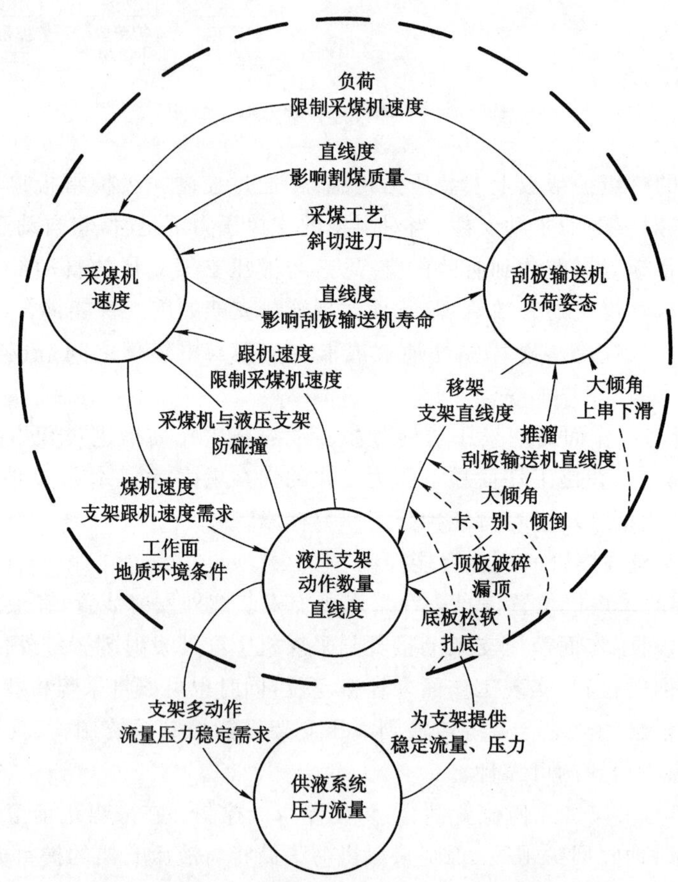

图 5-6-54　跟机智能控制影响因素分析示意图

按照采煤工艺，依据采煤机位置，液压支架在采煤机前端完成自动收护帮板控制，在采煤机后端进行自动移架控制，在移架后端完成自动推溜控制。为了提高跟机自动化的可靠性与稳定性，采用“机架协同”方式实现跟机自动化控制，即采煤机与液压支架相互关联、相互约束、相互控制，液压支架依据采煤机位置进行控制，采煤机依据液压支架动作完成情况控制采煤机割煤，如其条件未达成将设备挂起，处于等待阶段，等条件具备后再执行下一步的工作，从而提高了设备的自适应能力，使其生产过程效率最大化。

工作面影响跟机动作的主要因素是跟机移架，按照煤矿安全规程要求应及时护顶护帮，一般在采煤机机身后 3～5 架开始移架，在采煤机割煤后，工作面空顶距离不能超过 5 架，即当采煤机机身后有连续 5 架未移架时，就应停止采煤机继续割煤，等待完成支架移架后采煤机再继续前行割煤。一般情况下，采煤机速度不超过 5 m/min 时，支架可以按照顺序跟机移架方式实现全工作面跟机控制，工作面跟机效果较好，不会出现丢架，移架不到位等问题。按照液压支架的宽度为 1.5 m 计算，当液压采煤机速度为 5 m/min 时，支架的平均移架速度计算公式为：采煤机每秒钟行走的距离/支架宽度，即 60 s/(5/1.5)大约需要 18 s。当采煤机速度达到 8 m/min 以上时，支架的平均移架速度大约需要 11.25 s，当采煤机速度达到 15 m/min 以上时，支架的平均移架速度约需要达到 6 s，支架跟机顺序移架方式已经无法满足支架追机要求，可以通过分段跟机移架或多架插架移架等方式，采用多架同时移架才能实现该目标，可以采用 1,3,5 架同时移架，完后再触发 2,4,6 架同时移架，支架的移架速度为 60 s/(15/1.5)×3＝18 s，可以等同于采煤机速度为 5 m/min 的顺序移架速度，但同时应保证泵站有足够的供液能力，保证其在多架同时移架时，达到相应的移架速度。因此，当采煤机速度达到一定限度时，需要改变支架跟机移架方式，比如可以先完成 1、3、5 号支架同时移架，然后再完成 2、4、6 号支架同时移架，这样一次移架控制可以将支护范围扩展到 5 架、约 7.5 m 的范围；2 次移架完成工作面 6 架、9 m 范围的顶板支护，如采用 1、4、7；2、5、8；3、6、9 移架方式，则一次移架控制可以完成工作面 10.5 m 的范围支护；3 次移架完成工作面 9 架、13.5 m 范围的顶板支护，极大地提升了移架速度。通过对采煤机速度检测，实现跟机智能移架方式的自动切换，以满足工作面追机护顶护帮的需要。但在多个支架同时移架时，由于移动的支架左右相邻支架都没有完成移架功能，使移动的支架自由度增大，在移架过程中左右摇摆，造成支架参差不齐，移架工程质量较差，达不到煤矿生产标准化的要求。因此，采用提高供液系统能力和智能移架控制方法相结合，在尽可能提高供液系统能力的前提下，采用单架与多架同时移架智能切换方式完成跟机控制与采煤机速度的耦合控制，以达到满足工作面生产能力需求。

根据工作面特点，配置相适宜的采煤工艺，并尽量使其标准化，实现双向割煤、单向割煤和三角煤标准化工艺。图 5-6-55 所示为支架跟机自动控制三角煤割煤工艺流程图，在采煤机向下(上)割透端头煤壁后，自上(下)而下(上)推移刮板运输机，使得刮板运输机形成弯曲段，将采煤机前后滚筒上下位置调换，向上(下)进刀，如图 5-6-55(a)所示；采煤机通过弯曲段后，采煤机达到正常截割深度，完成斜切进刀，如图 5-6-55(b)所示；刮板运输机推至平直，将采煤机前后滚筒上下位置调换，向下(上)割三角煤至割透端头煤壁，完成回刀控制，如图 5-6-55(c)所示；采煤机前后滚筒上下位置调换，采煤机返刀割煤，如图 5-6-55(d)所示。

采用在割煤程序流程中设置关键点方式可以有效地解决三角煤区域需要破煤、扫底、清浮煤等采煤机在工作区不确定的往返运动时，支架跟机动作流程相对固化的问题。图 5-6-56所示为在采煤机行走轨迹上设置关键点，将跟机过程划分成不同阶段进行处理，跟机控制系统应确保行程传感器的准确度，才能保证三角煤跟机自动化的实施效果。

跟机智能化系统应具有组织综合能力，在对不断变化的环境(顶底板条件、工作面倾角与仰俯采支架的姿态)、设备条件(液压支架及其液压阀的工况)、配套设备(泵站系统压力、

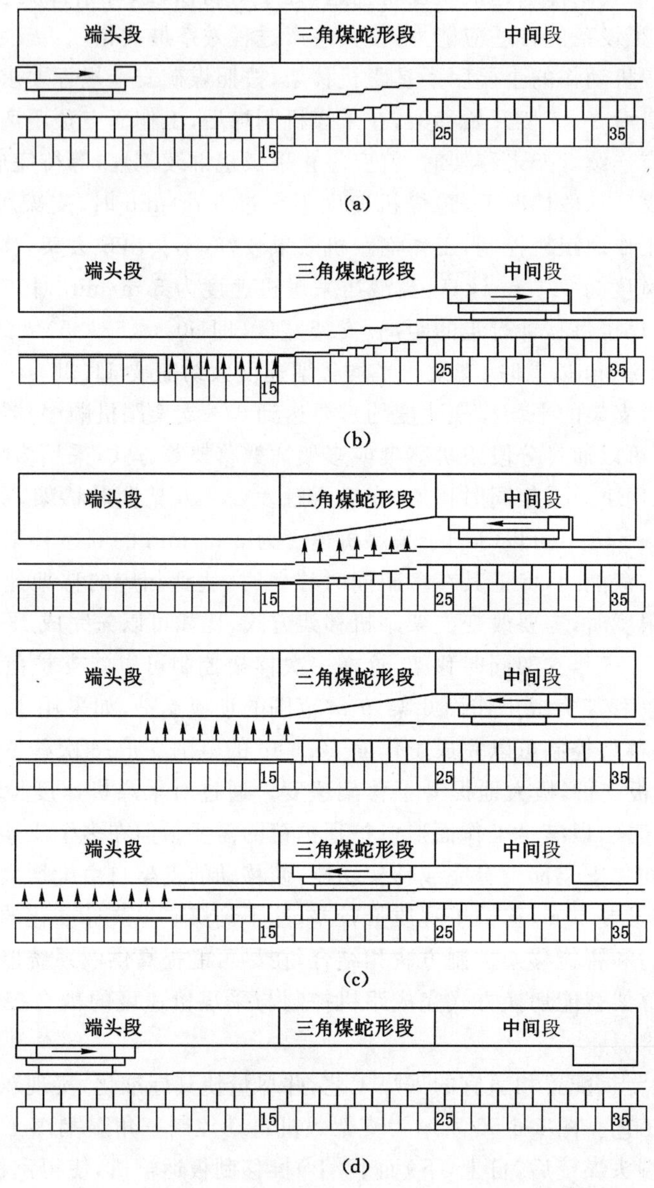

图 5-6-55　支架跟机自动控制工艺流程图

(a) 推溜形成弯曲段；(b) 斜切进刀；(c) 回刀；(d) 返刀

流量）和采煤机运行速度等信息进行综合分析，对控制参数进行估算、尝试与控制，在控制过程中不断自我学习、自我完善与自我修正控制过程与控制参数；跟机智能化系统应具有适应能力和优化能力，根据生产过程的各种场景，根据工作面顶板条件的变化情况，自动调节液压支架动作数量，调节动作控制参数和开启泵站的数量，通过插补、归类、自行修复等方法提高程序的适应能力；跟机智能化系统应具有故障诊断能力，在故障模式下能够自我修正，并对配套设备产生的问题进行故障报警，以便人工及时维护，提高设备运行效率，同时能够在设备状态处于不利的情况下，仍然能够持续作业，并达到系统要求的标准。

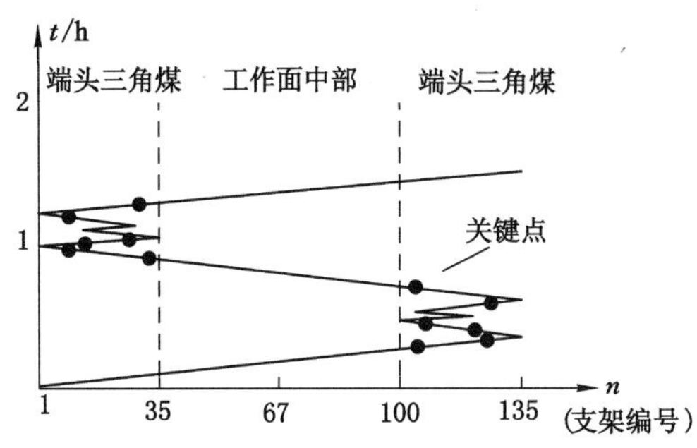

图 5-6-56　跟机全过程中设置关键点图

(4) 液压支架与泵站供液系统的耦合智能控制

在工作面主管路上安装压力传感器，对液压支架供液系统状态进行感知，对供液系统运行情况进行评价，可以依据工作面液压支架动作需求，对泵站系统及时提出供液需求，以确保液压支架动作快速准确。图 5-6-57 所示为液压支架动作数量与供液系统能力关系，可以看出，当提高采煤机速度时，跟机过程中需要更多的液压支架同时动作才能保证跟机移架护顶，同时在泵站供液系统能力保持不变时，将使工作面的压力衰减，从而会影响工作面液压支架的移架速度。因此，通过液压支架跟机速度的要求，给泵站供液系统提出液压支架动作数量的需求，从而保证工作面液压支架在多架同时动作时能够在规定的时间内完成支架的推移动作，实现液压支架与泵站供液系统的智能调度。

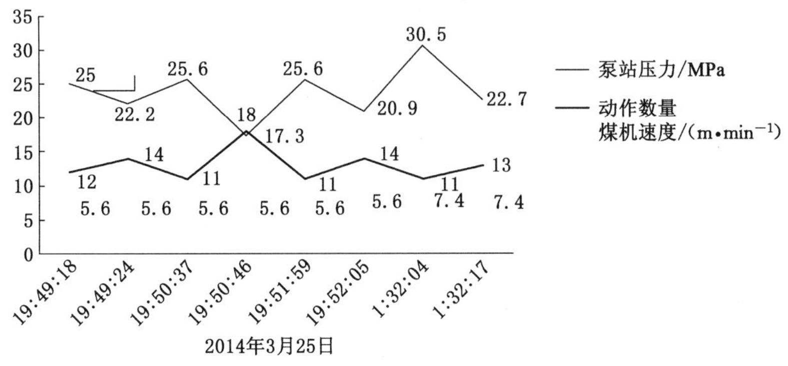

图 5-6-57　支架动作与工作面压力关系图

(5) 液压支架与刮板输送机系统的耦合智能化控制

液压支架在推溜动作时，会将刮板输送机和煤壁之间散落的煤块装载到刮板输送机上，增加了刮板输送机的负荷。因此，液压支架推溜动作需要依据刮板输送机的负荷进行智能控制，当刮板运输机负荷达到规定的阈值，电液控制系统将液压支架推溜动作挂起，当其负荷小于规定阈值时，再次启动推溜动作，从而实现液压支架与刮板运输机的智能耦合控制。

在薄煤层工作面，由于刮板输送机的溜子清，挡煤板矮，采煤机的装煤效果不好，过煤高度不够，液压支架在跟机推溜过程中容易漂溜子，容易将机道上的煤炭在推到溜子上的同时越过挡煤板豁到液压支架中间来，增加了大量的清浮煤工作。为此，使用分段式多轮推溜控制，将机道上的煤炭逐次装载到刮板输送机的溜子上，同时在推溜板输送机液压支架一端，使在推溜过程中溜子具有较好的贴底效果。

(6) 液压支架遥控与人员感知智能化控制

对危险场所可采用支架遥控器进行液压支架的遥控操作，主要用于巷道超前支架、巷道垛式支架控制等方面，支架遥控器(图5-6-58)采用紫蜂(zigbee)无线通信定位技术，可以实现液压支架的远程遥控，遥控距离为 300 mm，使用支架遥控器进行人员定位和安全管理技术研究，针对全向天线垂直能量分布(图 5-6-59)实现基于 RSSI 定位智能识别，对操作人员进行自主定位，将操作人员所在支架进行软件闭锁，在方便操作的情况下，同时确保操作人员的安全，遥控方式特别适合薄煤层和大采高场合使用。可以感知到手持遥控器的操作人员的位置，支架控制器对操作人员所在位置的液压支架进行闭锁控制，以确保操作人员的安全性。

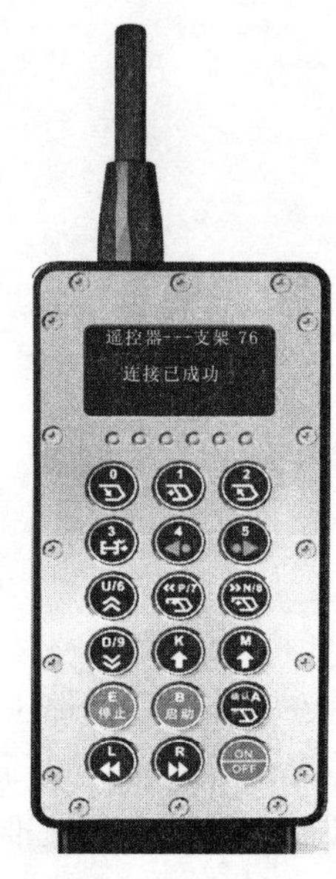

图 5-6-58　支架遥控器

(7) 液压支架远程集中控制技术

将工作面液压支架控制系统数据、视频、语音信息集中传输到顺槽监控中心或地面调度室的计算机上，采用远程操作装置，依据支架监控系统数据画面和视频画面，对液压支架自动化动作进行远程干预控制，工作面液压支架远程操作系统如图5-6-60 所示。

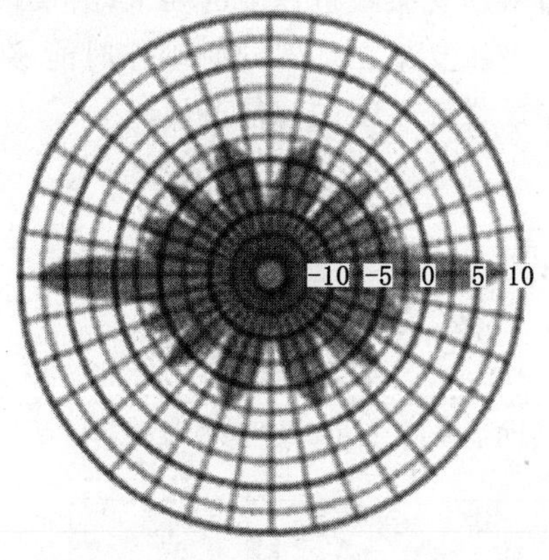

图 5-6-59　全向天线垂直能量分布

(8) 三维仿真技术

建立液压支架模型和工作面相关设备、矿井环境模型，将工作面数据汇集，驱动三维仿真模型，实现工作面的在线模拟仿真，操作人员有如身临其境，可以从不同的视角观察工作面设备的运行状况，如图 5-6-61 所示。

5.6.2.5　阳泉矿区复杂地质环境条件下液压支架智能控制系统的解决方案

地质构造是地壳运动在自然力的作用下，所引起的岩石褶皱或断裂。井下作业是煤炭生产的主要方式，其安全因素至关重要。而水、瓦斯、顶板与煤层所处位置的地质构造有着直接影响。与此同时，地质构造还影响着煤炭的形成和分布情况。在这种情况下，要充分了

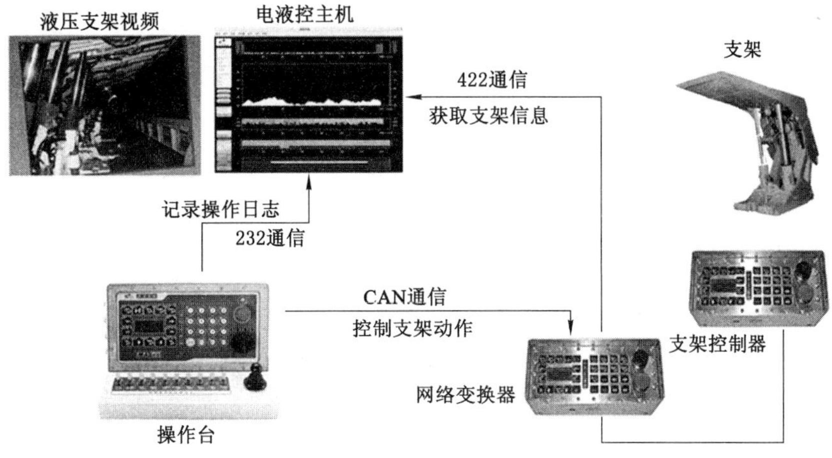

图 5-6-60　工作面液压支架远程控制系统图

图 5-6-61　工作面液压支架真实数据驱动的三维虚拟现实

解煤炭生产地区的地质构造，以保证煤矿生产的安全和出矿质量。断层作为影响煤矿生产的重要地质因素，其对煤矿开采产生的影响不容小觑，需要我们认真处理和分析，为安全生产煤矿提供保障。阳泉矿区的地质构造复杂，需要研究该地质条件对综采工作面自动化系统的影响度，并采取相关策略才能使工作面自动化系统适应工作面地质条件的工况，以达到无人化智能化相关的应用效果。

1）薄煤层

薄煤层工作面采高一般为 0.7～1.3 m，在这么狭窄的空间内布置设备、操作人员通行、操作和检修是很困难的事情，煤矿工人几乎是匍匐爬行，作业难度大，劳动强度高，生产环境恶劣，安全隐患大，生产效率低下，同时还面临着煤机割煤功率不足，机身抖动大，装煤效果不好，刮板输送机装机功率小，运输能力不足，机身轻等诸多问题。

(1) 薄煤层设备配套及生产过程中存在的问题

① 过煤高度不足，过煤空间有限，过煤量小，导致刮板输送机的运送能力下降，采煤机装煤效果不好，使垮落的煤炭大量的堆积在刮板输送机机道上。液压支架的推溜过程将垮落在刮板输送机机道上煤炭装载到刮板输送机上，因此液压支架的推溜过程对刮板输送机

的负荷有较大的影响力。

② 薄煤层刮板输送机机身轻，贴底效果不好，容易漂溜子。

③ 刮板输送机挡煤板矮，成组推溜时容易将煤豁出刮板输送机，涌到液压支架与刮板输送机之间，增加了液压支架移架阻力，使液压支架拉架动作执行困难。

④ 采煤机作业空间狭小，操作人员在工作面匍匐爬行，作业极为艰苦，劳动强度大。

(2) 薄煤层液压支架智能化系统解决方案

针对以上薄煤层地质条件下采煤过程中存在的问题，液压支架智能化系统采取以下措施。

① 研制适合薄煤层使用的控制系统装备，将工作面控制系统装备小型化。最大限度地降低电液控制系统的占用液压支架空间高度，研制薄煤层用的电源箱，新研制KDW127/12(A)型单路矿用隔爆兼本质安全型稳压电源。改变了以往双路供电的模式，该电源最大的特点是体积小巧，大大节省了支架上的空间，为其他电液控制系统的布置提供了更多的空间。研制一体化支架控制器，将支架控制器与电液换向阀一体化设计，使支架控制器不占用支架布置的高度空间，一体化电液控换向阀。该型换向阀具有紧凑的结构，其纵向所占用的空间为 114 mm，仅为同类型产品大小的 1/2，保证了支架处于最低位置时各种元部件的安全空间。在电液控换向阀内部集成支架过滤器，减少了辅助阀的数量。如图 5-6-62 所示。

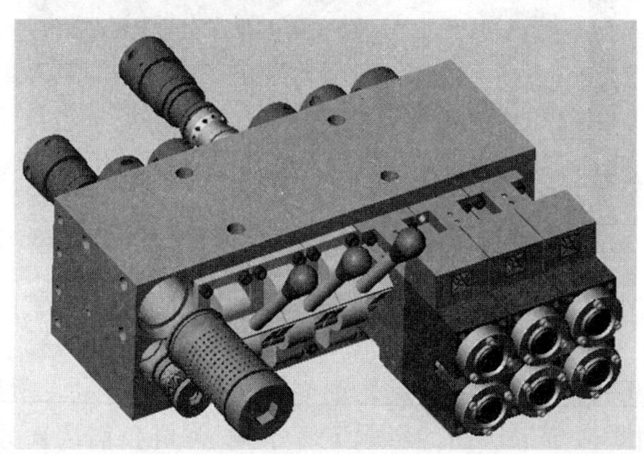

图 5-6-62 支架控制器与电液换向阀一体化设计

② 多轮推溜，实现运输机的均衡装煤。支架的推溜过程实现多轮推溜功能，如图5-6-63所示。一方面配合运输机的载荷均衡问题，另一方面配合采煤机机身较矮，和刮板输送机之间的空间过小，输送机上出现堆煤情况时往往会在煤机机身下出现卡死，增加输送机的负荷。例如全行程为 600 mm，分 6 次推溜，每次执行 100 mm 的推溜过程，减小推溜过程的单次进深，保证刮板输送机上的煤量均衡，延迟一段时间比如 7 秒钟后，刮板输送机下行，空载部分的刮板输送机运行到煤量有较大堆积部分再次执行推溜动作，推进 100 mm 后再次暂停推溜，以此类推，比如原本在 8 个支架上的堆煤，通过这种方式分散到 48 个支架上，均衡了输送机的负载，同时也避免了输送机上出现的大堆煤。

③ 增设刮板输送机调斜机构，提高推溜装煤效果。刮板输送机的调斜功能通过工作面每 10 节溜槽安装一个控制阀控制、5 个调斜千斤顶实现，用于控制刮板运输机沿工作面推

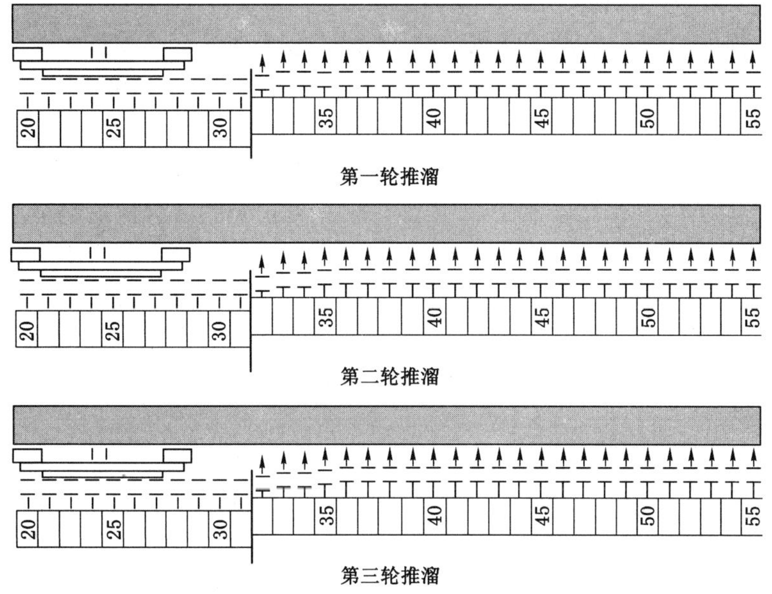

图 5-6-63 薄煤层工作面液压支架多轮推溜示意图

进方向的俯仰。相比以前的操作，需要工人来回在工作面内走动，首先打开调斜千斤顶，把刮板输送机抬起，然后开始推溜，推溜完成后再次把关闭调斜千斤顶，放下刮板输送机。在跟机推溜前打开调斜千斤顶，使推溜过程中刮板输送机推进过程中始终有一个向下的分力，以达到较好的铲煤效果，实现较好的装煤效果，从而解决了刮板输送机的漂溜问题。

④ 分段遥控操作。把工作面分成几个段落，操作人员使用遥控器对管理区段的液压支架实现就地和远程操作，最大限度地减少工人班次内在工作面内的爬行作业距离，减小劳动强度，实现安全高效文明生产。

2) 中厚煤层

煤层厚度 1.3～3.5 m 的为中厚煤层，中厚煤层煤炭资源分布极为广泛，在我国煤炭资源开采中的占比为 45%。阳煤集团中厚煤层以 3 号(2～2.7 m)、8 号(1.8 m)、2 号(2～4 m)为主，在阳煤集团占主导开采地位。中厚煤层开采的最大特点，就是能够根据不同的地质条件与开采条件，现场的采煤必须做出相应的调整，必须适应随采场推进上覆岩层运动和应力场不断变化的工程特点；另外，每一矿井即使开采同一层煤，不同开采区段由于地质和开采技术条件的不同，覆岩运动破坏情况和应力分布状况，往往具有成倍数量级的差异。

(1) 中厚煤层复杂地质条件下煤矿开采中存在的问题

阳泉矿区中厚煤层地质条件较为复杂，地质构造以褶曲、断层和陷落柱为主，瓦斯、地质构造和矿压显现巷道变形是制约矿井安全生产的主要因素。其中瓦斯灾害尤为突出，是全国瓦斯涌出量最大的矿区，也是全国瓦斯抽采难度最大的矿区之一。近年来，随着矿井开采深度的延伸，阳泉矿区瓦斯涌出量也在随之增大。

① 褶皱造成工作面回采时长期割顶板、底板，生产进度缓慢，给瓦斯通风治理工作也带来了压力。由于挠曲构造均为开采中所揭露的，在勘探阶段均未查明或查清，因而在采区划

分后造成采区被破坏，给掘进和回采都带来了很大困难，使综采和综掘机械受到很大影响，大大地影响了掘进和回采进度，同样也严重影响了煤炭产量和经济效益的发挥。

此外，由于工作面岩层褶皱的影响，导致工作面顶底板不平整，顶底板容易出现台阶，导致液压支架推移困难等。

② 断层破坏了煤岩层的连续完整性，给井巷工程支护带来困难，甚至造成冒顶事故。当工作面遇到新的断层时，煤层顶板压力增大，开采效率降低，灰分及成本增加，甚至由于对断层展布规律、破坏程度等认识不清而造成停工减产，严重时，还可能酿成重大的安全事故。假如遇到没有预计的断层首先要查明断层的走向倾向和倾角，根据断层的要素及时调整工作面的回采角度，或挑顶或提前破底保证工作面提前过完断层，同时要做好煤矸分流工作，提高煤质。煤层、岩层的产状、厚度的变化是地质作用产生的褶皱挤压的结果，它使得煤层、岩层的薄厚不一。

断层的出现，使得岩层错位，煤层不连续，在进行煤矿开采时，断层严重影响着煤矿的安全生产。处于断层地带附近的煤层，由于其结构不稳定，顶板破碎等原因，冒顶事故极有可能发生。不稳定的结构不利于煤炭的开采，尤其是井下作业，结构不稳更加不能保证煤矿的安全生产。

导水断层，则很有可能将地层之中的地下水层面与煤层相连，在煤矿挖掘过程中，给矿井的生产引来灾难，带来水患。由于断层，导致地下水流入煤层的现象时有发生，这给煤矿生产带来无限隐患。

在一些瓦斯含量较大的断层带中，大量的瓦斯聚集，封闭性的断层极有可能致使两盘煤层之中，瓦斯的含量差异较大，在这种情况下，很容易导致矿井瓦斯事故。

断层在地壳中的分布十分广泛，它的存在使得煤矿的保存和开采面临着巨大挑战。煤层、岩层的不连续给煤炭生产增加了技术上的难度，同时也带来了安全上的隐患。煤矿作业中对断层问题的处理不当而造成的事故频发，给国家、社会和家庭都带来不小的危害和损失。

(2) 中厚煤层复杂地质条件下综采智能化系统解决方案

① 断层、破碎地段采用超前移架支护。采用超前支护解决工作面顶板破碎、滚帮等问题，即在采煤机前滚筒割煤后，提前打出伸缩梁护顶，在采煤机机身后打开护帮板对煤壁进行防护。在顶板破碎的情况下，可以采用带压擦顶移架实现液压支架迁移。这样利于减少顶板变形破坏。

② 适当的调整工作面液压支架电液控制系统降柱和升柱时间，以解决工作面矿压显性、顶板压力大，泄压时间长等问题，并且保证工作面液压支架的支撑强度，避免工作面发生片帮、冒顶等矿压事故。

③ 液压支架控制程序应具备对因煤层褶皱导致工作面顶、底板出现台阶的场景下能够顺利完成液压支架的移架推溜工作的措施，当工作面底板出现台阶时，可以采用液压支架抬底油缸动作，将液压支架提起，迈过台阶，顺利完成液压支架的移架作业；当顶板出现台阶时，采用液压支架的再次降柱功能，使液压支架不会被顶板台阶卡住，顺利完成液压支架的移架作业。通过设置支架控制器参数，可以选择液压支架控制流程和控制参数，以顺利完成液压支架的自动移架，其控制参数在支架控制器的成组移架参数如表 5-6-23 所示，具体如下：

表 5-6-23 支架控制器成组移架菜单相关参数

子过程	功能	参数名称	参数	意义
1	降柱	降柱延时	xx. x (s)	进入收护帮阶段到开始降柱动作的延迟时间
		降柱时间	xx. x (s)	降柱阶段的降柱动作的最大持续时间
2	抬底控制	开始抬底	xx. x (s)	进入移架阶段开始抬底动作的延迟时间
		抬底时间	xx. x (s)	抬底动作的持续时间
		抬底目标	xxx(mm)	达到该移架行程时停止抬底动作
3	再降柱控制	再降时间	xx. x (s)	达到移架压力后再降柱动作的持续时间
		移架开始	xx. x (s)	进入移架阶段开始移架延迟时间
		移架时间	xx. x (s)	移架动作的最大的持续时间
		再降柱动作	允许/禁止	当达到移架最大时限后是否还需要再降柱、再移架过程控制
		再降柱时间	xx. x (s)	再降柱(也同时执行移架动作)的持续时间
		再移架时间	xx. x (s)	再降柱阶段结束后的移架动作的最大持续时间
		再降柱次数	xx	规定允许再降柱的次数
4	擦顶移架控制	擦顶移架	禁止/允许	选择擦顶移架和再降柱功能开关

④ 断层、破碎地段的支架严禁超高，要严格控制液压支架的降架高度，按照支架控制系统配置，可通过参数设置选择液压支架的测高方式，可以通过激光高度传感器直接获取液压支架的采煤高度，也可以通过液压支架结构件上安装的倾角传感器通过计算间接的得到液压支架的采煤高度，该参数在支架控制器的缺省菜单列，只要打开相关的开关功能即可。支架控制器缺省参数列菜单相关参数如表 5-6-24 所示。

表 5-6-24 支架控制器缺省参数菜单相关参数

功能	参数名称	参数	意义
传感器配置	倾角传感器	开/关	在系统中设置是否配置倾角传感器
支架测高	角度测高	开/关	使用角度传感器测量液压支架的采煤高度
	激光测高	开/关	使用激光传感器测量液压支架的采煤高度
	测距安装	xx(mm)	安装激光传感器的位置，将该位置与传感器测量值相加即是液压支架的采煤高度值
测高架配置	基准支架	开/关	在基准支架上进行高度测量与计算，工作面每 10 架安装一个激光测高传感器或安装底座和其他 3 个液压支架结构件倾角传感器。

⑤ 高瓦斯

在工作面隅角安装瓦斯浓度传感器，实时检测工作面瓦斯浓度，在采煤机割煤过程中实时检测工作面瓦斯浓度，并根据瓦斯浓度控制采煤机割煤速度，实现采煤机与瓦斯浓度的联动控制。

3）大采高

大采高工作面容易发生片帮、冒顶事故，随着液压支架高度的提升，液压支架的重心高度也升高了，液压支架的稳定性能下降，容易发生液压支架倾倒等问题。

(1) 大采高煤矿安全生产问题

① 煤壁面积增大,容易发生片帮事故,垮落的煤炭容易砸到液压支架内,造成设备和人身安全事故。

② 护帮板动作速度慢,大采高液压支架采用三级护帮板结构,护帮板需要逐级打开或收回,护帮板收回速度慢,一般需要 20 s 左右,这与高产高效工作面运行速度不匹配,严重地影响了工作面割煤速度。

③ 随着采高的加大,液压支架的重心位置高度也提高了,大采高液压支架的稳定性相比薄煤层、中厚煤层液压性能较差,容易发生液压支架的咬架、倾倒等事故。

(2) 大采高工作面煤矿综采智能化系统解决方案

① 大采高使用了三级护帮板进行煤壁防片帮控制,在实际使用时,在液压支架的一级护帮板上安装行程传感器和压力传感器,通过控制一级护帮板伸出长度和压力,可以控制液压支架对煤壁的支护效果。在进行液压支架跟机作业时,为了提高液压支架护帮板的收回速度,可以选择以下两种方案:a. 在采煤机前方的 6 台液压支架护帮板逐架渐进收回护帮板,在采煤机跟前的液压支架护帮板完全收回;b. 在采煤机前方液压支架 1、3、5、7 完全收回护帮板,2、4、6、8 架收一下伸缩梁,然后在把一级护帮板稍打开一点,顶在煤壁上,这样在跟机过程中,相邻两架就有一架护帮板完全收回,一方面可以限制垮落大块煤的大小,防止煤壁的大面积片帮,另一方面在跟机过程中护帮板的收回数量减少了一般,因此液压支架跟机收护帮板的速度也提高一倍。以上两种方法都基本保证了对大采高煤壁的有效管理,有提高了护帮板收回速度,可以有效地缓解液压支架动作速度与采煤机割煤速度的矛盾,使液压支架的跟机速度与采煤机割煤速度相匹配。

② 采用护帮板姿态控制,计算液压支架在各种不同位姿时候的重心位姿,建立液压支架失稳模型,在液压支架重心脱离稳定性区域时,对液压支架进行安全保护控制。

③ 增加测高装置。

4) 放顶煤

放顶煤是特厚煤层的一种开采方法,放顶煤开采实际上就是在厚煤层的底部布置一个采高 2~4.5 m 的长壁工作面。使用常规的方法开采时,前部由采煤机破煤、落煤、装煤,液压支架进行顶板支护与工作面迁移,同时通过推溜动作也能将机道的浮煤装载到刮板输送机上去;后部即在液压支架的后方,在液压支架移架后顶板处于悬空状态,利用矿山压力作用或辅以松动预爆破等方法,使液压支架上方的顶煤破碎成散体后,由支架尾部的放煤口放出,经由工作面后部刮板输送机将放出的顶煤运出工作面。

放煤控制方面主要还是依赖操作人员手动操作,操作人员通过视觉、听觉来判断煤与矸石的混合比例程度,从而决定是否继续放煤,由于综放工作面灰尘大、噪音大、环境恶劣、劳动强度大、安全隐患多,仅仅依靠单纯的人工目测和耳听很难准确地判断顶煤放落的程度,不可避免地导致放煤过程的过放和欠放。过放会造成煤炭含矸量高,煤质下降,增加后期的矸石筛选工作;欠放会使顶煤丢失,造成煤炭资源浪费,同时也存在着放煤工艺的损失等问题。

(1) 放顶煤工作面开采过程中存在的问题

① 放顶煤工作面自动化程度低,全部采用手动控制放煤,生产环境恶劣,生产效率低下。

② 大块煤垮落时会影响后部刮板输送机正常的运煤，造成后部刮板输送机过载。

③ 放煤工作面缺乏有效的手段管控手段，煤炭含矸率高，煤质差。

(2) 放顶煤智能化系统解决方案

① 设计单轮单架放煤、单轮多架放煤、多轮单架放煤和多轮多架放煤，设置多组放煤参数，并按照放煤高度可以自动选择放煤参数，实现放煤过程的自动控制，人工干预放煤终止的放煤方式。

② 记忆放煤，在自动化放煤控制过程中，利用记忆功能将放煤操作人员对支架控制记忆下来，在后续的放煤过程中，可以实现记忆放煤。随着工作面的推进，顶煤煤层变化是不确定的，放煤时间参数需要经常性的修改，因此需要一种灵活性较强的自动放煤模式。带记忆功能的自动放煤模式下，支架控制器通过先"学习"放煤操作人员对支架的操作动作序列和时序长度，然后通过对数据的分析计算，形成"记忆"放煤参数，支架控制器便可根据"记忆"放煤参数进行自动化放煤控制。

③ 对于放煤过程中出现大块煤，可以使用成组插板收伸控制，将大块煤破碎。

④ 在液压支架尾梁上安装振动传感器，通过感知顶煤冒落在液压支架尾梁上产生的振动信号对放煤过程中煤矸进行识别，可以辨识煤矸混合比例，并与液压支架放煤过程控制相结合，实现放煤过程智能化控制，达到降低煤炭含矸量及提高放煤生产效率作用。

5.6.2.6　液压支架智能控制系统装备

1) 支架控制器

支架控制器是支架电液控制系统的核心部件。支架控制器主要用来进行支架的动作、传感器数据采集和数据通信，由工作面支架控制器使用连接器互连形成工作面支架通信网络系统，实现工作面数据传输。支架控制器直接驱动电磁先导阀或通过电磁驱动器驱动电磁先导阀进行液压支架的动作控制，通过编制支架控制器中的计算机程序可以实现液压支架的各种自动化控制功能。

(1) 工作原理

支架控制器是以 ARM 为核心的计算机系统，配置有存储单元，主要包括存储器容量 FLASH 1M，SRAM 512K 程序存储器和数据存储器及保存参数的非易失的铁电存储器，软件包括操作系统程序、下载管理程序和应用程序等。配置有人机交互单元，包括操作键盘、显示器、蜂鸣器、急停按钮、闭锁按钮等；配置有传感信号输入单元，可以接入数字信号、模拟信号和开关信号等；配置有通信单元，具有与左右相邻支架连接的点对点的邻架通信回路，还具有成组通信、广播方式的总线通信回路；另外还配置有输出单元，具有功率型输出能力，可以直接驱动电磁先导阀动作，应用程序的删除和装载可以在工作面以简便方式进行，这为应用程序的修改和控制功能的调整提供了方便，增强系统的适应性。支架控制器原理如图 5-6-64 所示。

(2) 主要功能

控制器有足够的各种类型的输入口、输出口以及通信口，它们的连接器插座都分布在控制器后面，共 14 个，通过电缆连接器使控制器和整个系统连接起来。图 5-6-65 为控制器的后面视图，显示了这 14 个插座的分布及其编号。插头座的结构形式是统一的，均为圆形 4 芯，1 号芯均为 12 V 电源，4 号芯为 0 V 或接地，2 号、3 号芯的用途因插口功能而异。

① 控制器人机交互功能

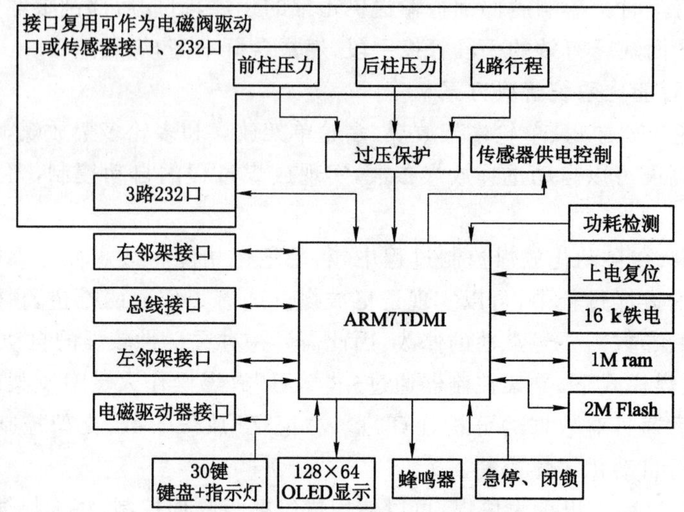

图 5-6-64　支架控制器原理框图

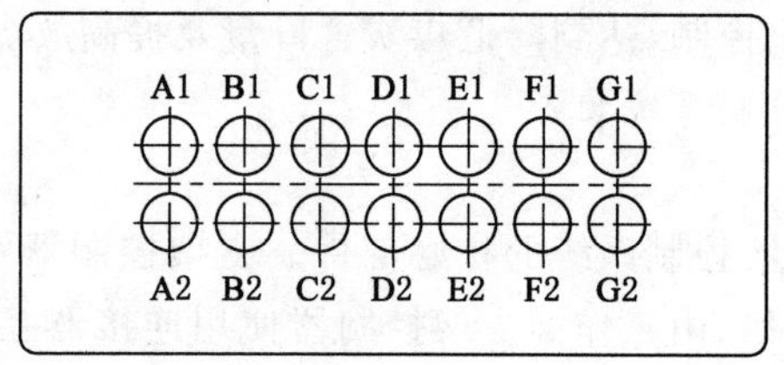

图 5-6-65　支架控制器后面插座布置

人机交互主要有三个方面内容：一是操纵支架的所有动作。通过按键发出控制命令，实施支架控制的所有项目；二是系统设置：也是通过键操作，进行一些系统或功能设置和控制所必需的参数输入。正是设置和参数项目多样且可调，使系统具备了适应性和灵活性；三是查看控制系统的状态信息：包括：工作（控制）状态、故障错误信息、设置状况及参数值、实时检测值等。界面上的字符显示窗口，各种 LED 状态显示灯及蜂鸣器等信息媒体，为系统与操作者之间提供良好的沟通。操作和显示的全部元件都分布在前面板上，图 5-6-66 为人机界面操作面板布置图。

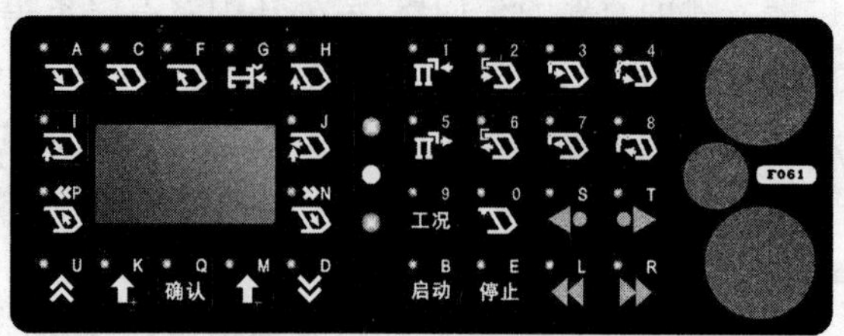

图 5-6-66　人机界面操作板

以下具体说明界面的各组成部分。

操作键。界面操作发出命令、选择功能、选择显示、功能设置及参数输入等均通过按键。

键盘区共设有32个键，可分为3个区域，分别为动作区、功能区和菜单区，动作区包括对支架动作进行选择操作的按键；功能区包括对被控支架（单架或成组）进行选择操作的按键和启动、停止按键；菜单区包括菜单列的左右翻转和菜单项的上下翻转，以及执行菜单功能的"软键"（"软键"的定义在下段键功能的说明部分介绍）和菜单项确认键等。各区所包括的键并非固定不变，有一些是可重叠的，取决于什么状态下按此键（即"键序"）。键还可以分为字母键和数字键，共设了10个数字键，用来输入和修改系统参数。

操作界面各键的功能用途与何时什么情况下按（即"键序"）密切相关，多数键并非随时按下即为某一功能，某一项操作往往需连续几次按键，其"键位"和"键序"自有使用的规则，所谓某一键的某一功能只在符合规则"键序"情况下才具备，此时按键才有效，否则均属无效。另外，不同项目，功能要求不同，键功能也有差异。因此，各键的功能用途应结合在各项操作方法的详解中予以介绍，这样易于理解掌握，效果较好。对于一些共同性的键功能说明如下：

0　　参数输入数字0。

1——参数输入数字1。

2——参数输入数字2。

3——参数输入数字3。

4——参数输入数字4。

5——参数输入数字5。

6——参数输入数字6。

7——参数输入数字7。

8——参数输入数字8。

9——参数输入数字9。停止其有效范围内支架的动作和主被控状态。

E——参数输入操作的确认键。单架控制选左右方向的8，9键按完后，按本键为开启超越邻架的"远方"单控。

L——成组自动控制选择被控制的成组支架在操作架左方。

R——成组自动控制选择被控制的成组支架在操作架右方。

P——界面显示进入菜单。向左移动菜单列。

N——界面显示进入菜单。向右移动菜单列。

U——界面显示进入菜单。向上移动菜单列。

D——界面显示进入菜单。向下移动菜单列。

K——"软键"，不同的操作项目中，软件赋予它不同的功能。执行菜单项对应提示的功能。

M——"软键"，功能同K键。

S——单架控制选择被控制支架，具体如何使用详见操作方法。

T——单架控制选择被控制支架，具体如何使用详见操作方法。

B——自动功能的启动键。

A——功能键，具体功能参照项目键盘膜。

C——功能键，具体功能参照项目键盘膜。

F——功能键，具体功能参照项目键盘膜。

G——功能键，具体功能参照项目键盘膜。

H——功能键，具体功能参照项目键盘膜。

I——功能键，具体功能参照项目键盘膜。

J——功能键，具体功能参照项目键盘膜。

Q——快捷键。本项目为传感器数值显示快捷键，在空闲状态下按下该键直接进入传感器数值显示菜单。

就地闭锁及紧急停止钮。闭锁按钮位于人机操作界面的右上角，按下即停止本架及左右邻架正在执行的动作，对本架动作实施硬件闭锁，左右邻架动作实施软件闭锁。闭锁按钮拔起后，本架及左右邻架才可恢复正常动作控制。

急停按钮位于人机操作界面的右下角，按下即全工作面紧急停止正在执行的自动功能动作，并禁止全工作面自动功能运行，拔起后才可恢复。

② 本架单一动作程序控制。

③ 左右邻架单一动作和顺序程序控制。

③ 双向多架成组控制，包括成组自动移架控制，成组收/伸护帮板控制，成组推溜控制。

④ 全工作面跟机自动控制。

⑤ 支架远程控制，包括支架遥控和在顺槽监控中心远程控制支架动作。

⑥ 自动补压控制。

(3) 技术参数及其性能指标

① 额定工作电压：　12 V DC；

② 工作电流：　≤640 mA；

③ 通信接口：　3 路；

④ 模拟量输入信号：　8 通道输入；

⑤ 数字量输入：　4 路串口通信；

⑥ 电磁驱动能力：　直接驱动 16 路，配驱动器时 26 路；

⑦ CPU：　ARM7；

⑧ 键盘：　32 个。

(4) 产品照片

26 功能支架控制器如图 5-6-67 所示。

图 5-6-67　26 功能支架控制器

2）电磁驱动器

电磁驱动器是电气驱动部件，通过接受支架控制器发出的控制指令，驱动对应的电磁先导阀动作。

（1）工作原理

电磁驱动器是通过对接收支架控制器发过来的动作控制指令进行解析，驱动对应的电磁先导阀回路进行液压支架的动作控制。电磁驱动电路需要将控制信号放大，输出具有功率型的控制信号。如图 5-6-68 所示，驱动器通过光电隔离电路（U_{12}）将控制电路与驱动单元隔离，防止驱动回路产生的干扰信号串入控制回路，同时通过大功率 MOS 管（T_1）将控制信号放大，并在回路上设置二极管（D_7）释放电磁阀断电后产生反电势，提高驱动电路的可靠性。

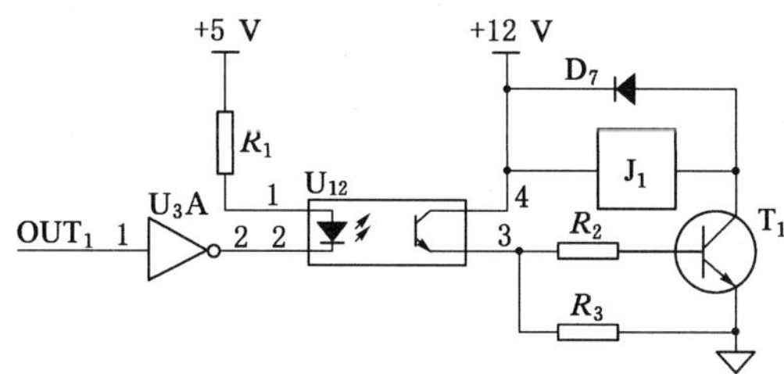

图 5-6-68　电磁驱动器原理框图

（2）技术参数及其性能指标

① 电压：12V DC；

② 电流：不大于 640mA；

③ CAN 通信端口：1 路；

④ CAN 通信端口的传输方式：无主式、半双工、单极性、CAN；

⑤ CAN 通信端口的传输速率：33.3 kbit/s；

⑥ CAN 通信端口的最大传输距离：50 m；

⑦ CAN 通信端口通信信号电压峰值：3～5.5 V；

⑧ RS232 通信端口：1 路；

⑨ 26 路电平信号；低电平≤0.5 V，高电平≥9 V。

（3）产品连接

驱动器具备驱动电磁先导阀的输出接口，驱动器与控制器的 F2 口连接，驱动器最多支持 13 个方形（或圆形）输出插座（D_1～D_{13}），可驱动的电磁阀单元数为 13 个（26 个线圈），完成支架 26 个动作控制。

（4）产品照片

电磁驱动器如图 5-6-69 所示。

3）隔离耦合器

隔离耦合器是电气传输部件，实现不同电源组控制单元之间的信息握手。

（1）工作原理

不同电源供电的支架控制器之间需要通过隔离耦合器进行连接，实现支架控制器之间的电源隔离，信号耦合，防止通信信号串扰。隔离耦合器是用来实现控制器的电源组

图 5-6-69　电磁驱动器

隔离和信号耦合。在工作面上的一个电源箱只能带 4～6 个控制器，而一个工作面大约有 100 控制器单元。因此，工作面上应有多个电源箱，分别给所在区域的控制器单元供电，为符合煤矿安全的要求，同时防止控制信号的干扰，必须使用隔离耦合器对电信号进行隔离。

耦合器电路是以单片机为核心器件，配置相应的外围电路构成的单片机控制电路，完成电源隔离、通信信号耦合的功能。耦合器可以使用单片机内置的 FLASH 和 SRAM 就可以满足程序和数据存储，选择高速光电耦合器实现了两组电源间信号隔离耦合，耦合器上配置能耗检测的专用芯片，检测电液控制系统电源组的整体功耗。采用两个单片机扩展 4 个 CAN 节点实现了双总线的信号耦合，两个单片机之间通过异步串行通信口连接，动态的管理总线资源，实现冗余的功能，如图 5-6-70 所示。

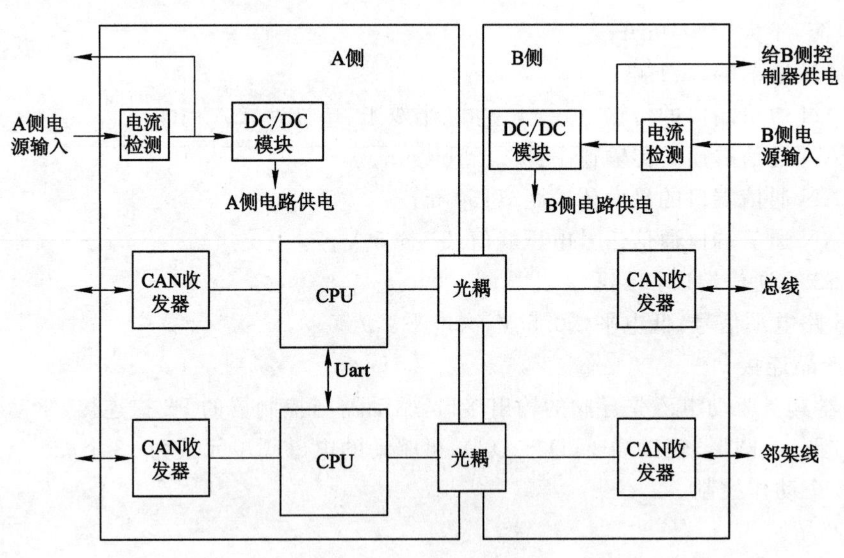

图 5-6-70　耦合器原理框图

(2) 技术参数及其性能指标

① 额定电压：12 V DC。

② 工作电流：(A 侧)≤35 mA；(B 侧)≤25 mA。A 侧与 B 侧分别由两路电源供电，两

路电源完全隔离。

③ A 侧通信端口：2 路，单线 CAN。

④ B 侧通信端口：2 路，单线 CAN。

(3) 产品连接

图 5-6-71 为隔离耦合器接线口，隔离耦合器接线如下：

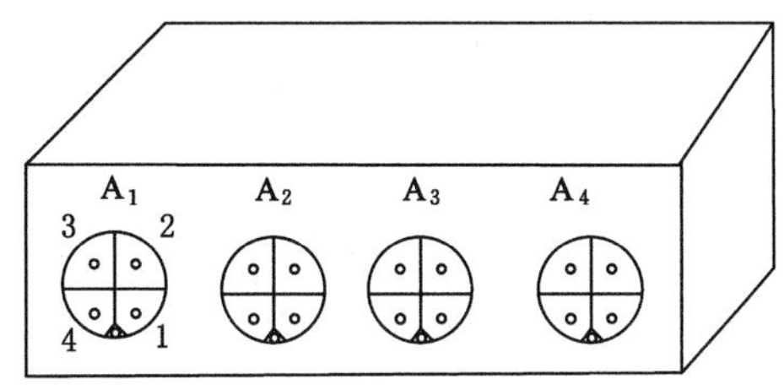

图 5-6-71　隔离耦合器接线口示意图

A_1——控制器邻架口；

A_2——电源；

A_3——电源；

A_4——控制器邻架口。

接口 4 芯线说明：1 接电源正极，4 接电源负极；2、3 线如果接电源则不连接，如果接控制器邻架口则接控制器的邻架 CAN 线。

(4) 产品应用

隔离耦合器(图 5-6-72)可以分为电源耦合器和通信耦合器，通过电源箱通过隔离耦合器分别给左右两组液压支架电液控制系统供电，每组液压支架电液控制系统单元数量为 4～6 架，在支架组末梢使用通信耦合器进行连接。隔离耦合器作为电源耦合器时，在隔离耦合器的 A_2 和 A_3 接口上接入两路不同的电源，A_1 和 A_4 分别连接左右相邻的两个支架控制器的左、右邻架通信接口，隔离耦合器作为通信耦合器时，只需将 A_1、A_4 与左右两相邻支架控制器通信接口连接，中间的 A_2 和 A_3 用堵块封堵保证其密封性能即可。

图 5-6-72　隔离耦合器

4) 信号转换器

信号转换器用来集中管理工作面网络通信系统，对采煤机位置进行识别，并实现工作面数据的集中上传，起到工作面数据到主机的缓冲作用，同时，还可以承担工作面跟机自动化控制功能。

（1）工作原理

信号转换器有唯一的网络地址，固定为254号，其充当了工作面液压支架电液控制系统的管理服务器，当工作面液压支架控制单元产生数据并需要集中管理时，可以通过电液控制系统数据通信总线直接报送到信号转换器上，这时只需要把传送数据的目标地址写成254号即可，无须逐架传递该数据，使得报送数据即安全又高效。信号转换器根据数据的类型和作用，确定是否再报送到顺槽监控主机上去，如果需要则通过RS422或双线CAN将数据传送到50 m开外的顺槽监控中心计算机上去。信号转换器还负责对工作面通信总线进行诊断与管理，定时发出通讯检测令牌，将该令牌逐架逐个通信线路进行信息传递，检测其系统的通畅性能。信号转换器负责将工作面液压支架接收到的采煤机红外接收器信号进行计算、归纳、分析，确定采煤机在工作面的位置，并将其发送到全工作面。

（2）基本功能

① 电液控制系统通信系统网络完整性检查。

② 数据汇集：收集工作面支架控制单元动作、传感器数据和支架控制器状态数据等。

③ 数据上报与数据下传：将收集的数据发送到井下电液控制系统监控主机；接收监控主机发送来的参数修改或跟机控制命令，并将控制命令转发到工作面执行。

④ 采煤机位置分析与确定：接收控制器发送来的采煤机位置信号，并对位置信号的有效性进行分析，确定采煤机位置。

⑤ 跟机自动化参数存储与跟机自动化控制：在信号转换器中保存跟机自动化参数，可以通过信号转换器参数设置，确定工作面自动化控制的控制权是由井下监控主机来完成，还是由信号转换器来完成。当信号转换器具有跟机自动化控制权时，在开启跟机自动化功能时，可由网络变化器根据采煤机位置发出跟机控制命令。

⑥ 信号转换器具有时钟功能：可以定时间隔向井下主控计算机或工作面报送时间信息，在工作面断电状态下，信号转换器时钟能够准确持续运行。

⑦ 信号转换器程序更新功能：首先，通过人机界面把信号转换器中的程序删除，在信号转换器人机界面选择“高级设置”列中“转换器程序删除”。等待大约5 s后，重新上电。然后，重新上电后，信号转换器人机界面显示“转换器无程序”。最后，将制作好的信号转换器程序棒，使用三通线，按照图5-6-73与信号转换器进行程序传递。

（3）主要技术参数

① 工作电压：12 V DC。

② 工作电流：35 mA。

③ 通信接口：CAN通信端口为2个，传输方式分为无主式、半双工、单极性、CAN，传输速率为33.3 Kb/s，最大传输距离为5 m，

通信信号电压峰值为3～5.5 V；RS422通信端口1个，传输方式分为差分传输、全双工两种，传输速率为9 600 b/s，最大传输距离为3 m。

（4）产品连接

A_1：邻架通信接口与工作面端头支架控制器连接，端头支架控制器的空闲邻架口（一般来说，十六功能控制器的邻架口C_1或C_7；一体化控制器的邻架口C_1或C_6；二十功能控制器

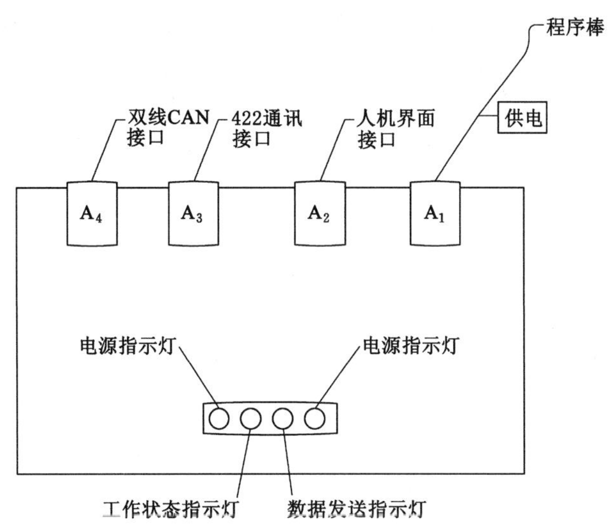

图 5-6-73　信号转换器程序更新连接示意图

的邻家口 C_1 或 C_8)通过架间连接器与信号转换器的 A_1 口连接。

A_2:人机界面接口与信号转换器专用的人机界面进行连接。

A_3:422 通信接口直接与主机的 RS422 接口(主机的 A_4 接口)进行连接。

A_4:双线 CAN 接口作为备用接口,堵上塑料堵头后,打好卡子。

接口及指示灯如图 5-6-74 所示。

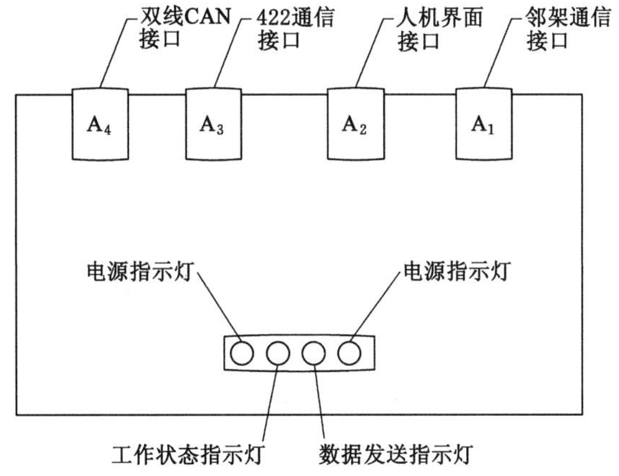

图 5-6-74　信号转换器接线口示意图

信号转换器接线:

A_1——单线 CAN 总线-控制器邻架口;

A_2——单线 CAN 总线-接信号转换器的人机界面;

A_3——RS422;

A_4——双线 CAN。

信号转换器的 A_1 接本架控制器邻架通信接口,A_2 口接人机界面,A_3/A_4 接顺槽数据转换装置接口。

在正常通电状态下，两个电源指示灯处于红色常亮状态；正常工作状态下，工作状态指示灯很规律的每秒闪烁一次；正常工作状态下，当有数据发送时，数据发送指示灯出现闪烁现象。数据发送完毕，数据发送指示灯不再闪烁(可在信号转换器人机界面上拍急停或闭锁，该灯即出现闪烁现象)。信号转换器在电控系统中的连接方式如图 5-6-75 所示。

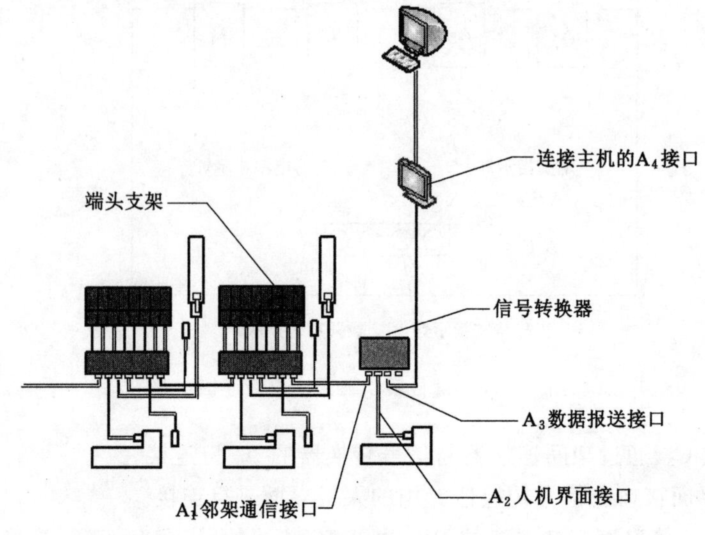

图 5-6-75　信号转换器在电控系统中的连接图

(5) 产品应用

信号转换器(图 5-6-76)作为工作面数据存储、数据管理、数据传输、网络检测、采煤机位置计算、分析与发布，并作为工作面液压支架跟机自动化控制核心控制单元。信号转换器存储基本配置、整体参数和高级设置如表 5-6-25 所示。

图 5-6-76　信号转换器

① 基本设置参数

a. 最小架号。工作面第一架的架号。

b. 最大架号。工作面最末一架的架号。

c. 主控时间。一次有效键按下后，其有效作用保持，从而使控制器维持在主控状态的时限。某项操作如需连续多次按键，则前后次按键的时间间隔应在这个时限之内。操作命令的最后一次按键结束，命令发完后，主控时间不再延续。

d. 地址增向。设定支架编号增加的方向，左或右。

表 5-6-25　　　　信号转换器存储基本配置、整体参数和高级功能设置表

•	1	•	2	•	3
	基本设置		高级设置		整体参数
5	最小架号：＊＊	5	密码修改：＊＊＊＊	3	移架动作：禁止/允许
5	最大架号：＊＊	5	关键参数：开/关	3	推溜动作：禁止/允许
5	主控时间：＊＊	5	超级密码：＊＊＊＊	3	伸缩或护帮：伸/缩/无
5	地址增向：左向/右向	5	下载间隔：＊＊	3	立柱补压：禁止/允许
4	支架编号：254	5	下载延时：＊＊		喷雾动作：禁止/允许
4	监控主机：开/关	5	重发次数：1		立柱压力：开/关
4	煤机位置上传：开/关	5	时钟——年：2011		推移行程：开/关
4	煤机数据：1.0 s	5	时钟——年：9		后柱压力：开/关
4	动作数据上传：开/关	5	时钟——年：1		
	网络检测：1.0 s	5	时钟——年：9		
	变换器：开	2	时钟——年：17		
	变换器位置：左向/右向首	2	时钟参数传递		
	首架编号：＊＊	5	转换器程序删除		
	屏保参数：＊＊	5	人机界面程序删除		
	传感报送：0.6	2			
	亮度参数：＊＊				
	界面版本：2.0				
	转换器：8.0				
•	4	•	5	•	
	基本设置		高级设置		
2	跟机参数	5	错误信息	5	
2	报警时间：＊＊	5	人机界面通信正常	5	
2	跟机：停止/启动	5	左邻架通信正常	5	
	跟机首架：＊＊	5	右邻架通信正常	5	
	跟机末架：＊＊	5	总线通信正常	5	
	跟机方向：上行/下行/停止	5	网络编号正常	5	
	移架距离：＊＊			5	
	推溜距离：＊＊			5	
	收护帮板：＊＊			5	
	伸护帮板：＊＊			5	

e. 支架编号。信号转换器支架编号单架设置为 254。

f. 监控主机。电控系统是否配置井下监控主机，如有配置则开始向主机报送数据。

d. 煤机位置上传。采煤机位置数据是否上传给信号转换器。

e. 煤机数据。采煤机位置数据上传给信号转换器的时间间隔。

f. 动作数据上传。支架动作数据是否上传给信号转换器。

g. 网络检测。在网络通信状况的自动检测中，按顺序上方控制器向下方相邻控制器发出检测指令的时间间隔。

h. 变换器。电控系统是否配置信号转换器。

i. 变换器位置。信号转换器在端头控制器的左侧还是右侧。

j. 首架编号。与信号转换器连接的第一架控制器的编号。

k. 屏保参数。在人机界面不操作的情况下，经过若干个“主控时间”后，显示屏将自动降低亮度。本参数用来设定这段时间，以“主控时间”的倍数表示。

l. 传感报送。传感器数据上传给信号转换器的时间间隔。一般设置为 0.5～0.9 s

之间。

m. 亮度参数。在人机界面不操作的情况下，亮度级别。

n. 转换器人机版本。只读参数，信号转换器人机界面程序版本号。

o. 转换器版本。只读参数，信号转换器程序版本号。

② 高级设置

a. 密码修改。修改整个工作面人机界面权限密码。

b. 关键参数。控制整个工作面删除、传递程序的开关量，控制信号转换器人机界面成组禁止动作修改，控制传感器开关参数修改。

c. 超级密码。修改进入“高级设置”列的密码。

d. 下载间隔。程序传输过程中数据包之间的时间间隔，一般设置为 20～100 之间，越大下载程序时传输越快。

e. 下载延迟。程序传输过程中数据包内时间延迟，设置与下载间隔相同的数值。

f. 重发次数。下载程序过程中传输错误时，数据重发次数。一般设置为 3～5 之间。环境恶劣时，设置为 5；环境条件较好时，设置为 3。

g. 时钟——年。预修改时钟的“年份”。

h. 时钟——月。预修改时钟的“月份”。

i. 时钟——日。预修改时钟的“日”。

j. 时钟——时。预修改时钟的“时”。

k. 时钟——分。预修改时钟的“分”。

l. 时钟参数传递。选择此项后，并确定。人机界面将上述预修改参数一次性写入信号转换器时间芯片内，信号转换器时间重置成功。不执行此项操作，上述预修改参数无效。

m. 转换器程序删除。用于删除信号转换器程序，该功能执行后，需给信号转换器重新上电。

n. 人机界面程序删除。用于删除信号转换器人机界面程序，该功能只针对信号转换器人机界面执行，删除操作对工作面其他人机界面无效。

③ 整体参数

a. 移架动作。是否允许整个工作面支架做自动移架。

b. 推溜动作。是否允许整个工作面支架做自动推溜。

c. 护帮动作。是否允许整个工作面支架做自动护帮动作。

d. 立柱补压。是否允许整个工作面支架做立柱自动补压。

e. 喷雾动作。是否允许整个工作面支架做喷雾动作。

f. 立柱压力。如果为两柱式支架，设定立柱压力传感器开通或关闭；如果为四柱式支架，表示设定前柱压力传感器开通或关闭。

g. 推移行程。设定推移行程传感器开通或关闭。

h. 后柱压力。如果为四柱式支架，表示设定后柱压力传感器开通或关闭。

④ 跟机参数

a. 报警时间。支架收到动作命令，再经过报警时间(单位:秒)后，才开始动作。

b. 跟机。是否跟机的开关量，启动/停止。

c. 跟机首架。跟机的首架支架号。

d. 跟机末架。跟机的末架支架号。

e. 跟机方向。只读参数，显示目前是上行跟机还是下行跟机。

f. 移架距离。跟机时距离采煤机多少架的支架开始做移架动作叫作移架距离。

g. 推溜距离。跟机时距离采煤机多少架的支架开始做推溜动作叫作推溜距离。

h. 收护帮板。跟机时距离采煤机多少架的支架开始做收护帮板动作叫作收护帮板距离。

i. 伸护帮板。跟机时距离采煤机多少架的支架开始做伸护帮板动作叫作伸护帮板距离。

⑤ 错误信息

a. 人机界面通信正常。描述人机界面与控制器之间通信状况。

b. 左邻架通信正常。描述本架控制器与左邻架控制器通信状况。

c. 右邻架通信正常。描述本架控制器与右邻架控制器通信状况。

d. 总线通信正常。描述本架控制器总线通信状况。

e. 网络编号正常。描述本架和左右邻架之间编号逻辑性状况。

5）电磁先导阀

电磁先导阀作为电液转换装置，是液压支架电液控制系统核心元件之一，没有它整个系统就无法工作。

(1) 电磁先导阀的组成与工作原理

电磁先导阀由电磁铁和先导阀两部分组成，其中电磁铁采用双联干式结构，连接插头为四针形式，由顶杆、线圈、衔铁和轭铁组成。先导阀采用液压平衡式球阀结构，通过减力机构与电磁铁相连，如图 5-6-77 所示。它由进、回液阀芯，阀座，顶杆和阀体组成，进、回液阀芯为陶瓷球，阀座为特种不锈钢，采用锥形结构，顶杆完全平衡静压力。电磁先导阀工作原理如图5-6-78所示，它由两个两位三通阀组成，每个两位三通阀有两个状态："零"位和工作位置，有三个液流口：进液口 P 口、工作口 A 口和回液口 R。零位时工作口与回液口相通，高压口关闭；工作位时工作口与高压口相通，回液口关闭。电磁铁断电时，先导阀在弹簧力的作用下工作口 A 与高压液体口 P 断开，与回液口 O 相通；电磁铁通电时，电磁力推动顶杆，打开先导进液阀芯，此时先导阀工作口 A 与回液口 O 断开，与高压口 P 相通，输出高压液体。电磁铁再次断电时，弹簧力使先导阀进液阀芯复位，工作口 A 与回液口 O 相通，与高压口 P 断开。

(2) DF1.2/31.5 型电磁先导阀主要技术参数

① 额定流量：0.4 L/min；

② 额定压力：31.5 MPa；

③ 额定电压：12 VDC；

④ 额定电流：110 mA。

6）电液换向阀组

(1) 工作原理

电液换向阀组集成了电磁铁、先导阀和主阀，通过电磁先导阀将电信号转化为液压信号，然后通过主阀将信号放大驱动液压油缸进行动作。电液阀组为单元组合形式，每个单元包括一对液控主换向阀和对应的控制主换向阀的一对电磁先导阀。阀组集成多少个单元，

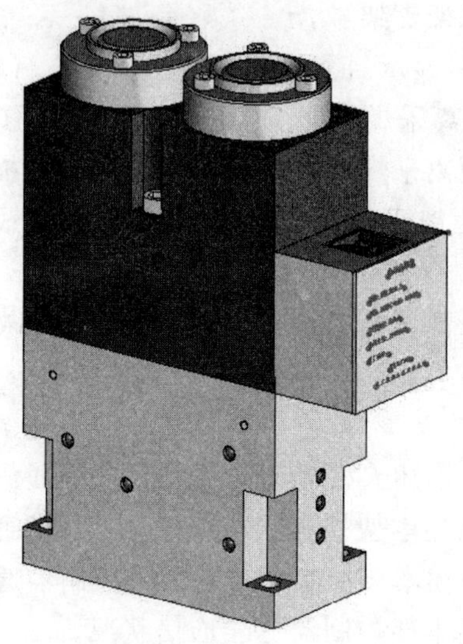

图 5-6-77 DF1.2/31.5 型电磁先导阀总体结构图

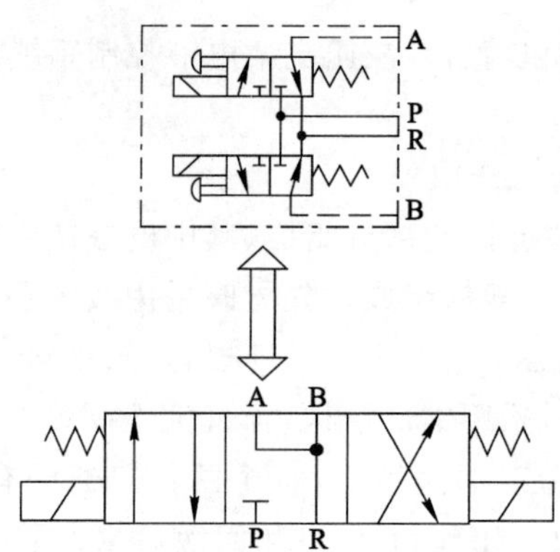

图 5-6-78 电磁先导阀机能图

取决于被控对象和功能的多少。电磁先导阀的动作靠电磁线圈通电产生的电磁吸力，此外还可以直接推压推杆的外端，推杆带动先导阀芯动作。推杆的外端封有胶护罩，以供手动按压。在停电、电控系统有故障或其他临时不使用电控系统的情况下，作为应急操作，可直接按推杆使先导阀动作，但不允许经常这样操作，因为易导致损坏。

电磁线圈工作电压 DC12 V，吸合/工作电流 100 mA。

图 5-6-79 为阳泉矿区寺家庄矿配备的电液阀组的简化示意图(包括前面和后面视图)，标明了主换向阀各(功能)供液出口和对应的电磁先导阀及其推杆按钮、电驱动输入插座的位置和序号，序号表明了它们的相互对应关系。

如图 5-6-80 所示，该整体主阀取代了传统(手动操作)液压系统中的操纵阀。阀组具有 20 个工作口(相当于 7 片操纵阀)。20 功能主控阀组采用整体插装结构，由回液单向阀、进液单向阀、过滤器、DN_{20} 二位三通阀芯组件(4)、DN_{12} 二位三通阀芯组件(4)、DN_{10} 二位三通阀芯组件(12)、主阀体等组成。

20 功能电液换向阀组进回液胶管通径为 DN_{25}。控制前后立柱升、拉架、推溜的 4 个功

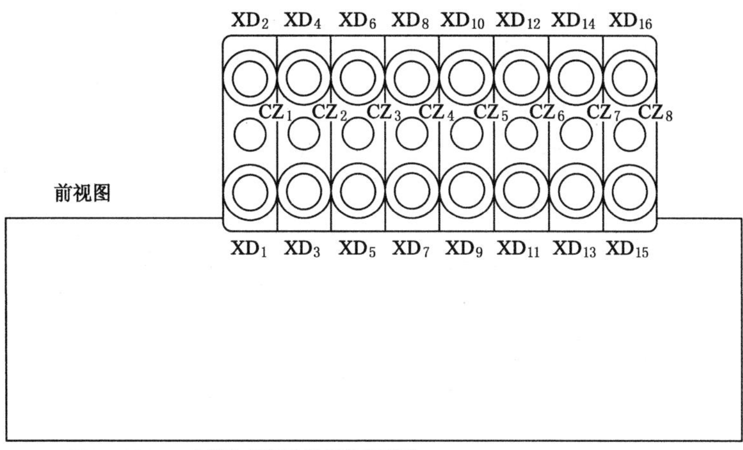

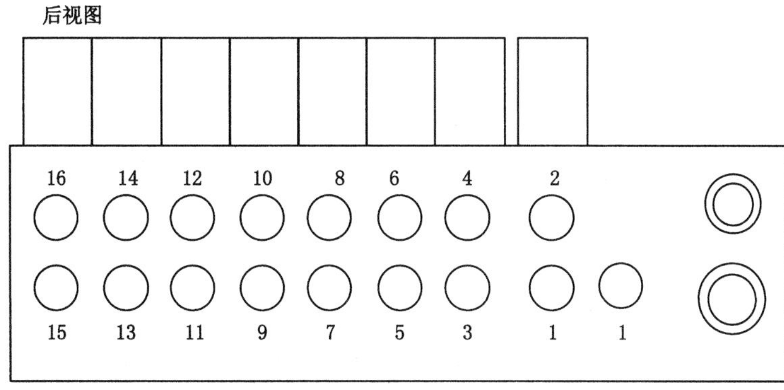

图 5-6-79　500 升/分电液阀组示意图

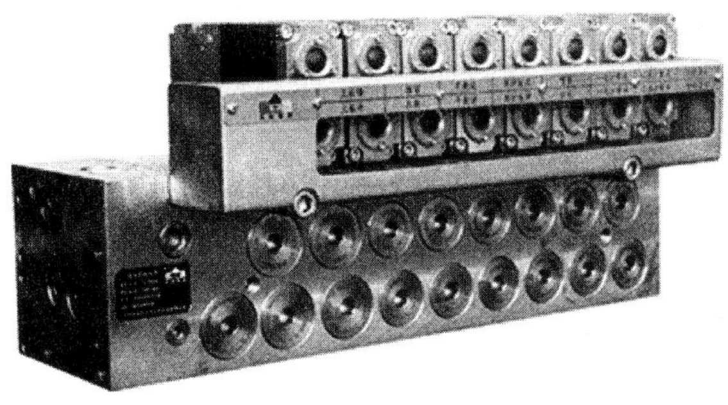

图 5-6-80　电液换向阀组

能口采用 DN_{20} 阀芯；前后立柱降和伸缩梁升降 4 个功能口采用 DN_{12} 阀芯，其余 12 个功能口均采用 DN_{10} 阀芯。

图 5-6-81 中 P 口为高压液入口，R 口为回液口；1～20 口为供液口，向工作机构供液。当先导阀无动作时，阀芯处于复位位置，高压液体被截断，工作口均与 R 口接通，阀不向工作机构供液；当有电信号驱动先导阀或手动操作，与对应先导阀工作口相连的主阀阀芯动作

换向，对应主阀工作口向工作机构供液，实现主阀换向。

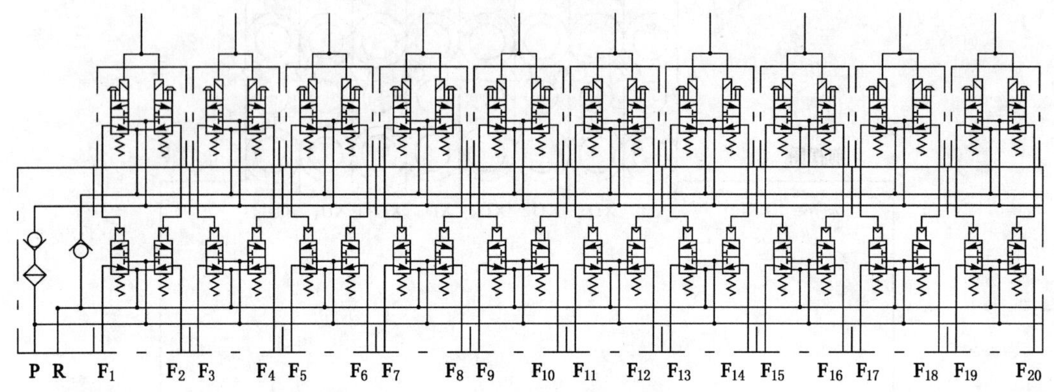

图 5-6-81　整体主阀工作原理图

(2) 技术参数及其性能指标

① 额定流量:400 L/min;

② 额定压力:31.5 MPa;

③ 控制压力:小于 10 MPa;

④ 功能数:8～24。

7) 压力传感器

压力传感器是电液控制系统中用于反馈支架压力工作状态的元部件，其安装在煤矿井下采煤工作面的液压支架上，用来检测支架相关腔体的压力，也可以安装在工作面液压管路主回路上，用来检测工作面主管道上压力，为支架控制器提供控制动作的依据，实现支架电液控制系统的闭环控制。

(1) 工作原理

压力传感器在液压支架智能控制系统中主要用来检测立柱或主管路上的承载压力。压力传感器采用溅射式工作原理，溅射式压力敏感元件是在 10 级超净间内，通过微电子工艺制造出来的。即在高真空度中，利用磁控技术，将绝缘材料、电阻材料以分子形式淀积在弹性不锈钢膜片上，形成分子键合的绝缘薄膜和电阻材料薄膜，并与弹性不锈钢膜片融合为一体，如图 5-6-82 所示。再经过光刻、调阻，温度补偿等工序，在弹性不锈钢膜片表面上形成牢固而稳定的惠斯顿电桥。此电桥便是仪表、传感器等测量器件中的基本环节。当被测介质压力作用于弹性不锈钢膜片时，位于另一面的惠斯顿电桥则产生正比于压力的电输出信号。此信号经放大调节等处理，再配以适当的结构，就成为应用于各个领域中的压力传感器和压力变送器。

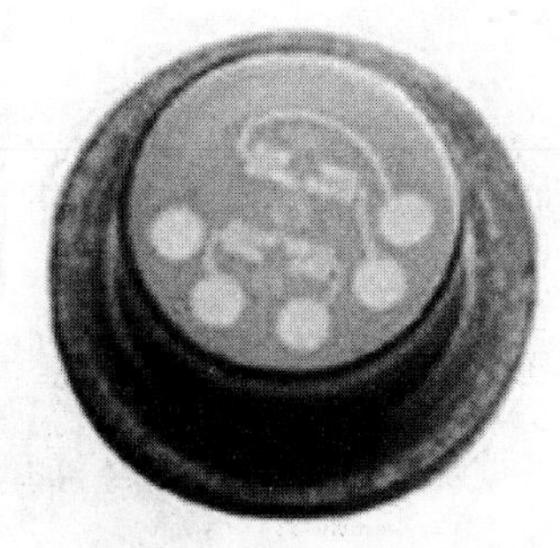

图 5-6-82　溅射薄膜压力传感器电路

溅射式压力敏感元件是利用惠斯通电桥原理制作而成的。电桥的作用是将应力引起的感应电阻变化转换为电压的变化。图 5-6-83 为惠斯通电桥原理图。在压力传感器中，四个等电阻值($R_1=R_2=R_3=R_4$)的溅射薄膜，两个位于膜片的拉应力区，另外两个处于压应力区，它们相对于膜片中心呈对称分布。这四个电阻构成惠斯通电桥，并由恒压电源供电(V^+ 和 V^- 端接入电源)。当膜片受到外力作用时，四个应变片的电阻值改变使电桥失去平衡，输出一个与压力成正比的电压信号(V_o^+ 和 V_o^- 端输出)。一般输出的是微电压信号(mV 级)，因此需要接入仪用放大器将微电压信号经过处理输出 V 级信号(一般为 0～5 V)。输出电压信号与压力信号的关系如下式：

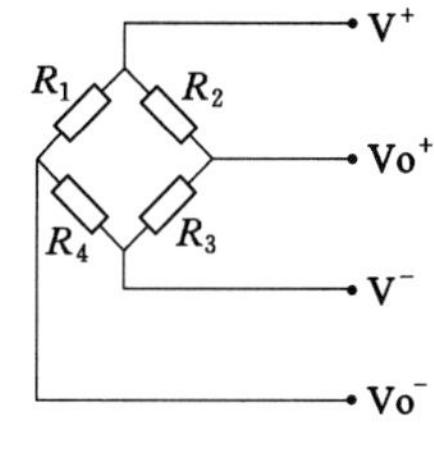

图 5-6-83　惠斯通电桥原理图

$$p_0=\frac{p}{U_1-U_0}(U_{out}-U_0)$$

式中　p——测量的压力值(MPa 或 bar)；

U_{out}——测量输出电压值，V；

L——压力传感器最大测量值(MPa 或 bar)；

U_0——零压时压力传感器的输出电压值，V；

U_1——最大压力时压力传感器的输出电压值，V。

电路部分由电源调理电路、传感器激励电路和传感器信号处理电路三个部分组成。电源调理电路选用 National 公司的 LM317，将输入的电压(典型值 12 V)转化成为电路内部 IC 所需要的电压，保证电路内部的 IC 安全稳定地工作，同时保证外部输入电压在一定范围内波动时，不影响产品的正常输出；传感器激励电路选用 Ti 公司的 OPA177GS 来搭建，产生一个 1 mA 左右的恒流信号激励传感器，同时保证恒流信号不受电源波动、温度等因素的影响；传感器信号处理电路选用 ADI 公司的 AD623，将传感器输出信号处理成标准的电压输出信号。

(2) 技术参数及其性能指标

① 供电：12 V DC；

② 输出：0.5～4.5 V DC；

③ 精度：2.5%；

④ 温度：−10 ℃～70 ℃；

⑤ 量程：60 MPa。

(3) 连接方式(图 5-6-84)

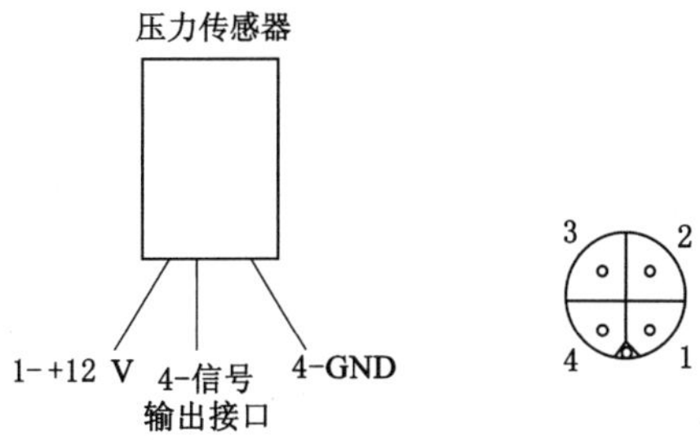

图 5-6-84　压力传感器接线口示意图

① 接口 3 的芯线说明:1 接控制器 1 芯线(+12 V);2 接控制器 2 芯线(信号输出接口);3 不接。

② 接口 4 的接控制器 4 芯线(地线)

(4) 产品应用

压力传感器(图 5-6-85)安装在液压支架立柱下腔,可以用来实现工作面液压支架的主动支撑,感知工作面顶板压力变化情况,通过对安全阀等部件进行失效分析;压力传感器安装在工作面主管路回路上时,可以检测工作面供液系统情况,了解工作面管路阻力损坏和液压支架动作与供液系统的匹配性能。

图 5-6-85　压力传感器

8) 行程传感器

行程传感器在液压支架智能控制系统中主要用于反馈支架推移、拉溜工作状态的元部件。其安装在煤矿井下采煤工作面的液压支架上,用来检测推移千斤顶行程,也可以安装在液压支架的护帮板上,控制护帮板姿态,提高护帮板的护壁效果,为支架控制器提供控制动作的依据,实现支架电液控制系统的闭环控制。

(1) 工作原理

干簧管的内部结构见图 5-6-86,干簧管的玻璃管内装有两根强磁性簧片,将此置于管内一端使之以一定间隙彼此相对。玻璃管内封入惰性气体,同时触点部位镀铑或铱,以防止触点的活性化。干簧管利用线圈或永磁体,为簧片诱导出 N 极和 S 极,后因这种磁性的吸引力而开始吸合。当解除磁场时,由于簧片所具有的弹性,触点即刻恢复原状并打开电路。干簧管利用线圈或永磁体,为簧片诱导出 N 极和 S 极,后因这种磁性的吸引力而开始吸合。当解除磁场时,由于簧片所具有的弹性,触点即刻恢复原状并打开电路。

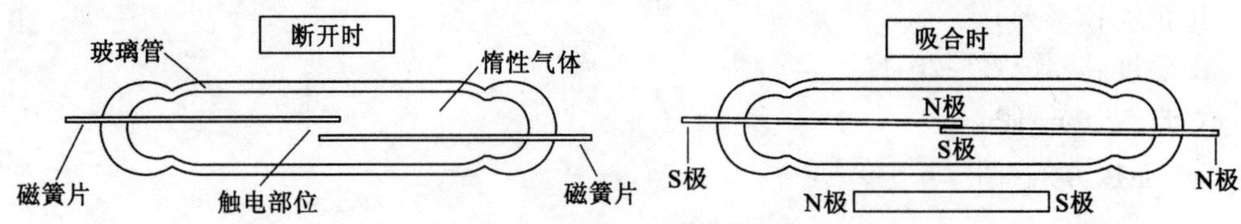

图 5-6-86　干簧管结构及其工作原理

行程传感器是根据干簧管遇磁导通的原理设计而成的,将诸多干簧管按一定的顺序串入电路中,如图 5-6-87 所示。图中 $S_1 \sim S_n$ 模拟的是干簧管,干簧管就相当于一个个开关,当磁环靠近时,“开关”吸合,导通的电路就相应发生变换,电流 i 通过的电阻数目就会发生变化,电路的等效电阻就会变化,在供电电源恒定的条件下,电流 $i=U/R$($U=12$ V,R 为等效电阻)就会随着等效电阻的变化而变化。从图中可以明显看到,当磁环到达不同位置时,串入电路回路中的电阻数目发生变化,电流也随之而改变,因此由电流的大小可以知道磁环的具体位置。只要将一定数量(数量跟长度成正比关系)的干簧管按图中的方式一字排列封装在不锈钢细管里,并引出连接线,便制作成了行程传感器。将行程传感器插入到推移千斤顶活塞柱的深孔里,并在千斤顶的一端固定一个磁环,那么随着活塞住的移动,磁环就会使不同部位的干簧管导通,输出对应的电流值(或者在电路中串入采样电路便可以实现电压信号的输出)。

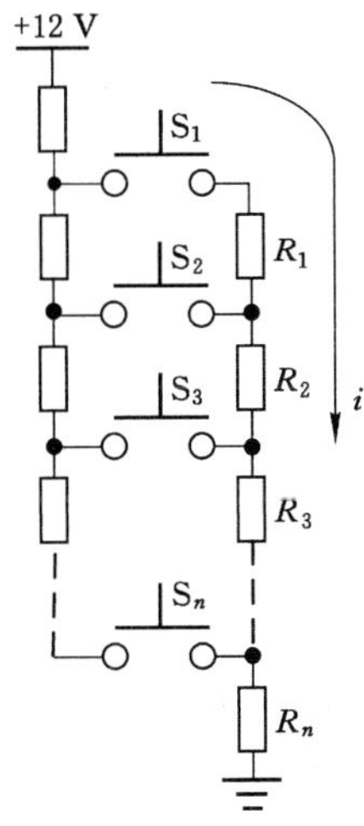

图 5-6-87　行程传感器工作原理图

(2) 技术参数及其性能指标

① 工作电压为 12 VDC;

② 工作电流≤3 mA;

③ 直线度≤0.4 mm;

④ 同轴度≤0.6 mm;

⑤ 精度为 4 mm;

⑥ 输出信号为 0.71 V(0 mm)～3.55 V(1 200 mm)。

(3) 产品连接(图 5-6-88)

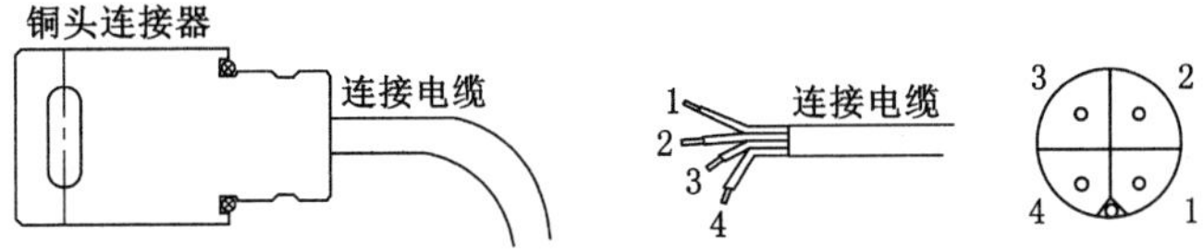

图 5-6-88　形成传感器连接头示意图

接口和芯线连接说明:1(白色线)接控制器 1 芯线(+12 V);2(棕色线)接控制器 2 芯线(信号输出接口);3(黑色线)不接;4(蓝色线)接控制器 4 芯线(地线)。

(4) 产品应用

行程传感器(图 5-6-89)用来检测溜子千斤顶活塞杆的移动行程,行程值代表的是支架或溜子所处的位置,是控制过程的重要依据,推移千斤顶的活塞杆位置决定推溜移架的进程。行程传感器装在液压缸中,是一个细长(ϕ17.2 mm)的直管结构,一端固定在液压缸端部,管体深入到活塞杆中心专为其钻出的长孔中,管体内沿着轴向有规则布置着密排的电阻列和干簧管列,它们连接成网络电位器的电路。活塞内嵌装着一个套在传感器管上的永久磁环,随着活塞杆移动,它的磁场使所到位置的干簧管接点闭合,相当于电位器的移动触刷走到了这个位置,电位器输出值的变化反映了行程的变化,再经过传感器管体内带的放大器的变换,向控制器输出标准的电压模拟信号(0.71～3.55 V)。接线插座位于千斤顶外壁的端部。行程传感器可测最大行程可由用户确定,与支架的推溜移架步距匹配,本项目使用的推溜千斤顶行程传感器的量程范围为 0～1 020 mm,安装方式为倒装。

图 5-6-89 行程传感器外形图

行程传感器安装在液压支架的推移油缸中,用来检测液压支架的移架和推溜的行程检测与控制,行程传感器安装在液压支架的一级护帮板油缸中,用来检测与控制一级护帮板地伸出长度,从而实现护帮板的姿态控制,在跟机过程中,可以逐架收回一级护帮板,以达到快速收回护帮板的目的,同时又可以避免护帮板及早收回造成片帮等问题,通过护帮板控制机构,提高了护帮板的收回效率和支护效果。

9）倾角传感器

倾角传感器在液压支架智能控制系统中主要用于检测液压支架的姿态,倾角传感器采用重力加速度计为核心部件,通过对重力加速度信号的数字化处理降低测量信号的噪声,提高测量数据的稳定性,确保测量的实时性和精准度,实现双轴倾角测量。

(1) 工作原理

倾角传感器可以用来测量相对于水平面的倾角变化量。其理论基础是牛顿第二定律。根据基本的物理原理,在一个系统内部,速度是无法测量的,但却可以测量其加速度。如果初速度已知,就可以通过积分计算出线速度,进而可以计算出直线位移。所以它其实是运用惯性原理的一种加速度传感器。当倾角传感器静止时也就是侧面和垂直方向没有加速度作用,那么作用在它上面的只有重力加速度。重力垂直轴与加速度传感器灵敏轴之间的夹角就是倾斜角了。随着 MEMS 技术的发展,惯性传感器件在过去的几年中成为最成功,应用最广泛的微机电系统器件之一,而微加速度计就是惯性传感器件的杰出代表。作为最成熟的惯性传感器应用,现在的 MEMS 加速度计有非常高的集成度,即传感系统与接口线路集成在一个芯片上。倾角传感器把 MCU,MEMS 加速度计,模数转换电路,通信单元全都集成在一块非常小的电路板上面,可以直接输出角度等倾斜数据,让人们更方便地使用它,如图 5-6-90 所示。

(2) 技术参数及其性能指标

① 额定电压:12 VDC;

② 工作电流:≤80 mA;

③ 测量精度:0.03°(0°～90°范围内);

④ 测量范围:0°～90°;

⑤ 通信接口数量:1 个;

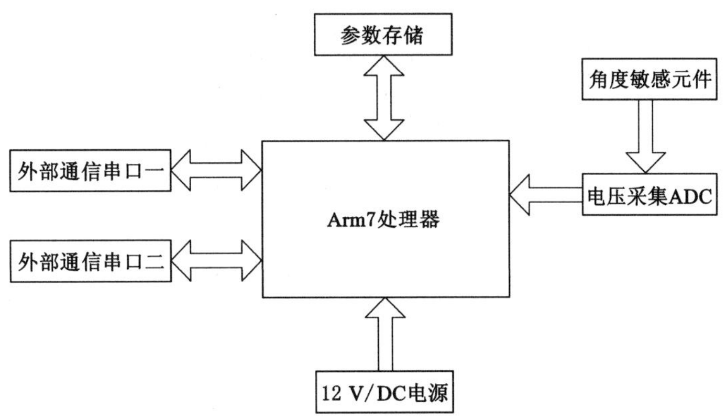

图 5-6-90　倾角传感器原理图

⑥ 传输方式:单向、RS232;
⑦ 传输速率:9 600 bps;
⑧ 最大传输距离:2 m。

倾角传感器连接方式如图 5-6-91 和图 5-6-92 所示。

图 5-6-91　倾角传感器 A 口接线图　　图 5-6-92　倾角传感器 B 口接线图

(3) 产品连接

① 图 5-6-91 的接口 4 芯线说明:1 接控制器 1 芯线(+12 V);
2 接控制器 2 芯线(信号输入接口);
3 接控制器 3 芯线(信号输出接口);
4 接控制器 4 芯线(地线)。

② 图 5-6-92 所接口 4 芯线说明:1 接控制器 1 芯线(+12 V);
2 接倾角传感器 2 芯线(信号输出接口);
3 接倾角传感器 3 芯线(信号输入接口);
4 接控制器 4 芯线(地线)。

(4) 产品应用

倾角传感器(图 5-6-93)安装在液压支架的结构件上,液压支架顶板旋转时,倾角传感器也随之运动,将旋转角度转换成电压信息输出,从而获得旋转角度的位置。倾角传感器安装在掩护梁、前连杆和底座上,每 10 架安装 1 个,用来检测支架的姿态。在液压支架的底座、前连杆、掩护梁、顶梁上安装倾角传感器,不但可以描绘出液压支架的运行姿态,而且还可以计算出液压支架的高度。

10) 接近传感器

图 5-6-93　倾角传感器

接近传感器是液压支架结构件运动的主要感知部件，使用接近传感器可以保证液压支架三级护帮机构的安全可靠运行，避免液压支架护帮板结构件的干涉，避免液压支架结构件损坏。

(1) 工作原理

接近传感器在液压支架智能控制系统中主要用来检测液压支架结构完成动作的情况，当接近传感器接通电源后，传感器的感应面等待磁场感应，当铁质金属物体接近感应面时，输出感应信号，由电路处理后，从而判断有无接触检测物体。

电感式接近开关属于一种有开关量输出的位置传感器，如图 5-6-94 所示。它由 LC 高频振荡器和放大处理电路组成，利用金属物体在接近这个能产生电磁场的振荡感应头时，使物体内部产生涡流。这个涡流反作用于接近开关，使接近开关振荡能力衰减，内部电路的参数发生变化，由此识别出有无金属物体接近，进而控制开关的通或断。这种接近开关所能检测的物体必须是金属物体。

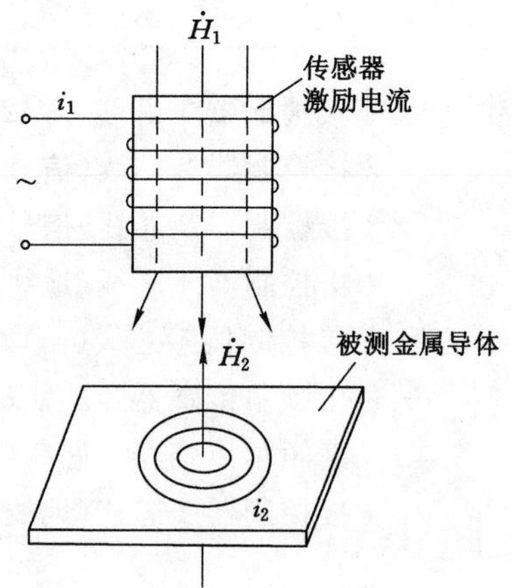

图 5-6-94　接近传感器原理图

(2) 技术参数及其性能指标

① 额定电压为 12 V DC；

② 工作电流≤80 mA；

③ 感应距离 S_n≤30 mm；

④ 输出信号，高电平为 10 V(有金属物体接近时)，低电平≤1 V(静态，未有金属物体接近时)。

(3) 产品连接

接口 4 芯线说明：1 接控制器 1 芯线(+12 V)；2 接控制器 2 芯线(信号输出接口)；4 接控制器 4 芯线(地线)。接近传感器接口如图 5-6-95 所示。

(4) 产品应用

对于液压支架的三机护帮板结构来说，多级护帮板动作之间会发生干涉，必须分别对多级护帮动作开始时间和动作次序进行控制。现有大采高工作面对多级护帮的控制均为时间控制，这种控制方式不能精确判断各级护帮的动作状态，容易发生多级护帮干涉事故，例如当收三级护帮动作没有到位时，此时收一级护帮会将布置在支架顶梁的液压管路切断。接近开关能够检测液压支架护帮板的收回状态。

在一级护帮与顶梁前端安装 1 个接近传感器(图 5-6-96)，检测一级护帮是否收回到位，未收到传感器发出的到位信号，控制器应报警，采煤机停止前进，防止采煤机与液压支架结构件发生碰撞；在二级护帮与三级护帮间每架安装一个接近传感器，检测三级护帮是否收回到位，未收到传感器发出的到位信号，一级护帮不能开始收，防止液压支架结构件发生碰撞损坏以及液压支架管路被压坏、切断事故。

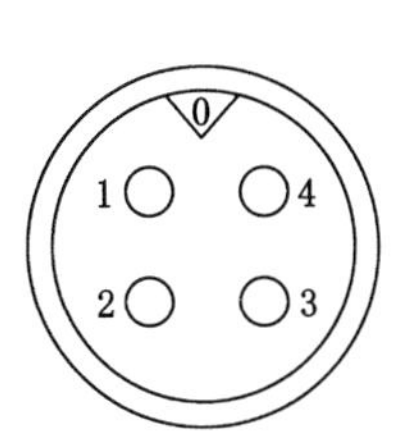

图 5-6-95　接近传感器接口

图 5-6-96　接近传感器

11) 采煤机位置检测传感器

采煤机位置检测是液压支架电液控制系统的重要组成部分，尤其在实现电液控制自动化采煤系统中，采煤机的定位尤为重要，只有定位了采煤机的位置才能正确地控制液压支架的动作。采煤机红外线位置传感器具有可靠性高、检测速度快等优点，被广泛应用于采煤机的定位系统中。

(1) 工作原理

红外传感器在液压支架智能控制系统中主要用来检测采煤机位置。采煤机位置红外线传感器，包括：红外线发送器和红外线接收器两部分。红外线发送器安装在采煤机机身上，红外线接收器安装在液压支架上。红外线发送器不停地发送一定频率、有固定编码的红外线信号，当采煤机运行时，安装在不同液压支架上的红外线接收器会接收到红外线信号，接收到红外线信号的红外线接收器将此接收信号通过 RS232 通信方式传送给支架控制器，支架控制器通过判断可以确定采煤机的当前位置。

红外线发送器是红外线发射装置，带有红外线发射管，红外线发送器采用单片机将待发送的二进制信号编码调制为一系列的脉冲串信号，通过红外发射管发射红外信号，如图5-6-97 所示。

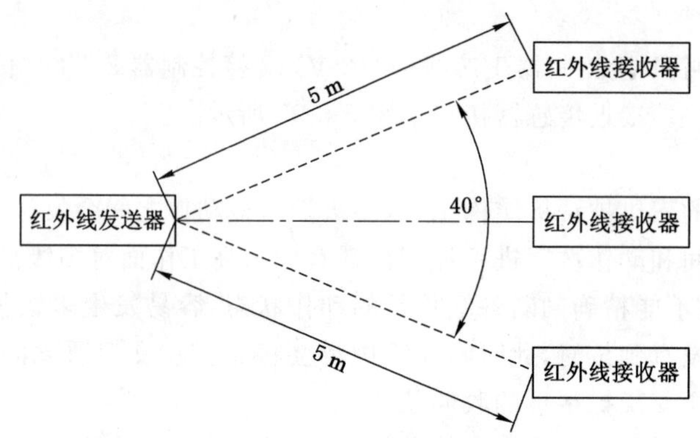

图 5-6-97 红外线发送器工作原理示意图

红外线接收器是红外线接收装置，红外线接收器对接收到的红外线信号进行解码，分析其信号是否为正确的采煤机位置信号，并将此接收信号发送给支架控制器，由支架控制器来确认当前采煤机位置，如图 5-6-98 所示。

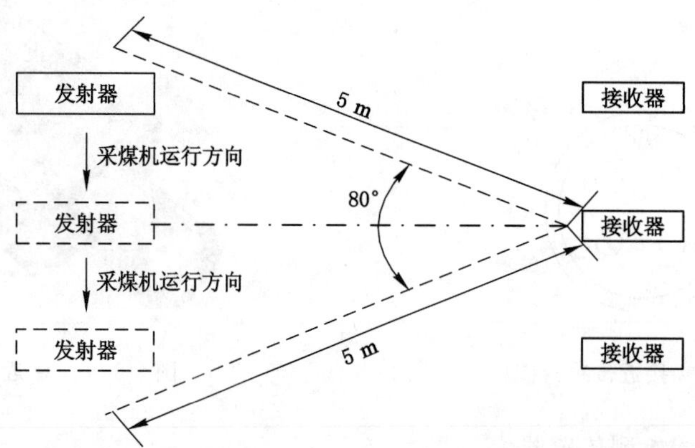

图 5-6-98 红外线接收器工作原理示意图

(2) 红外线发送器(图 5-6-99)的主要参数性能指标

图 5-6-99 红外线收发器

① 额定电压：12 VDC；工作电流：≤100 mA；

② 红外光平均辐照度：250～300 $\mu W/cm^2$(波长 940 nm，在中心线 0.5 m 处，150～250 Lx 照度下测量)；

③ 有效照射距离：0～5 m；

④ 有效照射角度：0°～40°。

(3)红外线接收器的主要参数性能指标

① 额定电压：12 V DC；工作电流：≤100 mA；

② 有效接收距离：0～5 m(波长 940 nm，150～250 Lx 照度下测量，发送器平均辐照度为 250 ～300 $\mu W/cm^2$时)；

③ 有效接收角度：0°～80°。

12) 隔爆兼本质安全型电源箱

井下防爆本安电源用来给电液控制系统提供电源，防爆本安电源的稳定性将直接影响到控制器等部件运行的稳定性。高可靠性的电源能够提高电液控制系统整体的可靠性。

(1) 工作原理

防爆本安电源是电液控制系统的关键部件，为整个电液控制系统提供电源支持。从井下配电箱引入工作面的是 90 V/50 Hz～250 V/50 Hz 的交流电，而工作面电液控制系统中各元件使用的都是低压直流电，因此需要将高压交流电转换为稳定输出的低压直流电。

从配电箱引入交流电后，首先经过扼流线圈和电容滤除高频杂波和干扰信号，接下来经过整流和滤波得到高压直流电，然后进入防爆本安电源核心设计部分——开关电路。开关电路主要负责将高压直流电转换为高频脉动直流电，再送高频开关变压器降压，然后滤除高频交流部分，这样才得到电液控制器系统元件需要的稳定的低压直流电。图 5-6-100 为防爆本安电源电气原理框图。

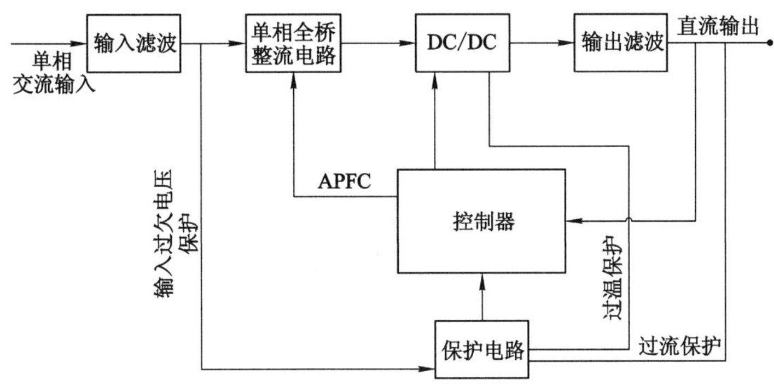

图 5-6-100 防爆本安电源电气原理框图

(2) 技术参数及其性能指标

① 输入额定电压：单相 220 V AC；

② 输入电压变换范围：100～250 V AC；

③ 输入电源频率：工频 50 Hz；

④ 输出额定电压：12 V DC；

⑤ 输出额定电流：1.5 A；

⑥ 输出电流最大值：2.0 A；

⑦ 输入交流线与输出线的绝缘电阻大于 10 MΩ，输入线、输出线与机壳的绝缘电阻大

于 10 MΩ；

⑧ 电源效率：大于 85%；

⑨ 功率因数：大于 90%；

⑩ 漏电流：小于 0.5 mA。

(3) 产品连接

电源箱是电液控制系统专用的电源变换装置，它从工作面接入 100～250 V 交流电源，变换成直流 12 V 后向 SAC 系统供电。电源箱内装有二个独立的 AC/DC 胶封模块，构成独立的两路电源，每路额定负载电流 1.5 A，可向 4～6 个相邻的支架控制单元供电。每路电源都具有截止式过流保护，整定电流 2.0 A。电源箱输入输出口配置及内部接线端子与交流输入的连接关系见图 5-6-101。井下电源箱之间的连接电缆应为 4 mm^2，电源箱交流 127 V 输入，线的截面积要大于 4 mm^2。双路电源箱如图 5-6-102 所示。

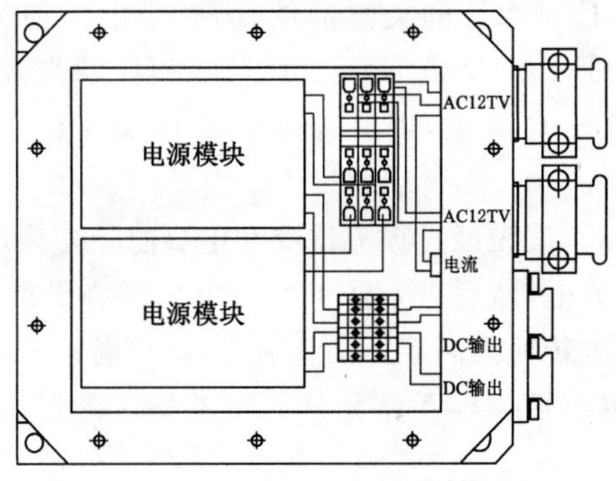

图 5-6-101 双路电源箱的接线

图 5-6-102 双路电源箱

说明：一根电源线中有 4 根铜导线，其中一根火线，一根零线，一根备用，一根接地，每根铜导线的截面积都应大于或等于 4 mm^2。

(4) 产品应用

产品应用时应根据工作面支架控制单元所带传感器和支架控制功能数来确定电源箱使

用数量。

13）矿用隔爆兼本安型监控主机

矿用主控计算机布置在顺槽监控中心，主要用来对液压支架智能控制系统大容量数据、视频信息的存储与控制。主控计算机是一台特殊设计的工控计算机，它的架构与PC机相同。工控机除了具有一般PC机的特点，还有优越的系统性能、灵活的扩展性及特殊的监控功能，使其普遍适用于各种工业场合。而对于井下的特殊环境，除了要具有以上性能外，其安全性能必须可靠，因此阳泉矿区主要使用的是本安的工业控制计算机。主控机系统由主机、显示屏、键盘和一些通信接口组成。

(1) 工作原理

矿用计算机设计在隔爆外壳内，可以放置多个计算机单元，每个计算机单元由计算机主板、接口隔离板、UPS电源和一系列通信接口组成，接口主要有USB接口、以太网接口、RS232接口、RS422接口，计算机单元具有掉电保护和上电软启动等功能。一个计算机服务器可以配置多个显示器。隔爆计算机电路功能及参数如表5-6-26所示。

表5-6-26　隔爆计算机电路功能及参数

系统	操作系统	支持 Windows XPE 或 LINUX
	APU(cpu)	AMD G-Series Processo 双核 1.6G
	芯片组	AMD FCH Hudson-1
	音频	带有音频模块，可接驳音频输出
	板载内存	最高可支持4GDDR3板载内存(可选)
	内存类型	1＊204-PIN SODIMM 插槽，最高可支持4G DDR3内存
存储	支持SATA硬盘及DOM设备	
网络	以太网芯片	RTL8111D
	以太网接口	1＊千兆位以太网(RJ-45)
	无线网络	1＊WIFI(可选)
接口	USB	1路USB接键盘鼠标 1路USB可用作U盘接口
	通信口	2路RS232口、1路RS422
显示	21寸16:9显示器	HDMI支持1080P高清

(2) 技术参数及其性能指标

① 额定电压：AC127 V；

② 微处理器：AMD T56N 双核 2.0 G；

③ 主存储器：2Gb　DRAM；

④ 硬盘：32 GB；

⑤ 显示接口：DVI转光口；

⑥ 接口(输入、输出)总数22；

⑦ 键盘：104键盘，USB接口；

⑧ 显示分辨率：1 920×1 080i；

⑨ 通信接口：以太网接口；RS232 接口；RS422 接口；CAN 总线，USB 接口；

⑩ 质量：100 kg；

⑪ 外形尺寸：480 mm×390 mm×135 mm。

(3) 产品连接

矿用隔爆计算机接口连接如图 5-6-103 所示。

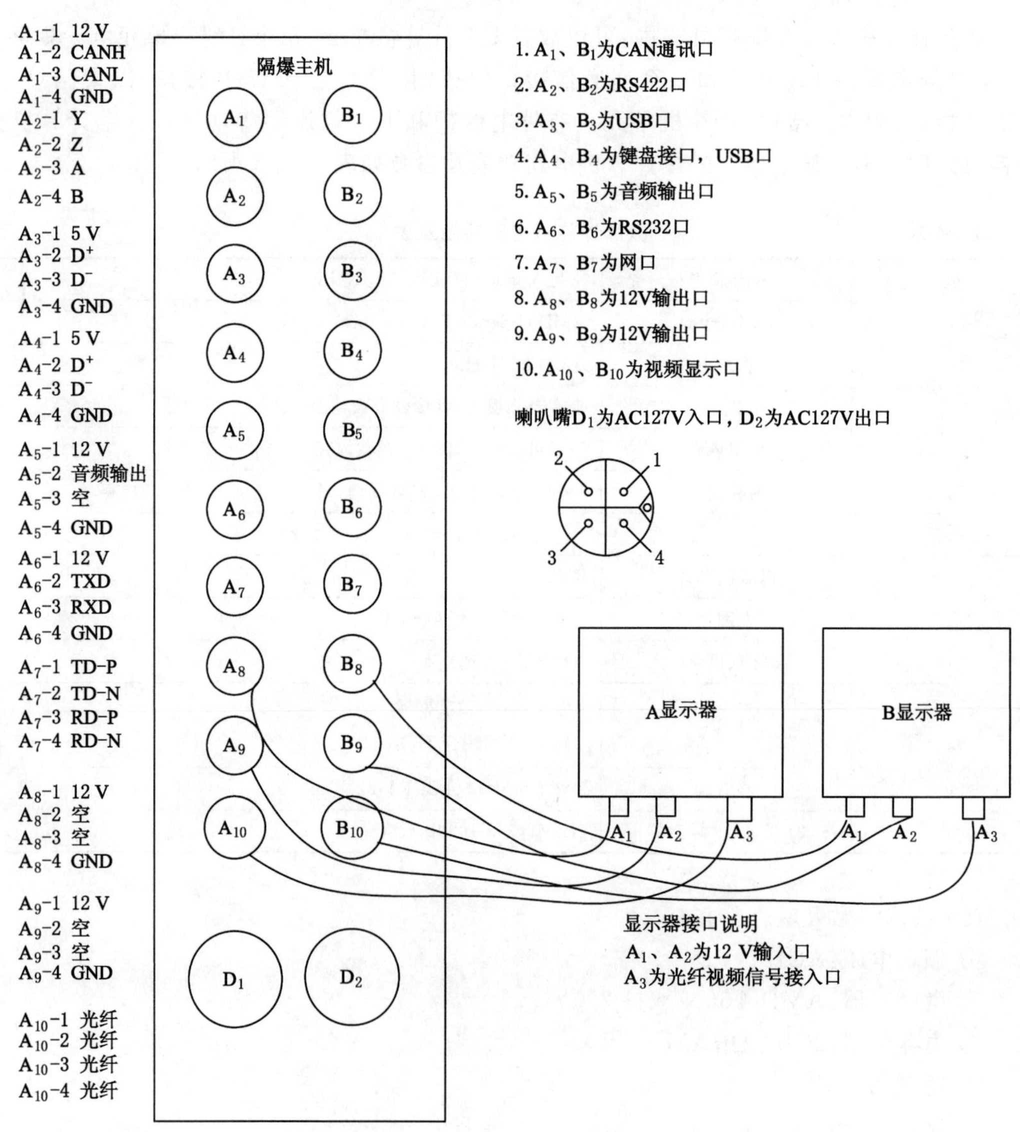

图 5-6-103 矿用隔爆计算机接口连接图

14）矿用本质安全型显示器

矿用本质安全型显示器布置在顺槽监控中心，作为矿用隔爆兼本安型监控主机的显示设备来使用。

(1) 工作原理

矿用本质安全型显示器为液晶显示器，通过矿用光缆与主机进行通信连接。一个计算机服务器可以配置多个显示器。

(2) 技术参数及其性能指标

① 工作电压第一路为显示器处理电路供电 DC12V，第二路为液晶屏背光灯供电 DC12V；

② 工作电流第一路不大于 800 mA，第二路不大于 600 mA；

③ 防爆类型本安型；

④ 输入信号光纤信号；

⑤ 最大传输距离 1 000 m。

(3) 产品照片

矿用主控计算机如图 5-6-104 所示。矿用本质安全型显示器图片如图 5-6-105 所示。

图 5-6-104　矿用主控计算机

图 5-6-105　矿用本质安全型显示器

(4) 产品应用

矿用主控计算机图形监控软件提供工作面工作及进展情况，工作面的整体情况以及采集的数据在此界面上体现，如图 5-6-106 所示。支架电液控制系统整体布局，包括标题栏和传感器状态显示区两部分。

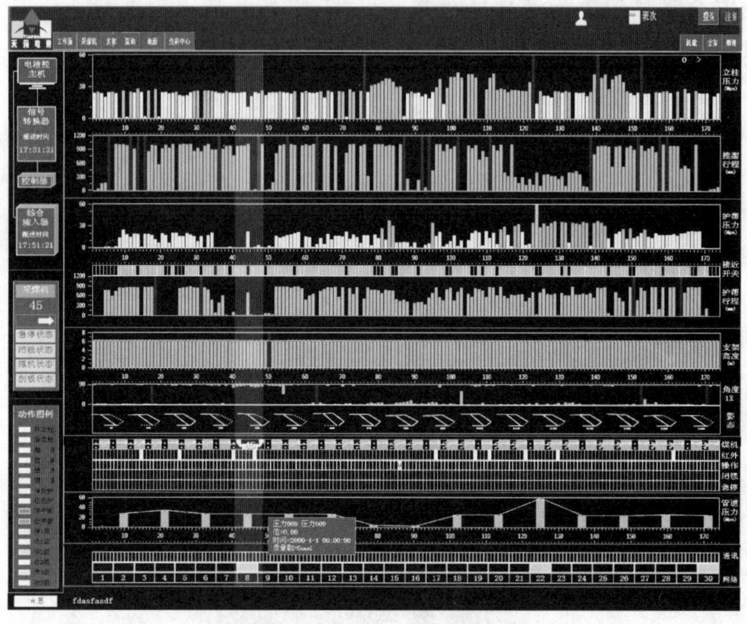

图 5-6-106　矿用主控计算机软件整体图形界面截图

传感器显示工作面支架安装的传感器的数据和支架的操作信息，从上至下依次为：立柱压力、推溜行程、护帮压力、接近开关状态、护帮行程、支架高度、角度 1X、姿态、采煤机位置、红外、操作状态、闭锁状态、急停状态、管道压力、通信状态、网络状态。各状态图左侧为刻度，中间表示支架，右侧显示名称及单位。

① 立柱压力。工作面液压支架立柱压力显示如图 5-6-107 所示，立柱压力状态图用于显示各支架的立柱压力。纵坐标为立柱压力值，横坐标表示支架号，单位为 MPa。柱状图为红色[①]表示压力不足或过高，绿色表示在正常范围内，灰色表示传感器未安装，其他颜色满量程表示传感器故障。鼠标移动到某个柱形图上会出现该图形的详细信息提示。

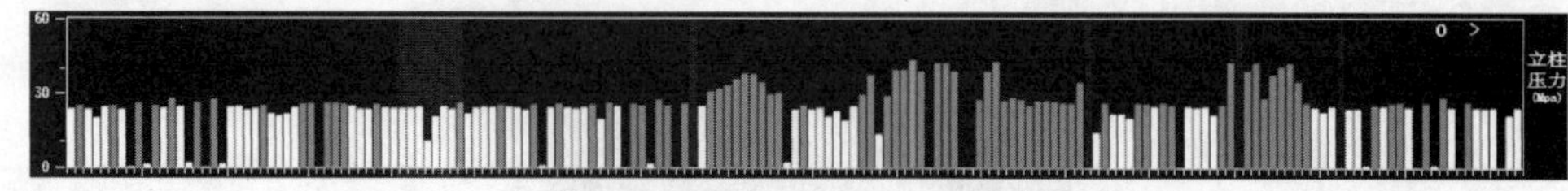

图 5-6-107　工作面液压支架立柱压力显示画面截图

② 推溜行程。工作面液压支架推移行程显示如图 5-6-108 所示，推移行程状态图用于显示工作面液压支架的推移行程。纵坐标为推溜行程值，横坐标表示支架号，单位为 mm。柱状图为绿色表示在正常范围内，灰色表示传感器未安装，其他颜色满量程表示传感器故

① 本书原图为彩色

障。鼠标移动到某个柱形图上会出现该图形的详细信息提示。

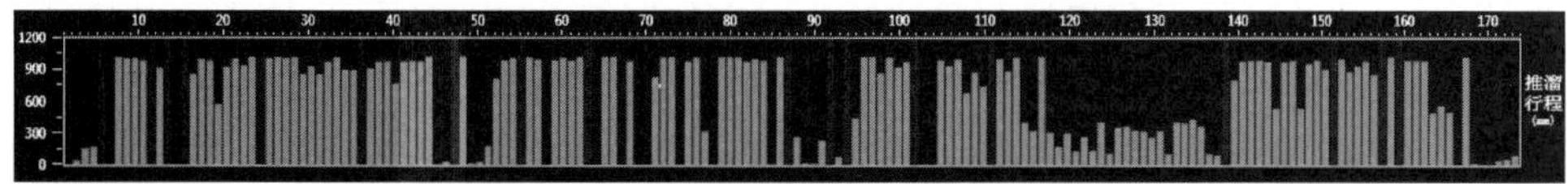

图 5-6-108　工作面液压支架立柱压力显示画面截图

③ 支架高度。工作面液压支架高度显示如图 5-6-109 所示，高度柱状图表示液压支架的采高。纵坐标为支架高度值，横坐标表示支架号，单位为 m。柱状图为绿色表示在正常范围内，灰色表示传感器未安装，其他颜色满量程表示传感器故障。鼠标移动到某个柱形图上会出现该图形的详细信息提示。

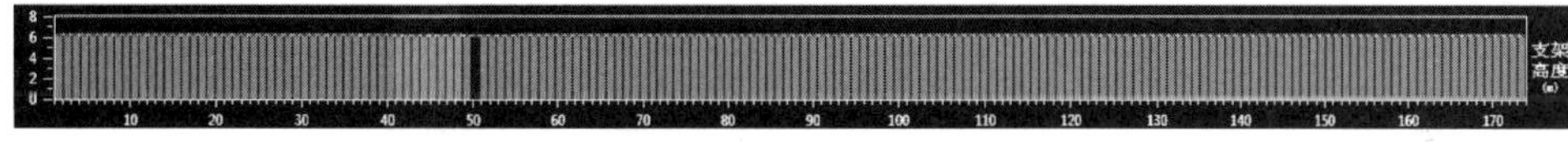

图 5-6-109　工作面液压支架高度显示画面截图

④ 护帮行程、护帮压力。工作面液压支架护帮板围岩耦合控制显示如图 5-6-110 所示，护帮的行程如图5-6-110(a)所示，护帮板支撑煤壁压力如图 5-6-110(b)所示。其中展示了护帮板的姿态控制及其与采煤机位置的相关关系，以及液压支架对煤壁的支撑强度，具体展示方法与立柱压力和推溜行程相同。

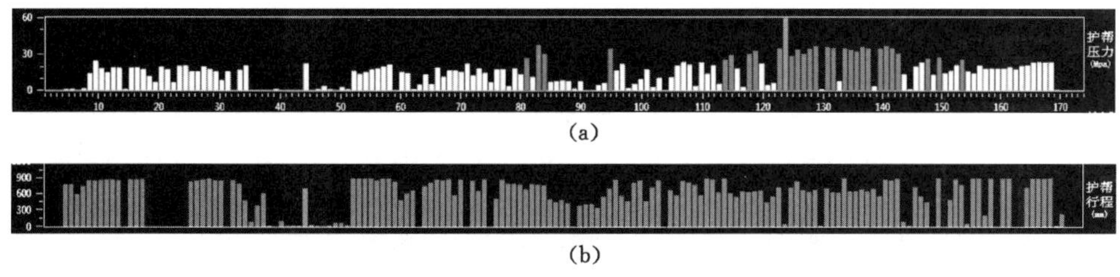

(a)

(b)

图 5-6-110　工作面液压支架高度显示画面截图

⑤ 接近开关状态。在液压支架上安装的接近开关状态显示如图 5-6-111(a)所示，红色表示检测物体达到指定位置护帮板已收回，黑色表示检测物体已离开护帮板未收回，灰色表示传感器未安装，其他颜色表示传感器故障。鼠标移动到某个柱形图上会出现该图形的详细信息提示。与图 5-6-111(b)结合来看接近开关收回状态与采煤机位置的相关关系。

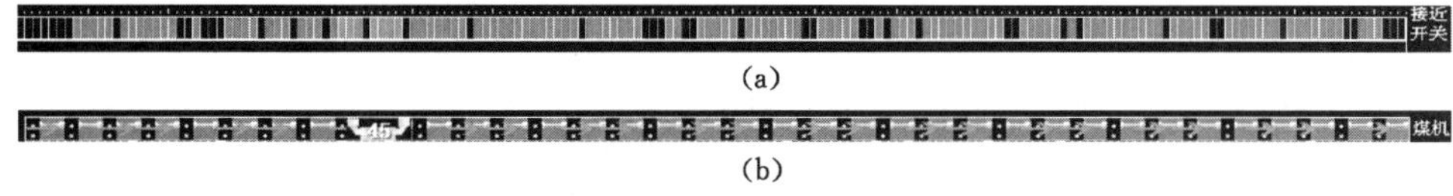

(a)

(b)

图 5-6-111　工作面液压支架上安装的接近传感器状态显示画面截图

⑥ 采煤机位置。工作面采煤机位置显示状态如图 5-6-111(b)所示，色块表示煤机位置，其上的数字指示采煤机所在支架号，跟随煤机位置变化界面上有纵贯的高亮条。煤机

运行时界面显示指示方向的箭头动画，停止时消失。

⑦ 操作状态。工作面支架控制器的工作状态如图 5-6-112 所示，色块表示支架动作，不同动作用不同色块表示。人形图标表示操作状态，白色人形表示主控，其他颜色闪烁表示从控或成组。绿色三角表示跟机。鼠标移动到某个柱形图上会出现该支架动作信息提示。

图 5-6-112　工作面支架控制器状态显示画面截图

⑧ 急停状态。工作面支架控制器急停按钮工作状态如图 5-6-113 所示，表示工作面急停状态，某架支架急停按下后，该支架图示上显示红色实心圆形，其他支架图示上显示红色空心圆形。急停拔起后圆形消失。

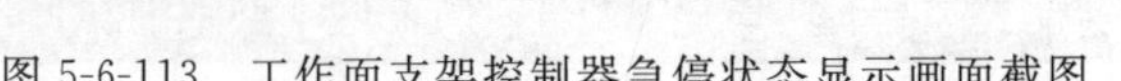

图 5-6-113　工作面支架控制器急停状态显示画面截图

⑨ 闭锁状态。工作面支架控制器急停闭锁工作状态如图 5-6-114 所示，表示工作面闭锁状态，某架支架闭锁按下后，该支架图示上显示黄色实心矩形，其左右邻架图示上显示黄色空心矩形。闭锁拔起后矩形消失。

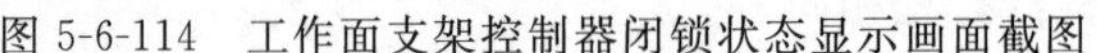

图 5-6-114　工作面支架控制器闭锁状态显示画面截图

⑩ 角度 1X。工作面倾角传感器状态显示如图 5-6-115 所示，纵坐标为顶梁角度值，横坐标表示支架号，单位为(°)。柱状图为绿色表示在正常范围内，灰色表示传感器未安装，其他颜色满量程表示传感器故障。鼠标移动到某个柱形图上会出现该图形的详细信息提示。

图 5-6-115　工作面倾角传感器状态显示画面截图

⑪ 姿态。工作面液压支架的姿态显示如图 5-6-116 所示，根据工作面各支架的顶梁、掩护梁、四连杆、底座角度，使用图形显示支架的姿态。

图 5-6-116　工作面液压支架的姿态显示画面截图

⑫ 通信状态。工作面液压支架电液控制系统通信状态显示如图 5-6-117 所示，表示控制器通信状态，绿色表示通信正常，黄色为系统有通信有故障，红色表示通信中断。

图 5-6-117　工作面液压支架电液控制系统通信状态显示画面截图

⑬ 管道压力。工作面液压系统主管路压力显示如图 5-6-118 所示，纵坐标为管道压力值，横坐标表示支架号，单位为 MPa。柱状图为绿色表示在正常范围内，灰色表示传感器未安装，其他颜色满量程表示传感器故障。图中折线表示推算出的中间管道的压力。鼠标移动到某个柱形图上会出现该图形的详细信息提示。

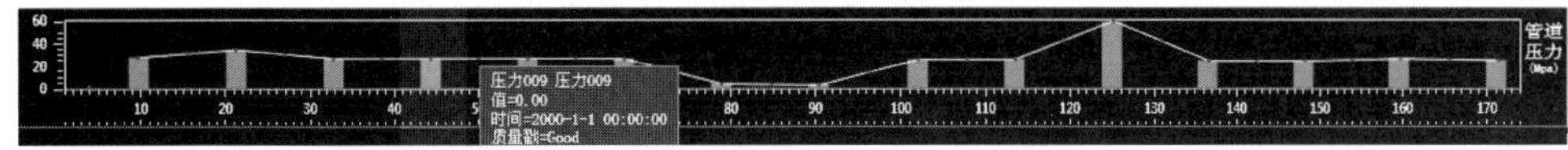

图 5-6-118　工作面液压系统主管路压力显示画面截图

⑭ 网络状态。工作面综合自动化传输系统网络状态显示如图 5-6-119 所示，表示综合接入器的通信状态。图中数字表示接入器编号，红色表示通信中断，黄色表示通信不畅，绿色表示通信畅通。

图 5-6-119　工作面综合自动化传输系统网络状态显示画面截图

5.6.2.7　液压支架智能控制系统维护保养

为了方便用户在日常工作中做好系统的维护，并对出现的故障进行及时维修，下面分几点进行说明。

1）日常维护

要保证工作面支架自动化，就必须保证每一支架上的设备如控制器、人机操作界面、相关电缆、耦合器等完好无损。因此这就要求相关工作人员对这些设备进行日常维护，以下列举了维护这些设备的要求和方法：

（1）架与架之间的电缆线必须和工作面的其他电缆线捆在一块，以防止架间电缆线被磨损、拉断；

（2）控制器禁止用水冲洗，以防止水进入控制器而导致控制器损坏；

（3）与传感器相连接的电缆线必须放在支架立柱之间，不能露在两支架中间，以防被煤块砸坏；

（4）如电磁铁前部有防水盖就必须把防水盖安装好，以防止电磁铁上的插座进水；

（5）所有带插销的地方必须插上销子，以防接触不好；

（6）为了保证电液控制系统的正常运行，要求维护人员对所出现的问题能够做到及时处理与解决；

（7）对电控系统设备中的各种固定螺丝要保护好，如发现缺失，要及时补充；

（8）控制器、人机操作界面、耦合器、电源箱等部件都必须安装固定好。

2）维修标准

为了保障电液控制系统在工作面的维修能够顺利进行，除了认真维修系统外，还必须做到以下几项：

（1）架间电缆维修后，必须跟工作面的其他电缆线捆在一起并插上销子；

（2）更换控制器后，必须用螺丝把控制器固定好；

(3) 更换新人机操作界面后,用螺丝固定好;

(4) 更换所有行程传感器的千斤顶后,及时接上插头并插上电缆和相关销子,并进行测试;

(5) 更换耦合器后,用螺丝固定好;

(6) 更换压力传感器后,连接电缆要用扎带捆好,不能露在架间;

(7) 拆卸、安装电磁铁上的防水盖时必须小心,以防电磁铁上的插座损坏。安装后,要把相连的电缆接好并固定。

5.6.2.8 *液压支架智能控制系统故障诊断*

液压支架故障诊断系统主要是针对指液压支架控制系统及其配套传感器的健康诊断与故障报警,液压支架故障诊断系统体系结构如图 5-6-120 所示。液压支架故障主要包括液压支架、液压系统和电控系统故障。液压支架的故障包括立柱泄漏,液压支架的结构件损坏,液压支架的迁移、支护故障;控制系统故障诊断,主要是指检查控制系统中的传感和执行器是否发生了故障,液压系统包括管路、阀组堵塞、供液压力流量不足、液压元部件故障等;电控系统包括电控操作机构故障、传感器故障、执行机构故障等。

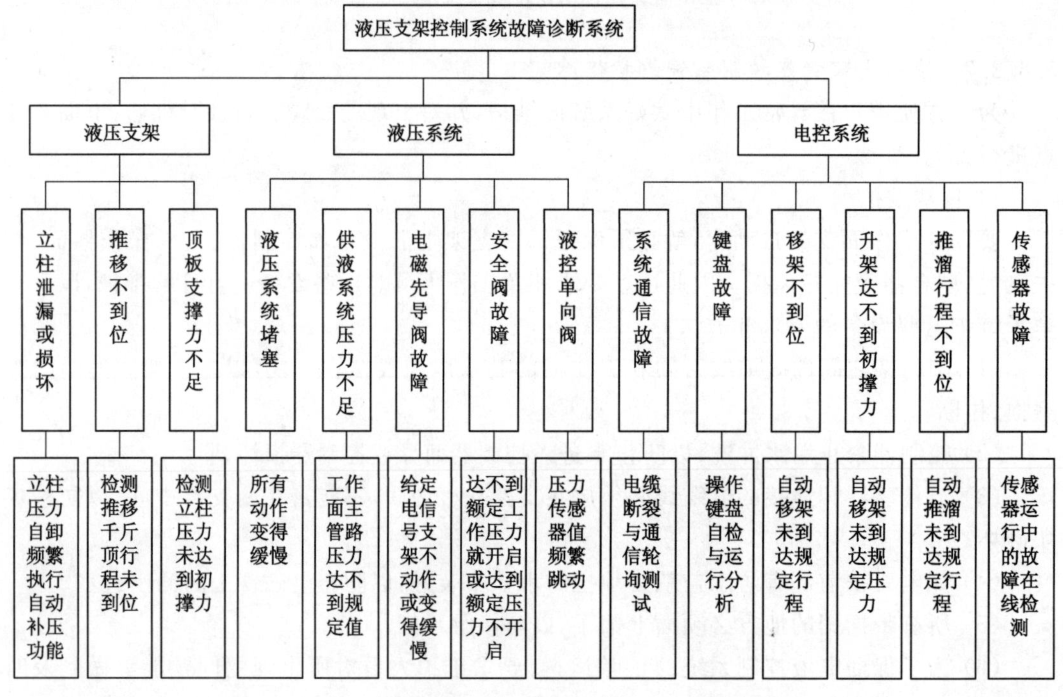

图 5-6-120　液压支架控制系统故障诊断体系

液压支架的基本职能是为工作面提供一个可迁移的安全可靠的采煤作业空间,因此液压支架对顶板的支撑强度和设备迁移的控制精度是定位液压支架故障的重要依据,液压支架千斤顶立柱泄漏、结构件干涉是液压支架的主要故障,可以通过立柱压力、推移行程和接近传感器状态的分析来确定液压支架的故障。

1) 液压系统故障诊断

液压系统故障主要包括液压元件、管路、供液系统等故障,液压元件的故障主要包括液控单向阀故障、安全阀故障、电液换向阀组故障等。

（1）液控单向阀故障诊断

该诊断可以通过压力传感器或高精度压力检测仪对立柱千斤顶产生的脉冲压力的分析变化情况判定液控单向阀故障或失效，液控单向阀不应产生频繁的压力冲击，这样会导致压力传感器损坏，导致安全阀频繁开启，缩短了安全阀的寿命。

（2）安全阀故障诊断

该诊断可以依据安全阀卸载时与立柱千斤顶的压力值来判定安全阀的工作状态，当立柱压力值大于安全阀开启压力时安全阀还未卸载，或安全阀卸载时立柱压力值小于卸载压力时，都是安全阀的故障征兆，可以通过立柱的压力传感器数据标准和安全阀开启记录来判定安全阀的故障状态。

（3）电液换向阀组故障诊断

该诊断可以依据电液换向阀组在执行动作过程中的表征现象来判定其工作状态，可以依据系统压力、完成指定动作时间来判定电液换向阀组的健康状态。当电液换向阀组出现堵塞、电液先导阀出现卡别，电磁铁顶杆间隙发生变化时会造成电磁先导阀的故障或性能下降，可以通过液压支架动作控制是否采用电控操作来判定电磁先导阀是否工作正常。

（4）供液系统故障诊断

该诊断通过主管路上安装压力传感器来判定液压支架供液状况是否属于正常，通过泵站压力与主管路压力对比分析确定液压管路是否堵塞、是否有爆管等故障，液压系统供液能力是否满足液压支架动作需求。通过高压过滤站进回液压差来判定液压系统的污染度。

2）电控系统故障诊断

（1）电控键盘操作输入单元故障诊断

该诊断通过检查支架控制器操作键盘记录与电磁换向阀组动作执行情况，判定支架控制器的操作键盘是否失效。

（2）通信系统故障诊断

该诊断通过定时触发通信链路检测令牌命令，及时发现通信电缆故障，将故障信息发布到全工作面并报送到监控中心计算机上进行显示。对工作面定时报送数据进行统计，与预期的通信命令数量进行比对，确定液压支架智能控制系统通信系统的畅通率。

（3）驱动电路诊断

该诊断通过对加载到电磁阀上的工作电压和工作电流的在线检测，判定电磁铁是否存在电流泄漏，导致电磁铁吸力下降，无法打开电磁先导阀。

（4）传感器故障诊断

① 传感器超量程。通过对传感器数据采集电路采样值的范围判定，对于超出量程范围的确定传感器损坏。

② 传感器不稳定。通过对液压支架工作状态与传感器采集数值的分析来判定传感器的工作状态，当液压支架不动作时，传感器数据采集数字应该在给定的波动范围内。

③ 传感器不准确。传感器零点漂移，或传感器调定电路器件参数变化都会导致传感器测量不准确。在到达油缸的端头时，传感器数字应归零位，否则采集的传感器数字存在一定的偏移。

（5）液压支架程序控制动作故障诊断

在液压支架执行程序控制的自动移架和自动推溜时，如果未能达到预期的控制目标，则进行相应的故障报警。

① 升柱压力达不到初撑力。

② 移架不到位。

③ 推溜达不到规定的行程。

3）典型故障

以下按照工作面故障场景，按照系统故障现象、故障原因和处理方法介绍支架电液控制系统故障排查与处理。

(1) 人机界面故障

以下是在工作面配置有信号转换器的前置条件下人机界面上显示的通信故障信息。

① 人机界面通信故障

现象一：工作面人机操作界面显示“ XXX 号支架人机界面通信故障”。

原因：与本架人机界面失去通信或通信不稳定，可能是人机界面连接器、人机界面接口、控制器 C_2 口三者之一或者几个的问题。也有可能是人机界面、控制器 CAN 通信有问题。

处理方法：用替代品逐一排除，是哪件的问题更换哪件。

现象二：工作面人机操作界面显示“ XXX 号支架左邻架通信故障”。

原因：与左邻架通信故障。可能是邻架连接器、控制器 C_1 口、左邻架控制器 C_7 口三者之一或者几个的问题。也有可能是控制器 CAN 通信有问题。

处理方法：用替代品逐一排除，是哪件的问题更换哪件。

现象三：工作面人机操作界面显示“ XXX 号支架右邻架通信故障”。

原因：与右邻架通信故障。可能是邻架连接器、控制器 C_7 口、右邻架控制器 C_1 口三者之一或者几个的问题。也有可能是控制器 CAN 通信有问题。

处理方法：用替代品逐一排除，是哪件的问题更换哪件。

现象四：工作面人机操作界面显示“ XXX 号支架总线通信故障”。

原因：本架总线通信故障。可能是本架靠近信号转换器一端连接器的问题。也有可能是控制器 CAN 通信有问题。

处理方法：用替代品逐一排除，是哪件的问题更换哪件。

现象五：工作面人机操作界面显示“ XXX 号支架网络编号错误”。

原因：XXX 号支架网络编号错误。

处理方法：重新编号。

现象六：工作面人机操作界面显示“ XXX 号支架网络编号重复”。

原因：XXX 号支架网络编号重复。

处理方法：重新编号。

② 人机操作界面故障

现象：人机操作界面黑屏、连续复位、按键不动或没响应。

原因：人机操作界面坏。

处理方法：换人机操作界面。

(2) 电磁阀不动作

现象：某个电磁阀不动作。

处理方法：用"系统检测"菜单列中的对应电磁阀来进行检测，若显示"未安装"则用排除法判断是控制器输出口、连接线、电磁阀口哪个的问题，然后更换。

(3) 传感器故障

① 推移行程传感器故障

现象一：显示"＊＊＊＊"，传感器测量值超出量程，或明显与实际不符的，或坏。

其故障原因与处理方法如表5-6-27所示。

表5-6-27　　传感器显示"＊＊＊＊"的故障原因及其处理方法

原　因	处理方法
传感器插座与传感器线的连接处接线端子被压坏，产生漏电	换接线端子
个别传感器在下井之前的测试不完全、方法不正确或测量用电池电压低造成测量结果不真实	换成套千斤顶到地面，换传感器
传感器在下井后没有及时安装，导致千斤顶进水或千斤顶本身有裂隙，造成进水，发生漏电	换千斤顶到地面调试
本架或同一电源组内的其他传感器或电缆的损伤导致的漏电、短路电流干扰对本传感器测量值产生干扰	找出漏电处，换有关的设备
由于传感器本身的干簧管位置差异，导致了过推现象的产生，即千斤顶的推出位置导致小磁环超出了传感器电路的测量范围	如误差小于50 mm不用处理
传感器线损伤、未接线导致线头外露，从而与千斤顶外壳、大地短路、漏电	换线
传感器本身出现故障	换千斤顶到地面，换传感器

现象二：显示"＃＃＃＃"。

原因：传感器关闭。

处理方法：修改参数打开传感器。

现象三：显示"vvvv"。

原因：控制器未采集到传感器的值。

其故障原因处理方法如表5-6-28所示。

表5-6-28　　传感器显示"vvvv"的故障原因及其处理方法

原　因	处理方法
传感器本身出现故障	换传感器
连接器损坏	更换连接器
控制器的C_3端口有问题	更换控制器

② 压力传感器

现象一：显示"＊＊＊＊"或与实际值明显不符或随支架的升降保持恒值或无输出或机

械损伤

原因:传感器坏或控制器检测口坏或控制器与传感器的连接电缆坏

处理方法:换传感器或控制器或电缆。

现象二:显示"＃＃＃＃"。

原因:传感器关闭。

处理方法:修改参数打开传感器。

现象三:显示"vvvv"。

原因:控制器未采集到传感器的值。

压力传感器故障原因及其处理方法如表 5-6-29 所示。

表 5-6-29　　压力传感器故障原因及其处理方法

原　因	处理方法
传感器本身出现故障	换传感器
连接器损坏	更换连接器
控制器的 C_4 端口有问题	更换控制器

(4) 耦合器故障

现象:通信信号(中间的两个灯闪烁表示正常,一个表示邻架通信,一个表示总线通信)在此耦合器处中断,而且相连的电缆完好。

处理方法:换耦合器。

(5) 电源故障

现象一:电源箱提供的一路 12 V 直流电不正常,使本电源组内的控制器不能启动。

原因:电源模块或电源线坏。

处理方法:换模块或电源线。

现象二:电源箱提供的二路 12 V 直流电不正常,使用本电源的控制器不能启动。

原因:电源或电源线坏。

处理方法:换电源或电源线。

现象三:电源箱提供的直流电是正常的,但本电源组内的控制器不能启动或反复复位,同时电源的指示灯变红,而不是正常时的绿色。

原因:本电源组内存在漏电的地方。

处理方法:先使电源只接一个控制器,看控制器能否启动,如不能正常启动,此控制器或它的电缆存在漏电地方。如能正常启动,则再接一个控制器,看效果。通过这种方式,判断漏电是在哪一个控制器。只查此控制器的架间电缆,看效果,然后一根一根的查它后面的电缆,确定是哪一根电缆的故障,最终找到故障点。

5.6.2.9　*液压支架智能控制系统发展趋势*

国产液压支架电液控制系统产品和技术日趋成熟,技术性能指标及其元部件的可靠性得到了较大提高,大幅缩小了与国外同类产品的差距,在个别指标上甚至还超过了国外产品的技术性能指标。国产电液控制系统装备与国外同类产品相比其稳定性和可靠性还有一定的差距。国产电液控制系统在智能化方面的技术研究成果优于国外同类产品,电液控制系统应对煤矿复杂地质构造环境条件适应性差，煤岩识别、工作面姿态控制等关键技术还没有重大突破。液压支架程序、参数的静态化还不能适应不同地质条件下随时变化的煤矿工作面环境条件和运行设备动态变化的工况环境条件，液压支架电液控制系统重点提升环境条件适应性能和产品可靠性，产品功能与性能向着开采智能化方向发展。国产和进口液压支架电液控制系统技术性能和功能对比如表 5-6-30 所示。

表 5-6-30　　国产和进口液压支架电液控制系统技术性能和功能对比一览表

指标	国产电液控制系统	进口电液控制系统	技术对比
控制器通信	19.2～128KB	9.6～56KB	等同
	CAN\RS485\RS232	BIDI\RS232	等同
控制器显示	128×64 点阵	128×64 点阵	等同
结构	1 件式：控制器	1 件式：控制器	等同
	2 件式：控制器＋人积极面；控制器｜驱动器	2 件式：控制器｜驱动器	
	3 件式：无	3 件式：控制器＋人机界面＋驱动器	
高度检测	精度 5 mm	精度 5 mm	等同
姿态检测	有	有	等同
位置检测	有	有	等同
急停功能	有	有	等同
闭锁功能	有	有	等同
隔架操作	有	有	等同
跟机控制	有	有	等同
远程遥控	有	无	优
软件在线升级	有	有	等同
防护等级	IP68	IP68	等同
数据上传	有	有	等同
稳定性	较好	好	稍差
环境条件适应性	差	差	等同
电磁铁电流	100～120 mA	100～180 mA	等同
隔爆计算机	2×1.6 G	1.6 G	等同
远程操作台	有	无	优

5.6.3　刮板输送机

工作面运输系统由刮板输送机、转载机、破碎机（也称三机）等组成，刮板输送机（图 5-6-121）是采煤工作面的主要运输设备，通过刮板输送机的刮板链牵引、把散落到刮板输送机溜槽中的煤块和物料运送出去，同时刮板输送机还是采煤机（割煤设备）的运行轨道，采煤机骑坐在刮板输送机上行走。刮板输送机的运行姿态直接关系到采煤机的割煤效果，刮板输送机通过十字头与液压支架实现柔性连接，并能作为液压支架前段的支点。当工作面准备割煤时，应首先启动工作面刮板输送机运行，才允许采煤机进行割煤作业。刮板输送机通过其电动机旋转带动刮板链运动，通过液压支架的推溜动作，实现刮板输送机的迁移。转载机与刮板运输机、破碎机及皮带机尾自移装置配套使用。运输机(包括前部运输机、后部运输机)卸载下的煤炭经转载机(包括破碎机破碎后)提升并卸到顺槽皮带机上,采煤机、液压支架、工作面刮板运输机、转载机、破碎机与胶带式输送机一起实现综合机械化采煤的连续采、运、破碎煤炭。工作面运输系统是保证工作面正常出煤的基础条件,如果工作面运输系统出现故障,整个采煤工作面将会面临停产状态,使整个生产中断。工作面运输系统主要存在运量、运力、可靠性、自动化、智能化等问题,在装备方面存在运输量小,运输设备功率小,设备的可靠性与使用寿命与国外存在一定差距,工作面设备操作需要人工看护,手动操作自动化程度低,设备自诊断与工作面设备的联动智能化性能薄弱等问题。

图 5-6-121　刮板输送机

要实现工作面运输系统的自动化、智能化,对内应解决提升设备可靠性,对设备的机械结构应力、磨损进行状态检测与设备健康诊断,实现装载机自移等自动控制功能,实现运输机、转载机、破碎机一键顺序启停控制;对外应以运输系统的能力来拉动工作面的生产,应以煤流负荷来调控采煤机割煤速度,进行工作面设备的有序协调运行作业,智能化采煤工作面,将以煤流负荷为控制主线调度协调采煤工作面生产。

刮板运输机是煤矿综合机械化采煤工作面的主要运输设备,它除了要完成运煤和清理机道外,还要作为采煤机的运行轨道,以及液压支架向前移动的支点,同时还具有放置电力和通信信号电缆、水管、乳化液管的功能。

我国刮板输送机主要存在的问题有:① 可靠性差、稳定性差、效率低、零部件使用寿命短。虽然中国制造的刮板输送机在功能和参数上与国际产品相差不大,但其现场的表现和耐用性上与国际先进产品相比,还有差距;② 大型化程度较低。随着煤炭资源的深度开采与技术发展,工作面采高越来越大,采煤机的割煤能力越来越强,截割功率越来越大,但国内刮板输送机设备的大型化并不理想,国内大型煤矿生产企业在选用特大型设备时,还是选择进口产品;③ 智能化水平较低。设备智能化是通过对刮板输送机的运行状态进行实时监测和监控,利用计算机及相关软件,通过智能库运算,对刮板输送机进行实时工况检测和故障诊断,进行实时控制。而国内的刮板输送机大部分没有实时监测功能,只有一少部分大型刮板输送机上安装了监控装置,但监控的对象较少(目前只对电动机和减速器的油温、水温、水压、水流、轴承温度进行监控)。目前还没有建立煤矿工作面的工作智能库,对刮板输送机的控制也是处于探索阶段。

近几年来刮板输送机主要发展方向是从刮板输送机的长运输距离、大运输量、大功率电动机和长寿命等方面进行提升,刮板输送机的小时运输能力高达 3 500 t,长度已经达到 335 m,电动机的功率已发展到单速电机达 800 kW,双速电机 500/250 kW,整机过煤量高达 600

万吨以上。

5.6.3.1　刮板输送机组成、结构及其工作原理

1）刮板输送机组成

刮板输送机由机头部、中间部、机尾部和辅助设备四部分组成。机头部是输送机的传动装置，包括机头架、电动机、液力联轴器、减速器、机头主轴和链轮组件等。其作用是电动机通过联轴器、减速器、机头主轴和导链轮，带动刮板在溜槽内运行，将煤输送出来。中间部是输送机的送煤部分，由槽体和刮板链组成。槽体是输送机机身的主体，是荷载和刮板链的支承和导向部件，由钢板焊接压制成型，分为中部槽、调节槽和连接槽。刮板链由链环和刮板组成。机尾部由机尾架、机尾轴、紧链装置、导链轮或机尾滚筒组成。其中导链轮用来改变刮板链方向，紧链装置用来调节刮板链松紧。辅助装置包括紧链器、溜槽液压千斤顶和防滑装置等。溜槽是刮板输送机牵引链和货载的导向机构。溜槽可分为中间溜槽、调节溜槽和连接槽。主轴是刮板输送机转动装置的主要部件，带动主链轮后牵引刮板链运动。

刮板输送机由电动机、液力耦合器、减速器作为传动部分，由刮板链、链轮作为牵引部分，溜槽作为运输系统的承载部分。

2）刮板输送机结构

刮板输送机的主要结构有机头传动装置、链轮、机头架、过渡槽、过渡推移部、左变线槽（Ⅱ）、左变线槽（Ⅰ）、左抬高槽、中部槽、右抬高槽、右变线槽（Ⅰ）、连接槽、过渡槽、过渡推移部、机尾架、机尾推移部、刮板链、齿轨、电缆槽等组成，如图 5-6-122 所示。

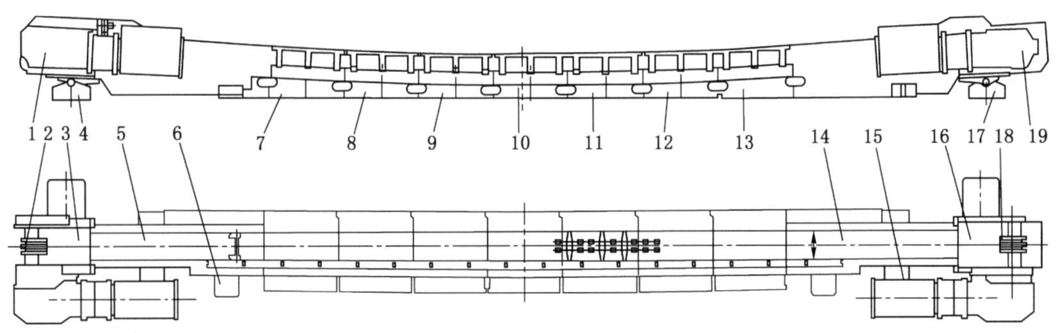

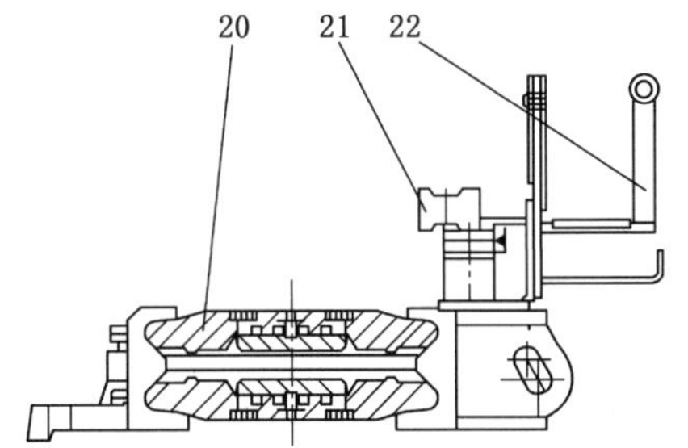

图 5-6-122　刮板输送机结构图

刮板输送机按溜槽的布置方式和结构，可分为并列式及重叠式两种；按链条数目及布置方式，可分为单链、双边链、双中心链和三链 4 种。刮板输送机可用于水平运输，亦可用于倾斜运输。沿倾斜向上运输时，煤层倾角不得超过 25°；向下运输时，倾角不得超过 20°，当煤层

倾角较大时，应安装防滑装置。可弯曲刮板输送机允许在水平和垂直方向作 2°～4°的弯曲。根据采煤工作面煤层和地质的情况不同，各个采煤单位机械化程度的不同，各单位使用习惯不同，刮板输送机有多种形式，从中部槽形式有轧制槽帮、铸造槽帮、整体铸造、可翻转使用等；从卸煤方面有端卸式运输机、侧卸式、准侧卸式、转盘式；从链条数量上有单链、双边链、中双边等。各种类型的刮板输送机，随其运输能力和结构特点而适用于不同的工作条件。

(1) 机头部

机头部主要由机头架、电动机、液力偶合器(限矩器)、减速器、连接罩、齿轮联轴器、链轮组件、舌板、拨链器、监测装置、液压马达紧链装置(闸盘紧链器)组成。

① 机头架主要是用来支承和装配机头传动装置(电动机、液力偶合器、减速器)、链轮组件、盲轴及其他附属装置的构件。

② 电动机(图 5-6-123)的作用是把电能转换成机械能。刮板输送机的容量和功率，电动机的功率已发展到单速电机达 525 kW，双速电机 500/250 kW。

图 5-6-123　刮板输送机电动机

③ 液力偶合器又称液力联轴器，如图 5-6-124 所示。液力偶合器以液体油作为工作介质通过泵轮将液体的动能转变为机械能连接电动机与工作机械实现动力的传递。液力偶合器是安装在电机与减速器之间，依靠液体环流运动来传递能量(力矩)的装置，可以实现刮板输送机的软启动、无级变速。液力偶合器具有良好的传动性能和保护功能。在输送机、电动机和减速器之间使用液力偶合器，可实现电动机轻载启动或空载启动、负载平缓启动，吸收冲击和消除扭转振动，实现多机驱动中的负载均衡，保护电动机和整个传动系统。在刮板输

图 5-6-124　刮板输送机液力耦合器

送机启动时采用软启动技术可以减少刮板输送机启动时克服设备静摩擦力，需要较大的功率，造成工作面供电系统电网波动的问题。

液力偶合器具有良好的传动性能和保护性能，在输送机电动机和减速器之间使用液力偶合器，可实现电动机轻载启动或空载启动、负载平缓启动，吸收冲击和消除扭转振动，实现多机驱动中的负载均衡，保护电动机和整个传动系统。

其优点如下：首先，提高了电动机的启动能力，改善启动性能，减少了冲击。即可以缩短电动机的启动时间，使电动机很快达到额定转数，然后从动轴才逐渐加速。这样，既减少了起动过程中的电能损失，又使起动平稳；其次对电动机和工作机械具有过载保护作用；最后在多台电机传动系统中，能使每台电动机的负荷分配趋于均衡。

液力偶合器的工作原理是电动机带动泵轮旋转→带动工作液体做圆周运动产生离心力→驱动涡轮叶片旋转→从动轮旋转→输出力矩。

④ 减速器(图 5-6-125)是一种动力传达机构，利用齿轮的速度转换器，将电动机的回转数减速到所要的回转数，并得到较大转矩的机构。它把电动机高速运转的动力通过减速器的输入轴上的齿数少的齿轮啮合输出轴上的大齿轮来达到减速的目的。通过减速器实现了电动机对刮板输送机转速和转矩的匹配，以满足工作面运输系统的需求。减速器可选用三级传动的圆锥-圆柱齿轮减速器、三级传动的圆锥-圆柱行星齿轮减速器等几种。

图 5-6-125　刮板输送机减速器

⑤ 链轮组件主要是由链轮、滚筒组成的，如图 5-6-126 所示，是刮板输送机的重要传动部件。在工作过程中，刮板链要克服很大的摩擦阻力，承受很大的静载荷和动载荷，故要求它具有较高的强度、韧性和耐磨性能，机尾链轮组件与机头链轮组件可互换。

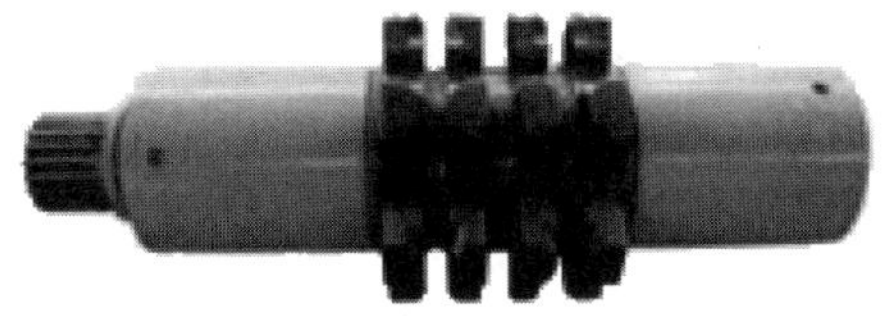

图 5-6-126　刮板输送机链轮组件

⑥ 盲轴装在机头架的不装减速器的一侧，是支撑链轮的一个组件。其轴承座装在机头架侧板的座孔内，用螺栓固定。

⑦ 一般头、尾各三节变线槽(也有的机型头尾各四节)，每节槽变线量一般为 26 mm。变线槽就是通过改变齿轨的角度，而改变采煤机的运行方向，使采煤机的切割滚筒斜切入煤壁(使切割滚筒和运输机铲板侧水平距离增大)，保证采煤机能切通、切透。

(2) 中间部

刮板输送机中间部由过渡槽、中部槽、链条和刮板等组成。溜槽是载货和刮板链的承载机构。

① 过渡槽把机头(尾)架和抬高槽连接起来,一端靠两个定位销及法兰连接螺栓与机头架相连,另一端通过哑铃与抬高槽相连。过渡槽既起到连接机头架和抬高槽的作用,又能调节机头架和抬高槽的高度差。

② 刮板机的中部槽是刮板输送机的机身,由中板和槽帮钢等组成,如图 5-6-127 所示,上槽运煤下槽供刮板链返程用。根据中部槽的实际使用情况与结构特点,刮板输送机中部槽在推溜时其弯曲段小于 15 m 容易造成断链、飘链、错茬等事故。中部槽过小的弯曲长度将极大地增加刮板链运行阻力,加快中部槽的磨损。减小中部槽的可弯曲角度可有效降低刮板链运行阻力和延长中部槽的使用寿命。

图 5-6-127 整铸式刮板机中部槽

弯曲段长度过长,增加了斜切进刀的时间,拉长了各工序所形成的采煤作业线的长度,加长了采煤机每割一刀煤的循环时间;弯曲段过短,推溜时可能会发生将刮板链顶断或顶脱槽、溜槽间错槽等事故。当用千斤顶推移刮板输送机节槽时,会自然出现两段长度相等,方向相反的对称弯曲段。在溜槽端头外侧凹槽中嵌入哑铃形连接板及直角弯销,用菱头螺栓将挡煤板和铲煤板固定到溜槽两侧槽帮的支座上,对哑铃形连接板限位,使之不会从高锰钢端头的凹槽中脱出,并允许相邻溜槽间在水平方向偏转 2°,在垂直方向上偏转 3°。

推移步距:割煤深度(m),溜槽长度:支架宽度(m)。关联的生产工艺:推溜架数,三角煤斜切进刀。刮板输送机负荷,软启动。链条张紧,机尾自移。

③ 刮板链是刮板输送机的牵引机构,刮板链由刮板和圆环链组成,如图 5-6-128 所示。刮板链运行过程中主要考虑其阻力大小和受力分布,刮板链条主要考核的预紧链条预张力。刮板链的强度及其张紧力,直接关系到刮板输送机的可靠性,刮板链断裂将造成工作面停产。

④ 刮板机齿轨(销轨)(图 5-6-129)安放在齿轨座上,齿轨座焊接在中部槽槽帮上,是用来为采煤机提供行走轨道。

⑤ 电缆槽是用于采煤机电缆夹伸弯的导槽。

(3) 机尾部

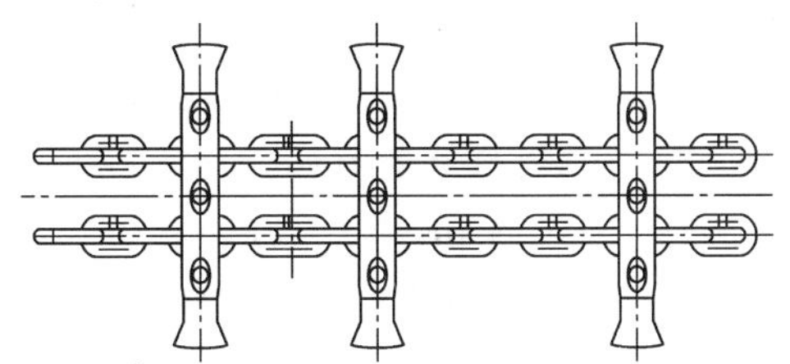

图 5-6-128　刮板输送机刮板链

图 5-6-129　刮板输送机齿轨

机尾部与机头部差不多，主要由机尾架、电动机、液力偶合器、减速器、连接罩、齿轮联轴器、链轮组件、舌板、拨链器、油缸、油箱等部件组成。

⑥ 运输机的机尾架可设计为普通机尾架和可伸缩机尾架两种，普通机尾架与机头架相同。只是组装时增加压链块和回煤罩。

可伸缩机尾架由固定机架和活动机架两部分组成。固定机尾架与中部槽连接。活动机架在固定机架的导(轨)槽内可移动。在机架两侧固定机架与活动机架之间装有推力油缸。在油缸作用下活动机尾架可在一定范围内后移，借此可实现不停机微调整刮板链张紧力。通过调节可伸缩机尾架的位置，可以调节刮板输送机链条的张紧力。

(4) 辅助部分

刮板输送机的辅助部分由铲煤板、挡煤板、紧链器、防滑锚固装置、推移装置等组成。

① 铲煤板是装在中部槽一侧用以铲装浮煤的构件。铲煤板的作用是将煤壁的浮煤通过推移溜槽后装入溜槽。铲煤板实质就是安在溜槽帮上的一个楔子，靠推力和铲面铲入煤体.在后部推力的推动下溜槽和铲煤扳前移，煤沿铲煤板向溜槽内滑动，在煤堆自然角的作用下落入运输机糟内，由运输机拉走。因此对铲煤板的基车要求是：首先，铲入角要小，目的是减少铲人煤体阻力；其次，煤体对铲煤板产生的阻力的合力在溜槽帮高度中心以上，目的是平衡后部推力产生的以铲煤前端为支点向上的力矩；最后，实践证明，选择高度中心以下选 30 度角，中心线以上选 45 度角，中间用圆弧过渡，有利于铲装煤。

可以利用液压支架的调斜千斤顶使在推溜时将溜槽一侧提升一个高度，使铲煤板有一个比较合适的角度，溜子贴地的效果更好，使推溜过程达到更好的装煤效果，这在薄煤层工作面更为实用。

② 刮板输送机挡煤板的作用是增加溜槽装运货载的断面积，提高运输能力，并防止煤炭溢出抛撒到采空区，还可以用来敷设和保护电缆、油管、水管等管线。薄煤层刮板输送机的挡煤板高度较低，当采煤机割煤、装煤或推溜装煤时有可能会将刮板输送机内的煤豁出来，弄到刮板输送机和支架之间。因此，应控制好推溜装煤量，必要时采用多次推溜的方式逐步把机道上的煤装载到刮板输送机上去。

3）刮板输送机工作原理

刮板输送机以敞开的溜槽作为煤炭、矸石或物料等的承载构件，以刮板固定在链条上（组成刮板链）作为牵引构件。以电动机带动液力偶合器和减速器作为传动构件驱动链轮，带动机头轴上的链轮旋转，链轮与刮板链相啮合，带动刮板链连续运转，使刮板链循环运行带动物料沿着溜槽移动，从而将煤炭运送到机头部卸载运输的目的。刮板链绕过链轮作无级闭合循环运行，完成物料的输送。

4）刮板输送机型号说明

刮板输送机型号说明如图 5-6-130 所示。

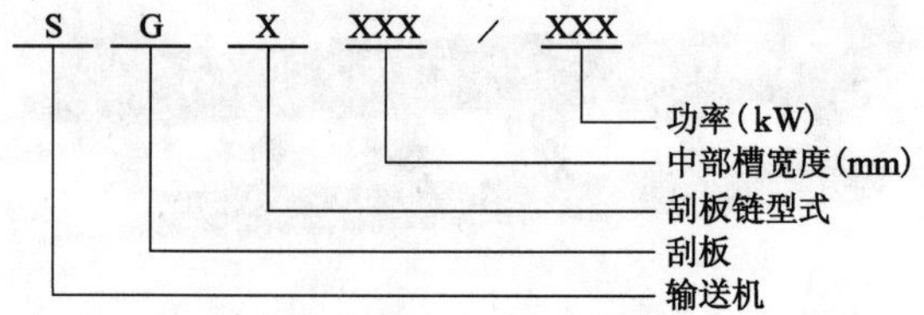

图 5-6-130 刮板输送机型号说明

5）刮板输送机主要技术参数

刮板输送机的主要技术参数通常包括运送能力、设计长度、装机功率、链速、刮板链型式、链条规格、中部槽规格等，另外还包括电机功率、转速、工作电压，减速器传动比，圆环链规格，最小破断负荷，整机弯曲性能，机器总重量等参数如表 5-6-31 所示。例如：SGZ1250/2×1200刮板输送机的刮板机长度 320 m，槽宽 1.25 m，装机功率 2×1 200 kW，输送能力3 750 t/h。

表 5-6-31 刮板输送机典型机型技术参数表

系列型号	设计长度/m	输送能力/(t·h^{-1})	中部槽宽度/mm	链条型式	装机功率/kW	典型机型
620	100	150	590	B	40、2×40	SGB620/40
630	200	250	600	B	2×75	SGB630/150
630	150～200	250～450	590	B、Z	2×(75～200)	SGZ630/220
730	150～200	450～700	680	B、Z	2×(132～200)	SGZ730/400
764	150～200	700～1 000	724	B、Z	2×(132～400)	SGZ764/630
830	150～200	1 000～1 200	780	Z	2×(315～525)	SGZ830/750
800	150～250	1 200～1 500	800	Z	2×(375～525)	SGZ800/800
900	150～250	1 500～2 000	900	Z	2×(315～525)	SGZ900/1050
1 000	200～300	2 000～2 500	1 000	Z	2×(525～1 000)	SGZ1000/1400
					3×(525～1 000)	SGZ1000/2100
1200	200～350	2 500～3 000	1 200	Z	2×(525～1 000)	SGZ1200/2000
					3×(525～1 000)	SGZ1000/2565
1250	350～400	3 000～3 500	1 250	Z	2×(700～1 000)	SGZ1250/2000
					3×(700～1 000)	SGZ1250/2565

启动平稳能根据负载大小自动调整启动时长，启动时间 0～1 800 s 可调；链条加速度小于 0.02 m/s^2；满足重载启动要求，零速下转矩达 2 倍额定转矩；运行中链速能自动调整，根据空载，轻载和满载等输送机运量的变化，智能的调节刮板的运行速度。速度变化范围不小于 30%；具有机头尾电机动态功率平衡功能，不平衡度＜2%；在设备长时间停机时能自动松链、释放应力，实现刮板链条的自动保护；低速检修模式速度可按需要调整，并可对电机的输出转矩进行限制；能够对设备关键零部件的运行状态实时进行监测、记录及分析判断。

5.6.3.2　刮板输送机智能化关键技术

刮板输送机智能化的主要关键技术问题如下：

(1) 重量大，空载阻力大。刮板链质量大，刮板与中板摩擦向前推进，物料也通过刮板的阻挡和中板摩擦向前推进，使得电机 30%多的功率浪费在空载运行上。

(2) 静摩擦力大，启动难。刮板输送机在输送物料的过程中需要较高的启动力矩，启动过载系数通常为 2.5～3.0，因此满载启动难的问题不能很好地解决。

(3) 动载负荷大。主要原因如下：① 自身结构原因。由于刮板输送机是采用链传动，链轮与链条啮合过程中，链条产生变化的速度，即多边形效应，因而会在链条中产生动应力，其值取决于链速、链节距、链轮半径、齿数等；如果存在制造、设计、安装误差，通常为链节距误差、链轮直径、齿形误差等，这种动载荷会大大降低链条的寿命，加剧链轮的磨损。② 工作环境原因。由于刮板输送机是和采煤机与液压支架配套使用的，采煤机在刮板输送机上行走，支架推动刮板中部槽移动，工作中会出现工作面煤片帮、刮板链被卡死、输送机上煤量过大、满载启动困难等情况，这就会产生很大的动负荷。此外，采煤机行走、震动，支架推移使输送机曲线运行等也会产生动负荷。③ 刮板输送机在运行的过程中经常出现冲击、刮卡等现象，采用传统的软启动方式，将会对刮板输送机造成严重的过载冲击，导致齿轮、链条等元件断裂，甚至烧毁电动机。

(4) 工作阻力大。其运输距离也受到一定限制。

(5) 经常启停。启动电流大，传统的启动方式会产生巨大的电流，对电网造成巨大的冲击，导致电网电压的降低，影响刮板输送机的正常运行软启动。软启动技术作为原动机和工作机之间的纽带，对于保护电动机、避免对链条强烈冲击、实现设备平稳启动和可靠运行等起着至关重要的作用。软启动装置具有以下特点：① 保证电机无负载启动；② 多电机驱动下的顺序启动；③ 多电机自动负载平衡；④ 平稳且非常迅速地建立起扭矩，利用电机峰值扭矩；⑤ 防爆，具有较强的环境适应性。采用液力耦合器通过液力耦合器可以将电动机高速旋转的机械能通过液体动能转换到减速器中，消除电机高速旋转冲击能量，实现刮板输送机的软启动，采用变频驱动技术将电动机直接与减速器相连通过调节电压和频率，可以提高设备的功率因素，提高传递效率 5%～10%。

(6) 减速器通过多级齿轮变速达到规定的转速，齿轮高速旋转咬合过程中摩擦容易产生磨损缩短设备使用寿命，造成设备损坏，需要实时监测减速器的工作状态。

(7) 铲煤板在推溜过程中将机道上的浮煤铲到溜子上，增加溜子的贴底效果，防止漂溜子。在薄煤层使用的轻型刮板输送机由于机身轻，容易产生漂溜子，刮板输送机的贴底效果不好。

(8) 挡煤板防止煤炭或岩石涌出到溜槽外部，在薄煤层工作面，由于刮板输送机的过煤量小，挡煤板矮，推溜过程中很容易把煤溢出溜子到支架里面，造成支架拉架困难等问题。

(9) 溜槽之间允许活动的夹角是对液压支架实施对刮板输送机迁移时的约束条件，即在液压支架进行推溜和拉溜时，应保证其弯曲段的有效长度，在进行刮板输送机姿态控制过程中，相邻溜槽之间的夹角在允许的范围内。

(10) 变线槽的参数直接与工作面端头三角煤割煤工艺相关联，是控制采煤机三角煤割煤工艺与液压支架跟机自动控制的主要参数。

5.6.3.3　刮板输送机智能化功能与技术

1) 智能化软启动

刮板输送机在空载启动时消耗的功率较大，大约为总功率的30%左右，克服刮板链条的静摩擦力和刮板输送机上承载的物料低速运行。在早期的刮板输送机启动时，将消耗较大的功率，甚至把整个工作面供电系统电网电压拉下来。采用双速电机＋液力耦合器＋减速器，在启动时可以使用低速绕组运转实现低速、低功率、高转矩，可以有效地解决该问题，另外在刮板输送机上使用变频技术和电机直驱减速器，通过变频器直接控制转矩，逐步加载，速度由频率控制，可以更好地解决这个问题。启动采用分阶段控制方法，即启动之初采用预张紧控制策略，通过对机头和机尾电机的分别控制，张紧输送机底部的链条；在底部链条张紧之后机头和机尾的电机才会同时启动运行。防止机头堆链、跳链，避免机尾卡链、磨槽沿。限制起动时作用在刮板链上的载荷保护链条。启动完成后，先在设定的较高速段运行一定时间，清理滞留在溜槽中的浮煤，然后进入设定的低速过渡运行状态，刮板运输机带载后，根据负载和系统运行状况实现智能自动调速。

(1) 双速电动机传动系统

双速电动机传动系统多采用双速电动机＋液力偶合器或双速电动机＋摩擦限矩器的方案。双速电动机采用多极对数绕组通电低速启动，以限制启动电流，提高启动扭矩，延长启动时间，减小动应力，当达到一定转速，低速启动过程结束，换到少极对数绕组通电高速运行，实现软启动。低速启动扭矩常达额定扭矩的2.5～3倍以上，可实现重载和过载启动。液力偶合器和摩擦限矩器可起到过载保护作用。

(2) CST可控传动装置

德国DBT公司和美国DODGE公司研制出的CST(controlled start transmission)型装置是集减速、离合、调速、液控、电控、冷却、运行监测及装置自诊断为一体的高科技产品，是由主体部分、液压驱动器、冷却系统、电控器及传感器等部分组成。该传动装置具有电动机空载启动功能，可减少直接启动负荷对电网与电动机的冲击，实现输送机软启动、软停车，具有双向过载保护、无级调速、多点传动功率平衡等特点。

(3) 阀控液力偶合器传动系统

德国Voith Turbo公司研制的阀控液力偶合器，安装于电动机与减速器之间，通过PLC控制模块分析处理来自耦合器内的液位、温度、转速等信号，对电液阀组发出“指令”，以控制耦合器内的充液量，实现电动机无负载启动、刮板输送机平稳软启动、刮板输送机运行、高温换水、慢速空载运行、停机等功能。

(4) 变频调速系统

变频调速技术是一种以改变电动机频率和电压来达到电动机调速目的的技术。其核心就是变频调速器，是一种可以将三相工频(50 Hz)交流电源(或任意电源)变换成三相电压、频率可调的交流电源的装置，也可称为变压变频装置，主要用于调节交流电动机转速。德国保越公司应用变频调速技术将变频器与电动机组合为一体，成功研制变频电动机，其显著的节能高效的调速精度、宽的调速范围、完善的电力电子保护功能以及易于实现的自动通信功能，是以往调压调速、变级调速和液力偶合器调速等技术无法比拟的，具有全自动化和远程控制。其具有启动电流小、对电网的冲击小、功率因数高，可靠性高，过流、过压欠压及过载等多种保护功能。其他软启动系统还有基于电气控制原理的斩波调压软启动系统和可控硅软启动系统等。

(5) 煤流负荷平衡技术

根据刮板输送机运行状态对采煤机进行调速，需要对刮板输送机负载状况有一定的预判能力。刮板输送机负载状态最重用的特征参数是机头和机尾电机的电流，通过对刮板输送机电流的时间序列分析，建立刮板输送机负载预测数学模型，提前预报给采煤机控制系统，确定刮板输送机不同负载状态下，采煤机速度调节区间，实现刮板输送机煤流负荷均衡运行智能控制。

2) 刮板输送机链条自动张紧装置

刮板链作为刮板输送机的主要组成部分，其负载并不是恒定值，而且刮板链本身为弹性体，运行时因受到拉力，会产生弹性伸长，这个伸长量会使刮板输送机链条处于松弛状态。通常用刮板机链条张紧机构来调节刮板链的伸长量。采用普通的手动控制会使链条在运行中处于过松或过紧的状态。控制得过松会造得成刮板链在驱动链轮分离点处松弛，甚至发生堆积而导致断链、卡链或断齿等事故；控制的过紧则会增大运行阻力，使刮板输送机功率消耗过大，元件过度磨损。为了保证刮板输送机在不同的工作条件下能够正常工作，常使用链条张紧控制系统来实现刮板链的自动调节，使刮板链的张力控制在合理的范围之内，不仅减轻了工人的劳动强度，而且延长了链条的使用寿命。

(1) 刮板输送机链条自动张紧装置组成

刮板输送机链条自动张紧装置，主要包括主控箱、控制系统、控制电缆、控制电器、电源、电液控换向阀组、传感器、行程开关、过滤器、单向阀、压力传感器、压力表、张紧油缸、液压胶管和接头。

(2) 工作原理

电气控制系统根据张紧油缸中的压力传感器提供的信号，由控制系统的程序进行运算，判断刮板链的松紧程度是否处于正常工作范围之内，或工作情况异常，并将运算结果形成控制信号，向液压系统发出动作指令，液压系统根据指令，自动将张紧油缸进行伸缩或者保持现有状态，使刮板链始终处于合适的工作状态，保证刮板输送机的安全、正常运行。

由于刮板输送机的使用条件差异非常大，所以要使自动张紧装置发挥好作用，必须对刮板输送机的本身技术参数，如铺设长度、中部槽宽度、刮板链组的参数，机头及机尾的卸载高度、伸缩机尾自身的参数等进行设定，同时还要对刮板输送机的工作环境参数，如温度、湿度、采向角度、走向角度、煤质等进行设定，这样才能在控制系统中形成正确的指令。

① 刮板输送机链条张力值分析

为了解决刮板输送机链条在运动过程中发生断链、卡链或断齿等故障，就需要通过对链条的力学计算，分析链条的故障原因。

假设刮板输送机为双链轮驱动，主动轮与从动链轮功率分配比值为 1∶1。刮板输送机链条在额定均布载荷作用下，根据逐点张力法计算出各部分受到的张力载荷，如图 5-6-131

所示。由图可以看出 S_3 点受到的张力值最大，S_4 点受到的张力值最小。因此在 S_3 点容易发生由于张力过大产生的断链事故；S_4 点附近若有较长一段处于零张力情况，容易发生由于链条过松引起的断链、卡链或断齿等事故。

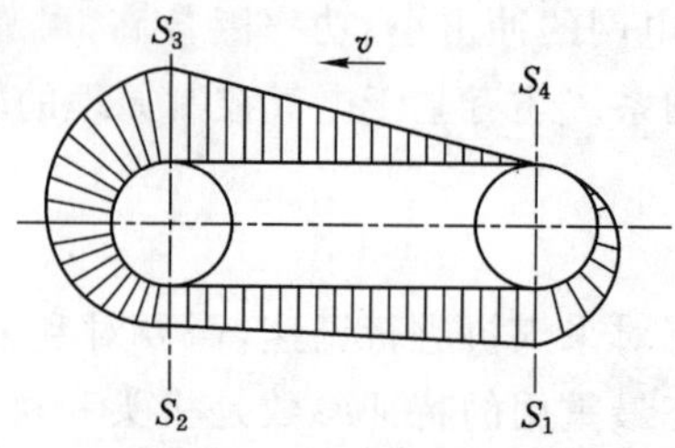

图 5-6-131　链条张力图

该系统主要包括以下三部分内容：一是数据分析装置，包括控制器、人机操作界面、矿用隔爆兼本质安全型稳压电源等；二是信号监测装置，包括压力传感器、伸缩油缸行程传感器、开停传感器；三是液压控制装置，包括电液控换向阀、液控单向阀、球阀、过滤器等。刮板输送机在工作过程中，通过信号监测装置监测伸缩油缸大腔压力，该压力值间接的反映了刮板输送机链条的张力。信号检测装置将监测到的压力值实时的反馈给数据分析装置。数据分析装置将反馈的数据与预设的数据进行分析，当需要调整链条的张力时，通过对液压控制装置发送指令，实现伸缩油缸移动量和链条张力的双重控制。信号监测装置还将监测伸缩油缸活塞杆的伸出量，当伸出量达最大值时，会通过数据分析装置发出警报，提示伸缩油缸已达最大行程。为了延长电液控换向阀的使用寿命，信号监测装置还将通过开停传感器监测刮板输送机的启停信号，用于了解刮板输送机的工作状态，确保在停机状态电液控换向阀不频繁动作。其系统配置逻辑框见图 5-6-132。

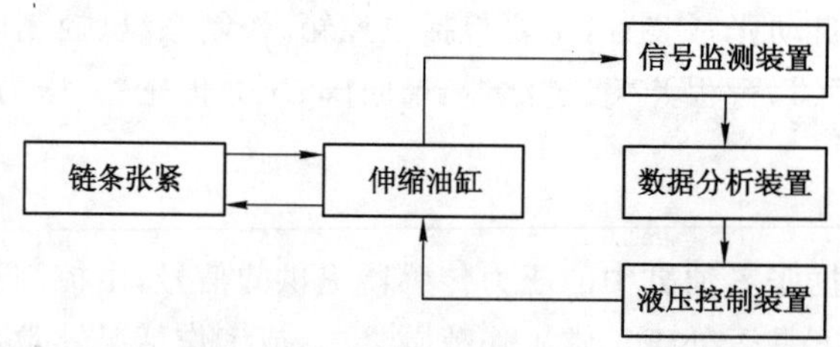

图 5-6-132　刮板输送机链条张紧控制系统逻辑框图

② 液压控制装置

液压控制装置是链条自动张紧控制系统中的执行装置，直接控制伸缩油缸的伸缩动作，为了实现电控液压换向的目的，系统采用功能 2 的电液控换向阀。由于刮板输送机在工作过程中，伸缩油缸会受到轴向作用力，为了维持伸缩油缸的伸缩量，在伸缩梁油缸的大腔安装液控单向阀。同时，为了保证伸缩油缸动作速度不会太快，在伸缩梁油缸的大腔安装节流阀。系统配备安全阀、球形截止阀、筒式过滤器，用于完善系统，保证系统安全、稳定。

液压控制装置根据刮板输送机的结构特点，对控制刮板输送机伸缩油缸的液压系统进行设计(液压系统如图 5-6-133 所示)，该系统主要液压元部件有：电液控换向阀，液控单向阀，节流阀，安全阀，球形截止阀，筒式过滤器，回液断路阀和压力表等。

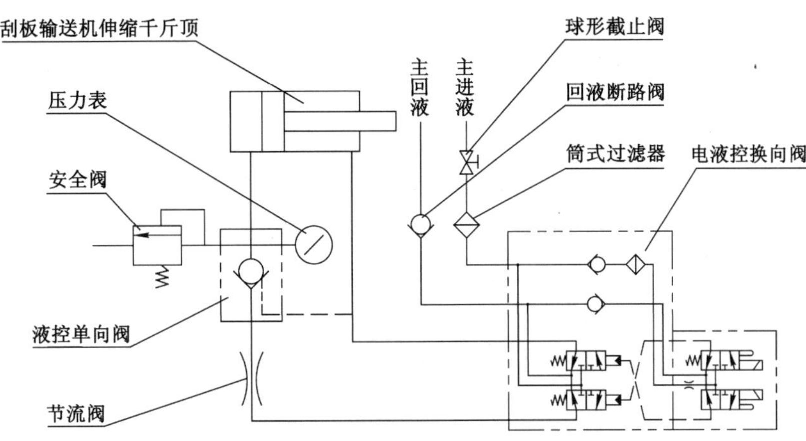

图 5-6-133　液压系统图

③ 电控系统

电控系统包括数据分析装置和信号监测装置两个部分。数据分析装置包含控制器、人机界面、矿用隔爆兼本质安全型稳压电源。控制器作为链条张紧电控系统的核心，具有数据分析计算的功能。人机操作界面用于对系统参数及工作模式的设定，并且可以显示系统状态。矿用隔爆兼本质安全型稳压电源为系统提供稳定的 12 V 直流电源。这些设备均安装在机尾自动张紧系统控制台上，方便修改参数及控制操作。信号监测装置包含压力传感器、行程传感器、感应磁环、行程传感器接插座、开停传感器。2 个压力传感器安装于液压控制装置中的液控单向阀上，可以监测伸缩油缸大腔压力，双压力传感器可提高系统可靠性。行程传感器安装于伸缩油缸上方，可同步监测伸缩油缸的行程值。开停传感器用于监测刮板机启停状态，使控制器处于实时监测状态或间歇监测状态。

硬件设备通过连接器连接，确保设备供电及信号传输，主要电控元部件有：控制器，人机操作界面，行程传感器，矿用压力传感器，开停传感器，矿用隔爆兼本质安全型稳压电源，电控系统连接如图 5-6-134 所示。

(3) 系统功能

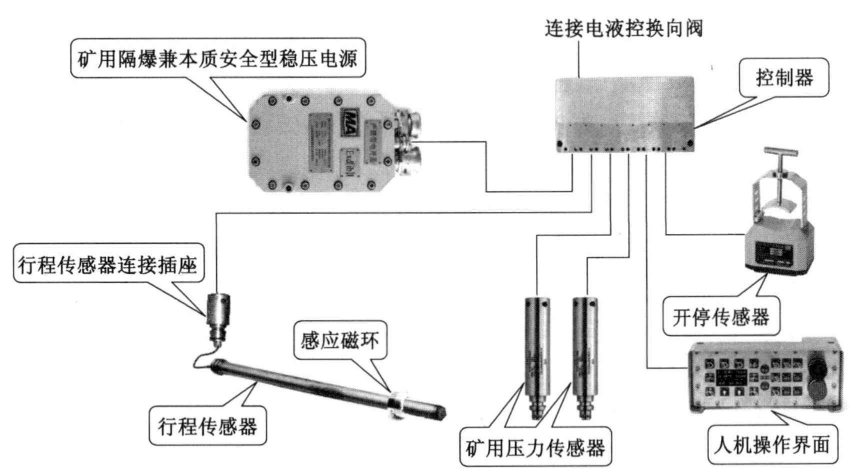

图 5-6-134　电控系统连接图

① 系统具有手动和自动控制的功能。(a) 手动模式:主要用于人为干预油缸动作,以及当油缸达到最大行程,需使油缸收回,进行截链操作。当控制器处于手动模式时,按下"伸出"键时,油缸伸出;当按下"收回"键时,油缸收回。该动作指令为点动动作。(b) 自动模式:当控制器处于自动模式时,控制器通过信号监测装置监控伸缩油缸状态,通过程序自动控制伸缩油缸动作,实现刮板输送机链条张紧控制。

② 具有压力、行程双重监测功能。压力传感器用于监测伸缩油缸的大腔压力,分析链条动态张力。行程传感器用于监测伸缩油缸活塞杆伸长量。通过这两个数值的监测,可双重监测刮板运输机链条的伸缩值,确保系统运行稳定。

③ 具有刮板输送机启停监测功能。通过控制器接收到的刮板输送机启停信号,可使刮板运输机在启动状态下处于实时监测状态,在停机状态下处于间歇监测状态,保护电液控换向阀使用寿命。

④ 可以实现刮板输送机链条张紧控制系统的急停与闭锁控制。(a) 急停操作:按下急停按钮,停止刮板输送机链条张紧控制系统动作;(b) 闭锁操作:按下闭锁按钮,对刮板输送机链条张紧控制系统实施动作闭锁。

⑤ 具有声光报警功能,可提示工作人员系统工作异常。

3) 刮板输送机自移控制

刮板输送机自移控制系统包括有机头传动部、支撑油缸组件、机头行走车、机尾组件,机头传动部与机尾组件连接刮板链组,刮板链组上安装有调平油缸、推移油缸,刮板链组上通过螺栓连接挡煤板,挡煤板中间安装有两节凸弧中间槽、两节凹弧中间槽,调平油缸、推移油缸下端安装有后车轮组。该系统可以和输送机和矿车更好的搭接使用,使井下运输线更加连贯,提高生产效率。通过刮板输送机的自移控制系统实现和工作面液压支架跟机自动化控制系统的联动控制。

液压系统以高压乳化液为动力,以头端架、尾端架、中间基架为构件,以转载机、顺槽底板互为支点,利用滑动摩擦的原理,从而实现转载机与皮带机搭接处,皮带尾部的调高,调偏,自移装置的自动前移功能。自移装置的自动前移,为转载机的前移延伸了轨道。该自移机尾推移行程为 2 700 mm,满足工作面"三刀一推"的作业方式。

4) 刮板输送机的运行工况监测

重型刮板输送机的电动机和减速器运行参数的监测及控制技术是刮板输送机自动化、智能化控制领域中较为成熟的技术之一。该技术是将在线监测、数据采集及传输等技术结合起来,通过把各种电压、电流、速度及温度传感器安装于组合开关箱、电动机和减速器上,实现电压、电流、速度及电动机和减速器温升等在线监测及数据采集功能;通过现代化的数据对比分析及传输系统,将工作面刮板输送机的运行情况以模拟曲线或数字形式反馈至井下中央控制室和地面调度室的计算机上。另一个发展较成熟的监测技术是对减速器油质状况的监控。被广泛采用的方法是在井下减速器内取样,离机检验。而一种能安装于减速器油路上的在线油液监测传感器,可实现油质的在线连续自动化、智能化监测。其工作原理是应用铁谱技术将由齿轮摩擦副产生的磨粒经过由高梯度的磁场装置和沉淀管、流量控制器及表面感应电容传感器等构成的一个检测装置后,从润滑油中分离出来,分析大、小磨粒浓度及磨粒尺寸分布状况,判断减速器磨损和润滑油质情况。对减速器等传动机构振动的监测,可通过传感器采集振动信号并传输给控制器,由控制器对该信号进行分析判断。

5）远程控制

工作面可以通过监控中心远程操作台，实现刮板输送机的远程控制。

5.6.3.4　刮板输送机操作与维护保养

在刮板输送机智能化功能设计与安装调试时必须严格遵守《煤矿安全规程》相关规定。《煤矿安全规程》第一百一十四条规定：工作面煤壁、刮板输送机和支架都必须保持直线。倾角大于25°时，必须有防止煤（矸）窜出刮板输送机伤人的措施。工作面转载机配有破碎机时，必须有安全防护装置。《煤矿安全规程》第一百一十七条规定：采煤机上装有能停止工作面刮板输送机运行的闭锁装置。《煤矿安全规程》第一百二十一条规定：刮板输送机必须安设能发出停止、启动信号和通信的装置，发出信号点的间距不得超过15 m。刮板输送机使用的液力偶合器，必须按所传递的功率大小，注入规定量的难燃液，并经常检查有无漏失。易熔合金塞必须符合标准，并设专人检查、清除塞内污物；严禁使用不符合标准的物品代替。刮板输送机严禁乘人。用刮板输送机运送物料时，必须有防止顶人和顶倒支架的安全措施。移动刮板输送机时，必须有防止冒顶、顶伤人员和损坏设备的安全措施。

1）刮板输送机操作规程

（1）试运转

首先发出运转信号，先点动二次，然后再正式正常起动，刮板链运转半周后停机，检查已翻转到溜槽上的刮板链，同时检查牵引链紧松程度，是否跳动、刮底、跑偏、漂链等。空载运转无问题后，再加负载试运转。

（2）正式运转

等前台刮板输送机开动运转后发出开机信号，点动二次，再正式开动；设备运转中，司机要随时注意电动机、减速器等各部运转声音是否正常，是否有剧烈震动，电动机、轴承是否发热（电动机温度不应超过80 ℃，轴承温度不得超过70 ℃）；一般情况下刮板机不得重负荷停机，必须将刮板机上的煤运空，方可停机，停机时应先停回采工作面运输机，再停转载机；刮板机超负荷启动困难时，不得反复倒转启动，应查明原因并处理。发现下列情况应停机，妥善处理后方可继续作业：超负荷运转，发生闷机时；刮板链出槽、漂链、掉链、跳齿时；电气、机械部件温度超限或运转声音不正常时；液力偶合器的易熔塞熔化或其油（液）质喷出时；发现大木料、金属支柱、大块煤矸等异物快到机头时；运输巷转载机或下台刮板输送机停止时；回采工作面片帮冒顶，输送机内有过大煤矸，过长的物料。

（3）停机

停机时应把溜槽头、机头各部，不得压埋电动机、减速箱，保持良好的文明生产环境。

2）刮板输送机维修保养

（1）检修、处理刮板输送机故障时，必须闭锁控制开关，挂上停电牌。

（2）刮板链条在使用前必须保证所有销轴销钉的紧固到位。销钉的松紧程度，以达到所需的扭矩，必须定期检查，做好维修周期记录。进行掐、接链、点动时，人员必须躲离链条受力方向。正常运行时，司机不准面向刮板输送机运行方向，以免断链伤人。

（3）每班调整刮板链的松紧程度，并使两根链条松紧程度一致。调整刮板链通过调整拉紧丝杆进行，如拉紧丝杆行程不够时应更换刮板链。

（4）加强现场巡视人员的检查，检查清扫板和刮板销轴的缺失情况，出现弯曲链板的现象，及时汇报维修人员进行处理。

(5) 检查齿轮箱等部件时,必须先清净盖板周围的一切杂物和煤矸,防止煤矸及其他杂物进入箱体。

(6) 链条在更换时应保证链条与链条之间连接处能活动自如。

(7) 定期检查液力偶合器的油位,以减轻链条所受的动载荷和冲击载荷,延长链条的使用寿命,过载时也起到保护的作用。

(8) 定期检查埋刮板输送机机头部位的导轨架是否变形或脱落。

(9) 每班应逐一检查连接环与刮板的固定情况。如出现连接螺栓松脱和刮板掉落时应停机处理。

(10) 检查机械时手不要放在齿轮和容易转动的部位。

(11) 当两侧的刮板链磨损不一致而造成刮板倾斜运行时,可采用左右调换的方法逐渐予以纠正,链环磨损超过原直径的 25%时应予更换。

(12) 经常检查头轮和尾轮的运行情况,当头轮齿牙及尾轮链槽轨面磨损原直径的 1/4 时,应予以更换。

(13) 凡已经变形弯曲的刮板,均应予以更换。

(14) 在使用中如发现中间槽铸石板松动或脱落应立即更换,以免卡住链条。

(15) 拉紧螺杆不使用时,应涂以润滑脂,以免生锈紧不动。

(16) 拉紧螺杆锈蚀无法转动时,应予以更换。

(17) 闸门检查如下:① 由于平板闸门为开式齿轮传动,要经常清楚齿轮、齿条表面的污物;② 经常检查齿轮、齿条的正常啮合,如有卡阻现象应及时调整;③ 每班应至少开启一次,以使闸门运转灵活,防止运动部分发生锈死现象。

(18) 润滑作业规定,如表 5-6-32 所示。

表 5-6-32　润滑作业规定

序号	润滑部位	润滑点数	注油数量	润滑油(脂)牌号	备注
1	前后链轮轴承		4	2 号钙基脂	每月补油、3 个月更换一次
2	减速器		油标中位	长城 L-CKC150 工业 极压齿轮油	每班补油、6 个月更换一 次
3	302 刮板液力偶合器	1	40%~80%容腔	20 号透平油	每班补油、3 000 小时换油
4	电机	2		2 号锂基脂	12 个月更换 一次

(19) 检查后必须保证松动的螺栓紧固齐全可靠,并认真清理现场和工具,无误后方可试运转;运转中先空载试运转,确认无异常。

3) 刮板输送机故障诊断

刮板输送机是煤炭综采中重要的输送设备,是综采工作面最重要的设备之一。刮板输送机的正常稳定工作,对综采工作面及整个煤矿生产系统都是至关重要。刮板输送机在使用过程中要承受拉、压、弯曲、冲击、摩擦和腐蚀等多种作用,必须要有足够的强度、刚度、耐磨和耐腐蚀性。由于它的运输方式是物料和刮板链都在槽内滑行,运动阻力和磨损都很大。刮板输送机液力偶合器、减速器摩擦磨损智能检测由于刮板输送机工作环境变化多端,使得其在工作过程中,故障较容易发生,所以在现代化综合采煤过程中,对刮板输送机的故障诊断和故障预防是非常重要和必需的。

刮板输送机的常见故障及处理方法如表 5-6-33 所示。

表 5-6-33 常见故障诊断及处理方法

故障	故障原因	处理方法
电动机启动不起来或启动后缓缓停转	1. 供电电压太低 2. 负荷太大 3. 电站容量不足,启动电压太大 4. 开关工作不正常 5. 机头,机尾电机间的延时太长,造成单机拖动 6. 工作面不直,凸凹严重 7. 运动部位有严重阻卡 8. 电机故障	1. 提高供电电压 2. 减轻负荷 3. 加大电站容量 4. 检修调试开关 5. 缩短延时时间 6. 调整修平工作面,使其尽量平直 7. 检查排除阻卡部位 8. 检查绝缘电阻,三相电流,轴承等是否正常
电动机升温过高	1. 启动过于频繁 2. 超负荷运转时间太长 3. 电动机散热状况不好,冷却水不足或不通 4. 轴承缺油或损坏 5. 电动机输出轴联结不同心	1. 减少启动次数,待各部位故障消除后再启动 2. 减轻负荷,缩短超负荷运转时间 3. 检查冷却水是否畅通,调整水压达到要求值,消除电机上的浮煤和杂物 4. 给轴承加油或更换轴承 5. 重新调整装配
电动机声响不正常	1. 单相运转 2. 负荷太重	1. 检查供电是否缺相 2. 检查各部接线是否正确,有无断开 3. 检查三相电流是否大于额定电流 4. 检查三相电流是否平衡不正常 5. 检查电动机轴承是不损坏,造成电机转子扫膛
减速器声音不正常	1. 齿轮啮合不好 2. 齿轮磨损严重或断齿 3. 轴承磨损严重或损坏 4. 齿面有黏附物 5. 箱体内有杂物	1. 调整齿轮啮合情况 2. 更换齿轮 3. 更换轴承 4. 检查清除 5. 放油进行清理 6. 调整轴承间隙
减速器漏油	1. 密封件损坏 2. 上下箱体的接合面不严 3. 轴承盖没有压紧	1. 更换密封件 2. 紧固合箱螺栓 3. 拧紧轴承盖紧固螺栓
减速器升温过高	1. 润滑油不干净 2. 润滑油不合格 3. 注油太多 4. 轴承损坏 5. 散热条件不好 6. 工作面不直,凸凹严重 7. 运动部位有严重阻卡	1. 清洗干净,重换新油 2. 换新油 3. 放掉多余润滑油 4. 更换轴承 5. 检查冷却水是否畅通,调整水压达到要求值,消除减速器上的浮煤和杂物 6. 检查排除阻卡部位 7. 检查绝缘电阻、电流、轴承等是否正常

续表 5-6-33

故障	故障原因	处理方法
刮板链震动严重	1. 中部槽开脱或搭接不平 2. 刮板链预紧张力太大 3. 两中部槽接口之间磨出豁口	1. 对接好中部槽，调节中部槽接口 2. 放松链条，达到合适程度 3. 更换中部槽及相应件
刮板链卡在链轮上	1. 拨链器松动或损坏 2. 链条过渡伸长 3. 链轮过渡损坏	1. 紧固螺栓或更换拨链器 2. 更换链条 3. 更换链轮
刮板链在链轮上跳牙、掉底链，剪断连接螺栓、断链	1. 圆环链拧麻花或连接环装反 2. 两条链长度超出规定的公差 3. 链轮过度磨损 4. 刮板链过度松弛 5. 刮板过度弯曲 6. 链条卡进异物	1. 接顺链条连接环 2. 更换超差的刮板链段 3. 更换链轮 4. 重新紧链 5. 更换刮板 6. 清理异物
刮板链掉道	1. 刮板链过渡松弛 2. 刮板弯曲严重 3. 输送机过渡弯曲	1. 重新紧链 2. 换新的刮板 3. 调整输送机弯曲角度
电缆与电缆槽刮卡	1. 连接螺栓松动 2. 电缆槽变形	1. 拧紧中部槽与电缆槽连接螺栓 2. 修整或更换变形的电缆槽
链轮组升温过高	1. 链轮轴承损坏 2. 载荷过大 3. 链轮组漏油导致缺油	1. 更换链轮组轴承 2. 减少输送载荷 3. 更换油封及损坏件 4. 检查油路系统，保证通畅

5.6.3.5　刮板输送机发展趋势

综采刮板输送机作为现代化煤炭生产的主要输送机械，随着科学技术的进步和市场的发展，刮板输送机技术将朝着大功率、大运力、高可靠性、多功能、智能化等方面发展。

设计的先进性：随着设计的现代化，产品设计将采用三维设计，利用3D打印技术，对关键部件进行合理性分析，提高产品的使用性能和使用寿命。

产品的多样性：主要方向是大功率、高运量、高可靠、多功能的刮板输送机，同时，薄煤层、极薄煤层刮板输送机也是今后一段时间的发展方向。转盘式工、转、破一体机也是运输系统的一个发展方向。

质量的可靠性：随着智能化的发展，工作面将向无人化发展。因此，刮板输送机的质量必须具有高可靠性。

设备的安全性：安全性是至关重要的环节，是所有设备必须具备的性能，同样也贯穿在输送机的设计、制造、使用过程中。因此，输送机各部件的防护装置应设计合理、安装完备，在易发生事故的部位尤其要加强防护，防止因断链、飞溅、高温等引发人员伤亡事故。

设备的智能化：随着煤矿数字化的发展，刮板输送机智能化是必然的发展方向，刮板输送机的智能化主要是控制技术的智能化，其主要有以下技术：

(1) 预张紧启动技术通过对液压马达控制阀的自动控制,达到理想的预紧链效果。

(2) 链条自动化张紧技术利用刮板输送机升缩机尾的控制,在刮板输送机工作时,实现链条的自动张紧。

(3) 机尾自伸缩技术通过对刮板输送机升缩机尾控制阀的自动控制,使链条在工作状态中,保持一定的松紧度。

(4) 功率平衡技术自动分配机头和机尾的驱动功率,通过对刮板输送机机头和机尾电动的动态监控,调节机头和机尾电动的运行状态,达到功率平衡的目的。

(5) 依据输送煤量的智能调速技术是根据刮板输送机的实时工作状态,调节刮板输送机的运行速度,达到节能的目的。

(6) 断链监测控制是根据对刮板输送机刮板链的张力监测,判断链条的运行状态,发生断链时紧急停车。

(7) 远程监控技术是利用井下网络系统,将多参数监测装置的数据传送到中央控制室,并实现远程监控。

(8) 健康诊断技术可以建立刮板输送机工作状态智能库,对实时数据进行分析,对刮板输送机进行健康诊断。

5.6.4　转载机

转载机作为综采工作面运输系统的关键装备之一,用来改变了煤流方向,将刮板输送机上的物料运送到顺槽皮带机上去。转载机一端与刮板输送机搭接,另一端与带式输送机搭接。转载机的自动化是实现综采工作面运输系统自动化的必要环节,而转载机的实时监控是实现转载机自动化的前提。目前国内在转载机监控方面没有实现本地电气参数的实时监控和自动控制,更没能实现本地和顺槽传感信息的集成与共享,导致无法实现转载机的远程监控和故障诊断。

转载机是采煤工作面运煤系统的中间转载设备,其工作形式均为桥式转载机。它将工作面刮板运输机(包括前部运输机、后部运输机)上的煤转载(包括破碎机破碎后)到巷道带式输送机上,是一种可以纵向整体移动的短的重型刮板机输送机。它的长度较小,便于随着采煤工作面的推进和带式输送机的伸缩而整体移动。它安装在采煤工作面下顺槽中,与可伸缩带式输送机配套使用,同工作面刮板输送机衔接配合。

在综采工作面使用转载机可以减少运输中可伸缩带式输送机的伸缩、拆装次数,并将货载抬高,便于向带式输送机装载,从而加快采煤工作面的推移速度,提高生产效率,增加煤炭产量。

5.6.4.1　转载机组成与结构

装载机(图 5-6-135)从结构上分为轧制槽帮溜槽转载机和钢板焊接箱式溜槽转载机两大类。轧制槽帮溜槽转载机的主要特征是溜槽槽板由专门轧制的槽帮钢(一般材质为27SiMn 或 M540 轧制并热处理而成)与中板焊接而成。而钢板焊接箱式溜槽转载机的主要特征是溜槽均由左、右侧板,左、右翼板,中板、底板焊接而成。中板、左右翼板一般为耐磨板(NM360)。

转载机的种类较多。我国现行生产、使用的桥式转载机的结构大致相同,只是型号和尺寸不同,功率大小有区别。其主要类型有轻型和重型两种,常用型号有 SZQ-40 型、SZQ-75型和 S2276R/132 型。桥式转载机由机头部、机身部和机尾部三部分组成

图 5-6-135 转载机

1）机头部

(1) 导料槽是由左、右挡板和横梁组成的框架式构件。它承载由刮板输送机卸到转载机上的物料，并将其导向装载至带式输送机的输送带中心线附近，以减轻物料对输送带的冲击，并防止输送带偏载而跑偏，从而保护输送带，有利于带式输送机的正常运行。

(2) 机头传动装置由电动机、液力联轴器(电机软启动装置)、减速器、紧链器、机头架、组装链轮、拨链器、舌板和盲轴等组成。

(3) 机头小车由横梁和车架组成。转载机的机头和悬拱部分可绕小车横梁和车架在水平和垂直方向作适当转动，以适应顺槽巷道底板起伏驶可伸缩带式输送机机尾的偏摆，并适应转载机机尾校正及工作面刮板输送机下滑引起转载机机尾偏移的情况。小车车架上通过销轴安装 4 个有轮缘的车轮，为了防止小车偏移掉道，在车轮外侧的车架挡板上用螺栓固定着定位板，在小车运行时起导向和定位作用。

2）机身部

(1) 刮板链的结构同刮板输送机刮板链。

(2) 溜槽。水平段与刮板输送机溜槽结构大致相同，溜槽中板的一端焊有搭接板，以便与相邻溜槽安装时搭接吻合，并增加结构刚度。转载机的爬坡段有凹形和凸形弯曲溜槽，其作用是将转载机机身从底板过渡升高到一定高度，形成一个坚固的悬桥结构，以便搭伸到带式输送机机尾上方，将煤运送到带式输送机上去。通过一节凹形弯曲溜檀，转载机以 10°角向上倾斜弯折，接上中部标准溜槽，将刮板链从底板上引导到所需的高度，然后再用一节凸形弯曲溜槽，把机身弯折 10°到水平方向，将刮板链引导到水平桥身部分的溜槽中去。水平装载段溜槽和凹形弯曲溜槽的封底板位于顺槽巷道底板上，作为滑橇，转载机移动时沿巷道底板滑动，以减小移动阻力。

(3) 机尾部由机尾架、机尾轴和压链板组成。

5.6.4.2 转载机工作原理

转载机工作时，其一端与工作面的输送机搭接，一端与带式输送机的机尾相连。它在大型综采工艺的三机配套中的作用，是在采掘工作面上把刮板机运出的煤炭，通过巷道底板升高后，转送到带式输送机上。

转载机的机头部通过横梁和小车搭接在可伸缩带式输送机机尾部两侧的轨道上，并沿此轨道整体移动，从而使转载机随工作面输送机的推移步距作整体调整，煤炭由工作面输送机经桥式转载机转载到可伸缩皮带机上运走；转载机的机尾部和水平装载段则沿巷道底板滑行。转载机与可伸缩带式输送机配套使用时，其最大移动距离等于转载机头部和中间悬拱部分长度减去与带式输送机机尾部的搭接长度。当转载机移动到极限位置（即悬拱部分全部与带式输送机重叠）时，必须将带式输送机进行伸长或缩短，使搭接状况达到另一极限位置后，转载机才能继续移动，并与带式输送机配合工作。

5.6.4.3 转载机主要技术参数

转载机型号命名如图 5-6-136 所示，链条型式中 B、Z，分别表示边双链、中双链型式。

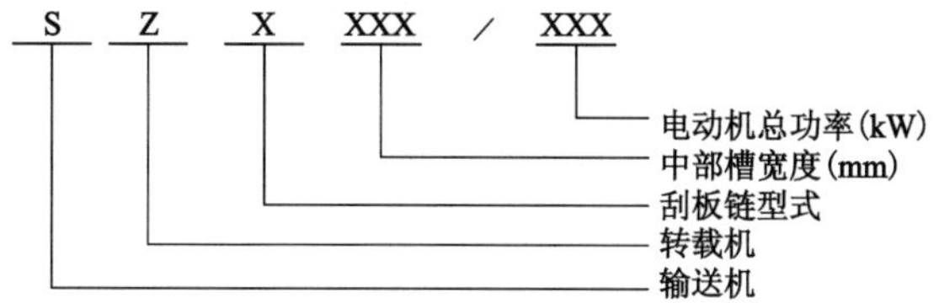

图 5-6-136 转载机型号命名

转载机的主要技术参数包括：额定输送量（t/h），装机功率，运送长度，刮板链速度，与皮带机有效搭接长度，刮板链规格，链条破断负荷，刮板间距，链中心距，电动功率、转速、电压等级，减速器传动比、紧链方式等。

例 SZZ1350/525 转载输送机，其长度 40 m，槽宽 1.35 m，装机功率 525 kW，输送能力 4 000 t/h。

5.6.4.4 转载机自动控制

1）转载机自移控制

在工作过程中，转载机要随着工作面的推进向前推移。转载机自移装置由导轨、行走支座、调高油缸、推移油缸等几部分组成，导轨主要起到支承和导向作用，行走支座起到支承转载机重量和减小摩擦阻力的作用，调高油缸和推移油缸分别起到转载机的抬高和推移的作用。转载机自移装置通过电液控制技术可以实现与工作面刮板输送机的联动控制。

2）转载机集中控制

工作人员可以在监控中心和地面，对转载机进行监控，监视转载机的工作状态与工作参数，实现转载机与刮板输送机和破碎机的一键启停远程控制。

5.6.4.5 转载机使用维护与故障诊断

1）试运转前应检查

（1）检查电气信号装置、通信、照明等工作是否正常。

（2）检查拉移装置的液压管路连接是否正确。

（3）检查减速器、链轮等注油量是否正确，各润滑部位是否都经过充分的润滑。

（4）检查转载机上是否有遗漏的金属物品、工具等。

2）空转运行

（1）检查电气控制系统的运转是否正确。

（2）检查减速器、链轮有无渗漏现象，是否有异常声响及过热现象。

（3）检查刮板链运行情况，有无卡链现象。

（4）试运转前必须检查刮板链的链条有无扭拧。

(5) 当套使用配破碎机时,应检查电气控制系统的协调性能。

3) 转载机正常运转

(1) 转载机的减速器及电动机等传动装置处必须保持清洁,以防止过热,否则会引起轴承、齿轮及电动机等零部件的损坏。

(2) 链条需有适当的予张力,一般机头链轮下边的链环松弛量为两个节距为适宜。

(3) 机尾与工作面输送机的搭接位置应保持正确,移动转载机时应保持行走部在皮带机的导轨上能顺利移动,若有歪斜应及时调整。

(4) 转载机应避免空负荷运转,无特殊情况不要反转。

4) 转载机故障诊断

装载机的常见故障及处理方法如表 5-6-34 所示。

表 5-6-34 装载机常见故障及处理

故障	原因	处理
电动机不能起动或起动后又立即缓慢地停下来	1. 电路有故障; 2. 电压下降; 3. 接触器有故障; 4. 操作程序不对	1. 检查电路; 2. 检查电压; 3. 检查过载保护继电器; 4. 检查操作程序
电动机发热	电动机风扇吸入口和散热片不清洁	清理风扇吸入口和散热片
刮板链突然被卡住	1. 转载机上面有异物; 2. 刮板链跳到槽帮外面	1. 清理异物; 2. 处理跳出的刮板
刮板链被卡住向前向后只能开动很短距离	转载机超载或底链被回煤卡住	1. 根据情况,卸掉上槽煤; 2. 清理底槽煤; 3. 检查机头处卸载情况
刮板链在链轮处跳牙	1. 链条过松弛; 2. 有扭拧的链段; 3. 双股链条的长度或伸长量不相等或环数不同; 4. 板变形过大	1. 重新张紧,缩短刮板链条; 2. 扭正链段,重新正确安装; 3. 检查链条的长度或伸长量如不合格,则应双股同时更换
刮板链跳出溜槽	1. 转载机不直; 2. 链条过松; 3. 溜槽损坏	1. 调直转载机; 2. 重新紧链缩短链条; 3. 更换被损坏溜槽
断链	刮板链被异物卡住	1. 清除异物,断链临时接上; 2. 开到机头处,更换双股链; 3. 然后重新紧链
转载机移动不灵活	1. 行走支座的滚轮不转; 2. 油管漏液; 3. 转载机未抬高	1. 检查轴承,及时润滑; 2. 更换管路; 3. 检查槽间连接,抬高转载机

5.6.5 破碎机

破碎机与转载机配套使用，一般装在转载机落地段，将通过转载机的大块原煤进行破碎，以防大块煤炭堵塞运输系统和损坏运输带。其最大破碎能力 3 500 t/h，最大输入块度 1 600 mm×1 800 mm，破碎方式为锤式破碎法。

破碎机一般为锤式破碎机（又分为皮带轮式破碎机和减速器传动破碎机，但其工作部件均为锤式破碎机）。锤式破碎机与顺槽用刮板转载机配套使用，并与配套的采煤机及液压支架、工作面刮板运输机、胶带式输送机一起实现综合机械化采煤的连续采、运、破碎煤炭。锤式破碎机一般可适应煤破度为普氏普氏系数 $f \leqslant 4.5$，可调整煤流间隙为 150～300 mm，重型破碎机煤流间隙可达 200～400 mm。

（1）破碎机组成与结构。破碎机由入口架、破碎槽、调高装置、喷雾装置、出口架、破碎轴组、减速器、液力耦合器和电机等组成。

（2）破碎机工作原理。破碎机主要用来破碎大块煤炭和矸石，以防砸伤输送带，保证可伸缩带式输送机的正常运行。

（3）技术参数。破碎机的技术参数包括电机功率、破碎能力、最大输入块度、最大排出粒度、电压等级、传动型式、主轴转速、锤头数、锤头冲击速度、槽宽、喷雾形式、外形尺寸等。其主要参数如下：① 最大破碎能力 1 000 t/h；② 进料最大粒度 500 mm×800 mm；③ 排料最大粒度 130 mm×130 mm；④ 综合噪声最大不高于 90 dB；⑤ 轴承最高温升不超过65 ℃；⑥ 防爆型三项异步电动机，YBK2-280M-4，90 kW；660/1 140 V，1 475 r/min。

（4）破碎机自动控制。① 破碎机的远程控制可以通过顺槽监控中心实现破碎机的远程启、停控制；② 破碎机与刮板输送机、转载机的联动启停控制。破碎机启、停控制需要和工作面的刮板输送机、转载机的联动控制，应遵循逆煤流启动，顺煤流停止。“三机”启动时，应遵循破碎机、转载机、刮板输送机顺序启动；“三机”停止时，应遵循刮板输送机、转载机、破碎机顺序停止。在刮板输送机、转载机运行过程中，不能单独进行破碎机停机操作。

5.7 工作面辅助系统

5.7.1 供电系统

5.7.1.1 井下高压电网自动化监测监控系统

1）井下高压电网自动化监测监控系统概况

煤矿电网监控系统是全矿井综合自动化中的一个子系统，它的建设不能是孤立的，应该按照全矿井自动化进行规划，建设所有自动化子系统能够共享的工业以太环网通信平台，供电子系统接入环网通信平台，实现井下电网的监测监控。2011 年以前阳煤集团公司十大主体矿的，井下供电系统普遍存在线路短、多级变电所级联的特点。这种拓扑结构导致过流保护整定困难，也不能通过增加多个时间级差来保证保护的选择性（电力运行规程对保护时延有要求，不允许随时增加），因而在发生短路故障时极易出现越级跳闸的情况。

光纤纵差（防越级跳闸）监测监控系统是针对煤矿电网运行管理的实际情况，采用网络化基因图谱算法，利用开关间自主交换故障信息进行协商的形式，自主判断故障区段，实现全网零秒速断，以达到防越级跳闸的目的的一种安全保护系统。该系统具有级联纵差保护、母差保护、三段式过流保护和零延时智能后备保护等防越级跳闸保护功能，通过分散安装的

ZBT-11C 级联纵差保护器搭建的专用保护信息网快速交换信息，能够快速判断故障区段，准确快速切断距离故障点最近的故障开关，以达到防越级跳闸的目的，并且对于母线故障也能够做到快速切除。该系统解决了由于电缆线路单位电阻、电感比较小的影响，在电缆线路首末端短路时，短路电流相差不大，单靠传统的过流定值加时间延时极差的方法无法区分是下级变电所的电缆短路还是本变电所的电缆短路；造成短路、过流保护无法进行配合，不可避免地造成越级跳闸情况的发生，扩大了井下停电范围，对矿井的安全、连续生产造成了威胁。该系统实现集保护、测控、通信、故障录波、电能计量统计分析、谐波含量分析功能于一体的新一代技术。

2）井下高压电网自动化监测监控系统的优点

(1) 针对煤矿特殊的供电方式，应用高性能主机、高速点对点光纤通信技术、高精度同步采样技术（专利技术），开发基于煤矿整个地面和井下供电系统数据共享的光讯介质，轻松实现遥信、遥测、遥控功能，遥控时间由秒级、分钟级下降至毫纤纵差保护软件、母线差动保护软件、漏电保护软件。预留接口，平台搭建的同时，考虑留有较为充分的接口，以便逐步实现全矿井综合自动化；子系统相对独立，信息综合利用，只有子系统相对独立，才更利于子系统的维护和安全运行。在调度中心层面实现不同子系统之间的信息共享和综合利用。

(2) 数字化、网络智能化。所有的子系统在建设的时候都要考虑实现数字化和网络智能化，以最大限度地实现通信平台和调度平台的资源共享，实现自动化子系统的平滑无缝接入。

(3) 就地安装智能终端实现模拟量、开入量的数字化，通过光纤上送至保护装置，且光纤价格低廉，重量轻，施工方便，系统总费用低，节约了用户投资。

(4) 数字化变电站技术、小电流接地选线、纵差保护、母差保护原理。自 2011 年开始，阳煤集团机电动力部与各煤矿电力科技公司经过多次调研，现场试验，共同开发了数字化自动化的煤矿高压供电网络防越级跳闸广域保护系统。将该技术应用到井下，能够成功解决越级跳闸的恶性事故的发生，光纤纵差保护（包括母线纵差、线路纵差）应用到煤矿供电系统网络中，可以利用自动化网络平台来开发研究监测监控井下高压供电网络，加强煤矿井下供电管理，确保煤矿人身和设备安全，减少煤矿供电事故、提高生产效率。

矿用电力保护监控系统是将煤矿电力系统保护、计量、检测、控制与计算机通信，控制技术完美结合开发出的新型矿用电力自动化系统。它由各类高低压开关智能保护器（包括高爆开关保护器，馈电开关保护器，磁力起动器保护器，照明信号综保保护器，移变高低压头保护器，组合开关保护器等），监控通信分站，矿用通信传输接口，监控主机与备用机，传输光缆，RS485 总线，打印机等多种设备组成。

矿用电力保护监控系统能够实时检测煤矿供电系统电力线路的运行状态和各种技术参数，对电力系统自动进行各种保护，超限报警，停、送电控制等，并能将电力系统的运行状态和各种技术参数的实时数据上传至井上计算机和矿局域网，供有关部门对电力系统进行监控、检测和供电、用电统计，合理制定电力系统运行计划和设备维护维修计划。

矿用电力保护监控系统适用于煤矿井下变电所高低压供电系统中实时过程测量、监视及控制，实现连续监测电力系统运行状态及参数，及时发现故障，能够防止事故扩大和缩短停电时间；有助于合理调配电力负荷，提高电网运行质量，减轻电费支出，实现变电所无人值守。目前，集团公司各煤矿井下高压电网自动化控制（高压供电防越级跳闸）系统（图 5-7-1）应用开关的相关技术厂家公司有：南京磐能公司、上海电光防爆科技公司、北京广大泰祥公司、上海山源公司、北京天能技保电力公司。井下电网低压自动化控制(井下变电所无人值守)系统相关技术厂家公司有上海电光防爆科技公司、阳泉华鑫电气公司。

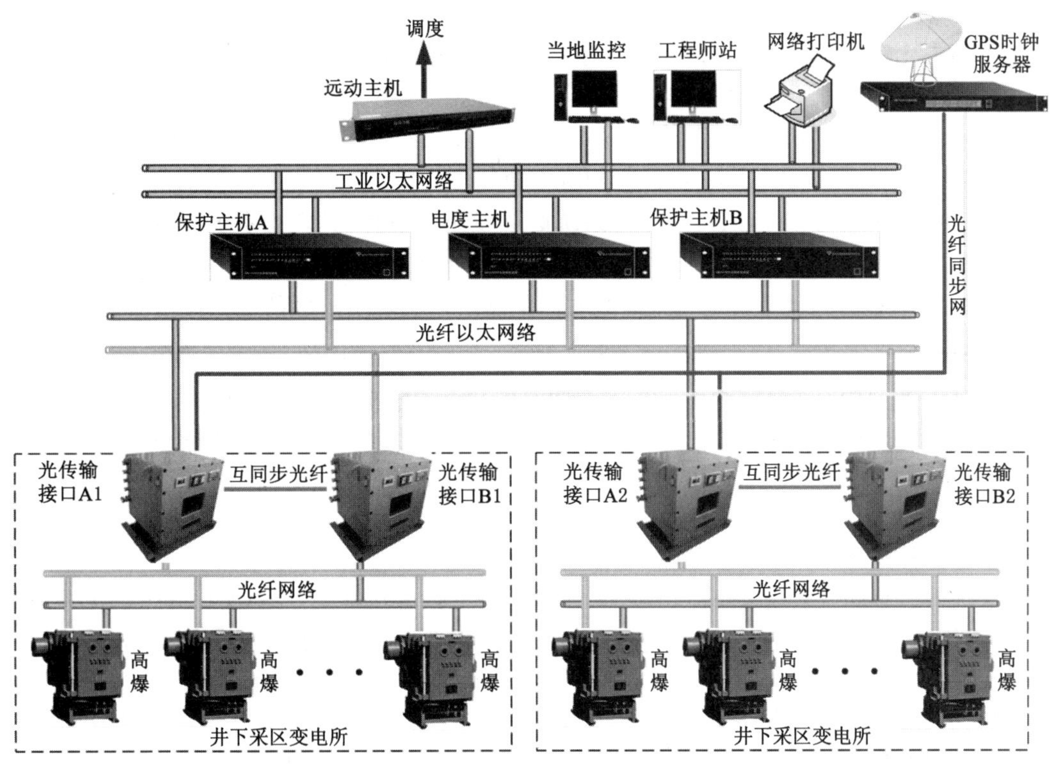

图 5-7-1　数字化自动化供电网络监测监控(高压供电防越级跳闸)示意图

3) 井下高压电网自动化监测监控系统功能要求

(1) 系统功能的主要目的防越级跳闸装置,实施目的是解决煤矿供电系统长期存在的“越级跳闸”问题,实现系统显示井下变电所高压防爆配电开关的运行状态及参数、图表。

(2) 在集团公司各矿的降压站安装矿用智能保护器实现模拟量(包括电流量,电压量)、开入量的数字化,通过点对点光纤上送至各采区配电室、井下中央变电所内的矿用隔爆型光传输接口,同时能接收集成保护测控装置通过光传输接口下发的出口命令,实现开关的跳闸、合闸;光传输接口将各矿用智能保护器上送的数据合并后通过高速光纤以太网上送集成保护测控装置;集成保护测控装置根据上送的数据进行保护逻辑运算,并通过光传输接口向矿用智能保护器下发控制命令,实现保护跳闸。系统可以在高爆不停电的情况下,通过配备的鼠标和键盘方便地修改保护定值。每个配电室至少配置两个分站,通过分站实现光差保护。增加功率模块收集及分析,形成电量实时监测,并实现报表功能。

(3) 该系统要符合 IEC61850 标准的数据共享数字化变电站系统的规范要求,以光纤通信网络实时实现在集成保护测控装置内的全站数据共享,并能配置光纤差动保护和母差保护;以可靠判定故障区域,避免“越级跳闸”。

(4) 具备欠压保护的定值和时延整定功能,以确保重要馈线的供电,避免“越级跳闸”。

(5) 要采用全站数据共享的保护系统,以光纤通信网络实时实现全站零序电压、全站零序电流数据的综合处理，解决漏电保护准确性和可靠性的问题。

(6) 实现每周波不低于200点的全站故障录波，为运行及管理人员系统分析提供准确依据。

(7) 具备对低压保护的定值和时延整定功能，一些重要的线路(如给局部通风机送电的馈线)的失压保护时延可以整定得比较长(根据供电系统要求)以躲开故障引起母线电压下降，一些不重要的线路的失压保护时延可以整定得比较短(根据供电系统要求)，这样可以确保重要馈线的供电，避免“越级跳闸”。同时方便管理人员对低压保护定值的集中管理。

(8) 为保证系统运行可靠性，保护系统必须双重化设计，且两套系统同时运行(非主备关系)，在通信网络完全中断的情况下，有就地保护功能。

(9) 由GPS时间服务器通过光纤对时同步网实现实现纳秒级的全站同步采样，以实现高精度的差动保护功能，同步精度$\leqslant \pm 200$ ns。

(10) 保护跳闸后不允许装置合闸(包括重合闸和人工合闸)，必须经装置复位后才能合闸。

(11) 具备和国内其他自动化厂家实现无缝通信的功能，如DL451-91、DISA、9702、SC1801、IEC870-5-101、IEC870-5-104、MODBUS等。

(12) 系统改造必须遵循设备完整、合格，符合煤矿井下设备完好、防爆的要求，有煤安标志。设备各项显示窗口直观明了，调整操作简单、可靠。

系统第二目的是实现井下电力监测、监控的统一数字化解决方案，实现井下供电系统的遥测、遥信、遥控功能，为井下采区变电所无人值守创造必要的条件。

5.7.1.2 井下电网低压自动化控制系统

1) 井下电网低压自动化控制(井下变电所无人值守)系统概述

煤矿井下采区变电所是煤矿供电系统的一个重要组成部分，井下无人值守变电站监测监控技术是煤矿自动化、智能化重要环节，也是煤矿安全生产的技术保障之一。井下无人值守变电站，是指经常性无运行值班人员的变电站，该站的各个设备的运行状态(包括必需的各种量值、开关的状态等信息)，经变电站的电力监测分站，送至调度中心的计算机系统，并在监视器CRT和LED电子屏上显示出来，也可以打印制表，供调度值班人员随时监视查询，然后做出相应的处理。井下无人值守变电站低压自动化系统集数据测量控制、微机保护、计算机通信、故障录波等功能于一体。能够实时监测现场设备的运行状况，实现开关断路器的远程控制，实时记录历史记录、事件记录、故障及操作记录等。井下电网低压自动化控制系统如图5-7-2所示。

2) 井下变电站无人值守低压自动化系统功能

井下变电站无人值守自动化系统具有瓦斯监测、温度监测、烟雾监测、门禁监测、视频监视等功能，具有环境联动、门禁联动、语音联动、视频联动预警等功能。

(1) 遥测：通过井下检测分站、井下工业以太网以及组态软件实现变配电站所有设备的电量信息采集，即电流、电压、有功功率、无功功率、视在功率、有功电度、无功电度、视在电度、功率因数、频率等。

(2) 遥信：通过井下检测分站、井下工业以太网以及组态软件实现变配电站所有设备开关量的采集，如开关的分合闸状态、综合保护器的故障状态、故障类型等。

(3) 遥控：通过井下检测分站、井下工业以太网以及组态软件实现开关远控合、分闸及复位操作。

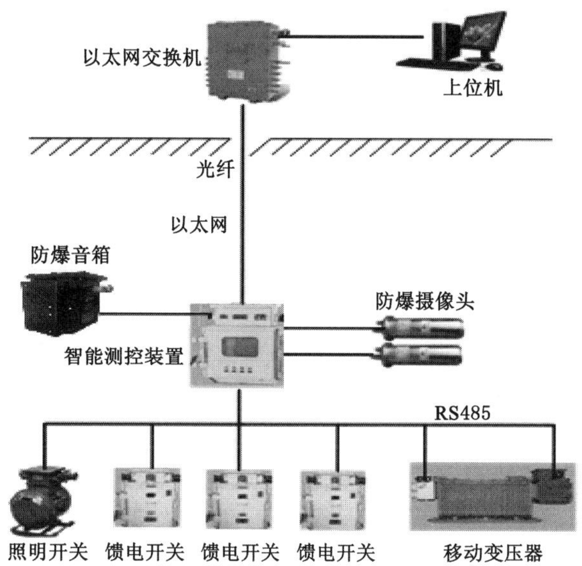

图 5-7-2　井下电网低压自动化控制(井下变电所无人值守)系统图

(4) 遥调:通过井下检测分站、井下工业以太网以及组态软件实现对各个开关的参数进行整定、修改操作。

(5) 遥视:通过防爆摄像头、井下检测分站及井下工业以太网,将井下变电站的图像信息实时传回地面调度,实现地面对井下变电站运行环境的监视。

(6) 系统能够精确显示井下故障设备的位置和故障类型,便于分析和快速处理故障;实时记录数据功能,如事件记录、故障记录、操作记录,并能对历史记录进行分析、处理和统计。

(7) 视频系统实时监视现场情况;面向现场设备的间隔层测控、保护"一体机"智能测控装置;井下监控智能接口电路及网络。

(8) 具有语音预警功能,当上位机发出合闸指令或开关发生故障时具有语音预警功能。

(9) 井下监控智能接口电路及网络;监控主机(地面上位机);变电所高低压防爆开关的各种数据,如电压、电流、功率因素,开关状态等通过 485 通信到测控装置,在经过以太网光纤传输至地面上位机,由地面上位机监控井下变电所低压开关运行状态,实现其"四遥"功能。

3) 井下变电站无人值守低压自动化系统硬件

(1) 智能测控装置、井下电力信号监控分站的测控装置主要由电源模块、CPU 模块、协议桥模块。CPU 模块采用 S7300PLC,协议桥主要是将 485 协议转化为 DP 通信协议。装置通过通信可读取各个开关的参数信息,也可通过 485 通信控制开关分合闸。同时,为保证系统的可靠性,智能测控装置也可通过数字量(继电器)输出实现各个开关的分合闸控制。此处,测控装置内部具有本安以太网交换机,用于将智能测控装置的数据及摄像头的图像信息转换为光信号传输到地面上位机。

(2) 防爆摄像头放置于井下变电所,用于实时监视变电所的运行环境。视频系统直接接入监控交换机站,进入以太网系统,并可对摄像机远程控制,远程操作和出现故障事件时可直接调出视频窗口。

(3) 监控主机放置于调度室等供电指挥场所,用于系统数据管理、指令收发、系统接线图显示、报表打印、参数设置、报警显示、变电所环境监视。

(4) 防爆声光报警装置音箱放置于井下变电所或设备终端,用于开关合闸前及发生故障时的预警。

(5) 不间断电源 UPS。

4) 井下变电站无人值守低压自动化系统技术特点

(1) 井下各配电室安装监控分站将各配电室的低压供电系统接入,通过以太网接口上传至地面调控中心,中心主机对井下配电室的开关井下远程监测、控制、遥信、遥调、遥视。调度中心显示电网的运行参数。

1 140 V 及以下线路采用低压智能馈电保护(包含移动变电站低压保护),完成进线、出线等回路的测量、保护和控制;低压智能馈电保护功能要求:低压馈电开关所采集的断路器状态开关量,系统具有传输、显示功能。

① 实现各回路三相全电量的测量:电压、电流、频率、功率因数、有功、无功、有功电度、无功电度等;

② 开关量(断路器状态、故障信号)的采集、记录;

③ 具有电参量越限告警及告警输出等功能;

④ SOE 事件顺序记录功能;

⑤ 保护要求总馈电开关与分馈电开关兼容;

⑥ 具有 RS-485 通信口,支持 MODBUS 通信协议。

(2) 系统具有就地自动、就地手动、远程手动设置低压馈电开关的断路器状态(分闸/合闸)功能,在中心站进行远程控制时具有操作权限和操作记录功能;系统具有通过地面中心站远程手动遥控解除低压馈电开关故障状态功能,在中心站进行远程控制时具有操作权限和操作记录功能。

(3) 低压馈电开关具有就地自动过载保护、短路保护、过压保护、低压保护、绝缘监视保护、漏电保护功能。必须就地手动或远程手动复位分闸闭锁状态。系统具有列表显示功能,其中,馈电开关模拟量采集显示内容包括:装置名称、装置在线状态、单相电压、三相电流和断路器状态;照明开关模拟量采集显示内容包括:装置名称、装置在线状态、三相电压、三相电流和断路器状态。

(4) 系统具有系统布置图显示功能,显示内容为分站设备的名称和运行状态,点击分站设备可以调出该分站配接装置接线图;系统具有模拟动画显示功能,显示内容为配接设备的在线状态、合闸、分闸三种不同状态,并且具有分页显示方式,点击可以显示相应模拟量数值和断路器状态。

(5) 系统具有虚拟仪表显示功能,显示内容包括:仪表和曲线形式显示当前该设备的所采集到的模拟量值、设备保护参数值和保护功能开启情况,点击控制命令可以调出控制菜单。当上位机给变电站内的开关设备发出控制命令(包括合闸、分闸及复位时),地面上位机及井下监控分站均会发出语音报警提示。系统具有人机对话功能,以便于系统生成、参数修改、功能调用、控制命令输入。

(6) 系统具有自诊断功能,当系统中馈电开关等设备发生故障时,语音报警并记录故障名称和故障时刻,以供查询及打印。系统改造必须遵循设备完整、合格,符合煤矿井下设备完好、防爆的要求,有煤安标志。设备各项显示窗口直观明了,调整操作简单、可靠。

系统的目的是实现井下电力监测、监控的统一数字化解决方案，实现井下供电系统的遥测、遥信、遥控功能，为井下采区变电所无人值守创造必要的条件。

5.7.1.3　变频技术在自动化工作面供电系统中的应用

1）变频技术在自动化工作面远距离供电的应用

远距离供电是煤炭开采自动化、机械化生产的最新当代技术，是在煤田储量丰富、煤层较厚的矿区采用大型采煤机＋皮带输送＋液压支架技术，为实现生产的机械化、提高日产煤量、降低百万吨煤死亡率、降低吨煤成本、提高利润提供了技术支持。

目前，煤矿井下低压供电系统（3 300 V、1 140 V、660 V、380 V）普遍存在两大问题：一是综采、综掘及运输系统大功率电动机因供电距离远、压降大，造成启动困难，影响企业正常生产；二是无功损耗大，电量浪费相当严重，影响企业经济效益。其主要原因之一是电感性负载产生的无功率而导致的功率因数降低。各煤矿井下低压供电系统中的功率因数普遍在0.5～0.7之间，使得线路损耗大，终端电压偏低，端电压达不到额定值，加之负荷大，形成电动机启动时十分困难，甚至造成过流，欠压顶闸事故。同时在线路中消耗了大量的无功电能。使用矿用隔爆型无功功率自动（动态）补偿装置对供电网络进行补偿后，不仅可以提高功率因数，减少线路无功电流，降低线路损耗和变压器损耗，节约电费。还可以提高线路端电压，解决用户电器设备末端起车困难的问题。由于无功功率的减少，用户终端供电电缆的截面可以适度缩减，降低供电成本。

阳煤集团下设煤矿企业较多，且煤矿环境恶劣，大功率设备多，生产条件复杂，不确定因素多，大量机电设备负荷处于频繁启动的工况，致使工作效率低，设备耗损严重，大大制约着煤矿的高效安全运行。同时煤矿企业是耗电大户，其电耗成本占其生产成本的比重较高，采煤机、掘进机、运输机、提升机等设备都采用电动机拖动，其电能消耗和损失量较大，造成严重的电网冲击，电压跌落巨大。因此，交流电机变频调速技术成为集团公司当今节电和改善生产环境、推动技术进步的一项主要手段。在煤炭企业高速发展阶段中，节约能源受到极大的重视，采用变频调速是节约能源的措施之一。因此发展变频技术具有重要的实际意义。

综上所述，实现远距离供电的两个重要因素：一是变频技术；二是无功补偿的应用。从地面到井采掘工作面供电系统，以及变频开关如图5-7-3至图5-7-7所示。

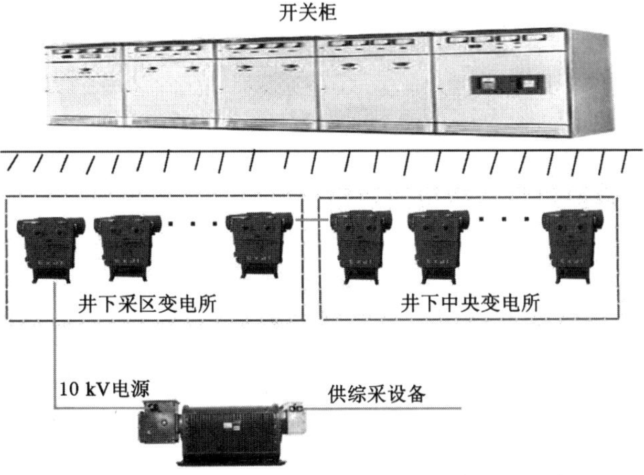

图5-7-3　地面到井下中配再到采煤顺槽系统图

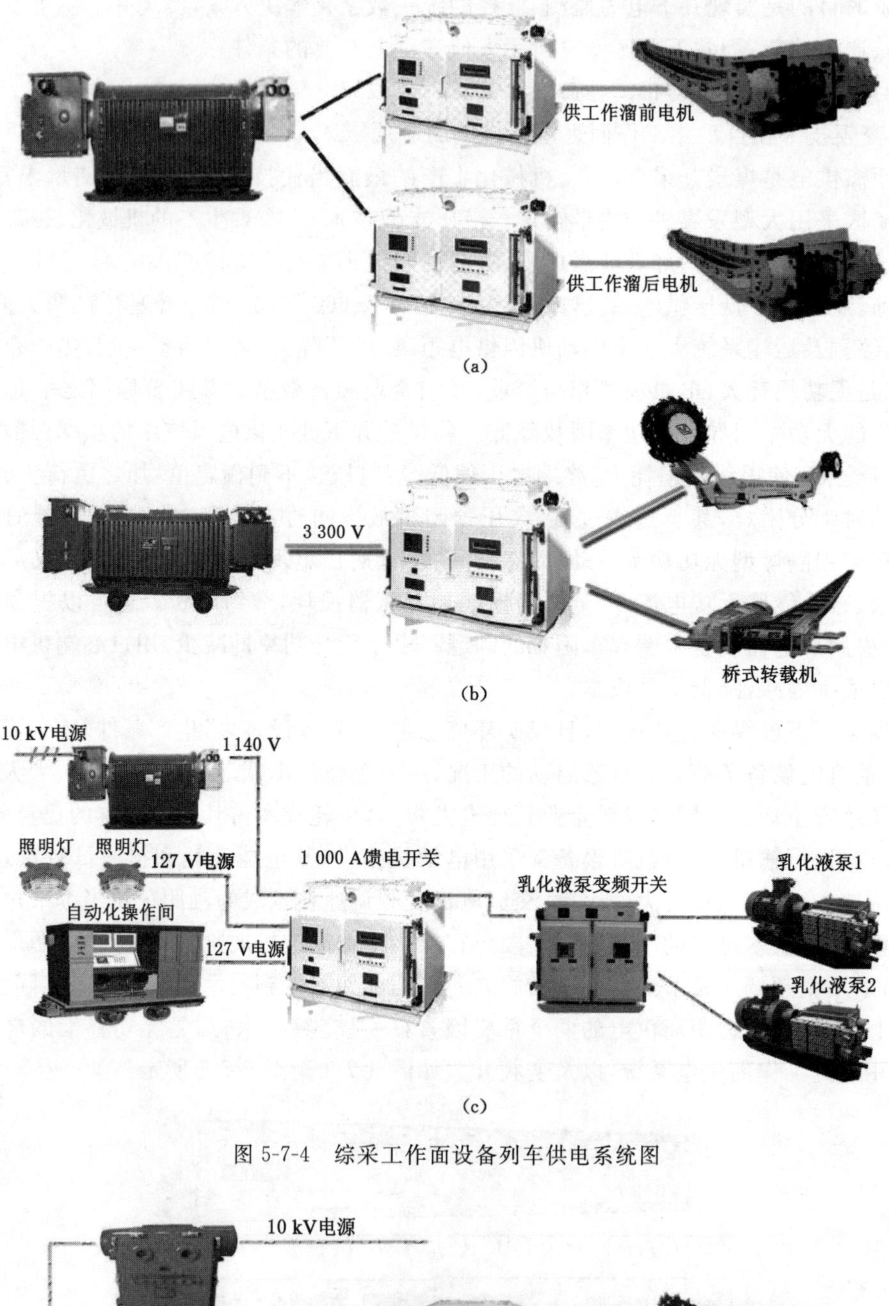

供工作溜前电机
供工作溜后电机
(a)
3 300 V
桥式转载机
(b)
10 kV电源
1 140 V
照明灯
照明灯
127 V电源
1 000 A馈电开关
乳化液泵变频开关
乳化液泵1
自动化操作间
127 V电源
乳化液泵2
(c)

图 5-7-4　综采工作面设备列车供电系统图

10 kV电源
1 140 V

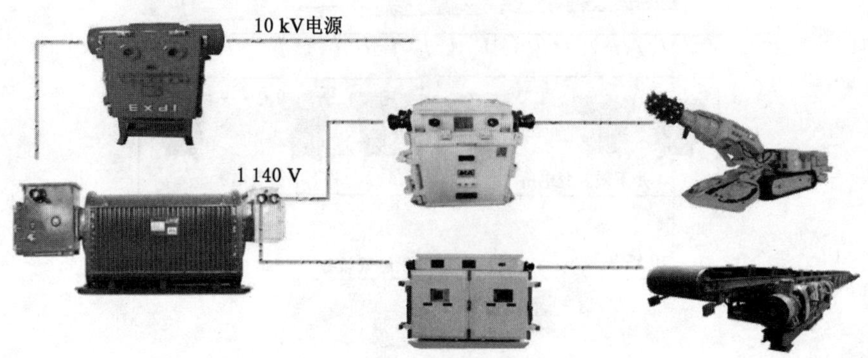

图 5-7-5　综掘工作面的供电系统图

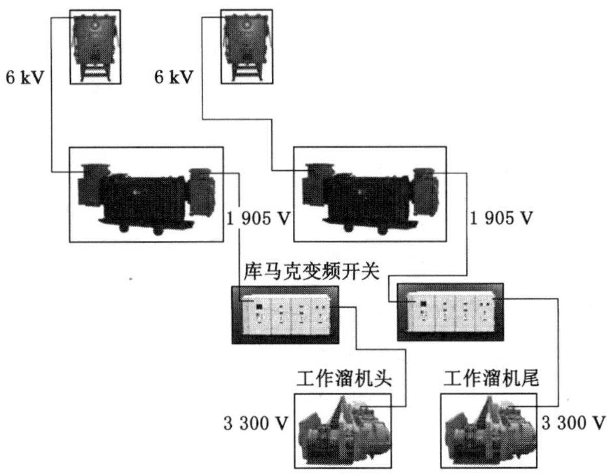

图 5-7-6 一矿 S8303 自动化工作面使用库马克变频开关

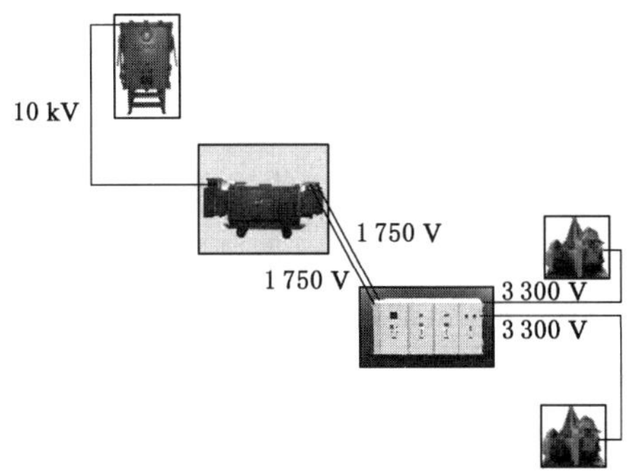

图 5-7-7 新元矿 3108 自动化工作面使用的天信变频开关

2）变频调速技术在供电系统中应用的优点和效益

和以往的控制技术相比，变频调速技术具有十分明显的优势，并带来了可观的社会和经济效益。其优点如下：① 隔爆性能可靠；② 安全性高；③ 性能齐全，完全达到《煤矿安全规程》规定要求；④ 设备运行时可靠性高；⑤ 速度调节范围宽；⑥ 操作简单，维修方便；⑦ 速度平稳；⑧ 节能环保。

长期的运行实践证明，采用了变频调速系统后，煤矿井下节能效果十分明显，主要体现在以下几个方面：

(1) 提高经济效益。相比直流电动机的调速性能、事故率、检修时间、影响生产、维修成本等有着不可相比的经济效益；变频调速技术的应用，使设备运行质量，生产效率在相同的条件下，可以得到巨大的经济效益。如提升机、皮带输送机、空压机等在无机变速在生产中都有着不可忽视的经济效益。

(2) 提高使用寿命。变频器在运行时可根据运煤量调整运行速度，使电机在最佳的速度下运行，低速检修模式，维护更安全。正、反转控制灵活，一键减少了机械磨损，提高了使用寿命。

(3) 保护电机。变频器采用直接转矩控制,可精确控制力矩,且速度是由输出频率限定,当负荷出现波动时,转速不变。采用变频调速技术启动时,系统根据负载的状况设定与之适用的S型加减速曲线,启动转矩大,最大程度降低对设备的冲击损伤,延长设备的使用寿命,降低维护费用。

(4) 减少对电网的冲击。电机功率与电流和电压的乘积成正比,通过工频直接启动,电机消耗的功率将大大高于变频启动所需要的功率。在一般工作情况下,直接工频启动电机所产生的电涌会对同网上的其他用户产生严重的影响,造成峰谷差值较大。如果采用变频器进行电机启停,就不会产生类似的问题。

(5) 降低电力线路电压波动。电机工频启动时,电流剧增的同时,电压也会大幅波动,电压下降幅度的大小将取决于启动电机功率的大小和配电网的容量。电压下降将会导致同一供电网络中的电压敏感设备故障跳闸或工作异常,而采用变频调速后,由于能在零频零压时逐步启动,可以最大限度地消除电压下降。

(6) 加速功能可控。工频启动时对电机或相连的机械部分轴或齿轮都会产生剧烈的振动,这种振动将进一步加剧机械磨损和损耗,降低机械部件和电机的寿命;而变频控制实现零速启动,并能按照用户的需要进行平滑加速,并且其加速曲线也可以选择,从而避免该问题。

3) 变频技术在井下皮带输送机上的应用

阳煤集团大多数煤矿皮带输送机之前多采用工频拖动,较少使用变频器驱动。电机长期工频运行加之液力耦合器效率等问题,造成皮带运输机运行起来非常不经济;同时电机无法采用软启软停,机械上产生剧烈冲击,加速机械磨损;还有皮带、液力耦合器磨损和维护等问题都会给企业带来高昂费用问题。

(1) 传统运输机启动方式的劣势

皮带机通过驱动轮鼓,靠摩擦牵引皮带运动。皮带通过张力变形和摩擦力带动物体在支撑辊轮上运动。皮带是弹性储能材料,在皮带机停止和运行时都储存有大量势能,这就决定了皮带机的启动时应该采用软启动的方式。大多数煤矿采用液力耦合器来实现皮带机的软启动,在起动时调整液力耦合器的机械效率为零,使电机空载启动。虽然有的采用了转子串接电阻改善启动转矩和降压空载启动等方法,但电机的起动电流仍然很大,不仅会引起电网电压的剧烈波动,还会造成电机内部机械冲击和发热等现象。同时采用液力耦合器软起皮带时,由于起动时间短、加载力大容易引起皮带断裂和老化,要求皮带的强度高。加之液力耦合器长时间工作会引起其内部油温升高、金属部件磨损、泄漏及效率波动等情况发生,不仅会加大维护难度和成本、污染了环境,还会使多机驱动同一皮带时难以解决功率平均和同步问题。

(2) 采用变频技术的优势

① 实现了带式输送机系统的软起动。运用变频器的软起动功能,将电机的软起动和皮带机的软起动合二为一,通过电机的慢速起动,带动皮带机缓慢起动,将皮带内部贮存的能量缓慢释放,使皮带机在起动过程中形成的张力波极小,几乎对皮带不造成损害。

② 实现皮带机多电机驱动时的功率平衡。应用变频器对皮带机进行驱动时,一般采用一拖一控制,当多电机驱动时,采用主从控制,实现功率平衡。例如河南某煤矿主井皮带为2×135 kW电机驱动,采用主从控制后,轻载时主从电机电流相差5A左右,满载时相差2A左右。基本实现了皮带机多电机驱动时的功率平衡。

③ 降低皮带带强。采用变频器驱动之后，由于变频器的起动时间在 1～6 500 s 可调，皮带机起动时间通常在 60～200 s 内根据现场设定，皮带机的起动时间延长，大大降低对皮带带强的要求，降低设备初期投资。

④ 降低设备的维护量。变频器是一种电子器件的集成，它将机械的寿命转化为电子的寿命，寿命很长，大大降低设备维护量。同时，利用变频器的软起动功能实现带式输送机的软起动，起动过程中对机械基本无冲击，也大大减少了皮带机系统机械部分的检修量。

⑤ 启动平滑，转矩大，没有冲击电流，可实现重载启动。

⑥ 节能。在皮带机上采用变频驱动后的节能效果主要体现在系统功率因数和系统效率两个方面：一是提高系统功率因数。通常情况下，煤矿用电机在设计过程中放的裕量比较大，工作时绝大部分不能满载运行，电机工作于满电压、满速度而负载经常很小，也有部分时间空载运行。由电机设计和运行特性知道，电机只有在接近满载时才是效率最高、功率因数最佳，轻载时降低，造成不必要的电能损失。这是因为当轻载时，定子电流有功分量很小，主要是励磁的无功分量，因此功率因数很低。采用变频器驱动后，在整个过程中功率因数达 0.9 以上，大大节省了无功功率。二是提高系统效率。采用变频器驱动之后，电机与减速器之间是直接硬连接，中间减少了液力耦合器这个环节。而液力耦合器本身的传递效率是不高的，且主要是通过液体来传动，液体的传动效率比直接硬连接的传动效率要低许多。因而采用变频器驱动后，系统总的传递效率要比液力耦合器驱动的效率要高 5%～10%。

各类驱动设备性能的比较如表 5-7-1 所示。

表 5-7-1　　各类驱动设备性能的比较

序号	特点对比	双速电机技术	变频驱动技术	备注
1	基本原理	直接启动，高低速切换	改变电源频率，实现无级调速启动	
2	启动对电网影响	启动电流 5～7 倍额定电流，对电网冲击大	启动电流小于额定电流，对电网冲击小	影响其他负荷设备供电
3	长距离供电特性	启动时线缆压降约为 350 V，重载启动效果差	启动时电缆降约 90 V，重载启动效果好	1 000 m 供电距离
4	断链保护功能	不具备	具备	检测电流变化率
5	节能效果	不具备	具备	
6	机械冲击	机械冲击大	机械冲击小	影响减速机、刮板链磨损度
7	动力电缆使用量	变频方案使用量 2 倍	直启方案使用量的 1/2	
8	功率平衡特性	不具备	具备	影响电机的使用寿命

4) 变频开关(库马克、天信)应用于采煤工作面

采煤工作面在逐步实现远距离供电、供液方式以及采用一次采全高大功率设备的同时，对相应开关设备的要求也越来越高，对节能和优化设备性能满足安全生产的要求也越来越高。

BPJV 系列矿用隔爆兼本质安全型高压变频器(库马克)是阳煤集团对采煤工作设备升级的又一举措。该变频器能通过降低电动机转速来调节输出，不仅能达到节能的目的，而且

也大大降低电动机及其负载的机械磨损，为用户节省维护费用。

(1) 节能效益明显

BPJV 系列矿用隔爆兼本质安全型高压变频器可自动调节电机转速与负荷匹配，达到节能的目的。井下综采面输送设备类似恒转矩负载，功耗与电机转速成正比关系，如果电机运行在 90%额定转速，其功耗即可降至 90%。

(2) 扩展性强

BPJV 系列矿用隔爆兼本质安全型高压变频器具有主从控制设定模式，多套系统可以同时应用在同一输送设备上，通过主从设定控制，使多台电机驱动功率平衡。

(3) 功能丰富

通过外部转换开关，BPJV 系列矿用隔爆兼本质安全型高压变频器可定义工作模式(运行模式、检修模式、维护模式)，方便生产管理，还可设定手动/自动模式，在自动模式下根据综采设备运行工况，自动调整运行频率，使输送系统一直在高效区运行，提高综采系统效率。

5.7.1.4 供电装备

1) BPJV 系列矿用隔爆兼本质安全型高压变频器(库马克)

(1) 系统型号说明

高压变频器型号命名规则如图 5-7-8 所示。

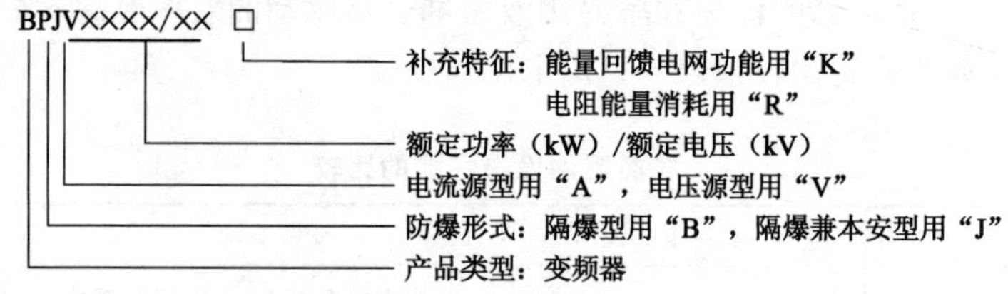

图 5-7-8 高压变频器型号命名

(2) 组件与配置

BPJV 系列矿用隔爆兼本质安全型高压变频器包括主控器、变频器本体、人机接口、外循环冷却水处理装置等，其外形见图 5-7-9。

BPJV 系列矿用防爆变频器需配置整流变压器包括进线隔离开关、进线断路器、变压器保护、整流变压器、馈出线及绝缘检测等几部分，其外形见图 5-7-10。

BPJV 系列矿用隔爆兼本质安全型高压变频器配置见表 5-7-2。

表 5-7-2 BPJV 系列矿用隔爆兼本质安全型高压变频器配置

组件名称	数量	备注
主控系统	1	智能化控制器及人机交互系统
高压变频器本体	1	
冷却水系统	1	
防爆壳体	1	主控系统、变频本体、冷却水统一安装在防爆壳体内
技术文件	1	用户手册及必要的图样资料

(3) 选型

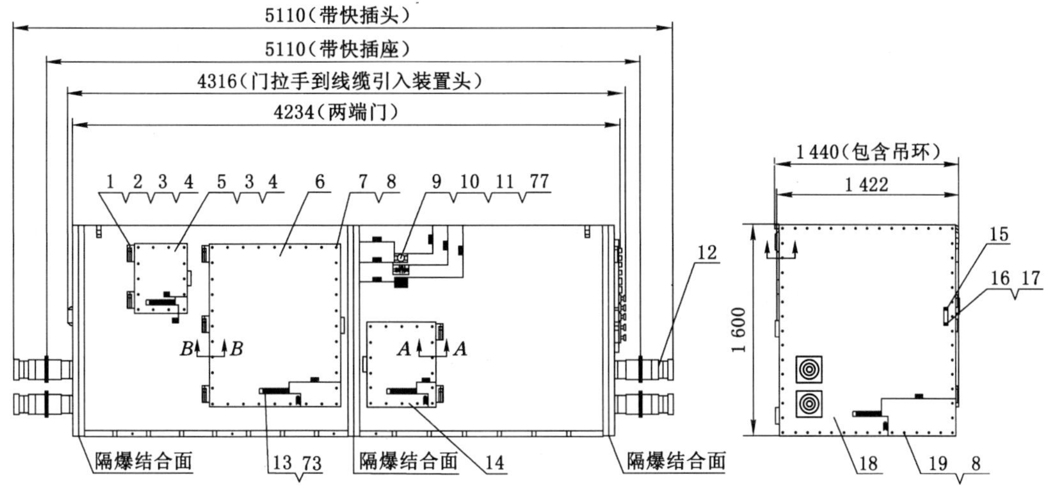

图 5-7-9　BPJV 系列防爆变频器

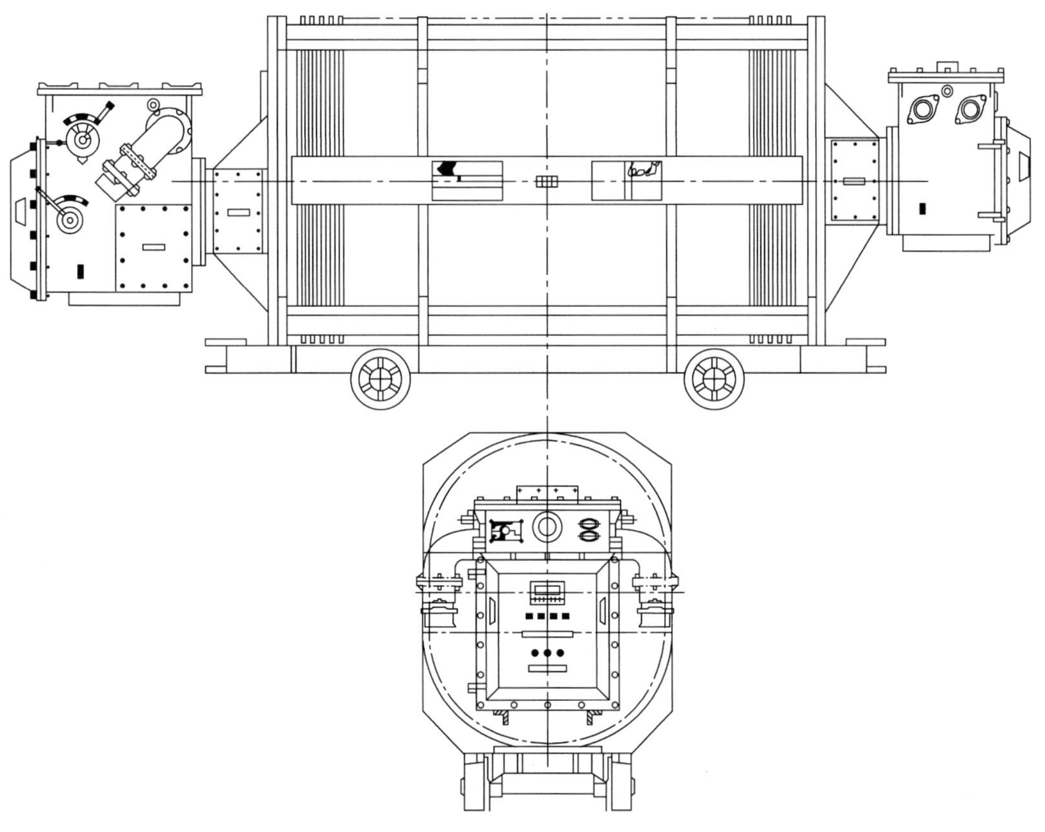

图 5-7-10　矿用防爆变频器配置整流变压器

各规格 BPJV 系列矿用隔爆兼本质安全型高压变频器选型见表 5-7-3。

表 5-7-3　　BPJV 系列矿用隔爆兼本质安全型高压变频器选型规格

电压系列	变频器型号	最大连续输出容量/HP	最大连续输出电流/A	适配电机/kW ≥1.2 倍过载	适配电机/kW ≥1.5 倍过载	适配电机/kW 2.2 倍过载	适配电机/kW 2.5 倍过载
3.3 kV 系列	BPJV-1600/3.3	3 553	525	2 000	1 600	1 200	1 000
	BPJV-2200/3.3	4 761	744	3 000	2 200	1 700	1 500

(4) 产品通用技术参数

表 5-7-4 给出 BPJV 系列矿用隔爆兼本质安全型高压变频器的通用技术参数。

表 5-7-4　　BPJV 系列矿用隔爆兼本质安全型高压变频器参数表

电压等级	外部配套整流变压器	输入 3.3 kV、6 kV、10 kV
	变频器	输入 2×1 903 V
输出	过载能力	100%额定电流连续,按负载需求配置过载能力
	电压	正弦,0～3.3 kV 连续可调
	频率	0～50 Hz 或 0～66 Hz 可调
	转矩响应	<10 ms
	控制精度	额定频率的 0.1%
	电压电流畸变	小于 2%
输入	相数、频率	六相,50/60 Hz
	允许频率波动	频率:-5 %～ +5%
	波动电压波动	电压:-5 %～ +10%以内正常运行,降至 75%可降容运行
	功率因数	>0.95
	电流	符合国家标准《电能质量公用电网谐波:GB/T 14549—93》及 IEEE 519—1992 标准的要求
控制	系统控制器	西门子 S_7 系列 PLC
	变频本体	ABB　ACS1000-W1-U
	辅助电源	AC400 V　3 相　50 Hz　4.6 kVA 消耗
	控制电压	AC220 V　单相　50 Hz　1.5 kVA 消耗
	输入/输出接口	16 数字量输入/16 数字量输出
	通信接口	以太网
	信号隔离方式	光电隔离
	控制信号传输	光纤传输,编码转换
	精度	频率稳定精度 0.1%;电压精度±2%
	效率	额定输出时>97%,额定输出 20%～88%时>95%
	控制模式	3 种运行模式可选:运行、检修、维护
	瞬时掉电再启动	可设定
	运行方式	手动、自动

续表 5-7-4

运转	运转操作	3 种控制方式可选：就地、远程 I/O、远程通信
	频率设定	主控器设定
	运转状态输出	故障、报警接点输出
显示	LCD 显示	变频器本体运行参数
	LCD 显示	输出频率、电压、电流、功率、功率因数；输入电压、电流、功率、功率因数；断路器状态、控制方式、模式、控制方式等
安全防护	防护措施	漏电闭锁、漏电保护
	内部接地电阻	≤0.1 Ω
	接地网电阻	要求用户系统地网电阻≤4 Ω
保护功能		过载、短路、断相、相不平衡、漏电闭锁、漏电、过压、欠压
环境	使用场所	海拔 1 000 m 以下，无蒸汽或破坏金属和绝缘材料的腐蚀性气体场所
	温度/湿度	水温：4～27 ℃；环境温度：32 ℃；湿度不大于 95%(25 ℃)
	振动	10～150 Hz，0.5 g 以下
	存放条件	－20 ℃ ～70 ℃
外形尺寸与质量		4 295 mm×1 440 mm×1 600 mm，9 600 kg
外壳防护等级		防护等级达到 IP54，隔爆等级达到 Ex d [ib] I Mb
冷却方式		水冷

(5) 系统组成结构与工作原理

BPJV 系列矿用隔爆兼本质安全型高压变频器主要为井下电气设备电机设备配置，其优异的电气性能，满足现场需求，提高生产效率、降低运行维护成本，可完全替代以往的液压传动系统。

① 系统组成与原理

BPJV 系列矿用隔爆兼本质安全型高压变频器主要由外部配套防爆整流变压器、集成防爆本体、主控制器及外围电气构成，其电气原理框如图 5-7-11 所示。

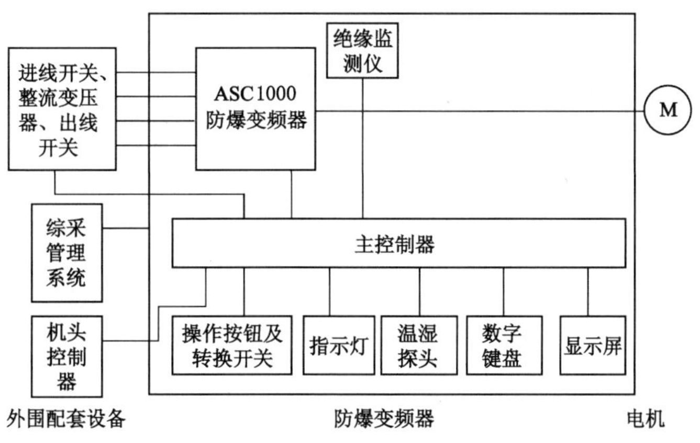

图 5-7-11　系统电气框图

② 防爆整流变压器

外部配套(用户配置或随变频器配置)整流变压器两组副边绕组相互隔离,并互差 30 电角度,保证系统工作在 20%负载以上时电网侧功率因数保持在 95%以上;输出带 12 脉整流桥,使原边电流谐波总量小于电网谐波标准要求。

③ 防爆变频器本体

防爆变频器本体是 BPJV 系列矿用隔爆兼本质安全型高压变频器核心。为提高系统可靠性,变频本体采用高压 IGCT 器件,以三电平拓扑研制。其具有元件少、结构简单、控制性能优异等诸多优势。变频本体电气结构如图 5-7-12 所示。

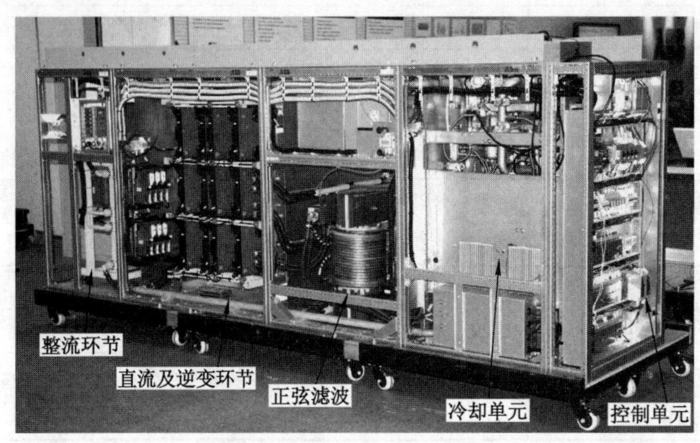

图 5-7-12　变频本体电气结构

④ 功能原理

BPJV 系列矿用隔爆兼本质安全型高压变频器的功能原理如下:

如图 5-7-13 所示,首先是频率设定简介。运行频率:频率设定主要通过操作键盘完成,在变频器内设置多段速控制频率,主控制器接收外部控制信号,通过开关量输出控制变频器运行频率。

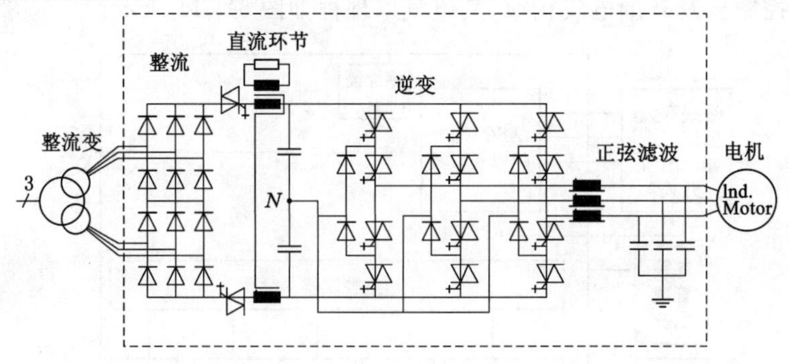

图 5-7-13　高压变频器原理图

其次是运行方式简介。运行模式:BPJV 系列矿用隔爆兼本质安全型高压变频器在正常生产运行下的设定模式,与其相关的为运行频率、加减速时间等参数;检修模式:井下综采面设备每天都需安排时间检修,对于输送设备其检修过程以往巡检为主,采用变频控制后,在此模式下，BPJV 系列矿用隔爆兼本质安全型高压变频器运行在较低频率运行，提高检修效率，降低检修强度；维护模式：在输送系统故障损坏后，在此模式下可对驱动电机单独操作，并利用一些特殊的设定功率完成设备维护工作。高压变频器参数如表 5-7-5 所示。

表 5-7-5　　高压变频器参数表

输入参数	额定功率	1 250 kW(855 kW、525 kW)
	额定输入电压	2×3 AC 1 700～1 905 V
	额定输入电流	2×275 A(2×185 A、2×115 A)
	额定输入频率	50 Hz
	相数	2×3 相
输出参数	输出电压	0～3 300 V
	输出电流	0～280 A(0～190 A、0～120 A)
	输出频率范围	0～50 Hz
工作制式	S_1	
本安参数	U0:12.5 V DC;I0:1.3 A	
保护功能	过载、短路、过电压、欠电压、缺相、过热、漏电、接地、堵转、断链等保护功能	
防护等级	IP54	
冷却方式	外部冷却水	

最后是控制方式简介。本地控制：利用系统控制器上的键盘、按钮、转换开关等就地控制；远方控制：系统通过机头控制箱完成控制操作，远方通信控制：系统接收综采面管理系统控制指令完成控制操作。

⑤ 断电恢复再启动功能

主电源突然断电自动启动功能，是指当发生欠压故障后变频器可以自动复位，具有自动重启和设定欠压等待时间等功能。如果自动重启功能激活，当系统检测到直流回路欠压时，起动等待时间；如果在设定的欠压等待时间内协调恢复供电，则故障自动复位并重新恢复到正常的运行状态；如果在设定的时间内没有恢复供电，变频器将跳闸并断开主回路断路器。变频器特有的快速转矩阶跃响应意味着对电网和负载的变化具有极快的反应，使得对失电、负载突变和过电压状态易于精确控制。

2）天信矿用高压变频器 BPJV-3×1250/3.3

高压变频器（图 5-7-14）的主要参数如下：① 长×宽×高：3 550 mm×1 050 mm×1 100 mm；② 重量：小于 4 300 kg。

5.7.2　供液系统

5.7.2.1　国内外技术发展概况

目前我国的进口供液系统市场主要被英国雷波泵站公司、德国卡马特公司、德国豪辛柯机械制造有限公司三家公司垄断。国外泵站供液系统大多采用了电磁卸载、自动控制等先进技术，运行稳定性高、压力波动小、自动化程度高。

国内的主要泵站供应商有浙江中煤机械科技有限公司、南京六合煤矿机械有限责任公司、无锡煤矿机械厂、无锡威顺煤矿机械有限公司、天地玛珂电液控制系统有限公司等。相

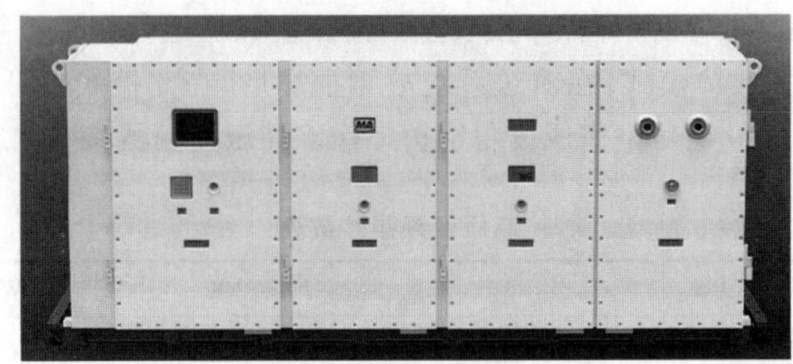

图 5-7-14　高压变频器

比进口产品目前国内的泵产品大多还沿用十年前的结构形式，技术严重滞后。同时，由于国内泵站厂商的竞争异常激烈，泵站厂商为了争夺市场大打价格战，在压低生产成本的同时也牺牲了产品的质量，从而影响了国产供液系统的整体性能。

国外技术及企业实现了技术的专业化分工和合作，泵站、泵站控制系统、乳化液自动配比装置、加油装置，甚至电控卸载阀的设计生产都由专业厂商完成。例如雷波泵站采用 DD 公司的泵站控制系统、卡马特泵站采用 Bartec 的泵站控制系统、豪辛科泵站采用比赛洛斯 pm4 泵站控制系统或玛珂公司的 pm32 泵站控制系统，各控制系统的特点如表 1 所示。由于泵站与控制系统的设计较为独立，通常同一套泵站可以用各种不同的泵站控制系统，一套控制系统也可以用于不同厂家的泵站。

近几年国内企业在支架液压系统介质清洁度的控制方面做了许多工作，设计出了多种形式的过滤站、过滤器，但这些大多是针对局部结构设计的，没有形成完善的体系，使用效果大打折扣。近两年来国内许多单位也看到了中高端供液系统的市场前景，投入了大量的人力物力进行相关产品的研发工作。但是目前大多数单位还采用进口整泵配套电控系统、仿制进口产品的方式开展工作，具备独立知识产权的产品非常少。同时，目前在电控卸载阀的设计、制造方面国内仍然没有取得实质性突破。另一方面，设备供应厂家一般主要熟悉自己相关业务，很少有厂家能站在整个综采工作面系统的高度，同时对泵站系统、泵站控制系统、清洁度保障系统和信息化系统有全局的认识。据了解只有厂家对综采设备有全局认识，例如国内的天玛公司作为煤矿电液控制系统的专业生产厂家，熟悉井下液压系统、控制系统和星系化系统要求，同时作为泵站供液系统的“用户”，深知泵站供液系统的重要性。

5.7.2.2　*存在的问题*

由于不同国家、不同地域地质条件不同，供液系统的管理和操作方式也不同，也造成了很多进口设备水土不服。如过滤系统不能满足国内现场需要，一方面，纳污量不够，加上国内煤矿企业管理不到位，无法做到及时更换滤芯，造成很多进口供液系统长期失效，形同虚设；另一方面，滤芯强度不够，不适合清洗，也就不适合国内企业要求设备的“鲁棒性”。许多进口供液系统的过滤装置在井下使用很短时间便失去功用，煤矿用户只能被迫选用其他产品代替。这也迫切需要研制适合中国地质特点、管理方式，满足企业需要的供液系统及清洁度保障系统。

国产的供液系统大多还停留在液压卸载、手动控制阶段，供液压力波动大、自动化程度低。国内厂商在电控卸载阀技术方面还没取得突破，这一问题已成为国产供液系统提高自动化水平的瓶颈问题。同时，由于对介质清洁度控制问题重视程度不够，国内厂家很少将清洁度保障系统作为供液系统的一部分来考虑，很多国产供液系统仅仅配置了简单的过滤器。目前工作面液压系统大部分故障都是由于工作介质污染引起电液控制系统关键液压部件失灵造成的。很多煤矿用户投入大量经费购置的电液控制系统经常因为液压介质污染不能正常工作，甚至出现整个工作面瘫痪的严重故障。

5.7.2.3　供液系统组成、结构及其工作原理

1）集成供液组成

集成供液系统由水处理系统、乳化液浓度配比系统、泵站控制系统、过滤系统等系统组成，是集泵站、电磁卸荷自动控制、泵站智能控制、变频控制、多级过滤、乳化液自动配比、系统运行状态记录与数据长传于一体的自动化设备，核心思想是为用户提供一套完整的综采工作面供液系统解决方案。

集成供液系统包括液压系统和控制系统两大部分，液压系统按照两泵一箱的结构设计，同时设计时考虑与今后复杂系统的通用性，要求该液压系统能够拓展出三泵两箱、四泵两箱甚至八泵四箱（包括喷雾系统）的液压系统，因此液压系统中需要为今后系统拓展预留充足的接口。

集成供液的系统配置有水处理装置、进水过滤站、自动配液箱、泵站、反冲洗过滤站、回水过滤站等设备。泵站采用远程配液模式，在自动配液站处，在设备列车处，配置有乳化泵站与喷雾泵站以及泵站控制系统；每台泵站与液箱上安装接线盒；泵站上安装有润滑油油位传感器、油温传感器、油压传感器；液箱上安装有乳化液液位传感器、乳化油油位传感器、清水水位传感器；乳化泵站上安装有电磁卸载阀，实现对乳化液泵站的电磁卸载控制。通过接线盒实现对泵站与液箱传感器信号的接入，再通过连接器连接到 PLC 控制柜上，实现对泵站与液箱信息的监测，PLC 控制柜通过程序对组合开关进行控制，实现对泵上的启停的控制。配置的自动反冲洗过滤站对泵站供液进行过滤，当过滤器出现堵塞时能够自动进行过滤器的反冲洗清洗，清洁过滤器。

（1）液压系统

高端乳化液泵站系统的液压系统，如图 5-7-15 所示。该液压系统包括泵站系统、过滤系统、乳化液自动配比装置等几大组成部分。

按照集成供液系统各设备的职能，系统可划分为泵站、液箱、过滤系统、控制系统四大功能模块，属于相同模块的设备尽量集中布置，方案管路、电缆连接。每台泵站单独占用一个列车，每台液箱单独占用一个列车，高压过滤站、回液过滤站及蓄能装置共用一个列车，控制系统占用一个列车，进水过滤站与控制系统共用一个列车或与其他设备共用一个列车。

泵站分为两部分：乳化液泵站与喷雾泵站，乳化液泵站与喷雾泵站采用交流异步电机驱动，采用交流 1 140 V 供电，由组合开关或电磁启动器供电，可采用近控与远控实现对泵站的控制，电机安装轴温传感器，实现对电机轴温检测。泵站安装润滑油油温与油位传感器。

液箱分为乳化液箱与清水箱，乳化液箱上安装乳化液位传感器与乳化油位传感器，并通过乳化液混合器实现乳化液自动配比功能，清水箱安装液位传感器，通过电动球阀实现自动补水功能。

过滤系统分为进水过滤站、高压过滤站与回液过滤站，分别实现对进入系统的清水和供

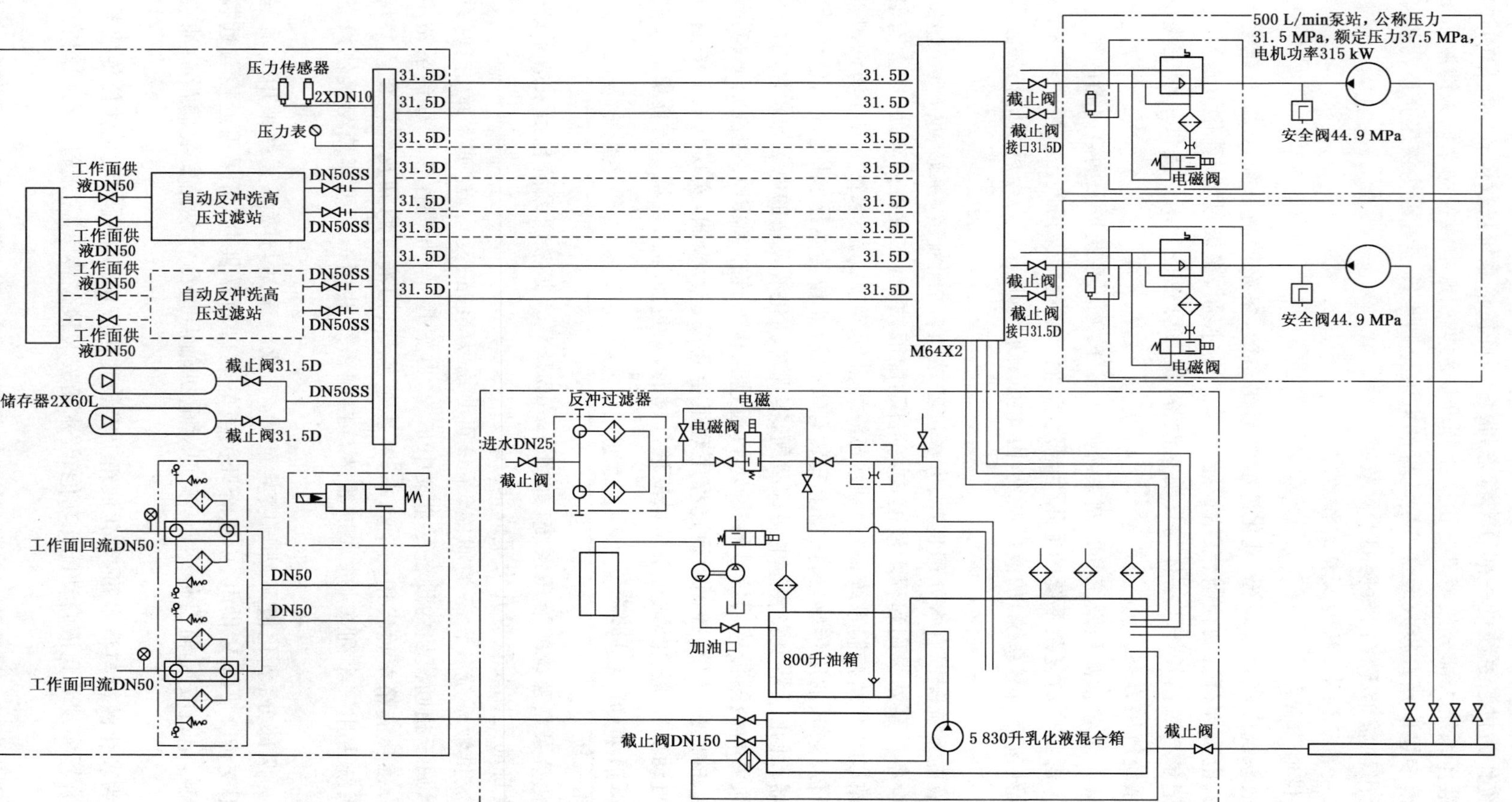

压力传感器
2XDN10
压力表
工作面供液DN50
自动反冲洗高压过滤站
DN50SS
31.5D
储存器2X60L
截止阀31.5D
工作面回流DN50
DN50
M64X2
截止阀
截止阀接口31.5D
500 L/min泵站，公称压力31.5 MPa，额定压力37.5 MPa，电机功率315 kW
安全阀44.9 MPa
电磁阀
反冲过滤器
电磁
进水DN25
截止阀
加油口
800升油箱
截止阀DN150
5 830升乳化液混合箱

图5-7-15　供液系统图

向工作面的乳化液进行过滤，并对工作面回到液箱的乳化液进行过滤。

（2）控制系统

控制系统由 PLC 控制柜、操作台、本安主机、接线盒及相关传感器组成，由安装在泵站与液箱上的接线盒接入传感器，再通过连接线连到 PLC 控制柜，实现对整个系统的信息的收集与上传，并对检测到的泵站信息与液位信息进行处理，由 PLC 操作人员的操作指令及相关信息分析，向组合开关发出控制指令，实现对系统的自动化控制。

在泵站运行过程中，如果由于保护传感器检测到泵站或液箱状态出现异常，由 PLC 控制柜发出停泵站指令，实现对泵站或液箱的保护。

2）集成供液系统结构

（1）乳化泵站

乳化液泵站和喷雾泵站是整个综采工作面供液系统中的核心设备。乳化液泵站作为综采工作面必不可少的重要设备，为工作面液压支架提供液压动力，是整个综采工作面液压系统的心脏；喷雾泵站主要用于采煤机喷雾降尘或设备冷却等用途。近年来，随着我国大采高综采工作面的日益增多，为了满足大采高液压支架的高初撑力、高工作阻力设计要求，以及快速移架和安全支护的需求，对综采工作面液压系统在压力、流量等方面的性能都提出了很高的要求，因此需要配套高压大流量乳化液泵站进行。

乳化液泵站最大输出压力超过 40 MPa，流量一般为 300 ～630 L/min。电动机功率一般为 150～315 kW，最大功率达 500 kW。大流量乳化液泵采用五柱塞式液压泵，具有流量均匀、压力稳定、运转平稳、脉冲小、油温低、噪声小、使用维修方便等特点。乳化液泵的柱塞采用实体陶瓷或柱体外表面喷涂陶瓷等高硬度、耐磨材料。柱塞密封使用填料密封材料，如石棉、芳纶及聚四氟乙烯塑料等韧性材料。泵头及吸排液阀部件的材质以不锈钢为主，部分使用合金钢镀镍、铬处理。乳化液泵站一般采用卸载阀进行压力自动调节，喷雾泵普遍采用溢流阀进行工作压力调节。

乳化液泵[主机液力端（泵头部分）如图 5-7-16 所示，采用线型结构专利技术、分体积木式设计、泵组润滑装置采用飞溅式润滑和强制润滑相结合的方式]获得国家多项专利，曲轴转速低仅 425 r/min，泵组管路均在泵组底部布置。

图 5-7-16　乳化泵站

乳化液泵组由三相四级防爆电机、轮胎联轴器、乳化液泵、卸载阀、蓄能器等组成，安装在共同的底拖上。产品执行《煤矿用乳化液泵站乳化液泵》(MT/T188.2—2000)标准。所有管路均在泵组底部布置，方便现场管路的连接，降低现场管路的复杂性，提高整体性和美观性，相比原布置高压胶管，使用成本要低。

(2) 喷雾泵站

BPW500/16 型喷雾泵组与相应的清水箱配套组成喷雾泵站，如图 5-7-17 所示。它是由防爆电动机通过轮胎式联轴器带动泵运转，具有五曲拐动力端和分体式泵头结构新颖独特、体积小、重量轻、压力流量稳定、运行平稳、安全性能强和使用维护保养方便等特点。

图 5-7-17　喷雾泵站

(3) 液箱

所有液箱或水箱的箱体均采用不锈钢板材加工，内有不锈钢型材作为骨架，保证了箱体的结构强度。箱体采用全封闭结构，保证了介质清洁，如图 5-7-18 所示。

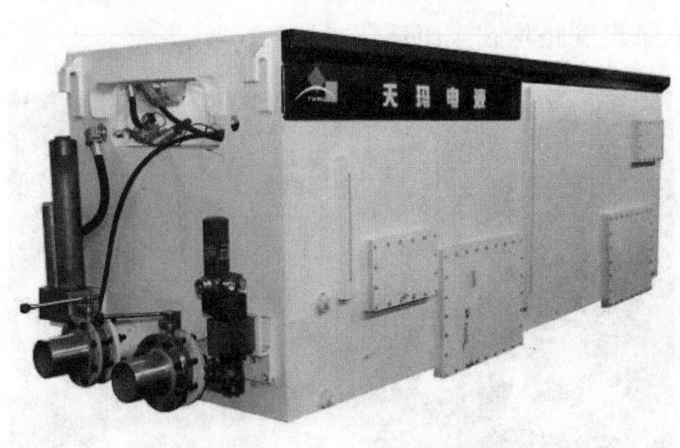

图 5-7-18　液箱

不同容积的乳化液混合箱集成不同容积油箱：7 000 L 乳化液混合箱容积，集成 1 000 L 油箱；4 000 L 乳化液混合箱容积，集成 600 L 油箱；2 500 L 乳化液混合箱容积，集成 400 L

油箱。

(4) 过滤系统

采用多层滤网结构、滤网与高强度骨架焊接方式，提高了过滤站的纳污能力，解决了过滤滤芯不能承受系统压差产生变形击穿的难题；提出了功能过滤与安全防护相结合，主动预防与被动防护相结合的体系架构，使过滤效率提高10%以上，解决了单级过滤无法满足液压支架电液控制系统电磁先导阀对液体清洁度要求高的技术难题，建立了综采供液系统过滤技术体系标准，如图5-7-19所示。

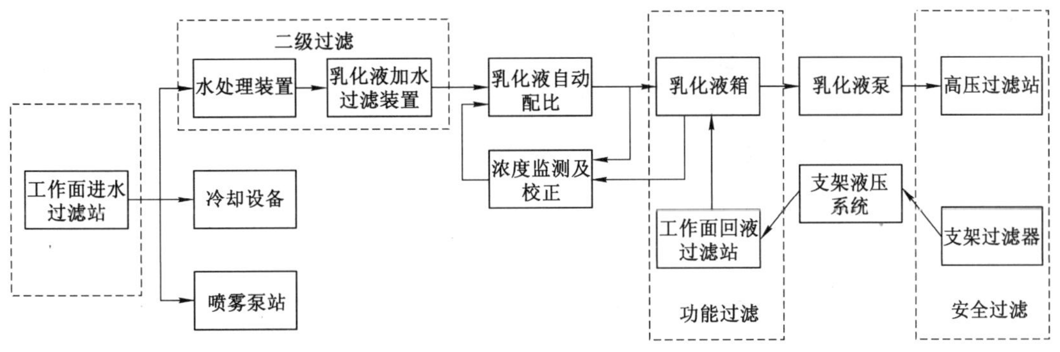

图5-7-19　多级过滤体系统

(5) 控制系统

① 基于PLC的集中式泵站控制系统。集中控制式智能控制系统主要由矿用隔爆兼本安型可编程控制柜、矿用本质安全型操作台、矿用隔爆兼本质安全型交流变频器、监控主机、矿用本质安全型变送接线盒、各类传感器及控制电缆组成。集成供液系统的所有传感器信号、操作信号和设备反馈信号都汇总到可编程逻辑控制柜中集中处理，进而实现对系统各执行元件的集中控制，系统架构图如5-5-20所示。

② 基于泵站控制器的集中分布式泵站控制系统。集中控制式智能泵站系统方案采用以ARM7嵌入式处理器为平台的泵站控制器作为核心控制设备。每台泵站、液箱都配有独立泵站控制器，每个控制器只负责处理所控制设备的运行信息、决定受控设备的动作。操作台作为上位机，负责向各控制器发送宏观控制指令、协调各控制器之间的关系。操作台、控制器之间通过通信方式传递指令、交换数据。

3) 工作原理

集成供液系统是集泵站、电磁卸载、智能控制、变频控制、乳化液自动配比、多级过滤及系统运行状态记录与上传为一体，为用户提供基于工作面用液需求的智能供液系统的解决方案。集成供液系统经过水软化处理滤后与乳化液混合进入液箱，低压乳化液从液箱经打开的截止阀吸入乳化液泵，通过泵将压力提高后，排出的高压乳化液经电磁卸荷阀或机械卸载阀、高压过滤器传送到工作面用液设备单元。

4) 综采工作面用液需求

综采工作面集成供液系统为工作面液压支架及工作面喷雾降尘、冷却设备等提供高压液。综采工作面由于采用液压支架进行支护，根据液压支架的立柱缸径和高度不同，对用液量的要求也不同，而多数情况不是有很多支架同时动作，也不用太大的流量。目前大采高的

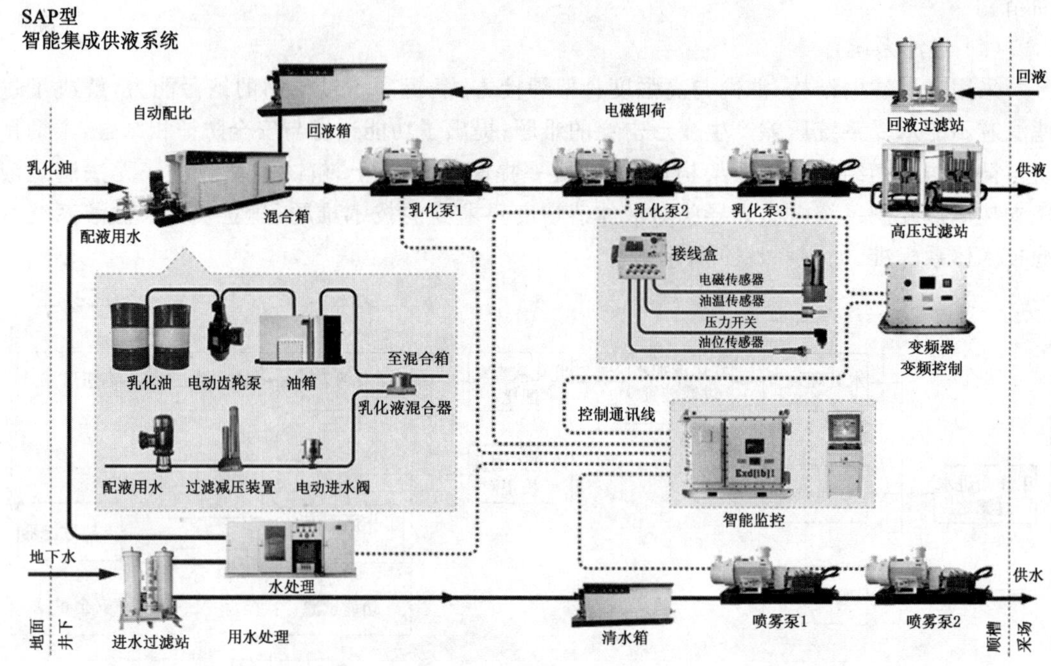

图 5-7-20　基于 PLC 的集中式泵站控制系统架构图

工作面，往往采用四台泵站进行工作面供液，单台泵流量 500 L，就足以保证工作面大量液压支架动作需求，而在一些中厚煤层甚至薄煤层工作面，用液量更小，可采用少泵大流量形式供液。但由于薄煤层工作面的巷道设计得相对较小，而大液量的泵站体积相对较大，无法在这样的工作面使用，主要还是采用小流量多泵站形式，因此，研究多泵站的智能联动，对及时向工作面供液就非常有意义。工作面支架的动作会对乳化液产生流量的需求，而泵站向工作面供液时由于出口压力达到设定值就会停止供液，只有当压力低于设定值时才重新开启供液阀向工作面供液，如果此时只有一台泵站在运行，而工作面用液量需求较大时，就需要开启其他泵站。在原来的控制模式中，就需要人工进行干预，这样的控制方式明显滞后于工作面生产的需求，如果采用自动控制方式，在工作面用液量很大时(如一台泵一直持续不断向工作面供液，而压力始终处于很低的状态，如 20 MPa)，第二台泵站处于运行状态，就会自动向工作面供液，如果两泵站的流量还不满足工作面供液需求，系统可发出预警，自动开启第三台泵站。

5）泵站设计需求

在泵站控制装置中，需要在泵站上安装压力传感器、油温传感器、油位传感器以及电磁卸荷阀等设备，而这些设备都需通过电缆连接到控制柜，每一台泵站上都安装许多的传感器及控制信号，而这些信号都通过电缆连接到控制柜，线缆就会很多，并且接线会很复杂，在安装中容易出现问题。使用接线盒将电缆集中后便于电缆传输。

该接线盒采用与操作台相同的铰链结构和密封结构，操作简单，密封效果好。传感器连线通过防水接头接入接线盒后通过重载连接器集中出线。在泵站出厂前将各种传感器安装完毕，并且与接线盒接好，现场安装中需进行快速接插电缆，这种方式大大降低了现场安装和维护强度，减少了电缆数量，排查问题也很方便。

为了实现泵站的集中控制，需要通过一台设备向控制柜发出控制泵站启停命令，控制柜接收到该命令，再通过逻辑判断泵站的起停，在此可通过操作台来实现此功能。

操作台的控制对象是泵站系统，是泵站控制系统的人机输入设备。操作人员通过操作台向 PLC 发出操作控制指令，操作泵站的起停以及紧急停止。操作台的按钮属于无源触点信号，是通过 PLC 控制器传过来的 12 V 接入按钮，再通过按钮的按下与否将按钮信号回传给 PLC 控制器，而控制柜会根据输入的按钮信号来判断应该执行哪种操作。

操作可分为程序操作区和手动操作区，程序操作区的作用就是将控制信号输入到 PLC 内部，由 PLC 来判断应该执行的操作，从而发出相应的操作指令；手动区是考虑 PLC 发生故障而导致程序不能正常控制相关设备，此时将控制模式切换到手动档，从而切断按钮到 PLC 的输入信号，而直接将按钮信号输入到开关及电磁阀来对泵站进行控制。

供液系统具有自动控制装置，能实现对整个系统的状态监测与智能控制，具有数据接口，可向第三方提供数据，并能接收远程控制指令。当系统处于上控状态时，可实现对系统和远程控制。

供液系统中配备远程配液装置，该装置安装于顺槽外的固定峒室内，通过远程供液泵向工作面液箱内输送乳化液，并且可通过自动控制装置，实现自动配液与自动供液，实现无人化控制与管理功能。

6）供液系统的技术参数

（1）性能参数

① 乳化液泵站的性能参数如下：泵站额定流量为 300 ～630 L/min；额定工作压力为 37.5 MPa，最大 40 MPa；电动机功率为 150 kW ～315 kW，最大功率 500 kW。

具有本质安全型卸荷、三柱塞泵结构（400 L/min），柱塞式液压泵，大流量乳化液泵采用五柱塞式液压泵。

泵站油位、油温的检测与故障报警保护，泵站出口压力检测与控制，输出压力稳定可调。

② 乳化液箱的性能参数如下：有效容积为 2 500 L（油箱容积 600 L）；回液箱容积为 2 500 L；乳化液浓度为 3%～5%，能够自动配比。

液箱具有维修窗口、放液堵、外置液位传感器安装接口、液位指示计。其中液位指示剂左右双侧预留安装位置，液位传感器前后两侧均可安装，方便使用维护。

③ 乳化液混合箱的性能参数如下：过滤减压装置过滤精度为 25 μm。

④ 进水过滤站的性能参数如下：公称流量为 2 000 L/min，用二备二；过滤精度为 60 μm。

⑤ 回液过滤站的性能参数如下：回液过滤站流量为 2 000 L/min；过滤精度为 40 μm，用二备二。

⑥ 自动反冲高压过滤站的性能参数如下：流量为 1 250 L/min；过滤精度为 25 μm。具有压差反冲洗、定时反冲洗、手动反冲洗等多种控制模式。

（2）机械尺寸

整个系统尺寸根据系统配置的不同，长度会变化。

系统内主要设备的机械尺寸如下：① 乳化泵站：442 mm×382.3 mm×130 mm（长×宽×高）；② 喷雾泵站：442 mm×382.3 mm×130 mm（长×宽×高）；③ 乳化液箱：442 mm×382.3 mm×130 mm（长×宽×高）；④ 喷雾液箱：442 mm×382.3 mm×130 mm

(长×宽×高);⑤ 电磁卸载阀:442 mm×382.3 mm×130 mm(长×宽×高);⑥ 自动配比器:225 mm×156 mm×166 mm(长×宽×高);⑦ 进水过滤站:1 300 mm×842 mm×1 150 mm(长×宽×高);⑧ 高压过滤站:1 256 mm×552 mm×1 191 mm(长×宽×高);⑨ 回液过滤站:900 mm×850 mm×1 150 mm(长×宽×高);⑩ PLC 控制柜:1 300 mm×6 851 mm×013 mm(长×宽×高);⑪ 操作台:508 mm×340 mm×263 mm(长×宽×高);⑫ 接线盒:430 mm×270 mm×138 mm(长×宽×高)。

(3) 国内外同类产品系统技术对比,如表 5-7-6 所示。

表 5-7-6　　国内外系统技术对比

泵站类型		流量/L·min^{-1}	压力/MPa	大修周期/h	总效率	结构主要特点	压力控制方式	电磁卸荷方式技术参数	控制系统
国产	无锡威顺 BRW(500/31.5F)	500	31.5	7 200	81%	① 单侧斜齿轮副传动;② 两点支撑五曲拐曲轴传动方式;③ 表面处理金属柱塞	无锡威顺机械卸荷阀	N/A	无自主研发控制系统
国产	南京六合 BRW(400/37X)	400	37	7 200	81%	① 单侧斜齿轮副传动;② 两点支撑五曲拐曲轴传动方式;③ 表面处理金属柱塞	南京六合机械卸荷阀	N/A	无自主研发控制系统
国产	天玛 BRW(400/37.5)	400	37.5	7 200	84%	① 对称斜齿轮副传动;② 两点支撑三曲拐曲轴传动方式;③ 高耐磨陶瓷柱塞	天玛电磁卸荷阀	启闭响应时间 320 ms;使用寿命 12 万次	天玛泵站集成分布式控制系统
国外	雷波 S500	657	35	20 000	87%	① 单侧斜齿轮副传动;② 六点支撑五曲拐曲轴传动方式;③ 高耐磨陶瓷柱塞	雷波电磁卸荷阀	启闭响应时间 70 ms;使用寿命 30 万次;压力波动 3 MPa	DD 集中分布式控制系统+ODIN泵站智能控制系统
国外	卡马特 K550	641	43	20 000	90%	① 对称斜齿轮副传动;② 四点支撑五曲拐曲轴传动方式;③ 高耐磨陶瓷柱塞	蒂芬巴赫电磁卸荷	启闭响应时间 100 ms;使用寿命 25 万次;压力波动 3.5 MPa	Bartec 集中分布式控制系统
国外	豪辛柯 EHP 400S	635	36	2 000	87%	① 单侧斜齿轮副传动;② 三点支撑五曲拐曲轴传动方式;③ 高耐磨陶瓷柱塞	豪辛柯电磁卸荷	启闭响应时间 150 ms;使用寿命 20 万次;压力波动 3 MPa	PM4 集中控制系统

5.7.2.4　供液系统智能化功能与技术

1）水处理系统

要保证供给工作面用液设备乳化液质量，就必须从乳化液用水着手处理。本书根据不同的水质采取不同水处理方法。大自然中没有100%的纯水。水中污染物有两大类：可溶性污染物和不可溶性污染物（即颗粒污染物）。可溶性污染物在一定条件下可变成颗粒污染物，如水垢、氧化铁等。水的浊度（即俗称的透明度）是由颗粒污染物造成的。水的腐蚀性主要是由可溶性污染物造成的。水垢是由可溶性污染物和不可溶性污染物造成。大量微米级的颗粒污染物造成水的透明度下降，特别透明的水中可溶性污染物也可能很多。提高水的质量，要祛除可溶性污染物和不可溶性污染物。水质太硬时，乳化液会渐渐分层，析出部分不溶于水的油和皂；水质较软时，乳化液的泡沫就会增多，会引起过滤器、操纵阀及先导阀堵塞。另外，乳化液容易受微生物的侵蚀，发生析油、析皂以及酸值增大的现象，引起乳化液腐败变质，产生刺激性气味，对周围环境造成污染，不利于矿工健康。

（1）水净化系统

水净化处理方法主要有离子交换法和反渗透处理法。等离子交换法仅适用于硬度超标的矿井水，该方法操作简单、运行稳定且树脂可用盐水再生循环使用。反渗透法不仅可以处理硬度超标的矿井水，还可以对井水中的硫酸根离子和氯离子加以处理。该方法首次投入成本大，工序复杂，适用于硫酸根离子和氯离子严重超标的矿井水。

水的净化处理就是把水中的容易产生析皂的相关元素消除，使乳化液不易产生析皂现象。使用EDTA的Na盐进行水处理，消除硬水中Ca^{2+}、Mg^{2+}的影响，因为当乳化剂遇到水中的Ca^{2+}、Mg^{2+}离子时，即出现析皂现象，油-水界面膜强度下降，油滴相互碰撞时极易产生析油现象。乳化液中含有的脂肪油和不饱和的脂肪酸很容易被微生物侵蚀。乳化液中常见的微生物有细菌、霉菌和藻三类，对乳化液的稳定性有不利影响。许多乳化液都含有杀菌剂，但其添加量都受到油溶解度的限制。乳化液受到微生物的侵蚀后，乳化液中的不饱和脂肪酸等化合物被微生物所分解，破坏了乳化液的平衡，产生析油、析皂及酸值增大，引起乳化液腐败变质。观察乳化液的腐败现象有如下过程：① 轻微的腐败臭气发生；② 乳化液由白色变成灰褐色；③ PH值增加，防锈性急剧下降；④ 乳化液油水分离，产生沉渣或油泥等物质，堵塞过滤网；⑤ 切削、磨削性能下降；⑥ 产生臭味扩散到整个车间，使操作环境恶化，不得不更换新的切削液。防止乳化液腐败，可以采取如下措施：① 注入新液时，首先要把液箱、泵站及其管道内的污物清理干净，并用杀菌剂消毒后才加入新液；② 乳化液稀释要用自来水或软水，避免使用含大肠杆菌和无机盐多的地下水，可选用南京开源牌线切割乳化油（抗硬水的），可解决析油、析皂现象；③ 加强补给液的管理，保证乳化液在规定的浓度下工作，稀薄浓度的乳化液会助长细菌的繁殖；④ 当发现PH值有降低的倾向时，应添加PH值增高剂，使PH值保持在9左右。当乳化液的PH值超过9时，微生物便难于繁殖；⑤ 长期停机时，应向液箱内定期鼓入空气，以防止厌氧菌的繁殖，同时也可除去臭气；⑥ 在注意防止漏油混入的同时，安装一个能迅速除去混入漏油的装置；⑦ 采用有效的排屑方式，避免切屑堆积在液箱内；⑧ 若觉察到腐败的征兆，应立即添加杀菌剂将菌杀灭。

当含有硬度离子的原水通过交换器内树脂层时，水中的钙、镁离子便与树脂吸附的钠离子发生置换，树脂吸附了钙、镁离子而钠离子进入水中，从交换器内流出的水就是去掉了硬度的软化水。由于水的硬度主要由钙、镁形成及表示，故一般采用阳离子交换树脂（软水器)，将水中的 Ca^{2+}、Mg^{2+}(形成水垢的主要成分)置换出来，随着树脂内 Ca^{2+}、Mg^{2+} 的增加，树脂去除 Ca^{2+}、Mg^{2+} 的效能逐渐降低。

当树脂吸收一定量的钙镁离子之后，就必须进行再生。再生过程就是用盐箱中的食盐水冲洗树脂层，把树脂上的硬度离子在置换出来，再生废液被排出罐外后，树脂就又恢复了软化交换功能。

(2) 工业生产中常用的水净化、过滤方法

① 絮凝沉淀，将微小的悬浮颗粒，絮凝成大的颗粒，沉淀到水的下部；主要用于污水处理。

② 化学综合反应，主要用于污水处理。

③ 生物过滤，主要用于污水处理。

④ 滤饼过滤，过滤精度高、设备复杂、费用较高。

⑤ 网式过滤(表面过滤)主要有不锈楔形网、纤维网过滤等。

⑥ 深层过滤主要有石英砂过滤、纤维颗粒过滤等。

⑦ 膜过滤主要有微孔过滤膜、反渗透膜。

⑧ 过滤方式主要有表面过滤和深层过滤。表面过滤又分为全流量过滤和十字流过滤(横流过滤)。

(3) 井下生产用水存在的主要问题

① 水中固体含量多，并伴有大颗粒。

② 水的腐蚀性大，硬度高、结垢严重。

③ 水在输送过程中的二次污染。

④ 液压支架(柱)用乳化油、浓缩物及其高含水液压液标准中对水质的要求不高、不全面。对水的腐蚀性没有要求，乳化油是根据水的硬度不同，其牌号也不同，煤矿现场用水的硬度变化时，乳化油很难及时改变型号，因而发生乳化油和水不匹配。

⑤ 由于各地普通水的腐蚀性严重程度不相同，水的腐蚀性原因千变万化，而乳化油虽然加了防腐剂，但也很难对不同性质的腐蚀性采取万能应对措施。

用纯水配制乳化液，对乳化油技术指标要求恒定、简单；配制的乳化液质量稳定可靠。纯水配制的乳化液，彻底解决乳化液系统腐蚀、结垢、污染的问题，可大幅减少支架阀件和千斤顶的修理量。统计表明 70%的液压系统故障是由传动液体污染造成的。污染解决，故障率就低。

(4) 井下生产供水方案

① 根据矿井的实际供水状况，总的供水原则是必须达到工业用水标准。根据用水设备对水质的不同要求，工作面安装一台具有不同等级的水过滤设备，供给不同设备使用。

② 达到生活饮用水标准的(好于国家地下水四类标准的，或者国家地表水三类标准的)，安装一台具有不同等级的水过滤设备。循环冷却，降尘用粗过滤水，一般过滤精度 200 μm 左右，采煤机喷雾使用 10 μm 过滤精度的水，乳化液配液用纯水。

③ 如用水达不到工业用水标准，有一点浑浊，劣于国家地下水四类标准的，劣于国家地表水三类标准的，但水质不是污染很严重的(浊度不大于 50 NTU、悬浮物不大于 30 mg/L 的)。安装一台具有不同等级的水过滤设备。循环冷却，降尘用粗过滤水，一般过滤精度 200 μm 左右，采煤机喷雾使用 10 μm 过滤精度的水，乳化液配液用纯水。

如水质变化大，质量不稳定的，浊度大于 50 NTU、悬浮物不大于 30 mg/L 的。要装一台高精度的精密水过滤器，全部用水均要达到 10 μm 的过滤。同时加装一台纯水设备，供乳化液配液用。

④ 如供水达不到工业用水标准，浑浊度高，水质腐蚀性大，劣于国家地下水五类标准的多倍，劣于国家地表水五类标准的多倍，必须在井上水处理厂进行一定的处理后方可送入井下。

⑤ 无论哪种供水方式，当水的结垢性倾向比较大时，简单、经济技术性比较好方案是，给用于内循环冷却加注一定量的阻垢剂。

乳化液自动配比对配比水质要求较高，研发矿用煤安水处理系统，采用反渗透技术，对井下用水进行在线净化处理。

(5) 水过滤系统

① 进水粗过滤。采用不锈钢楔形滤网，如图 5-7-21 所示，反洗效果好。

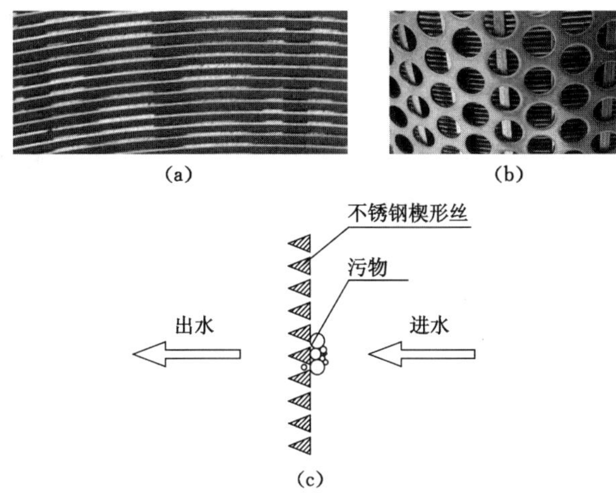

图 5-7-21　不锈钢楔形滤网

(a) 滤网进水面；(b) 滤网出水面；(c) 断面示意图

② 纤维颗粒过滤。采用纤维颗粒滤料，如图 5-7-22(a)所示，过滤精度高，微米级，纳污量大达 10 kg/m^3，易于反洗。采用石英砂过滤精度高，如图 5-7-22(b)所示，纳污量大，同时易于在线自清洗。可长期反复使用，不需拆开清洗。

③ RO 保安过滤。采用熔喷 PP 折叠滤芯，过滤面积大，单只 2 m^2，过滤精度 0.5 μm (由于前置精密过滤精度高，所以可用 0.5 μm，一般是 5 μm)，如图 5-7-23 所示。保证反渗透膜可长期稳定工作，寿命长、容量大。

④ 反渗透膜。反渗透膜是一种十字流过滤，是将膜节流下的污物和离子由浓缩液带离，一部分水分子透过反渗透膜，如图 5-7-24 所示。反渗透处理工艺流程如图 5-7-25 所示。

其设备主要特点如下：

① 一台设备全部解决综采自动化工作面设备用水净化。

② 一台设备同时分级供水，一级粗过滤水，二级精过滤水，三级纯水。

③ 体积小，只需一台矿车位置。

④ 一级过滤、二级过滤无须更换滤材，长期反复使用，无须拆开清洗。只需定期更换

(a)

(b)

图 5-7-22　纤维颗粒滤料

(a) 纤维过滤图;(b) 石英砂过滤图

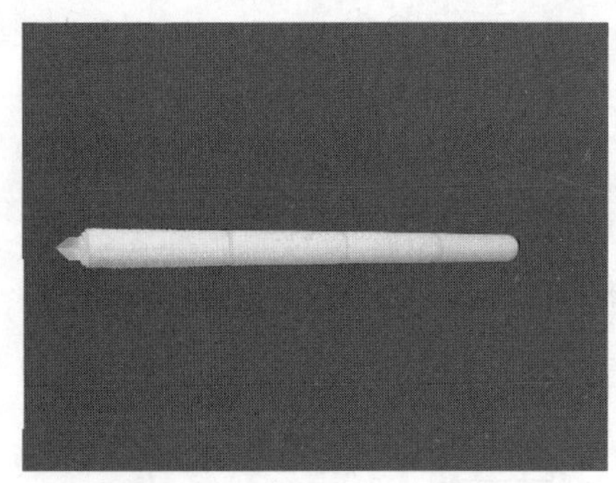

图 5-7-23　熔喷 PP 折叠滤芯

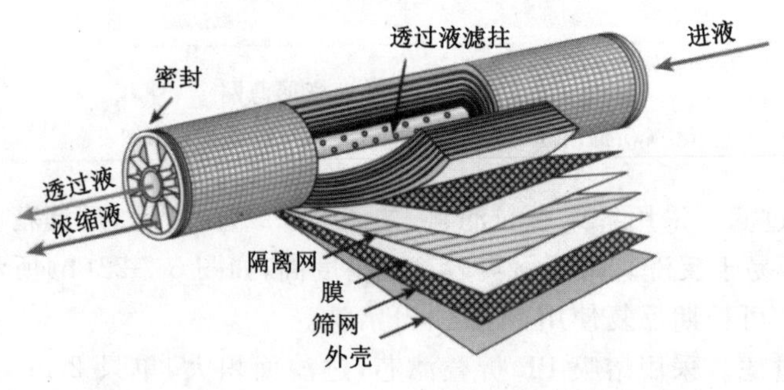

图 5-7-24　反渗透膜结构

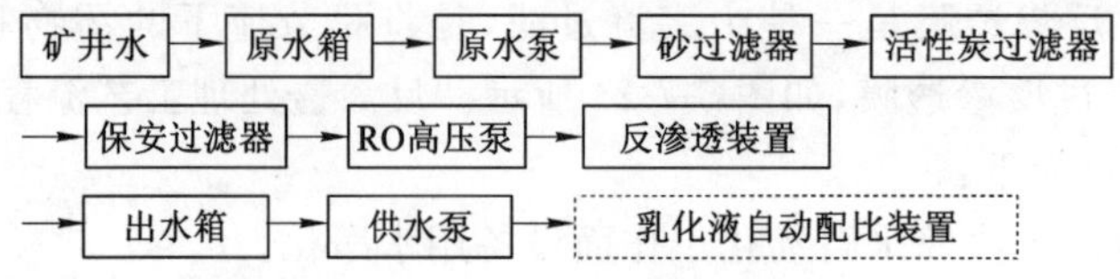

图 5-7-25　反渗透处理工艺流程图

纯水部分的滤材。

⑤ 井下在线自清洗综合供水净化站 JXGSZ-70B-4 型不需要用电，使用费用极低，可手动操作。

⑥ 粗过滤设计为反向冲洗加不锈钢刷子刮刷，清洗彻底。

⑦ 精密过滤，过滤精度高，纳污量大，反洗可靠。

⑧ RO 保安过滤采用高精度、大裕度、纳污量设计，确保反渗透膜的长期可靠运行。

2）乳化液自动化配比与浓度在线监测系统

（1）乳化液自动配比

乳化液自动配比采用压力全平衡技术，发明了高稳定性过滤减压装置，解决了出口压力不受进口压力影响的进水压力高稳定性乳化液配比难题，通过融合可靠的 conflow 混合器，研制了远程控制自动配液系统，实现了配比后乳化液的均匀和稳定，如图 5-7-26 所示。

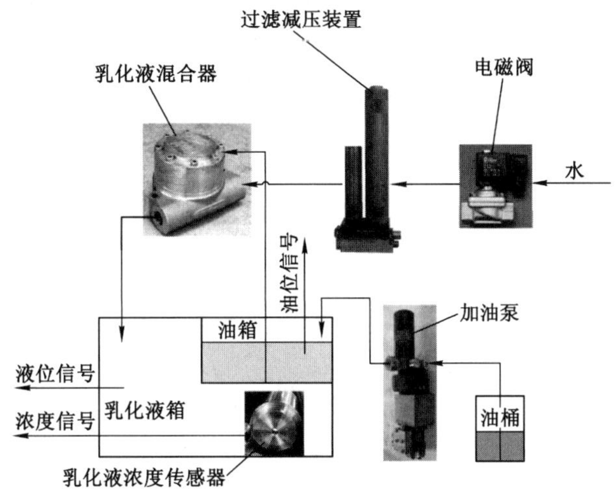

图 5-7-26 带过滤减压装置的乳化液自动配比方案

过滤减压装置是保证乳化液混合器稳定运行的关键产品。该装置不仅能够给乳化液混合器提供稳定的进水压力，而且能对进入乳化液混合器的水进行过滤，保证乳化液混合器用水清洁。

（2）乳化液浓度检测

矿用乳化液作为液压支架的工作介质，其参数和特性（浓度、温度、黏度、PH 值、稳定性、防锈性）对于系统性能有很大的影响，尤其是浓度，过高容易导致密封失效，乳化液泄漏，不经济；浓度过低又导致抗腐蚀性降低，容易导致液压部件锈蚀，最终导致系统失效。目前煤矿井下乳化液浓度主要的检测手段还是采用手持糖度仪，缺点是离线检测，精度低而且不方便。随着综采工作面电液控制系统的普及，乳化液浓度在线检测逐渐成为电液控制系统供应商和煤矿用户都很关心的指标。

密度法用于乳化液浓度在线检测，绝对测量精度能达到 1%。对常用的浓缩液进行测试，如图 5-7-27 所示，乳化液绝对测量精度能达到 0.2%。在乳化液供液回路中串入浓度传感器即可获乳化液的浓度值，该传感器根据大范围温度变化（10～60 ℃）下测得的乳化液浓度标准曲线设计的温度补偿算法，大大提高了测量精度。

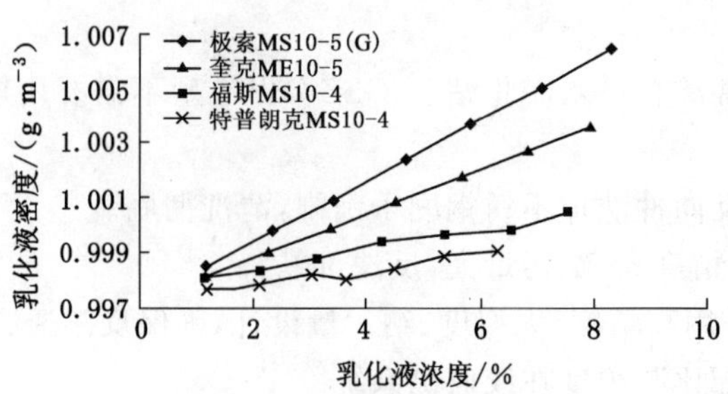

图 5-7-27　常用乳化液密度-浓度曲线(常温)

(3) 乳化液浓度在线校正

乳化液浓度自动配比和校正系统结构如图 5-7-28 所示。该系统采用了一种基于电控截流阀控制的乳化液全自动实时配比和浓度矫正方法。该控制方法采用全自动模拟人工配比的过程,增强了配比过程中以浓度检测值为闭环反馈调节的实时性;提高配比的精度和自动化水平;在非配比状态下,可对整个工作面的乳化液浓度进行矫正,使乳化液的浓度处于合理的范围。

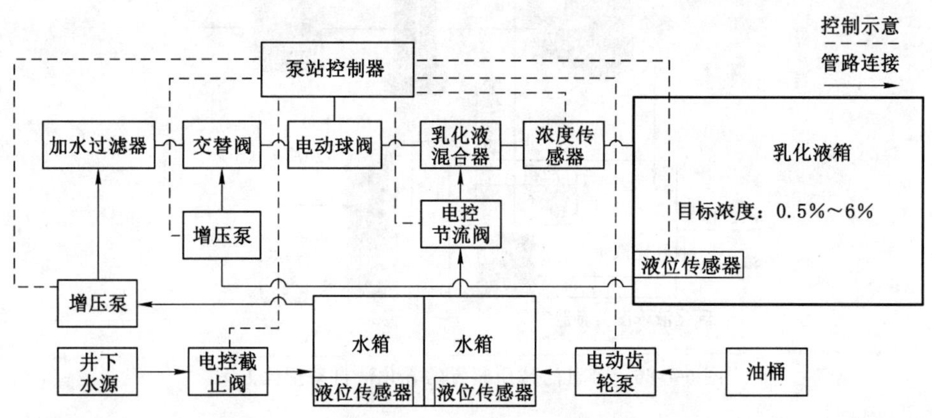

图 5-7-28　乳化液自动配液和浓度校正结构图

乳化液全自动实时配比时,控制单元在线实时读取浓度传感器的检测值,将检测的浓度与目标浓度进行比较和分析。根据分析结果,自动控制电控截流阀的旋转方向和旋转节奏,控制电控截流阀过油孔的大小,进而控制乳化液配比时乳化油的进油量,直至配比浓度到达目标浓度的要求。当液位高于低位或配液结束后,可进行浓度矫正控制过程,乳化液箱控制器通过程序设置的循环间隔和循环时间,定期对全工作面用液浓度进行检测和矫正。在乳化液配比和浓度矫正过程中,控制单元对执行单元实时进行故障检测,保证系统的可靠运行。

3) 远程供液

乳化液自动配液站是由油箱、加水过滤器、乳化液混合器、泵站控制器、浓度传感器、电动加油泵、电动球阀、电源箱、增压泵、组合开关或真空电磁启动器等组成的。其系统结构如图 5-7-29 所示。自动储油箱由油箱、泵站控制器、电源箱、电动加油泵、组合开关等组成,可以实现远程储存乳化油、自动向乳化液自动配液站补充乳化油的功能。产品配有两台油泵,一台用于将乳化油桶内的乳化油输送的自动储油箱；另一台用于从自动储油箱向乳化液自动配液站补充乳化油。

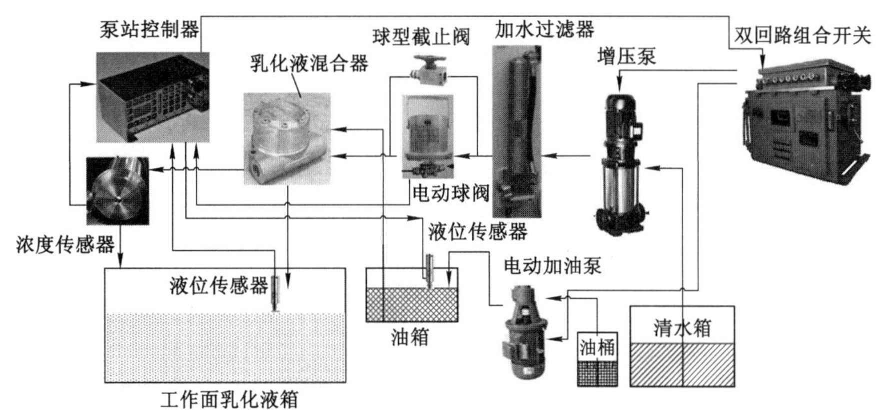

图 5-7-29　乳化液自动配液站及自动储油箱结构图

自动储油箱安装在巷道口或石门，乳化油只需运输到巷道口或石门处。远距离安装时，通过两个泵站控制进行双线 CAN 通信读取配液站油位信息，直接读取混合箱油箱内的油位信息。

电动齿轮泵将乳化油从油桶内抽送到油箱内储存，当工作面配液站内乳化油不足时，停止或闭锁乳化液自动配比，并报警。配液站上的电动球阀自动开启，巷道口或石门处的自动储油箱上远程供油泵自动启动向工作面油箱补充乳化油，乳化油由打开的电动球阀进入乳化液自动配液站。当乳化油达到设定液位时，电动球阀关闭，同时自动储油箱远程供油泵停机。

系统有两个液位传感器，一件安装在油箱内，用于检测油箱内的乳化油液位，当乳化油液位不够时，停止配比乳化液，泵站控制器报警并提示加油；另一件安装在工作面的乳化液箱内，监测箱内的乳化液液位，当液位过低时，乳化液箱泵站控制器向远程油箱控制器发送输油指令，同时打开乳化液箱进油电动球阀，开始乳化液配比。当配比达到设定液位时，电动球阀关闭，停止乳化液配比，同时向远程油箱发送停止输油指令。泵站控制器与液位传感器及电动球阀实现对自动配比乳化液的控制。

远距离供液具有以下优点：

(1) 由于泵站相对固定，不需要每天移动，而且在硐室内便于安装、管理和维修。

(2) 减少了设备和开关总台数，即缩短了设备列车长度，降低设备之间的碰撞和损坏，使列车移动更快捷，加快工作面推进速度。

(3) 泵站安装拆卸方便，故障易处理，更换零部件和易损件的空间大，事故率降低。

(4) 泵站司机工作岗位固定，因其不随电气列车移动。在无人行通道的的条件下，泵站司机的人身安全系数大大提高。

4) 泵站智能控制

乳化液泵为卧式三柱塞往复泵，它的三个柱塞水平放置，泵工作时电动机的旋转运动通过一对齿轮副减速后带动曲轴旋转，再通过连杆、十字头滑块将曲轴的旋转运动转化为柱塞在泵缸体中的往复运动。当这种曲柄连杆机构带动柱塞远离柱塞腔时为柱塞吸液行程，这时柱塞内的密闭空间增大形成负压，乳化液在大气压力作用下打开吸液阀进入柱塞腔；曲柄连杆机构推动柱塞使柱塞腔容积减少时为柱塞排液行程，乳化液在柱塞推力作用下打开排液阀进入支架液压系统。曲轴旋转一周完成柱塞的一个往复行程即完成该柱塞的一个吸排液过程。

(1) 智能卸荷控制

卸载阀是乳化液泵中最重要的液压元件之一。它的作用是使泵的工作压力不超过规定压力值，同时在综采工作面支架不需要用液时，能自动把泵与工作面的供液系统切断，将泵排出的余液直接返回乳化液箱，使泵处于空载状态下动转。当综采工作面需要液时，又能自动地接通工作面液压系统，向工作面提供高压乳化液，从而降低了电机能量消耗，减少系统发热，延长乳化液泵使用寿命。

乳化液泵站采用液控及电控双控卸荷阀控制，实现泵站空载启动及空载停机功能，解决了在泵站启动瞬间电机电流过大，对电网冲击的问题，实现了空载启动、空载停泵过程与高压系统隔离，避免高压系统的震动。该电磁卸荷阀具有电控、液控双卸荷功能，即当电控卸荷失效时可以自动转为液控卸荷，同时可以根据实际需求调整泵站出口压力波动范围。卸载恢复压力可以达到调定压力的 90%以上，并且可以根据工作面需要，通过控制软件设定乳化液泵输出压力。

当卸荷先导阀打开时，释放卸荷阀下部压力，由于节流孔的作用，泵出口压力不能及时补充。在泵压的作用下，卸荷阀开启，泵卸荷，当工作面压力降低，卸荷先导阀先关闭，卸荷阀下腔建立压力，由于面积差推动卸荷阀关闭；在泵压的作用下，泵开始向工作面供液，直到工作面压力达到调定压力，再进入下一步卸荷状态。在卸荷状态，泵站相当于空载运行，有利于节约电能及提高泵的使用寿命。

本安型电磁卸荷阀由普通泵卸荷阀、液控单向阀、电磁先导阀和电控元件组成。本安型电磁卸荷阀的液控单向阀进液口与普通泵卸荷先导阀芯处高压液相通，电磁先导阀的进液口与卸荷阀的输出口相通，保持电磁先导阀始终有高压液，这样才能使电磁先导阀起到控制作用。

电磁卸荷控制压力波动小，可以通过控制软件设定乳化液泵输出压力，控制精度高。

(2) 爆管保护功能

在胶管爆裂等突发时系统压力突降，当系统压力低于 15 MPa，启动爆管保护系统停泵，确保井下设备及操作人员的安全。为了解决主管路爆管及安全的问题，克服现有技术的不足，研发了煤矿综采工作面高压系统乳化液泵急停的关储卸压控制阀，如图 5-7-30 所示。该关储卸压控制阀，克服了现有技术条件下高压系统出现故障采用拉闸停电或电控急停卸荷阀处理不及时以及卸荷时间较长，产生管路振动的问题。产品结构主要包括阀接板、主控阀、中控阀和电磁先导阀等部分，该关储卸压装置的研制，对集成供液系统的可靠性起到了重大的提升作用，主要优点是关储、卸压和停泵可以在瞬间完成，从而避免了故障的延续与扩大，确保安全生产，实现泵站的失压保护和安全停机，同时也避免了管路振动和储能器中能量的损耗，达到了节能的效果。

(3) 泵站变频调速与泵站的软启动控制

乳化液泵站的主泵变频控制将乳化液泵站变频控制与电磁卸载结合，充分发挥变频控

图 5-7-30　关储急停卸压阀

制和电磁卸载的优势，提高泵的有效利用率，降低不必要的功率损耗和磨损，实现节能高效。实现泵站变频与电磁卸载智能联动控制技术，避免了普通泵站变频控制技术存在的低速重载、运动部件磨损严重等问题；泵站变频与电磁卸载智能联动控制技术，提高了泵站的响应速度，满足工作面及时用液的需求。变频器采用直接转矩控制技术，可以将加减速时间缩至 1 s 以内；与乳化液泵站压力变化率大相对应，变频器调节速率能够快于泵站压力的变化率，实现压力恒定。

泵站电动机启动时，变频调速装置从零频率逐步提升到电动机额定频率。当液压系统的实际压力 P 低于设定压力低限值 P_1 时，泵站从零速开始启动迅速提升到全速运行状态，保证乳化液使用需求。当液压系统乳化液需求减少，系统的实际压力 P 高于设定压力高限值 P_2 时，经 T_1 时间的延时后若实际压力仍然偏高，变频器将频率降低到 35 Hz，若压力能满足使用要求则维持此变频运行；若实际压力 P 仍然在高压设定压力上限 P_2 经 T_2 时间的延时后，实际压力仍然偏高，变频器将频率降低到 25 Hz；若压力满足要求，则维持当前频率运行，若 P 仍大于 P_2 经过设定延时时间（休眠时间）后，变频器将速度降为零。任何时候一旦检测到实际压力 P 低于设定压力下限 P_2 时变频器立即恢复到全速运行状态，保证在最短时间内获得所需工作压力。卸载阀调整时必须保证其卸载压力略高于系统设定压力上限 P_2。控制系统增设油温传感器可随时观察到泵体油温，当检测油温超过设定值时系统报警并停机提示及时检修。控制系统加装了液位传感器观察泵箱液位，当乳化液量低于设定下限时，系统报警并停机，提示及时补充液体。

在乳化泵电机的变频器上电后，其输出频率开始上升，电机转速增加而泵站压力随之变化。当管网检测压力与设定压力达到动态平衡时，变频器控制电机维持在一定的频率下运行。当液压支架处于初撑或移动状态时，所需泵站流量、压力大，或当压力反馈量小于设定压力量时，调节器控制输出频率信号升高，电动机处于工频下运行，使泵站输送给管网的压力达到设计值；当液压支架处于稳定支撑状态时，所需泵站流量、压力相对较低，或当压力检测反馈量大于设定压力量时，闭环控制输出的频率信号降低，电动机处于低速下运行，泵站的管网的压力下降，致使管网系统压力又处于新的动态平衡下运行。这样，利用变频器的内置 PI 调节性能完成对管网的压力信号实时检测、比较，管网压力的变化通过变频器的运行频率来调节，实现综采工作面乳化液泵站系统恒压供液的目的，满足液压支架不同生产工艺的要求。

采用变频调速技术，提升了系统的功率因数，减少了电动机的无功功率损耗。变频调速装置可实现电机软启动，提高了乳化液泵使用寿命和可靠性。变频器的加减速可根据要求自动调节，控制精度高，提高了工作的稳定性，改善了设备的运行特性，提高了生产效率，降低了设备运行噪音及能耗，并具有显著的节能功能。

(4) 乳化液自动配比子系统

综采泵站系统的工作介质——乳化液，一般由5%的乳化油和95%的水混合而成。乳化液的浓度直接影响综采液压系统各部分的性能、寿命及生产成本，因此乳化液浓度的在线监测技术，是保证集成供液系统乳化液自动配比功能的重要环节，也是保证综采液压系统可靠运行的先决条件。天玛公司研制了基于折光法和密度法两种传感器高精度传感器，并应用于SAP泵站系统。其中折光法是基于乳化液浓度对于光线的衰减程度，对可见光透光或折射程度，以及对光线的衰减率或传输速率的影响来反映浓度的变化；密度法则是通过监测乳化液密度来测算乳化液的浓度，如图5-7-31所示。当乳化液浓度不满足系统要求，监控主机将会报警提醒，并通过SAP泵站控制系统的智能配比模块对乳化液浓度进行校正。

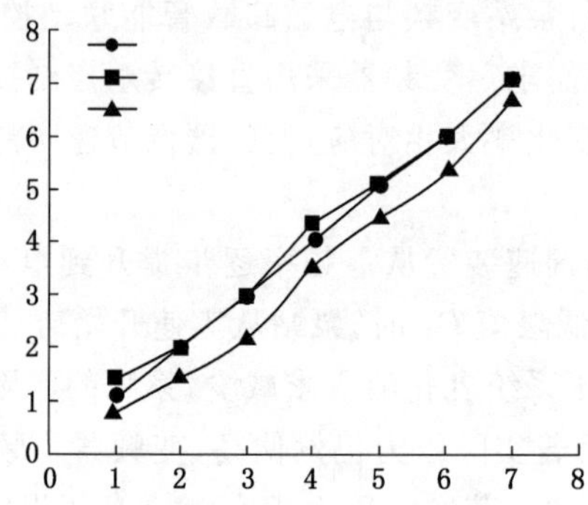

图5-7-31　两种浓度传感器的测量结果对比

(5) 稳定的系统压力

系统配备大容量蓄能器，乳化液系统高压液出口配置两个蓄能器，单个容积63 L，用于稳定系统压力。

(6) 防吸空保护功能

控制系统具有防吸空保护功能。控制系统通过液位传感器监测乳化液液箱和水箱的液位值，当达到预警值时(在主机软件中设定)在主机画面中提示报警，当达到警戒值(在主机软件中设定)时停机保护。

(7) 泵站的急停与闭锁功能

泵站控制系统具有急停、闭锁保护功能，可以单泵闭锁及多台泵站的急停控制。

(8) 泵站运行状态感知

泵站配置有泵站油温、油位、压力和乳化液箱液位、油位传感器，能够实现主要设备的状态检测、预警与保护功能。

(9) 状态监测监控

控制系统具有故障诊断、浓度在线监测、自动配液、低油位、低液位、管路失压、油位及油温等保护功能。通过泵站主机显示压力、液位、温度、浓度及泵站系统运行状态等数据，主机具备标准的通信接口可通过其他设备将显示数据上传到地面控制中心。

泵体上配备必要的监测仪表和监控装置，如压力表、矿用本质安全型泵站控制器、油温油位传感器等，用于采集温度、液位、水位等传感器数据。控制系统可对全系统进行自动检测、实时显示及控制。

5）集中自动化控制功能

实现单泵、多泵联动控制模式。乳化液泵、喷雾泵的集中自动化控制，可以通过泵站操作台实现对整个系统的集中控制，具有单泵控制和多泵智能联动控制等多种模式控制。该系统具有手动和自动两种操作模式，在集中控制系统故障的情况下可以手动开启泵站，保证井下正常生产。

智能控制系统和电磁卸荷阀的结合使用实现了多泵站的智能联动，通过设置主、次、辅、备多泵站编组和不同泵站不同调定压力设置，实现多泵站的智能联动和功率匹配。系统根据压力检测和电磁卸荷阀状态智能判断工作面用液情况，并通过主泵变频调速达到变流量控制，从而实现多泵站基于负载的智能启停和卸载，有效控制泵站系统时间，发挥各泵站最大效率；据测试泵站空载过程中，功率损耗为泵站额定功率的 30%左右，有效地利用不同泵站的不同压力，控制不同泵站处于合理的卸荷时间，可以大大降低功率损耗，同时结合用液判断，及时实现泵站备用泵站和富裕泵站的停机，降低工作面用电损耗。

6）具备完善的液压系统清洁度保障体系

供液系统具有进水过滤、乳化液加水过滤和泵站过滤三级过滤体系，如图 5-7-32 所示。

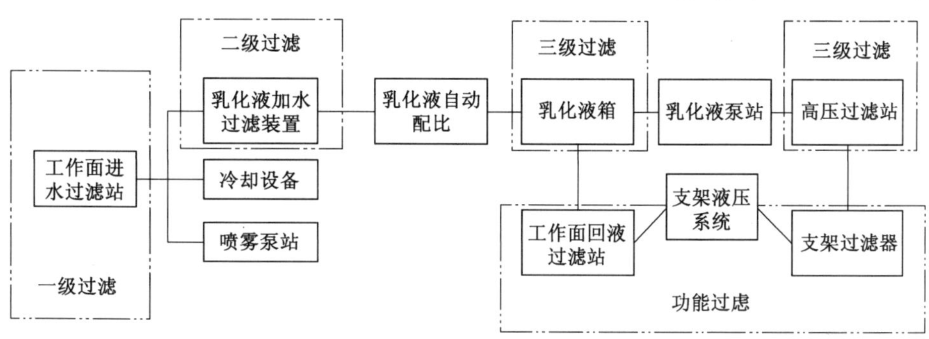

图 5-7-32　供液系统多级过滤体系

（1）进水过滤站实现进水过滤，保证喷雾、冷却系统的介质清洁；同时作为乳化液配比用水的一级过滤，过滤精度为 60 μm。

（2）加水过滤器确保乳化液配比用水的清洁，提高过滤精度和过滤效率，为乳化液系统介质清洁把好关，作为二级过滤，过滤精度为 25 μm。

（3）自动反冲洗高压过滤站实现高压、自动反冲洗过滤，具有乳化液回收功能，过滤精度为 25 μm。

（4）液压支架过滤器实现液压支架阀用液过滤，过滤精度为 25 μm。

（5）回液过滤站将系统磨损产生的污染物及时过滤出系统，过滤精度为 60 μm。

7）工作面的智能供液

SAP 智能供液决策控制系统中最核心的部分是工作面按需供液的智能供液模型。该模型是以综采工作面液压系统的执行机构——液压支架的工作状态为需求终端，建立在以液压支架设计参数、采煤机牵引速度等为边界条件，以液压支架移设流量需求函数为依据，以执行元件快速响应为特征的基础上的。通过与电液控制系统的互联互通，从而达到预知预判，通过变频和电磁卸荷控制等手段，保证供液流量与需求相匹配。

在综采工作面开采过程中，液压支架的移架速度应大于采煤机的截煤牵引速度。移架速度主要取决于泵站系统的供液流量 Q'_b，而供液流量 Q'_b 应该大于液压支架流量需求 Q_b。

液压支架流量需求函数 Q_b 可以用式(5-7-1)表示：

$$Q_b \geqslant k_1 k_2 (\sum Q_i) \frac{V_q}{A} \times 10^{-3} \tag{5-7-1}$$

式中　k_1——移架数量；

k_2——为泵站到支架管路泄漏损失系数，一般取 1.1～1.3；

$\sum Q_i$——单架支架所有立柱和千斤顶完成全部动作所需的乳化液体积，cm^3；

V_q——采煤机工作牵引速度，m/min；

A——液压支架中心距，m。

智能泵站系统可以与 SAC 支架电液控制系统实现无缝对接，实现信息的互联互通，液压支架电液控制系统在执行动作功能之前，将控制信息传达给集成供液系统，实现工作面用液需求的预知预判和及时响应，如图 5-7-33 所示。SAP 智能供液决策控制系统在获得流量需求函数 Q_b 后，通过变流量恒压反馈算法，转化为变频和电磁卸荷的耦合控制，从而满足供液流量 $Q'_b \geqslant Q_b$ 的要求。

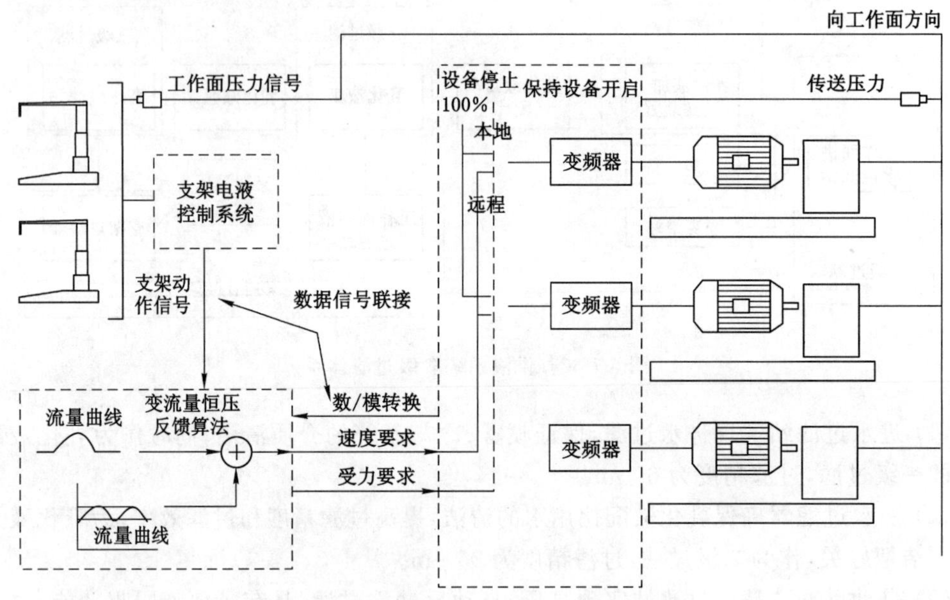

图 5-7-33　智能泵站系统与电液控制系统的耦合控制

8）供液系统的智能化特点

(1) 空载软启软停，降低电网冲击。

(2) 空载启停，延长泵站使用寿命。

(3) 电磁先导控制代替机械卸荷阀，减少压力波动，减少无用功，节能。

(4) 将乳化液泵站采用电磁卸荷控制，实现压力波动的最小化，系统瞬间供液最大化，实现工作面供液压力波动最小化，提升供液效率。

（5）该系统具有完善的多级过滤体系，具有多级、分级过滤的功能，可确保乳化液介质的清洁度，降低电液控制系统的故障。

（6）系统乳化液自动配比装置在采用进口乳化液混合器的基础上，加装提高乳化液配比稳定性的过滤及压力控制装置，使乳化液配比质量不受进水压力影响，大幅提高了乳化油的利用率和乳化液的稳定性。

（7）智能型集成供液系统为用户提供了专业化的综采工作面供液系统的总体解决方案。避免了分散采购造成的接口不统一、参数不匹配、相互冲突等问题。统一规划、合理布局，可以最大程度的降低顺槽液压管路的复杂程度。

5.7.2.5　供液系统智能化系统装备

1）智能泵站系统

智能泵站系统设备分为供液系统、供水系统、过滤系统、电控系统等。供液系统包括乳化液泵站、自动配比装置、浓度在线检测装置；供水系统包括喷雾泵站、水处理设备；过滤系统包括高压反冲洗装置、进回液反冲洗装置；电控系统包括电控箱、矿用变频器。该系统可以一体化、模块化设计，且任一模块均可选配并可扩展，如图 5-7-34 所示。

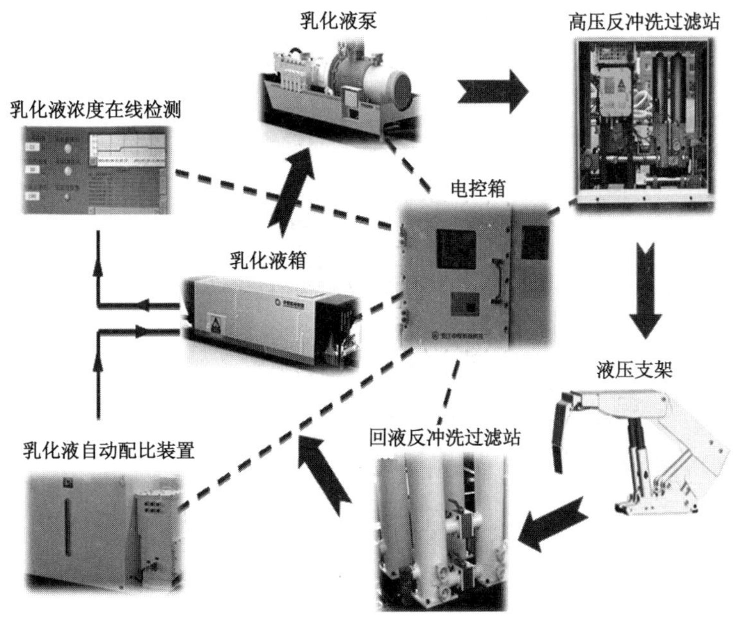

图 5-7-34　智能泵站

2）水净化处理系统

一台井下在线自清洗精密水过滤器和一台井下在线自清洗综合供水净化站组合可以实现。同时多等级供水，满足一个综采工作面的全部用水净化。其中 4 T/H 的纯水完全满足乳化液配水，产生的浓水回用加入到清水站水箱，彻底解决乳化液系统的腐蚀、结垢、污染的问题，而且抗污染能力非常强。二个矿车的位置，加装一煤安压力控制器可实现纯水信号的输出，如图 5-7-35 所示。

3）加水过滤器

加水过滤器主要用作为乳化液配比用水的二级过滤，保证乳化液用水的清洁度，安装在

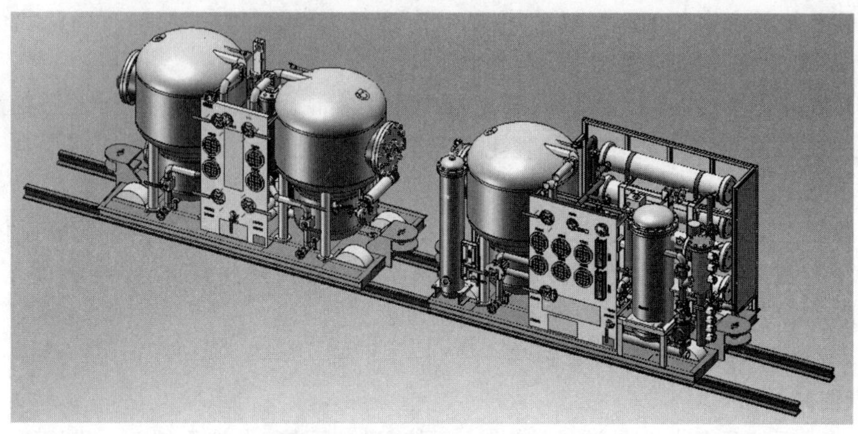

图 5-7-35　综合供水净化站

液箱上。

(1) 性能参数如下：① 流量：200 L/min；② 过滤精度：25 μm；③ 接口规格：DN25。

(2) 其产品照片如图 5-7-36 所示。

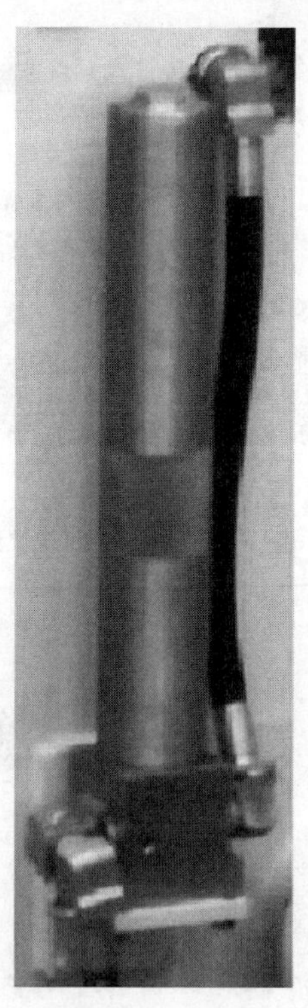

图 5-7-36　加水过滤器

4) 泵站智能控制系统

该系统通过泵站将乳化液加压送到工作面，为液压设备提供高压液，实现泵站智能控制。

(1) 性能参数

① 输入电压:AC127 V;② 本安开关量输入:32 路无源机械接入点输入;③ 32 路有源机械接入点输入;④ 本安模拟量输入:24 路模拟量输入,4～20 mA 电流信号;⑤ 本安开关量输出:64 路本安开关量输出;⑥ 以太网电信号接口:2 个;⑦ 防护等级:IP54;⑧ 防爆等级:Exd[ib]I。

(2) 功能

① 实现单泵或多泵的空载启、停;

② 多泵智能控制、联动及保护系统;

③ 泵站的监测与故障预警保护;

④ 形成全套泵站控制、过滤系统及供液过滤系统数据集成与上传。

(3) 产品照片

泵站智能控制系统如图 5-7-37 所示。

图 5-7-37 泵站智能控制系统

5) 变频器

变频器用来实现泵站的软启动,减少泵站启动载荷造成电网波动,对泵站进行变频调速、节能等。

(1) 技术指标

① 基本参数如下:额定输入电压,1 140 V;额定输出功率,630 kW;额定输入频率,50 Hz;电压波动范围,±15%。

② 性能指标如下,过载能力:150%额定电流 60 s、180%额定电流 10 s;过载能力:150%额定电流 2 min、200%额定电流 60 s;输出频率:0～60 Hz 连续可调;内置 PID 调节器,保证在 1∶10 的速度范围内,速度精度误差<0.5%。;变频器功率因素达到 0.95 以上;提升起动转矩 1.5 倍～2 倍,实现软起动和软停车,减小起动电流;变频器通过电磁兼容测试,符合国家相关标准,变频器总谐波含量<5%。

(2) 功能

① 变频器具有无速度反馈矢量控制、有速度反馈矢量控制、V/F 控制等方式;

② 变频器采用直接转矩控制技术,可以将加减速时间缩短至 1 s 以内;

③ 与乳化液泵站压力变化率大相对应,变频器调节速度能够比泵站压力变化率快,实

现压力恒定；

④ 变频器的功率单元为模块化设计，方便从机架上抽出、移动和变换，所有单元可以互换；

⑤ 变频器能远距离操作，并可对其进行远程/本地控制的切换，具有多段速选择功能；

⑥ 变频器具有数字量、模拟量、脉冲频率、串行通信、多段速及 PLC 和 PID 等多种频率设定方式；

⑦ 具有友好、快捷的中文系统界面，标准化设计；界面显示内容丰富且直观形象，能够显示变频器 状态变量的实时显示和监控；

⑧ 变频器自动电压调整功能。当电网电压变化时，能自动保持输出电压恒定；

⑨ 变频器具有过流、过压、欠压、过温、缺相、过载、功率元件过热，等等 30 多种系统故障保护功能，能保留最近 10 次故障的功能号码和最后一次故障的参数；

⑩ 变频器可预设二组电机参数，便于不同功率等级电机的控制以及主从变频器之间的转换；

⑪ 变频器优异的主从控制性能。多台电机联动时，采用转矩跟踪或速度跟踪主从方式，完成起动及运行过 程中的功率平衡；并可采用主从光纤通信，实现机头驱动和中驱之间的功率平衡。

(3) 产品照片

变频器的产品如图 5-7-38 所示。

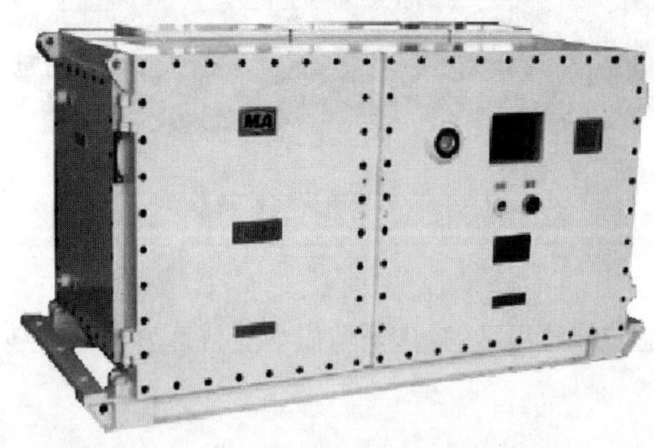

图 5-7-38　变频器

6）乳化液浓度传感器

该传感器用来实现乳化液浓度的在线检测。密度法用来测量乳化液的密度来和计算乳化液的浓度，而密度由 U 形管振荡法数字密度计测得。常温下水密度为 1.00 g/cm^3，各种乳化油的密度随品牌和牌号的不同在 1.04 ～1.14 g/cm^{3}变化。两种物质混合后，混合液的密度应介于油和水密度之间，且密度越接近于油，浓度越大。密度的大小表征了浓度的高低。

(1) 性能参数

① 工作电压：12 V DC；

② 工作电流：100 mA；

③ 测量精度：0.08%；

④ 通信接口：RS232。

(2) 产品照片

基于密度法的浓度传感器如图 5-7-39 所示。

图 5-7-39　基于密度法的浓度传感器

7）电磁卸荷阀

电磁卸荷阀用来实现泵站空载启动及空载停机功能，实现空载启动、空载停泵过程与高压系统隔离，避免高压系统的震动。电磁卸荷阀具有电控、液控双卸荷功能，实现爆管保护。

(1) 性能参数

① 工作电压：12 V DC；

② 公称通径(mm)：10/20/30；

③ 公称压力(MPa)：31.5；

④ 流量(L/min)：40，100，250。

(2) 产品照片

电控卸荷阀的产品如图 5-7-40 所示。

8）自动反冲洗过滤站

自动反冲洗过滤站用来进行乳化液配比用水的二级过滤，保证乳化液用水的清洁度，安装在液箱上。

(1) 性能参数

① 公称压力：37.5 MPa；

② 公称流量：2 500 L/min，1 250 L/min；

③ 过滤精度：25 μm。

(2) 功能

① 定时自动反冲洗；

② 压差自动反冲洗；

③ 电控顺序自动反冲洗；

④ 人工反冲洗和手动按钮操作反冲洗；

⑤ 人工手动下排污功能；

⑥ 反冲洗液回收功能。

(3) 产品照片

图 5-7-40　电控卸荷阀

自动反冲洗过滤器如图 5-7-41 所示。

图 5-7-41　自动反冲洗过滤器

9) 回液过滤站

回液过滤站作为乳化液配比用水的二级过滤，保证乳化液用水的清洁度，安装在液箱上。

(1) 性能参数

① 公称压力：2.5 MPa；

② 公称流量：2 000 L/min；

③ 过滤精度：60 μm。

(2) 产品照片

回液过滤站如图 5-7-42 所示。

图 5-7-42　回液过滤站

5.7.2.6　供液系统操作、维护与故障诊断

1）操作步骤

（1）开机前检查

① 检查乳化液的配比浓度，不得低于 4%。

② 检查各部位的油位、水位、紧固件、液压元件，管路情况，发现异常现象应立即处理，否则不允许开机。

③ 检查确保温度、压力和液位各传感器齐全完好、动作灵敏可靠。

④ 检查泵站曲轴箱运转是否灵活可靠，有卡堵现象立即处理。

⑤ 检查泵站控制台供电电源是否正常，有无故障信息显示；若有，应进行排查处理。

⑥ 显示屏有红色信息提示时，必须在故障处理后，方可启动运行。

（2）高压泵手动开泵、停泵

将主站“乳化 手/自”旋钮旋到手动位置，分站旋钮旋到近控位置。

启动方式一：按住主站键盘上“ * ”按钮不松手，首先按对应“乳化增压 1”按钮，增压泵启动，接着按数字键 9，超高压泵启动。单独按“乳化增压 1”按钮，超高压泵和增压泵顺序停止；单独按数字键 9，超高压泵停止。

启动方式二：在分站按“起停 1”按钮，超高压泵启动；再按“起停 1”按钮，超高压泵停止。

备注：“ * ”按钮是启动功能键，必须先按住此键，设备才能启动。

（3）高压泵自动（远控）控制

将主站“乳化 手/自”旋钮旋到自动位置，分站旋钮旋到远控位置；超高压泵的启停与主站手动操作方法一致。

（4）远控、近控紧急停泵

远控模式下，可以任意按下主控制器、分站控制器上的任一急停按钮；近控模式下，在主站控制器上按下急停按钮或在单泵分站控制器上按下急停按钮，停止相应运行的泵。

2）供液系统维护保养

（1）日检

① 每班擦洗一次油污、脏物；

② 检查乳化液有无析油、析皂、沉淀、变色、变味等现象；

③ 检查乳化液配比浓度是否符合规定（液压支架 3%～5%，单体柱 2%～3%）；

④ 检查液面是否在液箱的三分之二高度位置上；

⑤ 每天更换一次过滤器网芯；

⑥ 过滤器应按一定方向每班旋转 1～2 次；

⑦ 各种保护装置由专管人员每日检查一次。

（2）周检

① 高低压压力控制装置的性能由专管人员每周检查鉴定一次；

② 每 10 天清洗一次过滤器。

（3）月检

① 每月清洗一次水过滤器和吸回液过滤器；

② 乳化液箱至少每月清洗一次。

（4）季检

水质每季度化验一次。

3）供液系统故障诊断

泵站智能故障诊断系统是基于“主动监控与自动防护相结合”的理念，建立的系统层面和各级子系统层面相结合多级监测诊断体系，系统架构如图 5-7-43 所示。多级监测诊断体系中的系统层面重点监测压力、流量、污染度、乳化液浓度等状态参量，各级子系统根据自身特点，实行多参量动态在线监测。泵站子系统重点监测常规运行状态参量、振动噪声和油液污染等参量；乳化液配比子系统根据功能需求，将对水质、乳化油油位、乳化液液位、进水压力、乳化液浓度等参量进行监测；多级过滤子系统，则根据各级过滤系统的进出口压差监测，达到滤芯纳污量和自动反冲洗报警的目的；为特殊恶劣水质的矿区配备的水处理子系统，将对 PH 值、电导率/TDS、浊度/SDI 等方面进行监测，从而保证处理后的水质满足乳化液配比的要求。

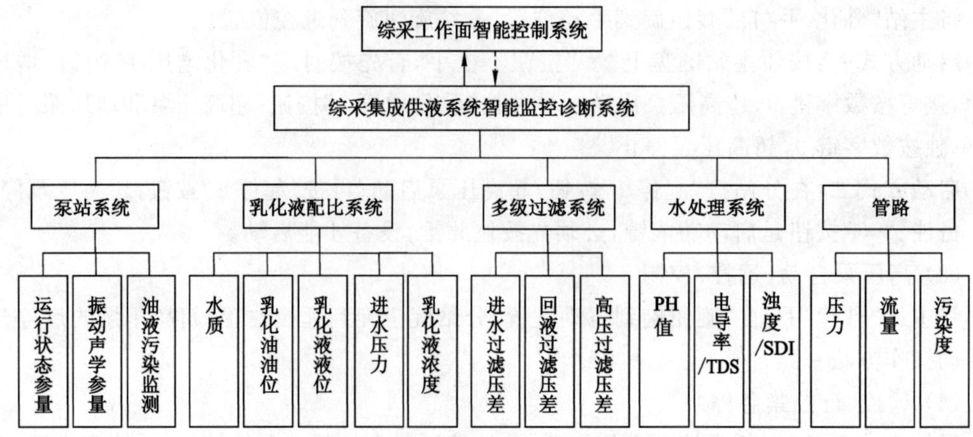

图 5-7-43　泵站系统监测诊断系统的总体架构

(1) 柱塞泵子系统

泵站作为综采液压系统的心脏,其健康的运行状态,是综采工作面安全、高产、高效生产的必要保障。泵站本身是集机、电、液为一体的复杂系统,潜在故障点多,故障模式多样化,因此依靠常规的状态参量监测,无法准确地预防或诊断。随着计算机技术、信号处理技术、数据传输技术的发展,多参量、多通道信息融合的在线监测技术是泵站综合性、智能化监测诊断的发展方向。

① 常规运行状态参量在线监测技术

泵站常规运行状态参量的在线监测技术,是综采泵站系统监测诊断系统中的最根本、最关键的技术。泵站的运行状态参量主要包括减速箱内油液的油温、油压和油位,泵站进口压力,泵站出口压力、流量及吸液箱内液温等方面。这些运动状态参量的在线监测,主要依靠各种传感器将各状态参量的数据同步传送于综采泵站系统监测诊断系统中,通过与预先设定允许工作门槛值的实时对比,判断或诊断泵站运行的健康性,同时能够提供报警和自动停机保护等功能。

② 振动噪声在线监测诊断技术

泵站系统包含了电机高速旋转运动、曲轴低速重载旋转运动、连杆-滑块-柱塞机构往复运动、吸排液阀非线性运动等一系列复杂的运动模式。振动噪声在线监测是被广泛应用的综合故障诊断分析方法,是分析复杂系统故障的有效手段。振动噪声的在线监测诊断,一般是通过传感器,将振动或噪声等表征机械状态的特征参量转化为电信号,经过放大采集、信号处理和分析后,对故障信息或故障零部件进行报警或诊断。例如天玛公司与国内高校合作,采用该单位研制的 IFB-IV 振动在线分析系统,对泵站旋转结构的时域和频域进行分析,从而获得典型故障模式,如图 5-7-44 所示。

图 5-7-44 泵站振动在线分析系统

③ 油液在线监控技术

油液监测技术作为机械故障诊断的关键方法之一,已经被广泛应用。油液监测通过对润滑油的污染度、磨损颗粒以及润滑油的理化性能进行监测分析,达到判定或预测设备运行状态或潜在故障的判定依据。随着传感器技术、数据通信技术、信息融合技术的发展,在线油液监测诊断技术得到快速发展,诊断精度也显著加强。

泵站减速传动系统作为供液系统的核心动力部件，曲柄滑动轴承、滑块-滑块孔摩擦副、齿轮传动副等方面的磨损难以避免，对油液磨损颗粒的监测，是判断泵站传动系统健康状态最关键和最有效的手段。目前，油液磨损颗粒在线监测常用的方法为磁塞分析法，通过对信号式磁性过滤器上磨损颗粒堆积程度的信号分析，从而对设备的磨损情况进行判断，然而该方法对零部件早期磨损的预判能力弱，且对不同磨损颗粒的辨别精度低，因此已经不能够满足油液在线诊断智能化发展的需求。天玛公司和专业公司合作，采用了基于"激光光阻法"原理的 KLD 型油液污染度检测传感器，可以实现对减速箱内油液磨损颗粒在线监测和报警，如图 5-7-45 所示。该项技术可精确反映油液中颗粒数量与尺寸，通过程序控制可准确换算相应标准及结果。

图 5-7-45　油液磨损颗粒在线分析系统

（2）其他子系统

① 乳化液清洁度保障子系统。该系统可以提高乳化液的清洁度对于保证液压系统各元部件的可靠性，提高综采液压系统效率方面具有重要意义。多级过滤体系作为综采集成供液系统清洁度保证的重要组成部分，通常由进水洗过滤器、高压过滤站、回液过滤器等过滤元部件组成。为了防止滤芯的堵塞，过滤元部件普遍具有自动反冲洗功能，而对过滤系统纳污度的监测，为自动反冲洗提供判定依据，延长滤芯寿命。泵站控制系统采用压差监测法，即通过监测过滤系统进液和出液压力差值，对过滤系统中污染度进行在线监测，并通过反冲洗过滤器对过滤系统的污染物进行反冲洗。

② 水处理子系统。天玛公司研制的 TMROJ 型水处理系统，主要对运行过程中压力、水温、流量、电导、产水量、PH 值等数据进行实时在线检测，从而对乳化液用水质量进行监测和诊断。水处理子系统的在线监测和故障诊断主要依靠于高精端传感器的应用，例如 TMROJ 型水处理系统配备 Broadley-James 水质分析传感器，能够分析液箱矿井水的 PH 值和含氧量等影响乳化液配比浓度和腐蚀性的因素。

5.7.2.7　供液系统应用实例

1）煤矿地质环境条件

新元矿 3107 工作面沿 3 号煤布置，工作面走向长 1 412 m，倾斜长 267 m，煤层平均厚度为 2.8 m，平均倾角 3°，可采储量为 126 万 t。根据坑透资料预计存在 7 个断层，3 个陷落柱。工作面进风巷采用端头支架和单体柱维护顶板，回风巷采用沿空留巷工艺（混凝土揉模技术)。

2) 设备配套

① 液压支架:阳泉华越,支架型号:ZY8000/18/37D 型两柱掩护式,共 178 架。

② 采煤机:上海创立,型号 MG400/930WD。

③ 刮板输送机:山西煤机厂,型号:SGZ1000/1400。

④ 转载机:山西煤机厂,型号:SZZ1000/400。

⑤ 破碎机:山西煤机厂,型号:KE3002。

⑥ 胶带输送机:山西煤机厂,型号:DSJ120/150/3×250 型。

⑦ 乳化液泵站:无锡煤机,型号:BRW400/31.5,三泵二箱。

⑧ 喷雾泵站:无锡煤机,型号:BPW400/16,二泵二箱。

⑨ 组合开关:贝克开关,2 部。

⑩ KTC101 语音通信系统:1 套。

⑪ SAC 电液控制系统:1 套。

⑫ SAP 集成供液控制系统:PLC 控制系统,1 套。

⑬ SAM 自动化集成控制系统:1 套。

3) 安装调试

(1) 设备列车布置

按照设备列车布置图完成设备列车布置。

(2) 液压管路连接

每台列车上设备内部的液压管路在出厂前都已安装完毕,只需要将各列车之间的管路进行连接,按照列车连接图,完成泵站到液箱,液箱到液箱,泵站到泵站,泵站到高压过滤站的管路连接,并且要求对管路快插接头进行检查,确保管路卡子均安装可靠。

(3) 传感器安装

按照电气连接图在泵站上与液箱上安装泵站润滑油油温传感器、油位传感器、液箱乳化液液位传感器、乳化油油位传感器、泵站出口压力传感器,安装电磁卸载阀。在泵站与液箱上安装接线盒,并完成与传感器之间的接线。

(4) 控制系统

安装 PLC 控制柜或其他控制系统,并完成与泵站上接线盒之间的连接,如无接线盒,直接与传感器相连也可以。

4) 井下试验

(1) 软化水自动控制,通过加装电动球阀、液位传感器、25 μm 两级精过滤装置,加装控制程序与集控并网连接,实现了软化水的自动控制。

(2) 远程配液系统,由供水加压泵、配比泵、远程输出泵及自动化控制装置组成,将原来的配液设备由原来的设备列车处移至进风口配液站,缩短了 1 500 m 的乳化油运输距离,减少了用工,降低了劳动强度,保障了安全。

(3) 使用井下远程供液,设备列车由原来的两泵一箱改为三泵一箱,供液距离由原来相距工作面,150 m 移至 500 m。支架操作过程中,当系统流量和压力降低时,通过变频控制实现自动补液增压。远距离供液方式也减少了设备列车的牵引次数和难度,进一步保障了牵引操作安全。

5）应用成果:实用的智能化功能,减人提效

供液系统的使用,降低了乳化油费用:实际吨煤成本为 1 元/吨,同比未上自动化前,吨煤成本降低 0.60 元/吨。

5.7.2.8 供液系统发展趋势

1）技术发展

(1) 泵站大流量

随泵站大流量关键技术的突破,在未来的工作面供液系统中,将会使用大流量乳化液泵站,不仅可以提升工作面供液量,同时也能减少设备列车数量,提高回采流。目前 400 L 与 500 L 乳化液泵都已成为市场主流,200 L 的乳化液泵会逐渐退出市场,而 630 L 的乳化液泵也开始进行井下试验,未来,1 000 L 甚至更大流量的泵会研发出来。

(2) 远程供液

目前常规的工作面使用在设备列车上布置乳化液泵站进行供液,导致设备列车过长,移动不方便。因为泵站额定出口压力为 31.5 MPa,而由于工作面的管路与密封的问题,往往达不到额定要求。因此,供液模式主要还是采用就近供液,此外,如果采用远距离供液,管路压力损失会影响供液质量。而随着高压泵站的出现,就可以解决以上问题,目前 37.5 MPa 的泵站已在煤矿开始使用,而 40 MPa 的乳化液泵站也是研发方向。因此,可以通过高压泵进行远程供液,不仅可减小设备列车长度,也能保证工作面供液质量。

(3) 智能化发展

随着智能技术不断提升,在供液系统中,会不断使用新的智能化技术,提高供液系统的智能化水平,如对泵站与电机的保护功能,采用智能型的传感器,实现对泵站与电机的全方位保护,增加故障诊断传感器,可以提前对泵站等关键设备实现故障诊断,提升供液系统的智能化水平。

2）关键技术突破

(1) 大功率传动系统的可靠性技术

根据高压、大流量柱塞泵的功率和转速要求,应用三维建模技术对减速箱传动系统进行参数化设计,并提出满足柱塞泵传动要求的最优化的齿轮传动系统设计方案。同时,根据有限元技术、摩擦学理论、振动理论、刚体动力学分析技术,对减速箱传动系统的关键元部件,如曲轴、齿轮、轴瓦等的疲劳强度、振动和噪声、润滑特性等方面进行深入分析。

(2) 高水基高压大流量泵与阀的气蚀防治技术

采用计算流体动力学的方法对柱塞泵吸排液阀的内部流场与动态响应特性进行仿真计算,通过对吸排液阀密封结构参数进行优化分析,缓解高压大流量柱塞泵吸排液阀的气蚀破坏,并解决流阻过高、吸排液效率低下的问题。

(3) 高耐久性、快速响应的电磁卸荷技术

针对电磁卸荷阀中电磁先导阀的可靠密封技术、电磁铁的快速响应技术以及卸载阀压力波动特性进行研究,总体上提升电磁卸荷阀的性能、可靠性及寿命。具体来说,通过创新压力平衡金属-陶瓷“硬密封”技术,解决电磁先导阀密封的高可靠、高耐久性难题;通过在电磁铁应用盆形双联螺旋管耦合技术,并对电磁铁电路结构进行优化,提升电磁铁快速响应速度;通过对电磁卸荷阀增压卸荷瞬间压力波动的研究,优化电磁卸荷阀的压力波动范围。

(4) 多领域计算机仿真设计技术

对于泵阀内部微观流体的运动，采用 CFD 仿真技术，研究不同结构参数下泵阀内部流体的压力分布、流速、漩涡、噪声等现象；对于泵阀各组成元件，采用有限元分析软件，对各元件进行各项力学性能分析与热分析，研究元件的应力、应变、振动响应与热传导等现象；对于泵阀总体性能，采用液压系统仿真软件，仿真测试泵阀的各项性能指标。

(5) 高可靠性高压密封技术

该技术主要解决气动弹簧中阀芯高压动密封结构寿命短、漏气等问题，通过与相关密封厂家技术合作，厂家提供密封形式和密封材料，现场试验验证的方式进行。

(6) 柱塞泵及液压阀关键元部件工艺技术的创新

对欧标特种不锈钢材料研制，提高阀体材料的防腐能力与耐冲击能力；对陶瓷柱塞材料的烧结及压制性能研究，提高陶瓷柱塞的耐磨性及耐冲击能力；对阀芯类薄壁件热处理工艺的研究，优化设计结构与工艺控制手段的匹配性，提高其均匀性、稳定性，以减小阀芯类关键零件的热处理硬度分布对零件使用寿命的影响。

5.7.3 运输系统

皮带输送机已成为煤矿生产中非常重要的运输设备，能否安全高效地运行，直接决定着矿井机电设备的开机率和产量。各皮带的配置差异较大，人工操作时，操作人员劳动强度大，运行效率低，且易引起操作失误，造成设备损坏，甚至人员伤亡，给矿上带来重大的损失。为此实现皮带输送机的集中控制意义重大。

国外带式输送机的技术发展很快，一方面是带式输送机的功能多元化、应用范围扩大化，如高倾角带输送机、管状带式输送机、空间转弯带式输送机等各种机型；另一方面是带式输送机本身的技术与装备有了巨大的发展，尤其是长距离、大运量、高带速等大型带式输送机已成为发展的主要方向，其核心技术是开发应用于带式输送机动态分析与监控技术，提高了带式输送机的运行性能和可靠性。

国内生产制造的带式输送机的品种、类型较多。在“八五”期间，通过国家一条龙“日产万吨综采设备”项目的实施，带式输送机的技术水平有了很大提高，井下用大功率、长距离带式输送机的关键技术研究和新产品开发有较大进步。如大倾角长距离带式输送机成套设备、高产高效工作面顺槽可伸缩带式输送机等均填补了国内空白，并对带式输送机的关键技术及其主要元部件进行了理论研究和产品开发，研制成功了多种软起动和制动装置以及以 PLC 为核心的可编程电控装置。使矿井高效集中生产，达到减员增效、降低成本、运输安全可靠、改善了工人工作环境，提高矿井整体生产水平。

5.7.3.1 运输系统组成及其工作原理

(1) 主控制器：KJ886 系统供电、控制、监测、显示中心。

(2) 系列组合扩音电话：可以实现拉线急停、沿线闭锁、通话、预警等功能。

(3) 矿用八芯拉力阻燃电缆：带有两层护套、双层屏蔽、两个快速不锈钢插头。

(4) 系列组合急停闭锁开关：可以实现拉线急停、沿线闭锁。

(5) 远程 I/O：用于远距离开关量、模拟量等信号的采集和远程控制，当远程 I/O 位于主控制器 1 km 以内时，通信总线采用 PROFIBUS，当距离大于 1 km，小于 5 km 时采 CANOPEN 通信。

(6) 系列传感器：用于皮带机的保护。

运输系统组成及其工作原理如图 5-7-46 所示。

5.7.3.2　系统功能

皮带自动化控制系统不但可以实现井上调度室就对井下设备的监控，也可以通过井下的各个分站及操作台实施有效监测。可同时对一条皮带、一套生产线和多条生产线实现一键起停控制。

1）控制模式

（1）集中自动：所有操作均应能通过主控室上位机软件操作实现个各设备之间按工艺专业的要求在 PLC 控制下自动联不锁运行。

（2）集中手动：手动式分为联锁手动和解锁手动。

① 联锁手动在上位机上进行操作，对已选择好流程的设备按联锁方式逆煤流一对一的启动设备，按顺煤流一对一停机；

② 解锁手动也在上位机上进行操作，此时无任何联锁关系，可启停任何设备。

2）就地控制

在就地按钮箱上操作，控制室对设备不起控制作用。

3）模拟操作

系统仅做模拟显示，供系统操作人员熟练掌握各项操作过程。

4）皮带张力的检测与控制

5）故障自诊断

（1）网络故障自诊断。当网络由于发生断线、干扰等传输问题时，网络会自动侦测到，并发出报警。

（2）PLC 故障自诊断。PLC 的扫描器和适配器发生故障时，系统会通过网络的通信情况判断故障，并发出报警；PLC 的 I/O 模块发生故障时，CPU 会通过 I/O 模块的状态位侦测到故障及故障内容，系统会发出报警。

（3）传感器和信号线故障诊断。模拟量的传感器或信号线发生断线故障时，PLC 通过测量值判断故障并发出报警。

6）多功能显示

（1）工况显示：显示皮带运输机运行工况，主要保护参数、煤炭产量相关参数信息。

（2）信息图显示。实时显示皮带机、给煤机开/停状态和煤仓煤位高度。如皮带机开停状态、检修状态及运行速度，拖动电机电压、电流、开机时间、停机时间等参数。

（3）故障及保护显示。实时显示皮带机和各种保护传感器的工作状态，显示皮带机的故障类型，分站之间通信是否异常。

（4）历史数据查询。电机电流、电机温度、带速、产量和瞬时流量历史趋势图查看、相关数据报表显示和历史数据查询。

7）语音功能

皮带运行操作或者出现事故异常，地面主控室通过语音系统给出语音报警提示信号，也可以实现开车前预警提示。

8）保护功能

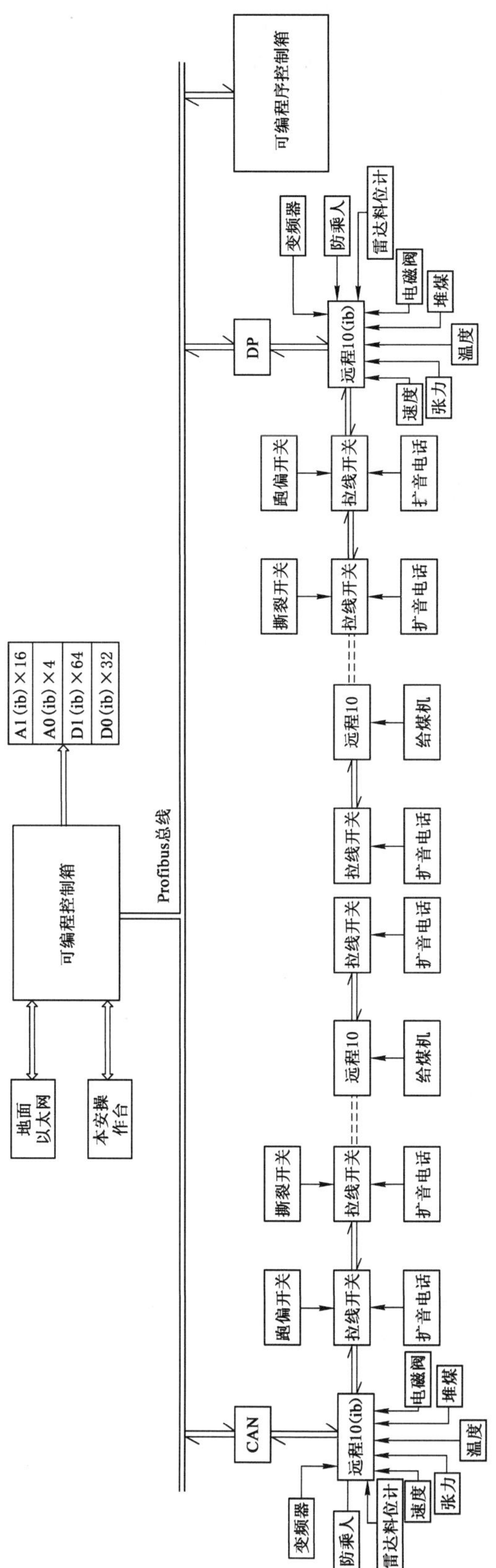

图5-7-46　运输系统组成及其工作原理图

必须符合煤炭安全规程对皮带机保护的措施。系统具有皮带机低速打滑检测、机头堆煤检测，满仓检测，超温洒水，烟雾探测，滚筒超温保护，沿线急停控制和跑偏保护、纵向撕裂等功能。

5.7.3.3　主要技术及其参数说明

皮带运输系统产品的主要技术参数如表 7-7-7 所示。

表 7-7-7　　　　**皮带运输系统产品主要技术参数**

序号	产品名称及型号	简单介绍
1	KXJ1140(660)矿用隔爆兼本安型可编程控制箱	产品介绍： 主要用于煤矿井下的皮带控制与保护系统，采用 PLC 可编程控制器作为核心设备，具有较强的适用性、可扩展性、高可靠性和强大的通信能力。通过组网可实现地面集中开停皮带。 · 控制电路的核心器件采用西门子 PLC，并设计了完善的软、硬件抗干扰隔离措施。 · 具有煤仓高、低煤位保护，机头下堆煤保护、皮带打滑、双向急停、跑偏、撕裂、超温、洒水、烟雾等多种故障保护、语音报警、数字显示功能；整条运输线的多台控制器能进行计算机通信
2	TH18 矿用本安型操作台 	操作台配有 10 寸防爆人机界面。操作台与可编程控制箱配套，能可靠实现对带式输送机的各种控制及显示。 · 具备“电机电流”、“胶带运行速度”等显示功能；具备“跑偏/拉线”的对位显示功能。 · 操作员可以通过 HMI 方便快捷的整定控制系统的相关参数。 · 具备“沿线急停、温度、烟雾、纵向撕裂、煤位、跑偏、张紧限位、速度、超温洒水”等各类常规保护类故障的红色 LED 指示，具备各种故障报警功能，具备变频器参数查看的功能。 · 设有自动控制区与手动控制区，手动控制区有变频器、抱闸等关联设备的起/停操作按钮

续表 7-7-7

序号	产品名称及型号	简单介绍
3	GWP100(D)矿用本质安全型温度传感器 	产品介绍： 与可编程控制箱配合使用，用于检测皮带表温度。 安装位置：皮带机主滚筒附近。 接线方式：接入控制箱，4 线。 技术参数： (1) 工作电压：DC12～24 V； (2) 工作电流：15 ma； (3) 测量范围：0～100 ℃； (4) 故障输出方式：继电器输出，一组常开，一组常闭
4	GVD400 矿用本安型纵向撕裂传感器 	与可编程控制箱配套使用时，用作皮带机纵向撕裂检测与保护。 安装位置：机尾上层皮带的下侧； 接线方式：接入就近的拉线急停保护，2 线。动作时拉线急停指示灯为红色。 技术参数： (1) 灵敏度：① 传感器在 124 mm×124 mm 面积上接受重量为 400 g±100 g 的物料时，输出阻值应≤200 Ω。② 传感器上无负荷时，输出阻值≥100 kΩ； (2) 传感器输出电阻≤200 Ω 时，控制器发出停车信号。 (3) 传感器的接受面积为 1 000 mm×250 mm。 (4) 传感器的工作电压不大于 DC24 V；工作电流不大于 0.5 A

续表 7-7-7

序号	产品名称及型号	简单介绍
5	GQQO.1 矿用本安型烟雾传感器	与可编程控制箱配合使用,用于煤矿井下皮带机胶带因摩擦发热或其他原因产生的烟雾进行检测保护。 安装位置:主滚筒的下风向前方约 5 m 左右的巷道顶部。 接线方式:接入控制箱,4 线。 技术参数: (1) 工作电压:DC 12～24 V; (2) 工作电流:100 mA; (3) 动作电流:150 mA; (4) 传感器初始化预热时:≤5 min; (5) 故障输出方式:继电器输出,无烟时继电器释放,有烟时继电器吸合
6	KBP-1/127 矿用本质安全型跑偏传感器	与可编程控制箱配套使用;作为皮带机皮带跑偏检测保护。 安装位置:安装在皮带机两侧,机头、中部机尾各一副。 接线方式:接入就近的拉线急停保护,2 线。动作时拉线保护指示灯为绿色。 技术参数: (1) 最大推力:30N±5; (2) 轴辊摆方向:任意方向(360 ℃转向); (5) 辊摆动角度:30 ℃±5 ℃; (4) 故障输出方式:当运行中的皮带发生跑偏时,胶带边缘带动辊旋转并挤压辊使之倾斜。若立辊倾斜大于动作角度时,立即发出一组开关信号。皮带恢复正常运行后,辊自动复位。 ※跑偏故障延时时间可在 HMI 界面设定
7	GSC5000(B)矿用本质安全型速度传感器 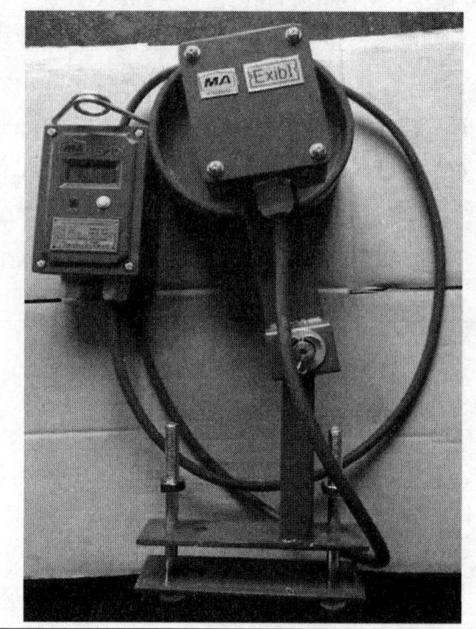	与可编程控制箱配套使用,用作胶带机的速度检测,实现对胶带机的低速打滑和断带保护。 安装位置:下皮带上方。 接线方式:接入控制箱,3 线。 技术参数: (1) 输入电压:DC12 V～DC24 V; (2) 工作电流:≤70 mA; (3) 信号输出:模拟量:4～20 mA。 ※可在 HMI 中设置带速值、延时时间等

续表 7-7-7

序号	产品名称及型号	简单介绍
8	KHJ10/18(Z)矿用本安型拉线急停传感器 	产品介绍： 与可编程控制箱配合使用，用作皮带机沿线拉绳急停闭锁保护。 安装方式：每隔 100 m 一个，通过 8 芯专用电缆连接。 技术参数： (1) 工作电压：DC12 V～24 V； (2) 工作电流：30 mA； (3) 动作方式：拉动式；动作方向：双向水平； (4) 动作力：80 N±10 N；复位力：(3～5)N； (5) 输出信号方式：RS485； (6) 动作性能：实现急停功能，红色指示灯常亮，主动向控制箱发送动作点定位信息，同时接收主控制器发出的语音报警信息，此功能需手动复位。 ※拉线急停、跑偏、纵撕、语音电话共用一根专用电缆。拉线指示灯颜色介绍：拉线急停动作显示蓝色，跑偏显示绿色、纵撕显示红色
9	GUJ20 矿用本安型煤位传感器 	与可编程控制箱配套使用，用来检测固体物散装料的料位保护。 安装方式：皮带机机头煤仓或者皮带机与其他设备对接处。 接线方式：接入控制箱，4 线。 技术参数： (1) 工作电压：DC 12 V～24 V； (2) 工作电流：20 mA； (3) 故障输出方式：当物料发生满仓、物料堆积达到一定高度时，煤粉堆积到导电杆与外壳之间将出现煤电阻，煤电阻 $R \leqslant 4\ M\Omega$ 时，传感器动作常开接点接通，发出停车信号；物料清除后传感器复位，常开接点断开，报警信号解除

续表 7-7-7

序号	产品名称及型号	简单介绍
10	DFB4/6 矿用隔爆型电磁阀	矿用隔爆型电磁阀是通过带电线圈产生磁场吸动铁芯来实现阀门开关。 安装方式：自动洒水保护喷头安装在主滚筒上方不超过 2.5 m 的高度处； 接线方式：接入控制箱，2 线。 技术参数： (1) 工作电压：AC127 V； (2) 水压适应范围：(80～106) MPa； (3) 工作温度：0～40 ℃； (4) 进出水口管径：6 分管

5.7.3.4 *应用实例*

1) 阳煤集团长沟胶带运输机集控系统介绍

长沟矿皮带机集中控制系统由电控系统、视频系统及光纤网络三部分组成。其中电控系统与视频系统共用光纤传输网络进行数据传递。

(1) 电控系统分为两大部分：一是强力皮带集控；二是井下皮带集控。强力皮带集控的主要设备有：矿用隔爆兼本质安全型可编程控制箱(1 台)、本按操作台(1 台)、皮带保护装置(1 套)。井下皮带集控的主要设备有：矿用隔爆兼本质安全型可编程控制箱(3 台)、本按操作台(3 台，二部、三部为本安就地操作箱)、皮带保护装置(3 套)。

(2) 视频系统。该系统由 3 台防爆监视器及 7 台防爆数字摄像机组成。摄像机分别监视强力皮带机头、1 号给煤机、2 号给煤机、头部皮带机头、二部皮带机头、三部皮带机头、三部皮带机尾；防爆监视器在强力机头放置一台，井下头部机头放置两台，让岗位工直观地了解和掌握监控区域的生产动态。

(3) 光纤网络。该网络由工业交换机、多芯单模光缆及附件组成。工业交换机放置于可编程控制箱中，交换机之间的数据通信采用单模光纤连接。数字摄像机通过网络就近接入交换机，将画面传递给防爆摄像仪；集控设备之间通过光纤网络进行通信及联锁，并且接入煤矿的井下环网。在调度通过上位机组态就可以实时获得井下的皮带运行情况，有效提高了煤矿管理水平。

2) 界面简介

图 5-7-47 为主画面，通过 HMI 能看到的信息主要有皮带启停状态、给煤机启停状态、各传感器的数据、煤仓煤位高度、变频器电流值以及故障信息。

皮带参数设置，如图 5-7-48 所示。可以随意设定煤仓煤位低限、速度保护值等报警参数，还可以对各项保护进行单独屏蔽。

屏蔽拉线保护时，手指轻触 HMI 中的“拉线保护屏蔽”，显示由黑色变为红色，即为屏蔽成功，如图 5-7-49 所示。

点击“变频运行信息”可以查看详细的变频器运行参数，如图 5-7-50 所示。

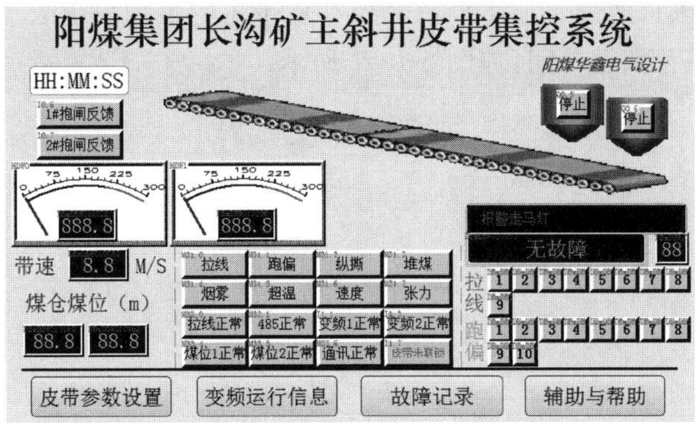

图 5-7-47　皮带集控系统画面

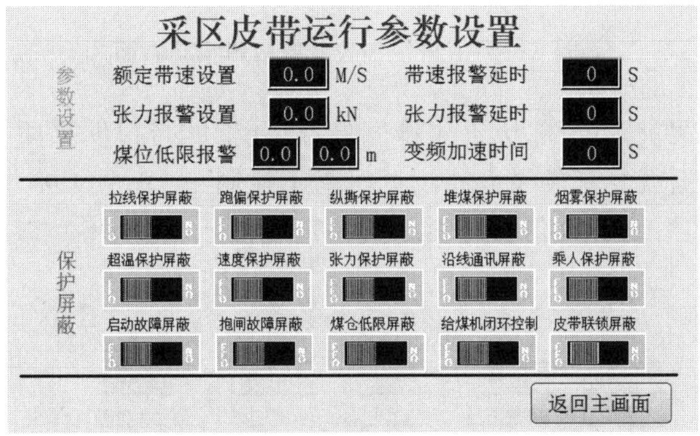

图 5-7-48　皮带集控系统参数设计画面

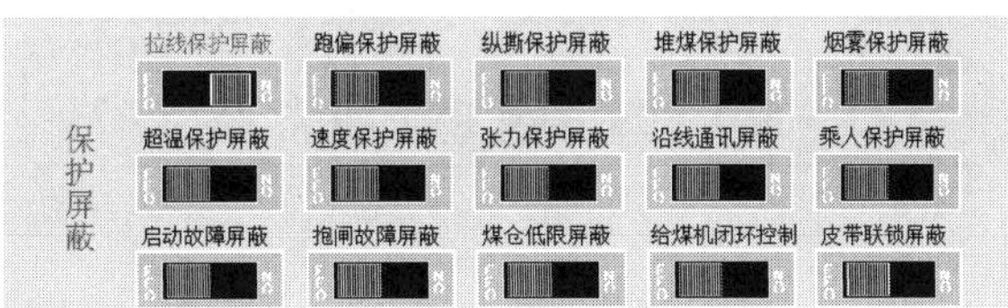

图 5-7-49　皮带集控系统保护系统画面

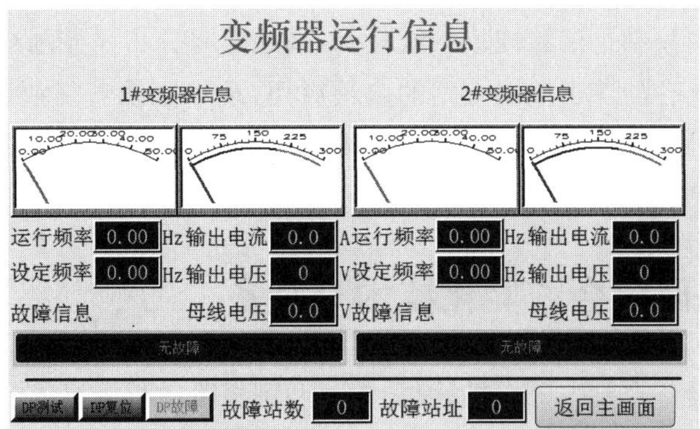

图 5-7-50　变频器工况监控画面

打开故障记录，该页面用于显示控制箱所在皮带机的集控系统故障信息，每条信息均有具体的故障产生时间及恢复时间，如图 5-7-51 所示。

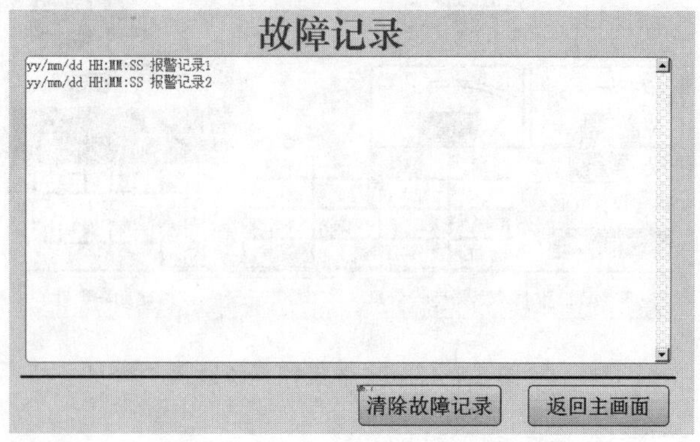

图 5-7-51　皮带集控系统故障报警画面

长按“清除故障记录”可清除历史故障信息，点开辅助与帮助页面。当按下按钮或是保护动作时，对应的数据就会变成绿色。该页面用于控制箱 DI、DO 接入信息的显示，用于查线与调试。皮带集控系统 I/O 信息画面如图 5-7-52 所示。

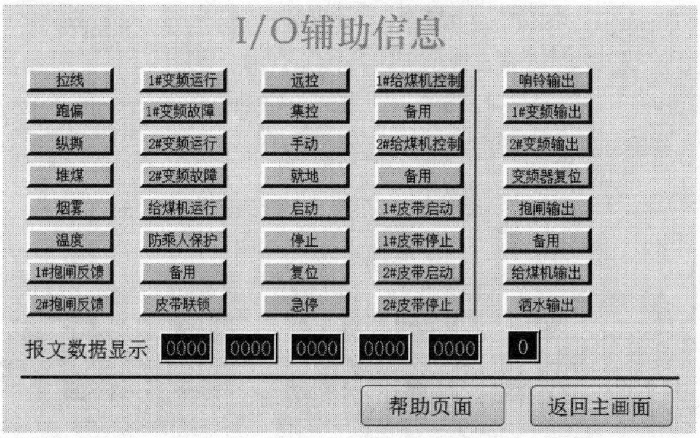

图 5-7-52　皮带集控系统 I/O 信息画面

5.7.3.5　技术发展趋势

煤矿皮带机集中控制是依靠现场总线技术，采用远程分布式控制结构来监控井上/下皮带机运行的集控系统。随着工业以太网的广泛应用，现场总线＋工业以太网网络结构成为皮带集控的发展趋势。地面实现对井下皮带输送机的远程集中控制，以“地面控制为主，井下监控为辅”的控制模式。

5.8　综采工作面综合智能化技术与装备

综采工作面的设备主要由采煤机、液压支架和刮板输送机等组成，它们都是具有计算机程序的机器，共同完成整个工作面的破煤、落煤、装煤、运煤和采场迁移等工作。采煤机负责破煤、落煤和装煤，开拓出新的采煤空间，液压支架负责采场支护、迁移和装煤，刮板输送机负责运煤，另外供液、供电系统为工作面设备提供动力，支撑工作面设备的运行。综采自动化系统是将工作面设备作为一个出煤的系统来设计，以安全高效出煤为总体目标，确保整个煤炭生产过程中采场瓦斯、矿压、设备的安全，实现设备智能化控制，最大限度地提高产能和生产效率。

综采工作面智能化技术是传感器技术、通信技术、自动化技术、信息技术等一系列技术的高度集成，通过采用采煤机的自主导航、三机联动的自动控制，地面对设备、系统、环境的实时监测与控制等功能，实现综采工作面的自动化、少人化、无人化和智能化开采。但实现该技术面临诸多困难：① 综采工作面环境恶劣，粉尘、湿度、光线等因素制约着相关传感器的快速反应能力和可靠性。② 煤炭地质赋存复杂多变，相关技术难以普遍适用。③ 煤矿综采工作面的单机设备一般都是由不同专业厂家生产的，在工作面设备配套时仅从设备的生产能力、空间布置等方面进行协调配套，并没有把整个工作面设备作为一个整体进行考虑，在进行综采工作面自动化系统调试时，存在各设备厂家接口不一，控制功能及参数不协调，智能化水平不均衡等问题，实施起来较为困难，达不到良好的应用效果。④ 煤机装备系统庞大，需要控制的动作多，且对动作顺序、准确性、响应速度等要求特别高。现有装备多为单机人工操作，控制方式分散，不能实现快速、准确的配合，无法充分发挥设备性能和提高开采效率。而且，现有装备获取的煤壁、顶底板状况不够全面、准确，操作以人为经验判断为主，容易发生丢煤、无法及时支护等问题。此外，井下环境恶劣，工人在工作面近距离操作，噪音、粉尘等对会工人身体健康带来损害，突发的矿井事故更是威胁着工人的生命安全。⑤ 相关设备需考虑防爆要求，加重了设计难度。⑥ 井下空间受限，相关设备需紧凑化。

5.8.1　综采工作面智能化系统组成、结构、工作原理及顶层设计

综采工作面智能化系统由综采工作面各单机自动化子系统、工作面通信网络系统和监控中心计算机组成，工作面通信网络系统建立在各单机自动化子系统之上，并将工作面各单机子系统数据汇集到顺槽监控中心计算机上，通过在监控中心计算机上对工作面数据筛选、加工、整理、分析，构建人工智能控制模型，对各单机自动化设备进行资源调度、作业协调集中监测监控，实现工作面设备的智能化控制。综采工作面智能化系统关注的是设备间、设备与环境、设备与采煤工艺间的耦合性能，并在综采工作面设备大数据分析的基础上制定最优方案，通过工作面通信网络送达到各个单机自动化子系统去执行，实现综采工作面安全高效。

SAM 型综采自动化控制系统是天玛公司开发的综采自动化系统，它在工作面原有采煤机、液压支架、刮板输送机等单机子系统的层级之上构建了统一开放的 1 000 M 工业以太网控制网络，辅以无线局域网、无线多跳自组网技术搭建综采工作面信息高速公路，实现有线、无线网络终端的即时快速接入，实现单机设备信息汇集到顺槽监控中心的隔爆服务器上，供其分析决策与控制；系统以组态软件为基础平台，将各种自动化系统和管理系统连接起来，从而打破信息孤岛，解决企业信息化建设中的信息集成存在的难题；采用统一开放的 Ethernet/IP 通信协议，将运输机、转载机、破碎机、泵站等各自独立的控制主机全部就近接入网络，接受监控中心的统一调度，所有设备只使用一个网络平台，提高了设备通信效率。

SAM 型综采自动化控制系统在工作面搭建以太环网、建立工作面视频系统、接入语音通信系统和三机集控系统，采用拟人手法，把人的视觉、听觉延伸到工作面，将工人从危险的工作面采场解放到相对安全的顺槽监控中心，实现在顺槽监控中心对工作面综采设备的远

程操控，达到工作面“少人化”甚至“无人化”开采的目的。

综采工作面智能化控制系统技术支撑框架如图 5-8-1 所示，将生产能力、地质条件、几何结构、工作性能、使用寿命与开采工艺等方面综合考虑，在综采工作面各设备单机的层级之上建立一个基于以太网的通信网络层，将各单机子系统数据进行汇集，建立综采工作面设备及其生产环境监控数据库，对综采工作面设备间、设备与环境间，设备与工艺间，设备生产过程间进行多维度的分析、处理、决策与控制，建立综采工作面监控调度控制中心，实现对工作面设备的统一协调作业。总体设计思想是增加单机感知元件，提高单机设备的状态识别能力，实现单机设备的自动化，同时也简化单机控制系统的作业协调能力，由监控中心作为总体调度中心进行协调总体控制。

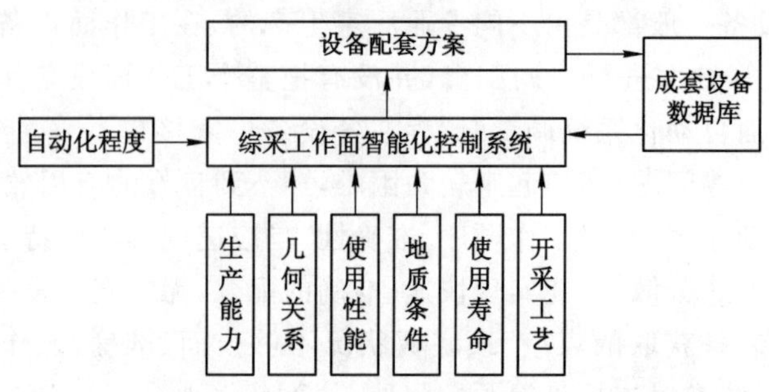

图 5-8-1　综采工作面智能化控制系统技术支撑框架

综采工作面智能化系统是在工作面实现单机自动化的基础上，将工作面的各单机系统进行信息集成，在生产能力、空间几何关系、功能、性能、地质环境条件、开采工艺和系统使用寿命上统一、协调，共同完成工作面的出煤任务，是将工作面成套装备作为一个整体来看待，工作面的各单机子系统应在其功能、性能、参数上应相互协调、配套，如图 5-8-2 所示。通过计算机在综采工作面设备、环境、工艺大数据集成的基础上，建立人工智能控制模型，构建综采装备的多级智能联动自适应控制系统。

综采工作面智能化系统是把综采工作面作为一个可迁移的采场进行设计的，重点研究这个采场的环境，包括瓦斯、矿压，煤炭产量，包括煤流负荷平衡。综采工作面智能化系统由感知、传输、控制、人工智能等部分组成，如图 5-8-3 所示。综采智能化系统通过获取位置、姿态、速度、负荷、瓦斯信息，实现单机的智能化控制，将单机数据集成，形成工作面成套装备智能化视图，并将数据汇集到监控中心工业计算机，在计算机上构建人工智能控制模型，通过计算分析，再对单机智能化系统进行反馈控制，实现工作面智能化系统。

综采工作面智能化系统通过构建工作面信息传输网络将工作面各设备的运行数据、视频数据、语音数据和环境监测数据传送到监控中心的计算机上，在监控中心可以通过视频、语音和设备状态监视系统对工作面设备运行状态进行监视，通过远程操作台进行远程遥控，如图 5-8-4 所示。

5.8.2　综采工作面智能化系统技术指标

综采工作面作为一个出煤的系统，其自动化、智能化系统技术指标应从这个出煤系统的能力、人员、效率、安全和质量等方面评价。

(1) 产能：月产、日产、年产。产能反映综采工作面智能化系统常态化运行状态。

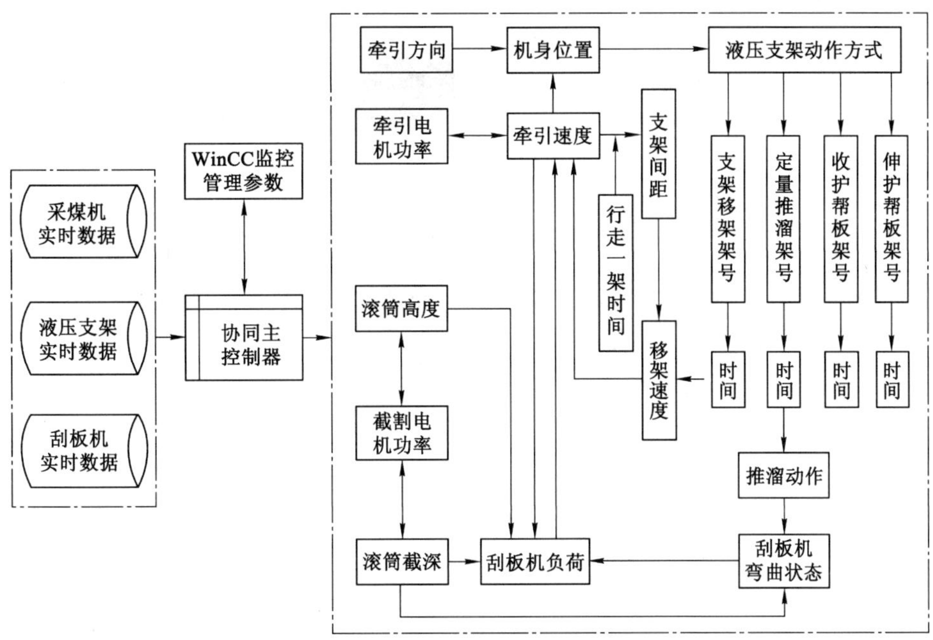

图 5-8-2　综采工作面自动化系统配套

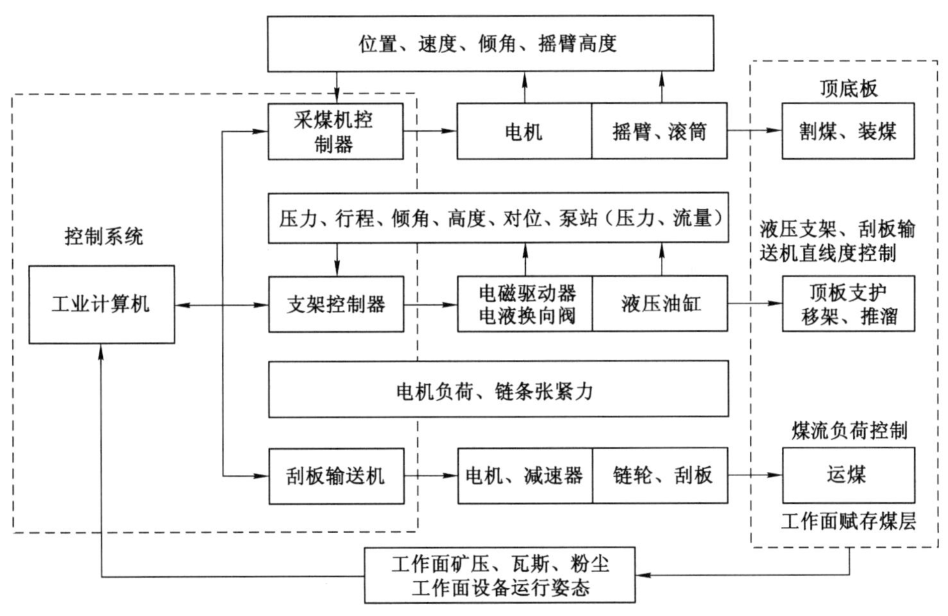

图 5-8-3　综采工作面智能化系统组成

(2) 人员：工作面人员的数量。工作面参与设备操作人员的数量，从而反映工作面成套装备的自动化和智能化程度，反映工作面无人化开采程度。

(3) 效率：在保证液压支架正常跟机、运煤条件下的最大割煤速度。工作面采煤机、液压支架电液控制系统和刮板输送机综合配套自动化性能，体现成套装备自动化、智能化的配

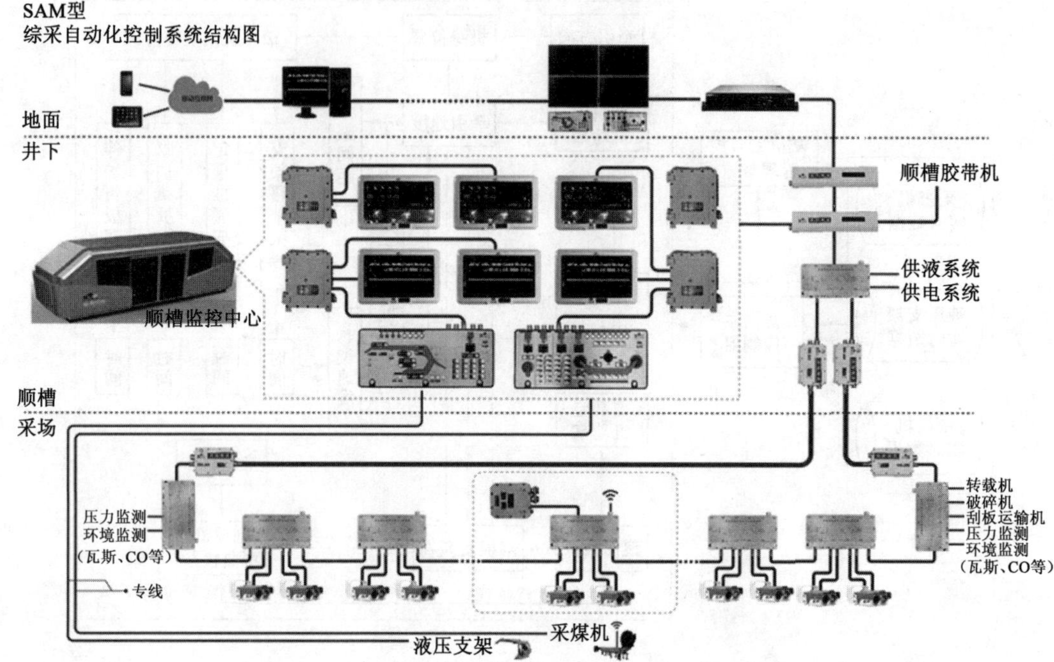

图 5-8-4　SAM 自动化集成控制系统

套能力。

(4) 安全:瓦斯、围岩控制。工作面瓦斯、矿压灾害监测与控制安全功能和性能。

(5) 质量:煤炭灰分(煤岩识别),工作面姿态控制。煤炭灰分,采煤割煤或放煤落煤煤岩识别技术的应用情况,工作面直线度控制。

5.8.3　综采工作面智能化系统功能与技术

综采工作面智能化系统是建立在综采工作面设备信息互联互通、充分感知基础上的,并通过大数据分析,使用人工智能技术,构建智能控制模型,实现综采工作面设备间的相互耦合、设备与环境耦合,系统与采煤工艺耦合等智能化功能。

5.8.3.1　综采智能化信息传输技术

构建综采工作面的有线、无线传输网络,将综采工作面设备、环境信息传送到监控中心计算机上进行数据集成。如图 5-8-5 所示,使用综合接入器将工作面视频信息、语音信息和设备运行数据通过高速以太网传输到监控中心工业计算机上,然后使用交换机通过矿井环网传输到地面调度室计算机上。

1) 工作面工业以太环网技术

工业以太网是在商用以太网基础上发展而来的,它的体系结构基本上采用了以太网的标准结构。在综采工作面搭建高速通信平台,且要达到 100 Mb/s 级别的通信速率。

工业以太网用于工作面集控中心、液压支架电液控制、采煤机、刮板输送机等主机之间的互联,具备以太网交换机功能,提供标准网络接口。研制综采工作面以太网环网通信线缆,解决工作面复杂电气环境下以太网传输可靠性的问题。研制网络转换器实现传输介质铜缆到光纤的转换,使其获得长距离传输能力。

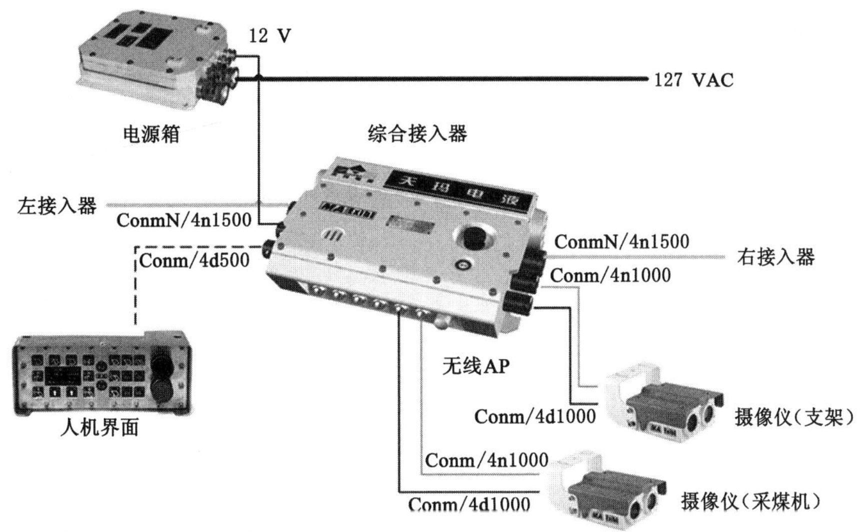

图 5-8-5　工作面信息(包括视频)传输系统

(1) EtherNet/IP 通信协议技术

Ethernet/IP 是基于 CIP 协议的网络，提高了设备间的互操性。CIP 协议一方面提供实时 IO 通信，另一方面实现信息的对等传输，其控制部分用来实现实时 IO 通信，信息部分则用来实现非实时性的信息交换。Ethernet/IP 协议结构采用了应用层 CIP 协议规范，具有实时性、可确定性、可重复性和可靠性，具有显式和隐式报文、面向连接、具有源和目标地址的消费型网络模型，具有主从、多主、对等通信方式，支持 I/O 数据触发模式，是面向对象的数据通信模型，在物理层和数据链路层采用以太网技术，在传输层和网络层采用 TCP(UDP)/IP 技术。其体系结构如图 5-8-6 所示。

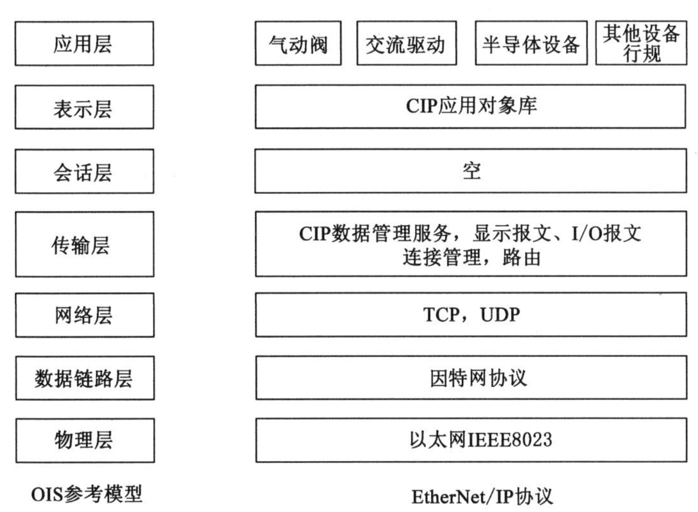

图 5-8-6　Ethernet/IP 协议的体系结构

EtherNet/IP 协议采用的是一种主从式的系统架构，在工作面通信平台研制过程中，以顺槽监控中心主机将作为 EtherNet/IP 主站，将工作面的支架、采煤机、三机及泵站等作为 Ethernet/IP 从站节点。

例如天玛公司泵站操作台的泵站系统，EtherNet/IP 协议从站部署方案的基本思路是在不改变泵站操作台的软件和硬件结构的基础上，根据操作台提供的 Modbus 通信接口，通过天玛公司开发的 Modbus-EtherNet/IP 协议转换网关，将泵站系统简单、快速的接入到综采工作面的 EtherNet/IP 网络上。

(2) Modbus/TCP 通信协议技术

Modbus/TCP 通信协议建立的是一种面向连接的通信方式，是一种主从控制模式，提高了交换机以太网的确定性，也是目前综采工作面进行自动化集成的主要通信协议。

(3) TCP/UDP 通信协议技术

TCP 是传输控制协议，提供的是面向连接、可靠的字节流服务。当客户和服务器彼此交换数据前，必须先在双方之间建立一个 TCP 连接，之后才能传输数据。TCP 提供超时重发，丢弃重复数据，检验数据，流量控制等功能，保证数据能从一端传到另一端。

UDP 是用户数据报协议，是一个简单的面向数据报的运输层协议。UDP 不提供可靠性，它只是把应用程序传给 IP 层的数据包发送出去，但是并不能保证它们能到达目的地。由于 UDP 在传输数据报前不用在客户和服务器之间建立一个连接，且没有超时重发等机制，故而传输速度很快。UDP 是无连接的快速的开环的通信方式。UDP 通信具有不可靠、不稳定性、不保证数据顺序流的特点。

(4) ProfiNet 通信协议技术

ProfiNet 英文全称是 Process Field Net，是由 PROFIBUS 国际组织 PI(ProfiNet International)推出的，是新一代的基于工业以太网技术的自动化总线标准，包含实时通信、分布式现场设备、运动控制、分布式自动化、网络安装、安全、过程控制、IT 标准等部分。

ProfiNet(实时以太网)基于工业以太网，具有很好的实时性，可以直接连接现场设备，使用组件化的设计，ProfiNet 支持分布的自动化控制方式(PROFINETCBA，相当于主站间的通信)。PROFINET 是一种新的以太网通信系统，PROFINET 是一种新的以太网通信系统，是由西门子公司和 Profibus 用户协会开发的。PROFINET 具有多制造商产品之间的通信能力，自动化和工程模式，并针对分布式智能自动化系统进行了优化。其应用结果能够大大节省配置和调试费用。PROFINET 系统集成了基于 Profibus 的系统，提供了对现有系统投资的保护。它也可以集成其他现场总线系统。PROFINET 技术定义了三种类型：① PROFINET 1.0 基于组件的系统主要用于控制器与控制器通信；② PROFINET-SRT 软实时系统用于控制器与 I/O 设备通信；③ PROFINET-IRT 硬实时系统用于运动控制。PROFINET 是一种支持分布式自动化的高级通信系统。除了通信功能外，PROFINET 还包括了分布式自动化概念的规范，是基于制造商无关的对象和连接编辑器和 XML 设备描述语言。以太网 TCP/IP 被用于智能设备之间时间要求不严格的通信。所有时间要求严格的实时数据都是通过标准的 Profibus DP 技术传输，数据可以从 Profibus DP 网络通过代理集成到 PROFINET 系统。ProfiNet 是唯一使用、已有的 IT 标准，没有定义其专用工业应用协议的总线。它的对象模式的是基于微软公司组件对象模式 (COM) 技术。对于网络上所有分布式对象之间的交互操作，均使用微软公司的 DCOM 协议和标准 TCP 和 UDP 协议。在 PROFINET 概念中，设备和工厂被分成为技术模块，每个模块包括机械、电子和应用软件。这些组件的应用软件可使用专用的编程工具进行开发并下载到相关的控制器中。这些专用软件必须实现 PROFINET 组件软件接口，能够将 ProfiNet 对象定义导出为 XML 语言。XML 文件用于输入制造商无关的 ProfiNet 连接编辑器来生成 PROFINET 元件。连接编辑器对网络上 PROFINET 元件之间的交换操作进行定义。最终，连接信息通过以太网 TCP-IP 下载到 PROFINET 设备中。HMS 已经将 PROFINET-IO 协议加入 Anybus 产品系列。这种新的协议将与现有的 Modbus-TCP 和 EtherNet/IP 共同构成工业以太网协议。Profinet 协议不开放，拿不到协议文本。EtherNet 和 Profibus 还是有区别的，按照报文类型可以分为两种，一种是所谓非即时数据，通过 TCP/UDP/IP 协议栈来传递，一般用于 PLC 与 PLC 之间或者与组态软件之间的对等通信；另一种是即时数据，叫作 Profinet IO，则直接跳过 TCP/UDP/IP，以西门子自有的低层协议来实现，用于 I/O 数据高速交换。

2）工业以太网无线接入技术

将 WIFI 技术和有线以太网有机结合起来，作为井下移动通信技术的实现方案。能有效解决矿井无线通信存在的问题，使一些通信比较困难的区域如工作面等场所能够实现语音和数据（包括图像）通信，从而为煤矿的安全生产提供了有力的保障。

3）综采工作面无线传感网络接入技术

（1）无线传感技术

其主要包括几种常用的无线传感器网 WSN（WirelessSensorNetwork）技术：RFID、Bluetooth、Zigbee 和红外等。传统的无线传感网络大多为各节点位置对等的网络，而工作面长条状空间下各传感节点位置必定不对等，例如综采工作面长带状空间下自动组网技术、多跳（Multi-hop）通信、负载均衡技术；煤矿井下无线传感网节点的低功耗实现方案；无线传感网与工业以太网接入技术等。

（2）金属包围巷道环境下无线信号高可靠性传输特征

检测特征全面符合国标新版《自动电机技术条件》（GB/T 15279－2002）综合监测系统要求，进行抗干扰性能试验，研究无线信号在金属包围巷道环境下高可靠性传输特征。

5.8.3.2　综采智能化系统感知技术

综采工作面智能化系统关注各单机设备之间的几何位置、配套设备能力感知，生产环境的感知，工作面姿态感知等。

1）设备几何位置感知

液压支架与采煤机防碰撞检测与控制。对采煤机行走前方液压支架护帮板动作进行检测，采煤机获取前方液压支架收护帮板工作状态，如果前方液压支架的护帮板不能及时收回时，应暂停采煤机行走，防止采煤机与液压支架发生碰撞事故。

2）配套设备作业能力感知

综采工作面设备相互协作共同完成工作面的破煤、落煤、装煤和运煤，在生产过程中设备间的能力必须相互配套，应按照刮板输送机负荷参数大小控制采煤机割煤速度和液压支架推溜动作，采煤机应根据液压支架的跟机速度来控制采煤机速度，供液系统应根据液压支架动作数量控制泵站开启数量。

3）生产环境感知

采煤机在割煤过程中应对工作面瓦斯浓度进行感知，以确保工作面生产的安全性能。

工作面顶板压力、安全阀开启状态、矿压分析，实现对工作面顶板的安全管理。

4）工作面姿态感知

感知工作面刮板输送机运行姿态和液压支架直线度，检测综采工作面智能化系统运行状态。

5.8.3.3 综采智能化系统控制功能与技术

1）工作面生产系统协调集中控制

“无人操作，有人巡视”的智能开采模式是以采煤机记忆截割、液压支架自动跟机及顺槽可视化远程遥控为基础，以成套装备控制系统为支撑，以自适应采煤工艺、融合“人、机、环、管”过程数据的控制为核心，实现智能采高调整、斜切进刀、连续推进等功能的智能化煤炭开采模式。

(1) 无人化开采模式

在智能化采煤生产过程中，以采煤机记忆截割为主，人工远程干预为辅；以液压支架跟随采煤机自动动作为主，人工远程干预为辅；以综采运输设备集中自动化控制为主，就地控制为辅；以综采设备智能感知为主，顺槽可视化远程视频监控为辅，即“以工作面自动控制为主，监控中心远程干预为辅”的工作人机智能化生产模式，实现“无人跟机作业，有人安全值守”的煤炭开采，在采煤过程中做到采场无人。

(2) 技术体系结构

打破了传统的以单机装备为主、总体协调的研制思路，建立了以成套装备总控制网络信息综合决策为主、单机装备为执行机构的体系结构。将采煤机、液压支架、刮板输送机、转载机、破碎机、顺槽胶带机、供液系统、供电系统等装备有机结合起来，构建成一个相互联系、相互依存、相互制约的采煤系统。依据系统控制决策模型分析结果，实现对综采成套装备的协调管理与集中控制，开发了以成套装备控制网络为核心、单机装备为执行机构的智能系统通信平台

(3) 全工作面自动控制

依据不同的生产工艺，采用组件化设计、WPF 可视化及 WCF 通信等技术，建立数据采集控制平台、数据传输通道及可视化平台，如图 5-8-7 所示。将生产过程按关键点划分为不同阶段，实现工作面自动连续生产。智能控制软件自动决策中部跟机、斜切进刀等过程，实现工作面自动连续生产。

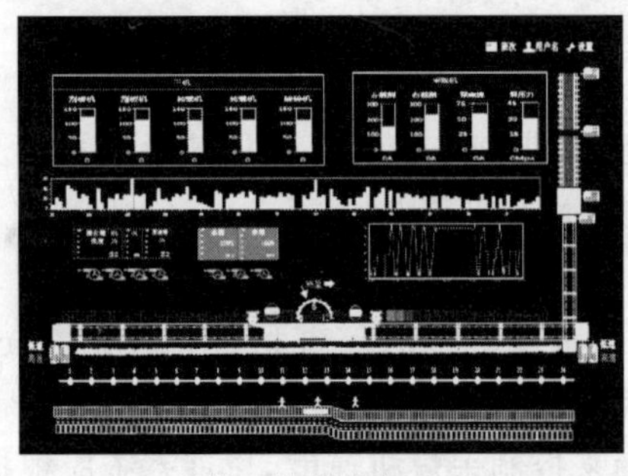
智能系统软件主界面

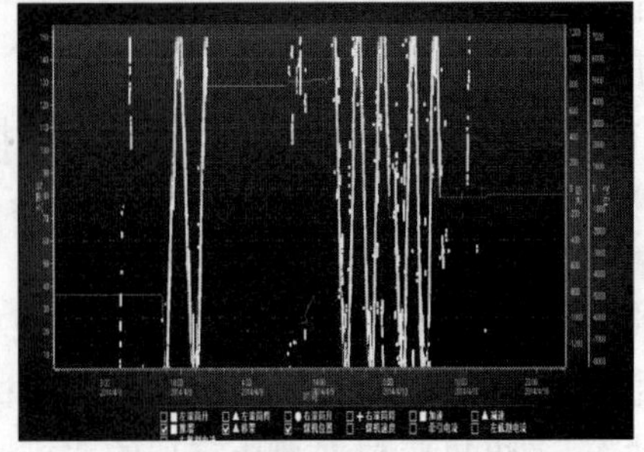
作面生产循环图

图 5-8-7 智能系统系统软件主界面及工作面生产循环图

(4) 综采工作面"一键启停"远程集中控制

综采工作面主要设备的"一键启停"技术是控制系统结构的网络化、控制技术与控制方式的智能化、控制技术与信息管理技术的一体化体现。在地面按下启动键或停止键可以实现工作面泵站、三机、采煤机的顺序启停控制。"一键启"功能是工作面所有综采设备自动化启动,启动顺序为泵站启动、胶带输送机启动、破碎机启动、转载机启动、刮板输送机启动、采煤机启动(上电)、采煤机记忆割煤程序启动、液压支架跟随采煤机自动化控制程序启动,全自动化启动。"一键停"功能是工作面所有综采设备自动化停止,停止顺序为液压支架动作停止、采煤机停机、刮板输送机停机、转载机停机、破碎机停机、胶带输送机停机,全自动化停止。工作面设备一键启停设备按照运输设备的"逆煤流启、顺煤流停"原则进行。在地面调度室的服务器上开发设备远程启停控制软件,依据设备之间的互联互锁关系,进行设备的顺序逻辑启停控制,通过地面到井下的控制专线实现对工作面设备的远程控制。

(5) 综采工作面自动化生产远程遥控干预控制系统

通过"一键"启停按键启动工作面综采设备完全自动化运行。工作面设备自动化运行,监控中心通过实时视频、数据实时监控工作面综采设备运行工况,当设备需要调整正时,可通过监控中心或地面调度室操作人员进行人工远程干预,如采煤机摇臂的调整、液压支架的动作等。通过监控中心的远程操作台对工作面设备进行远程遥控。

① 采煤机自动控制与远程遥控系统。采煤机的自动控制与远程遥控系统是由采煤机、摄像仪、采煤机监控计算机和采煤机远程操作台等设备组成。如图 5-8-8 所示,采煤机按照记忆割煤实现采煤机的自动控制,操作人员在监控中心或地面调度室通过采煤机视频系统、煤岩识别系统、采煤机数据监视系统对采煤机生产过程进行监视,必要时采用采煤机远程操作台或计算机对采煤机记忆割煤过程进行干预控制。

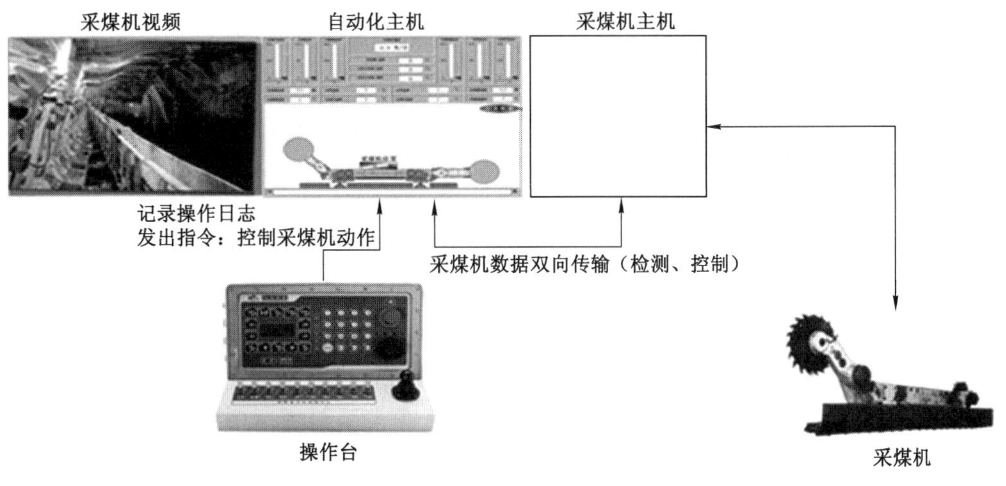

图 5-8-8　采煤机的自动控制与远程遥控系统

② 液压支架的跟机自动化与远程遥控系统。液压支架的跟机自动化与远程遥控系统是由液压支架电液控制系统、摄像仪、液压支架监控计算机和液压支架远程操作台等设备组成的,如图 5-8-9 所示。液压支架依据采煤机位置按照采煤工艺实现跟机自动化控制,操作人员在监控中心或地面调度室通过液压支架视频系统、液压支架运行数据监视系统对液压

支架动作过程进行监视，当出现移架不到位或丢架时，采用液压支架远程操作台或计算机对液压支架进行补架，实现对液压支架动作的人工远程干预控制。

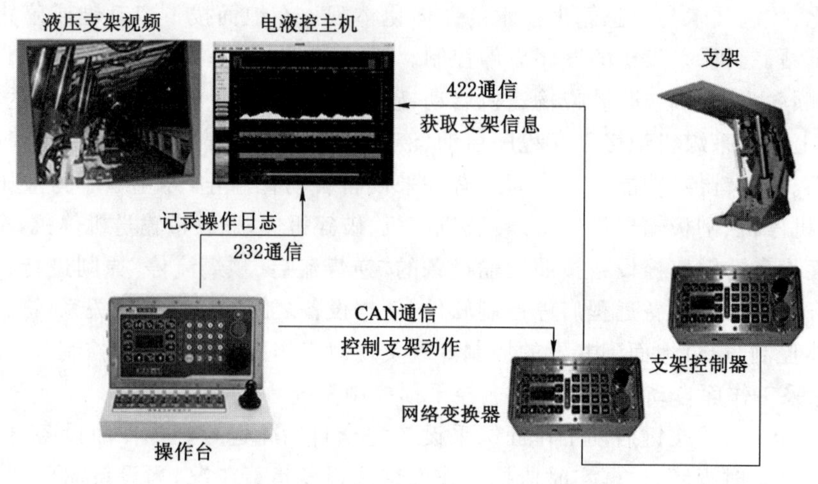

图 5-8-9　液压支架跟机自动化与远程遥控系统

③ 综采工作面自动化割煤速度智能平衡自适应控制系统。工作面液压支架依据采煤机位置进行跟机自动化控制，当使用 2 台泵供液时，采煤机速度不超过 4 m/min 时，液压支架能够正常跟机护顶；当采煤机速度达到 5 m/min 以上时，便会出现 2 架以上液压支架同时移架，液压支架的移架速度减慢，出现液压支架移架不到位或丢架子的现象，工作面出现空顶，不能满足工作面安全生产的要求。因此，在工作面生产过程中，液压支架依据采煤位置按照采煤工艺进行液压支架跟机自动化控制，并将动作完成情况报送监控主机，同时把工作面主管路压力报送给监控主机。采煤机控制系统将采煤机速度、采煤机位置报送监控主机，监控主机依据采煤机速度，计算工作面液压支架跟机控制需要动作的液压支架数量，提出供液系统需求，并通过监控中心泵站远程控制台，调整运行泵站的数量，对泵站进行启停控制，实现液压支架动作数量与泵站供液系统的供需平衡，以保证液压支架在跟机自动化过程中液压支架的动作速度。监控中心电液控制系统监控主机将液压支架跟机自动化完成情况报送给采煤机控制系统，采煤机控制系统根据液压支架完成情况进行采煤机速度调节控制，并保持液压支架跟机速度保持留有一定的余度裕度，实现采煤机与液压支架协同作业。

液压支架跟机智能化与远程遥控系统是由液压支架监控计算机和液压支架远程操作台等设备组成的，如图 5-8-10 所示。液压支架依据采煤机位置按照采煤工艺实现跟机自动化控制，操作人员在监控中心或地面调度室通过液压支架视频系统、液压支架运行数据监视系统对液压支架动作过程进行监视。当出现移架不到位或丢架时，采用液压支架远程操作台或计算机对液压支架进行补架，实现对液压支架动作的人工远程干预控制。

④ 综采工作面自动化软件。综采自动化控制系统软件如图 5-8-11 所示，实现了对工作面设备，包括液压支架、刮板机、破碎机、转载机、移变、组合开关、泵站变频器等设备工作状态的实时监测与数据上传，能够远程控制、自动化割煤等功能。同时提供了整个井下自动化系统的故障报警与记录，便于工作人员及时发现与解除故障，提高井下生产效率。

2）工作面姿态智能控制

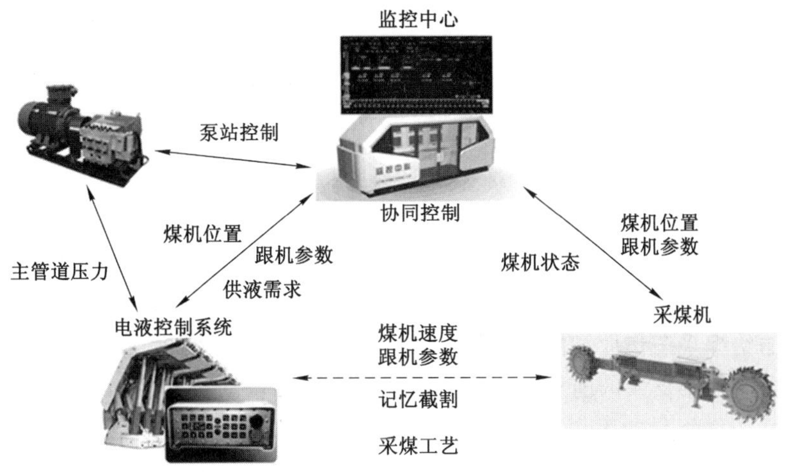

图 5-8-10　液压支架跟机智能化与远程遥控系统

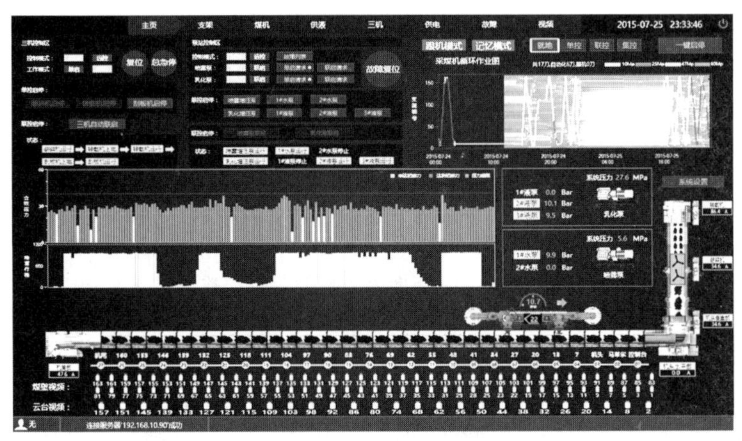

图 5-8-11　综采工作面自动化系统软件主界面

目前,国内外对综采工作面姿态智能控制系统的研究主要有以下几个方面:① 采用基于陀螺仪的惯性导航技术描绘采煤机行走轨迹,采用液压支架推移进行刮板输送机姿态修正,从而实现刮板输送机的直线度控制。该项技术已经由澳大利亚联邦科学院研究应用推广,并在澳大利亚煤矿得到了广泛的应用。我国转龙湾煤矿进行了井下工业性试验,并取得较好的相关成果。② 通过相邻液压支架相对位置感知实现工作面液压支架找直控制,可以在相邻两架之间安装位移传感器,测量液压支架之间相对位移量,但由于支架之间的有间隙,漏矸,不容安装,易损坏。另外,在采煤机运行速度达到 5 m/min 以上时,需要多架同时移架,而用该方法必须逐架依次移架,无法满足工作面正常生产要求。③ 按照液压支架寻求固定的参照点进行移架控制,在液压支架上安装激光测距仪,检测液压支架相对于煤壁或刮板输送机位置的自动控制,以消除液压支架与刮板输送机连接销耳之间窜动误差积累造成工作面不直的问题。但由于支架在移架时会出现仰俯,或煤壁片帮不齐等问题,该方法实施起来也较为困难。④ 采用高速高清摄像仪,在刮板运输机上进行激光定标,在工作面建立二维坐标系，并通过高清摄像仪拍摄图像与标准位置图像进行比对，确定系统需要调整的偏移量。该方法存在摄像仪镜头污染，高粉尘环境下视频图像清晰度和摄像仪位置固定标定等问题，系统较为复杂，需要解决的技术问题较多。⑤ 按照激光对位方式，以完成移架的支架位置为依据，进行移架的激光对位，该方法具有系统简单实用，操作方便，成本低等特点，目前仍在试验阶段。

(1) LASC(长壁开采自动控制系统)自动找直系统

在采煤机上安装一套水平光纤陀螺仪，在采煤机割煤过程中自动测定出与各个支架对应点的运输机的相对偏移量，并把有关信息借助采煤机的通信装置通过采煤机拖移电缆专用通信线传输给综采工作面智能化集控中心。集控中心根据接收到的信息，在采煤机下一割煤循环中自动控制支架的前移步距，从而达到工作面自动找直的目的，如图 5-8-12 所示为使用 LASC 系统记录的工作面采煤机运行轨迹与工作面自动找直数据。

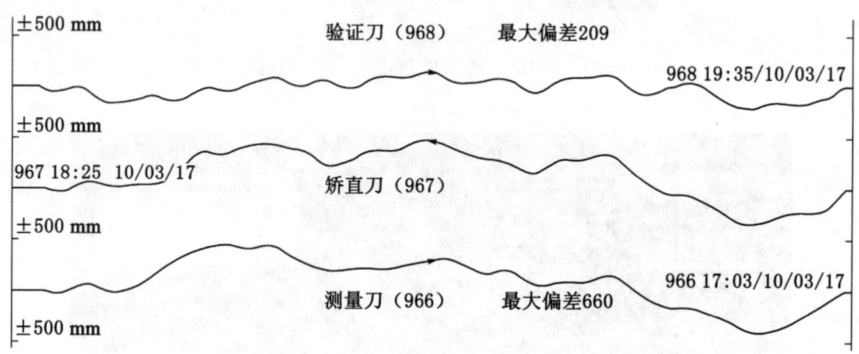

图 5-8-12　工作面姿态检测与自动找直

(2) 激光对位找直

工作面的液压支架是以刮板运输机为约束点的浮动系统，架与架之间有间隙，容易窜动，支架与刮板运输机之间有销耳连接的间隙，单个支架的离散控制将导致工作面系统控制精度无法保证。为此，将原有的工作面系统由单个纵向控制，改为纵向与横向控制相结合并以横向控制为主线，纵向控制为辅的方式进行控制。纵向控制以高精度传感器检测数据为依据，进行支架行走步距控制，横向控制按照激光对位传感器控制，运动中的液压支架以角度传感器检测数据为依据，由支架的底调、侧护板等机构进行支架纵向行走方向调节、导向与姿态控制。

在准备移架的支架控制器上发送命令，通知距离最近的已经完成移架的支架控制器发出激光定位信号，为保证接收单元能够可靠的接收到定位信号，发出的激光信号为光栅式的，即为一条光栅，确保动作架的激光对位传感器能够稳定的接收到支架定位信号。如图 5-8-13 所示，基于激光对位传感器的工作面直线度控制系统，在液压支架上安装激光对位传感器，图中键线为激光对位传感器发出的激光信号，激光接收器由光敏接收阵列组成，激光接收器是由每隔 3 mm 布置一个光敏接收信号单元的接收阵列组成，即其测量精度为 3 mm。激光对位传感器可以安装在液压支架立柱或顶梁上，避免线缆、胶管对激光信号的遮挡。

由于电液换向阀的滞时效应，当电信号发出后，支架停止动作还需要 100 ms 左右。因

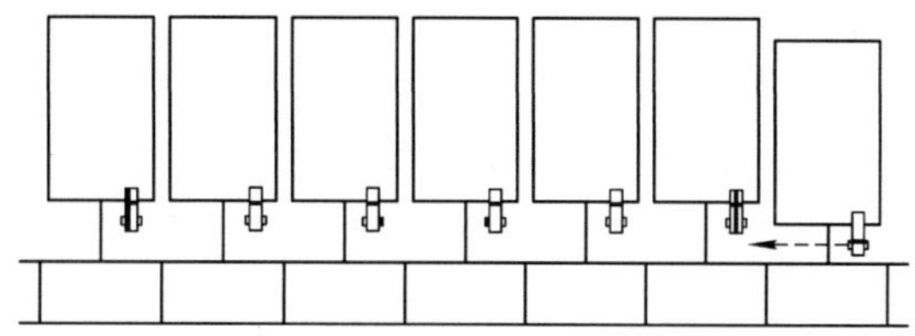

图 5-8-13　工作面直线度控制系统示意图

此，液压支架依据激光对位传感器控制的支架步进时需要把电液阀滞时效应产生的行程误差考虑进来，记录本次最终完成的行程目标距靶位的相对位置关系，其超出或不足的行程为超调量，将超调量发布到相邻支架控制器，在进行支架移架时，应使相邻支架移架超调量正负抵消，最终保证支架移架行程误差控制在有效地范围内，保证工作面的偏移量积累不超过工作面的三直两平规定要求。为了最大限度地保证控制精度，可以在支架移架过程中把整个支架移架过程分为粗放式控制和精细化控制两个阶段，在粗放式控制阶段，打开电磁阀一直动作，并不断检测高精度传感器采集数字，在进入精细化控制阶段时，将动作过程切为时间片，按照动作-停止-检测循环执行，以提高控制精度，同时也可以依据历史数据提前预控，以达到最终的控制目标，从而实现工作面自动调直控制。

3）工作面围岩智能耦合

综采工作面智能化系统工作采场需要在迁移支护时对工作面进行耦合控制。

（1）工作面采场迁移应注意：① 自动跟机移架时升柱压力应达到初撑力；② 破碎顶板工况下，采用超前伸伸缩梁，超前移架，实现对工作面、煤壁的支撑管理。

（2）工作面采场围岩耦合应注意以下几点：① 设置液压支架移架工程中的自动升架初撑力支护；② 设置液压支架自动补压；③ 矿压分析，周期来压预测预报。

4）智能化煤流负荷平衡控制

把采煤工作面作为一个出煤的系统，按照运输系统运送能力组织协调综采工作面设备的生产，避免刮板输送机过负荷超载运行。对综采工作面输送系统承受的负荷进行实时检测，将检测信息传输给控制中心，控制中心根据输送系统实际承受的负荷与能够承受的理论负荷范围进行比较，主动调整采煤机的割煤速度，控制落煤量，控制液压支架的推溜装煤时机，以便将输送系统的负荷量控制在理论范围之内。主动式采煤机与运输系统状态及运能的自适应配合，采煤机与液压支护自移系统的自适应协调控制。通过集控系统的决策，根据采煤机与运输机、液压支架的感知状态，信息反馈给采煤机，采煤机根据反馈的信息自适应的进行自我调节，更好地与运输机和支架进行协调配合。当煤流量变小时，在保证运量的前提下，实时降低变频器输出频率，让刮板输送机在低速状态下运行，降低磨损，延长使用寿命并达到节能目的。当监测到刮板输送机过载运行时，工作面自动化系统控制采煤机降低割煤速度，减少落煤量；当刮板输送机负荷超过设定上限时，自动停止并闭锁工作面采煤机。

5）人员安全感知和设备防碰撞

采煤机与液压支架安全防碰撞装置的研制，解决了采煤机滚筒与顶梁、护帮碰撞的问题；人员安全定位装置的研制，可以自动闭锁工作人员所在支架，保护工作人员安全。

（1）采煤机与液压支架防碰撞

在煤矿综采自动化工作面，当液压支架伸缩梁（或护帮板）不能有效的收回时，将导致采煤机与液压支架的碰撞,造成设备损坏,影响工作面安全生产。红外线传感装置可以用来确定采煤机的位置、运行方向、运行速度等相关状态信息。其中,红外线传感器位置发射器安装在采煤机机身中间位置,接收装置安装在液压支架立柱上。采煤机在运行过程中发射红外线信号,液压支架上的红外线接收装置接收到相应的红外线信号,并将该信号通过串行通信接口发送给支架控制器。综采工作面上的各个支架控制器将相应的红外信号通过去噪、多数投票、继承机制等相关控制算法取得采煤机位置、运行方向、运行速度等采煤机相关状态信息。在使用时,接近传感器感知液压支架伸缩梁或护帮板的动作状态并报送给支架控制器,从而实现液压支架动作的闭环控制。在生产时,当接近传感器检测到伸缩梁或护帮板未收回时,将该信息报送给采煤机,采煤机实施闭锁操作,防止采煤机与液压支架发生碰撞,从而保证生产的安全。

(2) 人员安全感知与定位

综采工作面信息设备和智能设备的大量采用将采煤工作面人员大量减少,工作面人员职能从设备操作逐步转换到巡检维护。为了在采掘工作面推进过程中能有效保障巡检人员的安全,避免设备与人员干涉,杜绝设备伤人事故需要对综采工作面人员精确感知与定位。人员低频定位感知系统依托电控系统网络,通过连接器将近感探测器接入控制器,并通过控制器网络实施不同探测器之间的协同、同步等工作。标识卡采用3D天线技术,通过3D天线捕获低频定位帧在x、y、z三轴上的分量并合成一个电磁场场强进行距离计算。当人员携带标识卡进入支架区域时,标识卡收到临近探测器发送的定位帧,根据场强计算与该探测器的距离,并计入其探测器列表,并与其最近的探测器通过高频信道联络通信,将其自身信息发送至该探测器。探测器完成标识卡探测,并通知电液控制系统,实施相应闭锁,保证人员安全。

6) 工作面视频系统

综采工作面视频系统是实现无人化工作面的关键技术。应用此技术可在实现对无人工作面的液压支架和采煤机等设备进行实时监测,在工作面液压支架跟随采煤机自动控制的过程中,对由于工作面顶底板条件不好导致移架不到的情况下,顺槽通过视频系统观察采用远程操作台进行远程集中控制,从而实现工作面液压支架、采煤机等设备的远程集中遥控,实现液压支架跟随采煤机自动控制为主导,采煤机以记忆割煤为主,以人工远程干预控制为辅助的煤矿综采无人化工作面开采模式。

(1) 视频功能

当液压支架实现采煤机跟机自动化控制功能后,受到工作面顶底板条件等周围复杂环境因素的制约,会出现液压支架移架不到位的情况,需要进行单个液压支架的调整。但是在顺槽监控中心配置的视频系统无法看到支架推移整个过程,也无法看到推移后位置效果,导致实现液压支架的远程操作可以参考的视频信息不足,控制系统无法进行调整。因此,必须有液压支架移动过程中完整的视频信息,才能实现无人化工作面液压支架的远程控制。

(2) 数字网络高清视频系统

数字高清视频系统,即基于以太网的压缩高清视频应用网络传输结合摄像仪的IP地址的视频系统。“无人化”综采工作面视频系统的,研究是基于液压支架、采煤机等综采工作面设备远程遥控的视频系统,采用云台技术、目标定位技术与目标追踪技术,实现对运动中的液压支架、采煤机等设备进行随动监视,并应用于自动化工作面示范工程。

无化视频系统主体结构如图 5-8-14 所示，按照系统功能划分，主要有视频采集系统、控制通信系统、监控中心系统等。每个子系统都有自己需要完成的功能，并和其他系统协调配合，完成整个系统功能。

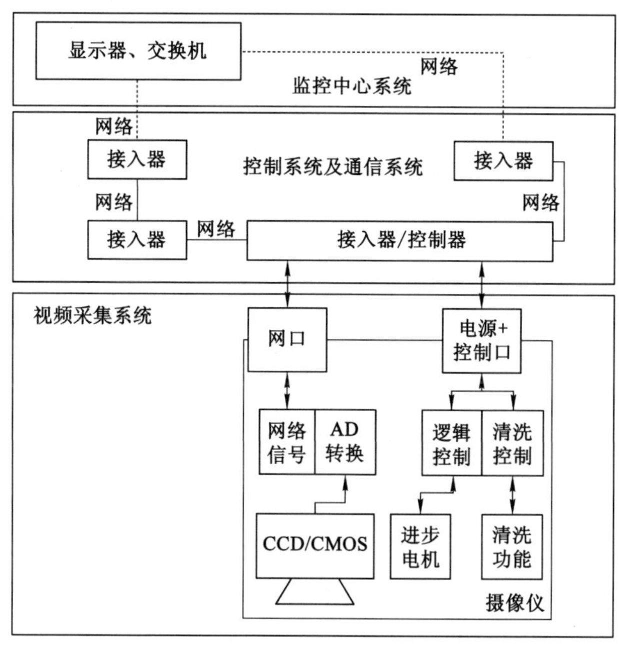

图 5-8-14　无人化视频系统主体结构图

(3) 视频系统主要工作流程

在本系统中，涉及的主要核心设备有两个：一个为工作面上的设备摄像仪；另外一个为顺槽监控中心设备隔爆计算机。摄像仪所需要具备的功能有视频采集功能，网络信号（或视频信号）传输功能，云台功能，自动或控制清洗功能；而隔爆计算机的主要工作在于收集工作面数据，然后将数据整理并分析，进而对相关设备（如摄像仪的云台、喷雾功能，等等）进行控制。

① 视频转换、传输、显示流程。视频转换、传输、显示为摄像仪的最主要工作，本系统中视频的转换、传输、显示、连接等均基于工业以太网。

② CCD/CMOS 网络远程控制流程。在摄像仪中，CCD/CMOS 为摄像仪的核心元件，与其相关的有相应的摄像仪的控件和 SDK，可根据摄像仪的实际控制需求在隔爆计算机端实现对 CCD/CMOS 的远程控制功能。

③ 自清洗装置远程控制流程。自清洗装置远程控制流程与不采用网络方式的步进电机控制流程类似，通过中间设备发送消息给摄像仪，摄像仪完成清洗控制功能。

④ 自动追踪控制流程。所谓自动追踪功能，即无人化系统可根据工作面当前情况，自动追踪需要观察的设备（如采煤机、支架等）。如果要实现该功能，系统需要实时而又丰富的工作面的数据信息，且需要多个系统或设备协调完成。隔爆计算机完成部分的数据分析和数据计算。

(4) 采煤机视频追踪与全景拼接实现流程

电液控制系统可以通过通信接口将采煤机位置信息发送给摄像仪，可以依据采煤机位置与摄像仪所在支架的位置关系，计算出摄像头与采煤机的相对位置，确定摄像头的云台角度，并控制摄像仪旋转至对应角度，以便从最合理的位置观察运动中的采煤机并得到最佳的图像。

综采工作面视频拼接系统集畸变校正、融合拼接、同步显示于一体，解决了低照度、多粉尘、视频动态变化等条件下的视频实时拼接问题。通过工作面上的摄像仪捕捉到的采煤机视频信号，进一步得到具有重合区域的视频关键帧，从中获取采煤机的特征点，进而将采煤机的多组视频信息通过图像全景拼接技术将视频拼接出来，形成采煤机的全景图像和视频。采煤机全景拼接系统流程图如图 5-8-15 所示。

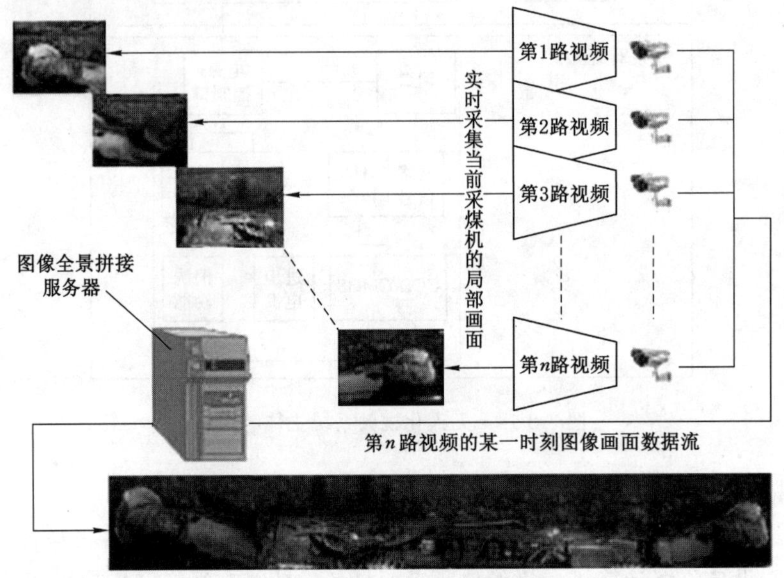

图 5-8-15　采煤机全景拼接系统流程图

通过工作面上布置的摄像仪捕捉到的采煤机视频信号，进一步得到具有重合区域的视频关键帧，从中通过获取采煤机的特征点，进而将采煤机的多组视频信息通过图像全景拼接技术将视频拼接出来，形成采煤机的全景图像和视频。如图 5-8-16 所示，通过 4 个正像摄像头图像拼接出完整的采煤机，摄像头之间视野画面内具有具备重叠区域，当采煤机在运动时，从四个摄像头中同时得到四个视频画面，根据四个视频画面中的重叠区域进行两两图像

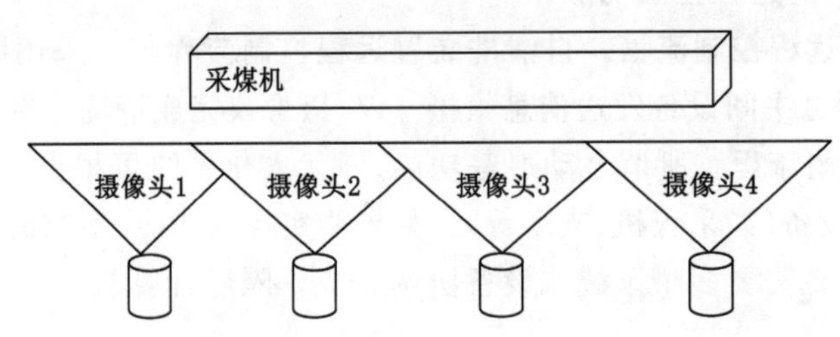

图 5-8-16　四个摄像头与采煤机位置示意图

拼接(即摄像头 1 画面和摄像头 2 画面拼接,摄像头 2 画面和摄像头 3 画面进行拼接,摄像头 3 画面和摄像头 4 画面进行拼接,最后统一坐标变换,将得到的 3 个子拼接结果图融合成最终的一个全景图),从而得到采煤机的全景图像并实时显示。

获得的待拼接的视频画面应满足以下条件:井下光线环境很差,图像质量不高,清晰度低,明暗变化较大。因此,视频画面应该尽量不出现过曝或者过暗的情况,导致视频画面无可用拼接内容,尤其是在 4 个相机画面重合的部分;在不同相机的重叠视域内安置一些反光条或者标志性图案,从而提高图像拼接融合的一致性和准确度。

图像拼接的基本流程图 5-8-17 所示。

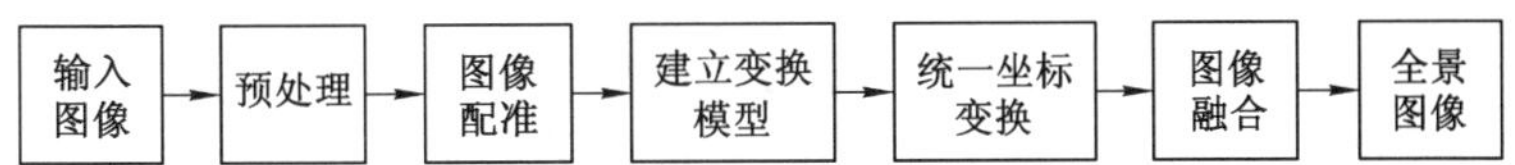

图 5-8-17　图像拼接的基本流程框图

该视频方案的主要优点在于超低延迟,但是也有缺陷,即由于为简单编码,因此不易在编码过程中对视频流进行分析处理,也不易引入其他控制信号。

全景视频拼接技术针对液压支架和采煤机视频系统的应用进行技术研究,主要开展了多画面融合,实时、动态、无盲区的采煤机全景视频拼接技术,通过云台、运动部件跟踪等技术,实现对液压支架、采煤机运动过程的全方位自动跟踪,保证液压支架、采煤机远程操作的安全性能,如图 5-8-18 所示。

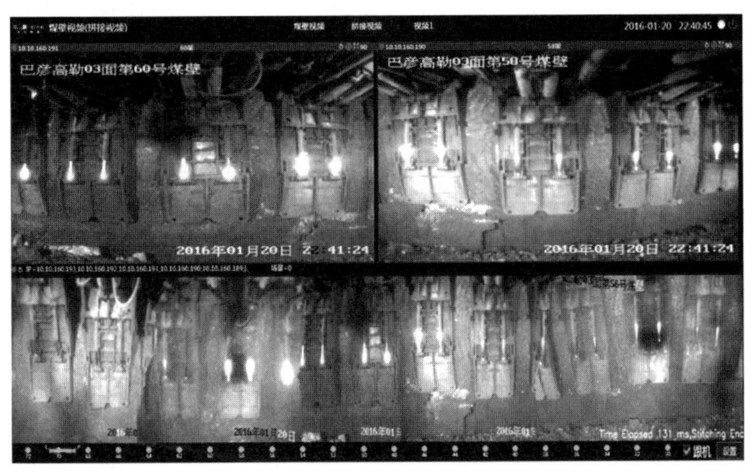

图 5-8-18　生产过程中采煤机全景拼接效果

7) 综采工作面的智能三维虚拟现实系统

虚拟现实技术是人类进入信息时代后发展起来的一门快速进步的学科,尤其是进入 21 世纪以来,虚拟现实的发展更是方兴未艾,借助逐渐成熟的电子制造产业与计算机技术,虚拟现实的发展进入了一个新的高度。

(1) 三维仿真技术的发展历程

早在 20 世纪 50 年代中期就有人提出了虚拟现实的设想,但当初并没有引起人们的注意。当时由于计算机普及程度以及电子技术发展的限制，导致虚拟现实的发展缺乏相应的技术支持，缺少合适的产波载体以及硬件处理设备。直到20世纪80年代末，随着计算机技术的高速发展与互联网技术的普及，虚拟现实技术得到了广泛的应用。虚拟现实技术发展的三大阶段，第一阶段：20世纪50年代到20世纪70年代，是虚拟现实技术的探索阶段；第二阶段：20世纪80年代初期到20世纪80年代中期，是虚拟现实技术系统化，从实验室走向实用的阶段第三阶段：20世界80年代末期到21世纪初期，是虚拟现实技术高速发展的阶段。

(2) 虚拟现实在我国的发展现状

我国虚拟现实技术的研究和一些发达国家相比还有很大的差距，随着计算机图形学、计算机系统工程等技术的高速发展，虚拟现实技术已经得到了相当的重视，引起我国各界人士的兴趣和关注，研究与应用VR，建立虚拟环境，虚拟场景模型分布式VR系统的开发正朝着深度和广度发展。国家科委、国防科工委已将虚拟现实技术的研究列为重点攻关项目，国内许多研究机构和高校也都在进行虚拟现实的研究和应用并取得了一些不错的研究成果。北京航空航天大学计算机系是国内最早进行VR研究、最有权威的单位之一，其虚拟实现与可视化新技术研究室集成了分布式虚拟环境，可以提供实时三维动态数据库、虚拟现实演示环境、用于飞行员训练的虚拟现实系统、虚拟现实应用系统的开发平台等，并在以下方面取得进展：着重研究了虚拟环境中物体物理特性的表示与处理；在虚拟现实中的视觉接口方面开发出部分硬件，并提出有关算法及实现方法。清华大学国家光盘工程研究中心所做的“布达拉宫”，采用了苹果公司的QuickTime技术，实现大全景VR制；浙江大学CAD&CG国家重点实验室开发了一套桌面型虚拟建筑环境实时漫游系统；哈尔滨工业大学计算机系已经成功地合成了人的高级行为中的特定人脸图像，解决了表情的合成和唇动合成技术问题，并正在研究人说话时手势和头势的动作、语音和语调的同步等。煤炭行业从2011年开始研究三维虚拟现实，构建了综采工作面自动化三维虚拟现实仿真系统，并在多个矿区得到应用。这些成果都标志着我国在虚拟现实技术方面已经处于全球领先地位，而且这一技术，正在我国受到越来越高度的重视。

(3) 三维虚拟仿真定义

虚拟现实技术的定义，狭义上，虚拟现实技术被称为“基于自然的人机界面”，在此环境中，用户看到的彩色的、立体的景象，听到的是虚拟环境中的声响，手脚等可以感受到虚拟环境反馈给他的作用力，由此使用户产生一种身临其境的感觉。换言之，人以与感受真实世界一样的(自然的)方式来感受计算机生成的虚拟世界，具有在真实世界中一样的感觉。广义上的虚拟现实，即对虚拟想象(三维可视化的)或真实的三维世界的模拟。它不仅仅是一种界面，更主要的部分是内部的模拟。人机交互界面采用虚拟现实的方式界面，对某个特定环境真实再现后，用户通过自然的方式接受和响应模拟环境的各种感官刺激，与虚拟世界中的人及物体进行思想和行为等方面的交流，使用户产生身临其境的感觉。

虚拟现实技术是指采用以计算机技术为核心的现代高科技生成逼真的视、听、触觉等一体化的虚拟环境，用户借助必要的设备以自然的方式与虚拟世界中的物体进行交互、相互影响，从而产生亲临真实环境的感受和体验。

(4) 三维虚拟仿真关键技术

三维虚拟现实技术主要包括：环境建模技术、立体声合成和立体显示技术、触觉反馈技术、交互技术、系统集成技术等。

① 环境建模技术主要指基于图像的虚拟环境建模技术。随着计算机技术的发展，虚拟场景的绘制技术已经成为虚拟现实研究的重要组成部分。传统的虚拟场景造型方法是以计算机图形学为基础的，其特点是便于用户与虚拟场景中的对象进行交互，并能直接获取虚拟形体的深度信息，且视点自由，但由于该方法的研究对于场景的几何复杂度具有依赖性，难以在普通的硬件平台上实现。而基于图像的虚拟场景绘制方法是利用图像像素作为基本的绘制元素，绘制速度独立于场景复杂性，仅与图像的分辨率有关。所以，当前针对虚拟场景建模方法的研究主要集中在图像建模领域，尤其是基于图像的绘制（IBR）技术和基于图像的建模（IBM）技术。

② 立体声合成和立体显示技术着重介绍裸眼立体显示技术。裸眼立体显示技术是一种立体图像显示方法，观众不需要佩戴 3D 眼镜便可观赏到立体图像，所以这种技术也被称为免眼镜 3D 显示技术。具体实现裸眼立体显示技术的方法比较多，我们日常生活中接触最多的是三维立体画。其他裸眼显示技术则是应用光学技术如光的偏振和光栅现象来实现 3D 效果。

③ 触觉反馈技术是触觉学科的一种技术，是指通过与计算机进行互动来实现虚拟触觉。用户利用特殊的计算机输入、输出设备（如游戏杆、数码手套或者其他设备），可以通过与计算机程序交互来获得真实的触觉感受。目前应用最广泛的是触屏手机的触觉反馈技术。

④ 人机交互技术（human-computer interaction techniques）是指通过计算机输入、输出设备，以有效的方式实现人与计算机对话的技术。它包括机器通过输出或显示设备给人提供大量有关信息及提示请示等，人通过输入设备给机器输入有关信息及提示请示等，人通过输入设备给机器输入有关信息，回答问题等。人机交互技术是计算机用户界面设计中的重要内容之一。它与认知学、人机工程学、心理学等学科领域有密切的联系。

⑤ 系统集成技术是指将不同的系统，根据应用的需要，有机地组合成一个一体化的、功能更加强大的新型系统的过程和方法。具体地说，所谓系统集成（SI，system integration），就是通过结构化的综合布线系统和计算机网络技术，将各个分离的设备（如个人电脑）、功能和信息等集成到相互关联的、统一协调的系统之中，使资源达到充分共享，实现集中、高效、便利的管理。系统集成应采用功能集成、网络集成、软件界面集成等多种集成技术。系统集成实现的关键在于解决系统之间的互联和互操作性问题，它是一个多厂商、多协议和面向各种应用的体系结构。这需要解决各类设备、子系统间的接口、协议、系统平台、应用软件等与子系统、建筑环境、施工配合、组织管理和人员配备相关的面向集成的问题。

(5) 综采工作面智能三维虚拟现实系统

综采工作面三维虚拟现实系统采用虚拟现实技术构建出高仿真度的虚拟矿井作业场景，利用 CAD 结构图将采煤机、液压支架和刮板输送机等煤矿生产设备进行仿真建模，并根据三机配套图、巷道布置图等资料，按照实际位置摆放至虚拟场景中，然后通过软件系统的数据结构，将相关的监测系统提供的设备实时数据读取出来，同步驱动虚拟设备执行同样的动作及位移，实现数据的三维可视化。

综采工作面三维虚拟现实系统由工作面场景和采煤机、液压支架、刮板输送机、转载机、破碎机、泵站、液压支架电液控制系统和监控中心系统等组成，如图 5-8-19 所示。

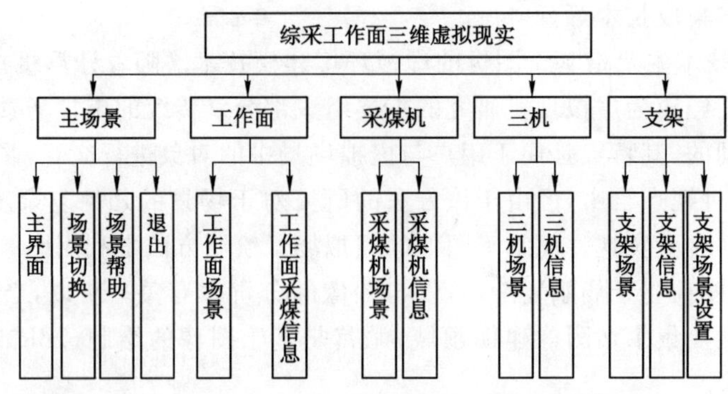

图 5-8-19　综采工作面三维虚拟现实软件功能结构图

三维虚拟现实系统总体架构如图 5-8-20 所示，该系统通过构建综采工作面数据传输系

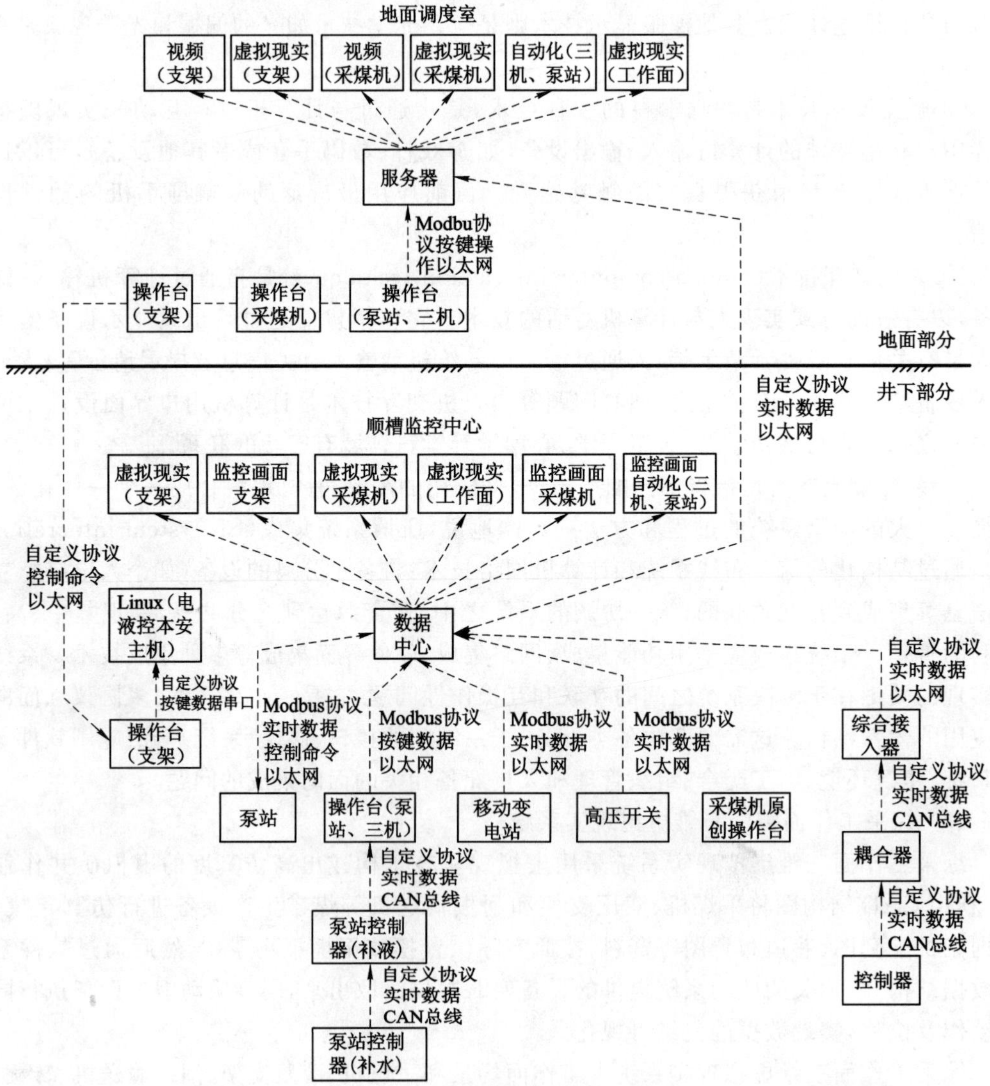

地面调度室
视频（支架）
虚拟现实（支架）
视频（采煤机）
虚拟现实（采煤机）
自动化（三机、泵站）
虚拟现实（工作面）
服务器
Modbu协议按键操作以太网
操作台（支架）
操作台（采煤机）
操作台（泵站、三机）
地面部分
井下部分
自定义协议实时数据以太网
顺槽监控中心
虚拟现实（支架）
监控画面支架
虚拟现实（采煤机）
虚拟现实（工作面）
监控画面采煤机
监控画面自动化（三机、泵站）
自定义协议控制命令以太网
Linux（电液控本安主机）
自定义协议按键数据串口
操作台（支架）
数据中心
Modbus协议实时数据控制命令以太网
Modbus协议按键数据以太网
Modbus协议实时数据以太网
Modbus协议实时数据以太网
泵站
操作台（泵站、三机）
移动变电站
高压开关
采煤机原创操作台
自定义协议实时数据CAN总线
泵站控制器（补液）
自定义协议实时数据CAN总线
泵站控制器（补水）
自定义协议实时数据以太网
综合接入器
自定义协议实时数据CAN总线
耦合器
自定义协议实时数据CAN总线
控制器

图 5-8-20　三维虚拟现实总体框架图

统将综采装备运行数据传送到监控中心的计算机上，在监控中心设置 1 台数据库服务器，用来保存工作面设备数据和运行数据，2 台专门的服务器构建液压支架、采煤机和工作面割煤场景的三维虚拟现实监视系统，在地面调度室设置 1 台数据库服务器，用来保存工作面设备数据和运行数据，设置 2 台高性能的服务器，构建液压支架、采煤机和工作面割煤场景的三维虚拟现实监视系统。

① 主场景。主场景背景为整个综采工作面的全景图。该模块是较独立的一个反映整体场景的模块，包含用户界面和场景内容。用户界面包括主场景、报警条、工作面、采煤机、运输机、支架、泵站、开关、视频等模块菜单项，用户界面的信息提示面板负责显示场景相关状态信息。基本概念如图 5-8-21 所示。场景内容主要是支架、采煤机、刮板机的实时联动信息，主场景实现了几类核心模块的联合显示。该部分的模型制作、交互程序实现以及数据驱动详细说明参考各模块的设置。

图 5-8-21　综采工作面场景

② 液压支架及其电液控制系统。构建液压支架三维模型，进行模型渲染，建立液压支架三维运动模型，实现液压支架三维模型的数据驱动，构建支架控制系统装置模型，将支架电液控制系统通信协议与液压支架三维模型动作关联起来，实现依赖液压支架电液控制通信协议支撑的液压支架三维模型运动，并实现多台液压支架按照通信协议同时动作。软件部分的主要协议内容有支架编号、升降立柱行程、拉梁行程、推溜行程、伸/收平衡、伸/收侧护板、抬/收底座、喷雾、伸/收一级帮护板、伸/收二级帮护板、伸/收三级帮护板、伸/收伸缩梁、升调千斤顶等参数设置，如图 5-8-22 所示。

③ 采煤机。采煤机三维虚拟现实分为三维模型制作和交互程序实现两个部分。三维模型制作是根据实际尺寸制作采煤机的三维模型。程序部分根据参数实现三维模型的实时状态。实现的参数内容主要有采煤机左右滚筒的高度，左右牵引电流，左右电机温度，左右切割电机电流、温度，左右泵电流、温度，变压器温度等。采煤机的三维虚拟现实通过数据驱动三维模型实时反映采煤机的工作状态和相关设备信息，查看采煤的滚筒高度、左右电机、切割机的温度和电流等情况，通过这些数据和状态，直观判断采煤机的实时工作情况。其三维场景实现的概念如图 5-8-23 所示。

④ 刮板输送机、转载机、破碎机三维虚拟现实。刮板输送机、转载机、破碎机三维虚拟

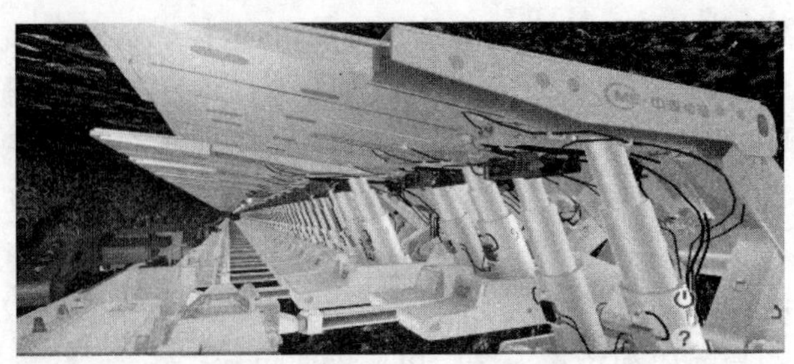

图 5-8-22　液压支架及其控制系统三维虚拟现实

图 5-8-23　采煤机场三维虚拟现实

现实分为三维模型制作和交互程序实现两个部分。三维模型制作是根据实际尺寸制作刮板机、运输机、转载机的三维模型。程序部分根据参数实现刮板机、运输机、转载机三维模型的实时状态。实现的参数内容主要有运输机的启停、运输机电机温度、运输机的电流、转载机的启停、转载机的电机温度、转载机的电流、破碎机的启停、破碎机的电机温度、破碎机的电流等。通过数据驱动三维模型实时反映运输机、转载机、破碎机的实时状态和相关设备信息,其三维场景实现的概念如图 5-8-24 所示。

图 5-8-24　刮板输送机、转载机、破碎机三维虚拟现实

⑤ 顺槽设备列车及监控中心。构建顺槽设备列车和监控中心三维模型,如图 5-8-25 所示,可以在顺槽设备列车上的移动变电站、开关上显示相关运行参数。

⑥ 人机交互。三维场景的人机交互包括相机的交互、键盘交互、鼠标交互。相机交互主要是指由于场景事件的触发使相机发生的移动、旋转、缩放等交互,相机交互的应用能更直观地展示场景并使人产生良好是视觉感受。键盘交互主要是处理由于触发键盘事件后产生的交互事件,以及预定各类事件的触发条件。鼠标交互是处理鼠标操作场景的交互任务,

图 5-8-25　顺槽设备列车

实现相机的缩放、平移和旋转等任务。

⑦ 数据驱动。数据驱动负责场景和外部的数据通信，获得工作面上的关键设备的运行数据、状态，并通过这些数据进行计算，模拟现场的设备的位置，姿态，提供真实的、实时的现场设备的显示，为远程控制提供可视化。

⑧ 软件部署。在井下监控中心需要部署两套综采工作面三维虚拟现实系统：另一套用于显示采煤机的实时位置、姿态；一套用于显示支架的实时位置、姿态。值得注意的是，由于井下隔爆主机的性能与地面的服务器相比，性能较低，为了能够在井下隔爆主机上可靠运行，井下主机的三维模型需要进行特殊优化，缩减模型的尺寸，提高模型的显示效率。地面部署两套虚拟现实软件：另一套用于显示采煤机的实时位置、姿态；一套用于显示支架的实时位置、姿态。

(6) 三维虚拟仿真技术的发展趋势

随着虚拟现实技术在数字矿山、智慧矿山、综采无人化工作面系统中应用的不断深入，在建模与绘制方法、交互方式和系统构建方法等方面，对虚拟现实技术都提出来更高的需求。近年来，虚拟现实相关技术研究遵循“低成本、高性能”原则取得了快速发展，表现出一些新的特点和发展趋势，主要表现在以下几个方面：① 动态环境建模技术。虚拟环境的建立是 VR 技术的核心内容，动态环境建模技术的目的是获取实际环境的三维数据，并根据需要建立相应的虚拟环境模型。② 实时三维图形生成和显示技术。三维图形的生成技术已比较成熟，而关键是如何“实时生成”，在不降低图形的质量和复杂程度的前提下，如何提高刷新频率是今后重要的研究内容。此外，VR 还依赖于立体显示和传感器技术的发展，现有的虚拟设备还不能满足系统的需要，有必要开发新的三维图形生成和显示技术。③ 虚拟环境适人化、智能化人机交互设备的研制。目前的三维虚拟仿真还缺乏能够增强沉浸感设备，缺乏沉浸交互效果。采用人类最为自然的视觉、听觉、触觉和自然语言等作为交互的方式，会有效地提高虚拟现实的交互性效果。④ 三维虚拟现实与视频技术相结合，实现三维虚拟现实的真实再现。三维环物(Object VR)(也称物体/对象全景)，通过摄影拍摄或三维扫描的方式，对物体进行 360 度的全方位展示，并可随意旋转观看和进行不同倍率的放大或缩小，以全方面掌握物体的整体与细节部分，最终生成一个具有三维效果、真实、可网上观看的煤矿井下的图像。⑤ 大型网络分布式虚拟现实的研究与应用。网络虚拟现实是指多个用户在一个基于网络的计算机集合中，利用新型的人机交互设备介入计算机产生多维的、适用于用户(即适人化)应用的、相关的虚拟情景环境。分布式虚拟环境系统除了满足复杂虚拟环境计算的需求外,还应满足分布式仿真与协同工作等应用对共享虚拟环境的自然需求。分布式虚拟现实系统必须支持系统中多个用户、信息对象(实体)之间通过消息传递实现的交互。分布式虚拟现实可以看作是基于网络的虚拟现实系统,是可供多用户同时异地参与的分布式虚拟环境,处于不同地理位置的用户如同进入到同一个真实环境中。分布式虚拟现实系统已成为三维虚拟现实技术的研究热点,三维虚拟现实技术将在煤矿无人化开采中发挥重要作用。

5.8.4 综采工作面智能化系统装备

综采工作面智能化设备除单机设备外主要包括工作面通信网络传输设备、视频设备、计算机等。

5.8.4.1 矿用本质安全型综采综合接入器

矿用本质安全型综采综合接入器在液压支架智能控制系统中主要用来传输大容量的数据,实现各设备信息汇集与高速传输的通道。传输通道带宽可达百兆,为液压支架智能控制系统大量的传感器数据、动作数据的传输提供了专用传输链路。

1) 工作原理

综合接入器可以与支架控制器相连,将支架控制器数据、工作面视频信息、无线终端信息通过综合接入器以太网高速通道快速传输到顺槽监控中心,如图 5-8-26 所示。

2) 技术参数及其性能指标

① 额定电压:12 V DC;

② 工作电流:1 000 mA/1 500 mA;

③ 环网接口:2 路,10/100 M 自适应;

④ 环网冗余:SW-Ring,自愈时间<20 ms;

⑤ 通信接口:1 路单线 CAN,2 路 RS232,2 路 10/100 M 自适应网口,无线 WiFi,802.11 b/g,54 M;

⑥ 模拟量输入信号:1 路,0.50~4.94V,转换误差≤±2.5%;

⑦ 频率量输入信号:1 路,10 Hz~2 MHz;

⑧ 开关量输入、出信号:6 路,电平信号,低电平≤0.5 V,高电平≥2.8 V。

3) 产品照片

综合接入器如图 5-8-27 所示。

5.8.4.2 矿用本质安全型光电转换器

井下自动化系统通信经常涉及长距离以太网通信,由于普通以太网线缆通常情况下最大传输距离仅有 100 m,需要进行长距离通信时,需要采用光电转换器将 RJ45 接口以太网电缆信号转换为光纤通信。

(1) 工作原理

该产品主要实现百兆以太网网络介质光和电的双向转换,扩大网络介质兼容性。其利用光信号衰减小,传输距离远的特性将以太网覆盖范围扩大。在 longwallmind 系统里主要实现工作面端头和段尾之间的光缆连接。该产品体积小、重量轻,安装维护方便,接口形式灵活,有喇叭口(融接光纤)和快速插接两种选择。

(2) 技术参数

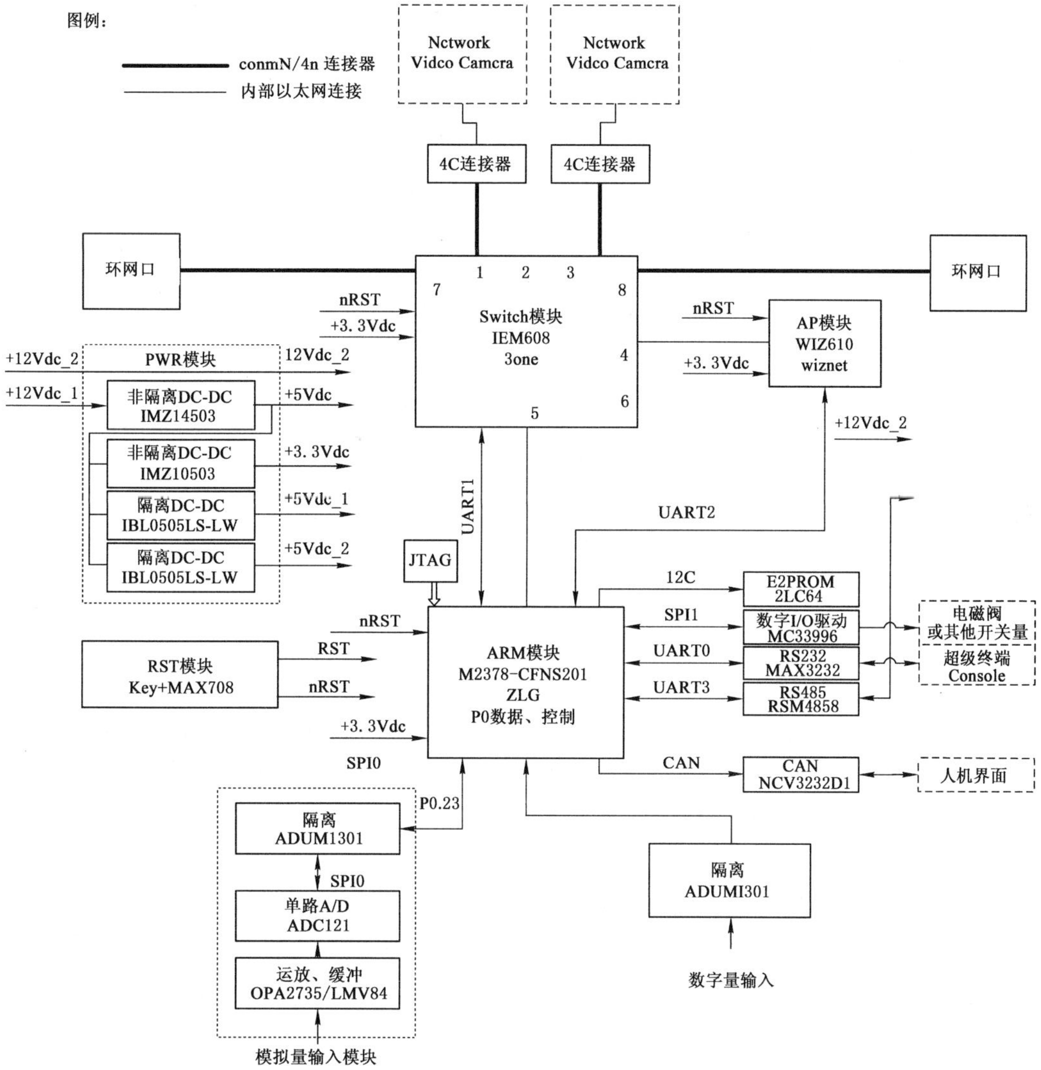

图 5-8-26　综合接入器原理框图

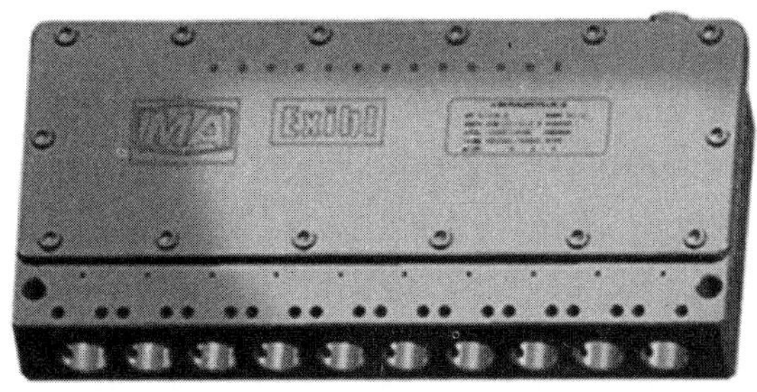

图 5-8-27　综合接入器

① 工作电压：12 V DC；

② 电接口：1 个，100Base-Tx；

③ 工作电流:不大于 300 mA;

④ 光接口:1 个,100 Base-Fx;

⑤ 防爆类型:本安型;

⑥ 通信标准:IEEE802.3,802.3u,LFP;

⑦ 防护等级:IP67。

(3) 产品照片

光电转换器如图 5-8-28 所示。

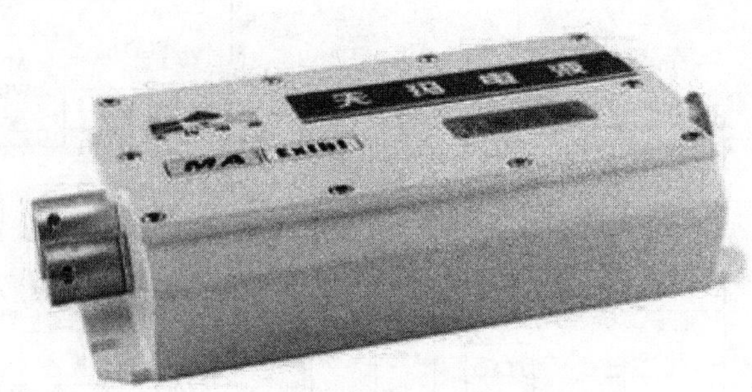

图 5-8-28 光电转换器

5.8.4.3 矿用本质安全型路由交换机

该产品主要用于实现工业以太网的三层路由功能,使得划分过 VLAN 的局域网内各子网之间仍具备线速交换的能力,是工作面以太环网接入矿井以太环网的关键设备。该产品具备体积小、重量轻、防护等级高、可靠性高的特点。

1) 工作原理

本安型交换机主要有电源模块、网络交换机、网络接口单元、网口转串口模块等组成。以太网接口与其他本安设备组成冗余环形以太网,为各种数据提供信息通道。其中,内置的网口转串口模块能将本安 RS485 信号转换成以太网信号,使串口设备(RS485)方便快捷的实现网络接入。

2) 技术参数

① 工作电压:12 V DC;

② 工作电流:不大于 300 mA;

③ 防爆类型:本安型;

④ 防护等级:IP68;

⑤ 网络接口:8 个 10/100 Mb/s 自适应电口;2 个光模块插槽,支持 100/1 000 Mb/s 光模块。

3) 产品图片

路由交换机如图 5-2-29 所示。

5.8.4.4 矿用本质安全型摄像仪

该产品主要用于视频摄像,采集工作面或顺槽视频信息,压缩编码,并打包成 IP 报文的形式发布到以太网上,供显示器解码显示。该产品结构小巧、重量轻,具有安装布置灵活、低照度、高分辨率、可靠性等特点。其小巧的结构使得其可以安装在薄煤层工作面上。

图 5-8-29　路由交换机

1）工作原理

本安型摄像仪可以把井下景物光像转变为电信号，采用红外线辅助光源，适合井下低照度环境下的环境监视。其结构主要分为 3 部分：光学系统（主要指镜头）、光电转换系统（CCD）以及电路系统（主要指视频处理电路）。

2）技术参数

① 工作电压：12 V DC；

② 照度：0.001 Lux；

③ 工作电流：不大于 500 mA；

④ 有效照射距离：0～20 m；

⑤ 防爆类型：本安型；

⑥ 图像格式：D1/CIF，可设置；

⑦ 防护等级：IP67；

⑧ 分辨率：720×576；

⑨ 通信接口：以太网接口，10/100 Mb/s 自适应。

（3）产品图片

摄像仪如图 5-8-30 所示。

图 5-8-30　摄像仪

5.8.4.5　*矿用本安型操作台*

该产品是用在顺槽监控中心远程操作工作面上的设备，可在综采自动化系统及电液控制系统里通用。该产品可以在综采自动化系统里远程操作视频监视器;在电液控制系统里远程控制支架动作;还可以远程控制采煤机。该产品外形美观,键位布局符合人体工学原理,操作方便,接口丰富,可交互性强。

1) 工作原理

本安型操作台可以作为井下主控计算机的模拟键盘,将按键操作进行归纳、分类,并对按键、旋钮等硬件进行设置,以便直观操作。作为操作输入的源端,本安型操作台将操作内容转化为 RS232 通信数据中相关数据点位报送给具有控制核心的集控主机。集控主机通过对操作台进行相关操作处理,实现对综采设备的远程操作。

2)技术参数

① 工作电压:12 V DC;

② 工作电流:不大于 500 mA;

③ 防爆类型:本安型;

④ 防护等级:IP54;

⑤ 通信接口:双线 CAN,RS485,RS232,以太网。

(3)产品图片

远程操作台如图 5-8-31 所示。

图 5-8-31 远程操作台

5.8.4.6 高性能矿用隔爆工业计算机

计算机主要用来对工作面各单机设备的运行数据、工作面环境数据等进行数据存储、数据显示、数据分析、智能决策与智能联动控制。智能系统需要处理大量的数据及视频信息,控制领域用的计算机显然满足不了大数据运算、处理、分析、决策等功能的需求。煤矿用井下高性能工业计算机需突破隔爆、散热等难点,常用的实现手段为双 CPU 冗余技术。

智能联动控制需适用于各种地质条件、各种工艺需求的工作面。综采工作面设备众多,为解决采煤机、液压支架、刮板输送机等设备的联合协同作业,多种传感器融合技术是一种有效地实现手段。在监控计算机上存储的综采工作面智能联动控制策略主要包括:

(1) 利用接近传感器可判断支架护帮板收回状态,避免发生设备碰撞,缩短整体移架时间。

(2) 利用激光测距仪、压力、行程等传感器识别工作面高度、顶底板条件,智能决策相应设备的动作过程。

(3) 利用煤壁压力检测和护帮板姿态控制技术,在液压支架一级护帮板上安装行程传感器和压力传感器,对煤壁的支撑压力进行实时检测和智能控制,可以实现对工作面煤壁的有效管理，特别是大采高工作面片帮问题。

（4）通过监测煤流的运输环节的负荷能力，在过负荷的情况下，可以反馈闭锁控制采煤机、支架放煤和推溜等煤炭装载过程，实现主动过载保护，避免压溜、超负荷等事故，实现综采工作面的均衡生产。

5.8.4.7　一体化监控中心

可视化远程遥控一体化监控中心采用高速现场总线为内部控制专线，一般位于运输巷道或地面。其人机交互界面友好，可在监控中心内实现综采设备“一键”启停、综采设备远程实时控制功能。

1）可视化远程遥控开采

与工作面就地控制设备不同的是在远离采场的监控中心需充分考虑控制的准确性、实时性和方便性，同时一体化监控中心的设备还需要充分考虑人因工程的问题，顺槽一体化的监控中心及其关键组成部件如图 5-8-32 所示。

监控中心（实物图）

监控中心（设计图）

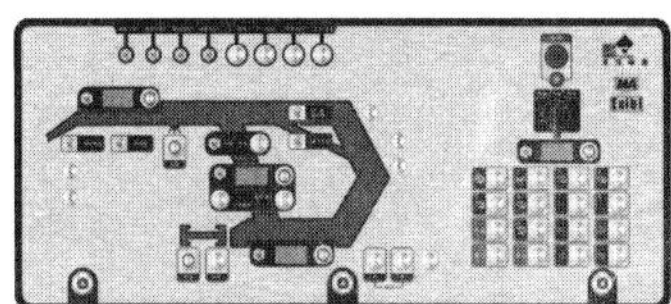

液压支架远程操作台

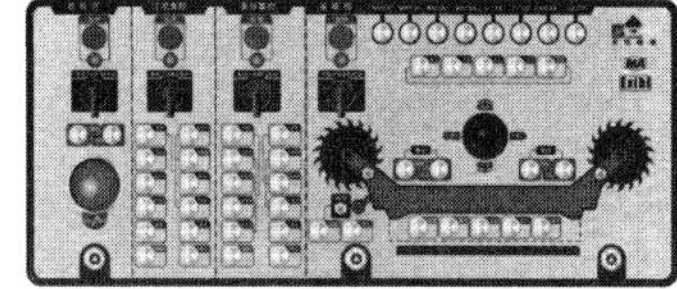

采煤机、泵站、三机集控远程操作台

图 5-8-32　一体化监控中心及其关键组成部件

2）实时控制

基于远程遥控开采要确保控制的实时性和可靠性。SAM 综采自动控制系统基于 NET 技术，开发具有分布式、在线装/卸载、脚本、模型组态、资产库等功能的实时对象数据库系统，应用于硬件有限的井下安全隔爆计算机（受煤矿防爆要求限制，性能较低），自主实现面向对象的实时分布式数据库系统，实现综采工作面自动化控制系统的快速构建，单机数据库容量可达十万点，各监控主机之间数据同步周期小于 50 ms，稳定时可达 17 ms。

5.8.5　综采工作面智能化系统故障诊断

综采工作面智能控制系统是由多台单机智能化设备组成的，并通过单机设备之间的相互配合共同完成工作面的生产。将综采设备运行参数和运行数据进行汇集，对系统故障状态进行打标，通过大数据分析对综采工作面智能系统进行故障状态分析与故障模式识别，及时准确地对综采设备的故障进行定位。及时、准确地排除综采设备故障是提高工作面设备开机率的关键因素。因此改善工作面设备故障分析和诊断模式，加强维护管理，保持设备的最佳工作状态，最大限度发挥设备的效能，是提高综采面生产效率的重要途径。

故障类型与故障征兆之间的关联关系是复杂的非线性关系。有一些控制系统非常复杂，建立精确的数学模型是非常困难的，故障类型与故障征兆之间关联严重，并不是简单的一一对应关系。常规的故障诊断方案已经越来越难于满足实际控制过程中的要求，使用大数据分析技术，从海量数据中发现事物之间内在的因果关系，使用聚类分析、因子分析、相关分析、对应分析、回归分析、方差分析等方法。因此有必要对传统的故障诊断方案进行改进，或者采用更为智能化的故障诊断系统，以取得更好的故障诊断效果。

5.8.5.1 综采工作面智能故障诊断技术体系

综采工作面智能故障诊断系统重点研究影响综采工作面出煤的关键因素，以提升综采成套装备开机率为目标，研究单机设备主体职能，研究单机设备间相互的关联、相互约束、相互依存的关键因素，综采工作面智能故障诊断技术体系如图 5-8-33 所示。综采工作面智能故障诊断技术体系研究是将把整个综采工作面作为一个可以迁移的采场来看待，从采场环境安全、设备安全、生产配套、采场迁移等多个维度来支撑综采工作面的生产作业，从采、支、运等多个环境进行综合分析，通过大数据分析，及时发现综采工作面生产过程中存在的问题和安全隐患，并及时排查处理。

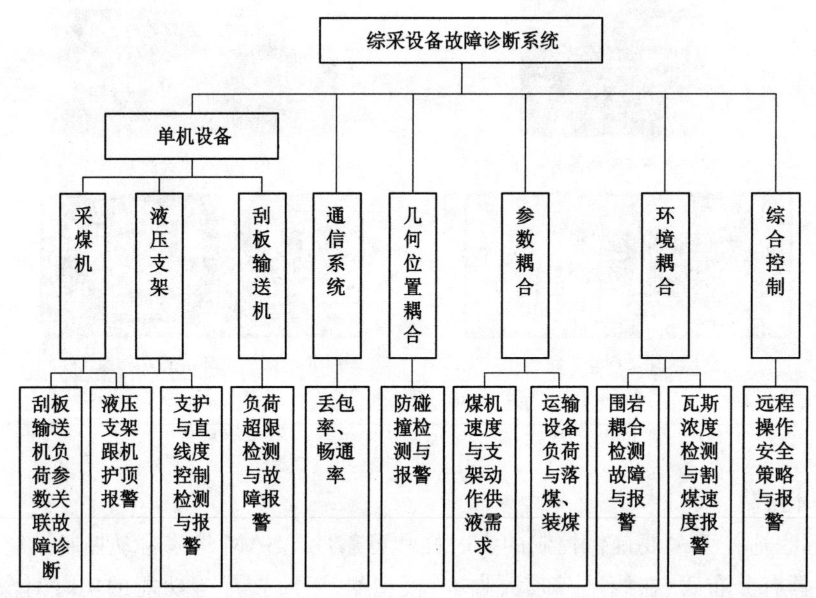

图 5-8-33 综采装备障诊断系统体系

5.8.5.2 单机系统故障诊断技术

单机智能化是综采工作面智能化系统的基础。同样，单机系统的故障诊断也是综采工作面智能化系统故障诊断的依据。单机系统的故障诊断应依据单机设备的基本职能完成情况进行故障诊断与分析，并将单机职能分解到单机控制系统的元部件，分析元部件失效机理，提出元部件失效的故障模式，建立单机智能系统故障树。液压支架重点在顶板与煤壁支护管理，对工作面顶板压力达不到初撑压力及煤壁片帮进行故障报警，对压力传感器进行故障检测与故障报警。对工作面刮板输送机、液压支架推移直线度进行检测，当液压支架间推移行程差值超出 50 mm 时进行故障报警，对行程传感器进行故障检测与故障报警。当采煤机割煤速度快，工作面液压支架不能及时跟机移架进行顶板支护时，进行故障报警，暂停采煤机割煤，对接近传感器进行故障分析与故障报警。当刮板输送机超负荷运行时进行故障报警，同时停止采煤机割煤和液压支架推溜动作。对采煤机智能调高机构进行定量检测与故障报警，对采煤机位置进行复核验证，确保采煤机位置准确无误。对刮板输送机运行负荷分析与评价，对刮板链条张紧机构运行状态分析与刮板链受力可靠性分析。对泵站控制系统供液能力检测与故障检测分析，对乳化液配液浓度的在线检测与故障报警等。单机系统故障诊断内容主要包括单机及其元部件运行状态。

5.8.5.3　综采工作面智能通信系统故障诊断技术

综采工作面的通信系统是工作面各单机设备信息汇集的基础，如果综采工作面通信系统出现故障，综采工作面设备的各项综合调度能力将失效，甚至不能实现最基本的自动化功能。工作面运行数据是利用大数据技术解决综采工作面智能控制系统故障诊断技术的基础。将综采工作面设备数据汇集形成综采设备运行，数据链路通信的可靠性是关键，有效辨识通信系统传输性能，保证传输数据的安全性和完整性。在传输建立有效的检测机制，定时的对通信系统传输质量进行评价，例如可以将一天的定时报送数据进行计算，将集控中心接收到的定时数据总量与其对比，计算出系统丢包率和畅通率。

综采设备信息应保持其完整性，应确保各设备数据有一个统一的基准时间，并定期对各设备时钟进行校准，确保各设备记录数据时间的一致性，避免因系统阻塞的时延，造成传输数据时间基准的偏移，为后台进行设备大数据分析提供保障。综采工作面通信系统故障诊断主要包括系统畅通率、信息传输及时率和通信总线的占空比等指标。

5.8.5.4　综采工作面设备几何位置耦合控制故障诊断技术

综采工作面设备相互关联、相互约束，共同完成工作面采煤，在采煤机割煤过程中，应检测采煤机前滚筒处的液压支架是否收回护帮板，防止液压支架与采煤机发生干涉碰撞，当液压支架护帮板收回感应传感器检测到护帮板未收回，或传感器故障时对采煤机实施闭锁控制。液压支架通过推移动作实现了对工作面的迁移，精确的推溜控制可以使刮板输送机具有较好的运行姿态，延长了刮板输送机寿命，因此进行推溜精确控制的行程传感器的故障诊断尤为重要。当操作人员进入 B 级工作危险区域时应进行报警，进入 A 级危险区域时应对相关设备进行闭锁，应对工作面人员所在位置的安全性检测，人员定位检测对无人化工作面安全生产也是非常重要的。

5.8.5.5　综采工作面设备参数耦合控制故障诊断技术

按照煤流负荷参数进行采煤机割煤、落煤、装煤与液压支架推溜装煤控制，刮板输送机的负荷参数尤为重要，可以通过大数据分析，找出采煤机割煤速度、推溜与刮板输送机负荷的关系曲线，当刮板输送机超负荷作业时进行故障报警，自动干预采煤机和液压支架的相关操作。采煤机速度决定了液压支架动作数量，同时也对供液系统提出了需求，当这种关系不能相适应时，综采工作面智能系统将报警，限制采煤机的割煤速度。

综采工作面设备参数耦合控制故障诊断主要从设备能力配套方面考量系统配套是否合理，在系统自适应控制过程中，同时将成套装备能力配套短板信息推送出来。

5.8.5.6　综采工作面设备环境耦合控制故障诊断技术

1）瓦斯浓度与生产过程关联分析与控制

瓦斯聚集与工作面割煤暴露的煤矿表面积，与矿压、与通风等多种因素相关，通过对工作面采煤机割煤速度、工作面矿压分布和工作面通风检测进行综合分析，找出与瓦斯浓度的相关因素，并进行工作面采煤机割煤时的智能控制，即将工作面瓦斯浓度传感器值传送到采煤机控制系统，当工作面瓦斯浓度超出限定阈值时，进行瓦斯超限预警，并对采煤机割煤速度加以限制。

2）工作面顶板管理、矿压分析与周期来压预测预报

将工作面压力数据通过大数据分析，找出周期来压时的显性特征，构建数学模型，进行周期来压的预测预报。

综采工作面设备环境耦合控制故障诊断对综采工作面空间场的危害气体浓度、空间场的安全度进行检测与故障报送。

5.8.5.7 综采工作面设备远程操作控制故障诊断技术

综采装备的远程操作，需要建立一整套安全操作流程，依据现场安全确认与授权→远程操作通信系统性能检测与确认→预警→动作控制。每一个环节都应设置有相关的反馈信息，当无法接收到流程中的反馈信息时进行远程操作故障报警。综采工作面设备远程操作控制故障诊断从通信检测、视频信息反馈、动作信息反馈和执行机构的运行状态等多个视角分析在远程遥控过程中的相关环节并进行故障报警。

5.8.6 综采工作面智能化技术发展趋势

伴随着煤炭行业过去黄金十年的发展，我国煤炭开采技术和装备取得了快速发展，总体技术与世界先进水平的差距进一步缩小，甚至，某些技术和装备已经领先于世界先进技术水平。但我国煤炭产业技术基础薄弱，中小煤矿众多，地质条件复杂，也造成了诸多问题。例如发展模式过于粗放，中低端装备严重过剩，加之近年来煤炭市场供过于求，整体处于过剩状态；煤炭价格大幅度下滑，煤炭企业仅能维持简单再生产，新技术、新装备投入处于停滞状态。大部分煤机装备制造企业效益呈现断崖式下滑，因此国家积极推行供给侧改革，鼓励企业积极创新新产品和新工艺，为煤矿转型升级提供保障和有效手段。

近年来，随着国家“十三五”规划纲要和相关政策相继颁布，2016 年 3 月份，国家第十三个五年规划纲要正式发布，其中“加快推进煤炭无人开采技术研发和应用”明确列入第三十章“建设现代能源体系”的能源发展重大工程中；2016 年 6 月 1 日，国家发改委能源局在《能源技术革命创新行动计划(2016－2030)》中明确提出，我国 2030 年实现智能化开采，重点矿区基本实现工作面无人开采；2016 年国家安监总局下发通知要求开展“机械化换人、自动化减人”科技强安专项行动。因此，“十三五”时期，煤炭智能化开采技术和装备必将迎来高速发展的历史机遇期。

综采工作面智能化技术发展趋势如下：

(1) 随着信息化技术、通信技术、人工智能技术的发展以及大数据、云计算等新技术的推广应用，煤矿信息化系统将全面升级，为综采工作面智能化技术发展提供良好技术基础。

(2) 智能化综采工作面技术装备和控制系统将具备地理信息、设备信息、生产流程、安全信息的全面的感知、自学习和决策功能，自动决策和运行最优化的生产流程，并和地面调度指挥中心、安全监测系统、煤炭储运系统等实行一体化管理。

(3) 无人化综采工作面单机设备的自动化、智能化功能更加完善，主要有液压支架的矿山压力、工作阻力、空间位置与姿态的自动化测控和顶板与煤帮智能决策控制、采煤机和刮板输送机等装备的远程智能化综合控制；工作面直线度自动导航与控制等。

(4) 综采工作面可视化监测监控技术(视频监测监控技术)将和综采工作面地理信息系统结合,实现平面画面、三维立体画面的地理坐标定位和高精度显示,进一步向视频控制发展。

(5) 综采工作面作为智能化矿井的主体将与矿井的地质勘测、通风和运输系统、安全监测监控、地面煤仓储运和生产指挥管理形成完整的人工智能监控和管理系统。

第六章　信息化矿山建设

随着计算机技术、互联网技术、数据库技术、自动化技术、数字视频技术和现代管理技术的发展，数字化、信息化矿山建设已成为煤矿企业实现高产、高效、绿色、安全开采的重要技术途径。数字化、信息化矿山是当今采矿科学、信息科学、人工智能、计算机技术和3S技术高度结合的产物，它已深刻改变传统的采矿生产活动方式，成为现代化煤矿企业的重要建设内容。

数字化、信息化是指以矿山系统为原型，以矿山科学技术、信息科学、人工智能和计算科学等为理论基础，以高新矿山传感、观测和网络技术为支撑，建立起以地理坐标为参考系的数字化矿山信息系统，可用多媒体和模拟仿真虚拟技术进行多维的表达，同时具有高分辨率、海量数据和多种数据的融合以及空间化、数字化、网络化、智能化和可视化的技术系统。

自从“数字地球”“数字中国”与“数字城市”等名词的提出后，信息化与网络化成为各行业数字化的重要基础手段，在行业应用中起到十分重要的作用。“数字矿山”等概念及相关理论与技术的研究纳入了煤炭行业信息化的主题。在我国，矿山信息化正在经历数字矿山的热潮，并逐步迈向智能矿山、智慧矿山阶段。与数字矿山相比，智慧矿山不能只停留在数据采集、数据处理和系统集成，更需要智能化地响应安全生产过程中的各种变化和需求，做到智能决策支持、安全生产和绿色开采。智慧矿山在数字矿山的基础上，采用云计算、物联网、虚拟现实、动态决策支持和专家系统等实现煤矿生产流程的智能化决策和管理。

近些年来，矿山数字化、信息化技术快速发展。国家在安全生产方面投入力度逐步增大，矿山信息化建设呈现了大幅度的增长趋势，信息化对煤炭工业的作用日益突出。信息化矿山中的地下空间信息直接影响到煤矿安全问题的管理、预测和防治工作，其间涉及的信息量十分巨大，包括三维地震资料、地质测量数据、通风安全数据、实时监控数据以及多媒体视频数据等。同时，信息化矿山建设能够提升煤炭行业的核心竞争力，有效降低煤炭行业的成本，提高煤炭行业的管理效能，促进并实现煤炭行业的安全生产。本章结合阳煤集团信息化矿山建设情况，研究阐述了信息化矿山建设的发展背景、基本内容、关键技术、系统构架与功能以及在煤矿的应用。

6.1　引言

煤矿数字化、信息化建设是煤矿现代化发展的趋势和方向。它是将煤矿的固有信息(即与空间位置直接有关的固定信息，如地面地形，井下地质、开采方案、已完成井下工程等)和动态信息(即空间位置间接有关的相对变动的信息，如安全监测监控系统、电力监控系统、胶带集控系统、人员定位监控系统等生产过程中的设备、环境、人员信息)通过空间分析、数据挖掘、虚拟现实、可视化、网络、多媒体和科学计算等先进的技术手段实现数字化、信息化、虚拟化、智能化、集成化。因此，可以说信息化煤矿是建立在由计算机网络管理的管控一体化系统，它综合考虑安全、生产、经营、管理、环境、资源和效益等各种因素，从而高效地整合煤矿各方面资源，极大地加快了安全管理响应速度，同时提高了煤矿安全生产调度水平，进而可以使得煤矿实现减员增效。让煤矿管理者可以全方位的掌握煤矿安全生产过程中的所有情况，针对生产过程中出现的问题做出科学、准确的判断，有利于管理者决策，最终使企业实现整体协调优化，在保障企业可持续发展的前提下，达到提高其整体效益、市场竞争力和适应能力的目的。

针对煤矿资源与开采环境以及生产过程控制的全过程，采用先进的数字信息技术，结合大型的智能化机械装备来代替传统的人工或机械操作，对煤矿安全生产和管理进行控制，实现资源与开采环境数字化、技术装备智能化、生产过程控制可视化、信息传输网络化、生产管理与决策科学化。数字矿山的最终目标就是实现煤矿的安全生产管理综合自动化。

近年来，我国煤炭行业日益重视和加快数字化矿井建设，大力推广自动化、信息化技术。在生产、安全等各环节，对主要设备实现了子系统自动化生产监测和控制，采用计算机网络技术，将所有子系统联网，实现全矿井生产和安全系统的综合控制、监测和监视，实现了数字化远程控制和岗位无人值守，使生产效率大大提高，安全状况彻底改善，获得了巨大的效果。阳煤集团的信息化矿山的建设满足了国家、煤炭行业、集团公司、矿井企业等多方面的发展需求，推动了矿区的科学化发展，具有重要的示范作用和现实意义。

6.1.1　国家科技进步发展的需要

《中华人民共和国国民经济和社会发展第十二个五年规划纲要》指出全面提高信息化水平，加快建设宽带、融合、安全、泛在的下一代国家信息基础设施，推动信息化和工业化深度融合，推进经济社会各领域信息化。

《国家中长期科技和技术发展规划纲要(2006—2020)》确定的指导方针、目标和部署，以及党的十七大提出的“两化融合(工业化和信息化)”的新战略、新思维，加快数字化矿山建设，实现煤炭工业的现代化管理是确保煤炭工业稳步和安全发展的必由之路，也是改变煤炭工业形象的唯一道路。

6.1.2　煤炭行业发展的需要

目前很多煤炭企业相继在数字化建设方面取得一些进展，大多数现代化矿井和大型集团公司都实现了计算机辅助地测制图、瓦斯监控、人员定位、工业电视等系统，有些矿井实现了综合自动化；有些公司实现了 ERP、设备管理、资产管理；有些开始实施地理信息系统建设。

6.1.3　集团公司的需要

阳煤集团《集团公司信息化建设发展规划(2013—2017)》提出阳煤集团信息化的战略目标为：以实现信息标准化、信息资源集中化、信息全局可视化、提升管理卓越、提升生产高效为目标、打造高绩效“数字阳煤”。进一步提升企业核心竞争力，支持与促进阳煤集团总体战略目标的实现

6.1.4　煤矿企业发展的需要

矿井通过数字矿井示范工程的建设，可以采用最先进的自动化、信息化、数字化技术构建煤矿安全、生产、管理集成平台，并分阶段将矿井建成一个标准“数字矿井”，从而可以极大地降低安全事故率，给企业在生产、经营中创造最大的经济效应。

6.1.4.1 信息化矿山建设的目的与作用

煤炭开采工程是与地质结构密切联系，不同地区的地质结构又具有不同的特点，因此具有大量的地质结构数据资料。但是，这些资料由于建立年限、数据来源以及整理格式的不同，造成查阅过程非常烦琐。此外，资料存放地点和部门的人员及科室变更造成庞大的地质数据资料分散于不同组织、不同管理人员手中。这种现象造成了地质结构数据的不完整性、不连续性以及不可继承性，大大影响了煤炭开采行业的发展。矿山信息化建设依托计算机技术，实现海量地质结构数据在统一空间中的合理、有效查询和调阅。同时，将地下开采设备、地上人员管理等三维空间中的管理和运行统一于二维、三维网络平台上，保证煤炭开采过程的安全有效进行。

信息化矿山建设的目的与作用主要体现在如下方面：

(1) 实现矿井灾害早期预警。目前，煤矿开采过程中所发生的矿建灾害的原因主要可分为主观原因和客观原因。主观原因是开采过程中工作人员未能按照操作规程、技术规范进行工作。同时由于监管人员与操作人员存在空间位置上的差异，无法及时对违规操作进行纠正，因而造成矿井灾害的发生。客观原因是煤炭矿井的整个空间结构是一个多介质的复杂岩石圈，在进行煤炭开采过程中，煤矿内的地质结构、矿内压力以及矿井周围岩石圈运动状态将发生改变，若不能及时准确地对可能发生的危险采取相应的应对措施，将造成重大的开采事故。

信息化矿山的建立使得操作人员和监管人员处于同一网络平台，实现了信息的及时传递。通过所建立的数字网络平台，监管人员能够及时排除开采过程中的安全隐患。数字化矿山信息系统可以利用已有的地质数据和开采过程中所获得的监测数据，基于三维数字化技术研究灾害变化机理，通过科学的数据分析获得灾变过程的本构关系，进而基于所得到的分析数据建立起完善的灾害预警和救治措施，形成诊断——分析——设计——治理完整的矿山开采监测程序，为灾害的预防提供可靠的分析数据。

(2) 提升煤矿生产和管理能力。现代煤矿是一个庞大的地理区域，不同区域具有不同的地质结构，因此具有不同程度的灾害发生的可能性。因而需要将不同的地质结构数据进行分段分区域管理，而随着开采过程的进行，所积累的地质机构数据和监测数据逐渐增多成为一个巨大的数据库。该数据库若用人工查阅和分类将大大降低煤矿生产效率，增加人员工作量。煤炭企业管理的核心是实现开采过程的安全生产，尽量减少井下作业人员数量，通过自动控制系统控制设备自动开采将使人员风险大大降低，变被动管理为主动管理，提高煤炭行业管理能力。

要实现煤矿生产能力和管理能力的提升，可以通过数字化矿山技术建立标准化、数字化、集成化、网络化的数据查询系统，实现海量地质结构数据的简便检索。同时，将信息技术与自动控制技术相结合实现进行开采设备的远程控制和监测，将危险源的辨识和自动控制有机结合在一起，产生联动效应，保证整个作业过程安全高效运行。数字矿山技术将大大提高工作人员的工作效率，减少工作量，降低工作强度。

(3) 有利于煤矿探测和开采过程。煤炭矿山具有隐伏性，其造成矿体探测过程中空间结构分布、周围岩层运动规律无法有效获取，加大了矿井探测的风险。同时，不同区域矿山的地质体成因、规模、结构具有较大差异，为采矿设计带来了较大的实施困难。数字矿山技术可以通过计算机对大量的地质资料和勘测数据，利用成熟的预测算法对矿山探测及开采危险性进行合理的分析，并通过三维成像技术将获得的分析数据以直观的形象展示在勘探和设计人员面前。通过对所生成的三维矿井结构图进行分析，可以对矿床地质特征进行定量分析，加深对矿体周围岩石运动规律的认识，从而可以通过合理的开采设计规避可能发生的矿井灾害，提高整个探测和开采过程的分析和设计能力。

6.1.4.2　阳煤集团信息化建设历史与现状

阳煤集团信息化建设起步较早，1984 年 5 月就成立了阳泉矿务局计算机应用办公室（科级），隶属于当年的科技处。

1990 年 10 月成立了阳泉矿务局信息中心（处级单位），下设信息管理科、软件开发科。信息系统建设主要是自主开发了财务管理系统、供应管理系统、销售管理系统、调度管理系统等应用系统的开发和项目推广应用。同时搭建了阳煤集团局域网络（100 Mb/s），覆盖集团公司本部。1994 年信息管理科、软件开发科，成建制的划归当年的计划处管理。之后信息管理科、软件开发科合并为信息管理科。

2003 年阳煤集团成立了以集团公司总经理为组长，副总经理为常务组长的阳煤集团信息化工作领导组，负责审定集团公司信息化建设发展规划，组织领导集团公司信息化重大工程项目，协调解决企业信息化过程中出现的问题。2004 年信息管理部（科级），成建制的划归新闻信息中心管理。阳煤集团信息化建设以应用软件开发和监测监控系统的开发为主。先后开发了科技档案管理、医疗统筹管理、医院管理等应用软件系统，同时对煤炭销售管理、财务成本管理、物资供应系统、人事档案管理等原有的应用系统软件进行了改造和升级。相继开发或重新开发了通风瓦斯监测监控系统、安全生产系统、井下作业管理系统、皮带集控系统等监测监控系统并推广使用，全面提升了阳煤集团的安全生产和经营管理水平。同时阳煤集团进行了网络的升级和扩容，从集团公司信息中心到各矿（厂）单位采用了三层交换机的部署，形成了千兆带宽到主干，百兆带宽到桌面，覆盖 200 km 范围的集团公司所属各个矿、公司 50 余个二级单位，上网终端数量超过了 5 000 台，极大提高了阳煤集团信息化通信能力和信息管理水平。

2012 年阳煤集团再次成立了信息中心（处级）。信息中心的成立促进了集团公司信息化建设的发展，信息化建设以大数据、数字矿山建设为主。一矿、二矿、新景等矿先后建设了煤矿企业综合自动化平台，全面提升了煤矿安全生产和经营管理水平。

阳煤集团建立了集团私有云平台，为智能化矿山各个子业务模块提供公共的 IaaS 平台服务。通过集团公司企业 ERP 项目建设，重新规划和整合集团资源，把成熟的管理理念和置理模式固化在业务流程中，形成跨区域、跨行业的大集团管控思路，推进了企业的转型发展。

6.2　信息化矿山的基本建设内容

信息化技术是数字化矿山建设的基础和主要内容。信息化矿山是通过先进的检测传感器技术及高效的数据处理技术，建立涵盖矿井矿压、瓦斯、通风、人员、机电设备和生产场所等方面的自动化监测、监控与预警系统，是提高煤矿安全性的重要保障。通过信息化矿山建立，将煤矿生产过程自动化与企业管理信息化有机融合，为生产计划管控、生产效能控制和生产成本控制等方面提供决策支持，降低单产成本、能耗与事故率，实现精细化运营。

信息化矿山的基本建设内容包括：感知、网络、存储、分析与应用，包含传感器、数据传输网络结构、大数据、云存储、云计算，以及专项分析模型，等等。

矿山企业的信息化建设并不是软件、硬件的简单罗列和叠加。为了实现协助管理、辅助生产的模板，信息化矿山的建设硬件必须服从于软件，软件必须服从于管理。

6.2.1 信息化矿山建设整体框架

在矿山信息化建设过程中，系统可划分为三层体系，如图 6-2-1 所示。

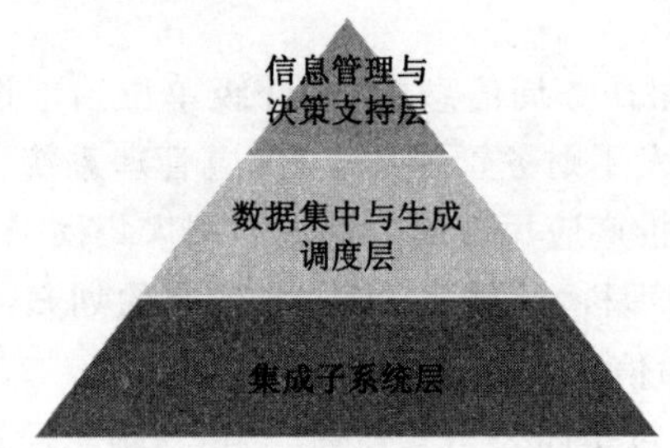

图 6-2-1 信息化矿山建设整体框架图

最底层（感知）通过对煤矿井下各层面子系统的整合，采集各子系统的海量实时数据；中间层（管理）将数据集中管理，经过分析、统计后形成综合的安全生产调度管理，全面覆盖煤矿的安全生产；最上层（分析决策）为煤矿企业领导层提供全面的安全生产评估和决策依据，实现煤矿企业的安全、高效、绿色、可持续开采。

在信息化矿山的建设过程中，为保障其先进、实用、可扩展等多方面的要求，需要遵循以下基本原则：

6.2.1.1 先进性、成熟性

使用先进、成熟、实用和具有良好发展前景的技术，既能满足当前的需求，又能适应未来的发展实用性，选用的设备应是经过实践检验的成熟产品。

6.2.1.2 可靠性

数字矿山系统的可靠性是系统具有实用性的前提，确保能高效、稳定适应煤矿特殊环境并连续工作。

6.2.1.3 安全性

数字矿山系统是基于网络体系的，其安全性是系统建设的核心技术，而用户对网络安全的要求又相当高，因此安全性原则非常重要。

6.2.1.4 实时准确性

数字矿山系统的基本功能就是将被监控对象发生的事件在有限的时间内准确及时地反映上来，并根据系统控制程序实施合理控制。因此实时准确的原则贯穿在系统设计的各个方面，设备和终端必须反应快速，充分配合实时性的需求。

6.2.1.5 经济性

既要保证系统设计的先进性，又要保证系统设计的经济性。在一定的资金资源下，提供最合理的方案，所有设备的选型配置和采购订货，坚持性价比最优的原则，同时兼顾供货商的资信度和维修服务能力。

6.2.1.6 开放性

数字矿山规划和建设要在符合当前通用标准的前提下，兼容多种数据源。对不同类型

的自动化系统、不同要求的生产和经营管理系统，要能够提供各种层次的尽可能多的符合国际标准的不同类型接口，以实现硬件和配套软件之间、各系统之间接口、传输协议相同或互相兼容，充分保证所有子系统最大限度的信息共享。

6.2.1.7　易维护性原则

系统日常维护和运行管理，对业务正常运行起着保障作用。因此需要选择或定制统一监控管理软件，实现运行数据的实时收集、归纳、分析以及运行状态的实时监控、业务属性管理、系统配置管理等功能，对生产管理业务运行状态进行监控、统计分析，为系统提供统一管理和系统优化的参考数据和决策依据。

根据数字矿山定义、目标和关键特征，数字矿山架构由综合分析决策平台、多维度数据展示平台、控制中心、应用中心、数据中心、基础传输网络和基础应用支撑等主要环节组成，各环节之间相互关联。其整体架构如图 6-2-2 所示。

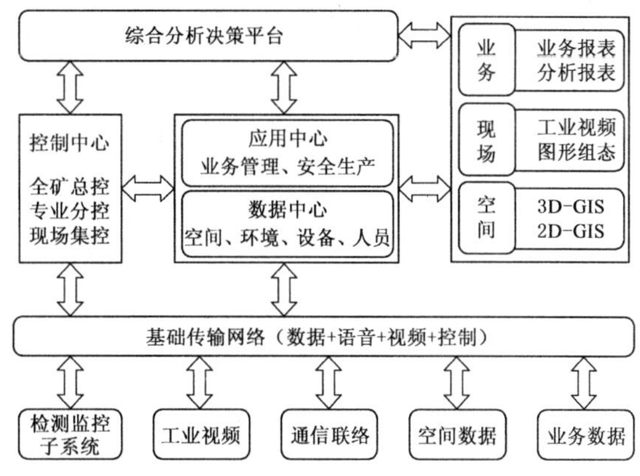

图 6-2-2　数字化矿山整体架构

6.2.2　矿井信息感知体系

矿井信息感知体系是利用各种技术手段实现矿山各个检测点的数据采集，是矿山决策者进行生产管理的依赖基础。感知体系包括安全生产、人员定位、机电装备、综合自动化等矿山生产相关的各类数据，系统一般由中心站（监控主机及外围设备）、监测监控软件、传输接口（或调制解调器）、避雷器（信号、动力电、网络等类型）、井下各种型号分站、井下供电动力电源和本安电源、各种类型模拟量传感器和开关量传感器、执行机构（声光报警、显示传输、断电控制设备）、稳压电源、UPS 电源、显示设备（模拟盘、投影仪、液晶屏、大屏幕、多屏幕等）、网络设备、相关专用电缆等组成。矿井信息感知体系基本组成结构如图 6-2-3。

数据采集通过高精度、高稳定性的甲烷传感器、压力传感器、风速传感器、温度传感器等模拟量传感器，开停传感器、烟雾传感器、风门开关传感器等开关量传感器，RFID 等人员定位传感器，自动化设备相关传感器等，将有关测点的信息进行采集，并将这些信号传输（传输方式因系统型号而异）到地面。在地面数据中心、管理平台等对感知数据进行存储、分析、应用。

下面分别对安全生产监测、人员定位监测、综合自动化监测、视频监控数据的获取进行简要介绍。

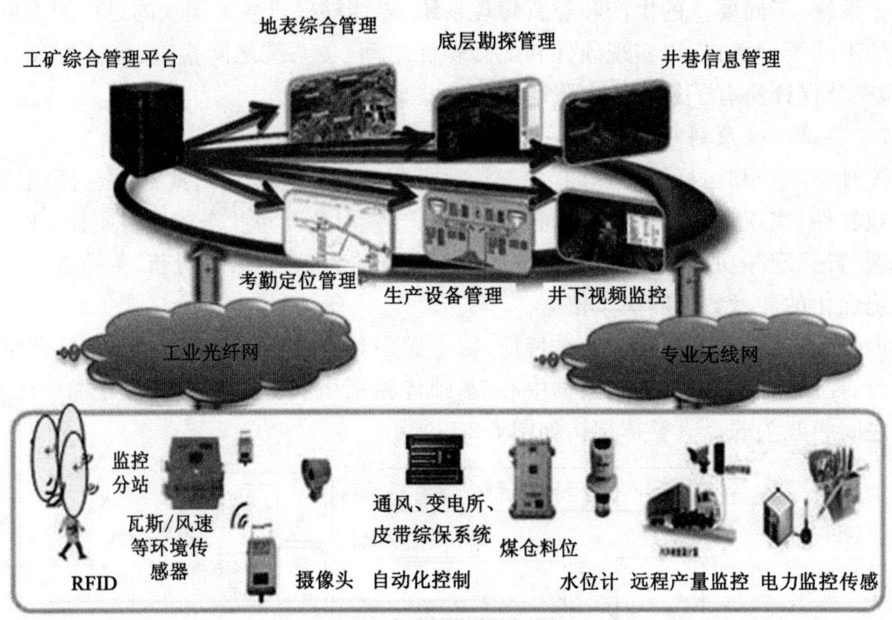

图 6-2-3　矿井信息感知体系基本组成结构图

6.2.2.1　安全生产监测

安全生产监测主要指监测煤矿井下各种有毒、有害气体及工作面的作业条件，如高浓度甲烷气体、低浓度甲烷气体、一氧化碳、氧气浓度、风速、负压、温度、岩煤温度、顶板压力、烟雾等。例如，顶板压力监测是指对巷道顶板监测与回采工作面监测。其中，巷道顶板监测包括：① 在巷道内主要通过离层位移传感器监测顶板离层位置、离层速度变化；② 采用锚杆载荷应力传感器通过对巷道顶板、两帮锚固力以及锚固力监测。回采工作面监测包括：① 监测工作面支架的工作阻力；② 监测工作面内支架的工作阻力变化规律，支架的初撑力、末阻力等。

6.2.2.2　人员定位监测

《煤矿井下安全避险“六大系统”建设完善基本规范(试行)》要求煤矿企业必须按照《煤矿井下作业人员管理系统使用与管理规范》(AQ1048－2007)的要求，建设完善井下人员定位系统。应优先选择技术先进、性能稳定、定位精度高的产品，并做好系统维护和升级改造工作，保障系统安全可靠运行。

安装井下人员定位系统时，应按规定设置井下分站和基站，确保准确掌握井下人员动态分布情况和采掘工作面人员数量。定位分站、基站等相关设备应符合相应的标准。所有入井人员必须携带识别卡(或具备定位功能的无线通信设备)。矿井各个人员出入井口、重点区域出入口、限制区域等地点均应设置分站，并能满足监测携卡人员出入井、出入重点区域、出入限制区域的要求；巷道分支处应设置分站，并能满足监测携卡人员出入方向的要求。煤矿紧急避险设施入口和出口应分别设置人员定位系统分站，对出、入紧急避险设施的人员进行实时监测。矿井调度室应设人员定位系统地面中心站，配备显示设备，执行 24 小时值班制度。

6.2.2.3　综合自动化监测

综合自动化监测是对综合自动化系统(供电、皮带系统、水泵系统)等数据的全面监测,以实现对全矿安全生产工况的实时监控与掌握。根据建设的需要,具体接入监测的子系统如下:① 综采工作面监测系统;② 原煤皮带运输集中控制系统;③ 矿井供电监测系统;④ 辅助运输自动化监控系统;⑤ 主通风机监控系统;⑥ 空气压缩机监控系统;⑦ 井下排水监控系统;⑧ 井下水处理监控系统;⑨ 生活污水处理监控系统;⑩ 日用消防泵站监控系统;⑪ 供热与余热利用监控系统。

6.2.2.4　工业视频监控

工业视频监控是调度指挥中心的重要组成部分。工业视频监控系统要求采用可靠的监控系统技术,功能齐全,地面、井下都通过光纤传输,在地面及井下重要部位安装摄像机,摄取各个监视点的情况,实时地传输、显示在调度室监视器上,并能够将工业视频监控图像传输到企业信息网上,使调度员和生产指挥人员更直观、准确地掌握各主要生产环节的实际情况,对所发生事件的全过程进行录像备份,对重要数据进行记录,为处理事故提供真实依据。更有效地指挥生产,处理和解决生产中出现的各种问题和事故。

由于高清视频信号对网络带宽占用较多,在接入方式多采用如下:① 地面摄像机接入工业以太网络地面环;② 井下摄像机接入工业以太网井下环;③ 在调度中心建立总的监控中心,用于存储显示,包括地面、井下生产系统的视频信号。

6.2.3　信息化矿山的基础网络建设

6.2.3.1　基础网络设施

依据应用对象的不同,可以将基础网络设施划分为管理网络、工业网络两大部分。一般网络拓扑如图 6-2-4 所示。

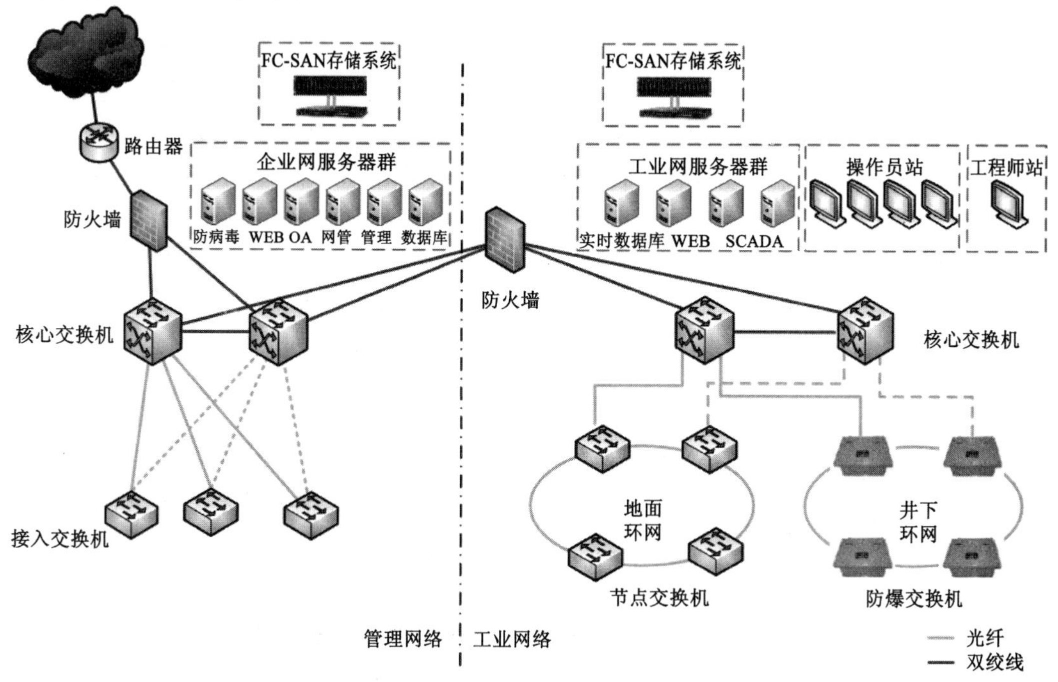

图 6-2-4　基础网络设施网络拓扑图

6.2.3.2 管理网络

管理网络系统是企业信息管理系统运行的硬件平台，通过管理网络系统传输数据、语音、视频信息，可实现企业办公自动化、统一上网等业务，实现与集团联网，与工业以太环网联网等。

针对企业数据、视频、音频数据的复杂性，业务量的繁重性和业务种类的多样性，为满足多种应用需求的高质量信息网络，系统骨干传输部分采用千兆光纤(1 000 Mb/s)互联，接入层使用百兆(100 Mb/s)带宽到桌面。

管理网络系统由核心交换机、接入交换机、路由器等组成。可以分为两层，核心交换机是矿井办公局域网中的一级交换机，它连接局域网络的二级接入交换机。核心交换机通过防火墙与集团公司网络和外网网络进行安全隔离，实现网络的安全控制。同时为确保工业控制层数据的安全、稳定，在管理网与工业控制网之间使用防火墙进行有效的隔离。

一般管理网络多采用星型结构，管理网络布线以主机房(调度中心楼内)为核心，以生活福利楼、综采设备中转库、器材库、材料库、地磅房、机修车间、选煤厂集控楼为接入点，实施统一的网络布线。

6.2.3.3 工业以太网络

工业以太网技术以 IEEE802.3 技术为基础，首先解决了数据传输的实时性、可靠性，其次解决了以太网不能组成快速冗余环形网络且不能快速收敛的问题，再次解决了商用以太网技术在恶劣的电磁、高温、高湿、爆炸等环境中长期使用丢包的难题。

工业以太网技术是以 IEEE802.3 标准全双工、线速转发的以太网技术为基础，其传输带宽由 100 Mb/s、1 Gb/s 到 10 Gb/s，在任何状态下全线速转发不丢包。

同时，工业以太网技术还承继了以太网技术的 VLAN 技术、优先级技术、组播技术、广播风暴抑制技术等特点，在硬件技术上实现了设备的本质安全，低耗节能。

现阶段，工业以太网技术发展比较成熟，广泛应用于煤矿、铁路、电力等行业。在煤矿行业，工业以太网技术可实现将整个矿井的主要生产单位地点构建到一个网络平台上，同时在环网网络的关键地点设置交换机，将附近的 PLC 等自动化设备接入到交换机上。通过多台交换机在地面和井下形成环网，将地面和井下的各类信号统一传输到调度指挥中心。

矿井工业以太网络系统采用千兆工业以太网环网，按生产关系和地理位置构成逻辑环形网络结构，地面接入交换机组成地面环形网络，井上各子系统接入地面网络；井下的交换机组成井下环形网络，井下子系统接入井下网络；二个环网通过核心交换机进行汇聚，实现环间数据通信，构成煤矿完整的综合自动化网络平台。工业以太网的优点：

(1) 应用领域。工业以太网交换机是基于成熟的以太网技术，专门针对工业自动化领域而设计和制造的，技术成熟，应用广泛，涉及工业自动化的各个领域。从长期的现场使用效果来看，是目前最适合工业领域的网络通信产品。

(2) 网络拓扑。以太网交换机组网方式多样，分为总线型、星型、环型、双总线型、双星型、双环型拓扑等，尤其在工业环境中经常使用到的环形和双环形网络拓扑，可以实现链路的冗余，保证多故障点的情况下通信不受影响。

(3) 光纤传输距离。目前工业以太网交换机光纤的传输距离可以达到 100 km 以上。

(4) 节点间通信。工业以太网交换机组成的网络中，每个节点都是对等的，当网络出现故障后，故障节点可以立即与两个相邻的节点进行实时通信，进行煤矿网络的系统隔离，并在几个毫秒内完成跳闸等命令的操作。

(5) 数据传输模式。工业以太网交换机可以根据报文类型进行带宽分配，可以有效地提升网络带宽的利用率，并对各种类型的报文进行抑制，如广播报文、单播报文、组播报文、未知源的报文等。

(6) 传输带宽。工业以太网已经推出了成熟的光纤传输带宽为 10 Gb/s 的工业以太网交换机，足以满足工业领域中数据量很大的核心层应用。

(7) 环境要求。工业以太网设备现已通过防爆兼本安型认证，可满足煤矿井下环境使用需求。

总之，煤矿工业以太网技术已经发展成熟，并通过煤安认证，适合在矿井上下不同环境需求下进行组网设计，并实现冗余功能，是现阶段煤矿工业控制网络的广泛采用的组网方式。

6.2.4.4　数据中心

数据中心是集中煤矿业务数据，建立综合信息服务平台的基础。通过制定相关的数据规范和信息交换规则，可以实现各个业务子系统的共享，保证各子系统的数据自动、快速地实现业务信息的上传下达，减少信息的中间处理环节，提高信息的真实可靠性和及时性，保证信息资源在一定范围内实现最大程度的共享，为数据中心业务开展提供增值服务。

数据中心是矿山信息化的大脑，包括网络核心、服务器群组及负载均衡、存储及备份、机房设施及环境，可以划分为自动化监控和管理两部分，分别接入工业以太网和管理网络。阳煤集团数据中心网络拓扑如图 6-2-5 所示。

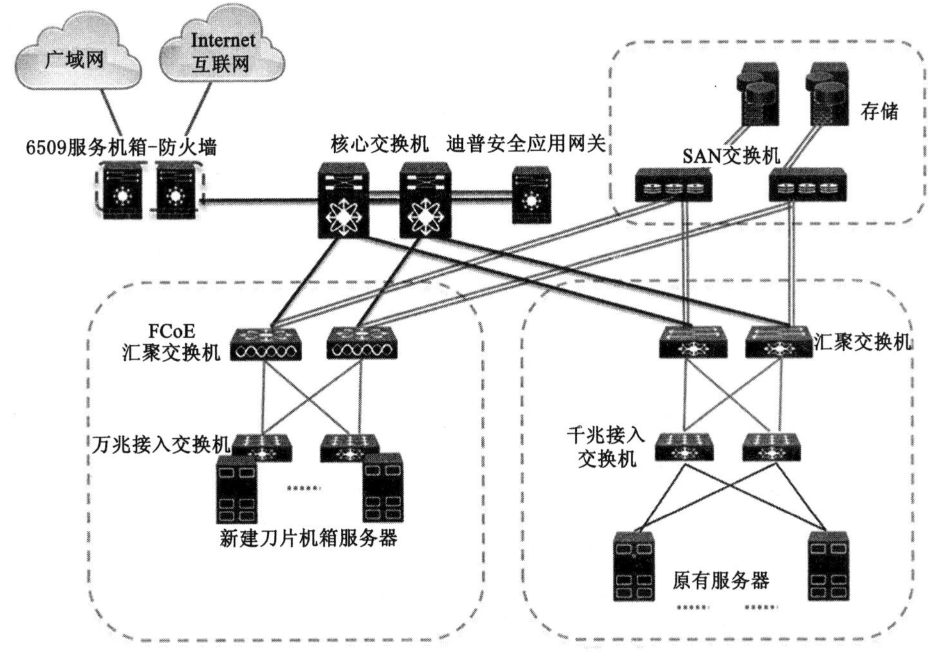

图 6-2-5　阳煤集团数据中心网络拓扑图

在煤矿数字矿山建设中，常规配置了数据库服务器、监控服务器、视频服务器、应用服务器、文件服务器、WEB 服务器等，这些服务器相互独立运行，分别承载不同的应用，无法充分利用资源、浪费能源。

目前煤矿企业采用服务器虚拟技术改善上述状况，其优点如下：

(1) 整合服务器。通过将物理服务器变成虚拟服务器减少物理服务器的数量，可以在电力和冷却成本上获得节省。此外，还可以减少 UPS 和网络设备费用，所占用的空间，等等。

(2) 提高管理效率。服务器虚拟化可以帮助管理员更灵活、更高效地实现 IT 管理工作。

(3) 迁移虚拟机。服务器虚拟化的一大功能是支持将运行中的虚拟机从一个主机迁移到另一个主机上，而且这个过程中不会出现宕机事件。

(4) 减少宕机。虚拟化服务器可实现比物理服务器更长的运行时间。

阳煤集团云计算虚拟数据中心采用 IaaS 交付模式建立了属于自己的绿色私有云，使所有信息资源，如服务器、网络、存储等，能够动态地从硬件基础架构上产生，分配给应用使用。将所有 IT 系统整合到一个单一的云基础设施上，提高了工作效率，降低了使用成本。集团公司云计算虚拟数据中心现阶段有三个刀箱，总计 22 台实体服务器。每个实体服务器配置是 256 G 内存，8 个 4 核 CPU。每个实体服务器有 256 G 本地存储，虚拟化存储(V 7 000)，分为三种：① SAS(statistical Analysis System)，点到点的技术减少了地址冲突以及菊花联连结的减速，为每个设备提供了专用的信号通路来保证最大的带宽，全双工方式下的数据操作保证最有效的数据吞吐量，也是外接存储主流应用，目前有 16 TB；② SATA (Serial Advanced Technology Attachmemt)，支持热插拔，传输速度快，执行效率高，目前有 27 TB。SSD(Solid State Drives)，俗称固态硬盘，目前有 1.8 TB。已有八十多个业务系统成功迁移至云计算虚拟数据中心上，并运行良好稳定。云计算虚拟数据中心的投入运行，充分发挥了其节能、高效、灵活、统一的特点，为集团公司跨越式发展提供强有力地信息化支撑。

6.3 信息化矿山技术

信息化矿山技术主要包括传感技术、信号传输技术、数据存储技术、三维虚拟仿真技术、GIS 技术等，是利用最新计算机技术、网络技术、信息技术、控制技术、智能技术等，构建矿井上、下各生产环节统一的平台上，实现异构条件下数据的联通与共享，将不同功能的应用系统联系起来，协调有序运行，发挥其在生产管理中的作用，是信息化建设的重要目的。

6.3.1 数据仓库技术

数据中心系统信息主机、存储及网络等设备集成项目是集资料的收集与处理、数据的存储管理及资料检索应用等多环节的综合应用系统。它不仅要对种类繁多、格式复杂、数据量庞大的各种数据中心系统数据资料进行有效的管理，而且要高效的支持各类业务及用户的数据访问。这些访问既有实时性很强的日常预报业务，也有时效性要求不高的准实时业务和科研工作；既有本地用户也有远程用户；既服务于数据中心系统煤矿内部，也要实现对外数据共享。因此功能上不仅要考虑系统本身所涉及的各个环节，还要考虑满足各类不同应用的需求。主机、存储及网络等设备集成项目要有收集和管理现有各类数据中心系统数据和未来新增各类数据的能力。

6.3.1.1　技术框架

煤矿数字化系统的技术具有业务变化的适应性、高度的安全性、大容量数据存储处理等特点，因而，在系统数据中心的技术框架中采用了三层 C/AS/DS 结构，同时引入数据仓库技术。

系统采用三层 C/AS/DS 结构，形成了数据管理层、业务管理层、业务表现层三个层次，使得在客户机访问下降低了数据库服务器的负担并提高了性能；同时由于在业务管理层实现了业务功能，使得对业务的变化只需调整业务管理层的相关构件，大大提高了系统的可管理性；在系统的安全性方面，三层 C/AS/DS 结构也较二层 C/S 结构有重大的提高，使得对权限的管理上升到业务功能级的控制而不是数据级的控制。

采用数据仓库技术，可对煤矿数字化系统数据库中的大量数据进行有效的联机分析处理(OLAP)，提高数据的利用率，并形成许多有用的分析结果。

6.3.1.2　系统拓扑逻辑结构

系统拓扑逻辑结构如图 6-3-1 所示。

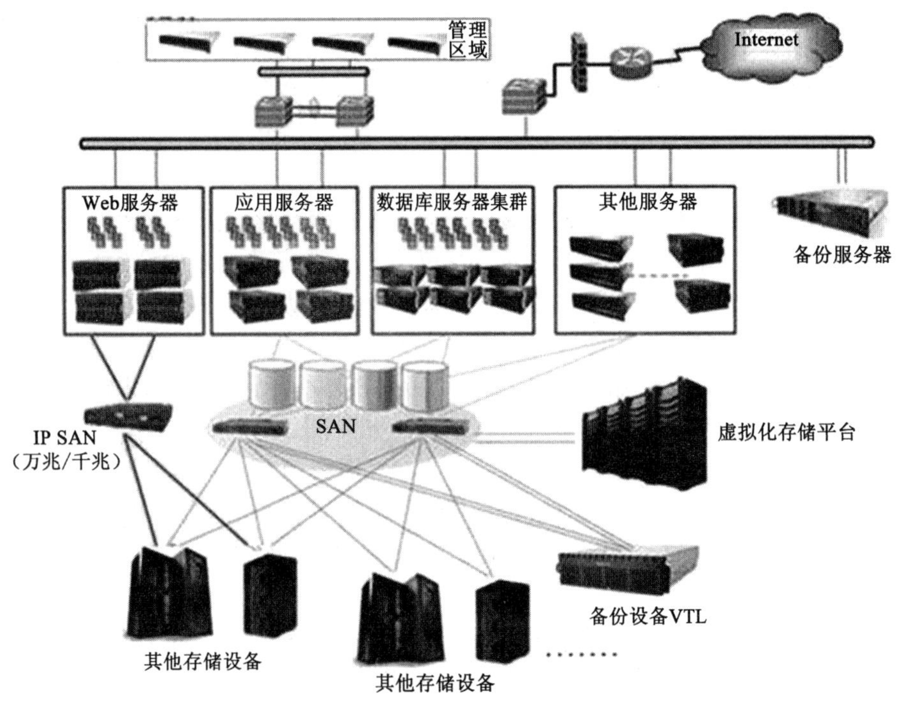

图 6-3-1　系统拓扑逻辑结构图

6.3.1.3　存储解决方案

当今的存储要求包括支持各种操作系统、平台、连接和存储架构的能力；通用的数据访问；无缝的可扩展性；集中的管理，以提高性能和正常运行时间。

SAN 存储技术在最基本的层次上定义为互连存储设备和服务器的专用光纤通道网络。它为这些设备之间提供端到端的通信，并允许多台服务器独立地访问同一个存储设备。

光纤通道是一个连接异构系统和外设的可扩展数据通道，支持几乎不限量的设备互相连接，并允许基于不同协议的传输操作同时进行。光纤通道支持的最大速度可以达到当前协议的五倍，系统与外设之间的距离最大达到 10 km，而 SCSI 只支持 25 m。

与局域网(LAN)非常类似，SAN 提高了计算机存储资源的可扩展性和可靠性，使实施的成本更低、管理更轻松。与存储子系统直接连接服务器不同，专用存储网络介于服务器与存储子系统之间。

SAN 被视为迈向完全开放、联合的计算环境进程的第一步。SAN 的优点主要有以下几个方面：

(1) 虚拟化。虚拟化通过创建一个或多个磁盘或存储系统池，并根据需要从存储池中分配给主机，使容量管理的复杂性降至最低。SAN 为每一个层面上提供虚拟化功能：设备、网络和软件等。

(2) 可扩展性。SAN 改变了服务器与存储设备的单一连接方式，可以无缝添加更多的存储设备和服务器(所有这些工作都通过管理软件实现)。

(3) 高可用性。SAN 消除了单点故障，可以在不停机的情况下扩展存储设备和服务器，从而确保高可用性。在 SAN 环境中，原有的应用服务器和故障冗余服务器之间一对一的关系转变为多对一的关系，即多台应用服务器可共享一台故障冗余服务器，减少了所需设备，大大节省了成本。

(4) 高效率。SAN 通过整合和提高磁带或磁盘设备的利用率(多达 80%)，显著提高存储投资回报率。存储资源在主机之间集中管理和共享，从而实现企业内的投资共享。

(5) 开放的连接。SAN 可以将多操作系统和多厂商存储设备作为统一的存储池进行管理，客户可以继续使用其原有设备，避免更换现有的所有存储设备。

(6) 节约成本。使用 SAN，可以通过共享磁带驱动器降低企业的设备投入；同样对于需要从多台服务器上高速访问大量数据的企业，SAN 也帮助其节约成本。

(7) 可管理性。通过管理软件可以轻松地将 SAN 存储容量分配给服务器，用一个管理控制台管理所有存储容量的使用和 SAN 基础平台，并优化光纤通道网络性能。

6.3.1.4 备份解决方案

备份是保护数据可用性的最后一道防线。出色的备份策略将在其他系统要素失效时维持正常系统运作。目前灾难恢复仍是备份操作的主要目的。虽然基于磁盘的数据镜像和拷贝功能具有性能优势，但由于应用与用户操作错误经常造成数据损坏，多数 IT 机构仍旧倾向于使用基于磁带的备份。现在各大公司都推出零停机时间备份解决方案。

零停机备份与恢复解决方案。通过采用全面的数据镜像-分割备份，该操作允许将生产环境与备份和恢复环境分开，从而为关键的业务应用提供了停机时间为零且不影响操作的数据保护。

零停机时间备份与恢复解决方案为关键业务应用和数据库提供了安全的自动实时备份，在备份进行过程中，应用将保持不间断运行，而且性能丝毫不受影响。

6.3.2 矿井通信关键技术

6.3.2.1 高速工业以太环网

数字化矿井的建设以信息为基础，信息的稳定与可靠是数字化矿井工程成败的关键。例如阳煤集团新景矿现有的信息传输网络已不能足工程需求，因此，并须对现有的网络进行升级改造。新景矿工业以太环网改造的原则遵循数字化、高速化、智能化、标准化、安全可靠、易扩充升级的原则进行设计，同时充分考虑集团信息化总体规划和目前的网络现状。

阳煤集团新景矿高速工业网络系统采用环间耦合冗余两级网络结构，在地面、井下各建立一个环网平台(不包括瓦斯监控网络)。地面、井下环网分别由各自的环网交换机与调度控制中心核心交换机连接，形成一个冗余工业千兆主干环形网、百兆接入的技术方案。两台工业核心交换机组成 Hiper-Ring 环网，两个现场环网基于双机 Coupling 冗余耦合技术接入两台工业核心交换机，组成全网一致的整体冗余网络(任一单断点自愈时间快于 50 ms)。作为全矿工业以太网的主干网，主干网络节点提供多种形式的接口方式，方便地面与井下各个子系统的接入，同时方便井上下的工业网络的扩展与升级。

6.3.2.2　*矿用井下 3G 无线通信网*

目前在煤矿井下无线通信广泛使用的是矿用小灵通无线通信系统。矿用小灵通是将公网成熟的小灵通技术经防爆处理后引入到煤矿井下，解决煤矿井下无线通信问题。随着国家发展 3G 移动通信的需要，小灵通所占用的无线频段已让位给 TD-SCDMA 移动通信，按国家相关部门规定 2011 年底前要完成小灵通的清频退网工作。目前小灵通核心技术制造商 UT 斯达康和中兴通信已停止生产小灵通相关设备，矿用小灵通设备供货存在很大问题；并且到 2011 年后小灵通无线频段的收回，使用小灵通也存在非法使用无线频段的政策层面问题。

继小灵通后有少许煤矿用户尝试使用 WiFi 无线设备。由于 WiFi 技术来自无线以太网，无线以太网设计目的是用于数据业务。数据业务的特点是要求高带宽，但对实时性要求不高。另 WiFi 采用的是无线机制，设计上不考虑移动的问题，即 WiFi 终端登入某个基站后只要与该基站连接中断才开始重新搜索新的基站并重新登入。因此 WiFi 终端无法保证语音通信的实时性要求，存在语音通话断断续续的问题。此外，WiFi 使用的是 2.4 GHz 的无线电业余频段，无线电业余频段存在同频干扰大(煤矿井下使用的 RFID 人员定位卡绝大部分使用该频段)；无线发射功率小(国家需要无线电管理委员会规定该频段无线发射功率小于 20 mW)，煤矿井下每隔 200 m 左右需要安装一套 WiFi 基站，给施工及维护带来极大困难。因此目前煤矿 WiFi 使用情况很不理想。

煤矿 3G 无线移动通信设备是将目前公网成熟使用的最先进移动通信技术引入到煤矿井下。3G 移动通信技术不仅解决移动语音业务，同时实现了视频电话、短信、彩信等业务功能；同时 3G 具有 2.8 Mb 的移动上网速率，可支持包括移动视频监控在内的移动数据业务。煤矿井下建设 3G 移动网络，为下一步开发煤矿井下移动物联网提供了有效的保证。

阳煤集团新景矿井下 3G 无线通信网的建设实现了以下功能：

(1) 语音通信：通过 3G 手机，实现煤矿内部及外部通信。

(2) 工业视频：手持视频设备、车载视频设备。视频设备通过 IP 方式与视频适器连接。

(3) 人员定位：通过 3G 手机实现人员定位。

(4) 车辆定位：通过 3G 网络适配器实现车辆定位。

(5) 安全广播 ：通过 3G 网络适配器与喇叭相连。

(6) 设备点检：通过 3G 手机中安装点检软件，实现点检数据现场录入，保障点检数据实时显示。

(7) 工业监控：井下数字传感器与矿用无线数据适配器之间为 RS485 /232 串口连接方式。

6.3.2.3 应急广播通信系统

该系统为全数字广播系统，可以做到全矿井的覆盖，用于矿山井下人行道、停车场、休息室、工作面等场所。它是日常安全生产指挥的有效工具，也是文件通知与安全知识教育的广播，可以播放背景音乐，并在需要时做双向通信用。

系统主要由地面广播主机、话筒、音箱、井下无线音箱等组成。

依据井下巷道和采掘工作面分布情况，阳煤集团新景矿的井下广播划分为4个分区，分别为：

(1) 1区：副斜井，全长1 486 m，全程声音覆盖，200 m一台音箱，共计7台。

(2) 2区：井底车场、主排水泵房、主变电所、爆炸材料发放硐室、柴油机加油点、检修硐室、医疗室、消防材料库，全程声音覆盖，200 m一台音箱，共计8台。

(3) 3区：2号煤辅助运输大巷，全长1 648 m，全程声音覆盖，200 m一台音箱，共计8台。

(4) 4区：11采区，全长1 775 m，全程声音覆盖，200 m一台音箱，共计9台。

该系统主要实现了以下功能：

(1) 实现分区播放，同一时间对不同区域可播放不同内容。

(2) 实现全天候无人值守。

(3) 可实现24小时连续工作，随时进行应急广播。

(4) 定时自动播放。

(5) 领导网上直播讲话。

(6) 语音实时采播或直播。

(7) 背景音乐播放。

(8) 定时广播管理。

(9) 权限设置。

(10) 任意分区分组、自动广播。

(11) 调度室选择某一区域进行临时紧急广播。

6.3.3 地理信息系统(GIS)技术

地理信息系统(geographic information system，GIS)，也有一些文献资料把GIS命名为“资源与环境信息系统”或“地学信息系统”。它是利用计算机模拟技术对空间信息系统的数学表述，内容囊括了包括地球大气层在内的所有表层地理数据。GIS系统所研究的数据对象由各种地理实体数据、空间关系数据以及地理现象数据所组成。通俗地讲，地理信息的空间数据被GIS系统所采集，然后经过一系列的预处理(包括编辑、储存、分析和表达)，从而最终通过预处理过程获得所需要的空间地理信息。

GIS是一种基于计算机的工具，它可以对空间信息进行分析和处理(简而言之，是对地球上存在的现象和发生的事件进行成图和分析)。GIS技术是把所采集到的信息库的操作与空间地理坐标系相互连接，通过对信息的处理从而能够反映在空间地理坐标系中，即通常所说的进行地图化显示，从而直接的给管理者直观的视觉效果。GIS技术的特点就是对信息数据的处理、分析以及储存，这是一般的信息系统所不能达到的。这给矿山管理者在施行规划、开采、保护的决策中提供了重要的技术支持。

简单地讲，地理信息系统是通过计算机对空间信息数据的分析、计算、模拟并以图形信息的形式表达出来，使人们能够直观迅速地通过图形信息找到所需要的目标。例如，日常出行时所用的地图导航仪，在输入目的地与目前所在地后，就可以得出行车或出行路线图，并且能够提供多条路线方案以供选择。地理信息系统被广泛应用于城市与交通建设规划、林业保护、煤矿井下自然灾害监测等领域，也是信息产业的主要研究与应用领域。在医学中，地理信息系统可以模拟出人体的血管或器官的分布与构造图，能够为医生对病人病变器官位置的诊断提供信息与帮助。地理信息系统的各种优点使其现在被广泛应用于各行各业的不同部门，已经涉及日常生活中的各个方面。对当今社会获取信息的能力与方式有着深刻的影响。

GIS 包含以下五个方面的内容：

(1) 人员。人员作为 GIS 开发系统中的主导者，往往决定着所开发的 GIS 系统的优劣性，优秀的开发人员所开发的系统往往具有更人性化设计与操作的实用性。人是地理信息技术工程中的主要组成因素，始终贯穿在整个系统的设计研发与应用、维护过程中。人对 GIS 系统具有双面的作用，若能发挥好的功效则可以提高系统的功能与效益，如若相反则会大大削弱系统所应该有的潜能。

(2) 数据。精确的数据是保证 GIS 系统查询结果准确的前提。

(3) 硬件。硬件是地理信息技术的物质基础，没有好的计算机硬件基础就不可能开发出好的 GIS 系统，也不可能给 GIS 的运行提供良好的条件。

(4) 软件。软件的内容不仅仅是由地理信息技术的软件组成的，还包含了数据采集库、图形处理软件、作图软件、统计分析软件等。

(5) 过程。地理信息技术的定义要求非常明确，只能通过一致的方法才能够生成可以验证的正确结果。

GIS 工程是以综合运用系统工程的一些基本原理与方法，进行 GIS 系统方案的规划、设计、实施、测试、优化等一系列的过程与实施步骤的总称。GIS 工程的特性并不单一，具有非常广泛的特性，在整个工程方案建设的过程中，都运用到了系统工程论中的方法与原理。系统的观点都是以总体的高度出发，通观全局，把握重点。GIS 工程的建设采用定量和定性的方法共同来促进 GIS 工程建设实施的顺利完成。与此同时，计算机软件系统是 GIS 工程的主要部分，GIS 的软件设计和实现上必须遵照软件工程的基本的设计原理。软件开发工具和研究软件开发的方法，是以最小化的成本开发出适合用户需求和满意的软件产品。然而，GIS 软件设计工程又具有一定的针对性并且 GIS 软件设计工程是针对具体的实际的应用方向，它综合考虑用户的需求、背景、价值等诸多因素去开发并实现的。这又从侧面反映出 GIS 技术实用性的功能。另外，GIS 开发工作者们更应该从系统的观点出发找出科学合理的开发技术与开发方法，并把该观点始终贯穿在 GIS 技术工程的开发过程中。GIS 技术工程涉及了工程的方方面面，不管是规划、设计还是实施、测试、优化都能够跟 GIS 相联系到一起。总的来说，就是要用科学的方法开发出最为科学、合理、实用、简单的系统平台。GIS 工程涉及软、硬件，人和数据等多方面的因素，硬件是基本材料的基础，软件是构建模型的平台，数据是根本，而人则是始终贯穿在整个系统的设计研发与应用、维护过程中。软件建立在硬件之上，并且数据依附于软件而存在，而人的作用就在整个 GIS 工程全部过程中不可或缺的重要作用。

GIS 的功能主要有数据的采集、分析、存储、更新、操作、显示等，典型的 GIS 具备的功能如图 6-3-2 所示。

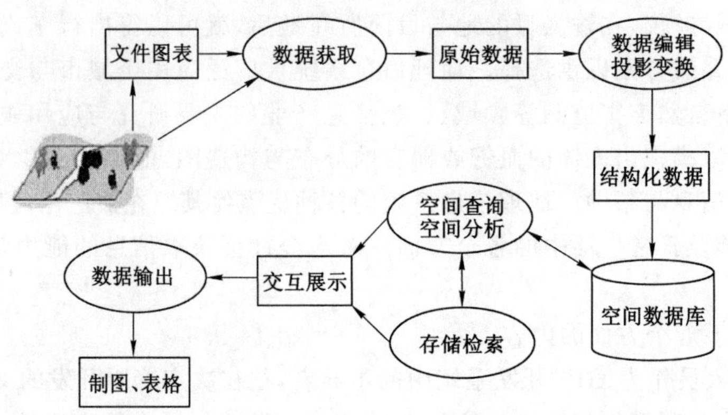

图 6-3-2　GIS 功能网络图

6.3.3.1　灰色地理信息系统的理论及技术

随时间的推移,GIS 处理的数据越来越多,GIS 对空间对象的描述和表达趋于准确。在研究初始阶段,如地质勘探初期,只能通过有限的采样数据获得对空间对象整体的猜想和控制,这种控制是对实际对象的近似模拟。随着时间推移,通过各种途径获取的准确数据越来越多,空间对象的真实状态也逐渐被揭示出来,控制越来越准确,认识越来越清晰。在研究最后阶段,如露天开采中盖层的剥离、地下开采中的工作面回采等,对空间对象达到完全准确或近似完全准确地控制。

由于数据获取或各种限制因素,人们能够获得的已知信息不能满足需要,只能通过有限的数据对空间对象进行整体猜想和控制,空间对象呈现灰色状态。随着时间推移,确定性信息不断加入使得空间对象由灰色状态不断向白色状态转移,这种变化引起了 GIS 数据模型的局部或全部重构。北京大学毛善君教授提出了灰色地理信息系统(gray geographic information system,GGIS)的概念。GGIS 能够分析和处理灰色空间数据的时空变化,动态修正和快速更新空间对象的模型和图形。目前国内外广泛使用的地理信息系统都可划分为白色或者是接近白色的地理信息系统。它们对空间对象的表达和处理时,认为获取的空间对象的信息比较完全,不考虑信息缺少而产生的空间对象的灰色不确定性。综上所述,GGIS 作为研究具有灰色特征的空间对象的理论和技术,目前还是崭新的研究领域,具有十分重要的科学研究价值。本书针对 GGIS 理论和技术中存在的概念、特点和研究体系等问题进行研究。

6.3.3.2　地理信息系统分类

针对地理信息系统在地表以下的煤矿地质、采矿、水文、环境等领域中应用的局限性,创造性地提出了灰色地理信息系统的理论。该理论是在实践应用中提出的,弥补了当前 GIS 研究的不足。

根据对获取空间研究对象信息的多少,可以把相应的 GIS 分为以下三类:

(1) 黑色系统:无任何信息已知,只是一些推断和预测[图 6-3-3(a)]。由于边界的颜色是黑色的,所以,无法获取边界内的任何信息。

(2) 灰色系统:部分信息已知,部分信息未知。可以认为边界是灰色的,或者是半透明

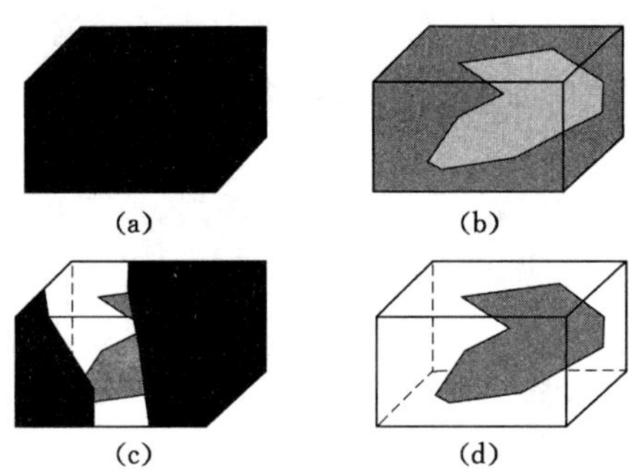

图 6-3-3 与 GIS 分类有关的示意图

的，通过边界可以得到部分内部信息[图 6-3-3(b)]；也可以认为在边界上有窗口存在，通过这些窗口可以获取边界内局部范围内的所有信息[图 6-3-3(c)]。

(3) 白色系统：所有的信息都已知。可以认为边界是完全透明的，或者说边界是虚拟的，是不存在的，可以通过相关的技术方法得到满足应用要求的所有信息[图 6-3-3(d)]。

根据以上的分类，目前国内外广泛使用的地理信息系统可认为是白色的系统，即白色地理信息系统。因为从 GIS 数据模型、数据结构的角度出发，它们认为所表达的空间对象是精确的。到目前为止，GIS 对位于地表或地表以上空间对象的研究和管理十分有效，这是由于人们有能力得到空间对象的所有或满足应用要求的控制数据。因为表达空间对象的信息可以认为都是已知的，或者是精确的，即使一些研究对象的信息不是完全的或者部分是不精确的(例如在一定比例尺条件下的地形控制测量等)，但这些信息量已满足实际应用的需求。

6.3.3.3 地理信息系统应用

近年来，相关学者提出了多维动态 GIS 的概念并做了大量的研究，取得了丰硕的成果。但在任一时刻，仍然认为它们所表达的空间对象是精确的，是对空间对象某一时刻的快照(snapshot)，即使提出了基态增量模型等，但所表达的空间对象仍然认为都是精确的，未考虑对同一空间对象由于数据或认知的缺陷造成对空间对象真实形态的歪曲，并未研究新增真实数据或认知的变化与空间对象真实形态之间的动态修正关系。此外，一些研究成果对不确定信息的灰色特征，地理现象的不确定性和模糊性也进行了研究，但并不涉及管理地质空间对象的地理信息系统的理论和技术方法。由于矿山地质体或矿体(如煤层)数据具有如下几方面的特点，因而，传统 GIS 难以在地质和煤矿开采领域得到广泛的应用推广。

(1) 除非发生大的构造运动或其他地质事件，可以认为在对矿体勘测和开采这个有限的时间段内其空间形态等参数是不会发生变化的。但由于在不同的时间段控制地质体的测量或真实数据有多寡之分，所以，人们对地质体形态等参数精确度的认知是不断变化的。

(2) 钻孔、野外地质调查、地面采矿工程、井下的掘进巷道和回采工作面是获取地质体控制数据的主要手段。所以，在某一时刻，通过这些有限工程获取的数据反映出的地质体并不能反映三维空间中的真实地质体，而只是一种近似的拟合。

(3) 随着地质或采矿工作的不断深入，与地质体有关的控制数据(如钻孔或物探数据)不断增加，即对地质体的控制越来越精确，对地质体的表达和管理伴随着一个由灰变白的过程。

(4) 在任一时刻，只有对诸如钻孔、掘进巷道等新老数据进行综合的分析和研究，才能得到阶段性的分析结果，并动态地修改相关的图形。由于数据的不完全，图形内容和分析结果或多或少具有推断和假设的成分，甚至部分内容是错误的。这就需要进一步的施工、调查和测量，以获取更多的控制数据。

(5) 只有完全揭露地质体(如露天开采中剥离盖层，地下开采中的完全回采)，人们才能获取地质体的所有真实数据，此时，相应的 GIS 才是一个白色的系统。

根据矿山地测数据的上述特点，北京大学毛善君教授等认为应用于地表以下的空间管理信息系统是一个灰色的系统，即为灰色地理信息系统。GGIS 处理的部分空间对象在三维空间中是客观存在的，但因探测手段的限制，无法一次性满足应用要求或控制该空间对象的所有实际数据。

也可以认为，现有的或白色的地理信息系统，特别是动态地理信息系统，它们所处理的所有空间对象的动态变化主要是指同一空间对象形态等参数的变化或空间对象个数的变化，而灰色地理信息系统在处理一些空间对象时其真实形状等参数不会发生变化，所谓的变化是因其控制数据不足造成人的认知的变化或表现形式的变化，如图 6-3-4(a)中随着勘探工作的深入其煤层图形发生了变化，或图 6-3-4(b)中完全是由于人认知的变化产生的煤层图形发生的变化。当然，灰色地理信息系统也可以处理与白色地理信息系统相关的空间对象，白色地理信息系统只是灰色地理信息系统的一个特例，白色数据是灰色数据的一种状态(灰色数据已经白化，成为真实数据)。

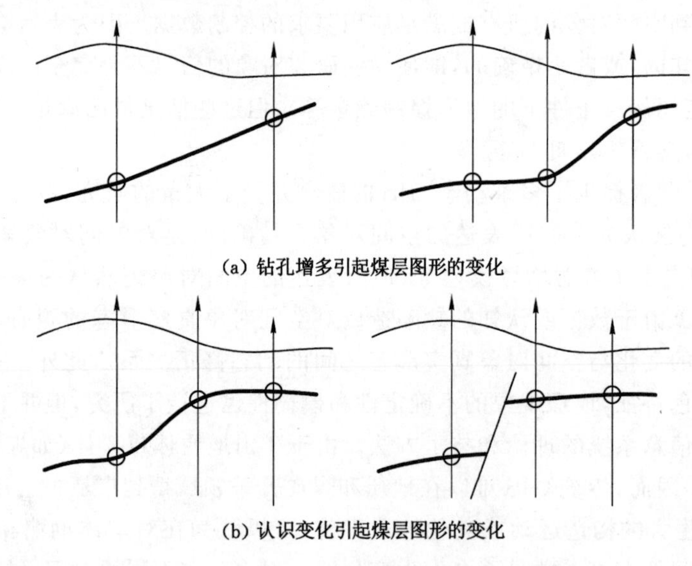

(a) 钻孔增多引起煤层图形的变化

(b) 认识变化引起煤层图形的变化

图 6-3-4　煤层变化示意图

6.3.3.4　灰色地理信息系统的定义及特征

灰色地理信息系统是指现实世界中相关控制数据已知或满足应用需求，以及那些真实存在而且其空间形态等参数不会发生变化，但由于控制数据或认知的缺陷造成并不完全已知的各类空间实体的空间数据以及描述这些空间数据特性的属性，在计算机软件和硬件的支持下，以一定的格式输入、存储、检索、显示、动态修正、综合分析和应用的技术系统。

GGIS 数据处理的前提是在某一认知状态下控制部分空间对象的数据的精确度存在问题。它的最大特点就是数据处理过程具有“去伪存真”的功能，不仅点、线、面、体之间在不同认知状态具有内在的联系，而且随着数据的增加或认知状态的变化，相关空间实体对象的表现形式，比如图形将更加精确，它们与真实地质数据和其他特征数据之间具有自适应的特征。所以，灰色地理信息系统带有一般控制系统自适应和动态修正的特征(图 6-3-5)，这也是灰色地理信息系统与白色或传统地理信息系统最大的区别。

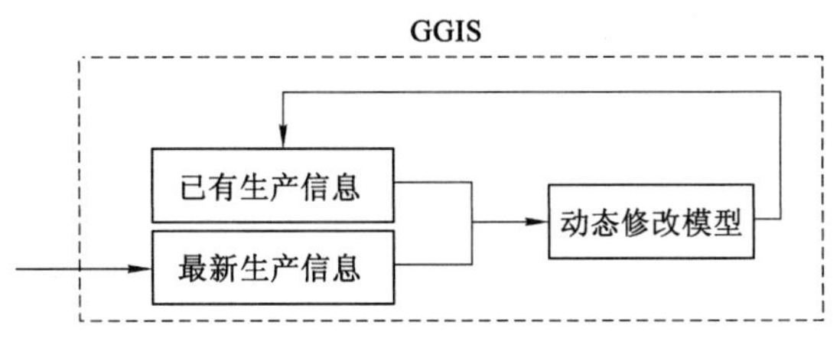

图 6-3-5　GGIS 自适应功能示意图

GGIS 的部分空间对象具有以下两个重要特征：

(1) 具有“少信息”所产生的灰色不确定性。在实际工作中，往往只能获取局部精确数据，难以采集足够的样本数据解决许多不确定性问题。“少信息”对研究对象进行近似和模拟，强调模拟和推断是否准确。这与传统 GIS 对数据质量、数据不确定性的研究是完全不同的。

(2) 系统能够根据最新的真实或已知数据自适应地动态修改已有的模型和图形，使之尽可能反映地质体在空间的真实状态；新数据的不断加入，使得整个数据处理过程是一个由灰变白的过程。

从以上内容可以看出，灰色地理信息系统需要专门的数据模型、数据结构和相关算法，以描述并处理灰色空间对象随着时间和数据的增加由灰到白的动态变化过程及相关数据。形象地讲，这种变化过程是由“黑色”“深灰”变为“中灰”“浅灰”，无限接近直至达到“白色”。

灰色地理信息系统具有如下特点：

(1) 控制空间实体的数据是不完全的，它们只是控制空间实体所有数据的一部分，无法精确描述空间实体的真实状态。

(2) 在获取空间实体数据的任一时刻，真实的空间数据及其属性为新老原始数据的并集。

(3) 在任一时刻，部分图形实体(点、线、面、体)的数据是推断的，并非实际控制数据，故这些数据完全可能是错误的。

(4) 系统能够根据最新的数据自适应地动态修改已有的模型和图形，使之尽可能反映地质体在空间的真实状态。

(5) 随着空间数据的增多，系统所表达的空间实体将更加精确，即空间实体的状态(包括形态等参数)将更加接近于它在自然界中的真实状态。

从严格意义上讲，灰是绝对的，白是相对的，GGIS 的概念涵盖了白色或近白色的 GIS 系统的概念。灰色地理信息的构建和应用过程，就是一个去伪存真的过程。灰色地理信息系统就是智能地理信息系统。

6.3.4　矿山三维虚拟仿真技术

矿山开采与地下空间位置密切相关，各种地质、测量、水文、围岩、应力、瓦斯等各种矿山开采中获取的空间信息都与三维坐标密切相关，用二维图形对矿山数据进行抽象的表达还不能完全满足实际应用需求。矿山企业迫切需要计算机将真实的三维矿山进行虚拟表达。因此，信息化矿山建设中的真三维模拟、地学可视化、地下空间分析等理论和技术研究是近年来的热点问题。

就目前应用情况来，我国矿山中的各类生产技术系统以二维图形系统为主，尚未过渡到实用化的三维设计、开采、调度和信息管理阶段。虽然，矿山普查、详查、精查、回采等整个过程都是在地下三维空间内部的人工活动过程，各种空间数据不断发生变化和更新，数据量越来越大，空间逐渐从灰色空间变为白色空间，不同的专业数据相互之间带有相当复杂的空间关系和属性关系。然而由于技术手段有限，人们不得不用二维视图对三维空间进行简化，用有限个相互关联的二维平面图、立面图表达整个地下空间的三维情况。通常意义下，二维图形是极其不完整的，工程师需要通过专门的训练才能读懂图形内容。普通用户迫切需要三维可视化技术来直观、真实的表达整个矿山的空间位置、开采情况、人员分布等，将整个矿山开采活动在计算机中进行虚拟表达和远程控制，实现真正意义上的虚拟矿山。

真正实用的虚拟矿山系统(virtual mine system，VMS)是数字矿山(digital mine，DM)的基础，是实施DM战略的关键技术。三维建模和可视化技术在虚拟煤矿研究中占据了十分重要的作用，将三维地学建模、三维可视化和虚拟现实等技术与一系列矿山生产实际工作结合起来，将极大地提高我国“数字煤矿”的技术水平。想象一下，管理者有这样一套虚拟矿井仿真系统，用户利用计算机键盘、鼠标控制虚拟矿工进行行走，从地面入井开始，坐罐笼下井，进入井底车场，能够看到逼真的井底车场中央水泵房和中央变电所。在综采工作面，虚拟矿工按照采煤工艺要求操纵采煤机采煤，采煤机的滚筒转动、采煤机移动和采煤机摇臂反转，还可模拟采煤机截煤、落煤和刮板输送机运煤的逼真场面。每个场景都有语音介绍和安全提示，监测监控设备、变化的数据实时显示在屏幕上，对于超标的数据随时报警提示。多个用户可以同时在线，利用这套系统进行交互式安全训练。这样的系统对于提高煤矿安全管理和员工水平将起到非常重要的作用。

本书针对阳煤矿区三维虚拟仿真系统建设过程，简单介绍其关键的层状地质体建模和可视化方法。

层状地质体分为简单层状实体和复杂层状实体。简单层状实体主要指未经变形或轻微变形的、形态相对简单的、连续的地质实体，而且在每一层内没有垂直方向上的属性的变化，如构造简单区内较为完整连续的地层，水平或倾斜的状态，形态较为规则。复杂层状实体包括已变形的地层，如经褶皱、断层破坏或受岩浆侵入或盐丘挤入而产生的具有不规则形态的层，以及内部存在复杂变化的层，在水平和垂直方向上均有变化。这类实体虽然形态复杂，但仍具成层性特征。

层状地质体建模从使用的数据源来看，可分为基于野外数据、基于剖面、基于离散点、基于钻孔数据、基于多源数据、基于三维地震资料建模等。由于形状较容易控制，在层状地质体三维建模技术研究中，多采用类似表面模型方法来自动生成三维地质模型，通常利用规则格网相模法(Grid)或者三角网构模法(TIN)建立层状矿的表面模型。采用表面模型虽然可以表达地质层面形态，但是难以解决地质体内部属性等问题，并且在断层、褶皱等地质构造上需要专门的处理方法。

层状矿体包含了断层、褶皱、透镜体等自然对象，在地质建模时，首先必须对这种复杂性有足够的认识。Tunner 学者认为地学三维建模存在以下几种困难：

(1) 通常只能获取一些非常不全面的，有时甚至是相互冲突信息，这些信息包括地质体的维数、几何特性以及各种地质变量变化的属性等。

(2) 地下的自然环境具有极端复杂的空间关系。

(3) 由于经费的限制，通常难以采集足够的样本数据解决许多不确定性问题。

(4) 地质体的属性值与地质体体积之间的关系通常是未知的。

加拿大学者 Houlding 在其文献中指出地质实体有如下的复杂性：

(1) 几何形态复杂性。地质实体是在漫长的地质历史过程中，由各种不同的地质过程综合作用而成的。大多数的地质实体在初期是由沉积作用或岩浆作用所形成的，它们的几何形态比较简单。复杂性来自于后期的侵蚀、岩浆侵入或变质作用。对于计算机的表达来说，最显著的复杂性来自于各期构造运动，它们造成地层的隆起、褶皱、剪切、断裂、位移乃至倒转。用计算机来表达地质实体，要求数据结构具有处理离散、不规则和三维的地质体的能力。

(2) 信息源的复杂性。地质工作者进行地质调查，往往采用不同的手段，于是所获得的地质信息有各种各样的来源。最常用的有钻孔资料、地形测量数据、地质制图、剖面资料和遥感影像等。为了得到令人满意的表达效果，必须提供合适的数据模型和数据结构对这些信息进行综合和管理。

(3) 地质条件变化的复杂性。地质条件在不同的地区是不同的，有的是简单的层状地层，而有的是极端复杂的褶皱和断层的复合体。对于计算机的表达来说，应该能够提供可供选择的建模机制，以用来处理各种不同的地质条件。

层状矿体数据来源是多样的，针对不同的数据来源，研究者提出了很多层状矿体建模方法。矿体建模方法可以分为两类，一类是基于体元的建模方法，一类是基于曲面的建模方法。基于体元的建模方法是用体元信息来描述对象内部，将三维空间物体抽象为一系列邻接但不交叉的三维体元的集合，其中体元是最基本的组成单元，主要包括：3D 栅格结构、八叉树结构（OCTREE）及不规则四面体结构（TEN）等。基于体元建立的模型可以表达空间对象内部信息，易于进行布尔操作和空间查询，但是由于其存在理论基础还不完善、存储空间需求大、实现难度大等缺点，实际建模过程中应用较少。基于曲面建模方法是采用模型的表面包围三维空间的方法来进行三维实体的表达，已经形成了格网结构、形状结构、面片结构、边界表示结构、解析函数模型及参数函数模型等多种曲面构造方法。基于曲面建模方法虽然存在着无内部属性信息及难以进行空间查询等缺点，但是其在表达空间对象的边界、可视化和几何变换等方面具有明显的优势，而且建模理论成熟，方法易于实现，仍然是实现三维地层建模的主流。现在将几种主流层状地质体建模方法介绍如下。

6.3.4.1　基于钻孔数据的建模技术

钻孔数据是层状地质模型构建中最基础的数据。已有大量学者对基于钻孔数据的层状地质体建模进行了研究，如张煜、明镜、张渭军等提出了根据钻孔数据生成地质模型的方法；Alan M，Lemon 等人提出基于钻孔数据的 HORIZONS 建模方法。由于在建模过程涉及相当大的人机交互工作量，也需要操作人员具备地质科学专业知识，因此，建模方式属于静态交互建模范畴。

目前，在三维地质建模方面已有比较完善的三维地质建模软件，如国外的 GOCAD、

Surpac 等软件，国内的 GeoView，GeoMo 3D 等软件，大多提供了专门针对钻孔数据的三维地质建模工具，这些建模工具的实现基础都是以静态交互建模为基础的。

基于钻孔数据进行三维建模的基本思路如下：

(1) 对工作区地层进行统一编号；

(2) 对钻孔中的地层面进行编号；

(3) 通过提取钻孔中的地层分界点信息，得到属于某一地层面的离散点；

(4) 对这些点进行三角剖分，得到三维空间曲面；

(5) 将这些曲面进行封闭，并最终生成实体模型。

采用实体模型的 BOOL 运算来实现复杂地质建模，如图 6-3-6 所示。在这个建模过程中，地层的形态过分依赖于插值算法，主要是因为钻孔数据过少，一旦插值算法不合理，则建模效果受到很大影响。纯粹根据钻孔数据生成地层模型是不完善的，因此，可以在建模过程中加入剖面数据，将剖面线上的数据也参加到建模中。从图 6-3-6 中可看出这种建模思路。

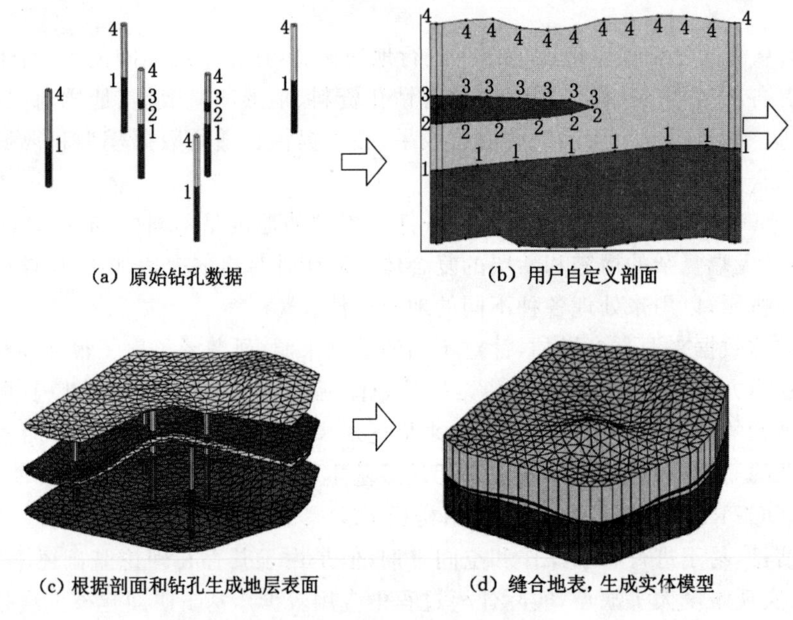

图 6-3-6 实体模型建模方法

图 6-3-6(a)表示建模的原始钻孔；图 6-3-6(b)表示在钻孔上交互定义剖面，并按照一定间隔随机采集控制点；图 6-3-6(c)表示将地质界限进行曲面插值和三角剖分的三维空间曲面；图 3-3-6(d)表示缝合三维空间曲面后的实体模型。

对于这种实体模型只是表面的几何模型，其内部是空腔。在模型应用时往往需要进行进一步的剖分，将空腔内部填充为三维网格，进而可以使用数值分析软件如 ModeFlow、FeFlow 等进行地质力学或流体力学分析。

6.3.4.2 基于剖面数据的建模技术

在实际工作中，地质数据来源多种多样，但上述方法仅仅利用了有限的钻孔数据，尚未将各种平面、剖面和解释的数据都加到建模方法里面去。因此，屈红刚、何珍文、明镜等人提出剖面的建模方法。各种剖面(面状)资料均可参加建模，例如垂直的横剖面、纵剖面，水平方向的切面资料等。建模方法过程中主要是基于地质界线追踪的方式进行的，利用各个方向地质界线在空间中的相交信息及其语意信息(拓扑属性等)，追踪出属于某一地质界面的地质界线，进行三角剖分形成曲面，进而形成地质体。建模思路如图 3-3-7 所示。

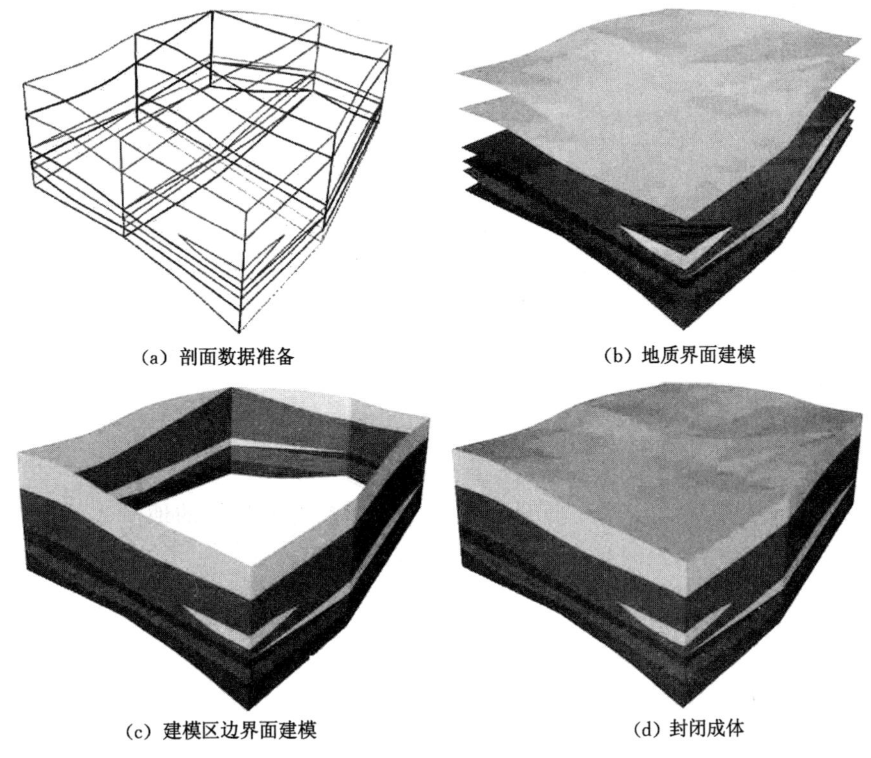

(a) 剖面数据准备　(b) 地质界面建模　(c) 建模区边界面建模　(d) 封闭成体

图 6-3-7　剖面建模方法

(1) 剖面数据准备[图 6-3-7(a)]。剖面数据准备包括两部分内容:① 剖面可以通过钻孔自动生成、数字化纸质剖面、解释地震资料等方法得到。剖面采用含拓扑信息的矢量结构存储，即剖面中的地质体和地质界线分别以多边形和弧段的方式存在，多边形记录了其包含的弧段信息，并带有地质体代号等拓扑属性，弧段带有上、下地质体代号等拓扑属性。地质体代号的赋值没有特殊要求，可上下重复。② 剖面分组，将彼此不相交的剖面作为一个剖面组。每一个剖面组具有唯一的组号，组内的每一个剖面也具有唯一剖面号。因为同一组内的剖面不用进行相交判断，所以可以在地质界面追踪时减少搜索范围，加快追踪速度。

(2) 地质界面建模[图 6-3-7(b)]。地质界面建模包括两个主要步骤:① 利用地质界线的空间关系信息(相交信息等)及其地质语意信息(拓扑属性等)，通过地质界线追踪的方法，找到属于某一地质界面的地质界线;② 通过三角剖分这些地质界线，形成地质界面。

(3) 建模区边界面建模[图 6-3-7(c)]。建模区边界面充当模型中垂向部分“墙”的角色。将建模区周围边界剖面投影到某二维平面，例如坐标面;然后，对剖面中的每个多边形进行二维 Delaunay 三角剖分;最后，将生成的多个 TIN 面还原到三维，从而得到建模区的边界面模型。

(4) 地质界面修正及光滑:对于尚未参与建模的钻孔或剖面数据等，可对前面生成的初始模型进行动态修正，以实现三维地质模型的快速动态更新。另外，建模数据源的稀疏性导致生成的初始三维地质界面往往比较粗糙，难以满足可视化或分析时的应用需要，所以模型的加密光滑是提高建模精度的一项重要工作，可利用曲面细分算法完成该功能，并重点解决好地质体之间公共面光滑结果的一致性问题。

(5) 封闭成体[图 6-3-7(d)]。将生成的曲面(地质界面和建模区边界面)都赋予上、下地质体代号等拓扑属性，利用该语义信息及生成这些曲面的弧段的空间相交信息，可方便地完成封闭地质体的生成。

6.3.4.3　基于棱柱的模型构建技术

棱柱方法是针对层状地质模型最简单、最常用的建模方法。其基本建模流程如下：

(1) 选择合适的插值方法形成一系列连续变化的三角面或层。

(2) 根据这些面或层的垂向叠置关系，来依次叠加这些面或层。

(3) 采用 TIN 对层状地质体的界面进行模拟，再通过复制 TIN 生成三棱柱，使得地层之间充满体元，这样就生成了一个同时具有 Z 值和 H 值的单层模型。

(4) 将不同的地层模型叠合起来，进而形成一个多层的三维模型。

图 6-3-8(a)表示根据钻孔数据，并标示了不同层位；图 6-3-8(b)根据钻孔中对应的层位生成 Delaunay 三角网；图 6-3-8(c)则沿着 z 方向复制三角网，生成一个个棱柱体。这种建模方法只适合连续、均质、构造简单的地层。对于有断层等不连续的地质体，需要将断层作为面，在建立 Delaunay 三角网后再与断层进行相交处理。此外，为了达到很好的可视化效果，运用钻孔等离散空间数据形成合理的三维模型时，首先需要进行数据的插值，从而对三角网实现细分。

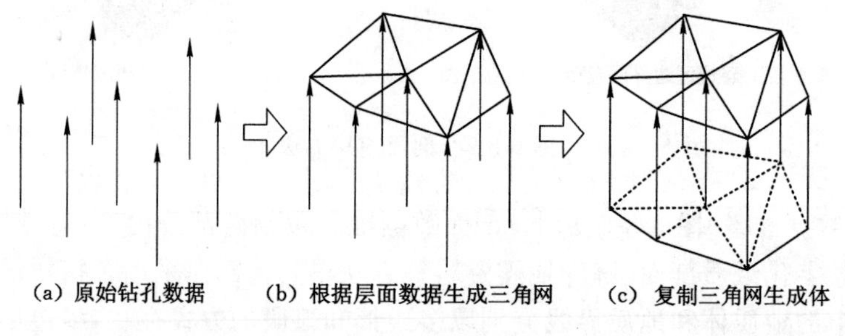

图 6-3-8　三棱柱建模方法

综上所述，基于棱柱模型建模的方法简单实用，算法容易实现，但是在处理带断层的复杂地质层模型上还存在一定困难。基于剖面数据的建模方法能够快速实现地质数据建模，在处理各种复杂构造上也具有优势，但是其算法较为复杂。这三种方法都是以表面模型为主，构建了平面或剖面的三角网，并对三角网进行缝合，用来表达层与层之间的关系。三棱柱模型对其属性可以进行填充，而基于钻孔和剖面构建只是表面模型，无法和属性模型匹配。

6.4　信息化矿山系统

信息化矿山系统主要包括综合自动化监控系统、煤矿安全生产综合管理信息系统、综合智能分析系统、三维矿山信息管理系统、矿井安全评价系统(瓦斯评价指标系统、工作面顶板矿压分析系统)、综采工作面自动化生产系统等。

阳煤集团自20世纪80年代开始信息化建设,从局域网建设开始办公自动化系统的应用,到现在工业自动化控制技术在安全生产中的应用。随着信息化建设的高速发展,自动化控制、信息技术在生产与管理方面取得了广泛的应用和推广,其在生产管理中的作用越来越重要。

在信息化建设发展规划指导下,阳煤集团采用国内一流和世界先进的技术和装备,实施科学开采,不断提高矿井的信息化和自动化水平,降低劳动强度,改善工作条件,实现矿产资源开发与环境协调发展。

6.4.1 信息化矿山子系统

6.4.1.1 综合自动化监控系统

根据煤炭行业的特点,即生产过程兼有离散和连续性的特点,并且对安全要求非常高。作为全矿井生产过程综合自动化就主要表现为生产环境的安全监测、大型设备监控、生产过程监测、井下人员管理以及重要环节的自动化,并在此基础上实现各子系统的集成。作为与生产息息相关的工程,系统必须全面考虑生产过程中的任一环节的监测、自动化,并将矿井的安全生产过程作为一个整体来考虑,以达到各环节间的“无缝连接”。

阳煤集团矿井综合自动化监控系统充分利用先进的自动化技术、网络技术、信息技术、视频技术为矿井的生产管理提供语音、数据、图像三种类型的信息,将生产过程自动化与生产调度管理信息化进行有机结合,实现管控一体化。系统能够实现远程监控、诊断以及优化调度,有关人员可在任何时间和地点通过网络平台利用标准化的、统一的图形界面了解矿井的安全生产情况。

系统通过建立统一的数据集成平台,整合分散在各子系统中各种无序、多介质的信息和多种工业监控数据,同时构建数据共享与交换机制,既满足目前综合自动化的需要,又便于未来其他系统的整合。选用基于专业实时数据库的面向各自动化子系统数据采集、实时数据管理和集成技术,应用关系型数据库进行面向业务管理和报表数据的管理,并实现实时数据和关系数据之间的有效整合。

全矿井综合自动化监控系统具有如下功能:

(1) 全矿生产过程实时监控功能。通过友好的HMI(人机界面:工艺流程图、趋势图和棒状图等方式)和报表的形式能实时监控全矿生产设备的运行状况,并可以实现远程控制。

(2) 数据综合功能。能够对各子系统数据的有序流动进行管理,与各子系统以标准的软件接口和信息协议交换数据。系统能够对各子系统进行综合分析、分类处理,形成监控信息数据中心。

(3) WEB浏览功能。支持WEB发布,具备程序语言的设计、变量定义管理、连接设备的配置、开放式接口配置、系统参数的配置、第三方数据库的管理等功能。

(4) 画面设计功能。系统应具备画面设计、动画连接、程序编写等功能,还应具备对变量的报警、趋势曲线、过程记录、安全防范等重要功能。

(5) 远行环境功能。支持工控行业中大部分测量控制设备,遵循工控行业的标准,采用开放接口提供第三方软件的连接,支持HMI。

(6) 视频集成功能。平台能够整合工业电视信号,能够在集中控制平台软件内完成摄像头的管理、浏览、录像查询。可将实时视频信号集成在实时监控画面中,实现实时数据与实时现场视频布置在一个画面。

(7) 在线数据回放。可以通过简单鼠标操作,即可完成监控画面上进行数据回放操作,在监控画面不变的情况下,完成历史数据的播放,可以做到监控数据和视频信息的同步回放。

(8) 调度联控。可以实现监控画面和工业电视、调度大屏的联合调度控制。

(9) 集成 GIS(地理信息系统)。通过 GIS 技术将巷道数据进行直观的、可视化的地图显示,并对人员跟踪和安全信息等数据进行详细的、准确的定位及显示,为客户提供一种崭新的决策支持信息,提高系统调度的灵活性。

(10) 矢量图形。所有监控画面支持矢量图形,可以无级放大和缩小、漫游,基于图形的搜索定位。

6.4.1.2 安全生产综合管理系统

安全生产综合管理系统主要以生产现场管理为主,实现矿井安全生产标准化管理,对标准化作业记录、考核、审查、培训等多方面进行建设。安全生产综合管理系统随着时间的推移,管理的进步,根据实际情况进行不断地调整,是一段时间的产物,如规程规定变更、安全生产质量标准化考核内容的增加等。通过企业的数据中心,实现与其他系统的数据共享与一致。其系统框架如图 6-4-1 所示。

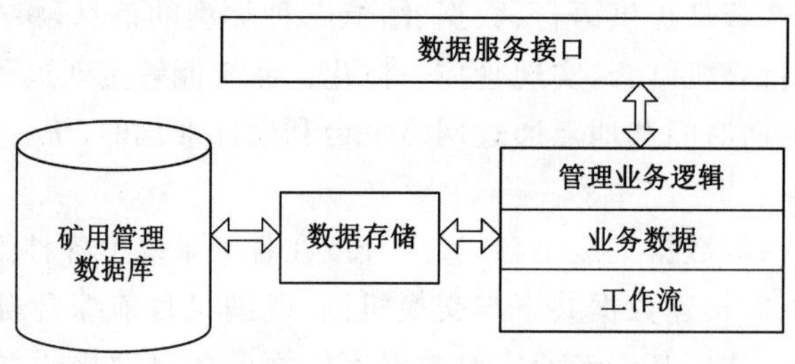

图 6-4-1 安全生产综合管理系统框架

系统的建设是为矿井提供安全质量标准化管理信息平台,实现对企业整体安全生产状况掌控,并对企业的安全隐患信息进行动态管理、汇总分析。通过对存在的问题提出科学的预防方案和整改措施,更好地贯彻落实煤矿安全生产法律法规的各项规定,提高企业本质安全管理水平,实现企业的标准化管理。

6.4.1.3 煤矿安全隐患排查系统

煤矿安全隐患排查系统主要服务于煤矿安全管理。系统易于操作,简单实用,该系统可以使煤矿安全管理工作真正实现全方位、全过程、超前量化管理;该系统能有效控制安全管理工作的每一个点、每一个环节。为满足煤矿生产与安全管理的要求,使煤矿安全管理真正做到超前、及时、准确,使“安全第一,预防为主”方针真正得到贯彻落实,大大提高现代煤矿安全管理现代化、信息化水平,提高投入产出的效能,需建立一个技术先进、实用、可靠的煤矿安全量化管理及评估信息化系统软件。

该套系统主要解决煤矿安全管理中的 7 大难题:

(1) 有效解决了规程措施编制审批中出现漏项的问题。

(2) 有效解决解决了检查人员素质低、责任心不强、隐患检出率低的问题。

(3) 有效地解决人员巡检时的工作管理。

(4) 有效解决了隐患信息筛选不全面、不准确，隐患处理过程不透明，信息不能有效完全闭合的问题。

(5) 该系统成功实现了针对每一个作业地点、每一种事故发生概率的超前量化预测。

(6) 系统针对每一个作业地点，实时的应急处理系统有效解决了处理事故时再出错而造成事故扩大和次生事故的问题。

(7) 有效解决了安全培训形式单一、员工学习兴趣低、效果差等传统问题。

6.4.1.4　机电选型设计

基于基础信息平台和信息整合技术，根据矿井设备运行情况，找出矿井瓶颈设备，推荐适用的设备机电参数。

6.4.1.5　矿井应急预案系统

图 6-4-2 为矿井应急预案系统示意图。矿井应急处理预案是在事故发生时能正确指导现场救援及处理方案，按照应急预案去执行救援和处理可以实现及时求援、避免二次事故或事故扩大。针对矿井某个灾害能由多个监控系统同时实现相应的应急预案，以便发生灾害时指导调度指挥人员正确及时地进行处理，最大限度地缩小灾害的范围和减少损失。矿井应急预案系统如图 6-4-3 所示。

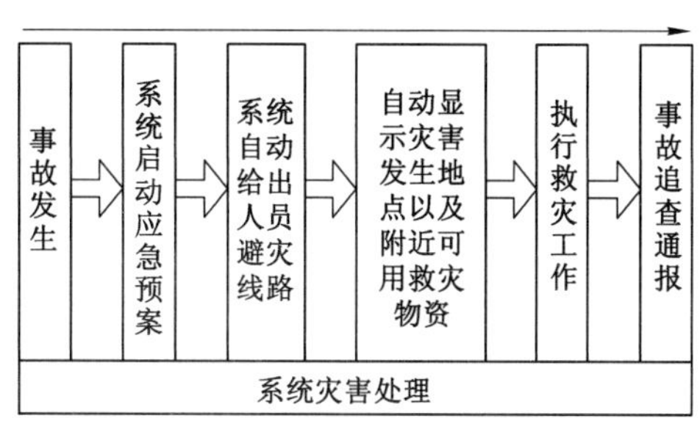

图 6-4-2　矿井应急预案系统示意图

1) 针对顶板冒落事故的多系统联动

一旦发生顶板冒落事故，应组织人员迅速赶往现场进行抢救。

(1) 首先调用地理信息系统(如安装)探明冒顶区域范围，调用人员定位系统确定被埋压、堵塞的人数和位置。

(2) 根据通风系统获得的数据，积极恢复冒顶区的正常通风，如暂不能恢复时应利用水管、压风管、局扇为被埋压堵塞人员供新鲜空气。

(3) 矿压监测系统，密切监视关键区域的压力变化。

2) 针对水灾事故的多系统联动

(1) 井下一旦发生水灾事故，首先组织灾区人员撤离。逃生指示系统发出声光报警信号，指示牌自动指出逃生线路，信调度指挥系统迅速通知受水威胁区域的人员在班组长的带领下尽快撤至安全地点，并立即清点人数，同时现场人员应迅速将灾情报矿调度室，说明出水地点及出水量大小等事故情况。

(2) 自动调用水泵控制系统，启动所有排水泵，加大排水量。

(3) 下突水若有遇难人员时，救护队及其他抢救人员在进行抢救时，应制定抢救方案和

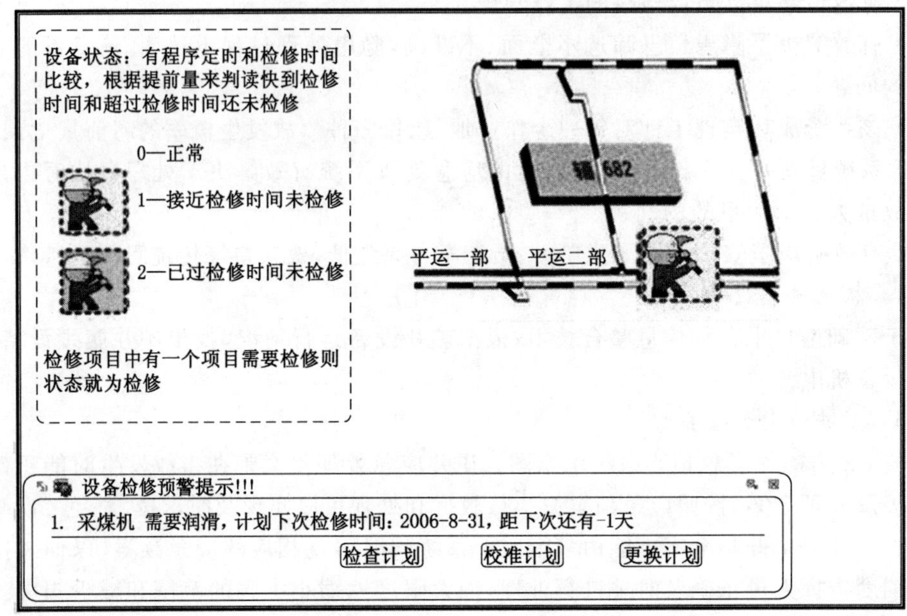

图 6-4-3 矿井应急预案系统截图

安全措施，防止抢救人员发生意外事故。

3）针对火灾事故的多系统联动

（1）自然火灾

监测系统监测到 CO 和烟雾发生超限报警时，矿调度室应迅速确认报警地点、性质、范围、气体情况。确认受灾地点后迅速通知受火灾威胁区域的人员佩带自救器，通过语音声光报警器发出报警、给出逃生线路。提醒佩带自救器等信息，逃生指示牌自动指出逃生线路，在逃生系统引导下尽快撤到进风大巷，及时探明火灾范围和发生原因，并立即采取措施，防止火灾和瓦斯向有人员的巷道蔓延。救灾指挥部应要根据事故发生地点性质，做出抢救方案，若自燃范围小，应通过电力监测系统立即切断火区电源，装有喷淋洒水系统的应立即启动洒水灭火，并组织人员立即佩带自救器直接灭火；若范围大，不能直接灭火时，要采取措施，通过通风监测系统切断进风、回风风流并求得救护队支援，自然发火事故一般不得改变风流方向。

（2）外因火灾

① 监测系统监测到 CO 和烟雾发生超限报警时，要迅速查明灾区位置、工作人员状况，了解着火点的范围和发火原因。矿值班领导立即组织撤出灾区和受威胁区域人员，采取措施防止火灾、瓦斯向有人员的巷道蔓延，通过语音声光报警器发出报警、给出逃生线路、提醒佩带自救器等信息，逃生指示牌自动指出逃生线路，积极组织矿山救护队抢救遇难人员。

② 通过电力监测系统切断着火区域电源。

③ 根据已探明的着火地点和范围，由救灾指挥部确定井下通风制度。

④ 无论是正常通风或增减风量、反风、风流短路、隔绝风流及停止主要扇风机运转都必须满足以下条件：

a. 不致瓦斯积聚，煤尘飞扬，造成爆炸事故。

b. 不致危及井下人员的安全。

c. 不使超限瓦斯通过火源或不使火源蔓延至瓦斯积聚的地点。

d. 有助于阻止火灾扩大，抑制火势，创造火势，创造接近火源的条件。

e. 在火灾初期，火区范围不大时，应积极组织人力、物力控制火势，直接灭火，若电缆着火，必须立即切断电源，用专用灭火器、沙土扑灭；对其他着火一般采用灭火器、沙土覆盖、控制火源或用水冲灌灭火；直接灭火无效时，应采取隔绝灭火法，应采取措施防止瓦斯爆炸。

f. 在必要时，应将排水、压风管路临时改为消防管路。

4）针对气体灾害的多系统联动

矿调度室应迅速确认灾害地点、性质、范围、气体情况，确认受灾地点后迅速通知受火灾威胁区域的人员佩带自救器，通过语音声光报警器发出报警、给出逃生线路、提醒佩带自救器等信息，逃生指示牌自动指出逃生线路。在逃生系统引导下尽快撤到进风流中，迎着风流升井，力一升不了井的人员应带自救器在避难硐室或其他安全地点等候救援，并清点人数，积极抢救，直至全部救出为止。组织救护队探明事故地点、范围和气体成分，发现火源立即扑灭，切断灾区电源，防止二次起爆。在证实确无二次爆炸的可能后，应迅速修复破坏的巷道和通风设施，恢复正常通风，排出烟雾，清理巷道。

6.4.1.6　信息化矿山设备维护子系统

该系统可以对各基层单位机电设备的运行状态、使用时间、检修情况进行动态跟踪，提前对需要检修的线上设备进行提醒，防止设备带病运行；当矿井发生灾害时，可以通过设备管理系统了解就近单位所需设备的库存情况，进行紧急调拨，提高煤矿生产效率及生产安全性。信息化矿山设备维护系统的在线设备管理如图 6-4-4 所示。

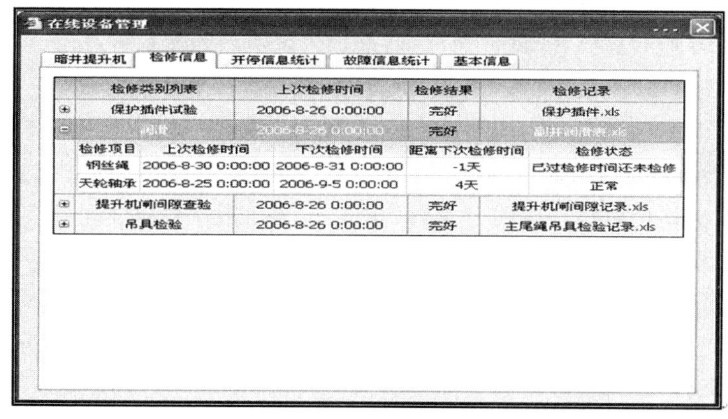

图 6-4-4　信息化矿山设备维护系统的在线设备管理截图

图 6-4-5 为信息化矿山设备维护系统的图形系统。该系统还可以将派生点和其他接入点在图形系统中配置相应的动画，如闪烁、变色等来提示网络故障。

6.4.1.7　综合信息管理

它可以将安全、生产过程数据、3DGIS 和日常生产业务管理数据等进行综合分析和智能化应用，为企业管理人员进行科学的生产经营决策提供及时可靠的支持，如配合依据相关的规章制度和专家经验的专家分析系统，就可对多种参数进行综合评价，用所产生的结果来

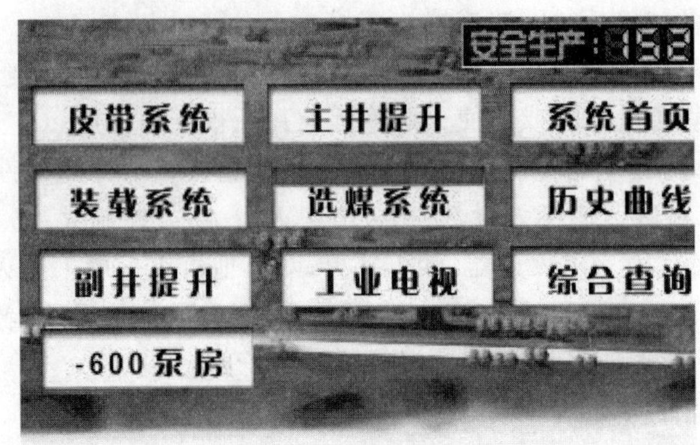

图 6-4-5　信息化矿山设备维护系统的图形系统截图

指导和调节各生产系统或环节的运行。

6.4.1.8　安全生产信息推送与公文管理

安全生产信息推送及公文管理可以通过手持终端消息、桌面短消息、井下信息显示终端等方式发布日常重要的影响安全的超限报警故障信息、生产经营信息。可以根据需要设置不同级别管理人员接受相应级别的报警、生产、经营信息，使管理人员第一时间获取所要关心的信息，便于他们及时采取相应措施，从而提高煤矿应急处理速度，提高工作效率。当矿井发生灾害或井下有严重隐患时，系统可通过井下显示终端发布相关信息和应急预案提示井下工作人员，为矿井安全生产管理提供辅助手段。

公文管理包括公文下发及归档管理，并结合信息推送系统将公文内容及时通过手持终端及桌面客户端等方式将信息推送给相关人员。实现了内部原有公文流转由纸质签报方式改为无纸化电子方式的功能，降低管理成本，加快公文流转过程。

6.4.1.9　手持终端办公门户网站

APP(application program)，即第三方应用程序。现在一般指智能手机的应用程序，又叫手机客户端。APP是目前流行的移动营销载体，是企业手机推广的核心信息传播源。手持终端办公门口网站可以将该矿的企业门户网站及该矿数字信息安全管控系统平台信息以手机客户端的方式发布，用户可以直接通过手机、平板电脑等移动终端访问门户网站，查看新闻、收发邮件、审批业务流程等日常办公，也可访问该矿数字信息安全管控系统平台进行查看煤矿报警信息。

终端及桌面客户端等方式将信息推送给相关人员，实现了内部原有公文流转由纸质签报方式改为无纸化电子方式的功能，降低管理成本，加快公文流转过程。

6.4.1.10　办公自动化系统

办公自动化系统实现公文流程电子化、事务管理电子化、资料查询电子化、信息传递电子化，实现无纸化办公。

6.4.2　信息化系统综合分析与应用

6.4.2.1　综合智能分析系统

综合智能分析系统主要解决区域环境作业评估、重大危险源识别、通风仿真智能决策分析、矿井效能评估、矿井供电网络分析、矿井火灾模拟分析、矿井地质分析、井下胶带机设备联机分析、故障影响分析、机电设备选型、采矿辅助设计及进度演算共 11 项专业分析功能模块，将数字信息安全管控系统的应用范围提高到辅助决策水平，各分析功能模块有效结合，信息无缝交互，最终完成全矿井综合自动化系统的智能分析。

以矿井安全生产综合管理系统为支撑，集成矿井安全生产、经营管理数据、综合信息管理数据和 3DGIS 基础平台，在统一的空间坐标系统下，以三维可视化的展示方式表达矿井空间、监控、经营管理数据，利用 3DGIS 的空间分析功能，形象直观地查询矿井的地质资源情况，配合专业分析模块及专业分析算法，对煤矿生产运营过程中采、掘、机、运、通、抽等相关业务系统进行分析，从而形成信息化矿井“智慧的大脑”逐步实现智能化矿山，有效的辅助安全生产和经营管理，为安全生产提供决策依据。

6.4.2.2　区域环境作业评估

通过对各子系统已接入的环境参数进行重组和计算得出每个区域的评价结果，也可结合现有其他系统(如通风瓦斯预测、安全量化评估管理系统、人员监测系统等)进行区域状态的综合评定，并在图中实时显示，系统可输入算数、逻辑等各种表达式进行运算得到评价结果。可以起到矿井安全多层防护作用，加快安全事故隐患排查效率，达到事前预警，从而提高矿井灾害预防能力。

区域环境安全等级共分为 A 安全、B 异常、C 危险、D 很危险四个等级，依次用绿、黄、橙、红来表示。

例如图形系统中可以根据某个区域的报警等级状态来显示区域的状态。A 表示正常；B、C、D 分别代表普通故障、影响生产、影响安全。

针对某个区域的状态，可以添加派生点来表示区域的状态，系统会根据报警等级表达式来分析该区域的状态，对应图形系统中也会有相应的颜色显示区域状态，鼠标移上去可以看到区域信息。作业区评估如图 6-4-6 所示。

图 6-4-6　作业区评估

图 6-4-7 为测点信息查询，点击该区域可以查看区域内的详细信息，如该区域的描述信息、该区域的所有测点相关测点信息。如果区域正常，则双击鼠标即可看到区域；如区域有危险则会根据等级自动闪烁。

6.4.2.3　重大危险源识别

根据煤矿特点，明确危险源辨识依据，并用危险性半定量评价法评价煤矿生产系统，对

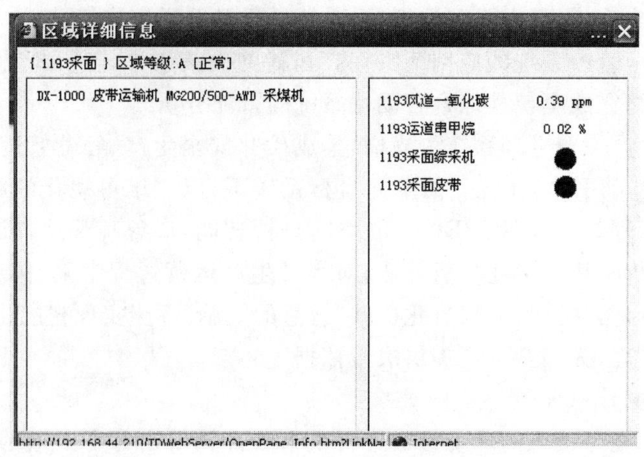

图 6-4-7 测点信息查询

煤矿的安全生产有重要作用。煤矿井下生产条件复杂多变,作业环境差,自然因素和人为因素多。重大危险源的辨识与评价对生产的本质安全化有重大作用。

根据能量意外释放理论,煤矿井下的危险源分为第一类危险源和第二类危险源等。

第一类重大危险源(危险物质):煤矿井下生产系统中,有发生重大生产事故可能性的危险物质、设备、装置、设备或场所等。

第二类重大危险源(限制、约束):因导致约束、限制第一类危险源的措施失效或破坏而有可能发生重大生产事故的各种不安全因素。

6.4.2.4 通风仿真智能决策分析

针对矿井通风系统故障定位难的问题,采用计算机模拟解算技术,结合先进的专家系统,对矿井通风管理、通风故障定位及故障处理进行模拟,通过风网解算,对风路进行诊断,定位故障位置,联合专家系统提出处理建议,从而辅助决策,提高通风系统突发故障的应变能力。

6.4.2.5 矿井效能评估

矿井效能评估可以定期对影响煤矿生产的各类因素和影响时间进行分析评估,指导管理人员对经常影响生产的环节加强管理;分析矿井生产过程中能耗与产量的关联信息,指导管理人员对各生产环节进行优化控制、节约能耗、提高产量。

一般情况下影响生产的主要因素有以下几种:

(1) 电气因素:各子系统的电气类故障导致的影响生产的因素,如变电所系统的开关跳闸、电机故障、瓦斯超限断电等。

(2) 机械因素:机械故障导致的影响生产的因素,如皮带托滚脱落、轴承故障等。

(3) 其他因素:生产过程中导致的影响生产的因素,如工作面推进延时等。

该模块主要基于自动化平台数据采集,一方面,以电气故障为主,分析设备异常停机原因、异常停机次数和时间,从而统计出生产过程中某环节的故障停机率,指导管理人员对经常影响生产的环节加强管理,降低故障发生率,为生产赢得更多的时间,保证生产正常进行;另一方面,从能耗与产量出发,分析一段时间内电量和材料的消耗量、皮带的运行时间、开机率、停机率等,从而对不同时间段的产量和能耗形成对照,指导管理人员对生产各环节进行优化控制，减少皮带空转造成的能源浪费，提高生产效率。

系统能够及时提示前一段时间内影响生产的原因和时间、故障停机率、产量与能耗、运行时间、开机率、停机率，并提供报表统计查询各环节详细信息，如图 6-4-8 所示。

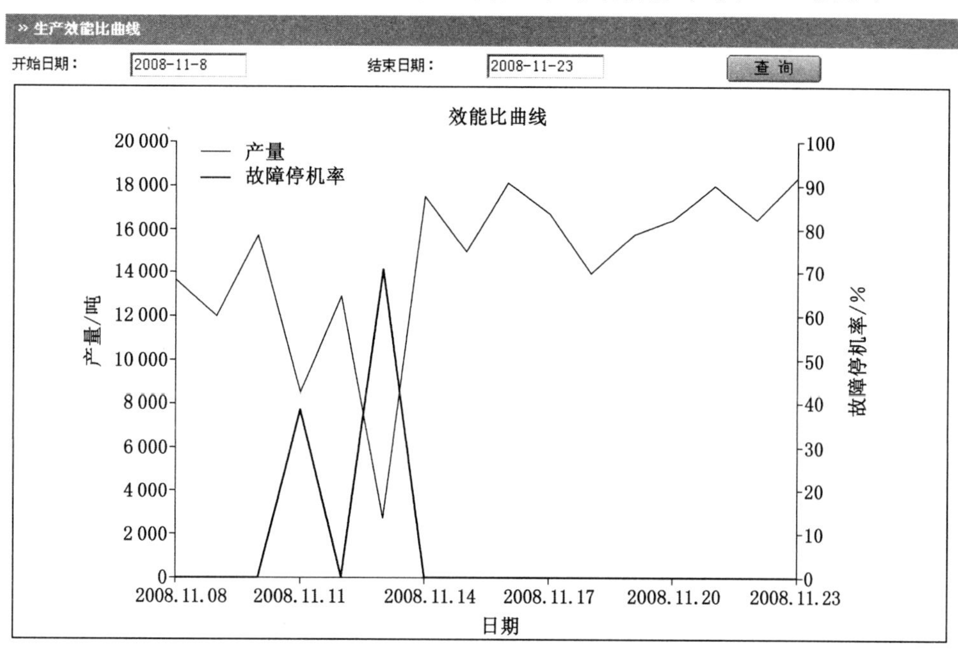

图 6-4-8　矿井效能曲线

6.4.2.6　*矿井供电网络分析*

针对矿井供电系统变化频繁、故障定位难的问题，本书采用计算机网络解算技术，结合先进的专家系统，对矿井供电计算、故障定位及故障处理进行综合分析，实现供电计算自动化。供电系统发生故障后，通过电网解算，定位故障位置，结合专家系统提出处理建议，从而辅助决策，提高供电系统突发故障的应变能力。

6.4.2.7　*矿井火灾模拟分析*

本书以 3DGIS 基础信息平台为基础，建立煤矿火灾仿真模拟系统，分析矿井井下火灾燃烧特性，结合矿井实际设定模拟边界条件，建立井下火灾燃烧模型。

在火灾燃烧模型建立的基础上，研究矿井通风特性与井下火灾燃烧特性数学模型，建立井下火灾发展趋势预测系统，为救灾控风和救灾决策提供快速有效的信息，最终能够自动提供最佳避灾、救灾路线。

基于矿井通信系统、自动喷淋防火系统、环境监测系统和通风设备控制系统，建立现代矿井的火灾救灾体系。

6.4.2.8　*矿井地质分析*

利用现有钻孔资料、已揭露煤层地质资料和区域地质资料，构建高精度三维地质模型，并叠加地表影像 DEM 数据，以 3DGIS 平台为数据结构组织，能够对地质模型进行各种剖切分析，生成各类剖面图，有效地组织和管理断层、陷落柱、含水层、高应力区域信息，为采掘过程中可能遇到的危险源提前预警，为安全生产提供保障。

6.4.2.9 井下胶带机设备联机分析

对井下胶带机运输设备(胶带机、给煤机、煤仓、变频设备、调速设备、供电等)进行分析,得出胶带机最大运输能力、最佳产出能耗比、最佳设备速度匹配比、最佳供电匹配、设备瓶颈等。

6.4.2.10 运输协调分析

针对运输整个环节的协调运行,对运输环节最大量分析计算、利用监控数据对运输环节情况进行调整推荐,为运输材料或设备提供最佳运输方案,协调运输各个环节。

6.4.2.11 选煤厂流程的联机分析

对选煤设备(胶带、洗选设备、煤仓、装车、供电设备等)进行分析,得出洗选环节协调与配合,得出洗选煤源设备运行最佳方式、胶带、煤仓、洗选、装车最大产能、最佳产出能耗点、供电匹配、洗选设备瓶颈等。

6.4.2.12 故障影响分析

基于3DGIS基础信息平台和信息整合技术,根据停电影响区域,动态提示所处环境的故障状态、故障影响的设备重要等级,对故障影响等级高的设备应要求解决时间,并关联预案。

6.4.3 矿井辅助设计

6.4.3.1 采矿辅助设计及进度演算

生产辅助设计系统主要指矿建、采掘工程辅助设计,包括巷道断面设计、交叉点设计、采区变电所设计、煤仓设计、水仓设计、采区车场设计、循环作业图表、采掘衔接计划编制、炮眼布置图和工作面设备布置图等内容。该系统包括采、掘、机、运、通等各个专业,并使各专业之间的衔接紧密联系,设计使之有效发挥最佳作用。

6.4.3.2 矿井综合管网

建设以3DGIS基础信息平台为基础的矿用给水系统,该系统满足给水管网的数据采集、管理、图形处理、信息查询、编辑、转换等。建立基于三维可视化方法的管网分布模型,能够在该模型系统基础上进行给水网络分析,通过自动化监控系统获取各个给水节点水头压力进行供水网络优化布置,实时进行网络自诊断,及时发现供水事故点,在三维场景中定位,及时通知相关人员进行检修。

排水系统以排水管网、水泵功率、排水能力、水仓容量等为基础条件,利用排水网络分析功能做到合理控制水泵的开机,做到适时开机,最优化开机,最终实现自动化智能控制排水。

6.4.4 信息化矿山软件平台管理系统

6.4.4.1 三维矿山信息管理系统

三维矿山信息管理系统是矿山信息化建设的核心之一。该系统负责矿井专业表现算法封装,为可视化表现提供专业的算法支持。从架构上讲整个平台分为数据中心、企业管理器、空间数据采集系统和企业应用平台四个部分。

(1) 数据中心为核心模块,主要负责空间数据的存储组织和矿用对象的管理,是对关系数据库支持面向对象功能的专业化延伸,该功能完全从底层开发。

(2) 企业管理器为企业数据管理配置中心,该功能模块一方面支持从矿用对象的角度组织数据目录。这另一方面从煤矿生产系统的角度组织数据目录,两种模式从不同的角度管理数据,为数据配置管理、查询检索、可视化以及信息的挖掘分析提供工具。

(3) 空间数据采集系统基于数据中心以2DGIS为支撑平台,按照煤矿生产系统构成和业务布置流程,以可视化交互的方式完成空间数据的采集功能。

(4) 企业应用平台同样基于数据中心把煤矿生产系统以3D模型和2D图形的形式展示出来,并实现信息的查询、漫游、定位及2D和3D数据的联动。用户可通过企业管理器的配置实现与全矿井综合自动化的平滑集成,能够实现矿井设备、人员、环境状态的实时展示,同时根据需要客户可加载通风网络、供电网络等专业分析。

三维矿山信息管理系统架构如图6-4-9所示。系统包括矿山生产的各环节的全面三维化:测量、地质、凿岩、爆破、出矿、运输、提升、排水、机电等。

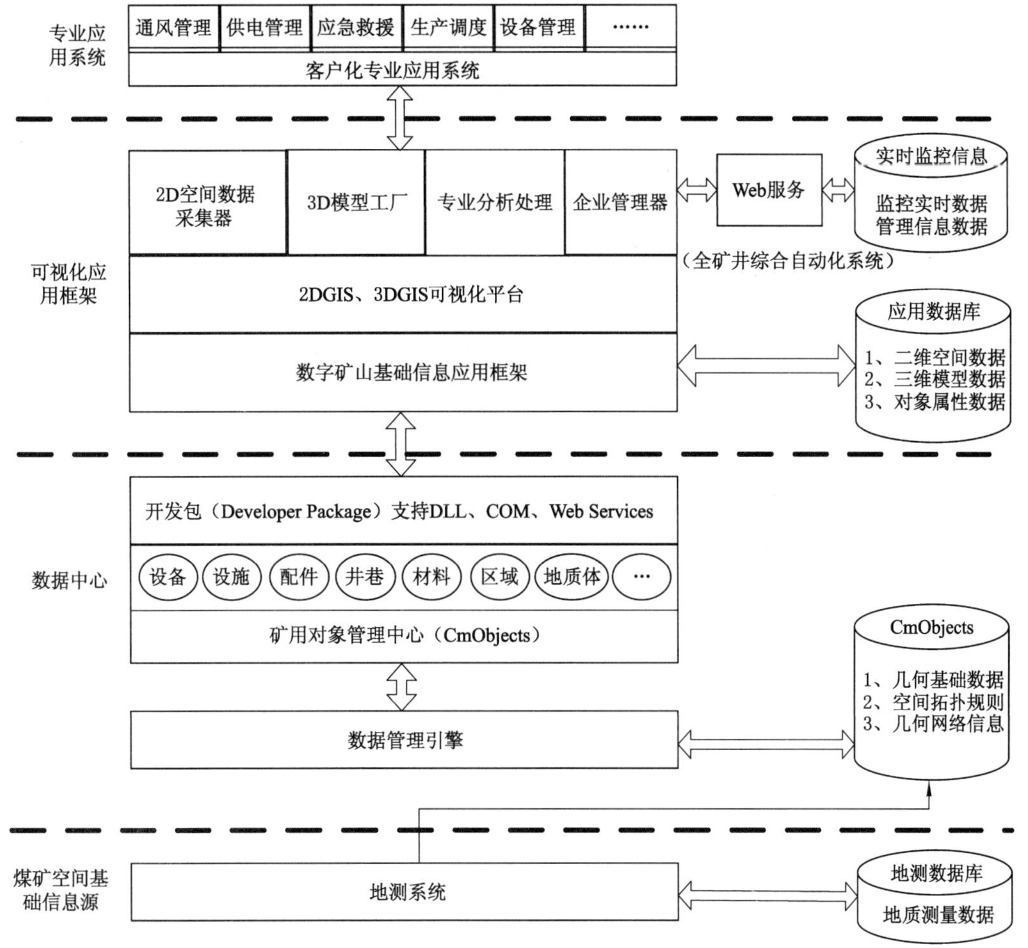

图6-4-9 三维矿山信息管理系统架构图

6.4.4.2 地测数据及图件管理系统

地测数据及图形管理系统能够处理已有的地测数据、图纸,建立标准的地测数据库、地测图库。接受生产勘探和采矿作业的地质测量数据,包括勘探线数据、矿石体重数据、剖面数据、样品化验数据(包括钻孔、槽探、坑探、炮孔的取样)、测斜数据、开孔坐标等资料,自动对控制点进行坐标换算。

该系统支持全站仪、GPS、经纬仪等测控设备的数据导入。支持各种地测图件、表格自动生成(钻孔柱状图、勘探线剖面图等),实现测量数据、地质资料等原始编录的数字化,自动生成钻孔柱状图、地质剖面图、勘探线布置图、矿区地质地形图、矿体水平剖面图等各类专业图件。地测数据和图件管理界面如图 6-4-10、图 6-4-11 所示。

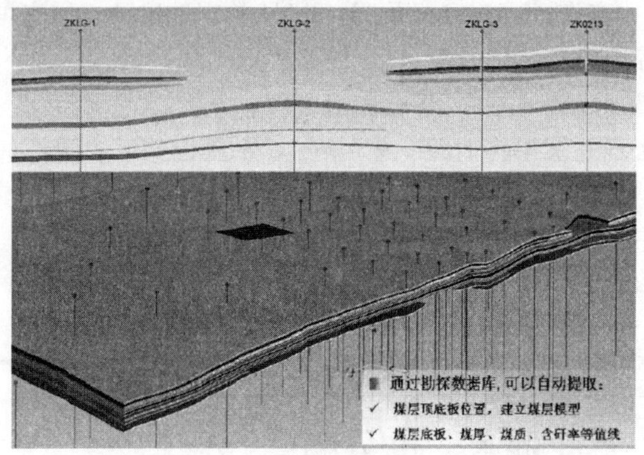

图 6-4-10 地测数据

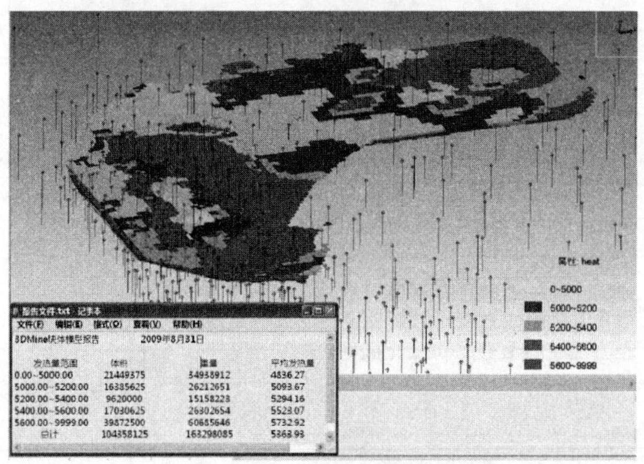

图 6-4-11 图件管理

6.4.4.3 三维矿体模型

在数字化原始编录的基础上,采用最先进的三角网建模技术,运用控制线和分区线联合方法,任意形态的物体都可以通过一系列的散点或剖面创建地质模型,如矿体模型、夹石模型、区域地层模型、构造断层和破碎带模型、煤层模型以及其他任意实体模型,构建三维数字化地质模型。

在地质模型的基础上,通过多种储量计算方法比较(包括传统储量计算方法块段法、断面法和国际通用的地质统计学储量计算方法包括距离幂次反比法和克里格法),结合国内储量计算的现状和实际需求,采用最佳的矿体边界拟合和储量计算方法构建三维矿体模型。利用三维矿体模型,可方便地进行井下采矿工程优化设计、采矿工艺模拟、采矿制图等。

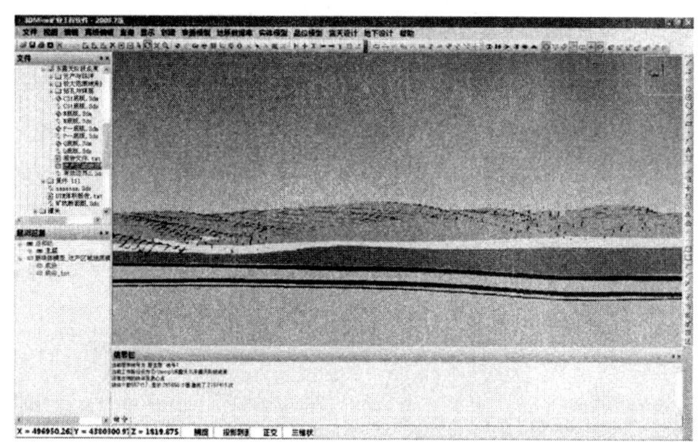

图 6-4-12　三维矿体建模

6.4.5　信息化矿山运行模拟系统

6.4.5.1　采场验收与储量动态管理

煤矿储量是随矿山地质、测量以及采矿生产的推进而变化的。在三维矿体模型(图 6-4-12)的基础上,可建立储量动态管理模型,同时优化三级矿量管理,从而保障生产连续、高效地进行。

采场验收包括采场采矿工程验收和矿岩量验收。结合数字矿体模型,计算生产矿量、采准(备采)矿量和保有矿量,计算损失率贫化率。根据验收结果,定期修正采场开采境界,定期修正数字矿体模型,能为下一个阶段采矿设计提供更合理的基础图件和数据。

动态储量管理包括两方面内容:根据不同的阶段补充的地质、测量、物探、化探等资料动态修订矿体边界;根据不同经济指标包括矿产品价格、开采成本、损失贫化、综合利用等情况动态修订矿体形态。

6.4.5.2　采掘进度计划编制

采掘计划是矿山生产经营计划的核心。它规定下一周期计划开采的位置及具体工程量,确保上级规定的产量与质量任务的完成。采掘任务规定后,才能编制生产经营计划中的设备计划、物资供应计划、成本计划、基建计划及技术措施等。

该子系统的目标如下:

(1) 优化矿山中长期采掘计划及年度采掘计划,合理安排采掘计划工程的空间位置及数量;

(2) 落实季、月、周、日、班短期计划,确保年度计划及长期计划的实现;

(3) 编制矿山综合计划,充分利用企业人、财、物等资源。

该系统的功能如下:

(1) 编制中长期及年度采掘计划。以数字矿体模型为基础,根据设备管理子系统提供的设备状态信息,实现多方案编制计划,以便优选,保证计算机编制的计划能全面完成产量、质量、二级矿量等指标,并充分发挥设备效率,实现高效率开采工作。

(2) 编制月、周、日计划。在年度计划指导下,根据数字矿体模型中的水平面图及储量分布数据,在年度采掘计划的推进范围内,依据生产调度子系统传输的日实际产量、备采矿量信息及设备管理子系统传输的设备运行信息,综和采用 3D Mine、运筹学等方法进行计划分解,实现年上级计划规定的当月、当周、当日应完成的任务指标,落实具体开采地点、开采数量与矿石质量指标。

(3) 编制综合计划。在采掘计划的基础上,综合考虑企业的人、财、物等资源,从设备配置、材料供应、劳动力组织、资金保障等各方面保证采掘生产任务的顺利完成。

6.4.5.3 采矿生产统计系统

该子系统负责矿山技术经济指标及生产经营状态的统计分析,为矿山挖潜改造及管理者决策提供主要依据。

该子系统的主要功能有:统计采掘计划及其他计划的执行情况;统计全矿主要技术经济指标;形成矿山企业综合统计台账,提供各种报表及信息等。

6.4.5.4 模拟开采系统

该模块的主要功能是进行采矿设计、模拟采矿(现阶段主要是模拟爆破、通风等)、优化采矿作业工艺参数,为编制采掘进度计划提供工艺支撑。

1) 采矿设计子系统

如图 6-4-13 所示,采矿设计子系统包括开采境界优化设计、开拓系统优化设计、采矿方法设计优化和采矿工艺参数优化设计。通过数字化矿体模型提供的相关图件和数据,结合开采工艺的要求,利用计算机技术辅助设计开拓、采准、回采工程(露天矿为开拓、穿孔、爆破),为采掘(剥)计划编制提供基础。

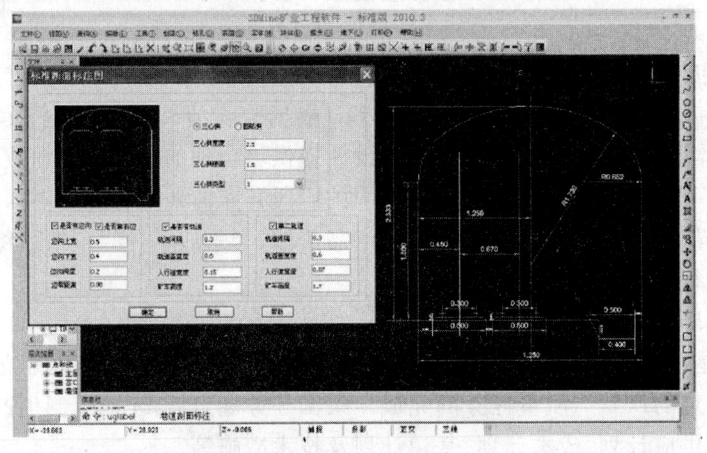

图 6-4-13 采矿设计子系统

2) 模拟爆破子系统

模拟爆破子系统如图 6-4-14 所示。该系统的主要作用是通过计算机模拟矿石爆破效果的分析,优化爆破工艺参数,为采矿工艺的优化提供依据。计算机模拟爆破涉及爆炸力学、岩石力学、计算机仿真等多门学科,而且矿山个体差异很大,现场影响因素很多,本规划推荐将该子系统作为定制开发项目。

3) 模拟通风子系统

模拟通风子系统如图 6-4-15 所示。该系统的主要作用是通过计算机模拟井下通风效果,优化地下各井巷的通风流量,为通风设施的布置提供依据。计算机模拟通风涉及流体力学、计算机仿真等多门学科,而且矿山个体差异很大,现场影响因素很多,本规划推荐将该子系统作为定制开发项目。

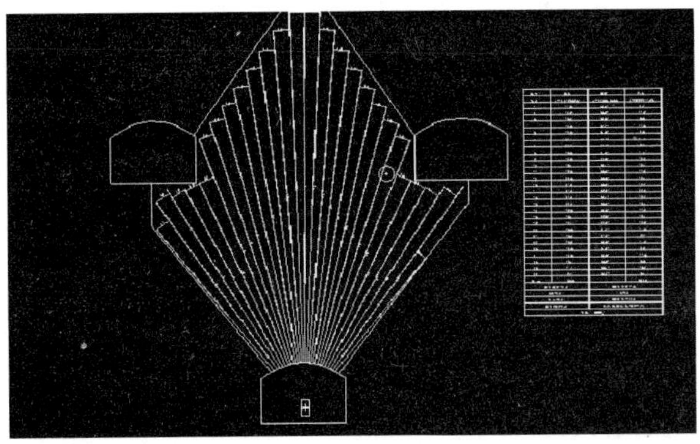

图 6-4-14　模拟爆破系统

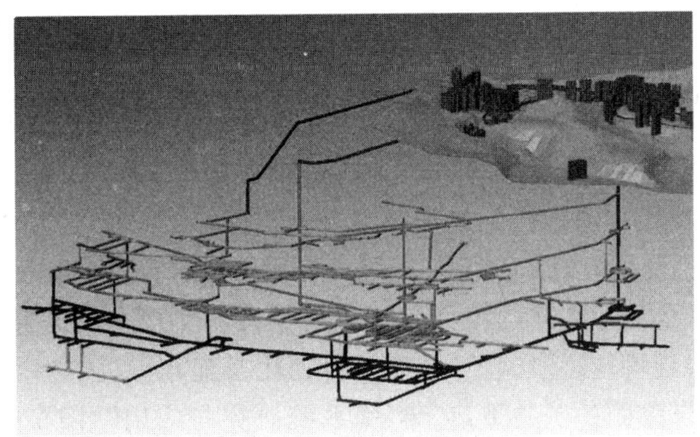

图 6-4-15　模拟通风系统

第七章 阳煤智能化典型实例成绩成果与标准

7.1 阳煤集团科技成果

近年来，阳煤集团实施创新引领发展战略，建立以企业为主体，产、学、研相结合的科技研发体系，在煤矿自动化、信息化、智能化开采技术领域，取得了丰硕成果，积累了相关经验。

7.1.1 科研成果

近三年来，阳煤集团省部级项目成果鉴定 86 项，达到国际领先水平的 16 项，达到国际先进水平的 43 项，达到国内领先水平的 17 项，达到国内先进水平的 10 项。其中阳煤集团自动化、智能化科研项目 7 项进行了省部级鉴定，获得国际领先 1 项、国际先进 4 项、国内领先 2 项。“智能矿山建设关键技术与示范工程”“矿用综采自动化工作面 4G 无线网络传输系统”“高瓦斯矿井综采自动化工作面记忆截割三角煤自动化技术的研究与应用”等 3 个项目获得中国煤炭工业协会科技进步奖。“采煤机自动化及配套三机集控系统应用研究”获山西省科技进步奖。“阳煤集团一矿井下信、集、闭系统研究与应用”“阳泉矿区复杂条件大采高智能化开采综合技术研究与应用”“高瓦斯复杂条件下厚煤层大采高智能化开采综合技术研究与应用”“矿井安全生产及瓦斯抽采监控可视化系统”“新元公司 3205 综采工作面自动化系统的研究与应用”等 5 个项目获得阳泉市科技进步奖。

“智能矿山建设关键技术与示范工程”项目获 2014 年度中国煤炭工业协会科学技术进步奖特等奖。该项目针对我国煤矿综采工作面生产过程复杂、开采装备系统庞大、作业环境恶劣等特点，研究提出了综采工作面智能化生产模式，攻克了综采成套装备感知、信息传输、动态决策、协调执行、可靠性等关键技术，研制出了具有自主知识产权的综采成套装备智能系统，实现了综采成套装备顺槽控制的智能化开采。阳煤新元矿 310205 工作面首次应用采煤机牵引速度与瓦斯浓度联动控制，提升了高瓦斯复杂地质条件综采工作面的安全性，提高了生产效率。现场应用证明，综采成套装备智能技术能减少工作面内的操作工人，平均每生产班可减少 5～7 名操作工；将工人从危险、恶劣的采场解放到相对安全的顺槽监控中心，显著降低工人的劳动强度，为我国智能化无人操作开采，尤其是薄煤层工作面开采开拓了新途径。该项目取得以下创新成果：(1) 首次以采煤机记忆截割、液压支架自动跟机及顺槽可视化远程遥控为基础，以成套装备控制系统为支撑，以自适应采煤工艺、融合“人、机、环、管”过程数据的控制为核心，实现智能采高调整、斜切进刀、连续推进等功能的智能化煤炭开采模式。(2) 发明了以工作面工业以太环网为平台的具有分析处理功能的环境及装备智能感知系统。实现了煤壁片帮、液压支架姿态、采高感知，具有视频跟机推送、视频拼接功能的全工作面视频监视和数据驱动三维虚拟现实展现。(3) 创新研发了以高性能工业计算机为控制核心，以工作面环境、人员、设备智能感知为基础，以煤流系统负荷为决策依据的采煤机、液压支架、刮板输送机动态分析、决策智能联动控制系统。首创人机交互界面友好的顺槽可视化远程遥控一体化监控中心，采用高速现场总线内部控制专线，实现了综采设备远程实时控制，在顺槽监控中心远程遥控最远的支架控制信号传输延迟不大于 300 ms，并能在顺槽监控中心“一键”启停成套装备。(4) 首次将角度、接近、行程、压力、激光测距仪等多种传感器用于工作面围岩检测，实现采煤机、液压支架、刮板输送机三机自适应、自保护、联合协同作业。

“智能帮山建设关键技术与示范工程”项目共获得发明专利 13 项，其中，实用新型专利 11 项，外观设计专利 2 项。经中国煤炭工业协会组织鉴定，项目研究成果达到国际领先水平。

“矿用综采自动化工作面 4G 无线网络传输系统”项目获得 2015 年度中国煤炭工业协会科学技术进步奖二等奖及 2014 年度阳泉市科学技术进步奖一等奖。本项目对煤矿综采工作面用 4G 矿用无线网络传输系统进行研究与开发，在煤矿综采工作面建立大带宽无线网络传输系统，实现综采工作面视频数据和自动化控制传感器数据通过无线网络无缝传给煤矿综采工作面自动化控制系统，实现综采工作面的自动化控制和辅助人员的集群调度。助力实现煤矿综采工作面的自动化控制和远程遥控，做到综采工作面少人化和无人化，减少事故对人员的伤害。该项目煤矿综采工作面用 4G 矿用无线网络传输系统，单基站可无线覆盖 300 m 宽综采工作面；可实现两路高清视频无线上传；实现综采工作面视频数据和自动化控制传感器数据无线上传无缝接入工作面自动化控制系统。

该项目通过对阳煤一矿 S8310 大采高无人值守工作面的应用研究，总结分析了工作面采煤机数据、液压支架数据、刮板输送机的“三机”数据均可通过 4G 无线网络传输系统进行传输，同时总结分析了转载机、破碎机、顺槽胶带输送机、设备列车、水质净化处理和乳化液自动供液系统等数据也可通过 4G 无线网络传输系统进行传输，保证了数据传输的实时性和图像的真实性。同时也为地面人员下达的指令能够及时实施提供了技术上的支持，为综采工作面自动化控制系统提供一个带宽大、速率高、延时小、穿透能力强、数据传输稳定、安全可靠的无线传输通道，并使有线传输通道和无线传输通道互为备份，保障了数据传输的可靠性，使得综采工作面自动化控制系统远程化、智能化、无人化控制成为可能。矿用本安型手机具有故障远程视频会诊功能和远程语音指挥调度功能，可实现井上、井下的远程视频会诊、快速处理事故，及时恢复生产，节省专家下井现场勘探的宝贵时间，减少故障维修时间，显著提高生产效率，具有较好的推广应用前景。项目于 2015 年 3 月 13 日通过中国煤炭工业协会鉴定，该研究成果整体达到了国际先进水平。

“阳泉矿井综采工作面智能化控制关键技术研究与应用”项目获得 2016 年中国煤炭工业科技进步二等奖，项目是由阳煤集团与中国矿业大学合作完成的。该项目研发了综采工作面采煤机、液压支架、乳化液泵站、三机及顺槽辅助设备自动化集成控制系统，实现了采煤机自适应记忆截割、液压支架自动化跟机作业、采煤机割煤速度与瓦斯浓度的联动控制、泵站供液压力动态输出稳定性控制与远程供配液自动化等功能，实现了综采工作面的自动控制。揭示了高瓦斯矿井综采工作面采煤速度对瓦斯涌出的影响规律，建立了基于瓦斯浓度的综采设备联动控制系统及综采工作面瓦斯浓度监测体系，实现了高瓦斯矿井自动化工作面的安全高效生产。采用 4G 网络、工业以太网、无线网络数据传输与通信技术，构建了矿井综采工作面远程监控系统平台，实现了综采工作面装备的远程自动监控与故障监测。该项目整体达到国际先进水平。

“阳泉矿区复杂条件大采高工作面自动化技术研究与应用”项目获得2014年中国煤炭协会科技进步一等奖。该项目由阳煤集团、北京中矿金岳能源科技有限公司、北京天地玛珂电液控制系统有限公司、北京唐柏通信技术有限公司共同完成。项目针对阳泉矿区软煤岩、高瓦斯、多断层复杂地质条件，研发了大采高综采工作面自动化系统，实现了工作面设备运行状态信息化监测监控，通过自动协调匹配或人工远程干预方式，实现工作面自动化高效生产。开发了工作面端头采煤机割三角煤自动控制程序，实现了端头三角煤的自动割煤工艺，简化了工作程序，提高了生产效率。建立了采煤机割煤速度和瓦斯浓度之间的关联控制方法，通过检测回风巷的瓦斯浓度，控制采煤机牵引速度，保证了工作面的安全生产。研发了无轨移动式设备列车，提高了工作效率，降低了工作强度。通过4G网络的应用，解决了工作面布线复杂、故障判断处理困难等问题。项目在阳煤一矿的应用，取得了良好的经济效益。研究成果达到国际先进水平。

“高瓦斯厚煤层一次采全高综采技术试验研究”项目由阳煤集团与中国矿业大学合作完成。针对阳煤老矿区15号煤层首个大采高工作面一矿S8310的实际情况，对大采高综采采场覆岩运动规律与矿压显现特征、综采面关键设备选型配套、采场围岩和支架稳定性控制技术、综采面煤壁片帮机理及控制技术、大断面巷道围岩稳定性控制技术以及瓦斯综合防治技术等进行了深入研究，形成了阳泉老矿区15号煤层高瓦斯厚煤层一次采全高综采技术体系。基于光纤传感技术的相似模拟试验，研究了煤岩体应力变化及变形破坏规律，为研究煤岩体变形提供了新的实验监测手段；提出了厚软煤层破碎软弱顶板大断面煤巷极限跨距综合计算方法，构建了厚软煤层大采高综采大断面回采巷道上覆岩层的力学结构形态；提出了厚软煤层大采高综采面煤壁存在片帮的“圆弧状滑动面”，并实施了相应的控制措施；构建了阳泉矿区高瓦斯大采高综采面瓦斯综合治理体系。研究成果达到国际先进水平。

“采煤机自动化及配套三机集控系统应用研究”项目获得2016年煤炭工业协会科技进步二等奖，获得2017年山西省科技进步三等奖。该项目针对采煤机自动化及配套三机集控系统的实际需求，采用了状态监测技术、无线网络传输技术、优化控制技术等，研究设计了三机集控的八个子系统，实现了井下顺槽监控中心、地面协同监控中心的互联互通和综采工作面的自动化生产。设计了基于MESH网络的综采工作面机电装备无线通信系统，实现了煤矿井下机电装备运行参数、语音、视频图像数据的实时传输。提出了一种基于双坐标系的采煤机滚筒截割路径控制方法及基于环境条件变化的模糊优化控制方法，提高了采煤机记忆截割路径执行的准确性。基于小波包变换理论的能量-相关性滤波方法，实现了对含有复合噪声的传感信号的除噪，利用模糊逻辑-概率神经网络的多传感信息融合方法，建立了综采装备的状态空间模型，实现了对综采装备工作状态的准确判断。该系统在阳煤二矿71507综采工作面投入运行。应用情况表明，系统稳定，使用效果良好。技术成果在同类研究中达到国际先进水平。

“高瓦斯矿井综采自动化工作面记忆截割三角煤自动化技术的研究与应用”项目获得2016年中国煤炭工业协会科技进步二等奖。项目由阳煤集团公司、山西新元煤炭有限责任公司和北京天地玛珂电液控制系统有限公司合作完成的。该项目研发了高瓦斯煤矿综采工作面采煤机速度动态控制系统，可根据工作面瓦斯浓度控制采煤机牵引速度，使采煤机速度达到最佳状态，提高了开采的安全性能和生产效率。优化了综采工作面三角煤截割工艺，采用提前过架超前支护，实现了采煤机记忆截割三角煤和支架自动化跟机功能，提高了三角煤区域的割煤效率。将采煤机割煤速度、液压支架跟机移架和泵站供液能力相结合，研制了根据采煤机速度决定支架移架速度及泵站供液能力相匹配的自动化系统。项目在新元矿 3107 工作面使用，系统稳定，效果良好，达到了减人提效的目的，研究成果达到国际先进水平。

7.1.2　理论成果

近年来，阳煤集团涉及自动化、智能化开采的理论成果有 30 余篇。其中，"综采自动化系统在阳煤集团一矿 S8310 大采高工作面的应用"分析了阳煤一矿 S8310 大采高工作面的概况，介绍了 S8310 大采高工作面综采自动化系统架构及实现的功能，详细阐述了 S8301 大采高工作面综采自动化系统的应用情况，最后分析了 S8301 大采高工作面综采自动化系统的应用效果。"综采自动化控制系统在新元煤矿的应用"分析了综采设备手动操作存在的问题，介绍了阳煤集团新元煤矿 310205 综采工作面的概况和主要设备选型，设计了综采自动化控制系统，详细阐述了该系统的系统构架和实现的功能。该系统的应用提升了新元煤矿的自动化水平、减少了工作面的工作人员和提高了矿井的生产效率，同时能将工作面的信息快速上传到地面调度指挥中心，为新元煤矿的生产管理提供了便利。"自动化综采不是梦"介绍了 2012 年伊始，北京天地玛珂电液控制系统有限公司（简称天玛公司）与阳煤集团合作，以新元公司为试点，在煤矿自动化综采工作面项目应用上"强强联合"，相继在支架跟机作业自动化、采煤机远程控制和记忆截割自动化、采煤机牵引速度与瓦斯浓度联动控制自动化等技术上实现了突破。"新元公司 3205 综采工作面自动化系统的研究与应用"总结了新元矿 3205 自动化综采工作面的成功安装及试生产，实现了采煤机牵引速度与瓦斯浓度联动控制、记忆截割、支架跟机作业、远程供配液、运输系统集中监控、矿压观测等功能，大大降低了劳动强度，提高了生产效率，值得推广使用。

7.1.3　专利

阳煤集团鼓励技术创新和技术发明，保护知识产权，2011—2017 年期间申请专利 397 项，其中发明专利 69 项，发明专利授权 23 项。

7.2　企业标准

阳煤集团自推广自动化开采后，共投入 27 套自动化设备。为了更好地开展自动化工作，阳煤集团制定了相关的技术规范，设备配置要求等，以推进集团公司自动化、信息化、智能化建设。

7.2.1　阳煤集团综采自动化管理

7.2.1.1　自动化工作面管理

1）综采工作面基本要求

（1）优化设计工作面走向长度、倾斜长度，原则上采用大走向、大采长布置，工作面储量至少满足一年的开采周期，中厚煤层储量在 150 万吨以上，厚煤层储量不低于 300 万吨。

（2）采区、工作面地质构造要简单，原则上一个工作面内大型地质构造不得超过 3 个。采区设计前必须完成地面三维地震勘探工作；回采工作面圈出后，必须完成无线电波坑道透视工作。

(3) 合理布置顺槽巷道及工作面，最大限度减缓巷道坡度和减少巷道起伏段，切巷断面必须满足工作面安装及初采需求。

2) 巷道工程要求

(1) 合理确定顺槽巷道支护强度，为综采自动化做好基础，建议采帮侧采用“玻璃钢锚杆＋塑质托板”等支护形式代替锚索锚杆支护，降低退锚难度，保证采煤机割三角煤及自适应截割、记忆截割的连续性。

(2) 采空侧动压巷道在掘进时配合动压巷道治理技术，主动对巷道采取加固措施；采空侧巷道及超高段巷道要保证支护质量，具体要求按照阳煤生字〔2012〕1364 号文件执行。

(3) 保证顺槽巷道断面，必须满足行人、运输、通风、设备安装、检修施工的需要，具体要求按照阳煤生字〔2012〕63 号文件执行；使用端头支架的巷道断面要求，按照阳煤生字〔2013〕683 号文件执行，在回采过程中最小断面不得低于设计断面的 80％。

3) 综采工作面安装准备

(1) 要求在综采工作面作业规程中编制自动化系统设计安装规范，工作面现场要根据系统设计安装规范布置自动化系统及设备并进行安装；在作业规程中要编制自动化开采工艺，规定自动化系统培训、操作、维护的具体要求。

(2) 辅助运输要求在有条件的采区、工作面推广使用无轨胶轮车；不具备条件的要配备无极绳连续牵引车，降低辅助运输工程量。

(3) 加大瓦斯抽采力度，提高钻机钻进效率，保证预抽时间，优化钻孔抽采方式，改进管路连接，提高抽采率，保证开采前瓦斯抽采指标达到规定要求，满足生产条件。

4) 设备安装与系统调试

(1) 在工作面设备安装时，要将自动化的配套设施同步进行安装，并且要求同时安装完成；在工作面初采过程中应完成自动化系统程序调试，在工作面初采结束后 15～20 日内完成自动化系统调试，未完成自动化系统调试的工作面不得开采。

(2) 要求在支架安装前智能配液系统必须投入使用，不得使用临时性配液系统。

(3) 加强支架电液控制系统维护，电液控设施要采取防水、防尘措施，保证人机界面、控制器、综合接入器等设施的清洁，保证各类传感器传输正常，确保支架各种立柱、千斤、阀组、管路无跑冒滴漏现象。

(4) 工作面在开采过程中要确保自动化集中控制系统的正常运行，系统软件要及时更新，系统硬件设施要加强保护，线路连接正常，避免折断损坏，造成数据丢失。

(5) 确保设备在工作面开采过程中联动运行的稳定性，各种数据采集上传要及时准确，刮板机、转载机、破碎机、皮带机的各类保护要齐全可靠。

7.2.1.2 自动化系统管理

1) 液压支架电液控制系统

(1) 电液控支架配液用水，必须经过物理过滤和软化处理，颗粒物小于 25 μm，乳化液必须经过高压过滤站过滤。

(2) 电液控支架用水和浓缩物必须满足《煤矿企业矿山支护标准—液压支架(柱)用乳化油、浓缩物及其高含水液压液》(MT76－2002)标准要求，配比浓度为 4％～5％。每天要对乳化液浓度进行一次检测，每月将配液用水及乳化液送检一次，如发现不合格及时采取措施，并将检验报告归档保存。

(3) 配备乳化液自动配比装置，具备自动吸油、配液、供液功能，具备浓度自动检测功能并能够将浓度数据实时传输到集中控制中心。

(4) 乳化液泵站具备事故预警及保护功能，具备电液控制卸载功能，实现乳化液泵站的空载启停。

(5) 泵站系统必须配置储能器，储能器内充氮气压力不低于系统额定压力的70%。

(6) 高压过滤站要具备按时间和压差参数设定自动反冲洗功能，每天进行一次反冲洗；回液过滤站和支架反冲洗过滤器要根据使用情况进行反冲洗。

(7) 先导滤芯在使用过程出现异常情况下及时检查、更换，保证先导阀正常运行，支架反冲洗过滤滤芯、高压过滤滤芯、回液过滤滤芯至少每3个月进行一次检查，发现堵塞立即更换。

2) 顺槽集中控制系统

(1) 要求对工作面各设备集成运行工况显示，可实现对采煤机、支架的集中操作，对刮板输送机、转载机、破碎机、顺槽胶带机、泵站的启停控制，并实现对设备的本地、远程和自动三种方式的相应联锁。

(2) 对采煤机工况显示，主要包括：启停状态、电压、电流，牵引方向、速度，左、右滚筒采高，采煤机在工作面的位置等。

(3) 对运输机的工况监测显示，主要包括：运输机的启停状态、电机绕组与负荷侧轴承温度、冷却水压力、流量、温度，减速器输入轴轴承温度、油温、油位等。

(4) 对液压支架工况监测显示，主要包括：各支架编号、压力值、推移行程及工作面的推进度、支架动作状态、主机与工作面控制系统通信状态等。

(5) 对自动配液系统工况监测显示，主要包括：乳化油油箱油位、水箱水位、乳化液浓度、自动配液及供液情况等。

(6) 对泵站系统工况监测显示：泵的启停状态、泵站出口压力、泵站油温、油位、乳化液浓度、液箱液位等。

(7) 要求显示支架跟机视频及各转载点监控视频，工作面设备与监控中心各主控计算机的通信状态拓扑图要完善。

(8) 工作面组合开关和刮板输送机变频控制器信息显示，包括状态、电流、电压、功率、漏电、缺相、过载、各种故障状态、数字信号的反馈等。

(9) 工作面瓦斯及环境监测、监控系统全部融入集中控制系统，实现信息共享。

(10) 工作面语音系统状态显示，包括：语音闭锁状态显示、急停状态显示和闭锁位置显示(闭锁的架号)。

(11) 要求所有数据能够存储、分析、查询、上传，并具备对自动化系统历史故障查询功能，所有故障进行记录与存储。

7.2.1.3　机电设备

1) 采煤机

(1) 配备顺槽工控机(动力载波接线盒)。

(2) 配备本安操作台。

(3) 具备就地、遥控、远程遥感控制功能。

(4) 安装行走、调高定位的编码传感器及远红外发射器。

(5) 采煤机具备在工作面定位的自动修正功能。

(6) 采煤机具有摇臂智能调高的功能,能够实现记忆割煤。

(7) 安装采煤机瓦斯浓度联控传感器,实现采煤机速度随回风瓦斯浓度变化的自动调节,并实现相关数据上传。

(8) 抗磨液压油、齿轮润滑油须使用高品质油脂且油脂牌号和注油量必须按说明书要求加注。

(9) 采煤机内、外喷雾要齐全,压力要符合相关规定。

2) 液压支架

(1) 支架外露的管件接口入井前必须专用堵头封堵好。

(2) 涉及电液控支架配套的部件(各种传感器、支架控制器等)待支架安装到位后进行组装。

(3) 用于电液控控制的各种传感器及连接电缆(倾角、压力、接近、红外接收器、摄像头等)要安装到位,根据实际数量配备,不得缺失。

(4) 支架初采调试前,应经程序存储棒或电液控主机输入支架控制器应用程序/人机界面应用程序。

(5) 根据顶板的实际情况开启支架的自动补压功能。

(6) 按照工作面液压支架实际情况配置工作面液压支架电液控制系统运行参数。

(7) 支架安设的摄像仪必须配备高强度照明设施,并且摄像仪要具备红外补光和跟机显示功能。

3) 刮板输送机、破碎机、转载机、电缆拖挂装置

(1) 电动机、减速器冷却水的流量、压力必须满足冷却用水要求,其压力值必须符合说明书要求。

(2) 机头、机尾监测装置之间的连接线缆须加以防护,接头必须加以固定,并平稳放置于电缆槽托线架中。

(3) 监测装置配套的各种传感器及线路安装时必须加以防护,并保证在运行及其他情况下不被损坏。

(4) 工作面刮板运输机必须和采煤机实现可靠的电气闭锁,遇紧急情况时采煤机可对运输机实现急停。

(5) 工作面刮板运输机、转载机及破碎机配备语音通信系统,采用本安控制器,以文字及动态图形的方式显示包括设备运行状态、沿线电缆状态、沿线电话状态、传感器状态、各检测点的输入数值、控制器自检信息、控制连锁设备闭锁或启停状态。

(6) 刮板运输机驱动部的减速器和电动机配备运行状态监控装置,对转载机和破碎机的电动机配备运行状态监控装置。各减速器测点包括润滑油油温、油位,高速轴轴承温度、冷却水水温、流量、压力;电动机测点包括定子绕组、负荷侧轴承温度,以实现对减速器、电动机的运行状态的实时监测、监控,并实现数据上传。

(7) 电缆拖挂装置要具有电液控制的推拉和刹车自锁机构,并能实现远程操作或程序动作。

4) 顺槽胶带输送机

(1) 对顺槽胶带输送机进行启停控制,采用本安控制器,以文字及动态图形的方式显

示：设备运行状态、沿线电缆状态、沿线电话状态、传感器状态、各检测点的输入数值、控制器自检信息、其他连锁设备运行状态等。

(2) 配套使用胶带输送机自动张紧装置和自动卷带装置，配套使用带有功率平衡的变频调速装置。

(3) 配套使用沿线通信装置，且要求机头部位语音电话（智能电话）具备就地启停皮带机的操作功能，靠近机尾段语音电话具备拉线急停功能或加装拉线急停装置。

7.2.1.4 信息化系统基本要求

(1) 井上调度要建立配套的自动化工作面监测信息系统，能够为相关技术管理人员提供工作面动态情况和统计分析数据，实现工作面生产的远程监控。

(2) 对工作面的数据采集要完整、准确、及时、连续，内容包括工作面作业人员分布情况，工作面瓦斯、矿压、构造等环境情况，工作面各设备运行状态及工作面生产信息，采集周期不大于 1s，数据的存储要按照工作面回采周期进行管理和归档。

(3) 对工作面生产情况的监测，包括显示工作面基本情况和设备整体布局，分时段统计工作模式、开机情况、产量、推进度等生产信息，并生成报表，即时显示三机工作状态，能够生成矿压曲线及作业循环曲线。

(4) 对工作面环境及设备运行状况的监测，包括对压风、风速、供水、环境温度、湿度、粉尘及瓦斯浓度进行监测，提供设备动态运行工况数据，对采煤机、支架、输送机、泵站等设备运行情况进行实时监测。

(5) 建立数据分析系统，对采集的数据和监测的情况进行分析。

① 研究泵站供液系统与工作面液压系统动态压力变化的关系，优化供液系统。

② 对设备的监控分析，通过对主要设备运行时间、电流、温度情况数据的曲线分析，生成报表，研究设备运行过程中的变化，及时发现设备存在的问题。

③ 对矿压数据分析，根据情况生成每日整个工作面的矿压曲线报表，对整个工作面支架统一分析；生成单独一架随日期的矿压曲线报表，对支架动态工况进行逐一分析。

④ 对自动化运行情况分析，根据自动化跟机状态，煤机位置、速度的变化，泵站压力、启停等信息生成报表并进行关联分析，进一步分析处理存在的问题，提高工作面设备自动化运行效率。

7.2.2 阳煤集团综采工作面自动化系统操作规范

7.2.2.1 概述

综采工作面电液控制及自动化包括：① 智能型集成自动供液系统；② 工作面电液控制系统；③ 视频跟机监控系统；④ 综采装备一键启停控制系统；⑤ 泵站集中控制系统；⑥ 采煤机记忆割煤控制系统；⑦ 井上服务器与井下工作面数据传输网络系统。

阳煤集团实现了中部自动跟机常态化，并逐步完善了监控中心支架电液控制监控主机、采煤机监控主机、视频监控主机、供液系统及三机（刮板输送机、转载机、破碎机）集控主机，实现了工作面各层级设备数据传输功能，实现了机头及机尾三角煤自动化跟机功能。

由支架电液控制监控主机、视频监控主机、采煤机监控主机、集控主机及井上服务器调试实现了以下功能：

(1) 建立工作面生产调度指挥中心，实现工作面集中自动化控制。

(2) 液压支架电液控制跟机自动化及远程遥控。

(3) 采煤机远程遥控操作。

(4) 集成供液系统智能自动化控制,对工作面泵站、过滤系统集中自动化控制。

(5) 实现三机监视、通信、控制集成为一体,并在监控中心对工作面运输机、转载机、破碎机集中自动化控制。

(6) 实现工作面数据集成、控制、通信、视频等集成为一体。

(7) 实现工作面工业以太网及无线覆盖。

(8) 全工作面视频监控及采煤机全景动态监控。

(9) 工作面自动化系统集成及数据上传。

7.2.2.2 综采自动化系统维护要求

(1) 每班都应有专职操作维护人员对系统进行检查维护,发现问题及时处理,确保系统的完好、正常运转。

(2) 每天应有专职操作维护人员确保工作面电人机控制器显示正常,连接器吊挂、综合接入器工作情况正常。

(3) 专职操作维护人员每天下井后,要检查系统通信是否有故障、视频是否显示正常、数据是否显示、上传正常。

(4) 支架控制器、综合接入器、视频摄像仪等禁止用水冲洗,以防水进入设备而导致其损坏。

(5) 所有带插销的地方必须插上销子,以防接触不好或潮气侵入。

(6) 对支架控制部件进行检查,及时排除液压阀堵塞故障,更换不能正常工作的支架控制器等。

(7) 对系统设备的各种固定螺丝要保护好,如发现缺失,要及时补充。

7.2.2.3 综采自动化工作面安装管理规定

1) 远程供液及泵站集控系统安装

(1) 工作面安装支架前必须先安装完善好远程供液系统,以保证支架的安装期间系统的正常运转。

(2) 远程供液系统在安装时,必须将过滤站、水箱、液箱及反冲洗等设备的安装顺序编排合理,管路连接规范,排水系统完善,支架浓缩液、化工盐等各种物料齐全。

(3) 远程供液系统安装完成后,必须首先将水箱、液箱、供液管路进行冲洗、清理,保证供液系统的清洁、不漏液方可投入使用。

(4) 远程供液系统在使用过程中必须保证过滤水的纯度,浓缩液的浓度、清洁度达到要求。如果使用化工盐,必须及时加设,保证过滤水的清洁度。在使用期间浓缩液和化工盐必须按时观察、检测、记录,不能小于规定参数。

(5) 泵站 PLC 控制柜和乳化泵、乳化液箱之间的重载连接线要保证合理的长度。各台乳化泵的油温油位传感器、电磁卸载阀安装合理,不得出现跑冒滴漏现象。

(6) 泵站的高压过滤站必须保证能正常过滤支架进液和回液,如发现堵塞现象必须停泵处理。

2) 液压支架及泵站自动化设备的安装

(1) 材料、设备核对:核对现场货物,检查系统安装所需的系统元部件型号是否一致,数量是否正确。

(2) 制定安装方案：确定自动化产品应安装的支架型号，绘制整个工作面系统安装连接图。确认各个元部件的安装位置及各元部件连接器的长度及走线布置方式。

(3) 系统元部件在运输及搬运过程中要轻拿轻放，严禁碰撞摔落，防止损坏部件。

(4) 安装时注意保证连接器走线流畅，有合适的余量，整吊合理，保证支架在正常动作时连接器不被支架部件所剪切挤压或者受力拉伸损坏，尽量避免液压管路和连接器交叉，做到液压管路和连接器、线路分离。

(5) 注意安装顺序：固定好电源箱→综合接入器(含安装架板)→摄像仪(含安装架板)→人机操作界面(含控制器)→压力传感器、红外线接收器→连接器→电源箱压火。保证所有安装连接器要插接到位，使用正规 U 型卡规范连接。特别注意推移缸安装的行程传感器连接器要保证插接到位，U 型卡到位，并捋顺连接器走线，防止推移过程中连接器磨损或受到外力拉伸。

(6) 压力传感器安装过程中需要升、降架时，提前检查好支架管路连接情况，防止液管甩脱伤人。

(7) 在插接各种连接器及元部件时，将连接器限位槽对准插座限位销，禁止野蛮操作。

(8) 闲置的电源箱喇叭嘴必须加设挡板、电源箱内存放防潮剂，人机操作界面及控制器等闲置接口用专用塑料堵头堵好，并加设 U 型卡。

(9) 综合接入器接入到电源箱前应在电源连接器上加上铠装护套，避免挤压、损坏。

(10) 光缆铺设前，视情况加设铠装护套，起保护作用。

(11) 支架安装过程中，必须将支架进、回液管连接完善，保证浓缩液的正常使用，遇支架有跑冒滴漏及偷降架等情况，必须及时处理。

(12) 设备列车处的各类主机及显示器在安装过程中必须注意慢抬轻放，防止磕碰、损坏。

(13) 顺槽至工作面的连接线、光纤要敷设合理、吊挂可靠，预留充足的弯曲度，防止各线路因为支架动作将线路拉断。

(14) 各电源箱在压接电缆时必须由电工持证上岗，注意不得出现“三无失爆”，支架电源箱必须吊挂在合理位置且固定牢靠，避免在支架作业过程中脱落。

3) 自动化设备安装后的检查

(1) 整个系统安装完毕后，仔细检查所安装支架综采自动化元部件的连接状况，确保连接状况良好，各 U 型卡都插到位，连接器走线流畅，用扎带捆扎良好。

(2) 确定系统连接正确，各部分连接可靠之后，查看系统供电是否正常，然后进行系统调试。

4) 自动化设备调试步骤

(1) 系统供电，在主控计算机上查看系统网络状态是否正常，如果有问题，检查故障并分析原因，排除故障。

(2) 工作面工业以太网功能调试。根据矿方提供的网络拓扑图，给各个综合接入器分配站号，并进行 IP 地址配置。

(3) 工作面视频功能调试。首先对每个视频摄像仪进行单机调试；其次，在顺槽监控中心进行集中显示调试；再次，在地面进行调试。

(4) 工作面自动化系统集成及上传，与各个子系统进行联合调试

7.2.2.4 自动化设备拆除管理规定

1）自动化设备拆除前应准备的材料

(1) 准备木箱，因所拆除的部件较多且零碎，为避免在运输工程中丢失，方便后期保存需加工不同规格木箱。

(2) 准备编织袋、防潮材料和车贴等材料（用作写装箱单及箱外标签等），设备拆除装箱后确保做好防潮工作。

(3) 用于封堵控制器、人机界面及耦合器等设备的插连接器接口用的圆形插座堵头及相关各种塑料堵头，电源箱喇叭口的挡板等。

2）自动化设备拆除顺序

自动化电液控设备逐架拆除顺序：先停电、挂停电牌→拆除各类连接器→摄像仪→综合接收器→支架控制器→人机界面→红外接收器→隔离耦合器→电源线→电源箱→泵站集控中心→远程配液站，最后回收光纤、信号连接线。

3）自动化设备拆除注意事项

(1) 电液控及自动化设备的拆除必须在工作面支架拆除之前完成，支架的拆除与自动化设备的拆除不得同时进行。

(2) 自动化电液控设备的拆除工作是逐架进行拆除。首先将拆除的电液控部件集中放在合适的地点。因电液控制系统部件较多且比较精密，存放时必须做好防潮和保洁工作，铺上防潮材料（木板之类），分类摆放整齐。然后再集中分类码放到事先做好的木箱内，封箱前，箱内外放置和张贴物资明细单，然后方可装车运输上井。

(3) 拆除各类连接器后，必须将连接器线头包好，摄像仪、综合接收器、人机界面、控制器、红外接收器等设备拆除后要加设规范的堵头防止进水及杂物。连接器等设备拆除后要按型号、长度等分类装箱，不得乱扔乱放。

(4) 电源箱拆除后，必须加设挡板，放防潮剂，做好防潮措施。

(5) 摄像仪、泵站监控中心各类显示屏及键盘等易损件拆除时注意轻拿轻放，不得磕碰。拆除后由人工搬运上井，不得装车，以防磕碰损坏。

(6) 拆除特殊件包括：网络变换器、网络变换器的人机界面、数据转换器、主机、交换机、键盘、鼠标、安装架等元件，高压过滤站用的电控件（电源箱、控制器、电源线、特殊管接头），各个接口要封堵严密，做好防止进水和保洁工作。

(7) 拆除工程中不能丢失和遗漏元器部件，特别是支架控制器上的长、短“U”形卡及各种螺栓等小件尽最大可能进行回收，以便安装时重复使用。

(8) 人工装车时需要双人或多人作业时，要搭配好，慢抬轻放，防止磕碰。

4）拆安期间安全注意事项

(1) 工作人员在进行安装、拆除及维护作业时，必须注意人员站位情况，严禁进入绞车及回柱机牵引区。

(2) 工作人员进行抬拉扛作业，双人或多人作业时，必须搭好号，慢起轻放，不得随意乱扔乱放。

(3) 井下作业需要停电时，工作人员必须持电工证正规操作，先停上一级电源，然后闭锁开关、挂“停电牌”，设专人看守，按规程进行验放电操作。

(4) 严禁进入牵引区作业，开车前绞车司机必须确保牵引区内无其余作业人员，做到

“行车不行人，行人不行车”。

(5) 施工队组操作支架前，必须确保所操作支架前后5架范围内无其他作业人员，并发出预警信号，警告其他作业人员。

(6) 电工需持证上岗，在进行压火接线或解线及相关操作时，需严格执行煤矿停送电规定。特别强调，停电、挂停电牌后，需搁专人看护被停电开关，严格执行谁停电、挂牌谁送电制度。各电气设备安装接线必须按供电系统设计图施工。

7.2.2.5　其他注意事项

(1) 所有安装设备在入井前必须分类装车、登记并列出清单，以便保存。拆除的自动化设备同样分类装车上井，并设专人进行移交并签字，必须保证移交单及手续齐全。

(2) 工作面只要条件允许，队组生产班必须每班进行自动跟机作业，经落实如因人为原因不进行跟机，应对队组进行严格考核。

(3) 如工作面遇构造确实无法进行自动跟机作业，队组需提出书面申请，采用人工拉架作业。经相关领导核实情况属实，方可免除考核。

(4) 工作面遇构造需要进行放炮作业时，队组必须对电液控设备采取有效的防护措施，防止因放炮将设备崩坏。

(5) 工作面过构造期间，队组及自动化小组成员必须提前对电液控及自动化设备采取措施，以保证设备在过的正常运转。

(6) 本措施未提之处，严格执行《煤矿安全规程》《回采操作规程》等中的相关规定。

7.2.2.6　自动化割煤操作要求

1) 自动割煤

(1) 采煤机记忆割煤的原理。司机操纵采煤机沿工作面煤层先割一刀，将采煤机的位置、左截割滚筒采高、右截割滚筒采高、采煤机机身横向倾角、采煤机机身纵向倾角等参数存入计算机，此后的截割行程由计算机根据存储器记忆的参数自动调高。如煤层条件发生变化，通过多种传感器检测和采集信号，进行数据融合后得到煤岩界面信息，采煤机根据传感器信息或者人工操作自动修正参数，调整过的参数作为一下刀调高的依据。

(2) 正常情况下采煤机牵引速度控制在4.0 m/min，过构造期间机组速度不得超过1 m/min。严禁机组超速、割顶、割底及空顶作业。

(3) 正常情况下必须沿工作面顶底板割煤，不得留底煤，严禁割顶。如过构造为防止割底，可根据工作面实际情况适当调整坡度丢底煤，待构造过完后必须沿底板割煤。需丢底煤作业时另报专项措施。

(4) 生产过程中为防止窜溜，在回采过程中要根据进风、回风高差大小随时调整进风、回风的推进度。

2) 支架移架

(1) 工作面支架实行跟机自动化和单架手动操作相结合方式控制。跟机自动移架范围为中部支架(除机头机尾20架)，单架手动操作移架范围为机头、机尾各20架。

(2) 当工作面实行跟机自动化时，具体要求如下：

① 跟机自动化开启后，正常情况下只允许机组工进入跟机自动化区域。

② 机组工、支架工、当班队干及工长应事先注意顶底板条件以及跟机自动化动作情况，如遇顶板破碎、片帮大等问题时，应在程序中设置超前支护，提前自动移架护帮护顶，必要时

人为干预处理。

③ 跟机自动化分为上行运行和下行运行，依据采煤机运行方向自动切换，无须人工干预。

④ 任何工作人员一旦发现安全事故或存在安全隐患必须立即按下就近控制器的急停按钮(红色)，停止跟机自动化。

⑤ 跟机自动化参数设置如下：允许实现跟机自动化范围，除机头、机尾 20 架；拉架滞后机组后滚筒距离为 5 架；降架幅度为 0.1～0.15 m；拉架步距为 0.8 m(依据支架推移油缸行程设置)；支架伸前探梁数量为滞后机组前滚筒 3 架；支架收前探梁数量为提前机组前滚筒 3 架。

⑥ 可以依据采煤工艺，以及采煤机位置，编制三角煤区域的跟机自动控制程序，实现覆盖全工作面的跟机自动移架控制。

(3) 单架手动操作具体要求如下：

① 支架单架手动动作参数与跟机自动化参数相同。

② 单架手动操作移架允许对支架进行邻架控制，成组控制和隔架控制。

③ 非特殊情况外不得直接使用电磁先导阀操作控制支架。

④ 执行手动操作液压支架立柱卸压或降柱动作时，必须先检查相邻液压支架的支护状况，在确保处于支撑状态时方可操作。

⑤ 顶板破碎地带采取带压擦顶移架措施。

(4) 鉴于初采期间工作面巷道不直，以及各设备处于调试阶段，故要求初采前三刀煤为单架手动控制支架，待工作面条件允许后再实行跟机自动化操作。

(5) 移架后支架初撑力达到乳化液泵站压力的 80%。

3) 推溜、拉溜

(1) 推溜、拉溜实行跟机自动及单架手动相结合方式，跟机自动推溜范围为中部架，手动操作推溜范围为机头、机尾各 20 架。推溜应按顺序进行，不得任意分段或由两端向中间推溜，推溜弯曲段不少于 12～15 m。

(2) 跟机自动化推溜要求如下：

① 程序主要参数设定如下：自动化推溜范围为除机头、机尾 20 架外；推溜与移架滞后要求为自动化移架结束后本架即进行推溜；推溜步距为 0.8 m (依据支架推移油缸行程设置)。

② 推溜步距 0.8 m，共分 10 次完成；每次推溜 8.0 cm，间隔时间约为 45 s。自动化移架结束后本架即进行推溜。

③ 可以依据采煤工艺以及采煤机位置，编制三角煤区域的跟机推溜控制程序，实现覆盖全工作面的跟机自动推溜控制。

(3) 人工手动操作推溜要求如下：

① 人工手动操作推溜为成组动作，一次可操作 9 架，推溜步距 0.8 m。推溜过程中，个别支架未达到推溜步距的，可对该架进行本架推溜操作。

② 操作架距离移架不得小于 8～10 架，以防损坏煤溜或支架。

③ 推溜时要注意观察，避免损坏支架、溜槽及管缆；推移时，严禁人员身体部位深入抬底千斤顶下、溜槽内或溜槽下。

7.2.3　工作面自动化设备配置

SAM 型综采自动化控制系统结构如图 7-2-1 所示。

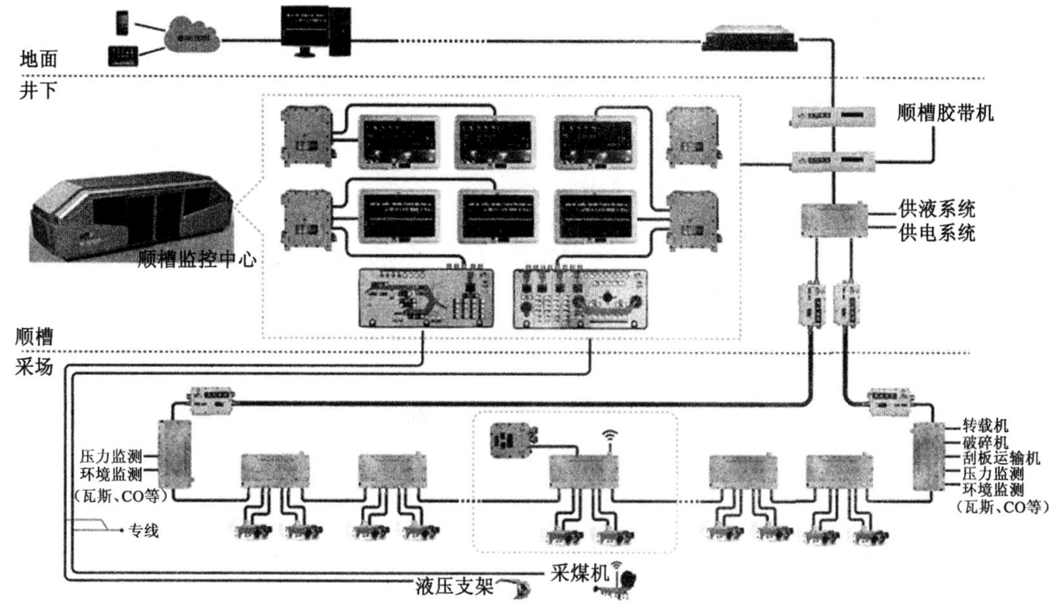

图 7-2-1　SAM 型综合自动化系统结构图

7.2.3.1　系统结构及功能

该系统主要由三部分组成，包括工作面部分、顺槽监控中心部分和地面部分。

(1) 工作面部分，每 6 个支架配置如下：

① 矿用本质安全型综采综合接入器 1 台；

② 矿用隔爆兼本质安全型稳压电源 1 台；

③ 矿用本安型摄像仪 3 台；

④ 电缆连接器及安装附件 1 套；

⑤ 矿用本质安全型光电转换器 4 台/工作面；

⑥ 光缆 1.5 km/工作面。

(2) 顺槽监控中心部分(1 套/工作面)的其配置如下：

① 矿用本质安全型综采综合接入器 1 台；

② 矿用隔爆兼本质安全型监控主机 3 台(其中电控系统含 1 台)；

③ 矿用本安型显示器 6 台(其中电控系统含 1 台)；

④ 矿用本安型操作台 2 台；

⑤ 矿用本安型交换机 1 台；

⑥ 矿用本安型网络交换机 2 台；

⑦ 矿用隔爆兼本质安全型稳压电源 6 台。

(3) 地面部分(1 套/工作面)的配置如下：

① 地面工作站、显示器及软件1套；

② 硬盘录像机1套；

③ 地面操作台(支架)1台；

④ 地面操作台(采煤机)1台。

7.2.3.2 顺槽监控中心

1) 基本构成

(1) 工作面顺槽监控中心是整个工作面协调机制的大脑，其效果如图7-2-2所示。它主要是由矿用隔爆兼本质安全型监控主机3台、矿用本安型显示器6台、操作台矿用本安型操作台2台(液压支架远程操作台1台、采煤机操作台1台)、交换机等设备组成的。

图7-2-2 监控中心效果图

(2) 矿用隔爆兼本质安全型监控主机与矿用本安型显示器分体安装，之间采用光纤进行通信，每台监控主机可以接两台矿用本安型显示器，一台显示器显示支架信息，一台显示器显示支架视频，一台显示器显示采煤机信息，一台显示器显示煤机视频，一台显示器显示三机、供液系统等设备信息，一台显示器显示固定点视频。

(3) 监控主机CPU主频双核2.0G，配置有RS422、RS485、CAN总线及以太网等接口；显示器液晶屏采用21英寸宽屏；配置两台本安操作台，一个操作台用于进行液压支架远程操作，一个操作台用于对采煤机进行远程操作及对三机进行集中控制。

2) 监测功能

(1) 采煤机工况显示主要包括：左右摇臂、左右牵引轴承的温度、牵引方向、速度，液压系统备压压力及泵箱内液压油的高度，冷却水流量、压力，油箱温度，左右滚筒高度，机身仰俯角度，采煤机在工作面的位置如图7-2-3所示。

(2) 运输机的工况显示主要包括：运输机的启停状态、工作电流、工作电压如图7-2-4所示。

(3) 液压支架工况显示主要包括：各支架压力值、各支架推移行程、各电磁阀动作状态、主机与工作面控制系统的通信状态，如图7-2-5所示。

(4) 泵站系统工况显示主要包括：泵站出口压力、泵站油温、泵站油位状态、泵站电磁阀动作情况、液箱液位、乳化油油箱油位如图7-2-6所示。

(5) 工作面设备与监控中心主要包括：各主控计算机的通信状态显示。

(6) 工作面设备保护信息显示，主要包括：漏电、断相、过载、各种故障状态、数字信号的反馈等。

(7) 工作面语音系统状态显示，主要包括：电话闭锁状态显示、急停状态显示和断路位

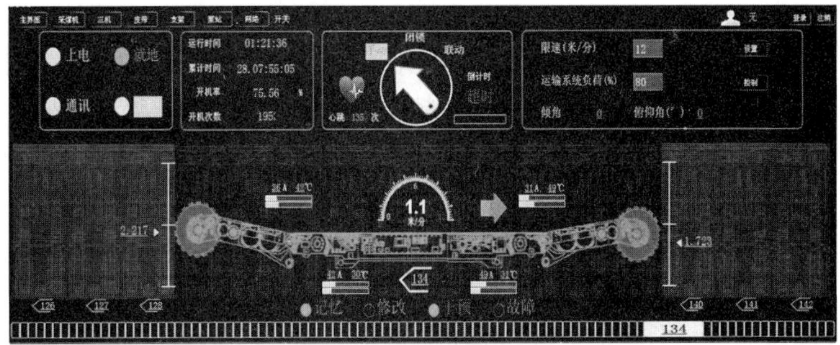

图 7-2-3　采煤机监视画面

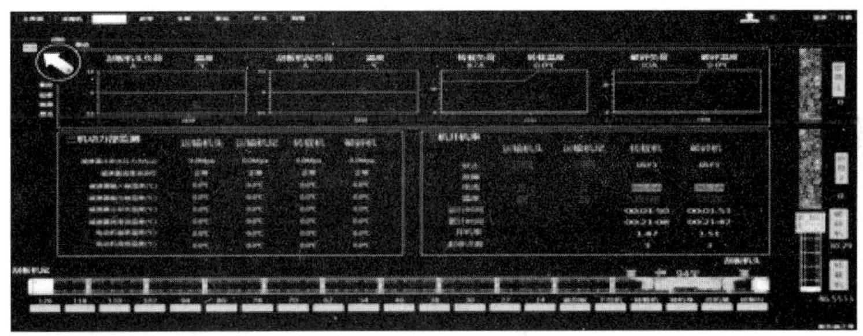

图 7-2-4　运输机监视画面

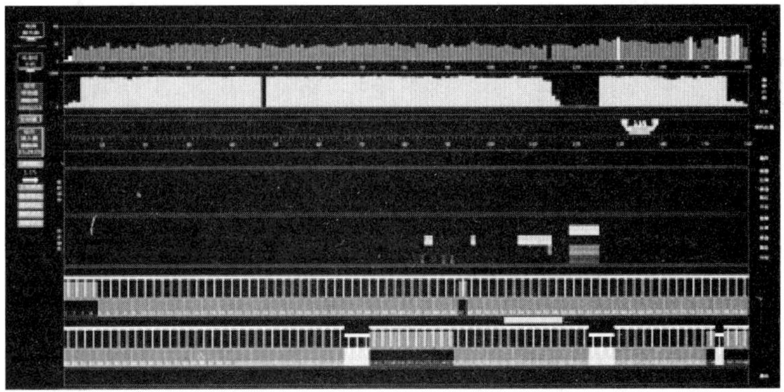

图 7-2-5　液压支架监视画面

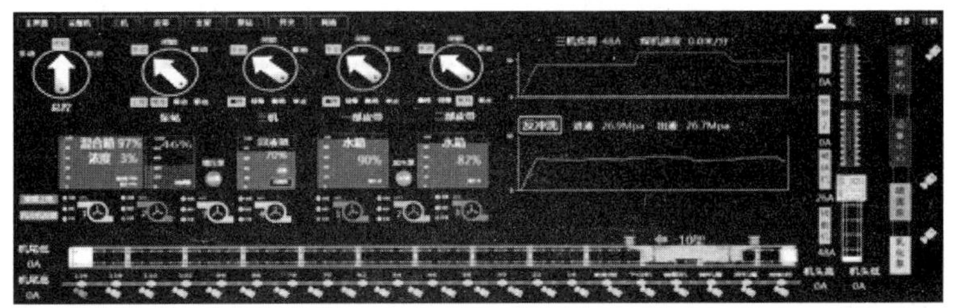

图 7-2-6　泵站监视画面

置显示(断路的具体架号)。

(8) 该系统具有历史故障查询功能,并在所有可能出现故障的地方进行记录。

(9) 该系统可在监控中心进行工作面视频显示,可对视频进行存储、查询与管理。

(10) 该系统具有报表生成功能:能够生成采煤机、三机、泵站工作电流、电压及功率报表;能够生成采煤机、三机、泵站开机累计时间、开机率、累计停机时间、停机率。

(11) 该系统具有工作面液压支架状态报表生成功能:以报表形式生成液压支架执行动作、压力分布及故障报警信息。

3) 控制功能

其控制功能能够实现对液压支架、采煤机的远程控制;实现对工作面三机及胶带运输机、泵站的集中控制。

(1) 液压支架远程控制。以电液控计算机主画面和工作面视频画面为辅助手段,通过支架远程操作台(图 7-2-7)可以实现对液压支架的远程控制。远程控制功能包括液压支架单架单动控制、成组支架动作控制等功能。

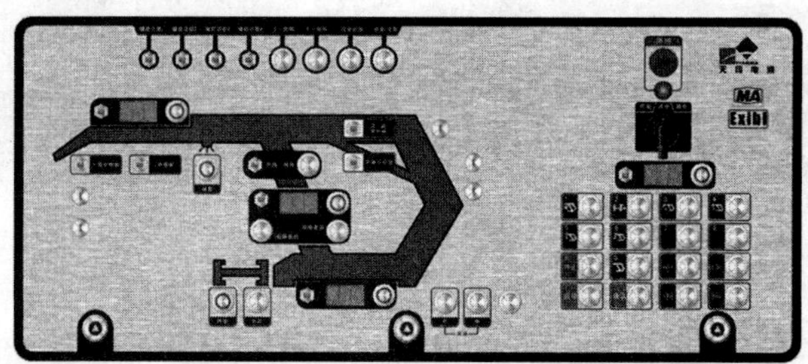

图 7-2-7　支架远程控制操作台

(2) 工作面三机集中自动化控制。在三机远程操作台上按一下键启停键,可以实现对刮板运输机、转载机、破碎机的顺序远程启停控制,启动顺序:破碎机→转载机→刮板运输机;停止顺序:刮板运输机→转载机→破碎机。三机、泵站远程控制操作台如图 7-2-8 所示。

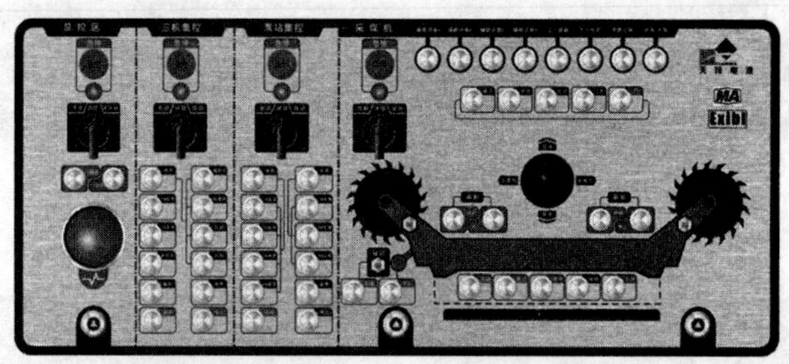

图 7-2-8　三机、泵站远程控制操作台

(3) 工作面泵站集中自动化控制。通过泵站操作台可以实现单泵控制和多泵智能联动控制等多种控制模式。

4) 故障报警功能

监控中心能实现对采煤机、液压支架及运输机的故障诊断。

(1) 采煤机故障报警:采煤机的通信故障、开机率、位置错误等。

(2) 液压支架故障报警:智能设备故障诊断,包括程序丢失、参数错误、输入错误、输出错误、通信错误、人机交互错误和安全操作装置等故障,采集数据故障诊断,超出量程的报超限;数值固定不变的报故障;依据传感器逻辑判断存在问题的报不稳定。

7.2.3.3　液压支架远程与协调控制

(1) 支架电液控制系统具有双线 CAN 接口,向综采自动化控制系统提供远程控制接口,通信速率为 33.3 Kb/s。

(2) 支架电液控制系统远程控制包含单架单动作、成组推溜、成组拉架等动作。

(3) 在支架电液控制系统的基础上,实现在工作面顺槽监控中心对液压支架的远程控制。在工作面顺槽监控中心设置一台液压支架远程操作台,以电液控计算机(液压支架电液控制系统提供)主画面和工作面视频画面为辅助手段,通过操作支架远程操作台实现对液压支架的远程控制,对任意支架进行远程控制,主要包括推溜、降架、拉架、升架以及其他动作,可实现在顺槽监控中心对液压支架的自动跟机功能的远程启停。

(4) 显示所有支架立柱压力、推移行程和控制模式,显示所有支架控制器的急停状态、通信状态、驱动器与支架控制器通信状态,显示工作面的推进度,包括当班和累计进度。

7.2.3.4　采煤机远程控制

(1) 采煤机具备数据传输功能,提供双线 CAN、RJ45 或 RS485 接口,向综采自动化控制系统提供远程控制接口。采煤机除具备基本数据传输功能外还须具有远程控制功能,且远程控制延时不大于 300 ms。

(2) 采煤机数据传输数据主要包括:采煤机的行走速度和定位采煤机位置,左右滚筒高度等。

(3) 采煤机远控功能主要包括:采煤机滚筒升、降、左牵、右牵、加速、减速、急停等动作。

(4) 在监控中心配置一台本安型操作台,依据采煤机主机系统及工作面视频系统实现对采煤机的远程控制,实现对采煤机的启停、牵引速度及运行方向的远程控制,可实现对采煤机记忆割煤的远程启停控制。

(5) 实现煤流平衡控制。当刮板输运机负荷超限时,能够自动实施对采煤机闭锁控制。

(6) 采煤机自身需具备自动化控制系统,包括:

① 记忆性:割煤具有记忆等高级功能。

② 实时性:远程控制延时不大于 300 ms。

③ 关键传感器:采煤机位置传感器,左右滚筒高度传感器。

④ 功能主要包括:采煤机滚筒升、降、左牵、右牵、加速、减速、急停等动作。

(7) 采煤机具备远程急停功能。

7.2.3.5　刮板运输机、破碎机、转载机及顺槽皮带运输机的集中控制

(1) 工作面运输设备控制系统和顺槽皮带系统具备数据传输功能,综合自动化与这两套系统进行通信,通信协议为 MODBUS RTU,接口为 RS485,实现对工作面三机和顺槽皮带运输机的状态监测及集中控制功能如图 7-2-9 所示。

(2) 工作面破碎机、转载机及刮板运输机本身具备对每台减速器及电动机进行温度、压力、流量、位移、转速等参数的检测。

(3) 实现对刮板运输机、转载机、破碎机及顺槽皮带运输机的单设备远程起停控制。

(4) 实现对刮板运输机、转载机、破碎机及顺槽皮带运输机的顺序远程启停控制,启动

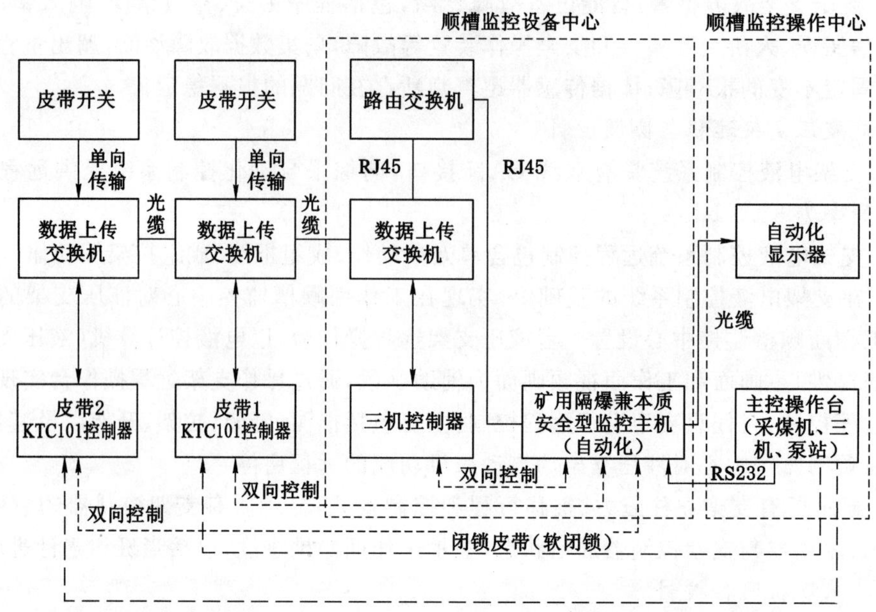

图 7-2-9　破碎机、转载机、刮板机及顺槽皮带运输机集中控制通信图

顺序：皮带运输机→破碎机→转载机→刮板运输机；停止顺序：刮板运输机→转载机→破碎机→皮带运输机。

(5) 采煤机、刮板运输机、转载机、破碎机及顺槽皮带运输机开关状态显示，包括各个回路运行状态、电流大小、电压大小以及漏电、断相、过载等故障状态显示。

7.2.3.6　泵站系统的集中控制

(1) 泵站集中控制系统具备数据传输功能，实现与综合自动化的双向通信，通信协议MODBUS RTU或TCP/IP，并向综合自动化系统提供数据传输及远程控制接口，泵站集中控制通信如图 7-2-10 所示。

(2) 泵站集中控制系统具有泵站出口压力、泵站油温、泵站油位状态、泵站电磁阀动作情况、液箱液位、乳化油油箱油位等的检测功能。

(3)实现对泵站的单设备起停控制，实现多台泵站的联动控制。

(4) 实现对泵站系统的数据采集，对泵站系统的运行状态进行集中显示。

7.2.3.7　工作面工业以太网

工作面工业以太网主要由矿用本质安全型综采综合接入器、本质安全型光电转换器、本安型交换机、矿用隔爆兼本质安全型稳压电源、4 芯铠装连接器、矿用光缆等组成的。

(1) 每 6 个支架配备 1 台本质安全型综采综合接入器，接入器与接入器之间通过 4 芯铠装连接器连接，每台接入器通过 1 台双路矿用隔爆兼本质安全型稳压电源供电。

(2) 配备 4 台矿用本质安全型光电转换器，其中监控中心配备 2 台，工作面端头配备 1 台，工作面端尾配备 1 台。每台矿用本质安全型光电转换器通过 1 台单路矿用隔爆兼本质安全型稳压电源供电，监控中心至工作面端头、监控中心至工作面端尾之间通过矿用光缆连接，形成工业以太环网。

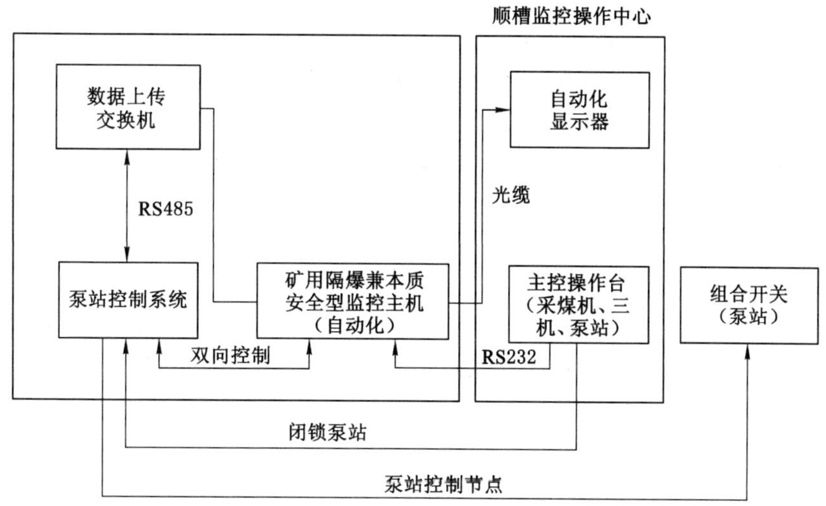

图 7-2-10　泵站集中控制通信图

(3) 每台接入器作为一个以太网节点，可接入以太网信息，包括视频信息与数据信息，还可进行模拟量与数字量的采集。

7.2.3.8　综采工作面视频系统

如图 7-2-11 所示，工作面视频系统包括矿用本安型摄像仪、矿用本安全型显示器、矿用本安全型操作台、安装电缆及附件等。

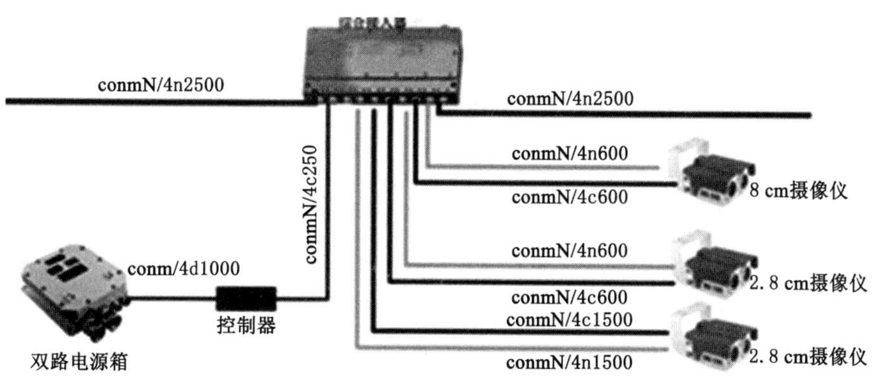

图 7-2-11　工作面视频系统

(1) 每 6 个支架配备 3 台矿用本质安全型摄像仪，安装于支架的顶梁上，1 台拍摄方向与工作面平行，其余 2 台间隔 3 架布置，拍摄方向垂直于工作面。通过该布置，可最大程度的监控采煤机割煤情况。

(2) 视频系统通过通信获取采煤机运行位置和方向，实现在视频显示器上跟随采煤机自动切换视频画面。

(3) 矿用本安型摄像仪是网络摄像仪，采用以太网进行视频传输。摄像仪传输接口采用以太网电口传输。该摄像仪具有红外补光功能，通过有线的方式接到综合接入器，并通过接入器供电和进行视频信息的传输。

(4) 在监控中心安装1台云台摄像仪，地面调度中心可对监控中心进行监测，以防监控中心长期处于无人状态。

(5) 每3个支架配备1台矿用隔爆巷道灯，安装于支架的顶梁上。

(6) 在监控中心配备2台矿用本质安全型显示器，进行工作面视频显示，实现在视频显示器上跟随采煤机自动切换视频摄像仪画面。视频显示器传输接口采用以太网电口传输，传输速率为100 Mb/s。

(7) 地面录像服务器仅对重点采集点（采煤机工作区域、监控中心及其他相关采集点）的视频进行动态录像，且录像存储时间不小于15 d。

7.2.3.9 地面调度中心

1) 工作面系统集成及数据上传系统

该系统采用以太网实现综采设备数据上传，通过矿井自动化网络，将综采设备的数据传到井上，实现地面调度指挥中心对综采设备的监测、显示；实现综采设备（液压支架、采煤机、刮板输送机、转载机、破碎机、负荷开关、泵站）数据的集成，在地面调度中心对综采设备的远程监测、显示；向第三方提供标准的OPC协议，便于矿井自动化集成。地面调度平台如图7-2-12所示。

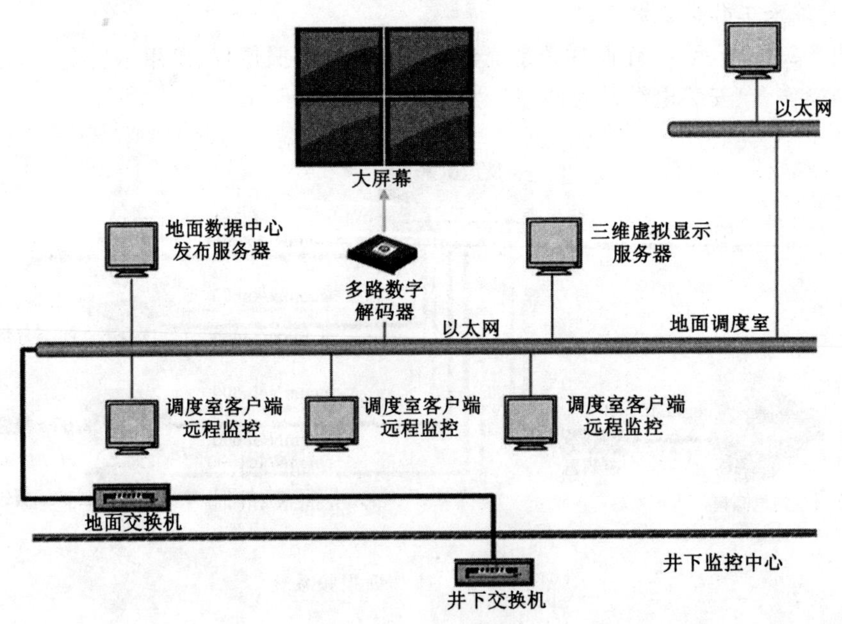

图7-2-12 地面调度平台

2) 工作面视频监控系统（地面部分）

监控显示工作面分布在顺槽、支架和采煤机的网络摄像头视频画面；网络摄像头的视频数据通过工业以太网传输到地面视频服务器；进行视频管理、查询、存储等功能；能够通过多种平台的客户端软件、IE浏览器进行监控。

3）监控系统报警

实时显示报警状态：实时显示所有前端设备和服务器的工作状态，包括服务是否正常，网络是否正常等；故障自调整功能：当报警服务器出现程序崩溃、异常退出等情况时，自动重启以确保报警服务正常工作。

4）视频存储

视频存储系统主要是在磁盘阵列作录像存储；视频监控系统设计采用集中式存储架构，在监控中心通过磁盘阵列对所有监控点上传的图像进行统一集中存储。

5）大屏幕显示集成

大屏幕显示集成是指可将视频源拖拽到电视墙输出布局界面中输出显示，支持两种循环解码工作模式：一是客户端主动轮巡依次控制每个输出进行图像轮巡；二是电视墙按照预设的轮巡计划进行。该操作可通过模拟键盘控制预览上墙的切换及云台控制；也可控制电视墙输出索引号及上墙类型的标示。

7.3　阳煤集团主要成绩和成功案例

阳煤集团大力发展自动化、智能化安全高效开采技术，现代化矿井建设取得了卓越成绩。煤炭从业人员大幅度减少，人均效率明显提高。为切实提升煤矿的整体水平，增强煤炭企业的盈利能力和竞争能力，阳煤集团积极开展机械化、自动化、信息化、智能化建设工作，将 90 万吨以上煤矿基本建成“科技先进、集约高效、低碳环保、安全人文、生态文明”的现代化矿井，现代化矿井建设工作取得了明显的成效。

2016 年末，阳煤集团所属煤矿在岗人数控制到 55 877 人，三年来全集团公司减少 22 711 人，降幅达 28.9%。2016 年煤矿生产单位人均效率实际达到 1 285.7 吨/人，比之前提高 411.5 吨/人，增幅达 47.1%。

在煤矿工作面推广综采自动化设备后，工作面单产较普通面提高 2.2 万吨，增幅达 18.4%；综采自动化队平均在册人数减到 116 人，平均减少 24 人；工作面的吨煤材料成本消耗平均降低 2.16 元/吨，降幅为 38.8%。自动化控制方面，多数矿井已实现工作面中部跟机，新元等矿区还实现了三角煤区域的跟机自动控制，从而实现了全工作面的跟机自动控制，并实现了跟机自动控制常态化生产，实现了采煤机远程控制及采煤机牵引速度与瓦斯浓度的联动控制。工作面“三机”和顺槽的胶带机能够在顺槽集控中心实现一键启停，实现了在地面的一键启停控制；地面调度室对工作面设备进行一键启停控制，并对工作面设备相关数据进行监测。工人劳动强度大大降低，实现了安全生产。

参考文献

[1] 白永胜. 大倾角带式输送机滚筒围包角张紧设计[J]. 科技传播,2013(18):151-152.
[2] 蔡永乐,王瑛. 阳泉矿区综放工作面瓦斯综合治理探讨[J]. 中州煤炭,2010(1):76-79.
[3] 陈凤杰,刘润斌. 阳泉矿区 15 号煤层瓦斯赋存地质控制因素分析[J]. 山西煤炭管理干部学院学报,2014,27(3):19-20.
[4] 陈莲芳. 回采工作面瓦斯涌出动态特征研究[D]. 焦作:河南理工大学,2015.
[5] 崔建军. 深部沿空掘巷变形破坏机理及控制技术研究[J]. 煤炭科学技术,2017,45(7):12-17.
[6] 崔志芳,袁大小. 采煤机牵引速度与瓦斯浓度的联动控制[J]. 现代矿业,2014,30(1):132.
[7] 樊利军. 阳煤集团煤层瓦斯抽采技术的现状分析[J]. 山西煤炭,2011,31(11):60-62.
[8] 符大利. 煤矿综采工作面集成供液系统的应用[J]. 煤矿机电,2016(3):84-86.
[9] 付书俊,许家林,吴仁伦,等. 开元煤矿低透气性本煤层超前卸压瓦斯抽采[J]. 煤矿安全,2010,41(1):30-33.
[10] 付书俊,许家林,朱卫兵,等. 开元煤矿丘陵地貌开采沉陷规律研究[J]. 能源技术与管理,2010(1):7-9.
[11] 高俊峰. 基于虚拟样机技术的液压支架重心轨迹曲线的研究[J]. 科技信息,2013(22):397-398.
[12] 高亚超. 机电自动化技术在煤矿掘进工作面中的应用研究[J]. 化工管理,2015(6):176-177.
[13] 高忠国,张建娥. 矿井掘进通风智能控制系统设计及应用[J]. 山东煤炭科技,2013(2):80,82.
[14] 管俊才,柳军涛,李晓林. 新元公司 3205 综采工作面自动化系统的研究与应用[J]. 煤矿现代化,2014(3):117-119.
[15] 郭胜帅,张忠玉,于波. SAP 型智能集成供液系统在大采高综采工作面中的应用[J]. 山东工业技术,2016(5):89.
[16] 何勇华. 综采自动化控制系统在新元煤矿的应用[J]. 中国煤炭,2014(9):75-77.
[17] 令狐建设. 寺家庄矿钻孔水力压裂抽采瓦斯技术研究[J]. 能源技术与管理,2015,40(2):39-40.
[18] 金静飞,王凯. 综采装备协同控制系统的设计[J]. 煤矿机械,2014,35(8):214-216.
[19] 李定启. 煤与瓦斯突出矿井治理现状评价方法及应用[D]. 徐州:中国矿业大学,2011.
[20] 李昊,陈凯,张晞,等. 综采工作面虚拟现实监控系统设计[J]. 工矿自动化,2016,42(4):15-18.

[21] 李晋霞.煤矿井下皮带自动化控制系统方案设计[J].能源与节能,2014(7):166-167.

[22] 李宁.浅析煤矿构造应力变化与瓦斯异常的关系[J].能源与节能,2011(4):6-8.

[23] 李然,王伟.综采集成供液系统智能监测诊断技术现状与发展[J].煤炭科学技术,2016,44(3):91-95.

[24] 刘春生,陈金国.基于单示范刀采煤机记忆截割的数学模型[J].煤炭科学技术,2011,39(3):71-73.

[25] 刘阳.阳泉矿区瓦斯涌出量预测方法的研究[D].太原:中北大学,2017.

[26] 卢少帅.影响采煤工作面矿山压力因素分析[J]. 城市建设理论研究,2014,34(4):2322.

[27] 路永生,潘越.KJ137 井下电网安全监测监控系统及其应用[J].煤矿机械,2007,28(10):162-164.

[28] 吕维赟,崔贵波,卢鑫.综采自动化系统在阳煤集团一矿 S8310 大采高工作面的应用[J].中国煤炭,2016,42(3):60-63.

[29] 孟国营,程晓涵.我国矿用刮板输送机技术现状及发展分析[J].煤炭工程,2014,46(10):58-60.

[30] 孟国营,李国平,沃磊,等.重型刮板输送机成套装备智能化关键技术[J].煤炭科学技术,2014,42(9):57-60.

[31] 李明忠.中厚煤层智能化工作面无人高效开采关键技术研究与应用[J].煤矿开采,2016,21(3):31-35.

[32] 牛剑峰.大型煤炭综采成套装备智能系统研究[J].煤矿机械,2015,36(3):64-66.

[33] 牛剑峰.基于无线通信技术的液压支架电液控制系统研究[J].煤矿机电,2016(1):1-6.

[34] 牛剑峰.无人工作面智能本安型摄像仪研究[J]. 煤炭科学技术,2015,43(1):77-80.

[35] 牛剑峰.综采工作面直线度控制系统研究[J].工矿自动化,2015,41(5):5-8.

[36] 牛剑峰.综采液压支架跟机自动化智能化控制系统研究[J].煤炭科学技术,2015,43(12):85-91.

[37] 秦震东.SZB730/75 型转载机自移装置的研究与应用[J].能源与环境,2015(5):42-43.

[38] 邱锦波.滚筒采煤机自动化与智能化控制技术发展及应用[J].煤炭科学技术,2013,41(11):10-13.

[39] 任华杰.对新元煤矿 3 号煤瓦斯综合抽采技术的研究[J].机械管理开发,2015(5):88-89.

[40] 陶显,薛向明,李骏,等.液压支架网络化远程控制方案的设计[J].煤矿安全,2013,44(3):109-110.

[41] 王福忠,田晓盈,张丽.悬臂式掘进机截割机构状态诊断策略研究[J].计算机仿真,2015,32(5):390-394.

[42] 王公达,蒋承林,田新亮.穿层钻孔与顺层钻孔混合抽采煤层瓦斯模式的实践[J].煤矿安全,2011,42(6):93-95.

[43] 王虹.综采工作面智能化关键技术研究现状与发展方向[J].煤炭科学技术,2014,

42(1):60-64.
[44] 王金华,黄乐亭,李首滨,等.综采工作面智能化技术与装备的发展[J].煤炭学报,2014,39(8):1418-1423.
[45] 王金华.煤矿井下无人值守变电所技术研究与应用[J].工矿自动化,2015,41(5):100-103.
[46] 王珏.数字矿山GIS平台的设计与实现[D].成都:电子科技大学,2014.
[47] 王开卫.采煤机的维护和保养[J].山东煤炭科技,2016(10):89-90.
[48] 王凯.基于刮板输送机负载预测的采煤机调速技术研究[D].徐州:中国矿业大学,2015.
[49] 王盛杰,李小喜,许春雨,等.矿井主排水自动化监测监控系统的开发[J].中国矿业,2014(12):147-151.
[50] 王书明,刘广建,李小磊.新元煤矿回风立井主通风机高压变频节能分析[J].煤矿机电,2010(6):91-93.
[51] 王水生.基于振动特性分析的采煤机煤岩识别控制系统[J].工矿自动化,2015,41 (5):83-87.
[52] 王卫清.SAC型液压支架电液控制系统在阳煤寺家庄公司的应用[J].机械管理开发,2017,32(3):108-109.
[53] 魏若飞.阳泉矿区东北部3#煤层瓦斯地质特征研究[D].焦作:河南理工大学,2012.
[54] 吴德政.数字化矿山现状及发展展望[J].煤炭科学技术,2014,42(9):17-21.
[55] 伍小杰,杨刚,葛娟,等.煤矿掘进工作面自动化技术研究[J].煤矿机电,2010(2):41-43.
[56] 夏为双.瓦斯含量与埋深相关性研究[J].山西焦煤科技,2013(5):40-43.
[57] 向虎.SAP型综采工作面智能集成供液系统的研制与应用[J].煤矿机械,2013,34(4):177-178.
[58] 谢素璞,马鹏.煤层瓦斯含量与埋深之间的关系研究[J].能源技术与管理,2016,41(4):21-23.
[59] 徐亮,康东,武玉粱.煤矿企业数字化矿山建设架构[J].煤炭经济研究,2015,35(8):46-50.
[60] 许海涛.大采高采场覆岩运动规律及浅埋深煤层综采液压支架适应性的研究[D].太原:太原理工大学,2013.
[61] 阳廷军.悬臂式掘进机远程可视化控制系统研究[J].煤矿机械,2017,38(7):29-31.
[62] 杨文萃.基于多传感器数据融合的采煤机定位[J].硅谷,2012(1):37.
[63] 叶海锋.自动化综采不是梦[N].中国煤炭报,2013-12-30(2).
[64] 殷慧.掘进机在线监测监控技术及应用[J].电脑知识与技术,2013(9):6023-6024.
[65] 尹灿伟.新元煤矿3#煤层瓦斯赋存规律分析[J].现代矿业,2014,30(1):106-108.
[66] 于忠厚.刮板输送机链条自动张紧系统的研究与应用[J].山西焦煤科技,2014(12):18-20.
[67] 余北建,付书俊.复杂地质条件下大采高综采技术可行性研究[J].煤炭科学技术,2017,45(7):33-38,122.

[68] 元瑞斌.悬臂式掘进机姿态检测及记忆截割控制系统研究[J].煤炭与化工
38(9):50-52.

[69] 张会生,朱建功.地质构造与阳泉矿区瓦斯赋存及分布的关系[J].阳煤科技,1995(
18-21.

[70] 张建广.悬臂式掘进机自适应截割控制系统研究[J].煤炭科学技术,2016(2):148:152.

[71] 张金亮.掘进机煤岩识别技术研究与应用[J].煤,2011(8):96-97.

[72] 张立平,梁润所,齐贵明.阳泉矿区3#煤层瓦斯赋存特征及防治[J].煤炭技术,2003,22(3):64-66.

[73] 张小峰.高效快速掘进系统自动控制技术研究[J].煤炭技术,2016(11):292-294.

[74] 张岩军,王忠宾,权宁.采煤机远程控制系统研究与分析[J].制造业自动化,2012,34(12):100-101.

[75] 张哲.数字化矿山综合自动化系统与网络结构研究[J].网络安全技术与应用,2014(8):58-59.

[76] 张镇.悬臂式掘进机机身姿态检测及记忆自动截割控制系统研究[J].煤矿机械,2015,36(10):63-64.

[77] 赵岩,王阳阳.液压支架电液控制系统三维运动仿真[J].煤炭科学技术,2014,35(7):212-214.

[78] 赵岩峰,刘福军.极松散煤层全煤巷道顶板全锚索支护技术的应用[J].煤炭科学技术,2002,30(11):33-36.

[79] 周磊.新元煤矿综采面瓦斯超限治理技术研究[D].太原:太原理工大学,2015.

[80] 周述霞.SAP型智能集成供液系统在寺家庄煤矿的应用[J].机械管理开发,2016(11):117-119.

[81] 朱远平.探讨水文地质条件对煤层气赋存的控制作用[J].科技创新与应用,2013(13):111.